Word

Excel

PPT

Office 2019

办公应用三合一

（案例·视频·全彩版）

IT教育研究工作室◎编著

中国水利水电出版社
www.waterpub.com.cn
·北京·

内 容 提 要

《Word Excel PPT Office 2019 办公应用三合一（案例•视频•全彩版）》在内容安排上充分考虑职场人士和商务精英的文档制作需求，讲解了 Word 2019、Excel 2019、PowerPoint 2019（PPT）三个最常用、最实用组件的商务办公实战技能。本书内容包括：①列举了 18 个职场案例（如制作劳动合同、员工培训方案、公司行政管理手册、企业组织结构图、员工入职登记表、出差申请单、员工绩效考核制度表、年度总结报告、营销计划书、邀请函、问卷调查表等），详细讲解了 Word 商务办公实战技能；②列举了 18 个职场案例（如制作公司员工档案表、员工工资条、员工 KPI 绩效表、员工业绩统计图、产品利润预测表、订单管理系统、顾客投诉记录表等），详细讲解了 Excel 商务办公实战技能；③列举了 6 个职场案例（如制作产品宣传与推广 PPT、公司培训 PPT、项目方案 PPT、为“企业文化宣传 PPT”设计动画、设置与放映“年终总结 PPT”等），详细讲解了 PPT 商务办公实战技能。

《Word Excel PPT Office 2019 办公应用三合一（案例•视频•全彩版）》注重理论知识与实际应用相结合，因此每章内容都从实际案例出发，图文并茂，讲解透彻。当遇到疑难点时，适时安排了“专家答疑”和“专家点拨”版块，以帮助读者走出误区。

《Word Excel PPT Office 2019 办公应用三合一（案例•视频•全彩版）》既适合零基础又想快速掌握 Word、Excel 和 PPT 商务办公的读者学习，又可以作为大中专院校相关专业的学习教材或者企业的培训教材。对于经常使用 Word、Excel 和 PPT 进行办公，但又缺乏实战应用和经验技巧的读者有极大的帮助。

图书在版编目(CIP)数据

Word Excel PPT Office 2019办公应用三合一：案例•视频•全彩版 / IT教育研究工作室编著. —北京：中国水利水电出版社，2020.8（2022.7重印）

ISBN 978-7-5170-8555-3

Ⅰ. ①W… Ⅱ. ①I… Ⅲ. ①办公自动化—应用软件 Ⅳ. ①TP317.1

中国版本图书馆CIP数据核字(2020)第078291号

书　　名	Word Excel PPT Office 2019 办公应用三合一（案例•视频•全彩版） Word Excel PPT Office 2019 BANGONG YINGYONG SAN HE YI
作　　者	IT 教育研究工作室 编著
出版发行	中国水利水电出版社 （北京市海淀区玉渊潭南路 1 号 D 座 100038） 网址：www.waterpub.com.cn E-mail：zhiboshangshu@163.com 电话：（010）62572966-2205/2266/2201（营销中心）
经　　售	北京科水图书销售有限公司 电话：（010）68545874、63202643 全国各地新华书店和相关出版物销售网点
排　　版	北京智博尚书文化传媒有限公司
印　　刷	三河市龙大印装有限公司
规　　格	185mm×260mm　16 开本　20 印张　632 千字　1 插页
版　　次	2020 年 8 月第 1 版　2022 年 7 月第 3 次印刷
印　　数	18001—21000 册
定　　价	79.80 元

Office 2019 办公软件功能强大、应用广泛，在日常办公中，职场及商务人士对 Office 办公软件的使用十分频繁。Office 2019 功能强大、应用广泛。如果广大职场人士和商务精英能掌握 Office 2019 中的 Word、Excel、PowerPoint（PPT）组件的使用技巧，必然能大大提高工作效率，从而制作出专业美观的 Word 文档、数据完善且具备分析功能的 Excel 表格、逻辑清晰且页面精美的 PPT 幻灯片，轻松赢得同事的掌声及上司的赞许。

《Word Excel PPT Office 2019 办公应用三合一（案例 • 视频 • 全彩版）》具有以下特色。

→ 职场案例，活学活用

本书精心安排并详细讲解了 42 个实用职场案例的制作方法，涉及行政文秘、人力资源、财务会计、市场营销等常见应用领域。这种以案例贯穿全书的讲解方法，让读者学习和操作并行，学完即刻能运用到工作中。

→ 掌握思路，事半功倍

本书打破常规，没有一上来就讲解案例操作，而是通过清晰的“思维导图”帮助读者理清案例思路，使读者明白在职场中什么情况下会制作此类文档，制作的要点是什么、有什么样的步骤，从而使读者跳出迷阵，带着全局观来学习，而不用再苦苦思考“为什么要这样操作”。

→ 图文讲解，功能清晰

本书在进行案例讲解时，为每一步操作都配上对应的软件截图，并清晰地标注了操作步骤，让读者结合计算机中的软件，快速领会操作技巧，迅速提高办公效率。

→ 技巧补充，查缺补漏

本书在讲解案例时，不是简单的操作步骤的讲解，而是把“专家答疑”和“专家点拨”栏目穿插到案例讲解的过程中，解释为什么这样操作，操作时的难点、注意事项是什么。真正解决读者在学习过程中的疑问，帮助读者少走弯路。本书每章最后还有“高手秘技”的拓展知识，让读者学习到实际操作的经验与技巧 。

→ 过关练习，及时巩固

本书每章的最后都会综合整个章节的内容安排一个“过关练习”的综合案例，让读者在学习完每章节内容后，能及时进行巩固训练，同时考查自己学习的知识有没有到位，能否通过本章的学习实现技能升级。

→ 多维度学习套餐，真正超值实用

① 同步视频教程：配有与书同步的高质量、超清晰的多媒体视频教程，时长达 9.5 小时，读者只需扫描书中对应二维码，即可在手机上同步学习。

② 同步素材文件：提供了书中所有案例的素材文件和最终结果文件，方便读者练习和学习。

③ 赠送：1000 个商务办公模板文件，读者可拿来即用，不用再花时间与精力收集整理。

④ 赠送：300 个 Office 办公技巧速查电子书，遇到问题时不再求人，自己手上就有好帮手。

⑤ 赠送：3 小时的 Office 快速入门视频教程，即使读者一点 Office 的基础都没有，也不用担心学不会，学完此视频就能快速入门。

⑥ 赠送：Office 办公应用快捷键速查表电子版，帮助读者快速提高办公效率。

⑦ 赠送：《电脑入门必备技能手册》电子版，让读者通过本书的学习，不但能够提高 Office 办公应用的“软”技能，而且同时能够提高应用计算机水平的“硬”技能，真正达到“高效办公不求人”的学习目的。

温馨提示：以上学习资源可以通过以下步骤来获取。

	第 1 步：打开手机微信，执行“发现”→“扫一扫”命令，然后对准此二维码扫描，扫描成功后进入公众号首页，单击“关注公众号”
	第 2 步：进入公众号主页面，单击左下角的“键盘”图标，在右侧输入框中输入 Ew23163，然后单击“发送”按钮，即可获取对应学习资料的“下载网址”及“下载密码”
	第 3 步：在计算机中打开浏览器窗口，在“地址栏”中输入上一步获取的“下载网址”，进入网站后提示输入密码，输入上一步获取的“下载密码”，然后单击“提取”按钮
	第 4 步：进入下载页面，单击书名后面的“下载”按钮，即可将学习资源包下载到本地计算机中。若有“高速下载”和“普通下载”两种选项，请选择“普通下载”
	第 5 步：下载完成后，有些资料若是压缩包，请通过解压软件（如 WinRAR、7-zip 等）进行解压即可使用

全书由一线办公专家和多位 MVP（微软全球最有价值专家）教师合作编写，他们具有丰富的 Office 软件应用技巧和办公实战经验，对于他们编写此书的辛苦付出在此表示衷心的感谢！同时，由于计算机技术的发展非常迅速，加之编写时间所限，书中的疏漏和不足之处在所难免，敬请广大读者及专家批评指正。若您在学习过程中产生疑问或有任何建议，可以通过 QQ 群与我们联系。

读者交流 QQ 群：566454698

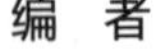

编　者

第 1 章

Word 办公文档的录入与编排

第 2 章

Word 图文混排办公文档的制作

第 3 章

Word 中表格的创建与编辑

第 4 章

Word 样式与模板的应用

第 5 章

Word 办公文档的修订、邮件合并及高级处理

第 6 章

Excel 表格编辑与数据计算

第 7 章

Excel 数据的排序、筛选与汇总

第 8 章

Excel 图表与透视表的应用

第 9 章

Excel 数据预算与分析

第 10 章

Excel 数据共享与高级应用

第 11 章

PowerPoint 幻灯片的编辑与设计

第 12 章

PowerPoint 幻灯片的动画设计与放映

Word 办公文档的录入与编排

内容导读

Word 2019 是 Microsoft 公司推出的一款强大的文字处理软件，使用该软件可以轻松地输入和编排文档。本章通过制作劳动合同和公司年度员工培训方案，介绍 Word 2019 文档编辑和排版的功能。

知识要点

- Word 文档的基本操作
- 替换与查找的应用技巧
- 制表符的排版应用
- 段落格式的设置
- 页眉 / 页脚的设置技巧
- 目录的设置技巧

案例展示

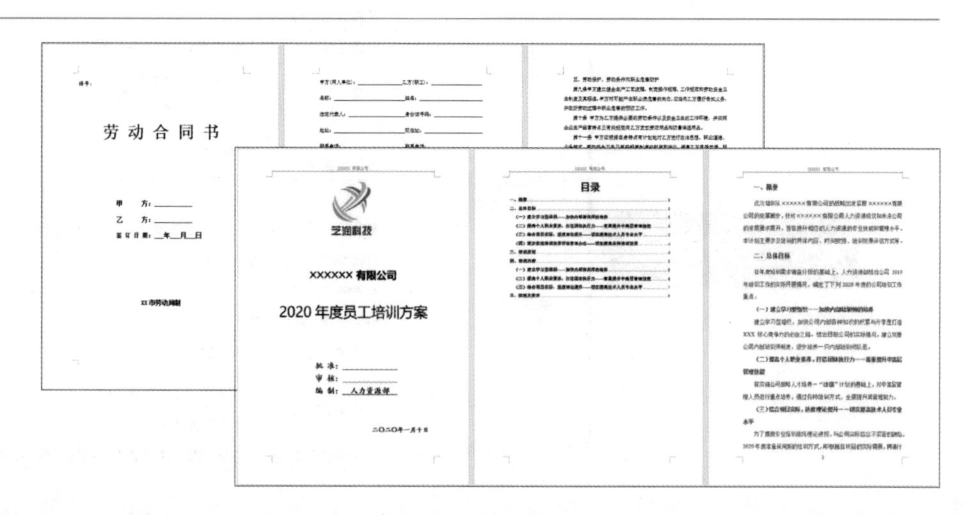
劳 动 合 同 书

XXXXXX 有限公司

2020 年度员工培训方案

目录

1.1 制作“劳动合同”

案例说明

劳动合同是公司常用的文档资料之一。一般情况下，企业既可以采用劳动行政部门制作的格式文本，也可以在遵循劳动法律法规的前提下，根据自身情况，制定合理、合法、有效的劳动合同。本节使用 Word 的文档编辑功能，详细介绍制作劳动合同类文档的具体步骤。

“劳动合同”文档制作完成后的效果如下图所示。

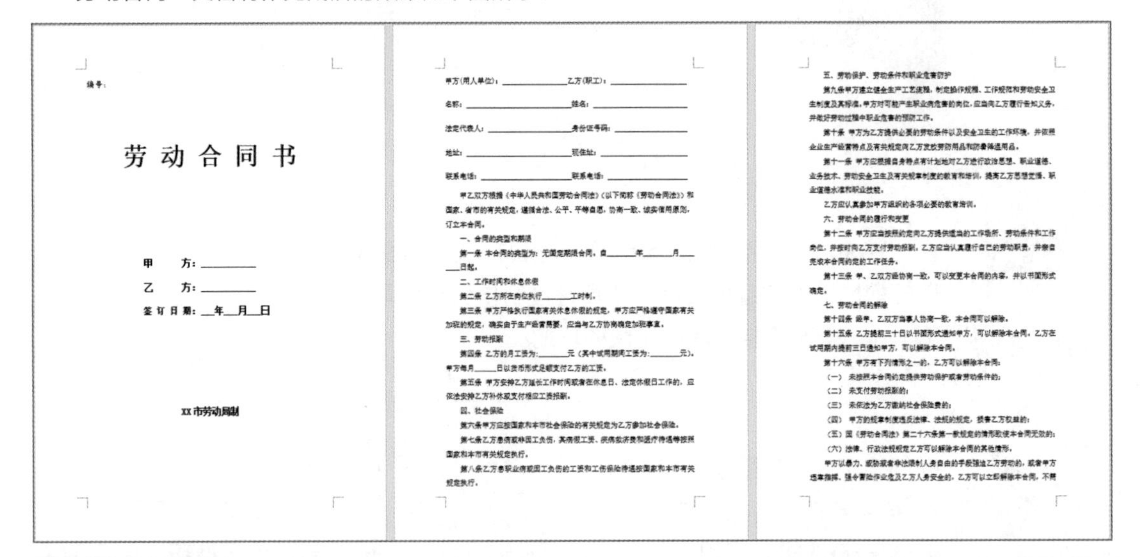

编号：

劳 动 合 同 书

甲　　方：________

乙　　方：________

签 订 日 期：___年___月___日

XX市劳动局制

甲方(用人单位)：____________乙方(职工)：____________

名称：____________姓名：____________

法定代表人：____________身份证号码：____________

地址：____________现住址：____________

联系电话：____________联系电话：____________

甲乙双方根据《中华人民共和国劳动合同法》(以下简称《劳动合同法》)和国家、省市的有关规定，遵循合法、公平、平等自愿，协商一致、诚实信用原则，订立本合同。

一、合同的类型和期限

第一条 本合同的类型为：无固定期限合同，自______年______月______日起。

二、工作时间和休息休假

第二条 乙方所在岗位执行______工时制。

第三条 甲方严格执行国家有关休息休假的规定，甲方应严格遵守国家有关加班的规定，确实由于生产经营需要，应当与乙方协商确定加班事宜。

三、劳动报酬

第四条 乙方的月工资为:______元（其中试用期间工资为:______元）。甲方每月______日以货币形式足额支付乙方的工资。

第五条 甲方安排乙方延长工作时间或者在休息日、法定休假日工作的，应依法安排乙方补休或支付相应工资报酬。

四、社会保险

第六条甲方应按国家和本市社会保险的有关规定为乙方参加社会保险。

第七条乙方患病或非因工负伤，其病假工资、疾病救济费和医疗待遇等按照国家和本市有关规定执行。

第八条乙方患职业病或因工负伤的工资和工伤保险待遇按国家和本市有关规定执行。

五、劳动保护、劳动条件和职业危害防护

第九条甲方建立健全生产工艺流程，制定操作规程、工作规范和劳动安全卫生制度及其标准，甲方对可能产生职业病危害的岗位，应当向乙方履行告知义务，并做好劳动过程中职业危害的预防工作。

第十条 甲方为乙方提供必要的劳动条件以及安全卫生的工作环境，并依照企业生产经营特点及有关规定向乙方发放劳防用品和防暑降温用品。

第十一条 甲方应根据自身特点有计划地对乙方进行政治思想、职业道德、业务技术、劳动安全卫生及有关规章制度的教育和培训，提高乙方思想觉悟、职业道德水准和职业技能。

乙方应认真参加甲方组织的各项必要的教育培训。

六、劳动合同的履行和变更

第十二条 甲方应当按照约定向乙方提供适当的工作场所、劳动条件和工作岗位，并按时向乙方支付劳动报酬。乙方应当认真履行自己的劳动职责，并亲自完成本合同约定的工作任务。

第十三条 甲、乙双方经协商一致，可以变更本合同的内容，并以书面形式确定。

七、劳动合同的解除

第十四条 经甲、乙双方当事人协商一致，本合同可以解除。

第十五条 乙方提前三十日以书面形式通知甲方，可以解除本合同。乙方在试用期内提前三日通知甲方，可以解除本合同。

第十六条 甲方有下列情形之一的，乙方可以解除本合同：

（一） 未按照本合同约定提供劳动保护或者劳动条件的；

（二） 未支付劳动报酬的；

（三） 未依法为乙方缴纳社会保险费的；

（四） 甲方的规章制度违反法律、法规的规定，损害乙方权益的；

（五）因《劳动合同法》第二十六条第一款规定的情形致使本合同无效的；

（六）法律、行政法规规定乙方可以解除本合同的其他情形。

甲方以暴力、威胁或者非法限制人身自由的手段强迫乙方劳动的，或者甲方违章指挥、强令冒险作业危及乙方人身安全的，乙方可以立即解除本合同，不需

思路解析

劳动合同是企业与员工签订的用工协议，一般包括两个主体：一是用工单位；二是劳动者。例如，某公司最近进行招聘制度改革，要求行政主管制作一份新的劳动合同。其制作流程及思路如下。

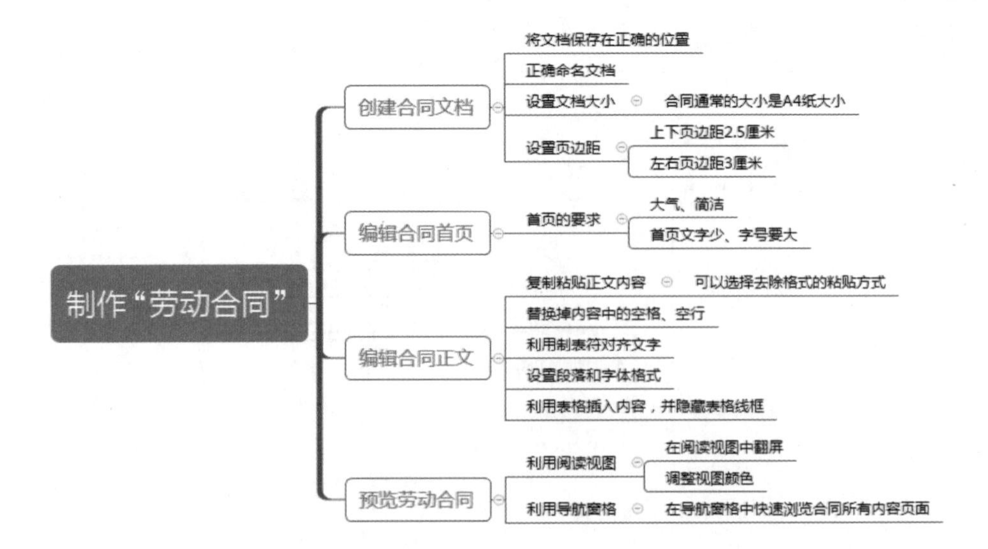

步骤详解

1.1.1 创建并设置“劳动合同”格式

在编排劳动合同前，首先需要创建一个“劳动合同”文档，并准确设置文档的格式以符合规范。

1. 新建空白文档

在编排文档前要养成习惯在正确的位置创建文档并命名，以防文档丢失。

第 1 步：新建文档。❶在将要保存文档的文件夹中，右击，从弹出的快捷菜单中选择“新建”选项；❷选择级联菜单中的“Microsoft Word 文档”选项。

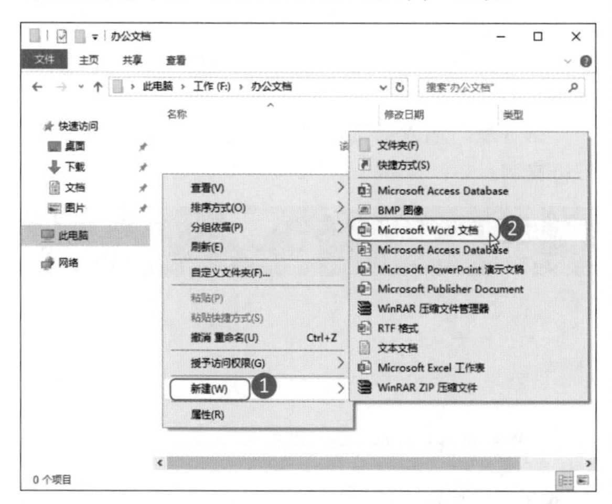

第 2 步：为文档命名。为成功创建的 Word 文档输入名称。

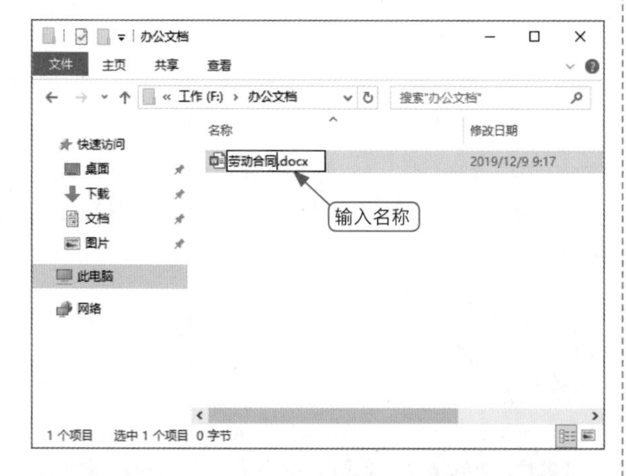

2. 设置页面大小

不同的文档对页面大小有不同的要求，在文档创建完成后，应根据需求对页面大小进行设置。通常情况下，劳动合同选择 A4 页面大小。

❶切换到“布局”选项卡，单击“纸张大小”下三角按钮；❷选择 A4 选项。

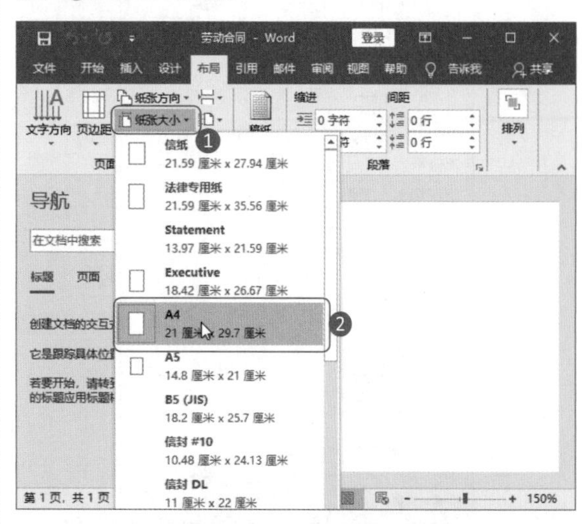

3. 设置页边距

页边距是指页面的边线到文字的距离，通常在页边距内输入文字或图形内容。一般来说，劳动合同的上下页边距通常是 2.5 厘米，左右页边距是 3 厘米。

第 1 步：打开“页面设置”对话框。❶单击“页边距”下三角按钮；❷从下拉菜单中选择“自定义页边距”选项。

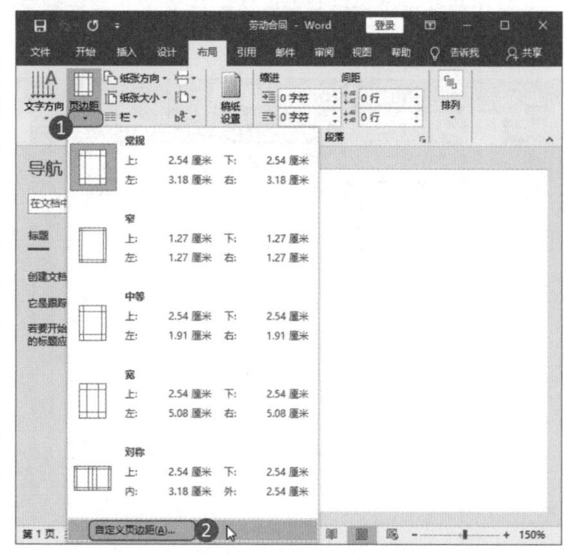

第 2 步：设置页边距。❶在“页面设置”对话框中，

输入页面边距的数值，上下为“2.5 厘米”，左右为“3 厘米”；❷单击“确定”按钮。

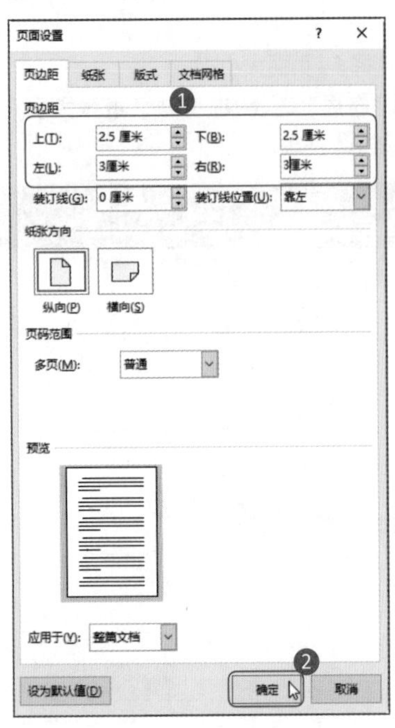

1.1.2 编辑“劳动合同”首页

“劳动合同”的文档基本格式设置完成后，就可以开始编辑合同的首页了。首页的内容应该说明文档的性质，格式要简洁大气。在输入内容时，一部分内容输入完成需要换行，再输入另外一部分的内容。

1. 输入首页内容

第 1 步：定位光标并输入第一行文字。将光标置于页面左上方，输入第一行文字。

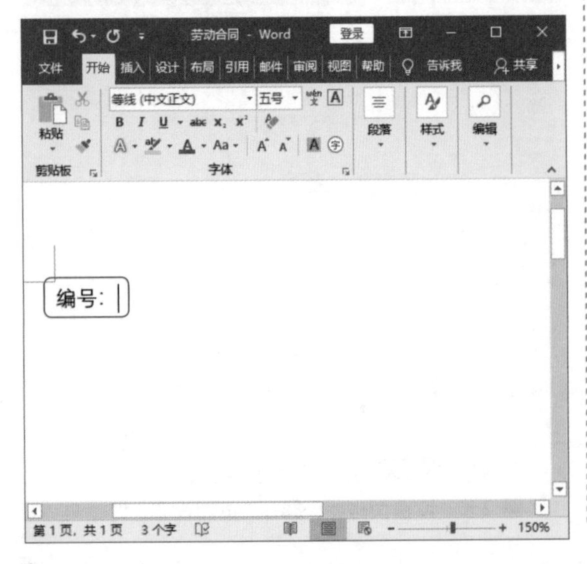

第 2 步：按 Enter 键换行。第一行字输入完成后，按 Enter 键换行。

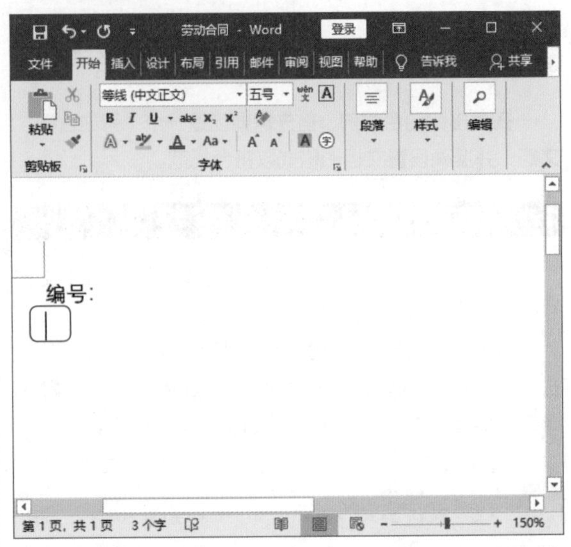

第 3 步：输入第二行文字。完成换行后，输入第二行文字。

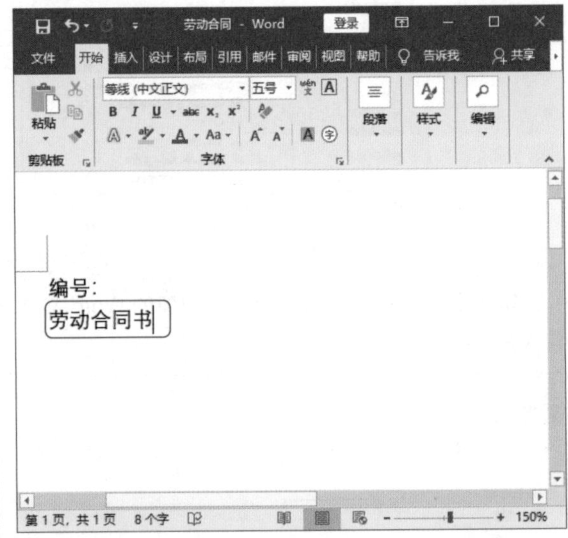

第 4 步：完成首页内容输入。按照同样的方法，完成首页内容输入。

按 Enter 键换行称为硬换行，按 Enter+Shift 组合键换行称为软换行。硬换行的效果是分段，换行后新输入的是另一段内容。而软换行的效果只是换行不换段，类似于首行缩进这样的段落格式，对软换行后输入的文字是无效的。

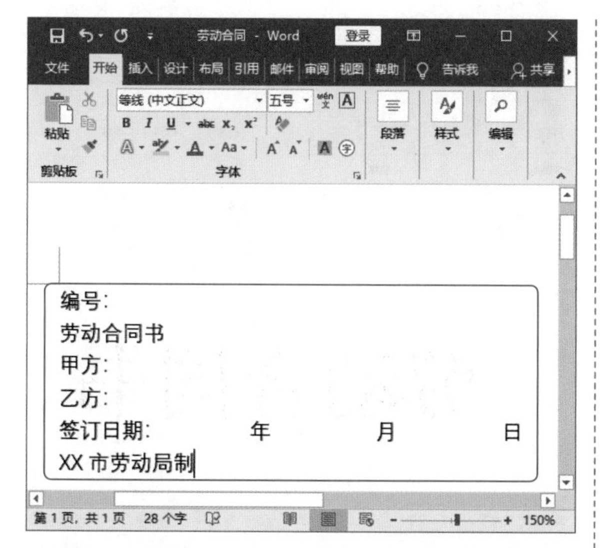

2. 编辑“编号”文字的格式

输入首页内容后，接下来设置“编号”文字的格式，包括字体、字号、行距以及对齐方式等内容。在 Word 2019 的“开始”选项卡中，可以轻松完成字体和段落的格式设置。具体操作步骤如下。

第 1 步：设置字体格式。❶选择“编号”文字；❷单击“开始”选项卡；❸在“字体”组中将“字体”设置为“仿宋”；❹将字号设置为“四号”。

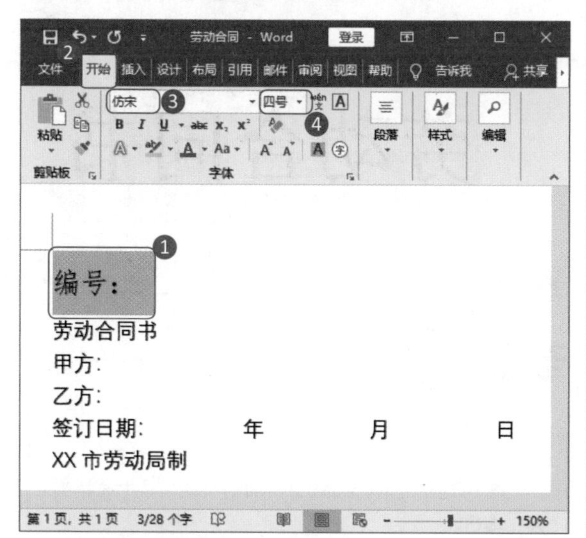

第 2 步：设置行距。❶选择“编号”文字；❷在“开始”选项卡“段落”组中单击“行和段落间距”按钮；❸在弹出的下拉列表中选择 3.0 选项，此时即可将所选文字的行距设置为 3 倍行距。

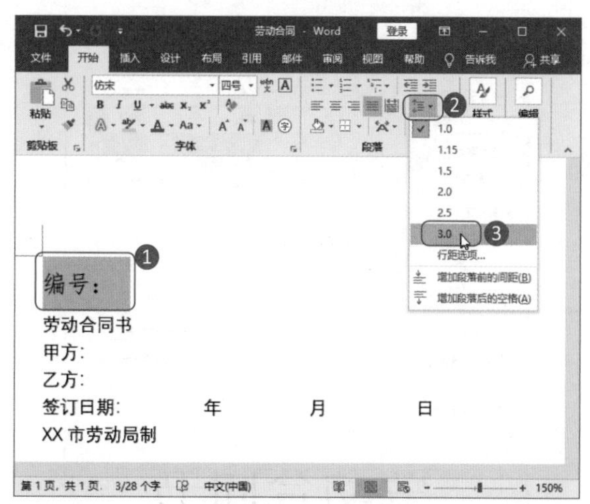

3. 设置标题格式

一篇文档的首页标题，通常采用大字号字体进行设置，如黑体、华文中宋等。接下来，在 Word 2019 中设置“劳动合同书”文本的字体格式、段落间距、行距，以及字体宽度等。具体操作步骤如下。

第 1 步：打开“字体”对话框。❶选择标题“劳动合同书”；❷单击“开始”选项卡；❸在“字体”组中单击“对话框启动器”按钮。

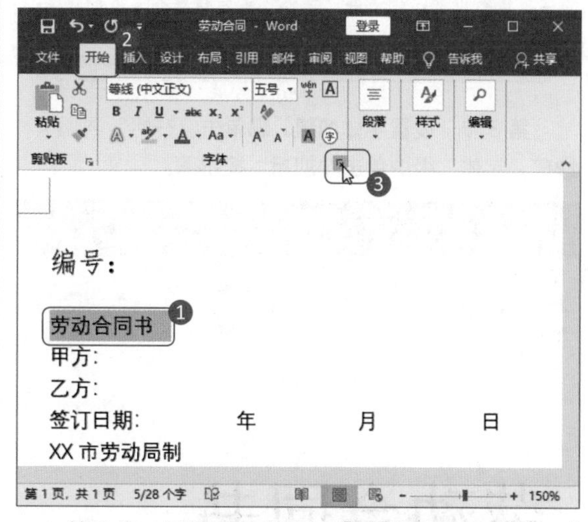

第 2 步：设置字体格式。❶在弹出的“字体”对话框中将“中文字体”设置为“宋体”；❷将“字形”设置为“常规”；❸将字号设置为“初号”；❹单击“确定”按钮。

设置字体格式也可以直接在“开始”选项卡下“字体”组中进行设置，但是在“字体”对话框中有更多的设置选项。

第 3 步：设置字体加粗。❶单击“开始”选项卡；❷在“字体”组中单击“加粗”按钮 B。

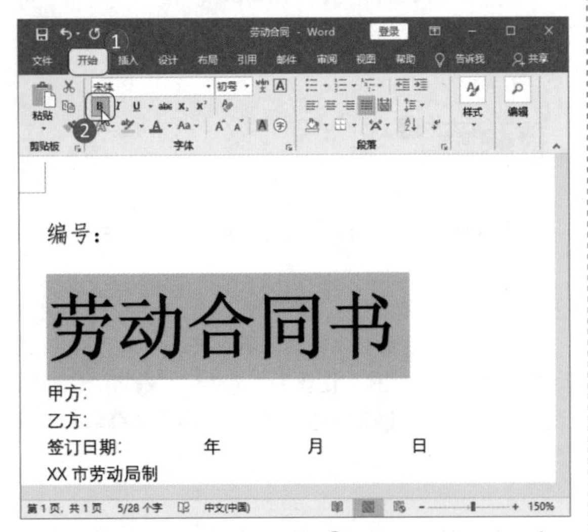

第 4 步：设置对齐方式。❶单击“开始”选项卡；❷在“段落”组中单击“居中”按钮 ≡。

第 5 步：打开“段落”对话框。❶单击“开始”选项卡；❷在“段落”组中单击“对话框启动器”按钮 ⌞。

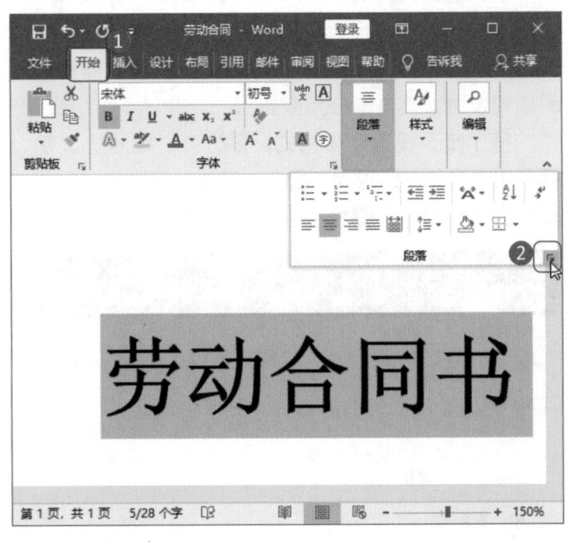

专家点拨

启动“段落”对话框的方法，通常有以下两种。

（1）选中文本，右击，在弹出的快捷菜单中选择“段落”选项。

（2）选中文本，单击“开始”选项卡“段落”组中的“对话框启动器”按钮 ⌞。

第 6 步：设置行距、间距。❶在弹出的“段落”对话框中，默认切换到“缩进和间距”选项卡；❷将“行距”设置为“1.5 倍行距”；❸将间距的“段前”设置

为“4 行”，“段后”设置为“4 行”；❹单击“确定”按钮。

第 7 步：打开“设置宽度”对话框。❶单击“开始”选项卡；❷在“段落”组中单击“中文版式”按钮；❸在弹出的下拉列表中选择“调整宽度”选项。

第 8 步：设置文字宽度。❶在弹出的“调整宽度”对话框中，将“新文字宽度”设置为“7 字符”；❷单击“确定”按钮。

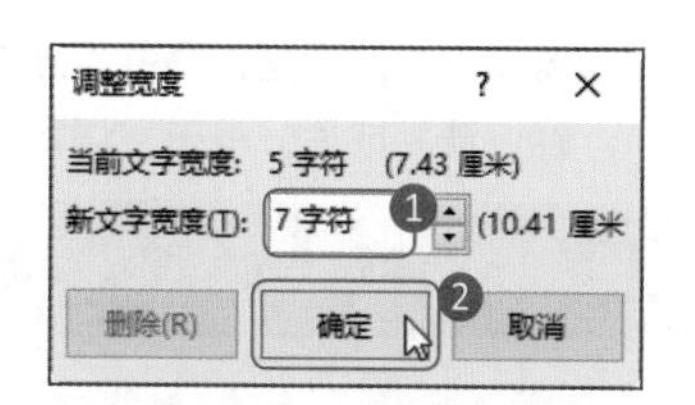

4. 设置首页其他内容格式

正规的劳动合同首页通常包括签订劳动合同的甲乙双方信息、签订时间以及印制单位等。接下来设置这些项目的字体和段落格式，使其更加整齐、美观。具体操作步骤如下。

第 1 步：设置字体格式。将所有项目的“字体”设置为“宋体”，将“字号”设置为“三号”，并加粗显示。

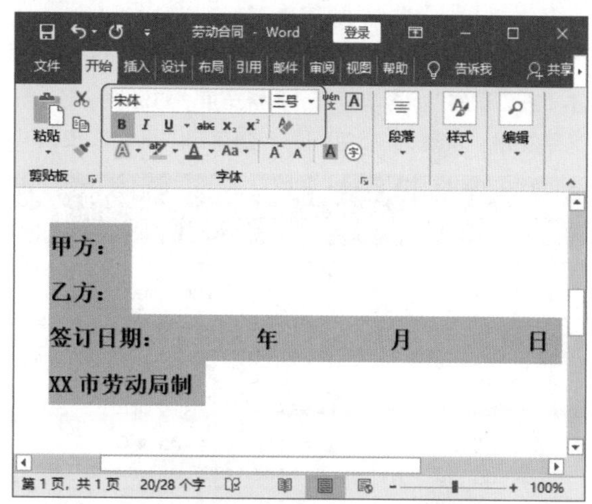

第 2 步：调整文字缩进。❶选中所有项目；❷在“段落”组中不断单击“增加缩进量”按钮，即可将所选文字以一个字符为单位向右侧缩进。

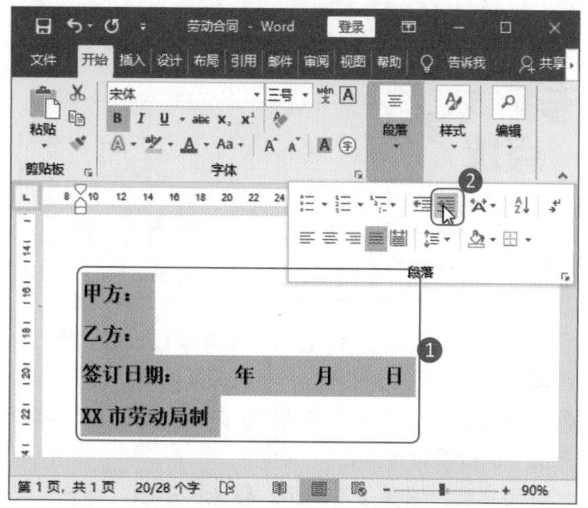

第 3 步：设置“甲方”文字宽度。❶按照前文所

示方法打开“调整宽度”对话框，设置“新文字宽度”为“5 字符”；❷设置完成后，单击“确定”按钮。

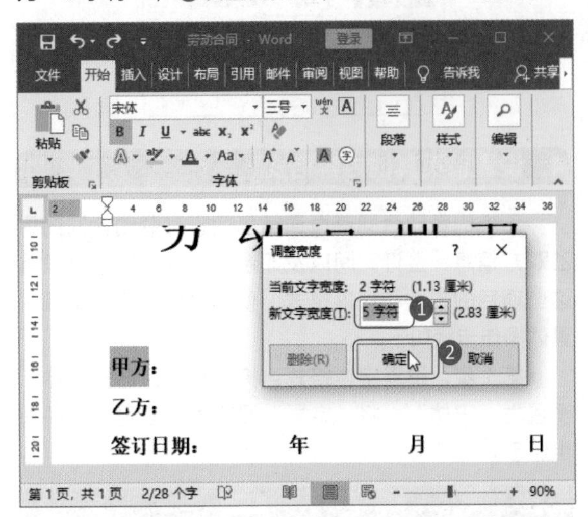

第 4 步：设置“签订日期”文字宽度。❶选择文本“签订日期”，再次打开“调整宽度”对话框，将“新文字宽度”设置为“5 字符”；❷单击“确定”按钮。

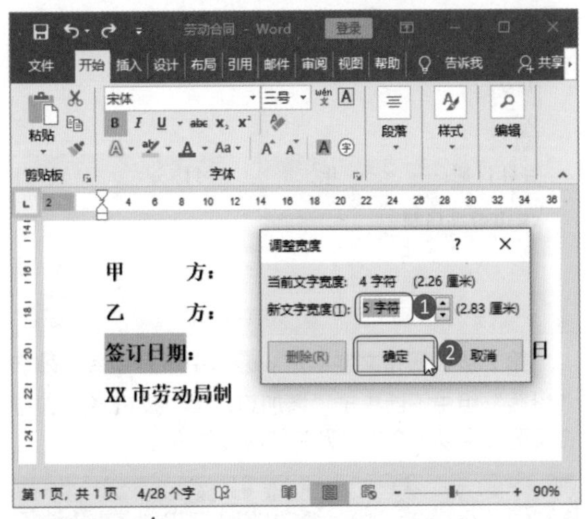

在设置字体格式时，如果能找到范本，那么可以通过“格式刷”把范本上的文字格式复制到目标文档中，实现格式的快速调整。

第 5 步：调整行距。❶选中所有项目，在“开始”选项卡的“段落”组中单击“行和段落间距”按钮；❷在弹出的下拉列表中选择 2.5 选项，此时即可将所选文本的行距设置为 2.5 倍行距。

第 6 步：设置段前间距。❶选择标题“甲方”所在的行；❷单击“布局”选项卡；❸在“段落”组中将“段前”间距设置为“8 行”。

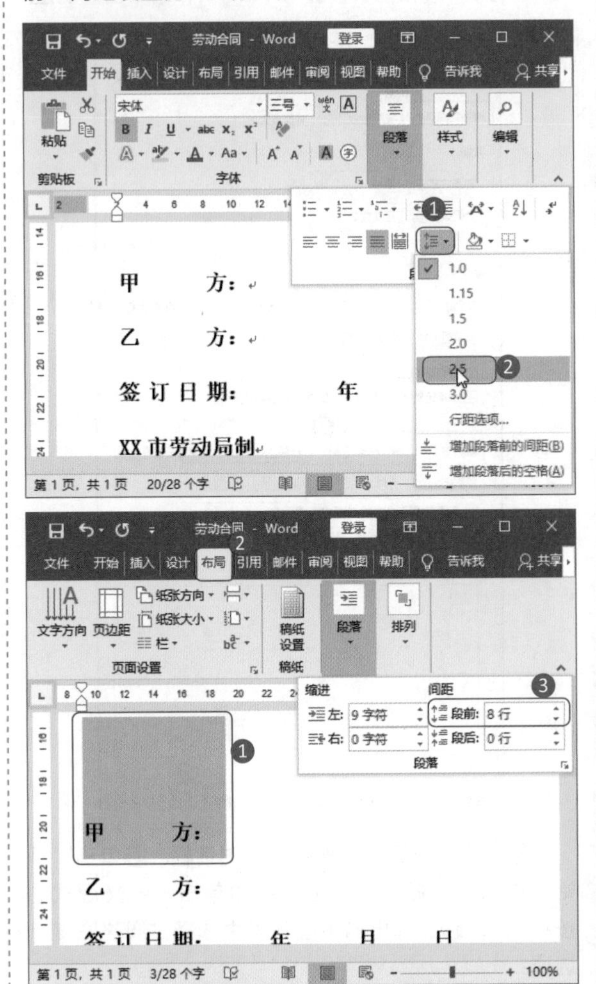

第 7 步：设置段后间距。❶选择“签订日期”所在的行；❷单击“布局”选项卡；❸在“段落”组中将“段后”间距设置为“8 行”。

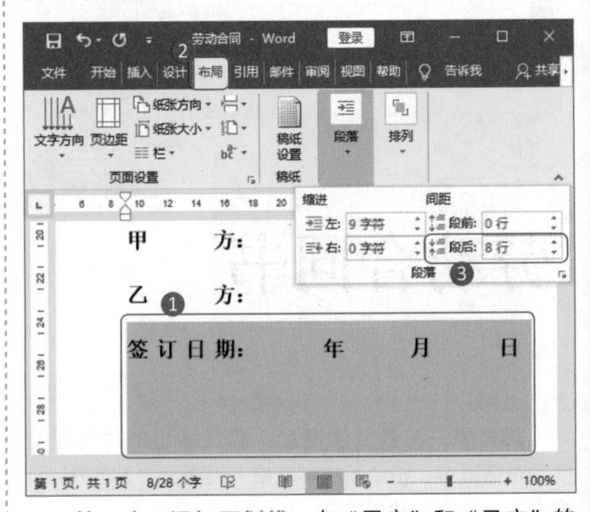

第 8 步：添加下划线。在“甲方”和“乙方”的

右侧添加合适的空格，选中这些空格，❶单击“开始”选项卡；❷在“段落”组中单击“下划线”按钮 U ，即可为选中的空格加上下划线。

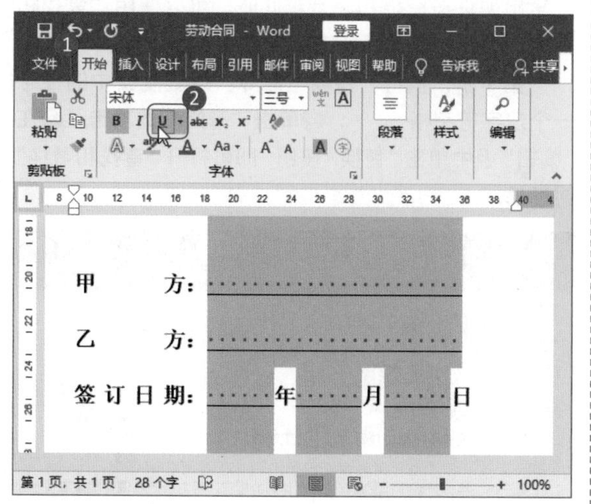

问：为文字尾部的空格添加下划线，为什么有的文档能显示下划线，有的文档却不能显示？

答：为文字尾部的空格添加下划线，有时候文档不显示下划线，是因为格式设置没有让尾部的下划线显示下划线。解决方法：单击“文件”按钮，再单击菜单中的“选项”按钮，打开“Word 选项”对话框后，切换到“高级”选项卡，在“版式选项”菜单中勾选“为尾部空格添加下划线”复选框，单击“确定”按钮后，文档即可显示文字尾部的下划线。

第 9 步：设置段落缩进。❶选择合同印制单位所在的行；❷单击“布局”选项卡；❸在“段落”组中将“左”缩进设置为“0 字符”。

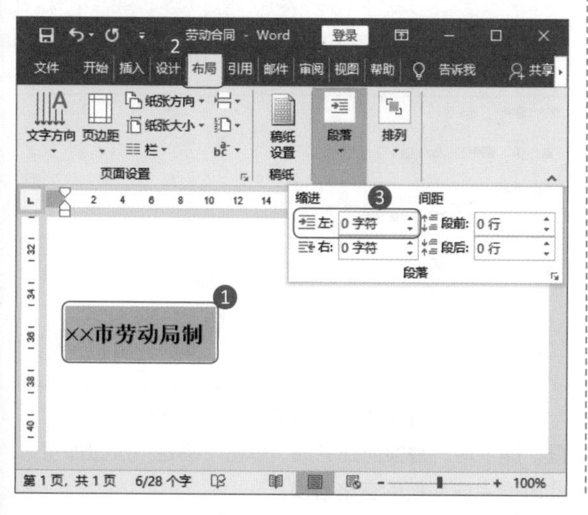

第 10 步：设置对齐方式。❶选择合同印制单位所在的行；❷单击“开始”选项卡；❸单击“段落”组中的“居中”按钮 ≡。

第 11 步：查看合同首页效果。操作到这里，劳动合同首页就设置完成了。此时可以查看完成制作的合同首页。

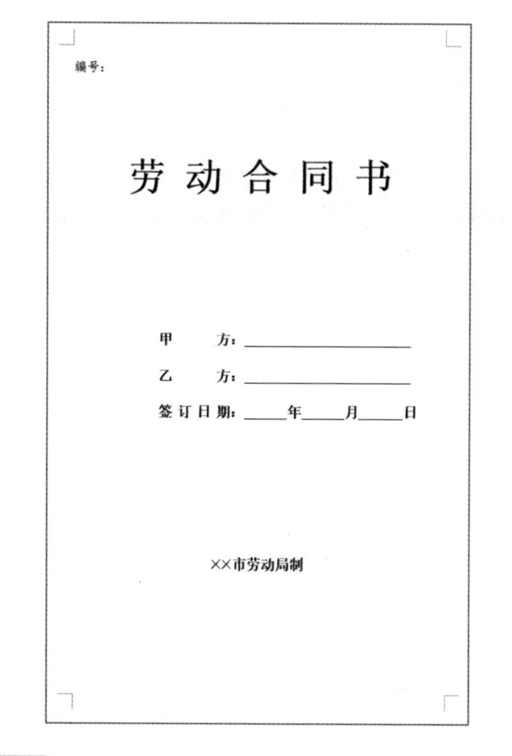

1.1.3 编辑“劳动合同”正文

“劳动合同”首页制作完成后，就可以录入文档内容了。在录入内容时，需要对内容进行排版设置，以及灵活使用“格式刷”进行格式设置。

1. 复制和粘贴文本

在录入和编辑文档内容时，有时需要从外部文件或其他文档中复制一些文本内容。例如，本例中将从素材文本文件中复制劳动合同内容到 Word 中进行编辑，这就涉及文本内容的复制与粘贴操作。具体操作步骤如下。

第 1 步：复制文本。在记事本中打开“素材文件 \ 第 1 章 \ 劳动合同内容 .txt”文件。按 Ctrl+A 组合键全选文本内容，按 Ctrl+C 组合键复制所选内容。

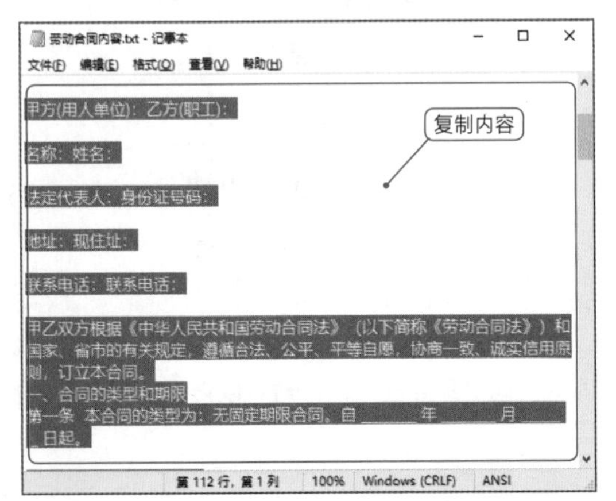

第 2 步：粘贴文本。将文本插入点定位于 Word 文档末尾，按 Ctrl+V 组合键，即可将复制的内容粘贴到文档中。

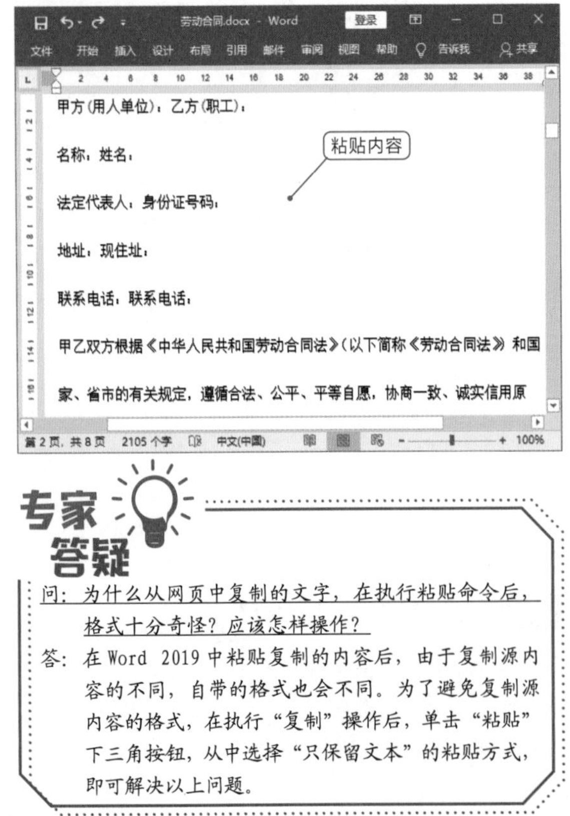

专家答疑

问：为什么从网页中复制的文字，在执行粘贴命令后，格式十分奇怪？应该怎样操作？

答：在 Word 2019 中粘贴复制的内容后，由于复制源内容的不同，自带的格式也会不同。为了避免复制源内容的格式，在执行“复制”操作后，单击“粘贴”下三角按钮，从中选择“只保留文本”的粘贴方式，即可解决以上问题。

2. 查找和替换空格、空行

从其他文件向 Word 文档中复制和粘贴内容时，经常出现许多空格和空行。此时，可以使用“查找和替换”命令，批量替换或删除这些空格、空行。

第 1 步：执行“替换”命令。❶复制文中的任意一个汉字符空格“　”；❷单击“开始”选项卡；❸在“编辑”组中单击“替换”按钮，即可打开“查找和替换”对话框。

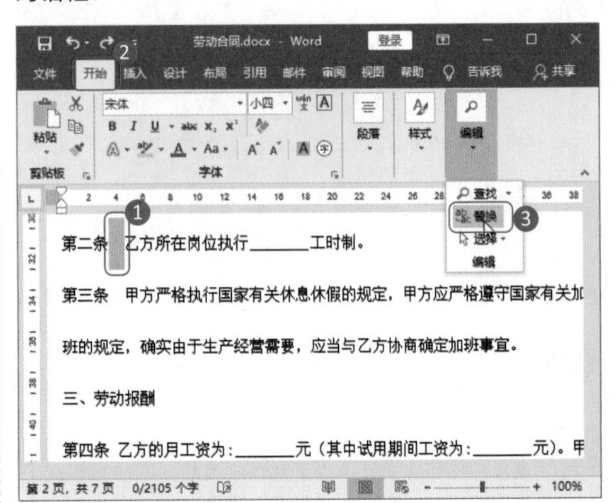

第 2 步：设置替换内容，并实行替换。❶在“查找内容”文本框中粘贴复制文中的任意一个汉字符空格“　”；❷在“替换为”文本框中输入一个空格“ ”；❸单击“全部替换”按钮。

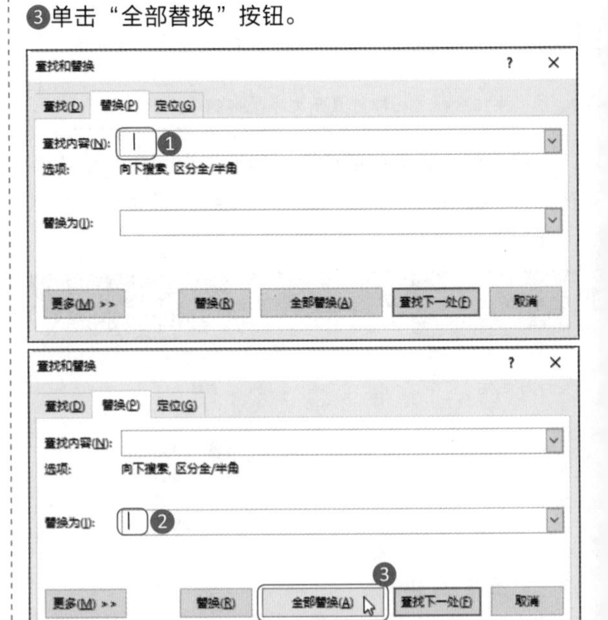

第 3 步：完成替换。弹出“Microsoft Word”对话框，提示用户替换全部完成，单击“确定”按钮即可。此时便完成文档的空格替换。

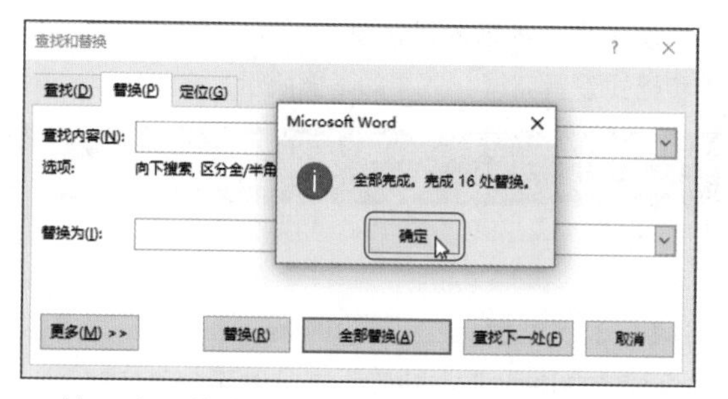

第 4 步：替换空行。再次打开“查找和替换”对话框，❶在“查找内容”文本框中输入“^p^p”；❷在“替换为”文本框中输入“^p”；❸单击“全部替换”按钮。

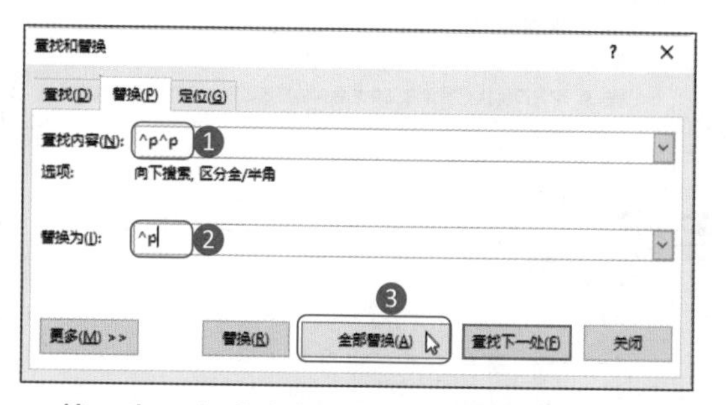

第 5 步：完成空行替换。在弹出的“Microsoft Word”对话框中，提示用户替换全部完成，单击“确定”按钮即可。

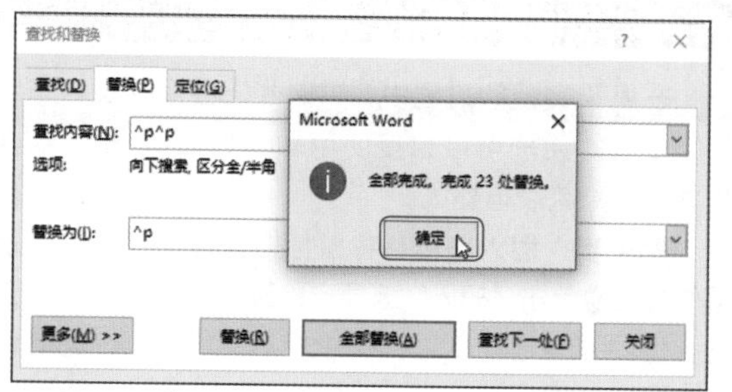

在对文档内容进行查找或替换时，如果所查找的内容或所需要替换为的内容中包含特殊格式，如段落标记、手动换行符、制表符、分节符等编辑标记之类的特定内容，均可使用“查找和替换”对话框中的“特殊格式”按钮菜单进行选择。

3. 使用制表符进行精确排版

对 Word 文档进行排版时，要对不连续的文本列进行整齐排列，可以使用制表符进行快速定位和精确排版。

第 1 步：移动制表符位置。将鼠标指针移动到水平标尺上单击，即可为文档添加制表符，此时按住鼠标左键不放，可以左右移动确定制表符的位置。

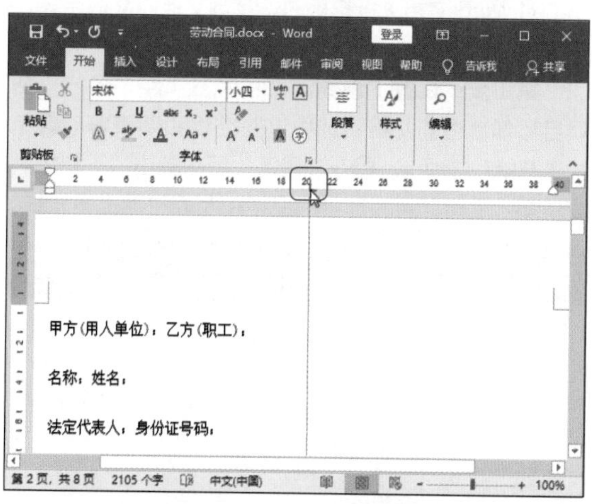

第 2 步：定位制表符位置。❶释放鼠标左键后，会出现一个“左对齐式制表符”符号 └；❷将光标定位到文本“乙方”之前，然后按下 Tab 键，此时，光标之后的文本自动与制表符对齐；❸使用同样的方法，用制表符定位其他文本。

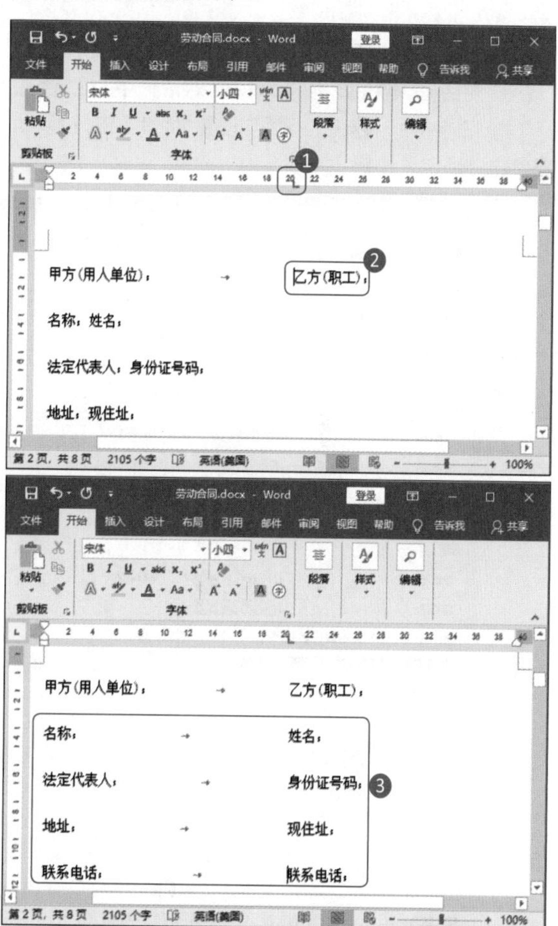

4. 设置字体和段落格式

对 Word 文档进行排版时，要对文档内文的字体、行距等进行设置。

第 1 步：设置下划线。在“甲方”和“乙方”各项目添加合适的空格，选中这些空格和制表符。❶单击“开始”选项卡；❷在“段落”组中单击“下划线”按钮 ，此时即可为选中的空格和制表符加上下划线。

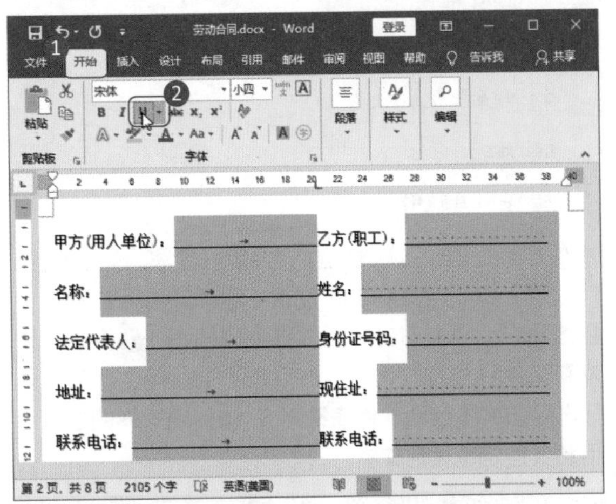

第 2 步：设置段落格式。选中所有正文，打开“段落”对话框，❶在弹出的“段落”对话框中，设置“首行”为“2 字符”；❷将“行距”设置为“1.5 倍行距”；❸单击“确定”按钮。

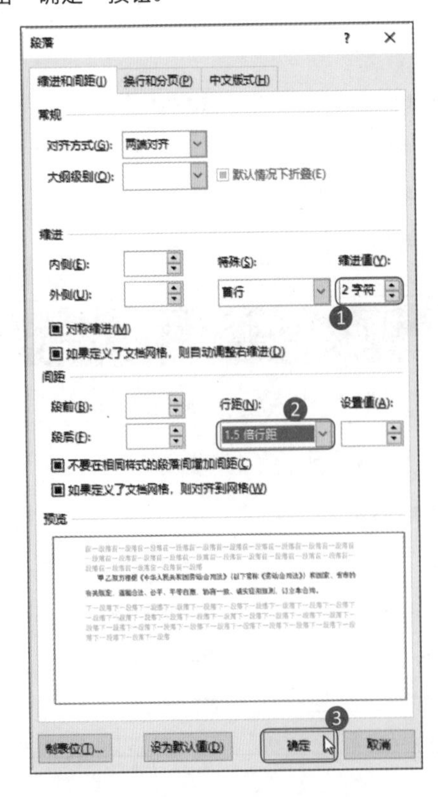

第 3 步：查看设置效果。此时劳动合同内文的字体和格式设置完毕，效果如下图所示。

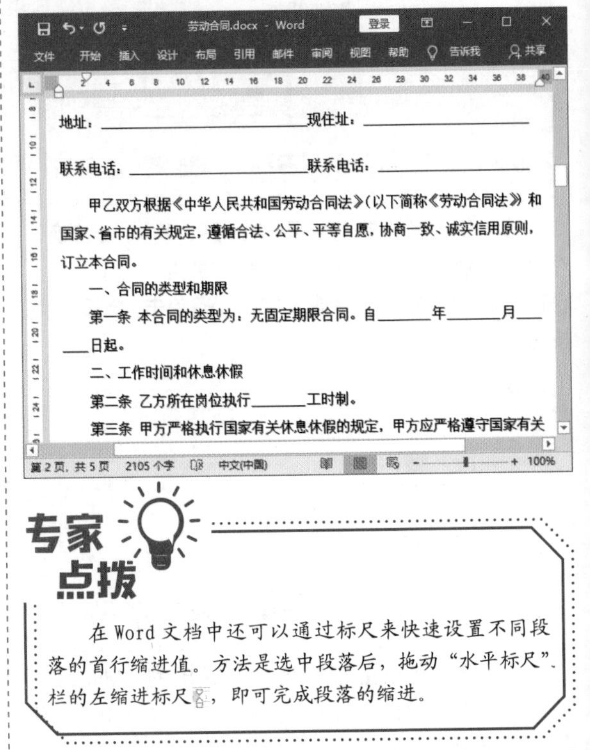

专家点拨

在 Word 文档中还可以通过标尺来快速设置不同段落的首行缩进值。方法是选中段落后，拖动“水平标尺”栏的左缩进标尺，即可完成段落的缩进。

5. 插入和设置表格

在编辑文档的过程中，有时候还会用到表格来定位文本列。用户可以直接使用 Word 插入表格，输入文本，并隐藏表格框线。

第 1 步：插入表格。将鼠标指针定位在文档的结尾位置。❶单击“插入”选项卡；❷单击“表格”按钮，在弹出的“表格”下拉列表中拖选 1 行 3 列，此时即可在文档中插入一个 1 行 3 列的表格。

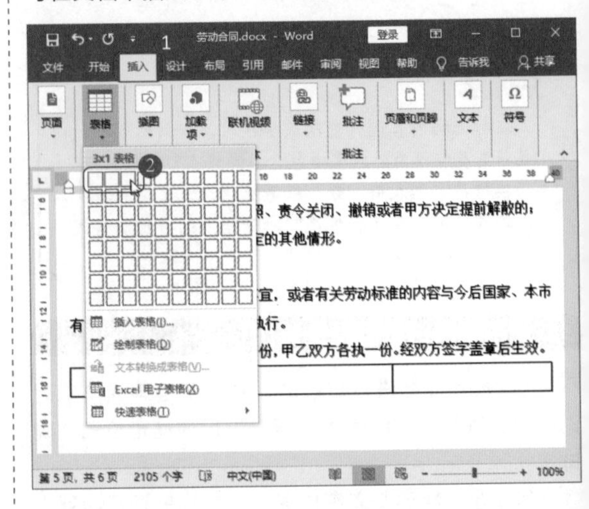

如果需要插入的表格行数列数较多，可以选择“插入表格”选项，通过直接输入行数和列数的数值来创建表格。

第 2 步：输入表格内容。在表格中，输入内容，并设置字体和段落格式。

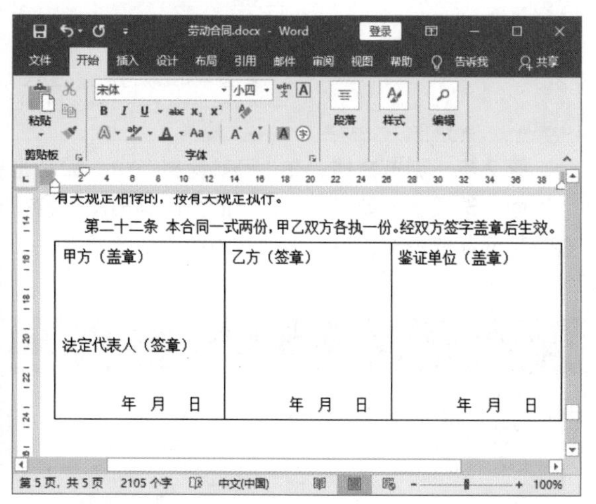

第 3 步：隐藏表格线。❶选中表格，单击“开始”选项卡；❷在“段落”组中单击“边框”按钮；❸在弹出的下拉列表中选中“无框线”选项。此时，表格的实框线就被删除了，如下图所示。

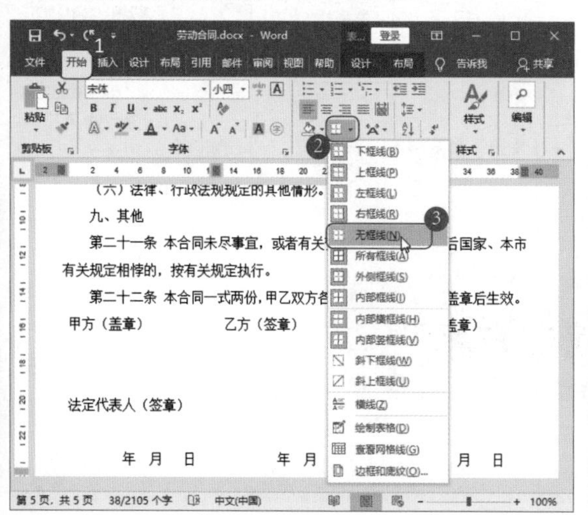

1.1.4 预览“劳动合同”

在编排完文档后，通常需要查看文档排版后的整体效果。本小节将以不同的方式对劳动合同文档进行查看。

1. 使用阅读视图预览合同

Word 2019 提供了全新的视图，进入 Word 2019 的阅读视图模式后，单击左右的箭头按钮即可完成翻屏。此外，Word 2019 阅读视图模式中提供了三种页面颜色，方便用户在各种环境上舒适阅读。

第 1 步：进入阅读视图状态。❶单击“视图”选项卡；❷单击“视图”组中的“阅读视图”按钮。

第 2 步：翻屏阅读。进入阅读视图状态，单击左右的箭头按钮即可完成翻屏。

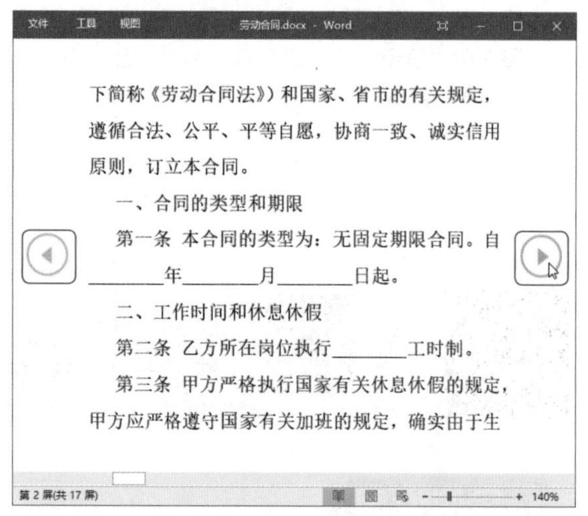

第 3 步：设置页面颜色。❶单击“视图”选项卡；❷在弹出的级联菜单中执行“页面颜色－褐色”命令。

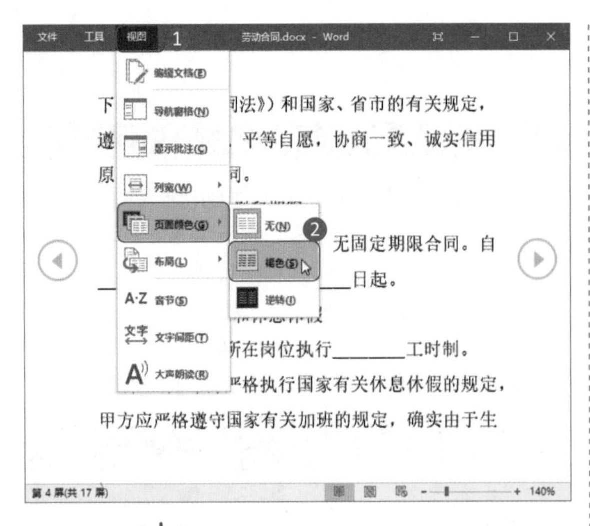

在阅读视图下预览完毕可以按 Esc 键退出预览，或者单击页面右下方的“页面视图”按钮，返回到页面视图编辑状态下。

2. 使用“导航窗格”

Word 2019 提供了可视化的“导航窗格”功能。使用“导航窗格”可以快速查看文档结构图和页面缩略图，从而帮助用户快速定位文档位置。

第 1 步：打开“导航窗格”。❶单击“视图”选项卡；❷选中“显示”组中的“导航窗格”复选框，即可调出“导航窗格”。

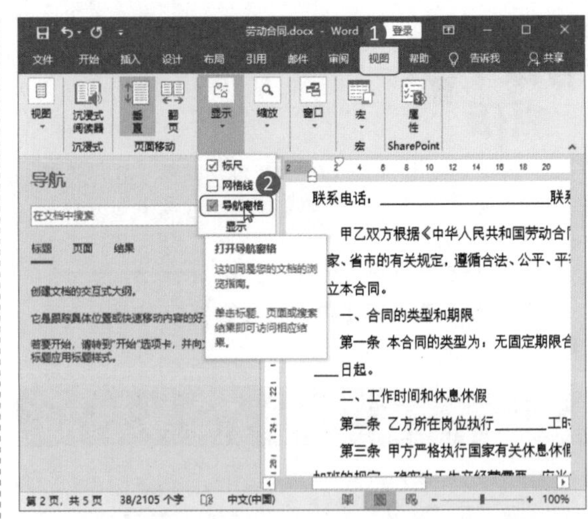

第 2 步：浏览文档。在“导航窗格”中，❶单击“页面”选项卡，即可查看文档的页面缩略图；❷在查看页面缩略图时，可以拖动右边的滑块查看文档，如下图所示。

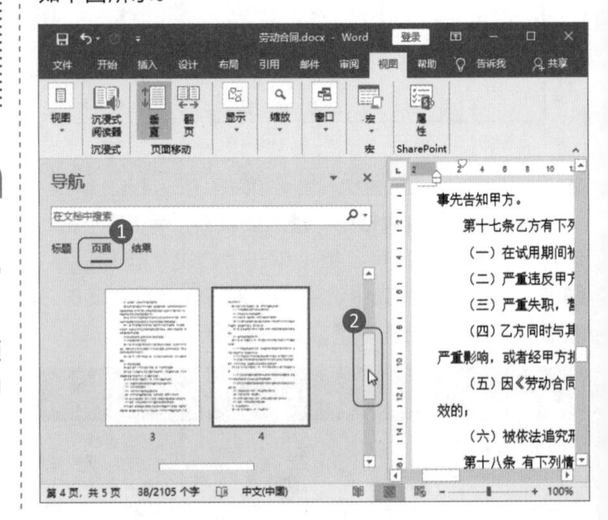

1.2 制作“员工培训方案”

案例说明

制订员工培训方案是公司人才培养重要的举措之一。员工培训方案主要包括培训目的、培训对象、培训课程、培训形式、培训内容以及培训预算等。本节在 Word 文档中编排公司的年度员工培训方案，主要讲解如何在文档中设置页眉、页码、生成目录等内容。

“员工培训方案”文档制作完成后的效果如下图所示。

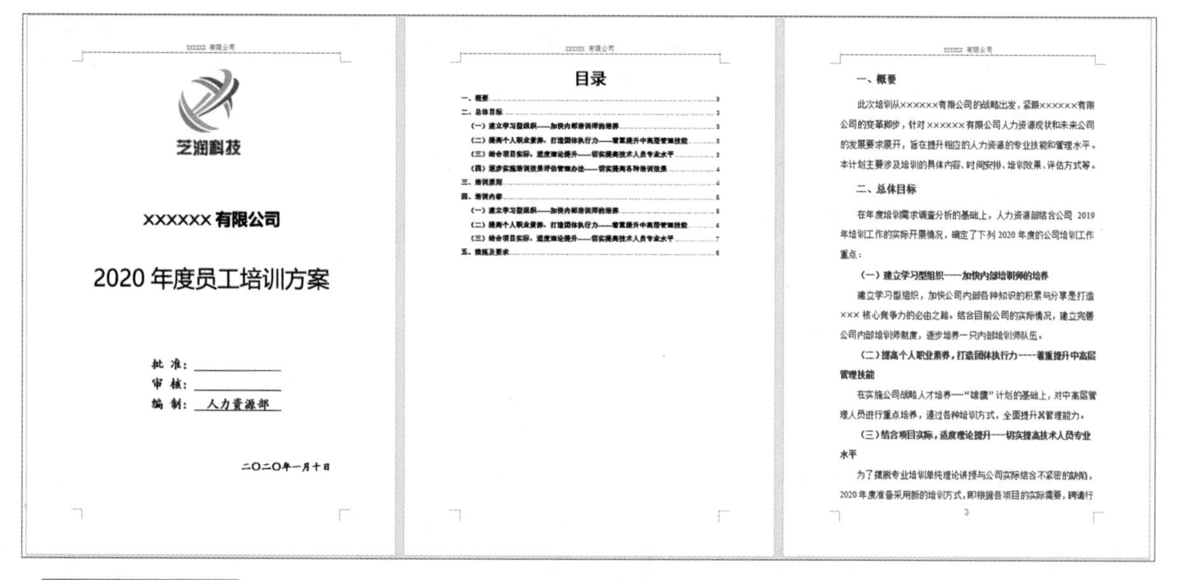

xxxxxx 有限公司

芝润科技

xxxxxx 有限公司

2020 年度员工培训方案

批 准：

审 核：

编 制：人力资源部

二〇二〇年一月十日

xxxxxx 有限公司

目录

xxxxxx 有限公司

一、概要

此次培训从××××××有限公司的战略出发，紧跟××××××有限公司的变革脚步，针对××××××有限公司人力资源现状和未来公司的发展要求展开，旨在提升相应的人力资源的专业技能和管理水平。本计划主要涉及培训的具体内容、时间安排、培训效果、评估方式等。

二、总体目标

在年度培训需求调查分析的基础上，人力资源部结合公司 2019 年培训工作的实际开展情况，确定了下列 2020 年度的公司培训工作重点：

（一）建立学习型组织——加快内部培训师的培养

建立学习型组织，加快公司内部各种知识的积累与分享是打造×××核心竞争力的必由之路。结合目前公司的实际情况，建立完善公司内部培训师制度，逐步培养一只内部培训师队伍。

（二）提高个人职业素养，打造团体执行力——着重提升中高层管理技能

在实施公司战略人才培养—“雄鹰”计划的基础上，对中高层管理人员进行重点培养，通过各种培训方式，全面提升其管理能力。

（三）结合项目实际，适度理论提升——切实提高技术人员专业水平

为了摆脱专业培训单纯理论讲授与公司实际结合不紧密的缺陷，2020 年度准备采用新的培训方式，即根据各项目的实际需要，聘请行

3

思路解析

员工培训方案是企业内部常用的一种文档，通常是由企业内部培训师制作。培训师在制作“员工培训方案”的文档时可以考虑在文档中添加上企业特有的标志。由于培训文档内容较长，通常需要设置目录，方便阅览。文档制作完成后，可能需要打印出来给参与培训的员工，此时就要注意打印时的注意事项了。其制作流程及思路如下。

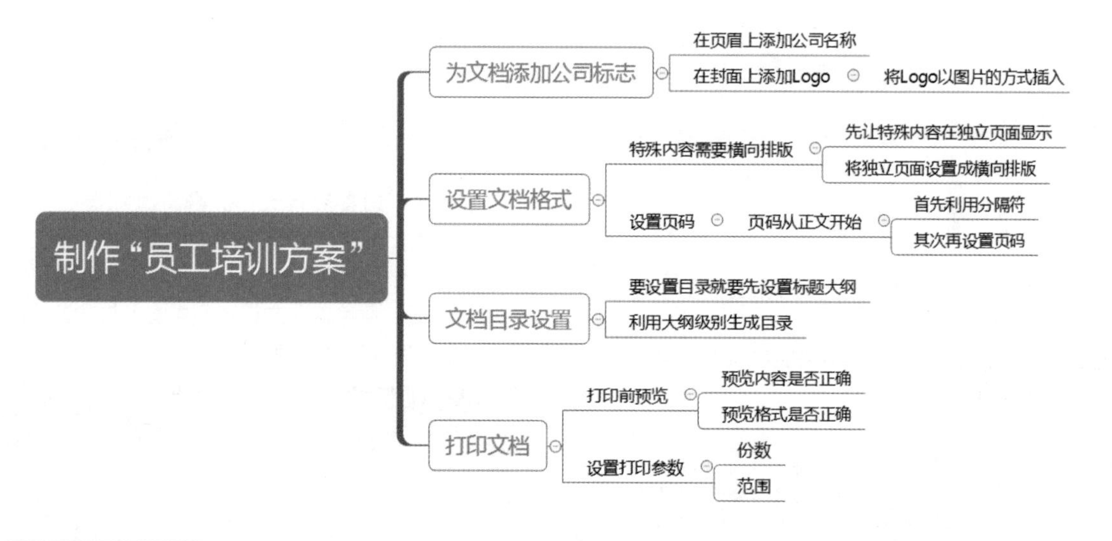

步骤详解

1.2.1 为“员工培训方案”添加公司标志

员工培训方案是企业中的正式文档，在文档建好后，应该在文档的封面、页眉和页脚处添加上公司名称、公司图标（Logo）等信息，以显示这是专属于某公司的培训方案。

1. 在页眉中添加上公司名称

为“员工培训方案”全文插入页眉“××××××有限公司”，字体格式设置为“宋体，五号”。具体操作步骤如下。

第 1 步：双击页眉。在页眉位置双击，此时即可进

入页眉和页脚编辑状态，并在页眉下方出现一条横线。

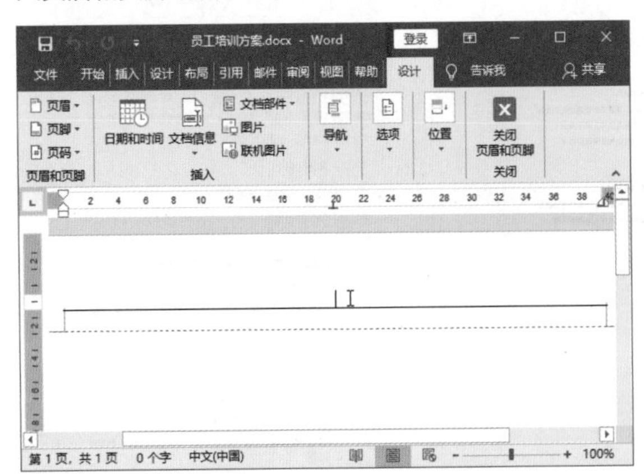

第 2 步：设置页眉内容。❶输入页眉“××××××有限公司”，并将字体格式设置为“宋体，五号”；❷完成页眉文字输入后，单击“关闭页眉和页脚”按钮，退出页眉编辑状态。

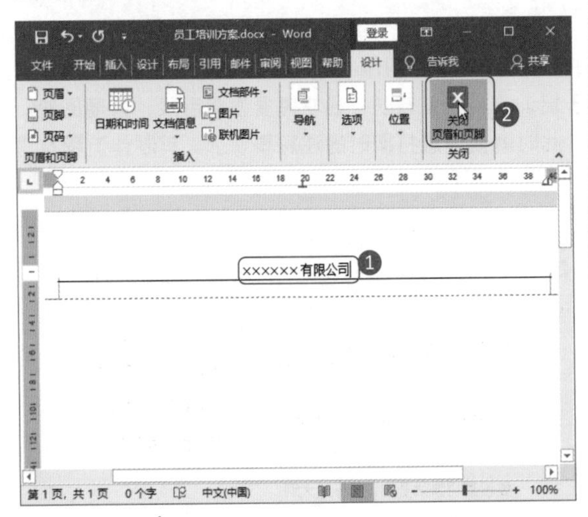

公司特有的文档通常会在页眉处写上公司的名称等信息，也可在页眉处添加图片类信息作为公司文档的标志。方法是进入页眉编辑状态，插入图片到页眉位置即可。

2. 在封面添加公司 Logo

公司 Logo 是反映企业形象和文化的标志。接下来在“员工培训方案”文档中插入公司 Logo，然后调整插入图片的大小和位置。具体操作步骤如下。

第 1 步：单击“图片”按钮。❶单击“插入”选项卡；❷单击“插图”组中的“图片”按钮。

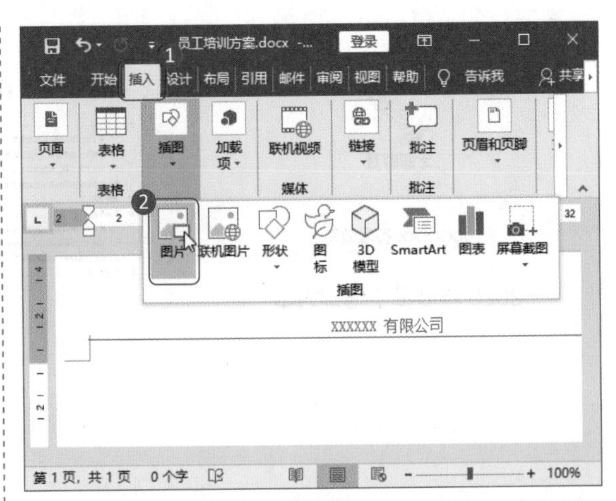

第 2 步：选择图片。弹出“插入图片”对话框，❶选择素材文件：“素材文件 \ 第 1 章 \LOGO.png”；❷单击“插入”按钮。

第 3 步：调整图片大小。❶将鼠标指针移动到图片右下角，当鼠标指针变成双向箭头时，按住鼠标左键拖动鼠标，实现对图片大小的调整；❷完成公司 Logo 插入后，便可以在文档封面中输入与员工培训相关的信息，完成封面的制作。

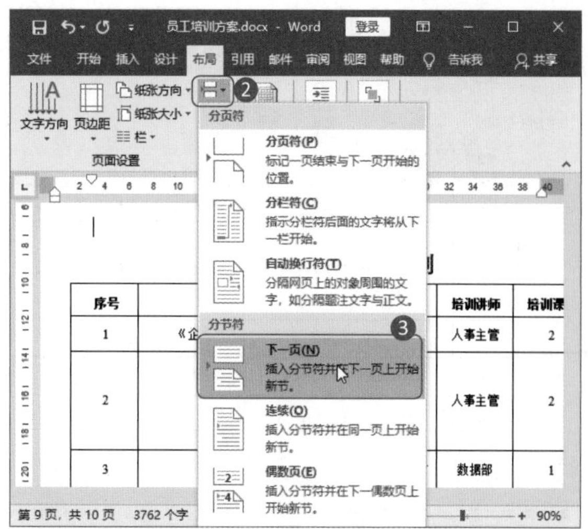

1.2.2 设置文档格式

完成“员工培训方案”的封面制作后，就可以输入正文内容了。关于正文内容段前和段后距离、缩进等格式的设置可以参照 1.1 节。本小节主要讲解页面的排版方向及页码的设置。

1. 设置横向排版

在 Word 文档的排版过程中，可能会遇到宽度特别大的表格，正常的纵向版面不能容纳。此时，可以使用 Word 的“分隔符”功能在表格的前、后方分别进行分页，让表格单独存在于一个页面中，然后再设置页面的横向排版。具体操作步骤如下。

第 1 步：在表格前插入分页符。❶将光标定位在表格前方的插入位置；❷单击“布局”选项卡下“页面设置”组中的“分隔符”按钮；❸在弹出的下拉列表选择“下一页”选项。

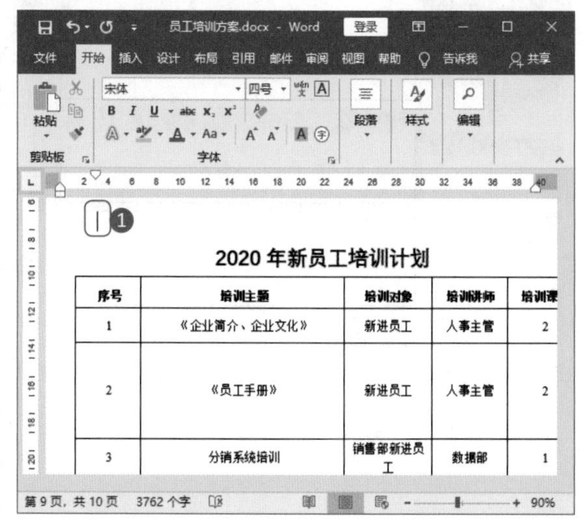

专家点拨

不同的分隔符有不同的作用，这里介绍几种常用的分隔符：分页符的作用是为特定内容分页；分栏符的作用是让内容在恰当的位置自动分栏，如让某内容出现在下栏顶部；换行符的作用是结束当前行，并让内容在下一个空行继续操作显示。

第 2 步：在表格后插入分页符。按照同样的方法，在表格后插入一个分页符。使表格完全独立存在于一个页面上，方便后面对页面方向的调整。

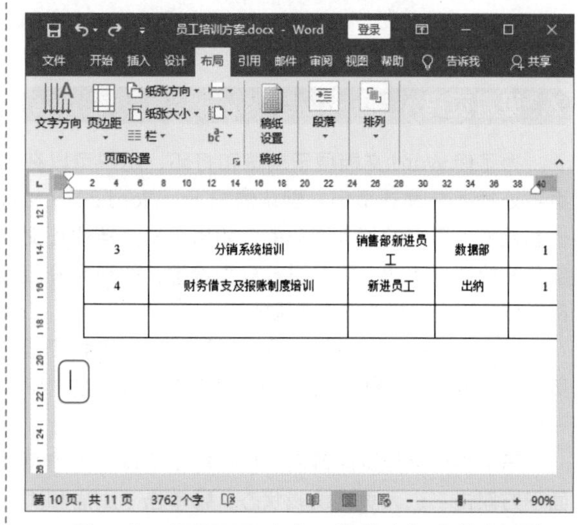

第 3 步：设置页面方向。❶将光标定位在表格后方的插入位置，单击“布局”选项卡；❷单击“页面设置”组中的“纸张方向”按钮；❸在弹出的下拉列表中选择“横向”选项。

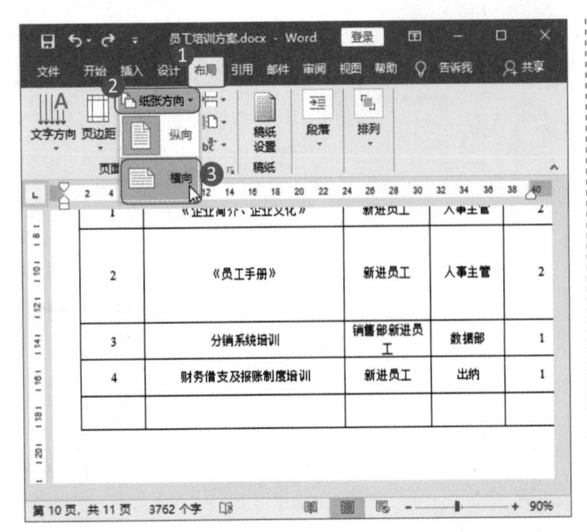

第 4 步：查看页面效果。此时，即可看到表格的横向排版效果，表格经过页面方向调整后，可以完全显示在页面中了。

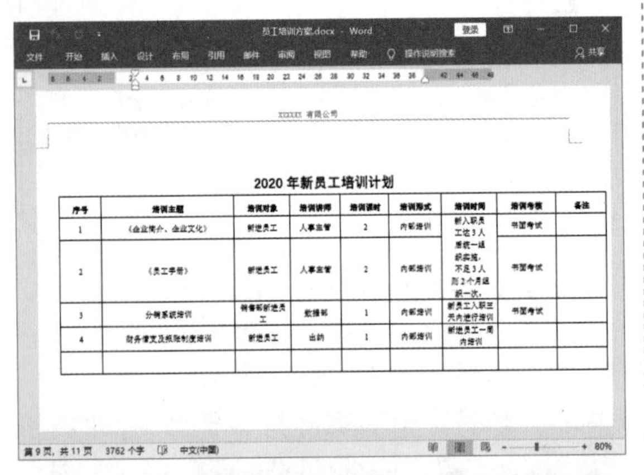

2. 设置页码

为了使 Word 文档便于浏览和打印，用户可以在页脚处插入并编辑页码。默认情况下，Word 2019 文档都是从首页开始插入页码的，如果想从文档的正文部分开始插入页码，需要进行分页设置，即利用分页符来隔断页码。具体操作步骤如下。

第 1 步：插入分页符。❶将光标放到不需要设置页码的页面末尾；❷选择“分隔符”下拉菜单中的“下一页”选项。

第 2 步：进行页面链接。❶在需要设置页码的页面下方双击，进入页脚编辑状态；❷单击“页眉和页脚工具－设计”选项卡下“导航”组中的“链接到前一节”按钮。

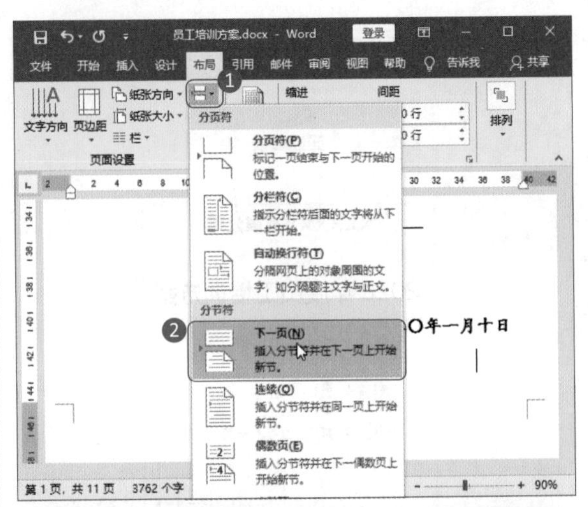

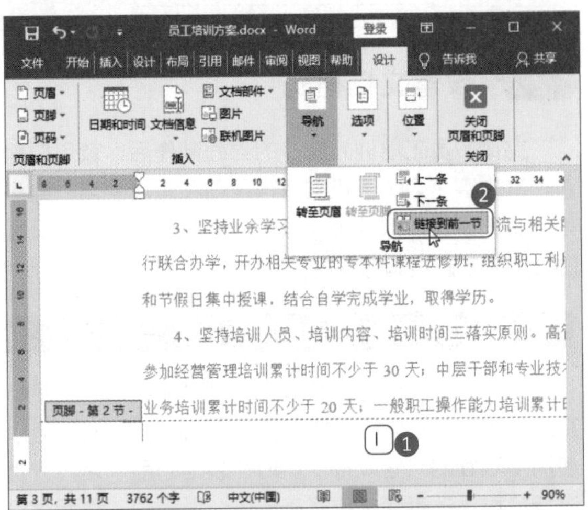

第 3 步：插入页码。❶单击“页眉和页脚工具－设计”选项卡下“页眉和页脚”组中的“页码”下三角按钮；❷选择下拉菜单中的“页面底端”选项，接着再选择“普通数字 2”选项。

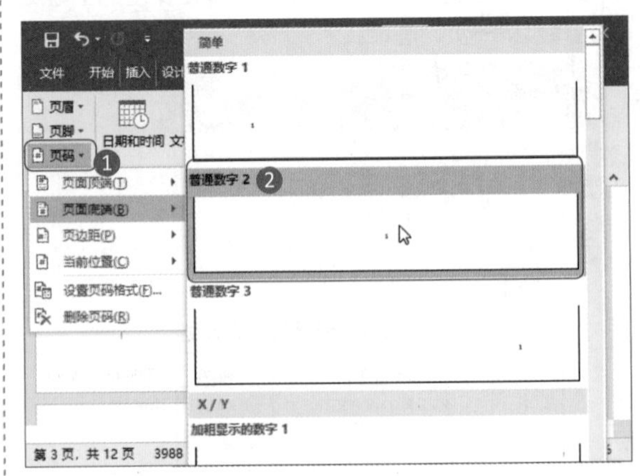

第 4 步：查看页码设置效果。此时便完成了页面底端的页码设置，可以看到页码确实是从正文页才开始插入的。

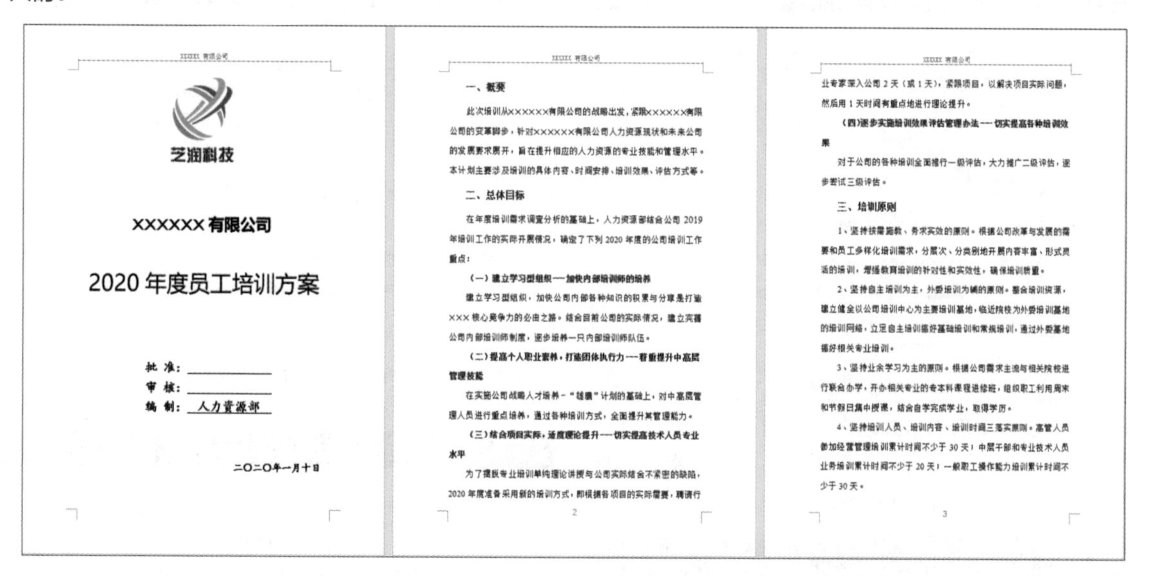

1.2.3 设置文档结构和目录

文档创建完成后，为了便于阅读，用户可以为文档添加一个目录。使用目录可以使文档的结构更加清晰，便于阅读者对整个文档进行定位。

1. 设置标题大纲级别

生成目录之前，先要根据文本的标题样式设置大纲级别，大纲级别设置完毕即可在文档中插入自动目录。

第 1 步：设置 1 级标题。❶选中文档中的 1 级标题，单击“段落”组中的“对话框启动器”按钮；❷在打开的“段落”对话框中设置“大纲级别”为“1 级”。此时便完成第一个标题的大纲级别设置。

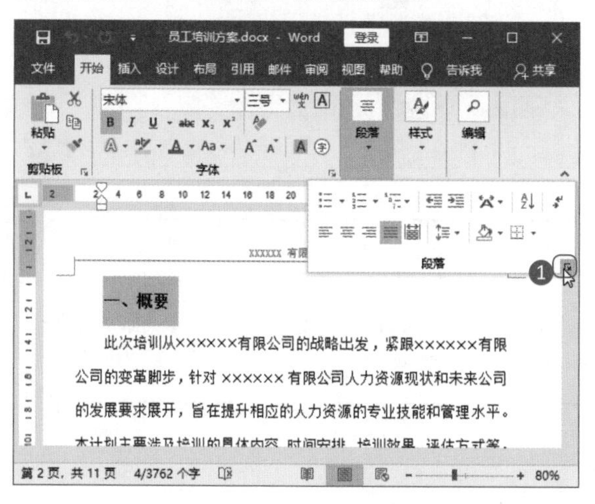

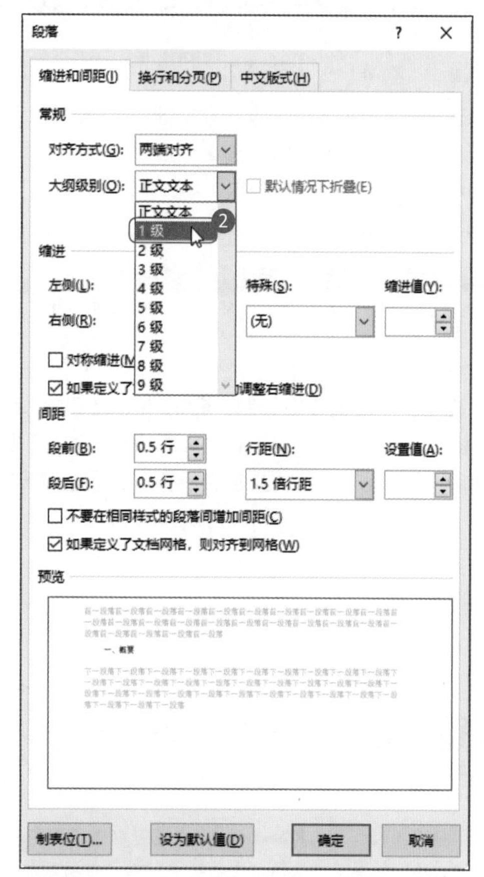

第 2 步：执行“格式刷”命令。❶选中完成大纲级别设置的标题；❷单击“剪贴板”组中的“格式刷”按钮。

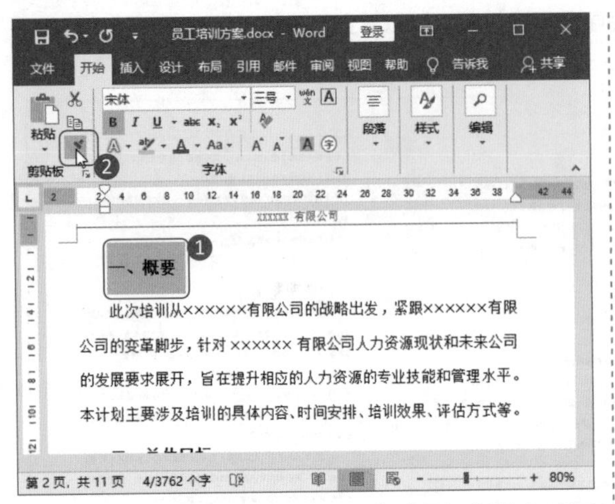

第 3 步：使用“格式刷”。此时鼠标指针变成了刷子形状，用鼠标指针选中同属于 1 级大纲级别的标题，即可将大纲级别格式进行复制。

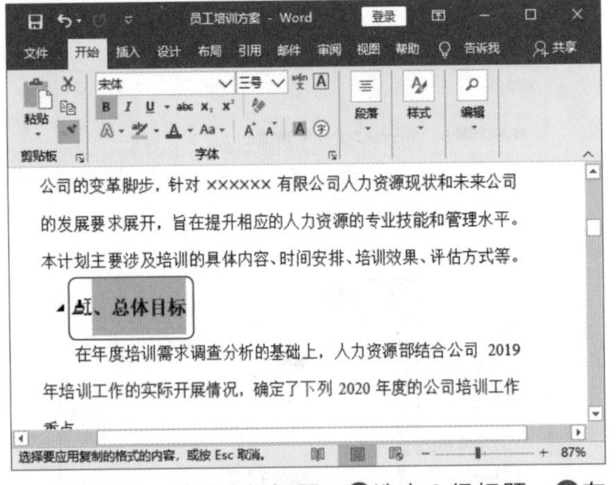

第 4 步：设置 2 级标题。❶选中 2 级标题；❷在打开的“段落”对话框中设置“大纲级别”为“2 级”，并使用同样的方法，完成文档中所有 2 级标题的设置。

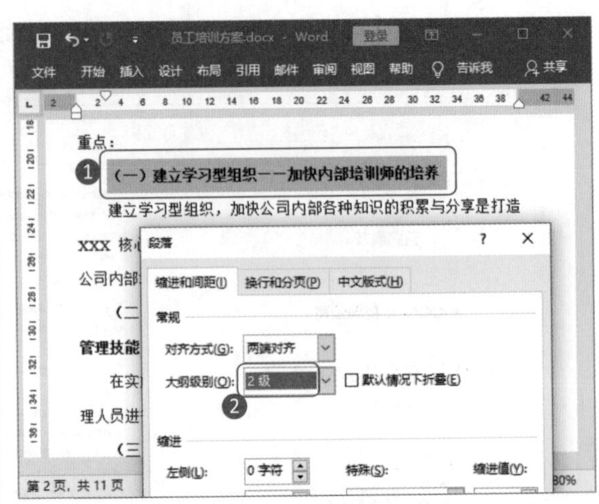

2. 设置目录自动生成

大纲级别设置完毕，接下来就可以生成目录了。自动生成目录的具体操作步骤如下。

第 1 步：打开“目录”对话框。❶将光标定位在需要生成目录的位置；❷切换到“引用”选项卡，选择“目录”下拉菜单中的“自定义目录”选项，打开“目录”对话框。

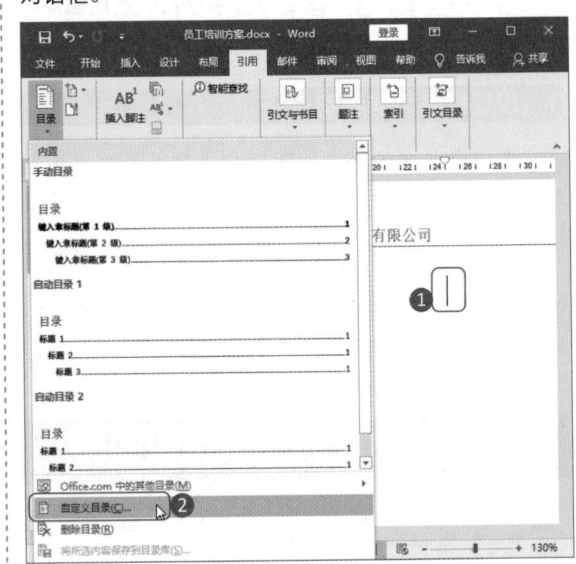

除了插入自定义的目录外，用户还可以根据需要在文档中插入手动目录或自动目录。单击“目录”组中的“目录”按钮，在弹出的下拉菜单中选择“手动目录”或“自动目录”选项，会按照样式自动生成目录。

第 2 步：设置“目录”对话框。❶勾选“显示页码”复选框；❷设置目录的“显示级别”为 2；❸单击“确定”按钮。

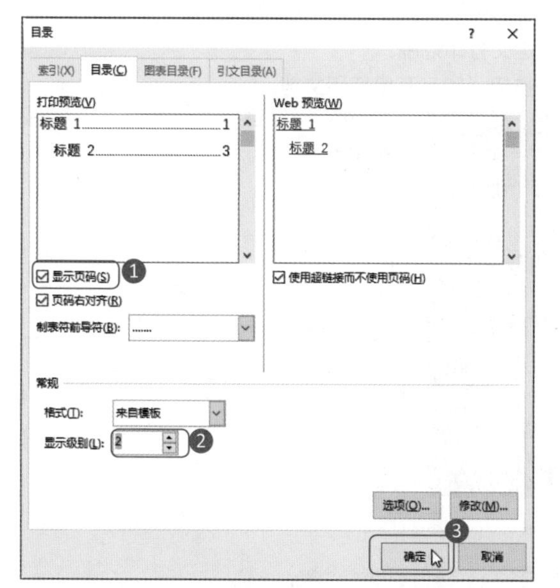

第 3 步：查看生成的目录。此时就完成了文档的目录生成，可以为目录页添加上“目录”二字，并且调整目录文字的字体和大小。

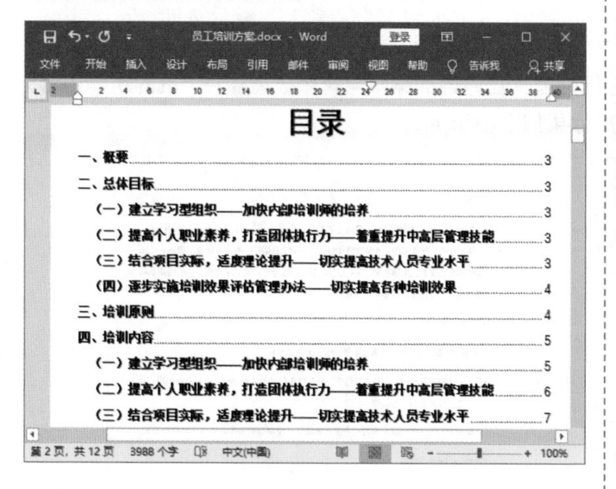

1.2.4 打印“员工培训方案”

公司的员工培训方案制作完成后，往往需要打印出来给领导，或者是发给参与培训的员工，让他们了解培训安排。在打印前需要预览文档，也可以根据需要进行打印设置。接下来就讲解关于文档打印的操作。

1. 打印前预览文档

为了避免打印文档时内容、格式有误，最好在打印前对文档进行预览。

第 1 步：单击“文件”按钮。单击“文件”按钮，如下图所示。

第 2 步：翻页预览文档。❶在打开的下拉菜单中选择“打印”选项，此时可以在界面右侧看到当前页的视图预览效果；❷单击下方的翻页按钮，将整个文档的页面都预览完毕。

第 3 步：对文档进行调整。在预览文档时，要注意看文档的页边距及文字内容是否恰当，然后进行调整。

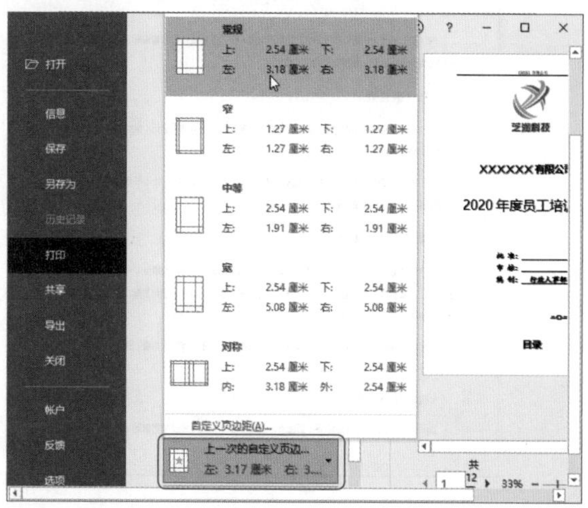

2. 进行打印设置

文档预览确定准确无误后，就可以进行打印份数、打印范围等参数的设置了，设置完成后便开始打印文档。

第 1 步：设置打印份数和范围。❶根据需要设置打印份数，单击“份数”的上下三角形按钮即可加减份数；❷设置打印的范围，可以选择打印所有页面、当前页面或自定义打印范围。

第 2 步：开始打印。当完成打印设置后，单击“打印”按钮，即可开始打印文档。

过关练习：制作“公司行政管理手册”

通过前面内容的学习，相信读者已掌握在 Word 中进行办公文档内容的编辑与排版技能。为了巩固所学内容，下面以制作“公司行政管理手册”为例进行训练。其完成效果如下图所示。

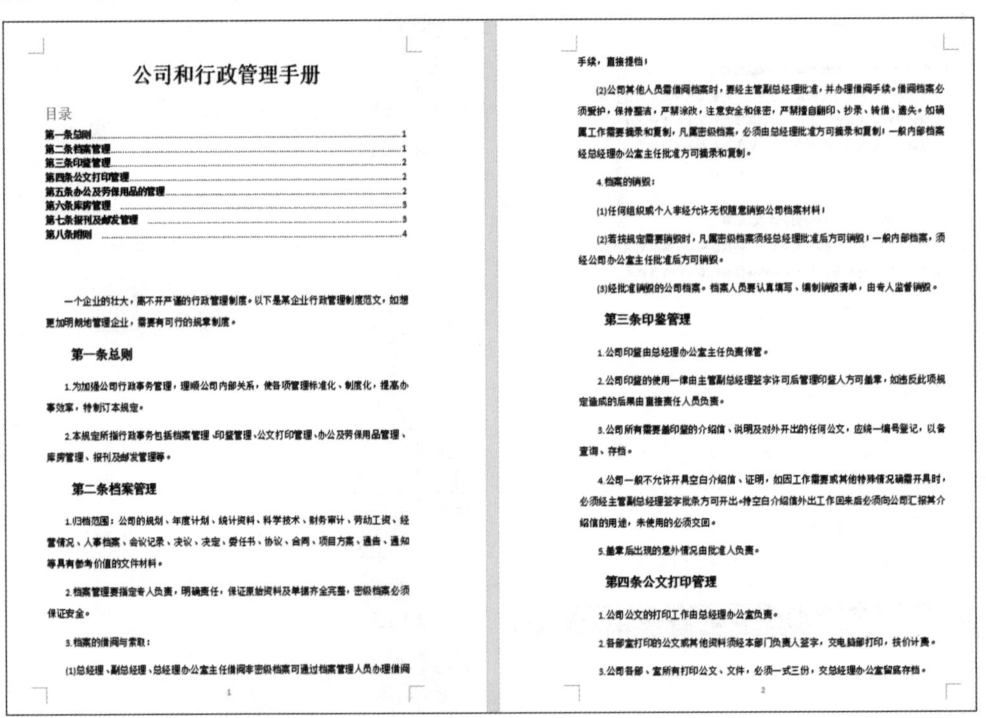

公司和行政管理手册

目录

一个企业的壮大，离不开严谨的行政管理制度。以下是某企业行政管理制度范文，如想更加明朗地管理企业，需要有可行的规章制度。

第一条总则

1.为加强公司行政事务管理，理顺公司内部关系，使各项管理标准化、制度化，提高办事效率，特制订本规定。

2.本规定所指行政事务包括档案管理、印鉴管理、公文打印管理、办公及劳保用品管理、库房管理、报刊及邮发管理等。

第二条档案管理

1.归档范围：公司的规划、年度计划、统计资料、科学技术、财务审计、劳动工资、经营情况、人事档案、会议记录、决议、决定、委任书、协议、合同、项目方案、通告、通知等具有参考价值的文件材料。

2.档案管理要指定专人负责，明确责任，保证原始资料及单据齐全完整，密级档案必须保证安全。

3.档案的借阅与索取：

(1)总经理、副总经理、总经理办公室主任借阅非密级档案可通过档案管理人员办理借阅

1

手续，直接提档；

(2)公司其他人员需借阅档案时，要经主管副总经理批准，并办理借阅手续。借阅档案必须爱护，保持整洁，严禁涂改，注意安全和保密，严禁擅自翻印、抄录、转借、遗失。如确属工作需要摘录和复制，凡属密级档案，必须由总经理批准方可摘录和复制；一般内部档案经总经理办公室主任批准方可摘录和复制。

4.档案的销毁：

(1)任何组织或个人非经允许无权随意销毁公司档案材料；

(2)若按规定需要销毁时，凡属密级档案须经总经理批准后方可销毁；一般内部档案，须经公司办公室主任批准后方可销毁。

(3)经批准销毁的公司档案。档案人员要认真填写、编制销毁清单，由专人监督销毁。

第三条印鉴管理

1.公司印鉴由总经理办公室主任负责保管。

2.公司印鉴的使用一律由主管副总经理签字许可后管理印鉴人方可盖章，如违反此项规定造成的后果由直接责任人员负责。

3.公司所有需要盖印鉴的介绍信、说明及对外开出的任何公文，应统一编号登记，以备查询、存档。

4.公司一般不允许开具空白介绍信、证明，如因工作需要或其他特殊情况确需开具时，必须经主管副总经理签字批条方可开出。持空白介绍信外出工作回来后必须向公司汇报其介绍信的用途，未使用的必须交回。

5.盖章后出现的意外情况由批准人负责。

第四条公文打印管理

1.公司公文的打印工作由总经理办公室负责。

2.各部室打印的公文或其他资料须经本部门负责人签字，交电脑部打印，按价计费。

3.公司各部、室所有打印公文、文件，必须一式三份，交总经理办公室留底存档。

2

思路解析

公司要求行政主管制作一份全新的行政管理手册。由于不同公司的行政管理手册在内容上会有相同的地方，因此为了提高效率，可以到网上找一个范本，复制利用，此时就要注意粘贴方式和后期格式调整了。其制作流程及思路如下。

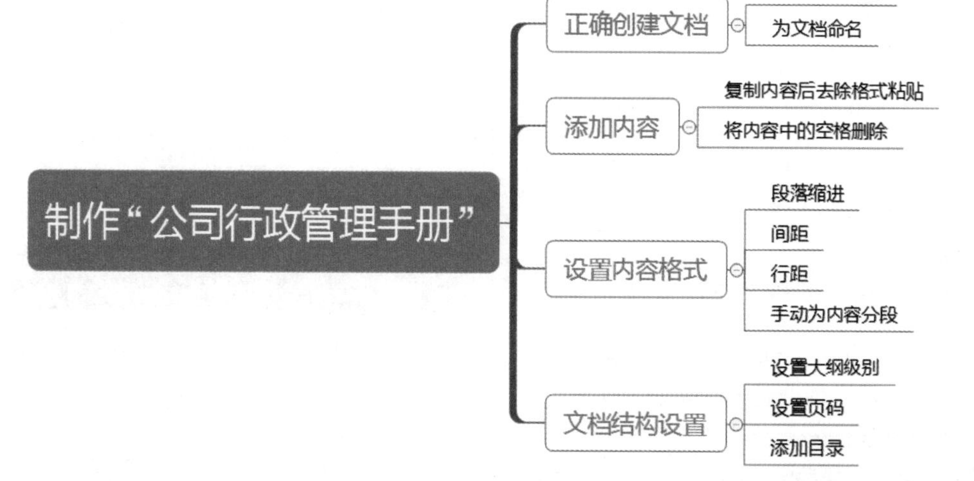

关键步骤

关键步骤 1：创建文档。在将要保存文档的位置创建文件，并正确命名。

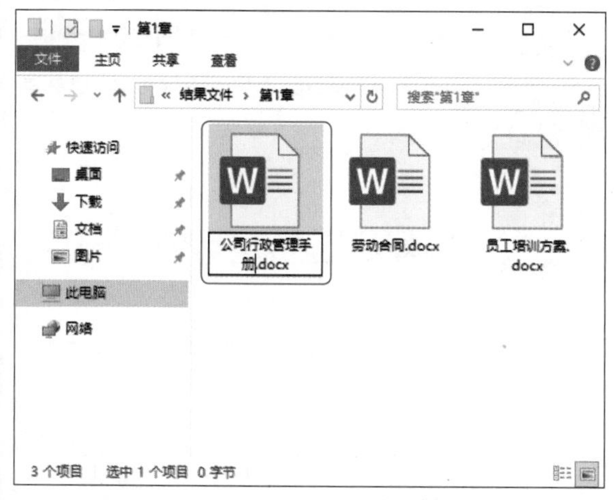

关键步骤 2：粘贴文字。找到素材文件位置：“素材文件 \ 第 1 章 \ 公司行政管理手册 .txt”，打开文件，将公司行政管理手册的内容复制后，去除格式粘贴到文档中。

关键步骤 3：删除文中空格。将文档中多余的空格使用替换的方式删除。

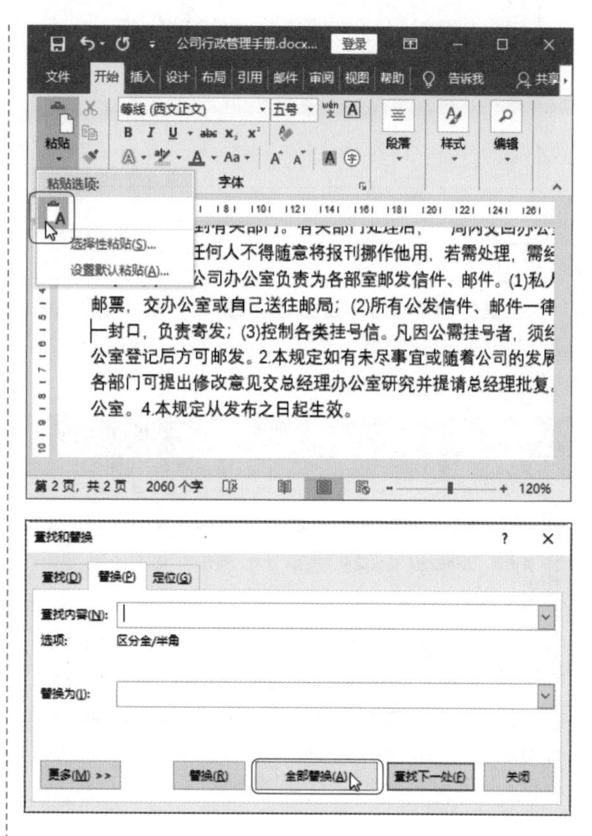

关键步骤 4：设置段落格式。选中文档中的所有文字内容，然后打开“段落”对话框设置段落格式。

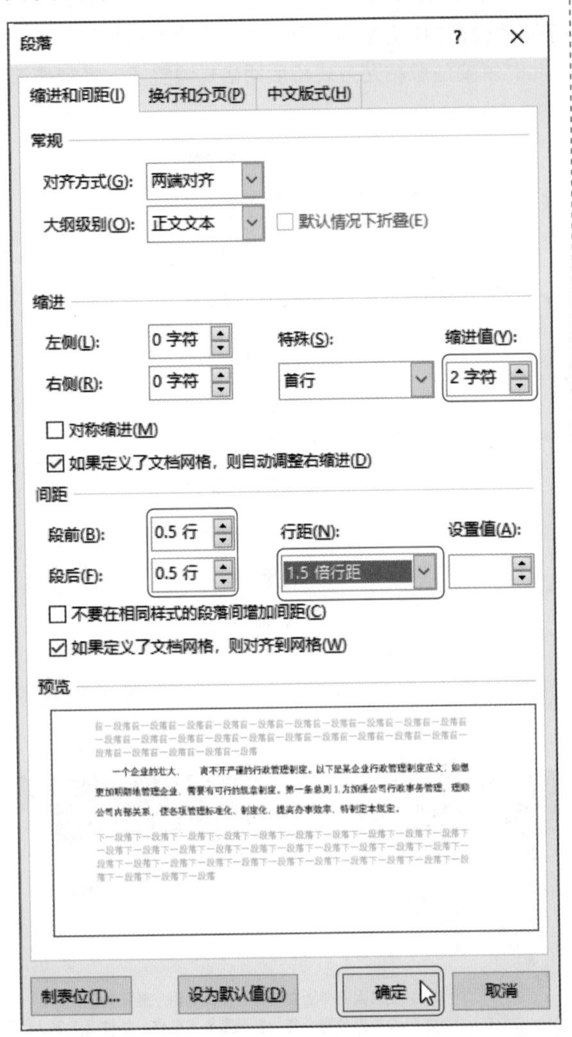

关键步骤 5：为内容分段。❶此时的文档没有分段，将光标放在需要分段的地方；❷按 Enter 键，手动分段。

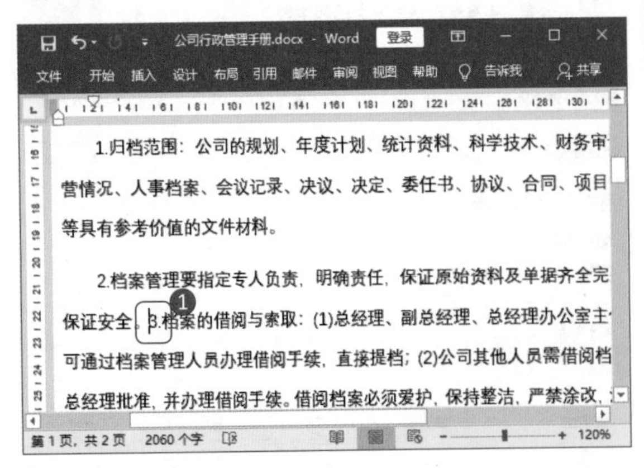

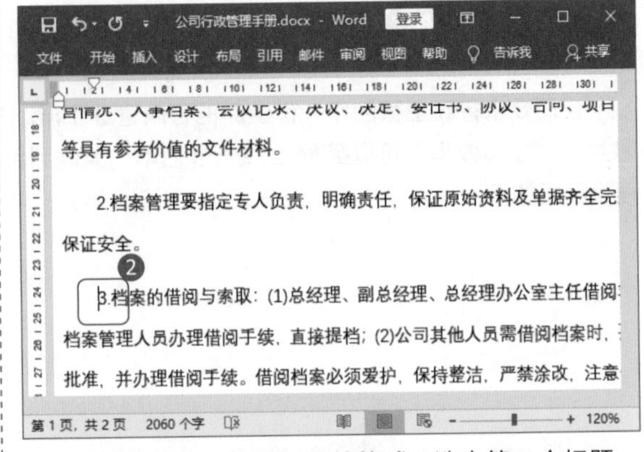

关键步骤 6：设置标题的格式。选中第一个标题，设置其字体格式，并将其“大纲级别”设置成“1 级”。

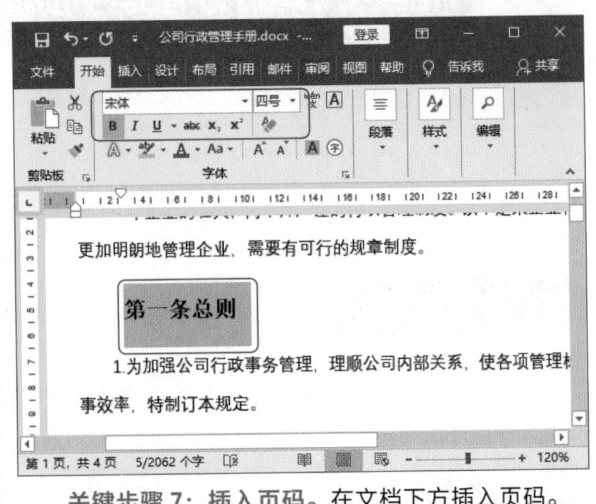

关键步骤 7：插入页码。在文档下方插入页码。

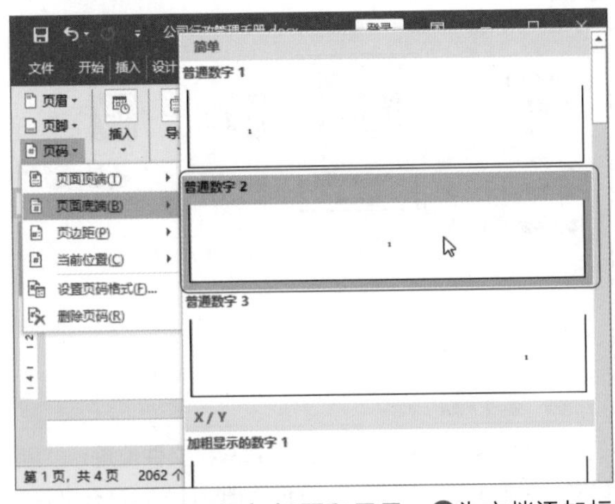

关键步骤 8：添加标题和目录。❶为文档添加标题；❷为文档设置目录。

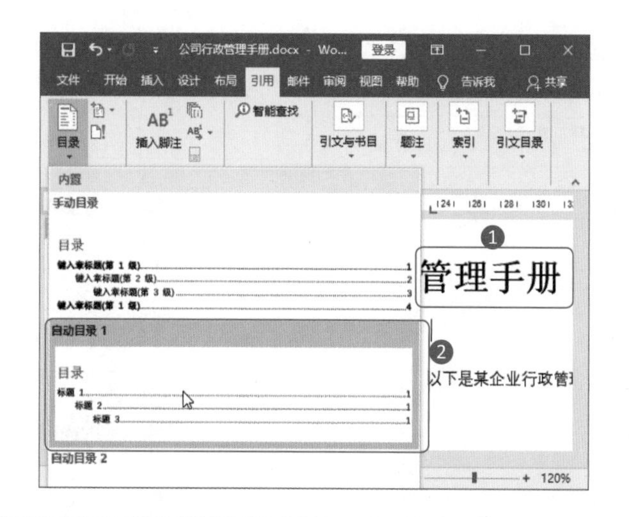

高手秘技

1. 如何删除页眉中的横线

默认情况下，在 Word 文档中插入页眉后会自动在页眉下方添加一条横线。如果不需要该横线时，可以通过设置边框，快速删除这条横线。

第 1 步：双击页眉，选择页眉所在行。

第 2 步：❶单击“开始”选项卡；❷单击“段落”组中的“边框”按钮 ；❸在弹出的下拉列表中选择“无框线”选项即可删除横线。

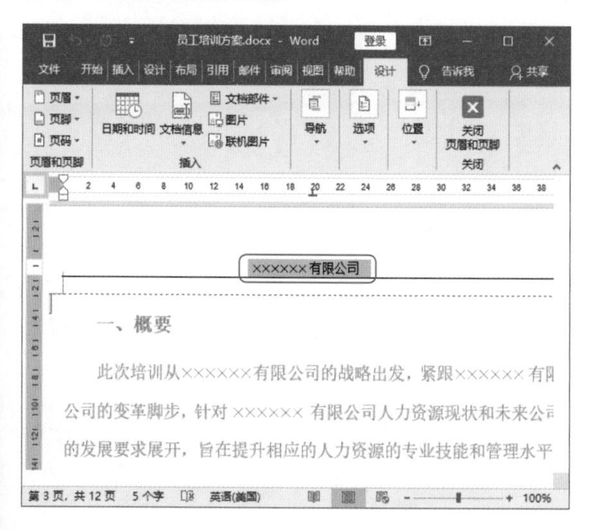

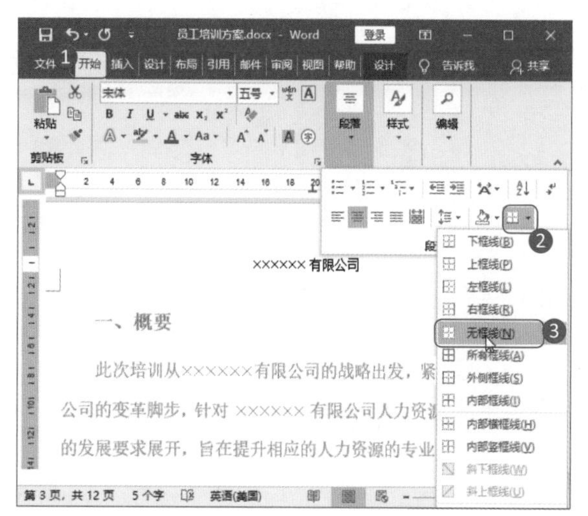

2. 工具栏有哪些工具，你说了算

在前面的章节中，讲到过使用工具栏中的“调整宽度”工具调整文字宽度，“打印预览”视图模式预览文档。有的读者会发现自己的 Word 2019 软件中，工具栏并没有显示这两个工具，这是为什么？其实工具栏中显示的工具可以根据个人需要自行进行添加。具体操作步骤如下，其他工具的设置方法与此一致。

第 1 步：选择“文件”菜单中的“选项”选项，打开“Word 选项”对话框。

第 2 步： ❶在“自定义功能区”选项卡中的“所有命令”下拉菜单中找到需要添加的工具；❷选中需要添加的工具，单击“添加”按钮，即可将其添加到工具栏中。

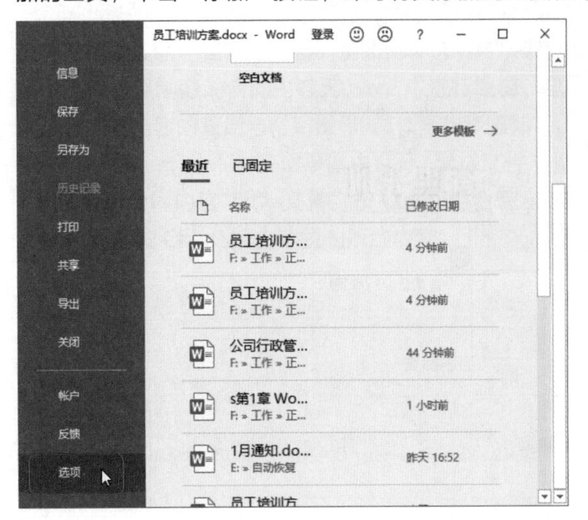

Word 图文混排办公文档的制作

第 2 章

内容导读

在 Word 2019 文档中可以插入并编辑图片或 SmartArt 图。图片可以增强页面的表现力，SmartArt 图可以更清晰地表现思路及流程。这两种元素的存在，让 Word 不再是简单的文字编辑软件，而是能制作出图文混排办公文档的软件。

知识要点

- Word 插入 SmartArt 图的技巧
- 利用 SmartArt 图编辑流程图的技巧
- 在 Word 中绘制图形的方法
- 插入图片并调整图片位置的方法
- 掌握图片的裁剪与美化
- 文字、图片、流程图的混合排版

案例展示

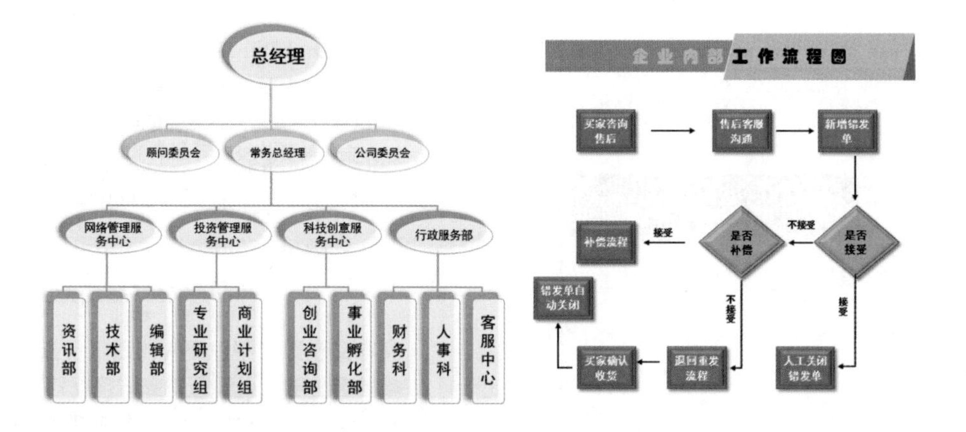

2.1 制作“企业组织结构图”

案例说明

企业组织结构图用于表现企业、机构或系统中各部门的层次关系，在办公中有着广泛的应用。Word 2019 为用户提供了用于体现组织结构、关系或流程的图形——SmartArt 图。本节将应用 SmartArt 图制作企业组织结构图，为读者讲解 SmartArt 图的应用方法。

“企业组织结构图”文档制作完成后的效果如下图所示。

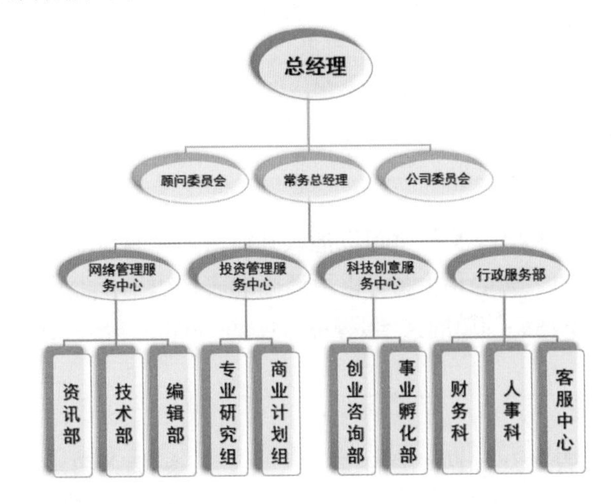

思路解析

由于公司人事变动，公司领导要求行政人事部门制作一份新的企业组织结构图。在制作“企业组织结构图”时，行政人事部门的文员首先绘制了一份公司人员层级结构的草图，并根据草图选择恰当的 SmartArt 图模板，插入选择的模板并将模板的结构调整成草图的结构，然后再输入文字，最后再对 SmartArt 图的样式和文字样式进行调整。其制作流程及思路如下。

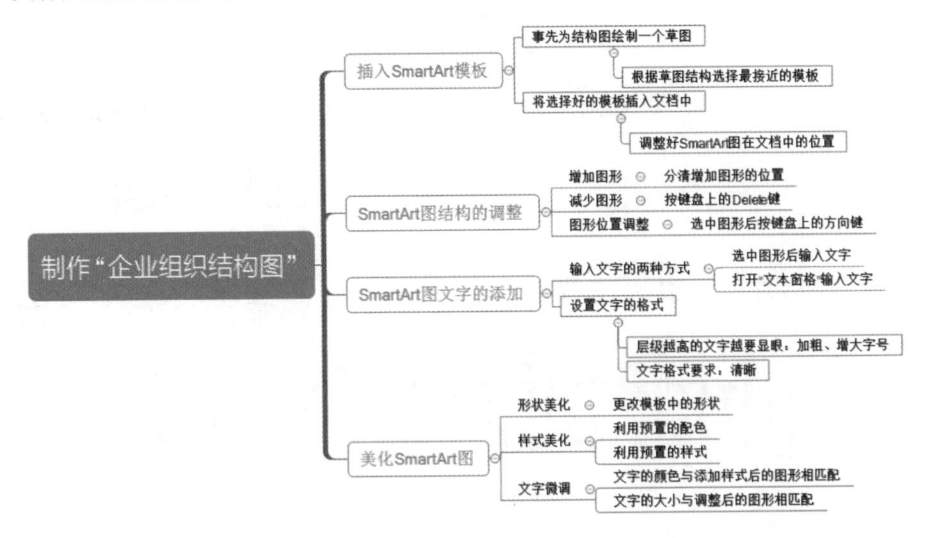

步骤详解

2.1.1 插入 SmartArt 模板

在 Word 2019 中提供了多种 SmartArt 模板图形，在制作“企业组织结构图”时，应根据实际需求来选择，以减少后期对组织结构图的编辑次数。选择好 SmartArt 模板后，还要以正确的方式插入文档中。

1. SmartArt 模板的选择与插入

SmartArt 模板的选择要根据企业组织结构图的内容来进行。

第 1 步：分析组织结构图内容。根据公司的组织结构，在草稿纸上绘制一幅草图。

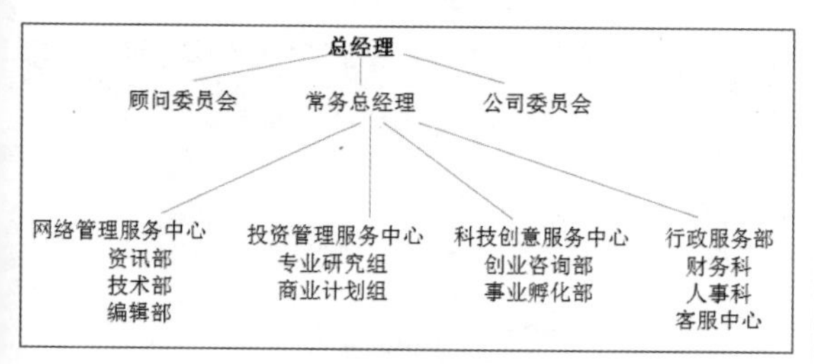

第 2 步：根据草图选模板。❶新建一个 Word 文档，单击“插入”选项卡下 SmartArt 按钮；❷在打开的“选择 SmartArt 图形”对话框中对照第 1 步绘制的草图，选择与组织结构最相近的“层次结构”模板；❸单击“确定”按钮。

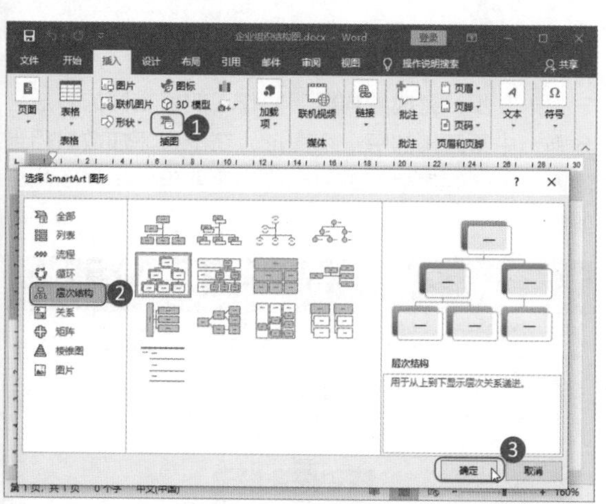

2. SmartArt 图位置调整

插入 SmartArt 图之后，可以对其在页面中的位置进行调整。

第 1 步：设置光标位置。为了保证组织结构图在文档中央位置，需要对插入的图调整一下，将光标放在 SmartArt 图的左下方。

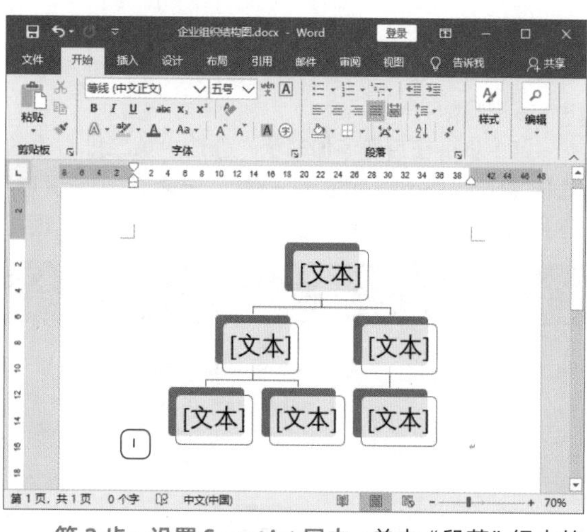

第 2 步：设置 SmartArt 居中。单击“段落”组中的“居中”按钮，SmartArt 图便自动位于页面中央。

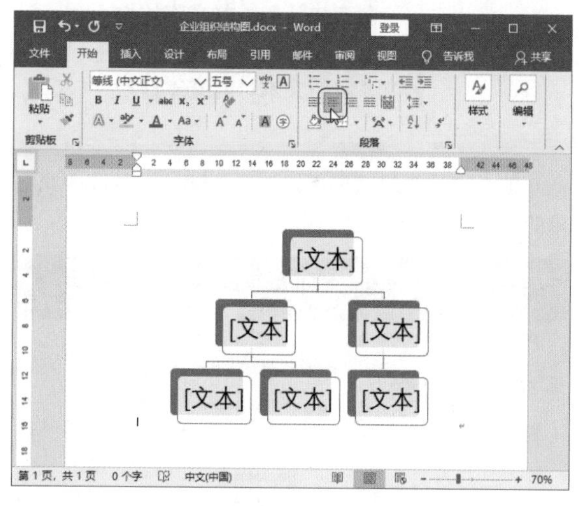

专家点拨

设置 SmartArt 图在页面中的位置，不仅可以通过光标来实现，还可以在选中 SmartArt 图后，切换到“SmartArt 工具 - 格式”选项卡下，单击“排列”组中的“位置”按钮，在弹出的菜单中可以选择 SmartArt 图在页面中的位置，以及文字环绕的方式。

2.1.2 灵活调整 SmartArt 图的结构

SmartArt 图的模板并不能完全符合实际需求，需要对其结构进行调整。

1. SmartArt 图形的增减

增加 SmartArt 图形的结构时，需要对照之前的草图，在恰当的位置添加图形，并选中多余的图形按 Delete 键删除。

第 1 步：在后面添加形状。❶选中第二排右边的图形；❷选择“SmartArt 工具 – 设计”选项卡“创建图形”组中 “添加形状” 菜单中的 “在后面添加形状” 选项。

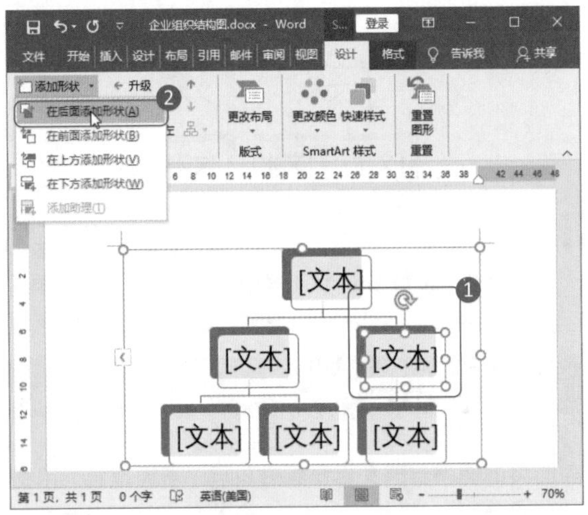

第 2 步：删除图形。按住 Ctrl 键，同时选中第三排的图形，按 Delete 键删除。

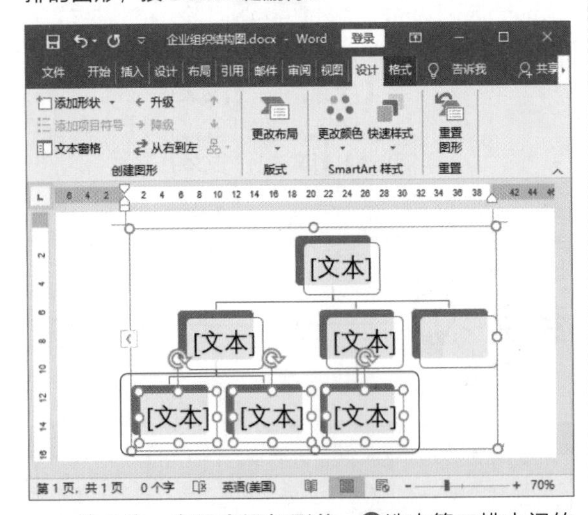

第 3 步：在下方添加形状。❶选中第二排中间的图形；❷选择“SmartArt 工具 – 设计”选项卡“创建图形”组中 “添加形状” 菜单中的 “在下方添加形状” 选项。

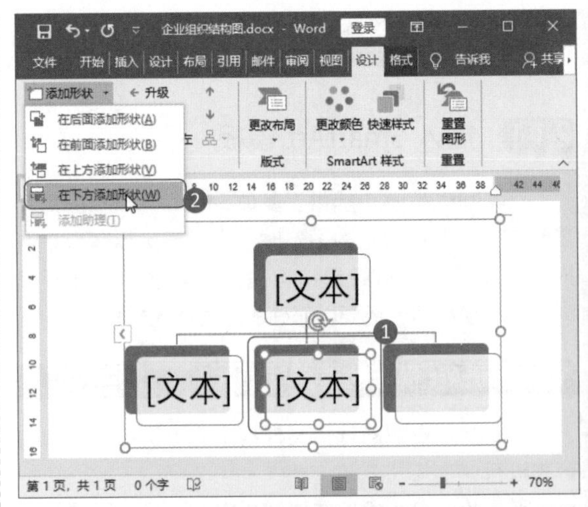

第 4 步：继续添加图形。按照相同的方法，为第二排中间的图形下方添加另外四个图形。

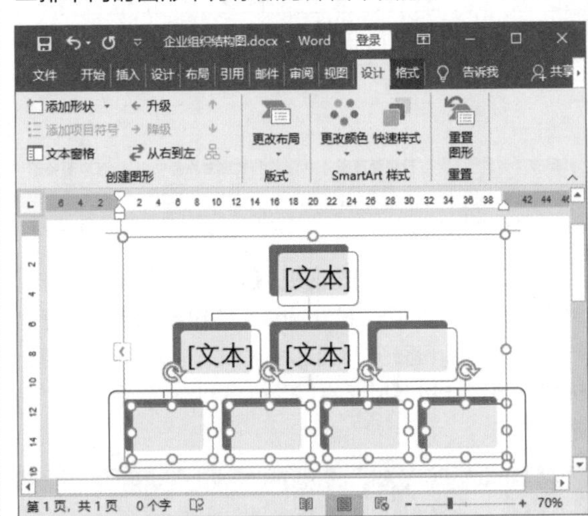

第 5 步：完成结构框架制作。按照相同的方法，分别选中第三排的每一个图形，在下方添加数量相当的图形。此时便根据草图完成了企业组织结构图的框架制作。

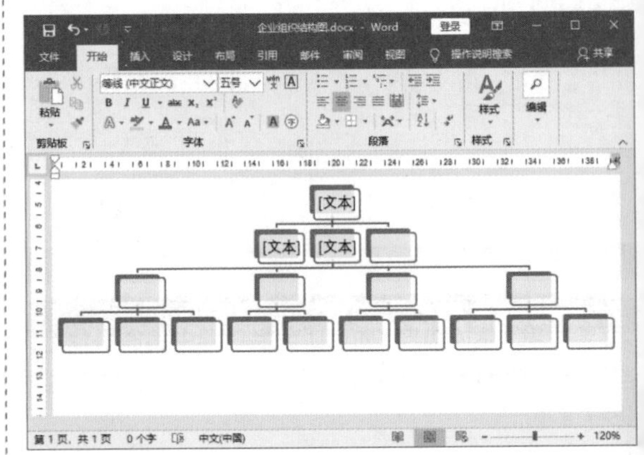

2. 调整结构图中图形位置

完成 SmartArt 图形的结构后，从美观上考虑，可以拉长图形之间的连接线，使整个结构图更好地充实 Word 页面，避免拥挤。

第 1 步：调整第一排图形位置。❶选中第一排的图形；❷按↑方向键，让图形往上移动合适的距离。

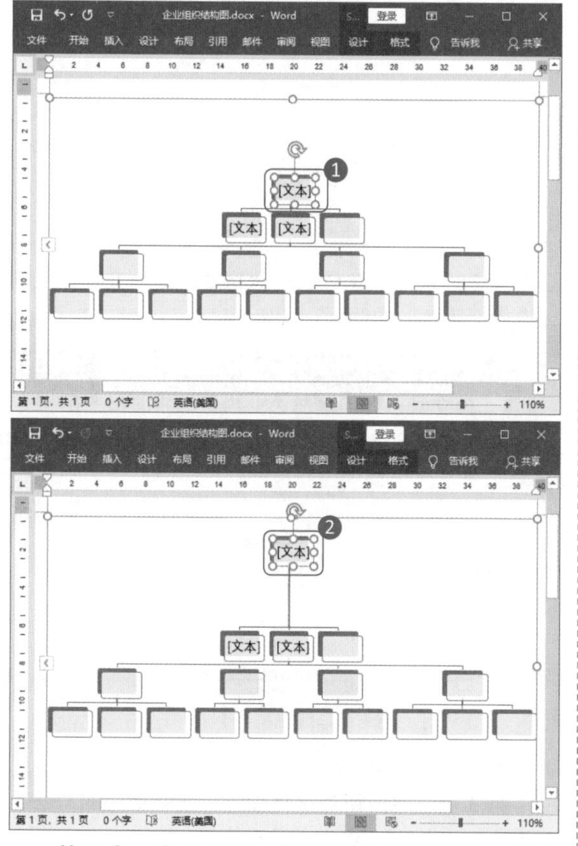

第 2 步：完成最后一排图形的位置调整。按住 Ctrl 键，选中最后一排图形，按↓方向键，让图形向下移动合适的距离。

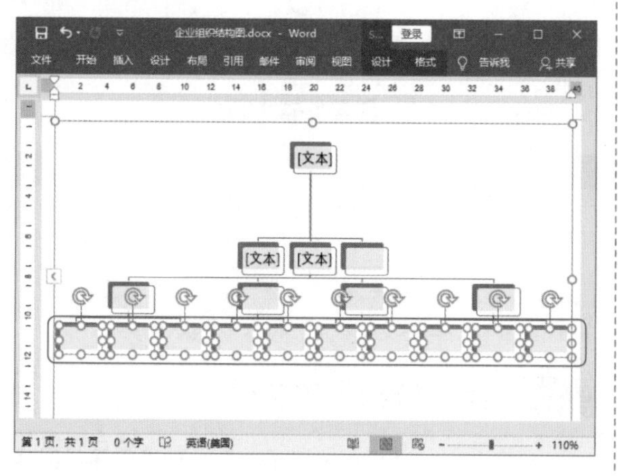

第 3 步：完成所有图形的位置调整。使用相同的方法，调整 SmartArt 图形结构间的垂直距离。

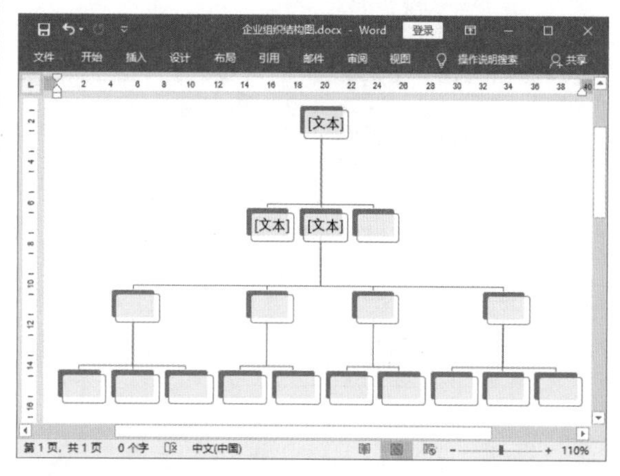

调整 SmartArt 结构图中的图形位置，可以灵活使用↑、↓、→、←四个方向键。需要注意的是，同时选中同一排的图形再按方向键，可以使选中图形的移动距离相同，并保证水平对齐。

2.1.3 组织结构图的文字添加

完成 SmartArt 图结构制作后，就可以开始输入文字了。输入文字时要考虑字体的格式，使其清晰美观。

1. 在 SmartArt 图中添加文字

在 SmartArt 图中添加文字的方法是，选中具体图形，输入文字即可。

第 1 步：选中要输入文字的图形。单击要输入文字的图形，表示选中。

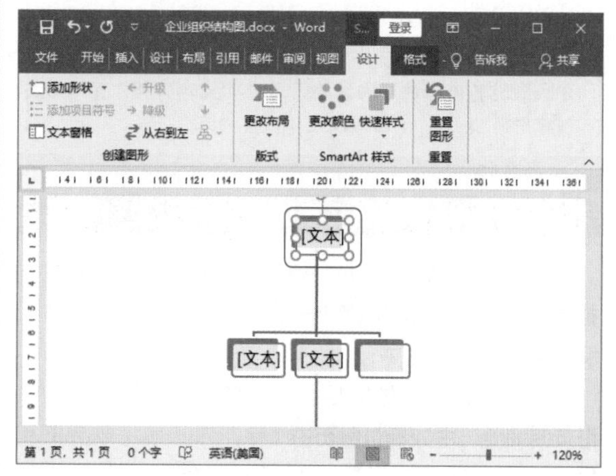

第 2 步：在图形中输入文字。图形选中后，输入文字即可。

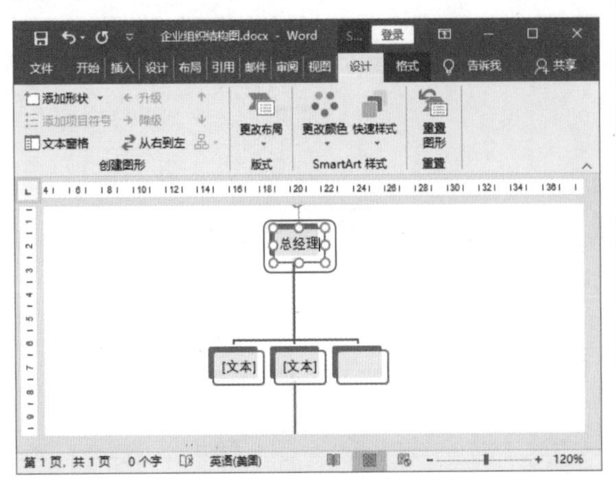

第 3 步：完成 SmartArt 图的文字输入。按照相同的方法完成 SmartArt 结构图中所有图形的文字输入。

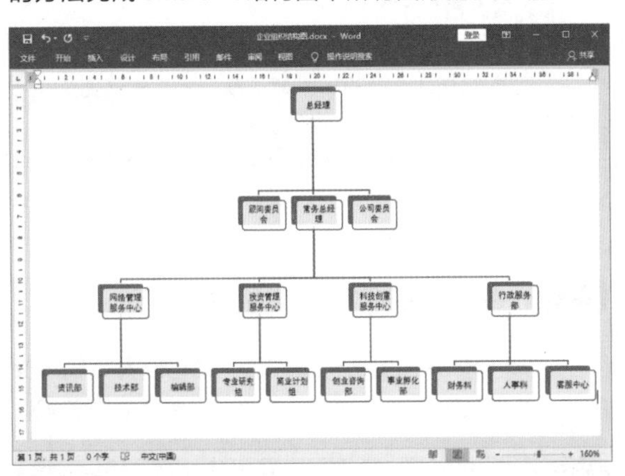

在 SmartArt 图中输入文字，还可以通过“文本窗格”实现。方法是单击“SmartArt 工具 - 设计”选项卡“创建图形”组中的“文本窗格”按钮，可以隐藏和显示 SmartArt 图形所对应的文本内容。该内容以多级列表的方式表现其内容的层次结构，通过“文本窗格”可快速创建新的 SmartArt 图形以及输入其内容。

2. 设置 SmartArt 图文字的格式

SmartArt 图默认的文字格式是宋体，为了使文字更具表现力，可以为文字设置加粗格式并改变字体、字号等。

第 1 步：为字体加粗。SmartArt 组织结构图中，最高层的图形代表的是高层领导，为了显示领导的重要性，可以使该层文字加粗显示。❶选中最顶层图形；❷单击“开始”选项卡下“字体”组中的“加粗”按钮 **B**。

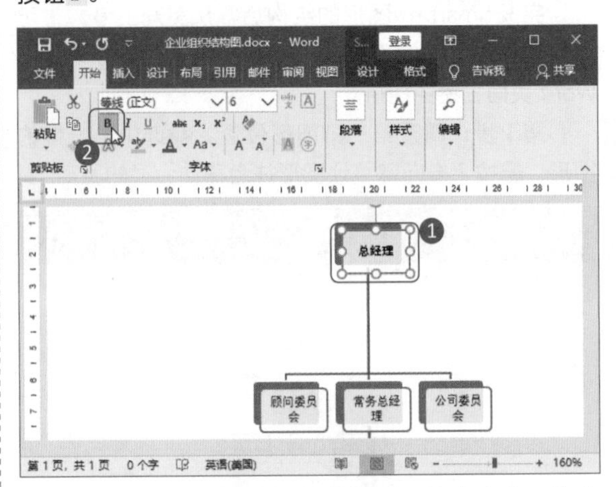

第 2 步：设置字体的其他格式。选中文字，为字体选择“黑体”字体。

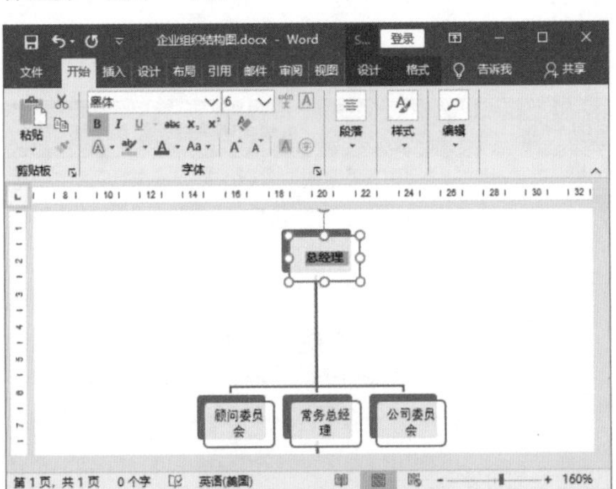

第 3 步：完成所有字体设置。按照相同的方法，对其他字体进行设置。

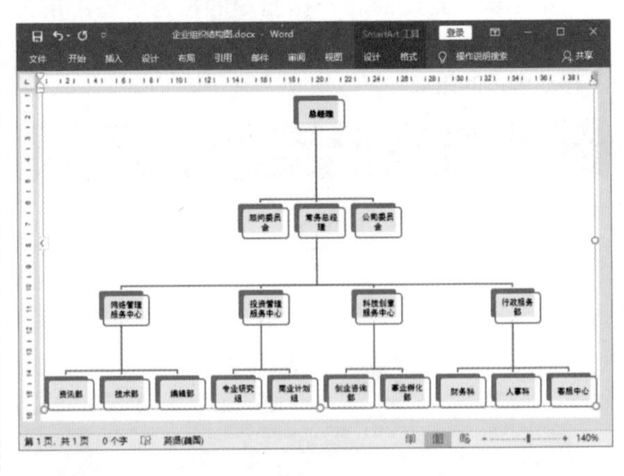

2.1.4 组织结构图的美化

完成 SmartArt 图的文字输入后，就进入最后的样

式调整环节，可以对图形的形状、颜色、图形效果进行调整。

1. 修改 SmartArt 图的形状

SmartArt 图中的图形形状与模板一致，此时可以根据文字的数量等需求对形状进行修改。

第 1 步：拉长图形。❶按住 Ctrl 键，同时选中最后一排所有图形；❷将鼠标指针放在其中一个图形的正下方，当鼠标指针变成上下双向箭头时，按住鼠标向下拖动，实现拉长图形的效果。

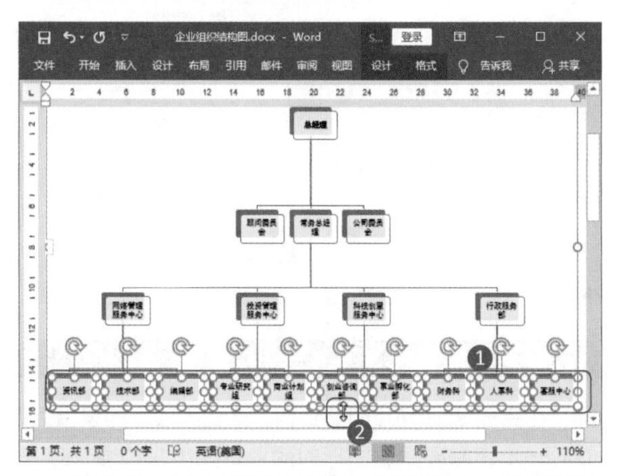

第 2 步：减小图形的宽度。保持最后一排图形处于选中状态，将鼠标指针放在其中一个图形的左边线中间，当鼠标指针变成左右双向箭头时，按住鼠标左键往右拖动鼠标，以减小图形的宽度。

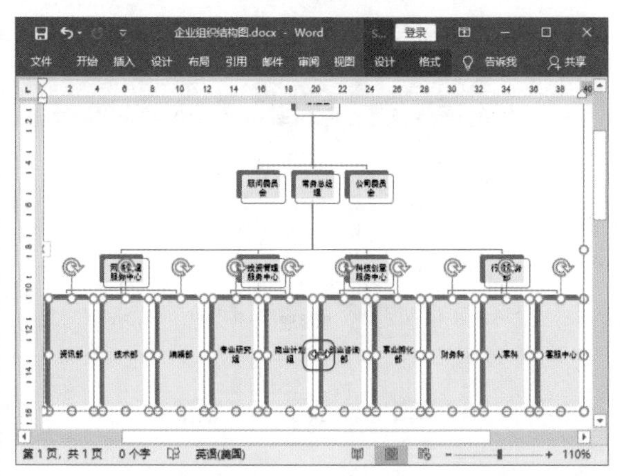

第 3 步：修改图形形状。❶按住 Ctrl 键的同时选中前面三排图形；❷单击“SmartArt 工具 - 格式”选项卡下“形状”组中“更改形状”菜单中的“椭圆”图标，实现更改图形形状的目的。

第 4 步：增大图形。将鼠标指针放在第一排椭圆图形的右下角，当鼠标指针变成倾斜的双向箭头时，按住鼠标不放，往右下方拖动鼠标，增大图形。

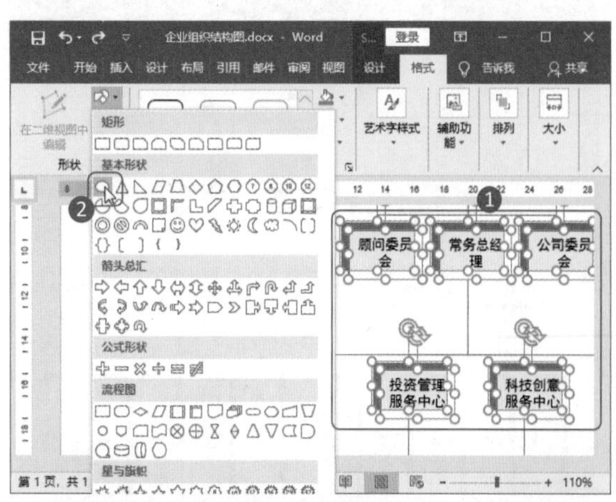

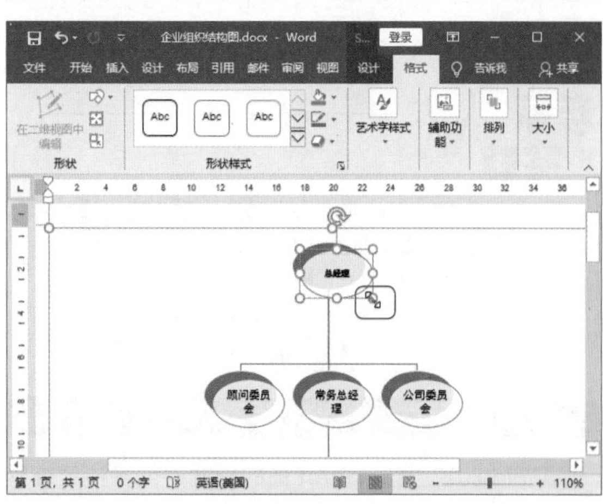

第 5 步：增加图形的宽度。按住 Ctrl 键，同时选中第二排的所有图形，将鼠标指针放在其中一个图形的右边，当鼠标指针变成左右双向箭头时按住鼠标不放往右拖动鼠标，增加图形的宽度。

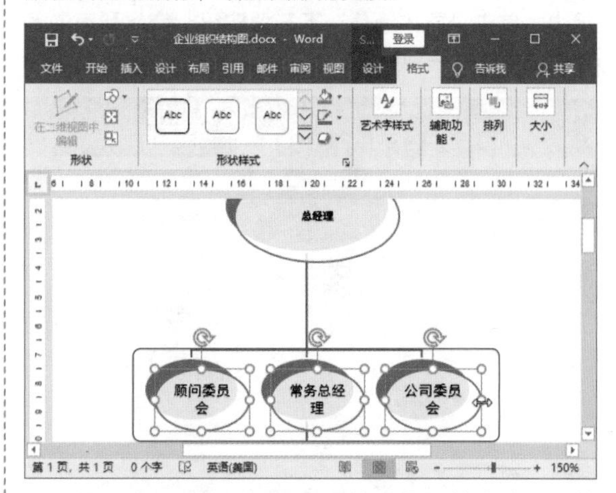

第 6 步：完成图形调整。按照相同的方法，调整第三排图形的宽度，最后完成整个 SmartArt 图的形状调整。

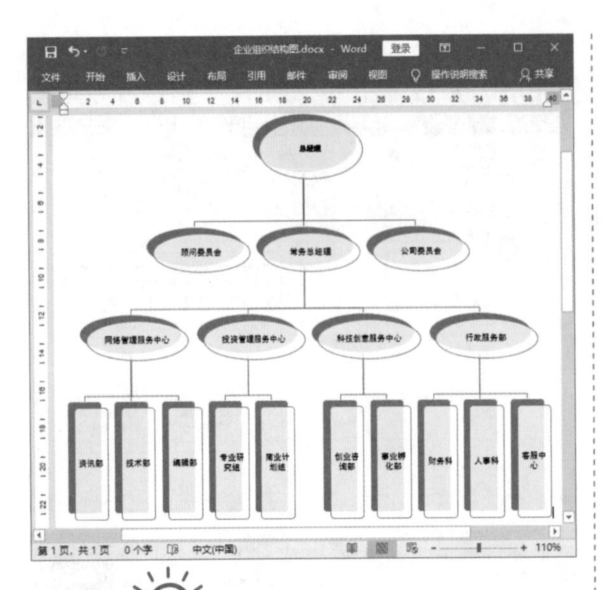

专家答疑

问：在调整 SmartArt 图形形状的大小时，可以通过调整参数让调整更精确一点吗？

答：可以。在调整 SmartArt 图的结构时，可以选中图形后，在“SmartArt 工具 – 格式”选项卡下的“大小”组中，通过输入“宽度”和“高度”的值来修改大小。

2. 套用预置样式

Word 2019 为 SmartArt 图的样式提供多种系统预置的效果，通过预置效果的使用，可以实现快速调整图形的样式。

第 1 步：使用预置的颜色样式。❶选中 SmartArt 图，在“SmartArt 工具 – 设计”选项卡下“SmartArt 样式”组中，单击“更改颜色”下三角按钮；❷从列表的颜色样式中选择一种配色。

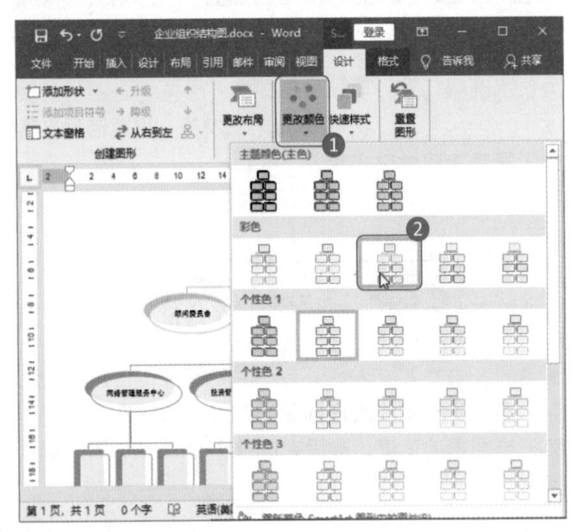

第 2 步：使用预置的样式。单击“SmartArt 样式”组中的“快速样式”按钮，并从列表中选择一种样式。此时便成功地将系统的样式效果运用到 SmartArt 图中。

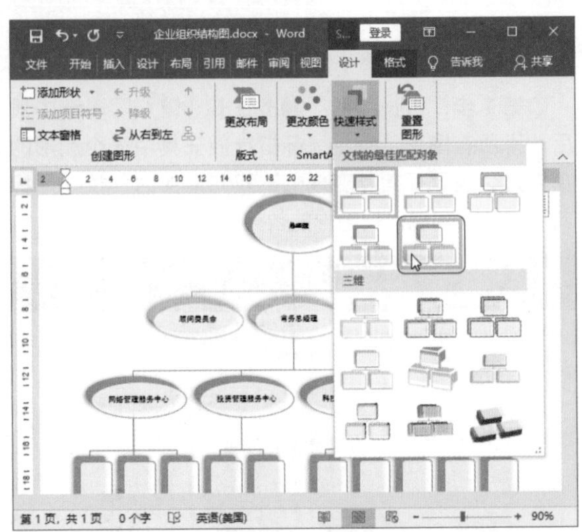

3. 根据图形美化文字

在完成 SmartArt 图的结构、样式等项目的设置后，最后一步还需要根据图形的颜色、大小来检查文字是否与图形相匹配。需要注意的要点：文字颜色与图形颜色是否搭配，文字大小与图形大小是否搭配。

第 1 步：调整文字大小。❶选中第一排图形；❷单击“开始”选项卡下“字体”组中的“增大字号”按钮A˄，让文字充满整个图形。

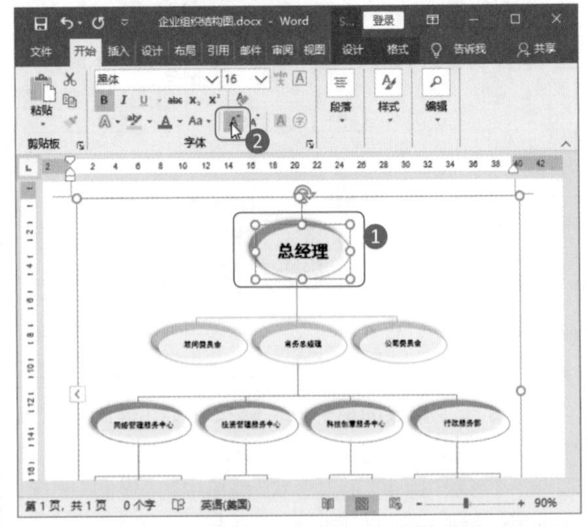

第 2 步：完成所有文字大小的调整。按照相同的方法，选中不同的形状，增大文字的字号，使文字尽量充满图形，至此便完成了企业组织结构图的制作。

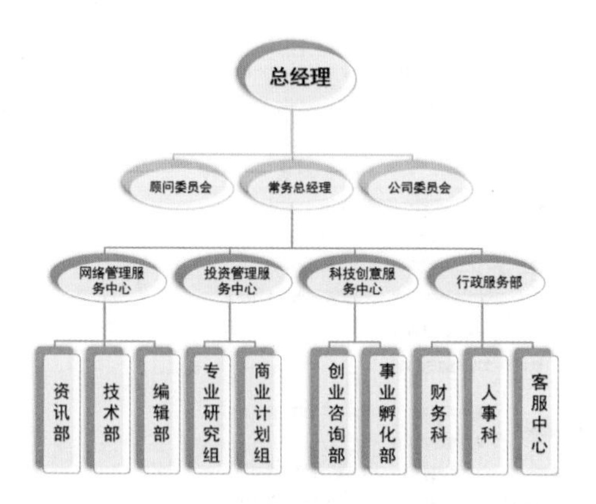

问：在调整 SmartArt 图形中文字的大小时，想避免文字溢到图形边框，让文字与图形保留一定的边距，怎么办？

答：可以通过文本框边距设置来实现。在调整 SmartArt 图的文字大小时，可以事先设置好文字与图形左、右、上、下边框的距离，再调整文字大小。方法是选中图形后，右击，在弹出的快捷菜单中选择“设置形状格式”选项，即可打开“设置形状格式”窗格，在“文本选项”选项卡下单击“布局属性”按钮，即可进行边距设置。

2.2 制作“企业内部工作流程图”

案例说明

企业内部工作流程图可以帮助企业管理者了解不同部门的工作环节，去除多余的环节，更改不合理的环节。管理者将修订好的工作流程图发送给下属，可以让下属清楚自己的工作流程，从而将管理变得简单便捷，提高工作人员的工作效率。

“企业内部工作流程图”文档制作完成后的效果如下图所示。

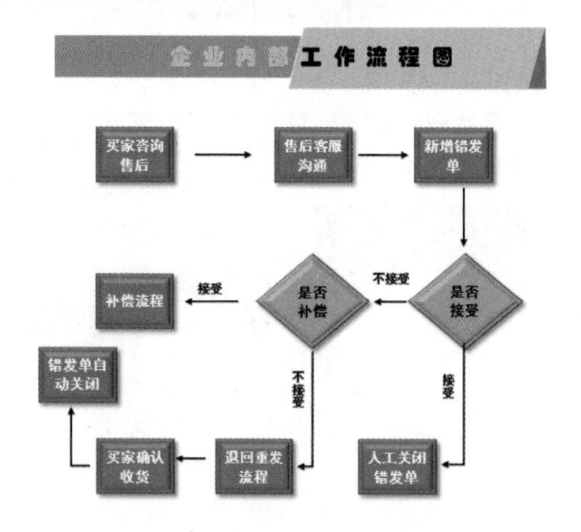

思路解析

企业内部工作流程图和企业组织结构图不同，组织结构图的结构比较单一，通常是由上而下的结构，这种结构也可利用 PowerPoint 2019 中的 SmartArt 图形模板修改制作，提高制作效率。但是不同企业的不同的部门有不同的工作方式，其工作流程图的结构也各不相同，在 SmartArt 图形中难以找到合适的模板。此时可以通过绘制形状和箭头的方法，灵活绘制工作流程图。制作者应当根据企业内部工作流程，选择恰当的形状进行绘制，然后调整形状的对齐效果，再在形状中添加文字，最后再修饰流程图，完成制作。其制作流程及思路如下。

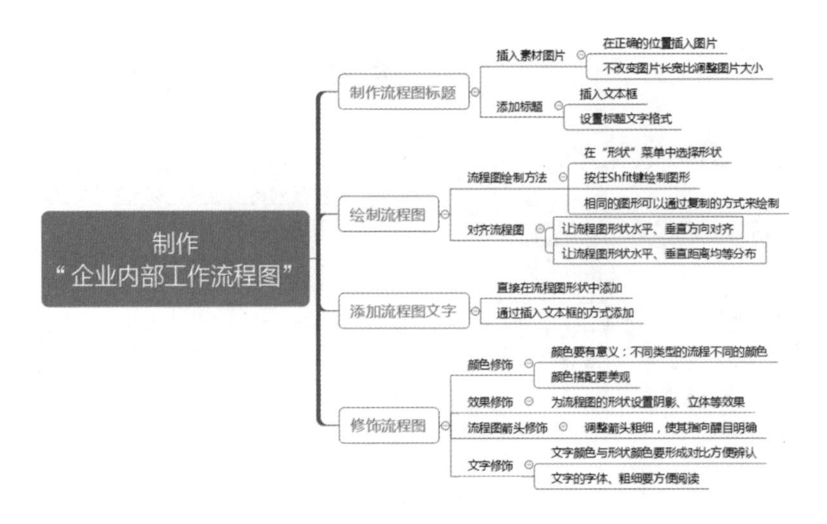

步骤详解

2.2.1 制作“企业内部工作流程图”标题

“企业内部工作流程图”文档应当有一个醒目的标题，既突出主题，又起到修饰作用。在设置标题时，可以通过插入图片素材的方式，美化标题，并设置标题文字的字体格式。

1. 插入图片素材

为了让标题醒目，可以插入图片素材作为标题的背景，插入图片后注意调整图片的大小和位置。

第 1 步：打开“插入图片”对话框。❶将光标放到文档正中间的位置，表示要将图片插入这里；❷单击“插入”选项卡下“插图”组中的“图片”按钮。

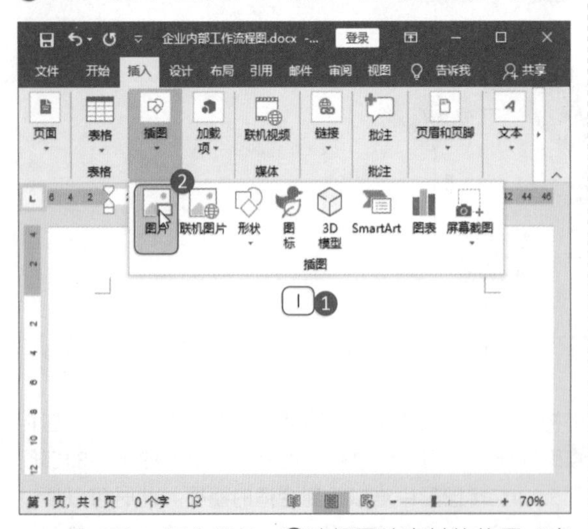

第 2 步：插入图片。❶选择图片素材的位置“素材文件 \ 第 2 章 \ 横栏 .tif”，选中图片；❷单击“插入”按钮。

第 3 步：调整插入图片的大小。图片插入后，将鼠标指针移到图片右下方，当鼠标指针变成倾斜的双箭头时，按住鼠标拖动缩小图片。

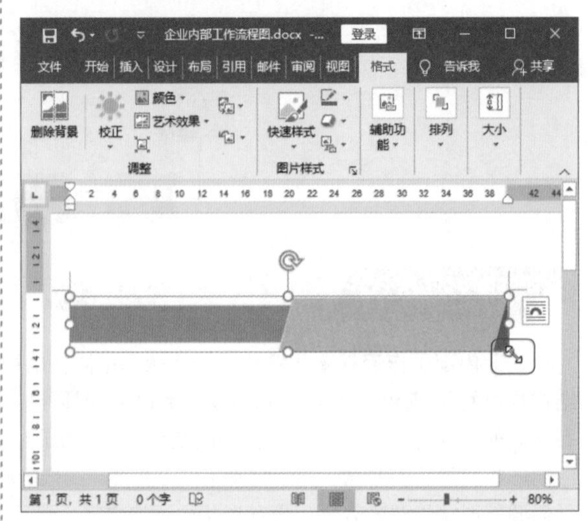

2. 设置标题文本

完成标题背景的制作后，就可以输入标题文本，并将其置于背景图片之上。

第 1 步：插入文本框。❶单击“插入”选项卡下“文本”组中“文本框”下三角按钮；❷从菜单中选择“绘制横排文本框”选项。

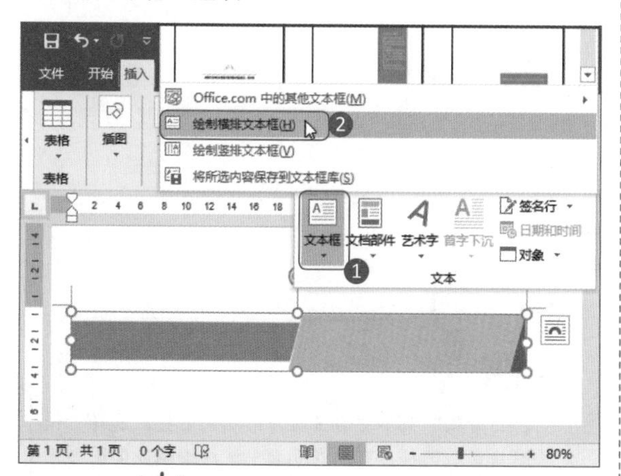

文本框的插入还可以选择“绘制竖排文本框”选项，这种文本框适合于比较复古的内容排版，如诗歌、古文等。竖排文本框输入内容后，读者的阅读顺序是从上往下阅读。

第 2 步：设置文本框格式。❶在文本框中输入标题文字；❷选中文本框，单击“绘图工具－格式”选项卡下“形状样式”组中的“形状填充”按钮；❸从下拉菜单中选择“无填充”选项。按照同样的方法，设置文本框的“形状轮廓”为“无轮廓”。

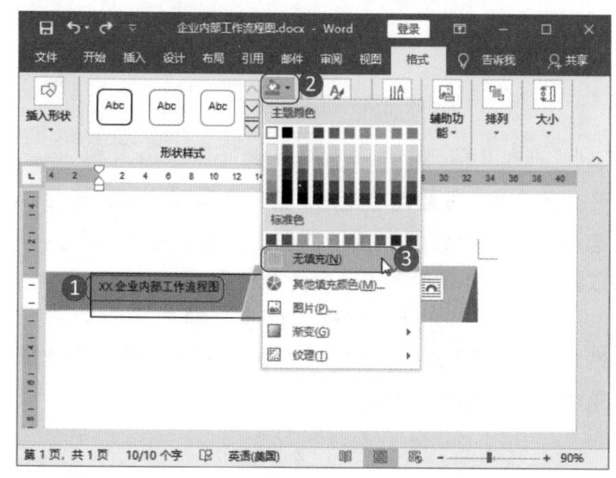

第 3 步：设置标题字体格式。设置标题字体格式和字号。

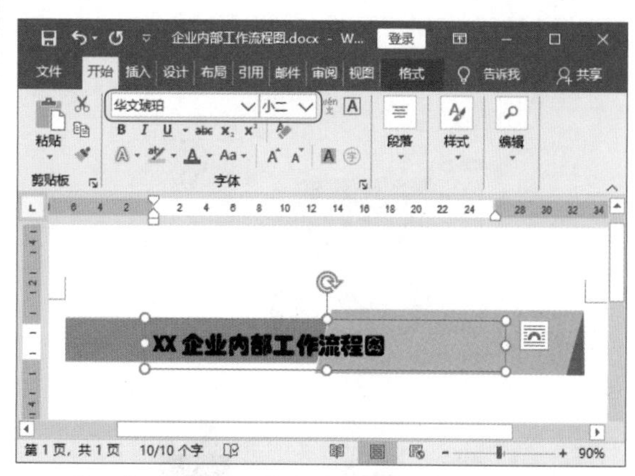

第 4 步：设置标题的宽度。❶选中标题，单击“开始”选项卡“段落”组中的“中文版式”下拉按钮；❷从下拉菜单中选择“调整宽度”选项；❸打开“调整宽度”对话框，在其中设置标题的宽度。

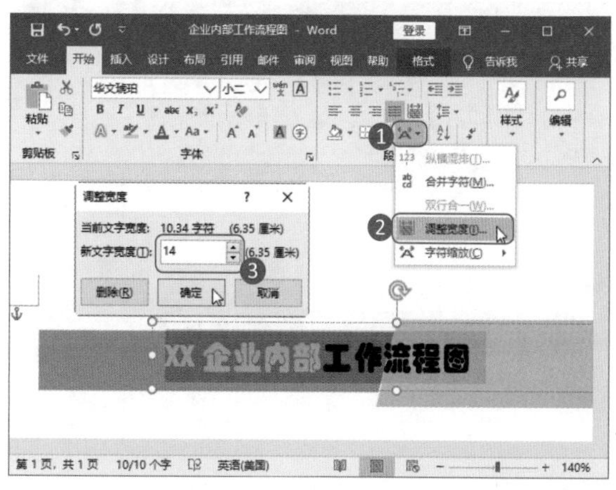

第 5 步：打开文字“颜色”对话框。❶选中标题中“XX 企业内部”几个字；❷在“开始”选项卡下“字体”组中单击“字体颜色”的下三角按钮；❸在下拉菜单中选择“其他颜色”选项。

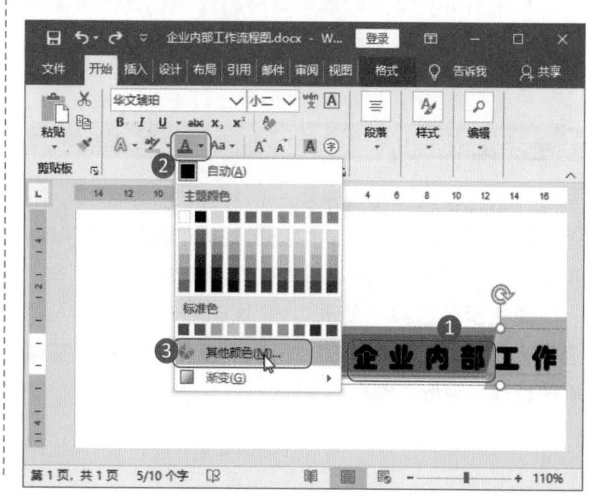

第 6 步：设置字体颜色参数。在打开的“颜色”对话框中按照如下图所示的参数设置颜色。

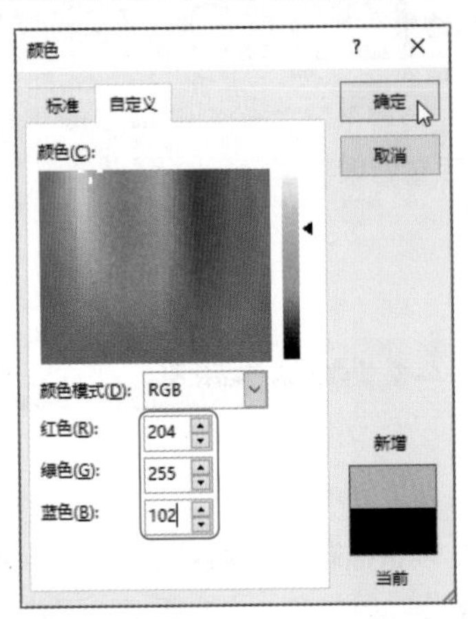

第 7 步：调整文本框位置。完成标题文字的制作后，调整文本框的位置，效果如下图所示。

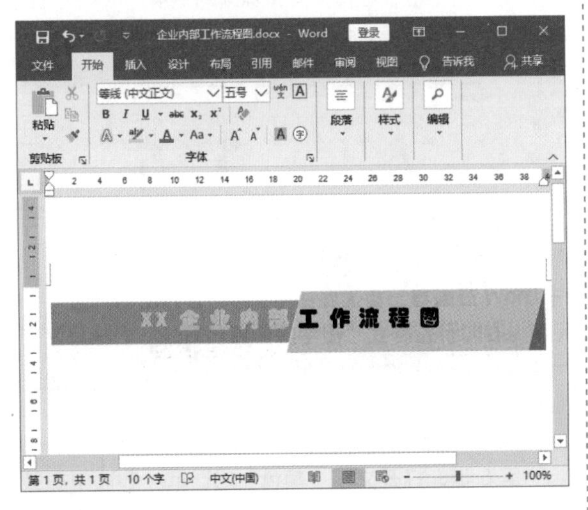

2.2.2 绘制流程图

利用 Word 2019 的形状绘制流程图，主要掌握流程图中不同形状的绘制方法，以及形状的对齐调整方法即可。

1. 绘制流程图的基本形状

一张完整流程图通常由一两种基本形状构成，不同的形状有不同的含义。如果是相同的形状，可以利用复制的方法快速完成。具体操作步骤如下。

第 1 步：选择“矩形”形状。❶单击“插入”选项卡下“插图”组中的“形状”按钮；❷从下拉菜单中选择“矩形”图标。

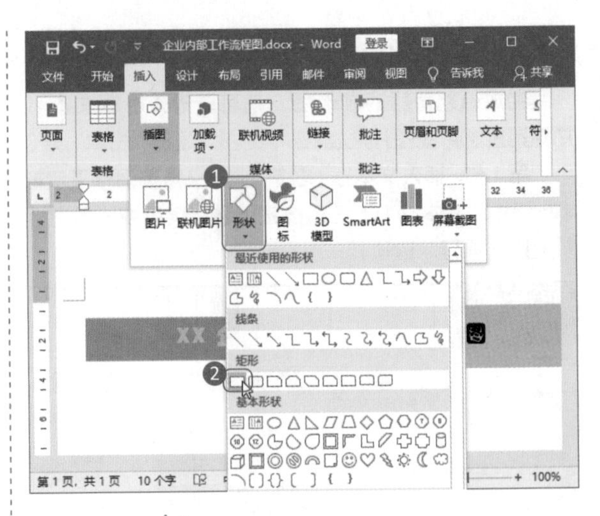

在“形状”菜单中右击所需形状的图标，选择“锁定绘图模式”选项，可以在界面中连续绘制多个图形。当绘制完成后，按 Esc 键即可退出绘图状态。

第 2 步：绘制矩形。按住鼠标左键不放，拖动鼠标在文档中绘制矩形。

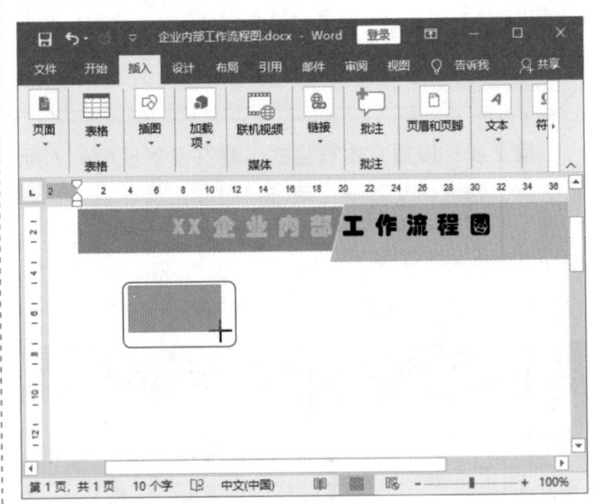

第 3 步：复制两个矩形。第一个矩形绘制完成后，选中矩形，连续两次按下键盘上的组合键 Ctrl+D，可以复制出另外两个矩形，并调整位置。

第 4 步：选择“菱形”形状。❶单击“插入”选项卡下“插图”组中的“形状”按钮；❷从下拉菜单中选择“菱形”图标。

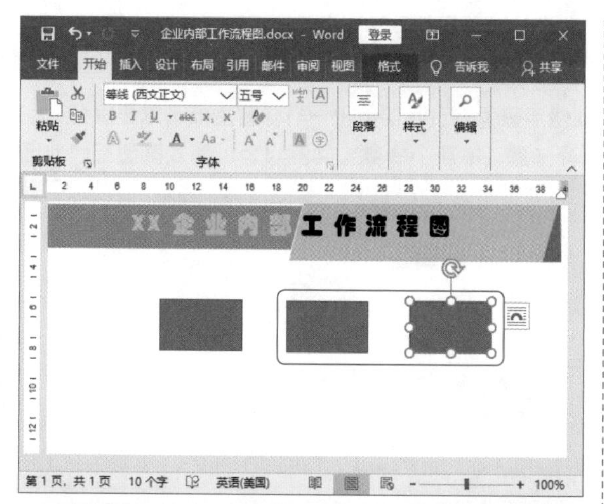

第 5 步：绘制菱形并复制形状。❶在界面中按住鼠标左键不放，拖动鼠标绘制一个菱形；❷选中菱形，按下组合键 Ctrl+D，复制一个菱形；❸选中矩形，按下组合键 Ctrl+D，复制一个矩形，并调整位置与两个菱形并排。

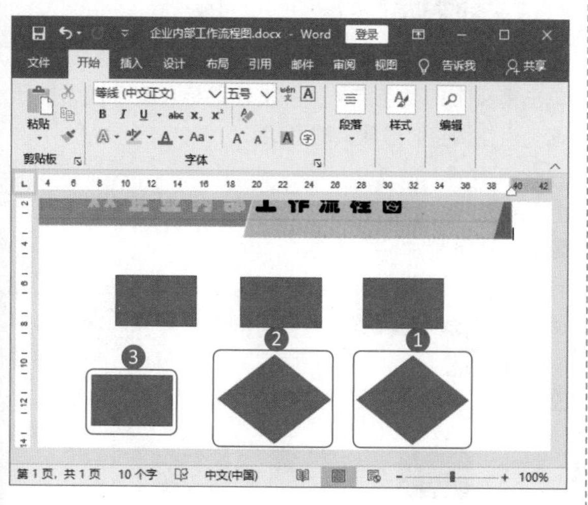

问：绘图时如何灵活利用 Ctrl 键和 Shift 键辅助绘图？

答：在 Word 中绘制形状时，按住 Ctrl 键拖动绘制，可以使鼠标指针位置作为图形的中心点；按住 Shift 键拖动进行绘制，则可以绘制出固定宽度比的形状，如按住 Shift 键拖动绘制矩形，则可绘制出正方形，按住 Shift 键绘制圆形则可绘制出正圆形。

第 6 步：复制矩形。选中矩形，连续四次按下组合键 Ctrl+D，复制四个矩形。

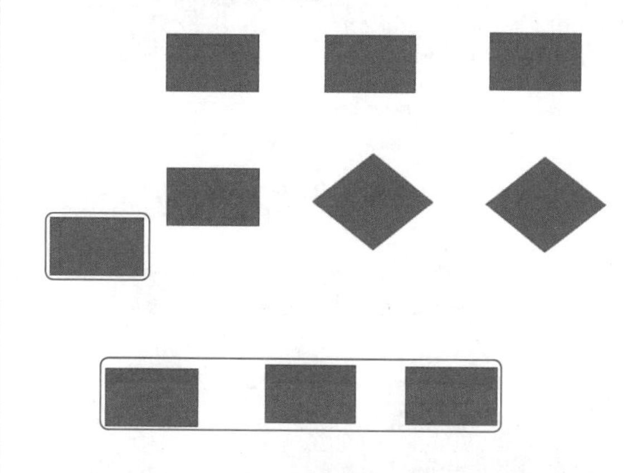

2. 绘制流程图箭头

连接流程图最常用的形状便是箭头，根据流程图的引导方向不同，箭头类型也有所不同。绘制不同的箭头，只需选择不同形状图标便可开始绘制。

第 1 步：选择“箭头”形状。❶单击“插入”选项卡下“插图”组中的“形状”按钮；❷从下拉菜单中选择“箭头”图标。

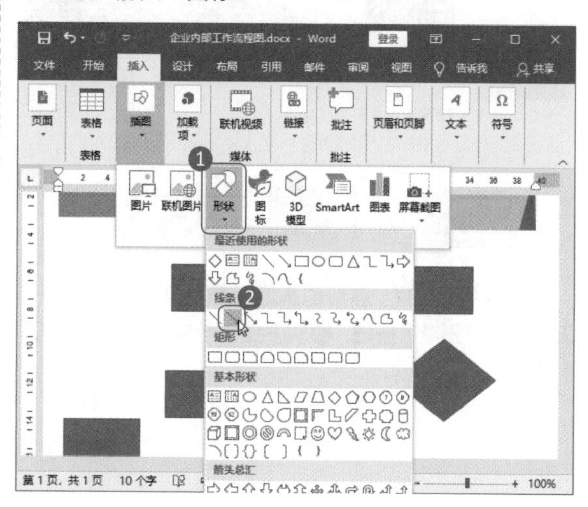

在绘制箭头、线条时，如果需要绘制出水平、垂直或呈 45° 及其倍数方向线条，可在绘制时按住 Shift 键；绘制具有多个转折点的线条可使用“任意多边形”形状。绘制完成后按 Esc 键可退出线条绘制即可。

第 2 步：绘制第一个箭头。为了便于箭头保持水平，按住 Shift 键，再按住鼠标左键不放，拖动鼠标，绘制箭头。

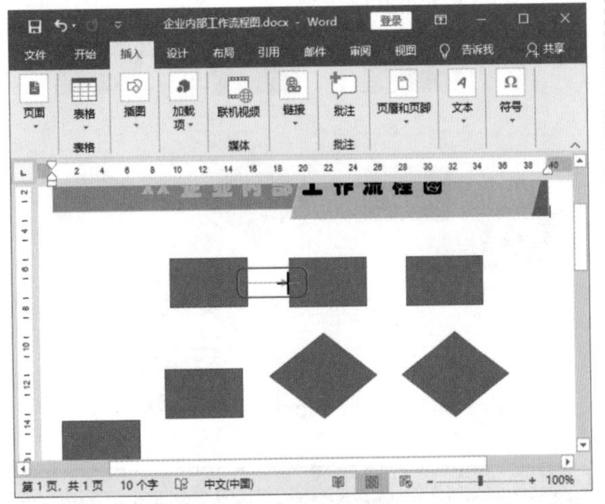

第 3 步：绘制其他箭头。按照相同的方法，绘制其他箭头。

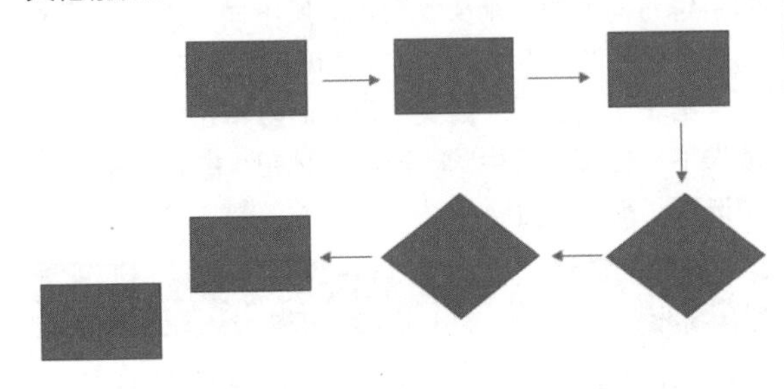

第 4 步：选择“肘形箭头连接符”。❶单击“插入”选项卡下“形状”按钮；❷从下拉菜单中选择“连接符：肘形箭头”图标。

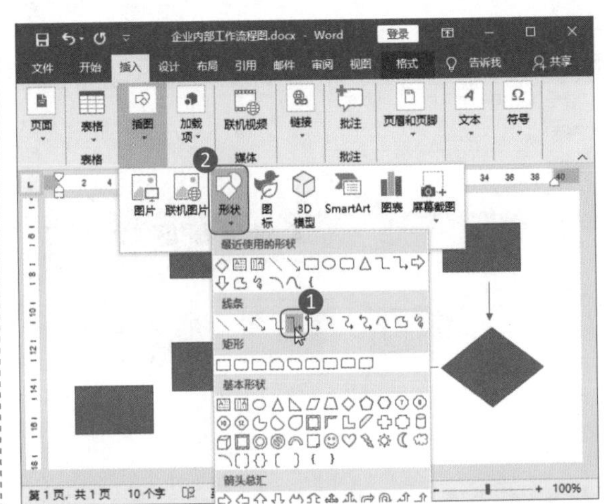

专家
点拨

直线也可以变成箭头，方法是选中并右击直线，在弹出的快捷菜单中选择“设置形状格式”选项，进入“设置形状格式”窗格中，设置“开始箭头类型”“结尾箭头类型”选项箭头形状即可。

第 5 步：绘制第一个肘形箭头。按住鼠标左键不放，绘制肘形箭头。

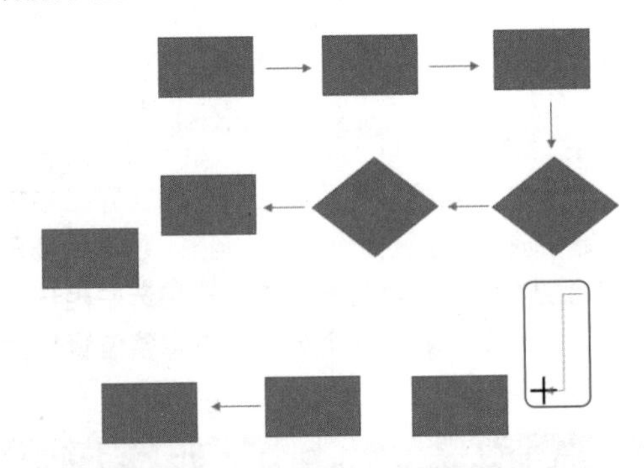

第 6 步：调整肘形箭头。肘形箭头绘制完成后，单击箭头上的黄色点，并按住鼠标左键不放，拖动这个点，调整肘形箭头的形状。

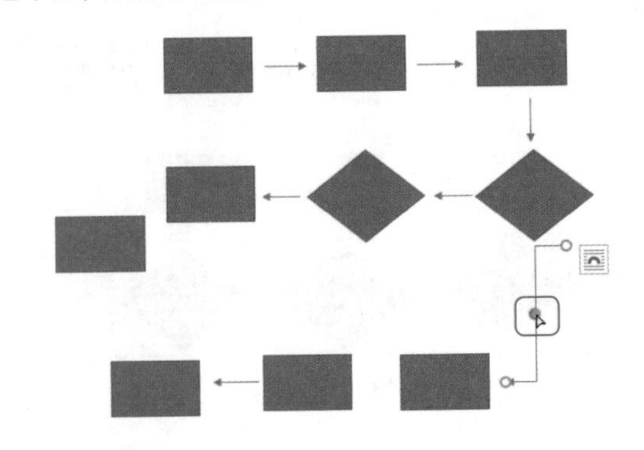

第 7 步：绘制其他肘形箭头。按照相同的方法，完成其他的肘形箭头的绘制。此时便完成了流程图的基本形状绘制，效果如下图所示。

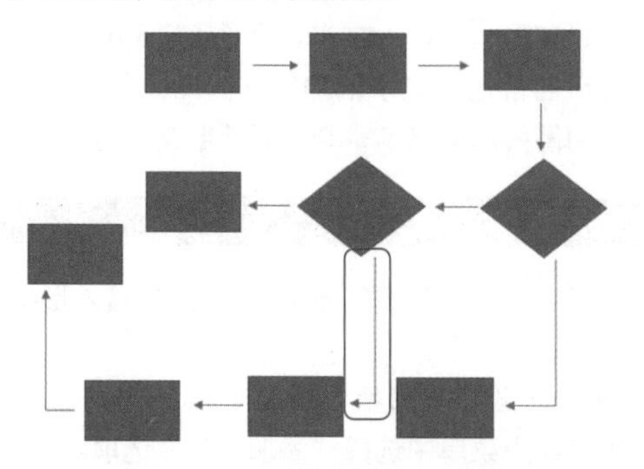

3. 调整流程图的对齐方式

手动绘制的流程图完成后，往往存在布局上的问题，如形状之间没有对齐，形状之间的距离有问题，此时需要进行调整，主要用到 Word 2019 的“对齐”功能。

第 1 步：将第二、三排形状往下移。审视整个流程图，发现形状彼此间的距离太近，需要拉开距离。按住 Ctrl 键，选中下面两排的图形。然后按下 ↓ 方向键，让这两排图形向下移动。

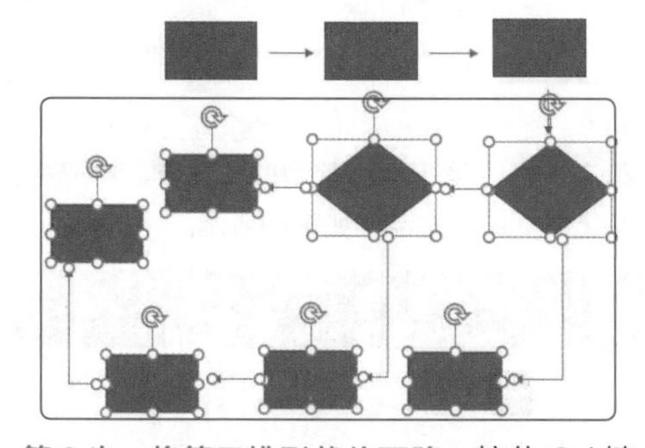

第 2 步：将第三排形状往下移。按住 Ctrl 键，选中第三排图形。然后按下 ↓ 方向键，让这排图形向下移动。此时便将三排图形之间的距离拉大了。

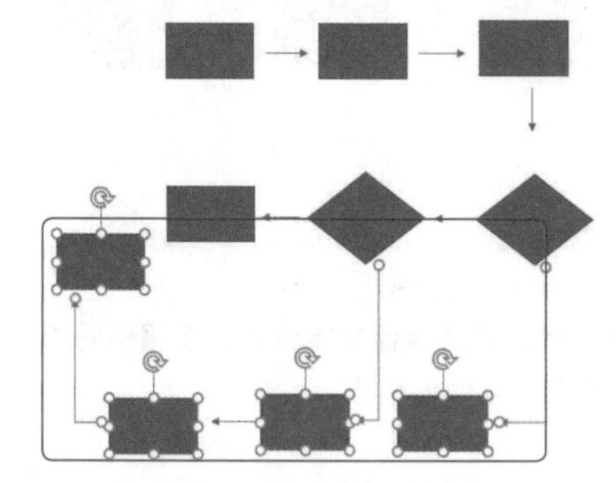

第 3 步：查看完成距离调整的流程图。完成距离调整的流程图如下图所示。

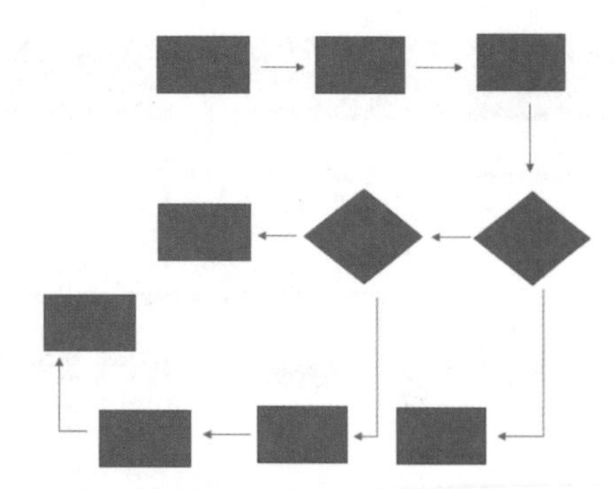

第 4 步：调整第一排形状，使其“垂直居中”。❶按住 Ctrl 键，选中第一排的形状；❷单击“绘图工具 - 格式”选项卡下“排列”组中“对齐”按钮，在下拉菜单中选择“垂直居中”选项。

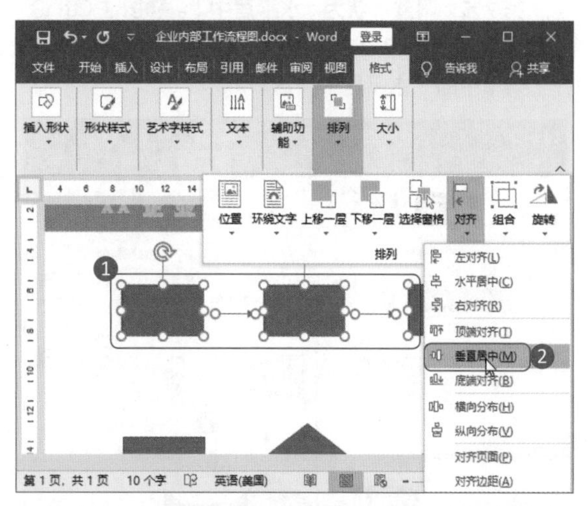

第 5 步：调整第二、三排形状，使其“垂直居中”。❶按照与第 4 步同样的方法调整第二排形状为“垂直居中”；❷选中第三排形状，执行“垂直居中”命令。

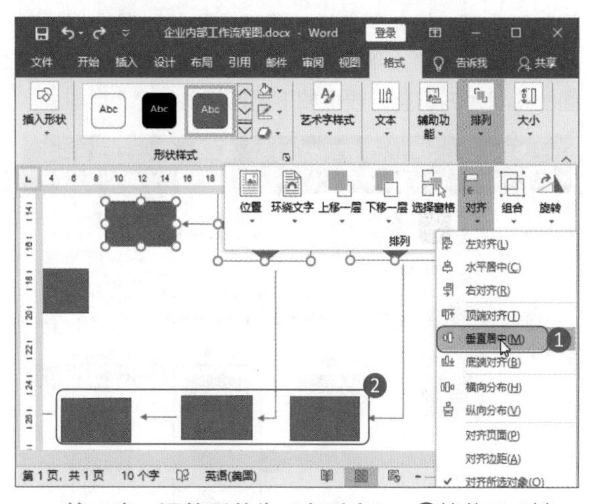

第 6 步：调整形状为“左对齐”。❶按住 Ctrl 键，同时选中第一排和第二排的第一个矩形；❷选择“对齐”菜单中的“左对齐”选项。

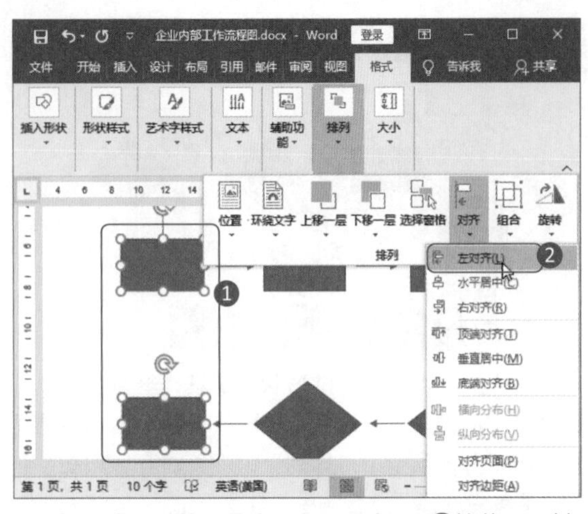

第 7 步：调整形状为“水平居中”。❶按住 Ctrl 键，同时选中第一排和第二排的第二个形状；❷选择“对齐”菜单中的“水平居中”选项。

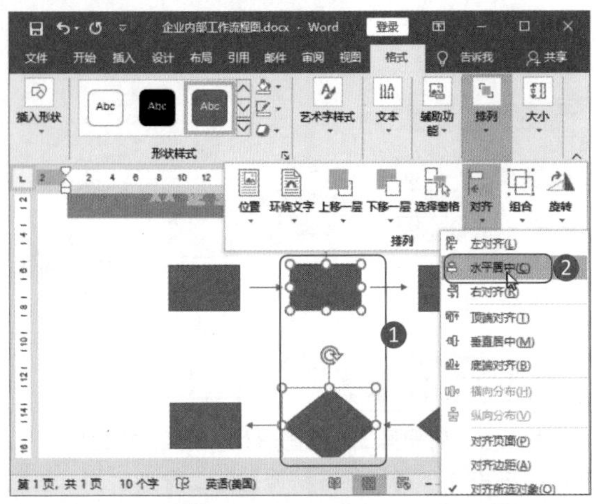

第 8 步：调整形状为“水平居中”。❶按住 Ctrl 键，同时选中第一排和第二排的第三个形状；❷选择“对齐”菜单中的“水平居中”选项。此时便完成了流程图的形状对齐调整，效果如下图所示。

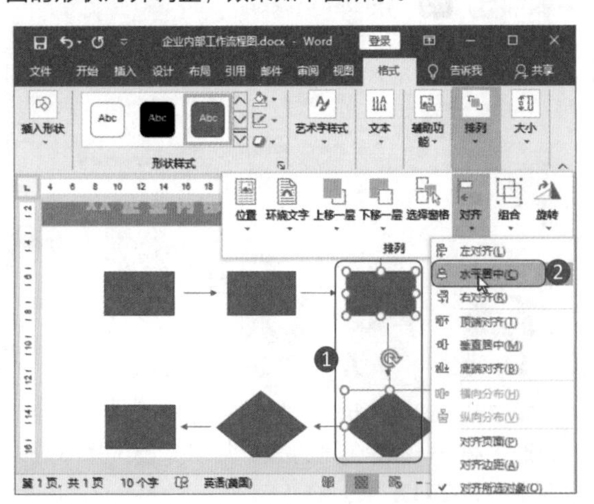

2.2.3 在流程图中添加文字

手动绘制的流程图是由形状组成的，因此添加文字其实是在形状中输入文本。而形状与 SmartArt 不同，SmartArt 自带输入文字的功能。因此，在流程图中如果需要为箭头添加文字，则需要绘制文本框。

1. 在形状中添加文字

在形状中添加文字的方法是，将光标置入形状中，就可以输入文字了。

第 1 步：设置在形状中输入文字。右击第 1 个形状，在弹出的快捷菜单中选择“添加文字”选项。

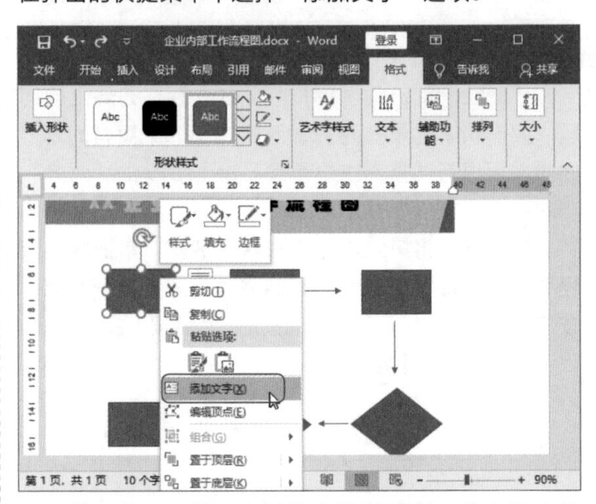

第 2 步：在第 1 个形状中输入文字。将光标定位到该形状中，输入文字，如下图所示。

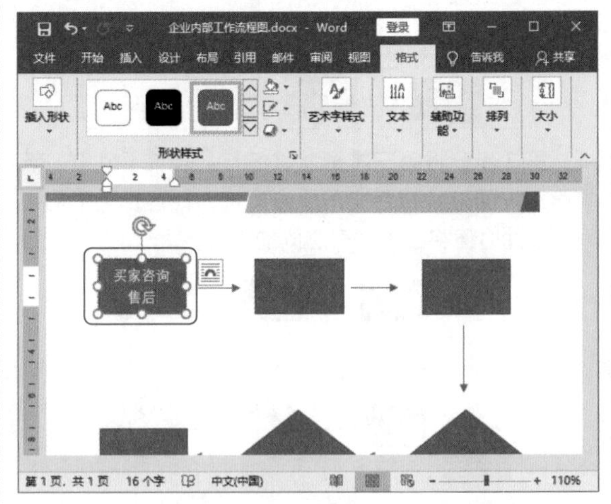

第 3 步：完成其他文字输入。按照相同的方法，完成流程图内其他形状的文字输入。

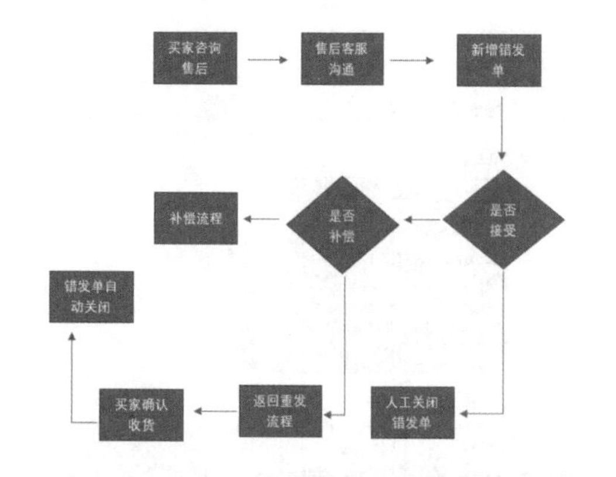

2. 为箭头添加文字

为箭头添加文字，需要绘制文本框，根据文字显示方向的不同，可以灵活选择横向或竖向文本框。

第 1 步：选择文本框类型。❶单击“插入”选项卡下“文本”组中的“文本框”下三角按钮；❷从下拉菜单中选择“绘制横排文本框”选项。

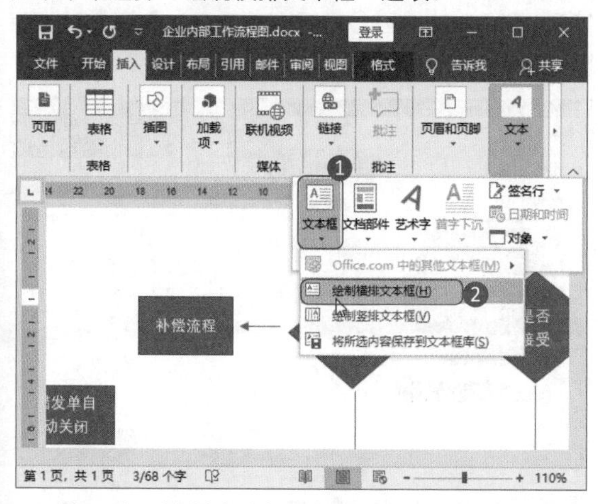

第 2 步：绘制文本框。按住鼠标左键不放，拖动鼠标绘制文本框。

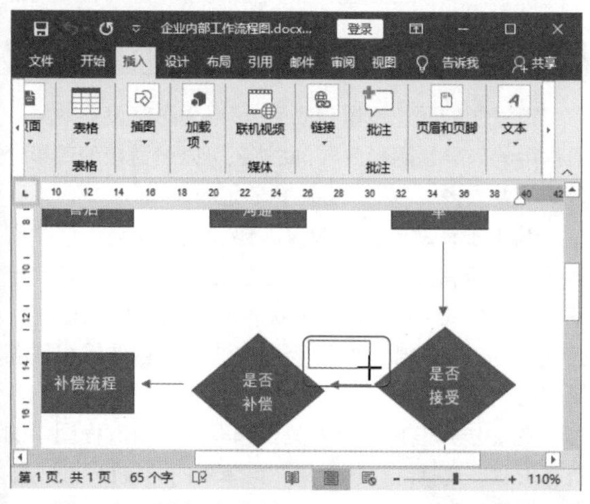

第 3 步：输入文字并设置文本框格式。❶在文本框中输入文字；❷选中文本框，单击“绘图工具－格式”选项卡下“形状样式”组中的“形状填充”下三角按钮；❸从菜单中选择“无填充”选项；❹选择“形状轮廓”菜单中的“无轮廓”选项。

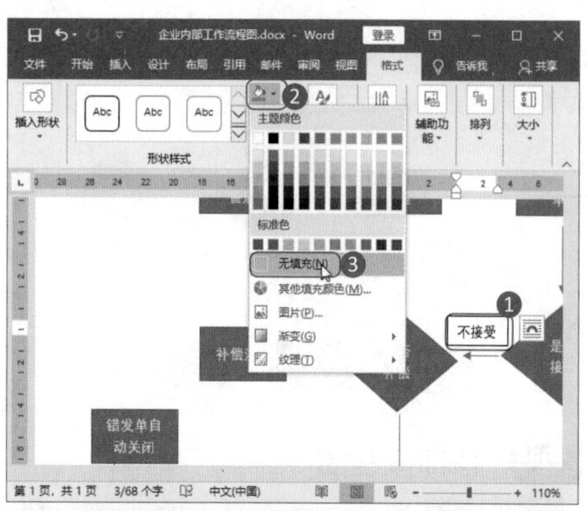

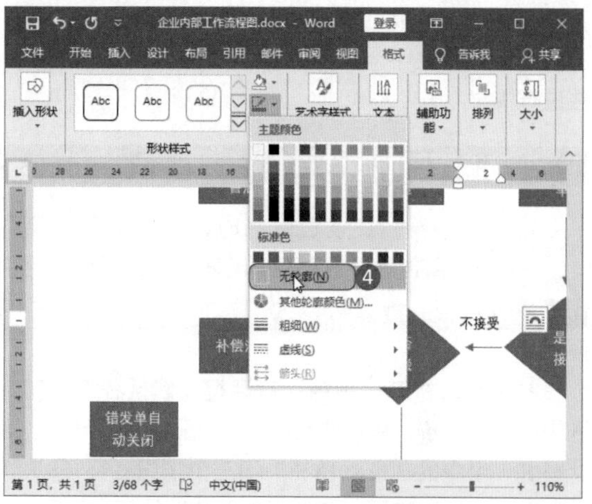

第 4 步：选择竖排文本框。❶单击“插入”选项卡下“文本”组中的“文本框”下三角按钮；❷从下拉菜单中选择“绘制竖排文本框”选项。

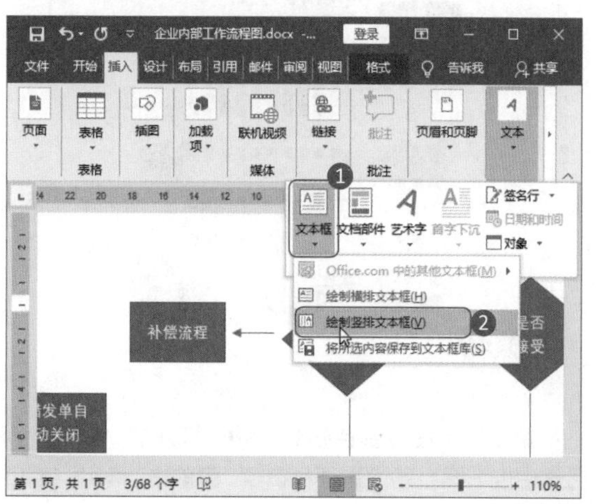

第 5 步：绘制竖排文本框并输入文字完成格式调整。竖排文本框的绘制方法和横排文本框一致。绘制完成后，输入文字，并设置文本框为无填充色、无轮廓即可。效果如下图所示。

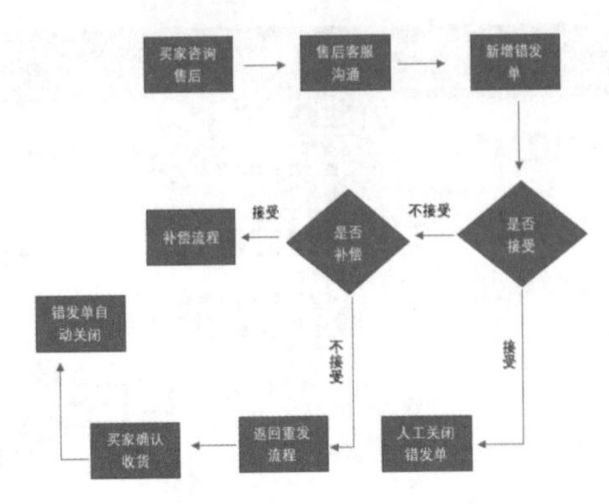

2.2.4 修饰流程图

利用形状绘制的流程图在进行颜色、效果、字体的修饰时，往往不能选择系统预置的样式，而需要单独进行调整。

1．调整流程图的颜色

绘制的流程图在设置颜色时，颜色也有代表意义，不能随心所欲地设置颜色。流程图中有两种形状，代表两种流程，那么可以为这两种形状设置不同的颜色。

第 1 步：打开“颜色”对话框。❶按住 Ctrl 键，选中所有的矩形，单击“绘制工具－格式”选项卡下“形状样式”组中的“形状填充”下三角按钮；❷从弹出的下拉菜单中选择“其他填充颜色”选项。

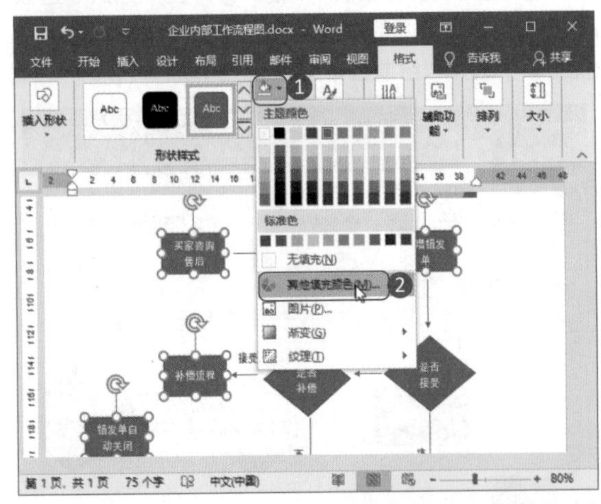

第 2 步：设置颜色参数。❶在打开的“颜色”对话框中按下图所示设置颜色参数；❷单击“确定”按钮。

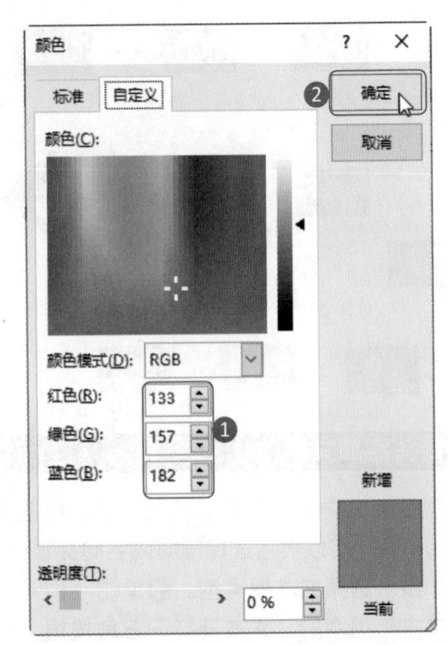

第 3 步：设置菱形的颜色。❶同时选中两个菱形，打开“颜色”对话框，为菱形选择颜色；❷单击“确定”按钮。此时便完成了流程图形状的颜色设置。

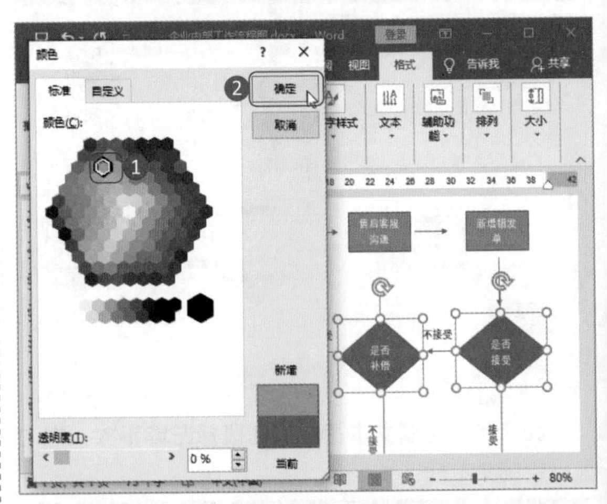

2．设置流程图中形状的效果

流程图的颜色设置完成后，可以为形状设置效果。最常用的效果是阴影效果，此外还可以设置棱台效果。效果不要太多，否则就会画蛇添足。

第 1 步：设置阴影效果。❶按住 Ctrl 键，选中流程图中的所有形状，单击“绘图工具－格式”选项卡下“形状样式”组中的“形状效果”下三角按钮；❷从弹出的菜单中选择“阴影”选项；❸选择级联菜单中的“偏移：右下”选项。

第 2 步：设置棱台效果。❶再次选中流程图中的所有形状，选择“形状效果”菜单中的“棱台”选项；❷选择“凸圆形”效果。

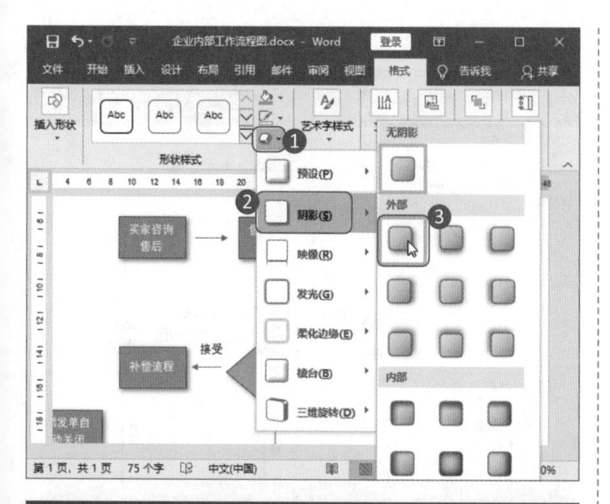

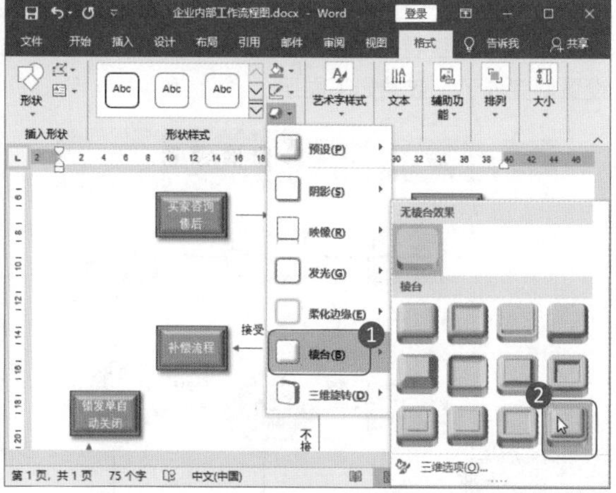

第 3 步：查看完成设置的流程图。完成颜色和效果设置的流程图如下图所示。

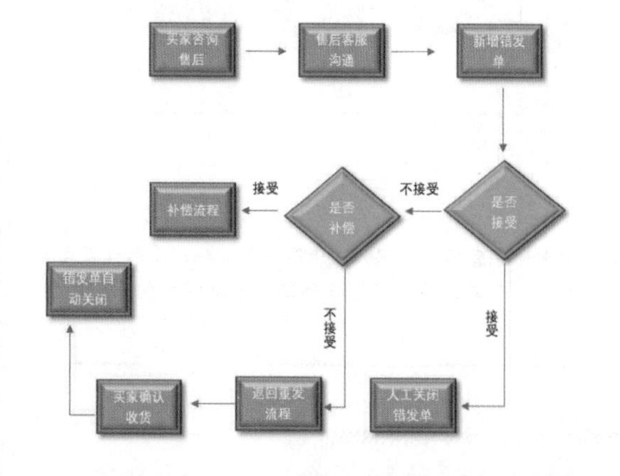

3. 设置流程图中箭头的样式

流程图中，箭头也是重要元素，箭头的设置主要有加粗线条设置和颜色设置。

第 1 步：设置箭头的粗细。❶按住 Ctrl 键，选中所有箭头，单击“绘图工具－格式”选项卡下“形状样式”组中的“形状轮廓”下三角按钮；❷选择菜单中的“粗细”选项；❸选择“1.5 磅”选项。

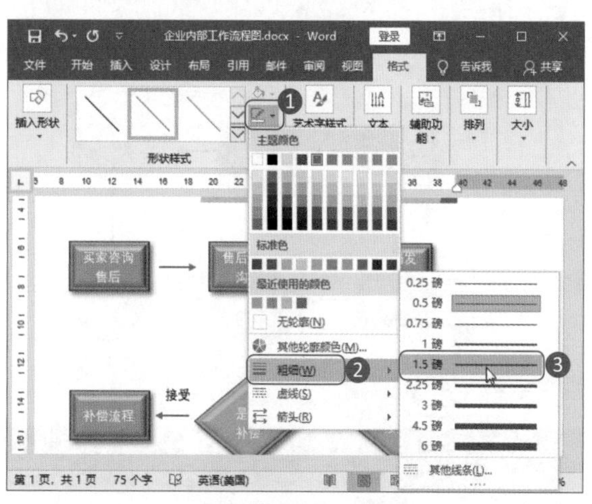

第 2 步：设置箭头的颜色。❶单击“形状轮廓”下三角按钮；❷选择菜单中的“黑色，文字 1”颜色选项。此时便完成了箭头样式的设置。

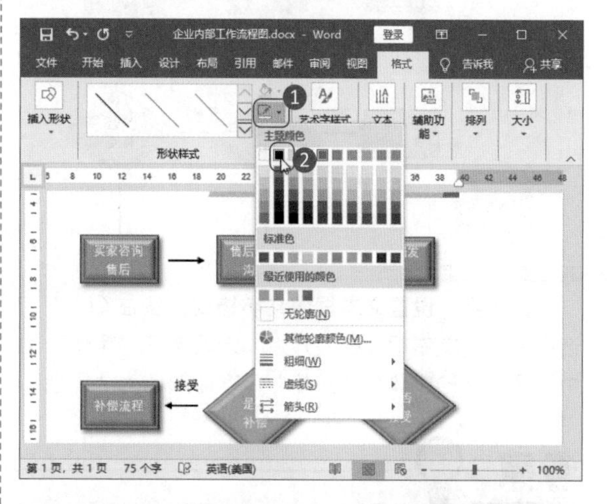

4. 调整流程图中文字的格式

流程图中不仅要注重形状的样式，文字同样也要进行调整。文字的调整，要注意两点：一是文字颜色是否与背景形状的颜色形成对比，方便辨认；二是文字的字体、粗细是否方便辨认。

第 1 步：设置矩形形状的文字格式。按住 Ctrl 键，选中所有的矩形，在“开始”选项卡下“字体”组中设置文字的字体为“黑体”，字体颜色为“白色，背景 1”，字号为“小四”，加粗显示。

第 2 步：设置菱形形状的文字格式。按住 Ctrl 键，选中所有的菱形，在“开始”选项卡下“字体”组中设置文字的字体为“黑体”，字体颜色为“黑色，文字 1”，字号为“小四”，加粗显示。

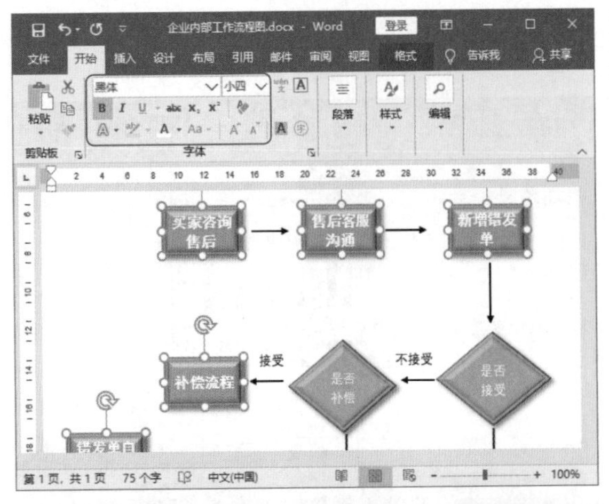

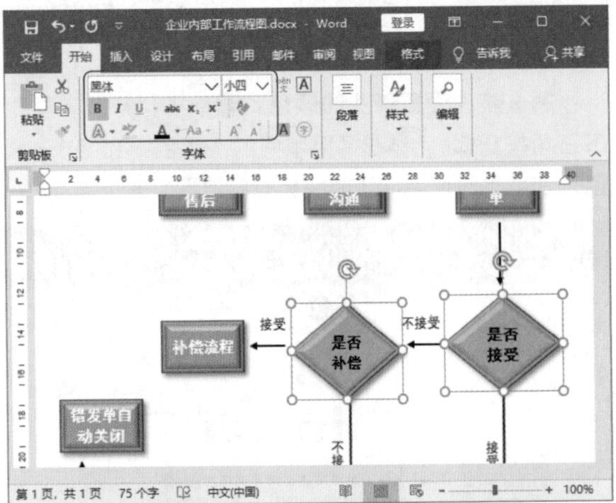

第 3 步：设置文本框的文字格式。按住 Ctrl 键，选中所有的文本框，在“开始”选项卡下“字体”组中设置文字的字体为“黑体”，字体颜色为“黑色，文字 1”，字号为“五号”，加粗显示。

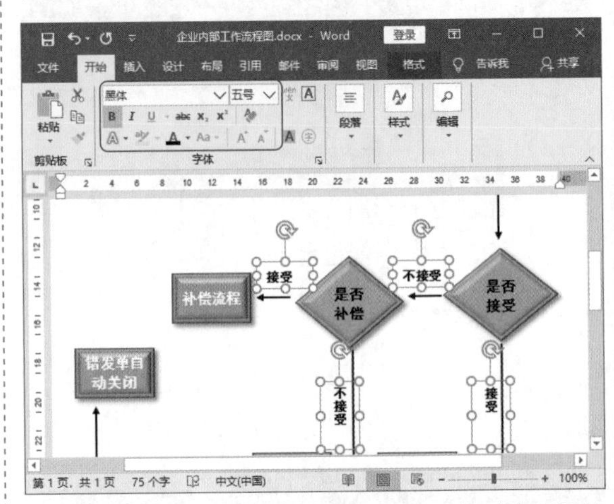

第 4 步：查看完成制作的流程图。此时流程图的设置便完成了，效果如下图所示。

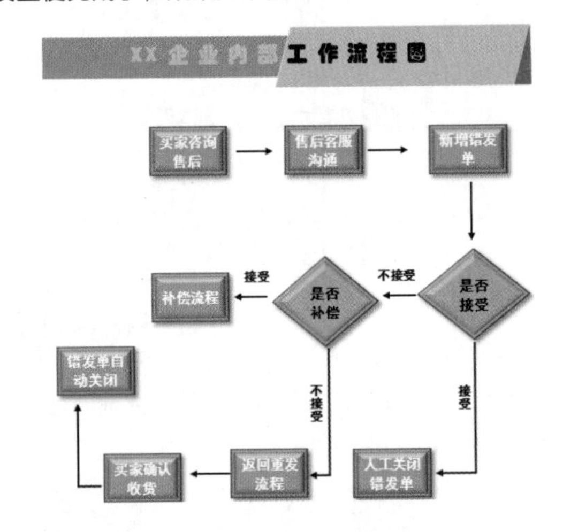

问：使用形状绘制流程图时，形状的选择是否有相应的规定？

答：有规定。在绘制 SmartArt 图形状时，根据流程的不同，形状的选择也有不同。例如，矩形代表过程，菱形代表决策。所以流程图中，有选择分支的地方，通常会用菱形。打开“形状”菜单，将鼠标指针移动到菜单中相应的形状上，可以看出该形状代表的含义。

过关练习：制作“企业内刊”

为了增强企业凝聚力，传播企业文化，不同的企业常常会制作企业内刊。企业内刊上不仅刊登企业的最新消息，也刊登员工的投稿。制作“企业内刊”时，涉及的 Word 功能有图片插入与编辑、SmartArt 图的插入与编辑、

文字的添加与编辑，以及不同元素间的排版。

"企业内刊"文档制作完成后的效果如下图所示。

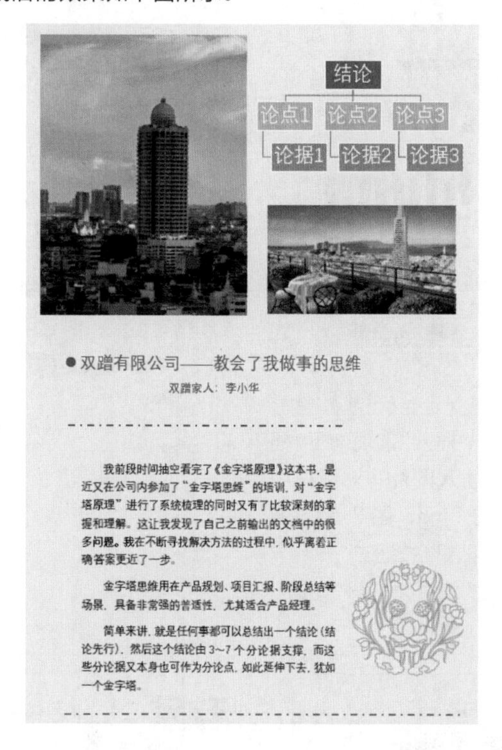

● 双蹭有限公司——教会了我做事的思维

双蹭家人：李小华

我前段时间抽空看完了《金字塔原理》这本书，最近又在公司内参加了"金字塔思维"的培训，对"金字塔原理"进行了系统梳理的同时又有了比较深刻的掌握和理解。这让我发现了自己之前输出的文档中的很多问题。我在不断寻找解决方法的过程中，似乎离着正确答案更近了一步。

金字塔思维用在产品规划、项目汇报、阶段总结等场景，具备非常强的普适性，尤其适合产品经理。

简单来讲，就是任何事都可以总结出一个结论（结论先行），然后这个结论由 3~7 个分论据支撑，而这些分论据又本身也可作为分论点，如此延伸下去，犹如一个金字塔。

思路解析

"企业内刊"在制作时，需要用到的元素有图片、文本框、SmartArt 等，企业文员在制作内刊时，要掌握不同元素的添加及编辑方法。其制作流程及思路如下。

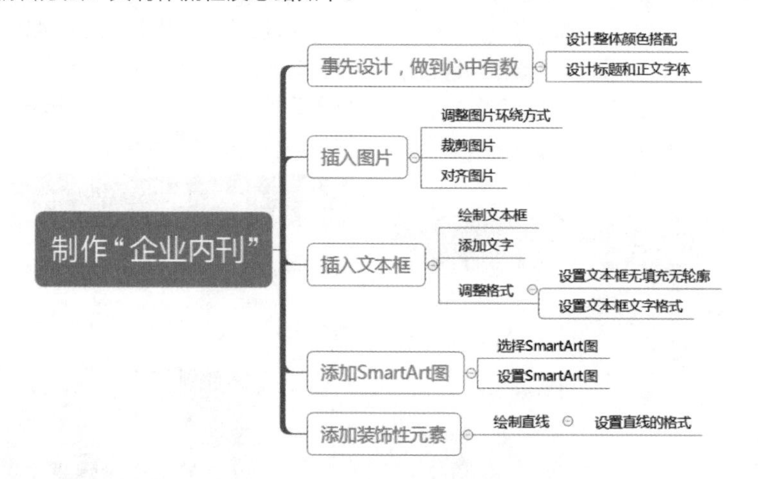

关键步骤

关键步骤 1：新建文档并打开"颜色"对话框。 ❶新建一个 Word 文档，单击"设计"选项卡下"页面背景"组中的"页面颜色"下三角按钮；❷选择下拉菜单中的"其他颜色"选项。在打开的"颜色"对话框中，设置红色（R）、绿色（G）、蓝色（B）的参数分别为 246、243、236。

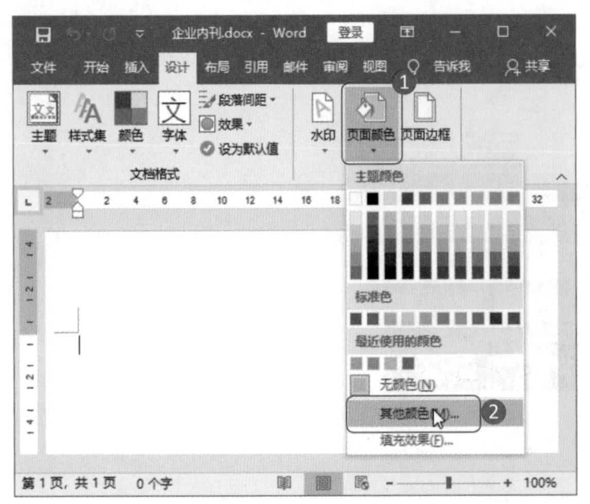

关键步骤 2：插入图片。❶单击“插入”选项卡下“插图”组中的“图片”按钮。在“插入图片”对话框中按照路径“素材文件\第 2 章\图 1.jpg、图 2.jpg、图 3.jpg”选择三张图片；❷单击“插入”按钮。

关键步骤 3：打开图片“布局”对话框。❶选中图片 1，单击“图片工具 - 格式”选项卡下“排列”组中的“位置”下三角按钮；❷选择下拉菜单中的“其他布局选项”选项。

关键步骤 4：设置图片的环绕方式。❶在“布局”对话框中，切换到“文字环绕”选项卡，选择“浮于文字上方”选项；❷单击“确定”按钮。按照同样的方法，设置图片 2 和图片 3 的环绕方式。

专家点拨

将图片设置成“浮于文字上方”格式后，可以选中该图片并单击“格式刷”按钮，再单击其他图片，其他图片的格式也会变成“浮于文字上方”。

关键步骤 5：裁剪图片 1。❶选中图片 1，单击“图片工具 - 格式”选项卡下“大小”组中的“裁剪”按钮；❷单击图片边框上出现的黑色竖线，并按住鼠标左键拖动鼠标，进行图片裁剪。

关键步骤 6：对齐图片。❶按住 Ctrl 键，同时选

中图片 1 和图片 2；❷选择“图片工具 – 格式”选项卡下“排列”组中的“对齐”菜单中的“底端对齐”选项。

关键步骤 7：选择“绘制文本框”。选择“插入”选项卡下“文本”组中的“文本框”菜单中的“绘制横排文本框”选项。在界面中按住鼠标左键不放拖动鼠标绘制文本框。

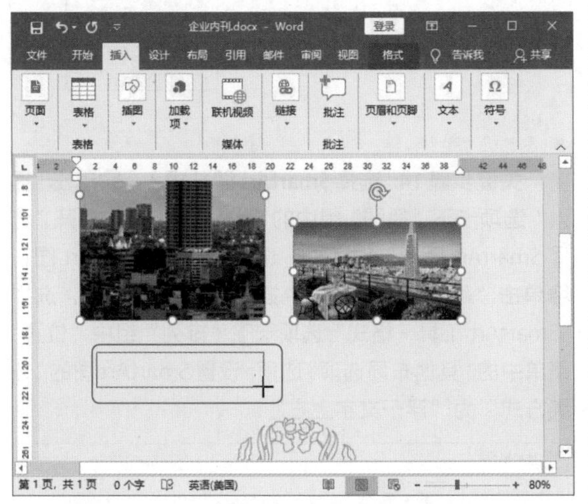

关键步骤 8：设置文本框格式。❶在文本框中插入特殊符号并输入文字，选中文本框，单击“绘图工具 – 格式”选项卡下“形状样式”组中的“形状填充”下三角按钮；❷选择下拉菜单中的“无填充”选项。选择“绘图工具 – 格式”选项卡下“形状样式”组中的“形状轮廓”下拉菜单中的“无轮廓”选项。

关键步骤 9：设置文字颜色。❶单击“开始”选项卡下“字体”组中的“字体颜色”下三角按钮，选择下拉菜单中的“其他颜色”选项，在“颜色”对话框中，设置文字颜色参数；❷单击“确定”按钮。颜色设置完成后，调整文本框文字字体为“微软雅黑”，第一排文字为“三号”，第二排文字为 11。

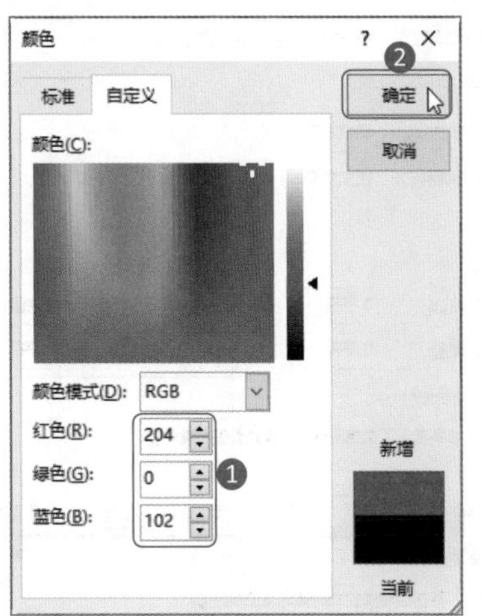

企业内刊讲究整体美观，内刊中的文字、图片、页面底色等色彩搭配都是事先设计过的，因此设计文字颜色时，不要随心所欲地设置，而要充分考虑文字设置成什么颜色才能与页面颜色相搭配。

关键步骤 10：添加第二个文本框。❶重新绘制一个文本框，按照路径“素材文件 \ 第 2 章 \ 企业内刊内容 .txt”打开记事本文件，将文件中的文字内容复制粘贴到文本框内；❷选中文本框，设置文本框无填充色且无轮廓。

关键步骤 11：设置“段落”对话框。单击“开始”选项卡下“段落”组中的“对话框启动器”按钮，打开“段落”对话框：❶设置缩进值；❷设置段后距离；❸设置行距；❹单击“确定”按钮。

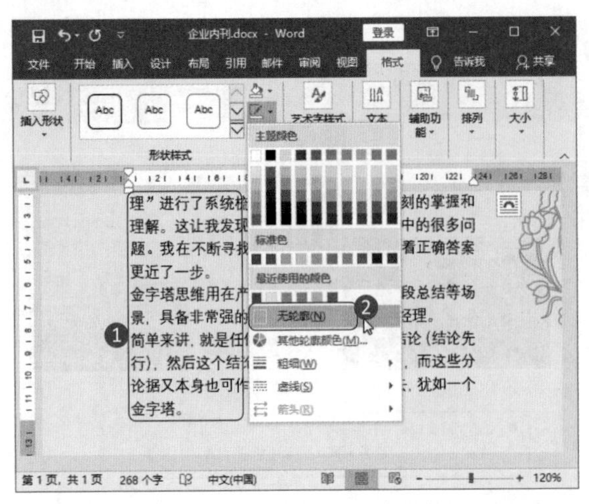

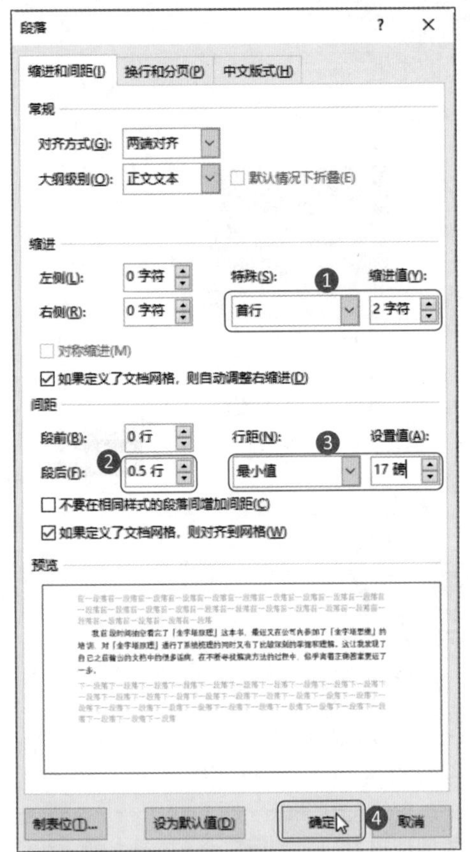

关键步骤 12：设置直线格式。❶在界面中绘制一条直线，设置直线的颜色；❷设置直线的"粗细"为"1.5 磅"；❸选择直线的线形。

关键步骤 13：调整图片 3 的大小和位置。调整图片 3 的大小，并移动到右下角恰当的位置。

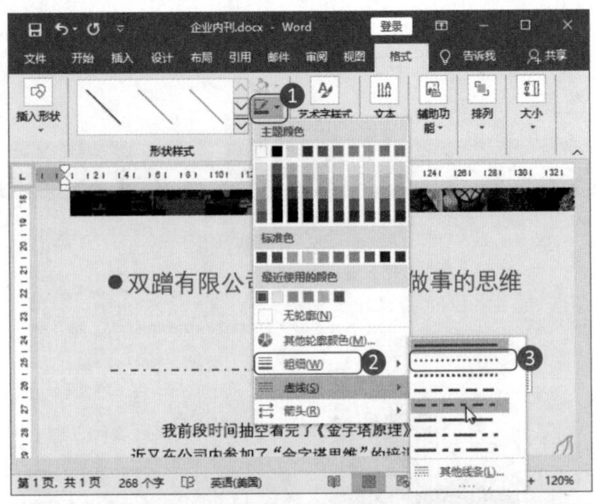

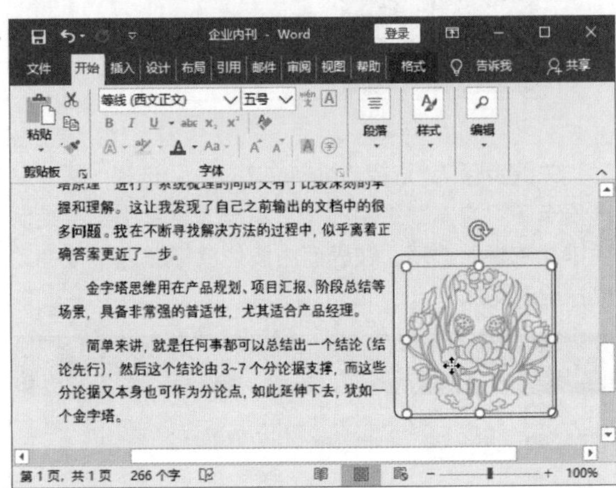

关键步骤 14：选择 SmartArt 图并插入。❶单击"插入"选项卡下"插图"组中的 SmartArt 按钮，打开"选择 SmartArt 图形"对话框，选择相应的 SmartArt 图；❷单击"确定"按钮。选中插入的 SmartArt 图，选择"SmartArt 工具 – 格式"选项卡下"排列"组中"位置"菜单中的"其他布局选项"选项。设置 SmartArt 图的"环绕方式"为"浮于文字上方"。

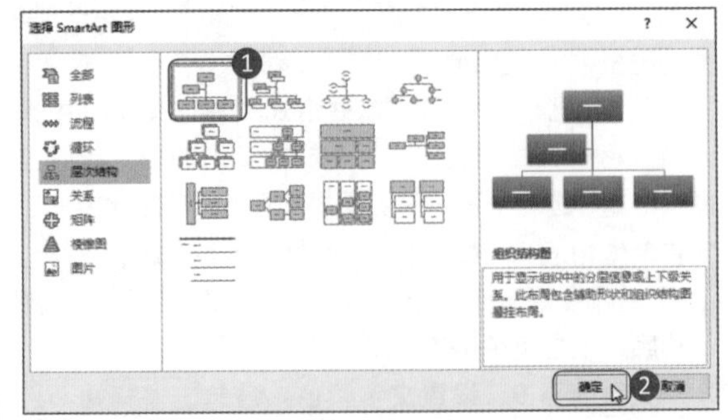

关键步骤 15：删除 SmartArt 图中多余的形状。选中 SmartArt 图左边第二排的形状，按下 Delete 键，删除该形状。

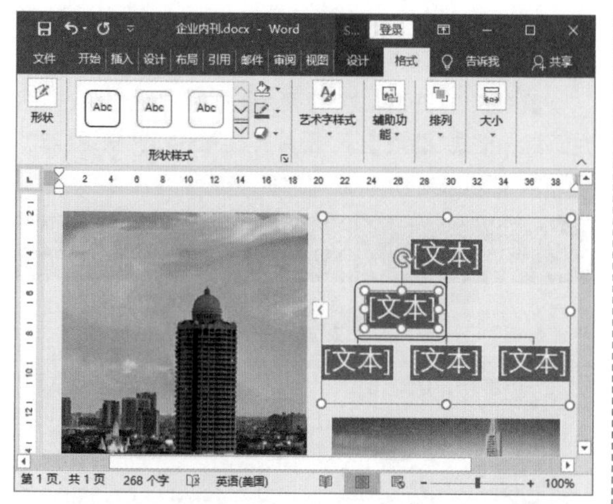

关键步骤 16：添加 SmartArt 图的形状。❶选中 SmartArt 图左下方的形状；❷选择“SmartArt 工具 – 设计”选项卡下“创建图形”组中的“添加形状”菜单中的“在下方添加形状”选项。使用同样的方法，为 SmartArt 图第二排右边的两个形状下方都添加一个形状。

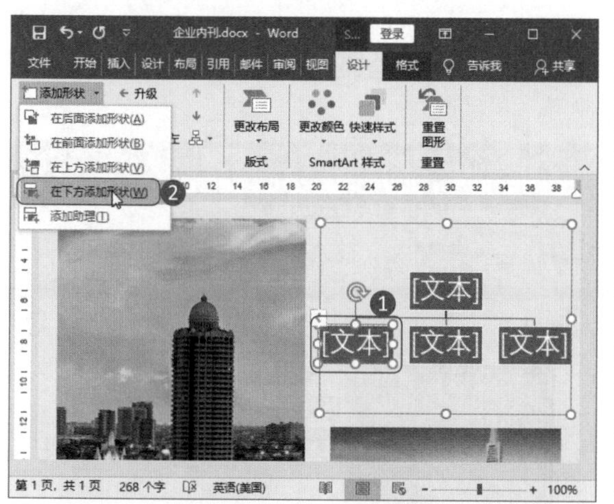

关键步骤 17：设置 SmartArt 图颜色。❶在图中输入文字，设置第一排图形形状的 RGB 颜色参数为“204，0，102”，第二排图形形状的 RGB 颜色参数为“255，192，0”，第三排图形形状的 RGB 颜色参数为“132，151，176”；❷按住 Ctrl 键，选中 SmartArt 图的连接线，选择“形状轮廓”中的“其他轮廓颜色”选项，打开“颜色”对话框进行参数设置。

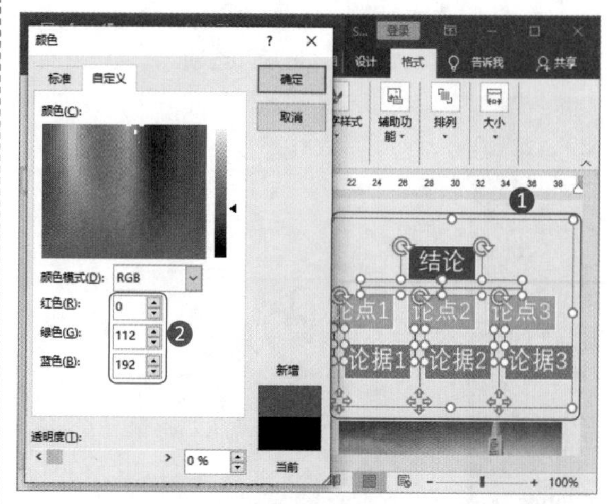

关键步骤 18：绘制页面底端虚线。复制页面上方的虚线并将其移动到页面下方，更改轮廓颜色 RGB 参数为“204，102，0”。此时便完成了企业内刊的内容及页面设计，效果如下图所示。

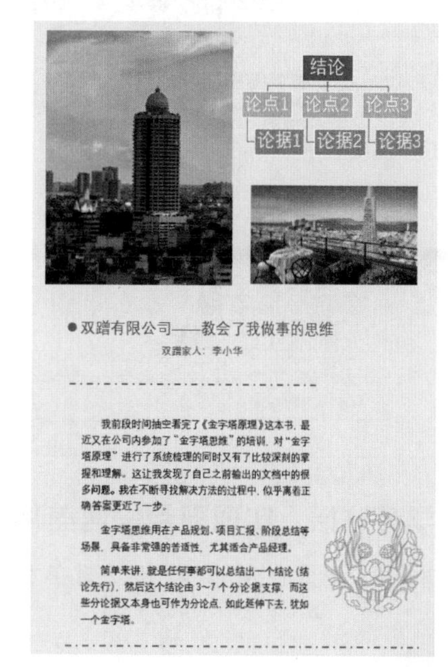

●双蹭有限公司——教会了我做事的思维

双蹭家人：李小华

我前段时间抽空看完了《金字塔原理》这本书，最近又在公司内参加了“金字塔思维”的培训，对“金字塔原理”进行了系统梳理的同时又有了比较深刻的掌握和理解。这让我发现了自己之前输出的文档中的很多问题。我在不断寻找解决方法的过程中，似乎离着正确答案更近了一步。

金字塔思维用在产品规划、项目汇报、阶段总结等场景，具备非常强的普适性，尤其适合产品经理。

简单来讲，就是任何事都可以总结出一个结论（结论先行），然后这个结论由 3~7 个分论据支撑，而这些分论据又本身也可作为分论点，如此延伸下去，犹如一个金字塔。

高手秘技

1. 轻松设置，不再担心文档中的图片变模糊

在进行 Word 图文混排时，常常会出现完成排版后，将文档发送给同事和领导，文档中的图片变模糊的情况，

为了避免这种情况发生，需要对文档图片的压缩进行设置。

第 1 步：打开“Word 选项”对话框。单击“文件”按钮，在文件菜单中选择“选项”选项。

第 2 步：设置图片大小和质量。❶切换到“高级”选项卡下；❷选中“不压缩文件中的图像”复选框；❸设置“默认分辨率”为 220ppi；❹单击“确定”按钮。

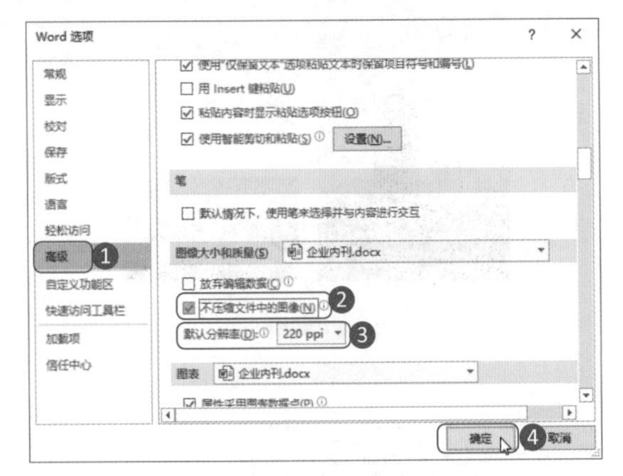

2. 学会这招，实现图片快速美化

在制作图文混排的 Word 文档时，非美术专业的企业人员常常担心图片不够美观，那么可以利用 Word 2019 内置的 28 种图片样式，快速美化图片。

第 1 步：打开“样式”列表。❶选中图片；❷单击“图片工具 - 格式”选项卡下“图片样式”组中的“快速样式”下三角按钮。

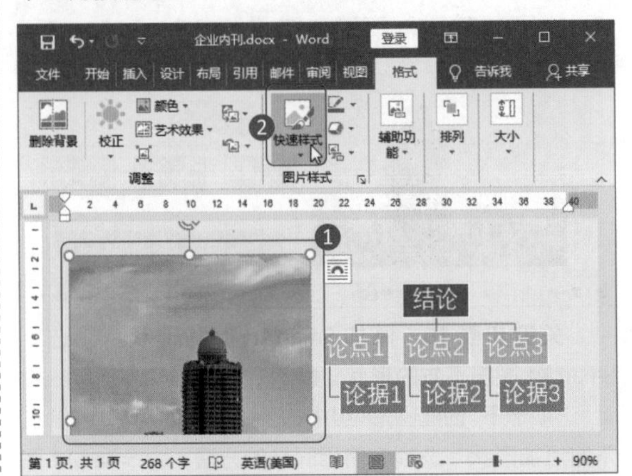

第 2 步：选择样式。将鼠标指针放到样式列表中的一种样式上，此时可以预览到选中图片应用这种样式的效果，如果对这种效果满意，单击这种样式即可应用。

Word 中表格的创建与编辑

内容导读

Word 2019 除了可以简单地对文档进行编辑和排版外，还可以自由地添加表格，从而实现各类办公文档中表格的制作。表格制作完成后，可以修改表格的布局，添加文字，还可以通过公式计算的方式快速而准确地计算出表格中数据的总和、平均数等，大大提高了办公效率。

知识要点

- ◆ 快速绘制或插入表格
- ◆ 灵活更改表格的布局
- ◆ 在表格中添加文字和数据
- ◆ 表格的样式、属性设置
- ◆ 调整表格中文字的格式
- ◆ 利用公式实现表格数据的计算

案例展示

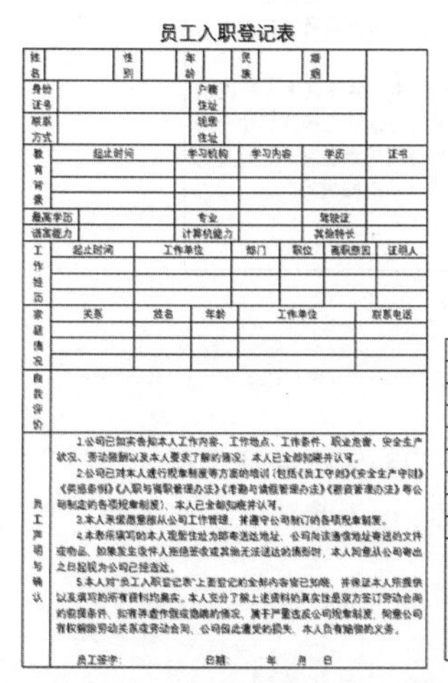

员工入职登记表

姓名		性别		年龄		民族		婚姻		
身份证号				户籍住址						
联系方式				现居住址						

教育背景	起止时间	学习机构	学习内容	学历	证书
最高学历		专业		驾驶证	
语言能力		计算机能力		其他特长	

工作经历	起止时间	工作单位	部门	职位	离职原因	证明人

家庭情况	关系	姓名	年龄	工作单位	联系电话

自我评价

员工声明与确认

1.公司已如实告知本人工作内容、工作地点、工作条件、职业危害、安全生产状况、劳动报酬以及本人要求了解的情况，本人已全部知晓并认可。

2.公司已对本人进行规章制度等方面的培训（包括《员工守则》《安全生产守则》《奖惩条例》《入职与离职管理办法》《考勤与请假管理办法》《薪资管理办法》等公司制定的各项规章制度），本人已全部知晓并认可。

3.本人承诺愿意服从公司工作管理，并遵守公司制订的各项规章制度。

4.本表所填写的本人现居住地为邮寄送达地址，公司向该通信地址寄送的文件或物品，如果发生收件人拒绝签收或其他无法送达的情形时，本人同意从公司寄出之日起视为公司已经送达。

5.本人对"员工入职登记表"上面登记的全部内容皆已知晓，并保证本人所提供以及填写的所有资料均属实。本人充分了解上述资料的真实性是双方签订劳动合同的前提条件，如有弄虚作假或隐瞒的情况，属于严重违反公司规章制度，同意公司有权解除劳动关系或劳动合同，公司因此遭受的损失，本人负有赔偿的义务。

员工签字： 日期： 年 月 日

出差申请单

申报部门		申请人	
出差日期	年 月 日 至 年 月 日 ： 共 天		
出差地区			
出差事由			
交通工具	□飞机□火车□汽车□动车□其它		
申请费用	元（¥ ）		
报销方式	□转账 □现金		
部门审核	财务审核		总经理审核

说明：

1、此申请表作为出差申请、借款、核销必备凭证。

2、如出差途中变更行程计划需及时汇报。

3、出差申请表须在接到申请后 48 小时内批复。

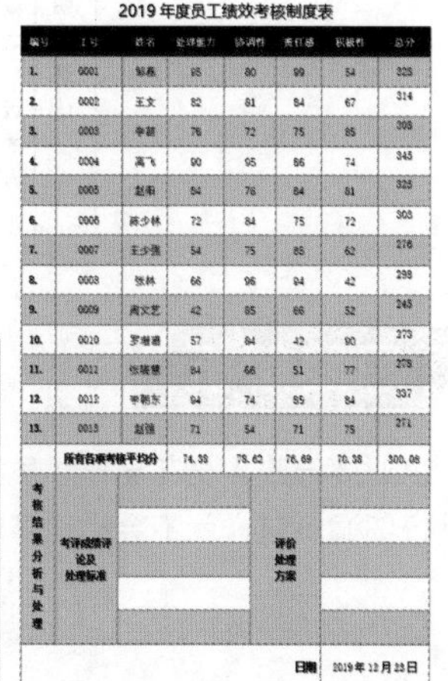

2019 年度员工绩效考核制度表

编号	工号	姓名	处理能力	协调性	责任感	积极性	总分
1.	0001	[illegible]	95	80	99	54	328
2.	0002	王文	82	81	84	67	314
3.	0003	[illegible]	76	72	75	85	308
4.	0004	高飞	90	95	86	74	345
5.	0005	赵和	94	76	84	81	325
6.	0006	蒋少林	72	84	75	72	303
7.	0007	王少强	54	75	85	62	276
8.	0008	张林	66	96	94	42	298
9.	0009	周文艺	42	85	66	52	245
10.	0010	罗增迪	57	84	42	90	273
11.	0011	[illegible]	84	66	51	77	278
12.	0012	申朝东	94	74	85	84	337
13.	0013	赵强	71	54	71	75	271
	所有各项考核平均分		74.38	78.62	76.69	70.38	300.08

考核结果分析与处理	考评成绩评论及处理标准		评价处理方案	
			日期	2019 年 12 月 23 日

3.1 制作“员工入职登记表”

案例说明

企业在招聘新员工后，往往会让新员工填一份员工入职登记表，新员工需要在表中填写个人的主要信息，并贴上自己的照片。此外，员工入职登记表稍微改变一下文字内容，还可以变成面试人员登记表，让前来面试的人填写自己的主要信息，以便面试官了解情况。

“员工入职登记表”文档制作完成后的效果如下图所示。

员工入职登记表

<table>
<tr><td>姓名</td><td></td><td>性别</td><td></td><td>年龄</td><td></td><td>民族</td><td></td><td>婚姻</td><td></td><td rowspan="3"></td></tr>
<tr><td>身份证号</td><td colspan="4"></td><td>户籍住址</td><td colspan="4"></td></tr>
<tr><td>联系方式</td><td colspan="4"></td><td>现居住址</td><td colspan="4"></td></tr>
<tr><td rowspan="4">教育背景</td><td colspan="2">起止时间</td><td colspan="2">学习机构</td><td colspan="2">学习内容</td><td colspan="2">学历</td><td colspan="2">证书</td></tr>
<tr><td colspan="2"></td><td colspan="2"></td><td colspan="2"></td><td colspan="2"></td><td colspan="2"></td></tr>
<tr><td colspan="2"></td><td colspan="2"></td><td colspan="2"></td><td colspan="2"></td><td colspan="2"></td></tr>
<tr><td colspan="2"></td><td colspan="2"></td><td colspan="2"></td><td colspan="2"></td><td colspan="2"></td></tr>
<tr><td>最高学历</td><td colspan="3"></td><td>专业</td><td colspan="2"></td><td colspan="2">驾驶证</td><td colspan="2"></td></tr>
<tr><td>语言能力</td><td colspan="3"></td><td>计算机能力</td><td colspan="2"></td><td colspan="2">其他特长</td><td colspan="2"></td></tr>
<tr><td rowspan="4">工作经历</td><td colspan="2">起止时间</td><td colspan="2">工作单位</td><td colspan="2">部门</td><td colspan="2">职位</td><td>离职原因</td><td>证明人</td></tr>
<tr><td colspan="2"></td><td colspan="2"></td><td colspan="2"></td><td colspan="2"></td><td></td><td></td></tr>
<tr><td colspan="2"></td><td colspan="2"></td><td colspan="2"></td><td colspan="2"></td><td></td><td></td></tr>
<tr><td colspan="2"></td><td colspan="2"></td><td colspan="2"></td><td colspan="2"></td><td></td><td></td></tr>
<tr><td rowspan="4">家庭情况</td><td colspan="2">关系</td><td colspan="2">姓名</td><td colspan="2">年龄</td><td colspan="2">工作单位</td><td colspan="2">联系电话</td></tr>
<tr><td colspan="2"></td><td colspan="2"></td><td colspan="2"></td><td colspan="2"></td><td colspan="2"></td></tr>
<tr><td colspan="2"></td><td colspan="2"></td><td colspan="2"></td><td colspan="2"></td><td colspan="2"></td></tr>
<tr><td colspan="2"></td><td colspan="2"></td><td colspan="2"></td><td colspan="2"></td><td colspan="2"></td></tr>
<tr><td>自我评价</td><td colspan="10"></td></tr>
<tr><td>员工声明与确认</td><td colspan="10">1.公司已如实告知本人工作内容、工作地点、工作条件、职业危害、安全生产状况、劳动报酬以及本人要求了解的情况；本人已全部知晓并认可。
2.公司已对本人进行规章制度等方面的培训（包括《员工守则》《安全生产守则》《奖惩条例》《入职与离职管理办法》《考勤与请假管理办法》《薪资管理办法》等公司制定的各项规章制度），本人已全部知晓并认可。
3.本人承诺愿意服从公司工作管理，并遵守公司制订的各项规章制度。
4.本表所填写的本人现居住址为邮寄送达地址，公司向该通信地址寄送的文件或物品，如果发生收件人拒绝签收或其他无法送达的情形时，本人同意从公司寄出之日起视为公司已经送达。
5.本人对“员工入职登记表”上面登记的全部内容皆已知晓，并保证本人所提供以及填写的所有资料均属实。本人充分了解上述资料的真实性是双方签订劳动合同的前提条件，如有弄虚作假或隐瞒的情况，属于严重违反公司规章制度，同意公司有权解除劳动关系或劳动合同，公司因此遭受的损失，本人负有赔偿的义务。

员工签字：　　　　　　日期：　　年　　月　　日</td></tr>
</table>

思路解析

企业的行政人员在制作“员工入职登记表”时，可以先对表格的整体框架有个规划，再在录入文字的过程中进行细调，这样就不会出现多次调整都无法达到理想效果的情况，也不会降低工作效率。其制作流程及思路如下。

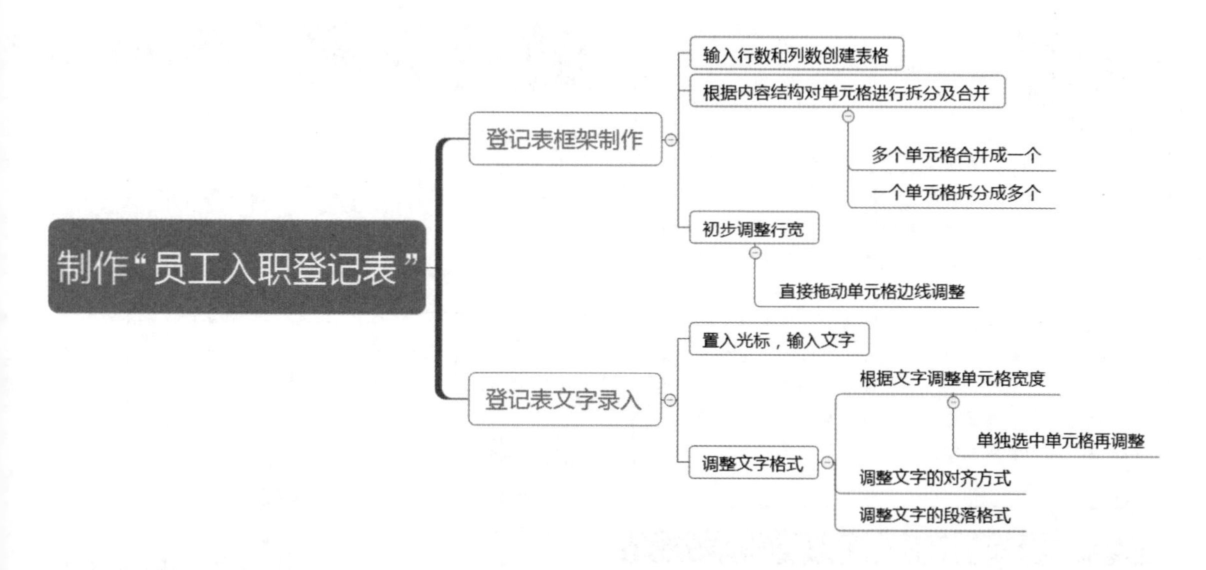

步骤详解

3.1.1 设计"员工入职登记表"框架

在 Word 2019 中编排员工入职登记表，可以先根据内容需求，设计好表格框架，方便后续的文字输入。

1. 快速创建表格

在 Word 2019 中创建表格，可以通过输入表格的行数和列数进行创建。

第 1 步：打开"插入表格"对话框。❶创建一个 Word 文档，输入文档的标题；❷单击"插入"选项卡下"表格"下三角按钮 ▾；❸选择下拉菜单中的"插入表格"选项。

第 2 步：输入表格的列数和行数。❶在打开的"插入表格"对话框中，输入表格的列数和行数；❷单击"确定"按钮。

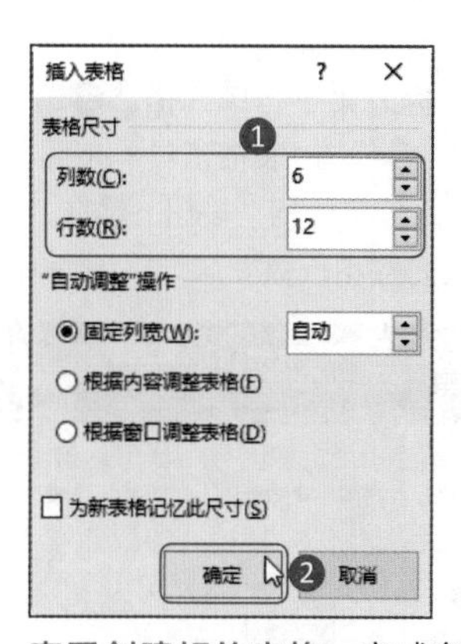

第 3 步：查看创建好的表格。完成创建的表格，一共有 6 列 12 行。

问：创建表格时应不应该选择“固定列宽”？

答：为了保证单元格的长宽一致，通常要选择“固定列宽”选项。在“插入表格”对话框中可以在“自动调整”操作组中选择表格宽度的调整方式，若选择“固定列宽”选项，则创建出的表格宽度固定；若选择“根据内容调整表格”选项，则创建出的表格宽度随单元格内容多少变化；若选择“根据窗口调整表格”选项，则表格宽度与页面宽度一致，当页面纸张大小发生变化时，表格宽度也会随之变化，通常在Web版式视图中编辑用于屏幕显示的表格内容时使用。

2. 灵活拆分、合并单元格

创建好的表格，其单元格大小和距离往往是平均分配的，根据员工入职需要登记信息的不同，要对单元格的数量进行调整，此时就需要用到“拆分单元格”和“合并单元格”功能。

第 1 步：拆分第一行单元格。❶选中第一行左边的 5 个单元格；❷单击“表格工具 - 布局”选项卡下“合并”组中的“拆分单元格”按钮；❸在“拆分单元格”对话框中输入列数和行数。

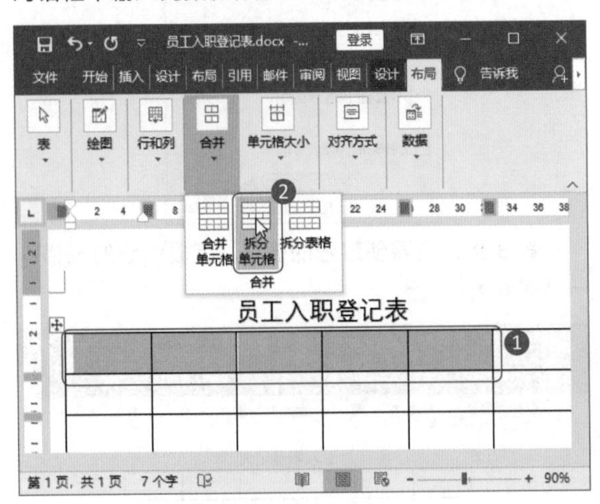

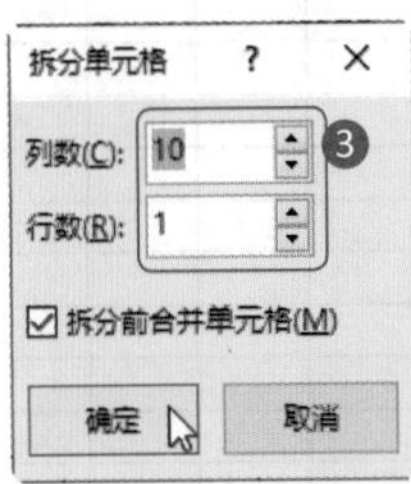

第 2 步：查看拆分结果。第一行选中的 5 个单元格变成了 10 个。

第 3 步：合并单元格。❶选中第二行和第三行最左边的两个单元格；❷单击“表格工具 - 布局”选项卡下“合并”组中的“合并单元格”按钮，将这两个单元格合并成为一个单元格。

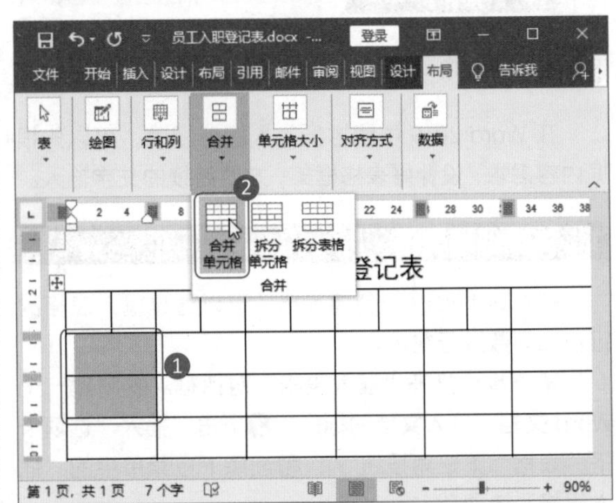

第 4 步：继续合并单元格。❶按照相同的方法，将第二行和第三行的单元格再进行合并；❷将四个单元格合并成为一个。

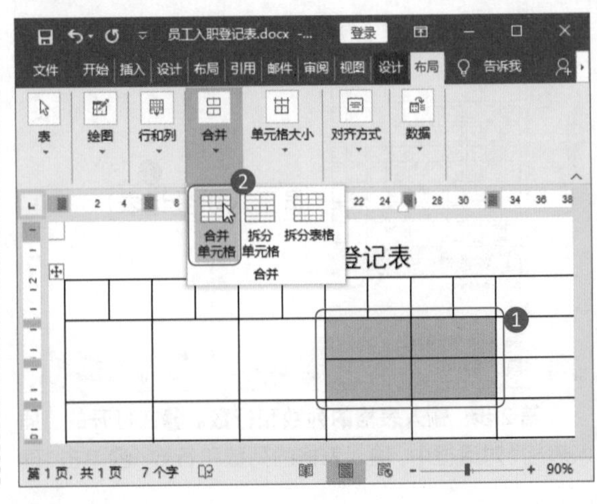

第 5 步：合并出贴照片的单元格。❶对第四行和第五行的单元格进行合并；❷选中最右边第一行到第五行的单元格；❸单击“合并单元格”按钮。

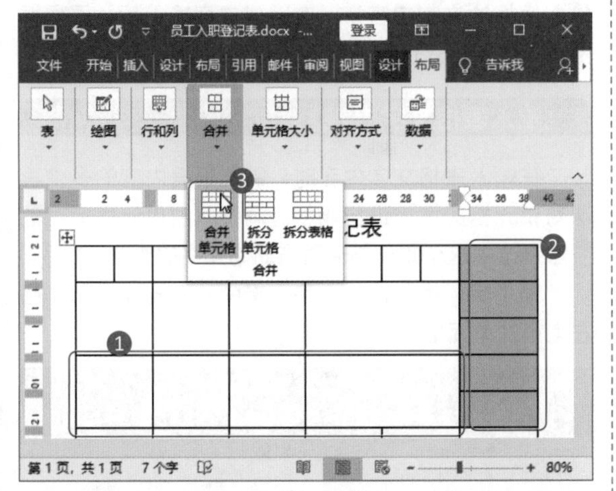

第 6 步：拆分填写“教育背景”内容的单元格。❶选中需要填写“教育背景”内容的单元格；❷单击“合并”组中的“拆分单元格”按钮；❸在“拆分单元格”对话框中填写列数和行数。

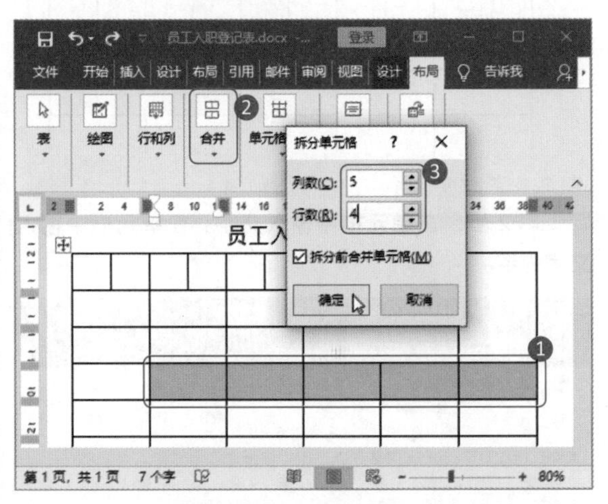

第 7 步：拆分填写“工作经历”内容的单元格。❶选中需要填写“工作经历”内容的单元格；❷单击“合并”组中的“拆分单元格”按钮；❸在“拆分单元格”对话框中填写列数和行数。

第 8 步：完成表格框架制作。继续利用单元格的“拆分单元格”及“合并单元格”功能完成表格制作，其框架如下图所示。

单元格的合并与拆分也可以通过右击，在弹出的快捷菜单中选择“合并单元格”或“拆分单元格”命令的方式实现。其方法是右击单个单元格，从弹出的快捷菜单中选择“拆分单元格”命令；选中两个及两个以上的单元格，再右击，从弹出的快捷菜单中选择“合并单元格”命令。

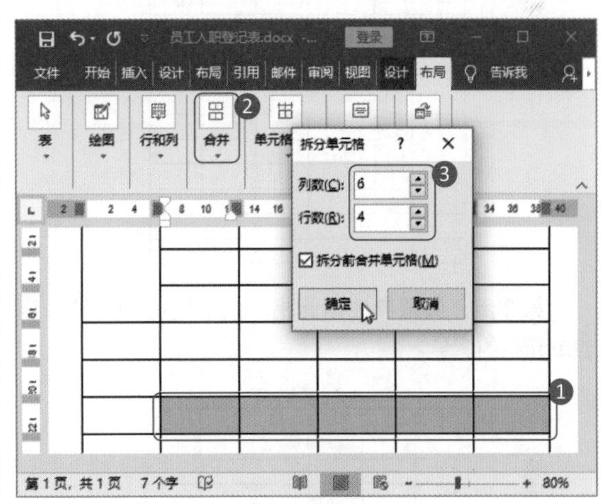

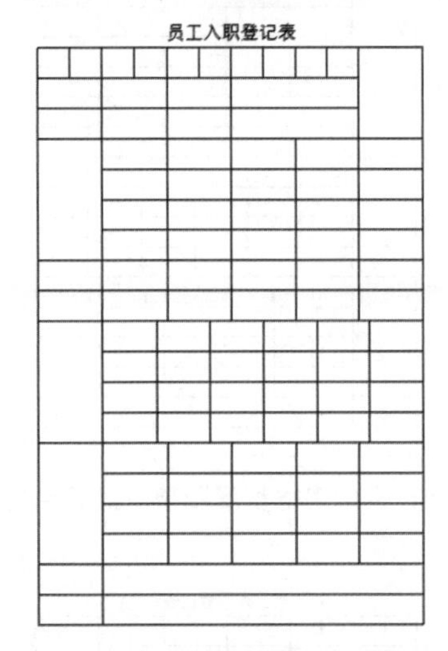

3. 调整单元格的行宽

“员工入职登记表”的框架完成后，需要对单元格的行宽进行微调，以便合理分配同一行单元格的宽度。调整依据是文字内容较多的单元格需要预留较宽的距离。

第 1 步：让单元格变窄。在“员工入职登记表”的下方，登记的是员工家庭情况信息，填写父母姓名的列可以较窄，填写父母工作单位的列可以较宽。选中要调整宽度的单元格，将光标移动到单元格的边线，并按住鼠标左键不放，往左拖动边线。

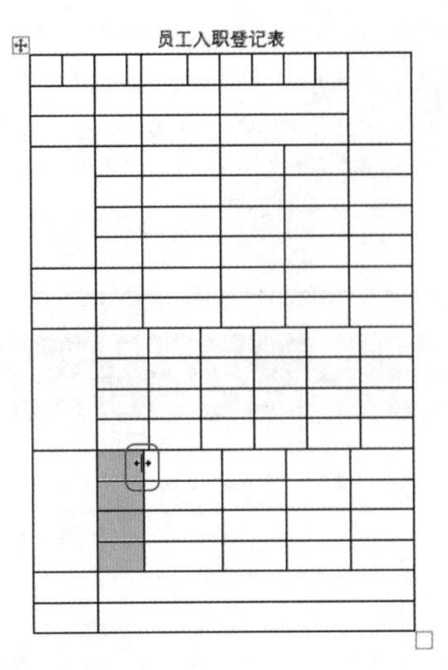

第 2 步：调整其他单元格。按照同样的方法，调整单元格的宽度。

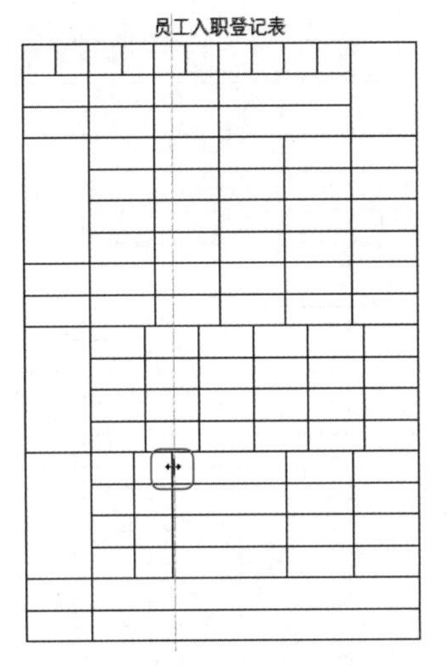

第 3 步：完成表格宽度调整。最后完成宽度调整的表格。

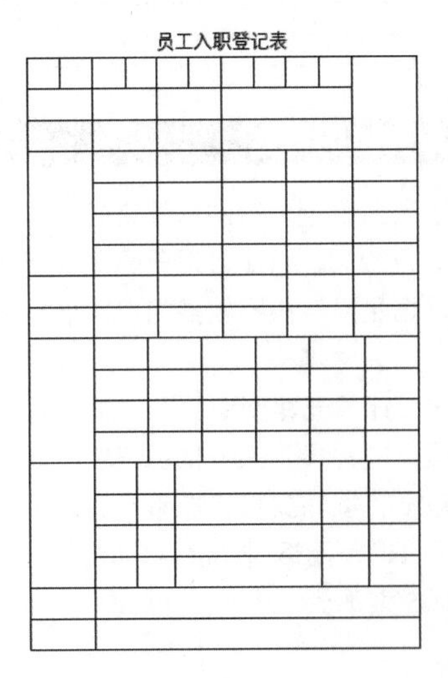

3.1.2 编辑“员工入职登记表”

完成“员工入职登记表”的框架制作后，就可以输入表格的文字内容了。在完成内容输入后，要根据需求对文字格式进行调整，使其看起来美观大方。

1. 输入表格文字内容

在输入表格文字内容时，需要根据内容的多少再次对单元格的宽度进行调整。调整单独单元格宽度的方法是选中这个单元格后再拖动单元格的边线。

第 1 步：将光标置入单元格中。将光标置入表格左上角的单元格中。

第 2 步：在单元格中输入文字。在单元格中输入文字内容。

第 3 步：选中单独的单元格。❶完成前面三行单元格文字输入，将鼠标指针放在需要调整宽度的单元格左边，直到鼠标指针变成黑色的箭头；❷单击选中这个单元格，然后拖动单元格右边的线，调整单元格的大小。

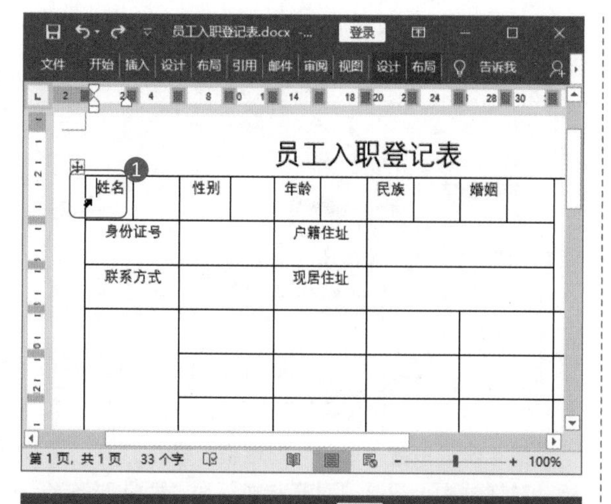

第 4 步：查看单元格调整结果宽度。单元格调整效果如下图所示。

第 5 步：继续输入文字内容并调整单元格宽度。按照同样的方法，继续进行文字内容输入，在输入内容的同时，根据内容的多少调整单元格宽度。调整后的表格如下图所示。

员工入职登记表

姓名		性别		年龄		民族		婚姻		
身份证号				户籍住址						
联系方式				现居住址						
教育背景	起止时间			学习机构		学习内容		学历		证书
最高学历				专业				驾驶证		
语言能力				计算机能力				其他特长		
工作经历	起止时间		工作单位		部门		职位	离职原因		证明人
家庭情况	关系		姓名	年龄		工作单位				联系电话
自我评价										
员工声明与确认										

第 6 步：输入员工声明内容。打开文件“素材文件 \ 第 3 章 \ 员工声明与确认 .txt”，将记事本中的内容复制粘贴到表格右下方单元格中。此时便完成了文字内容的输入。

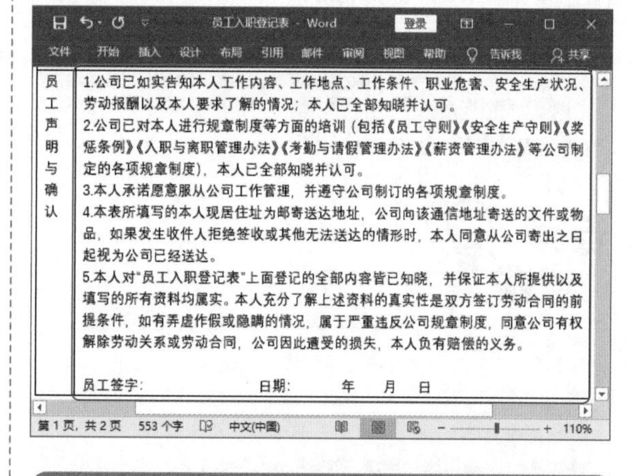
员工声明与确认

1.公司已如实告知本人工作内容、工作地点、工作条件、职业危害、安全生产状况、劳动报酬以及本人要求了解的情况；本人已全部知晓并认可。
2.公司已对本人进行规章制度等方面的培训（包括《员工守则》《安全生产守则》《奖惩条例》《入职与离职管理办法》《考勤与请假管理办法》《薪资管理办法》等公司制定的各项规章制度），本人已全部知晓并认可。
3.本人承诺愿意服从公司工作管理，并遵守公司制订的各项规章制度。
4.本表所填写的本人现居住址为邮寄送达地址，公司向该通信地址寄送的文件或物品，如果发生收件人拒绝签收或其他无法送达的情形时，本人同意从公司寄出之日起视为公司已经送达。
5.本人对“员工入职登记表”上面登记的全部内容皆已知晓，并保证本人所提供以及填写的所有资料均属实。本人充分了解上述资料的真实性是双方签订劳动合同的前提条件，如有弄虚作假或隐瞒的情况，属于严重违反公司规章制度，同意公司有权解除劳动关系或劳动合同，公司因此遭受的损失，本人负有赔偿的义务。

员工签字： 日期： 年 月 日

2. 调整文字的格式

当完成表格的文字内容输入后，需要对文字内容的格式进行调整，使其保持对齐美观。

第 1 步：让表格上方的文字居中。❶选中表格上方的文字；❷单击“表格工具 - 布局”选项卡下“对齐方式”组中的“水平居中”按钮。

第 2 步：让表格左下方的文字水平居中。❶选中表格左下方的文字；❷单击“表格工具－布局”选项卡下“对齐方式”组中的“水平居中”按钮。

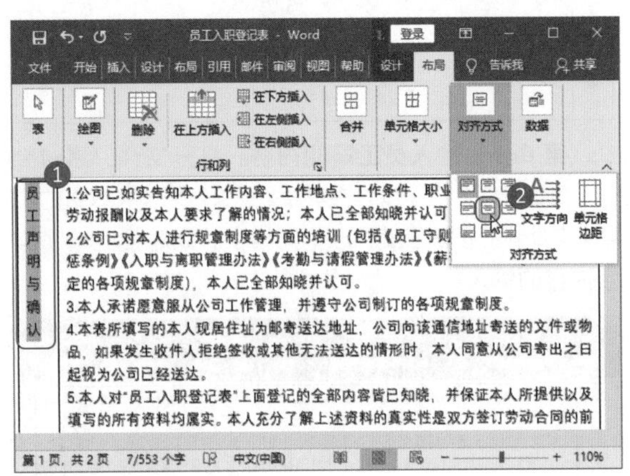

如果只想调整表格单元格文本的“左对齐”“居中对齐”“右对齐”“两端对齐”格式，可以直接选中文本，单击“开始”选项卡下“段落”组中的“对齐”选项即可。

需要注意的是，“段落”组中的“居中对齐”和“表格工具－布局”选项卡下“对齐方式”组中的“水平居中”有区别：“水平居中”包括垂直和水平方向的居中；“居中对齐”只包括水平方向上的居中。

第 3 步：打开“段落”对话框。❶选中表格中员工声明与确认的内容；❷单击“开始”选项卡“段落”组的“对话框启动器”按钮。

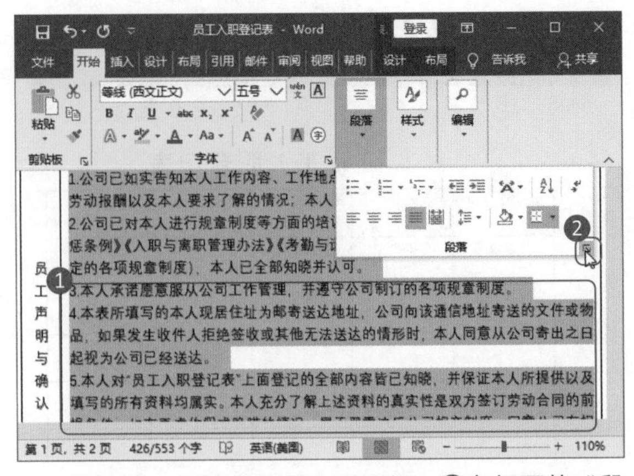

第 4 步：设置“段落”对话框。❶在打开的“段落”对话框中，设置“对齐方式”为“两端对齐”；❷设置缩进方式为“首行”，“缩进值”为“2 字符”；❸单击“确定”按钮。

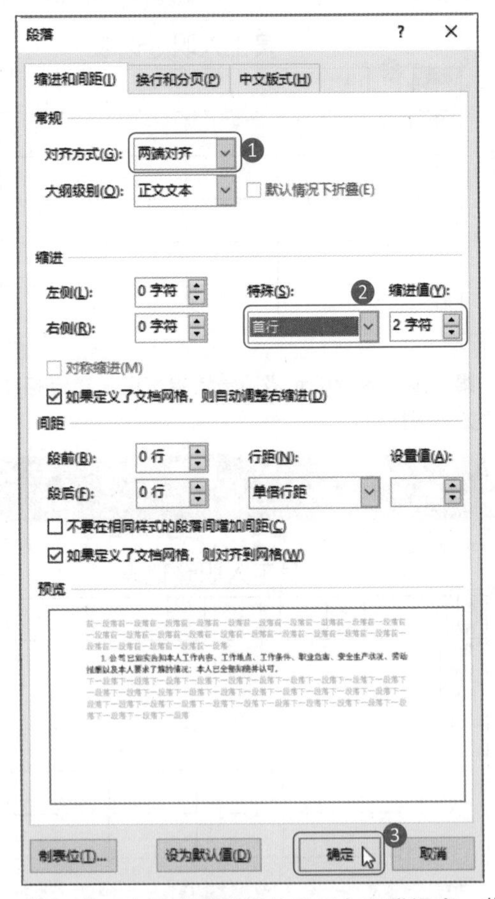

第 5 步：查看完成编辑的员工入职登记表。此时便完成了员工入职登记表，效果如下图所示。

员工入职登记表

姓名		性别		年龄		民族		婚姻		
身份证号				户籍住址						
联系方式				现居住址						
教育背景	起止时间		学习机构		学习内容		学历		证书	
最高学历				专业			驾驶证			
语言能力				计算机能力			其他特长			
工作经历	起止时间		工作单位		部门	职位	离职原因		证明人	
家庭情况	关系		姓名	年龄	工作单位				联系电话	
自我评价										
员工声明与确认	1.公司已如实告知本人工作内容、工作地点、工作条件、职业危害、安全生产状况、劳动报酬以及本人要求了解的情况；本人已全部知晓并认可。 2.公司已对本人进行规章制度等方面的培训（包括《员工守则》《安全生产守则》《奖惩条例》《入职与离职管理办法》《考勤与请假管理办法》《薪资管理办法》等公司制定的各项规章制度），本人已全部知晓并认可。 3.本人承诺愿意服从公司工作管理，并遵守公司制订的各项规章制度。 4.本表所填写的本人现居住址为邮寄送达地址，公司向该通信地址寄送的文件或物品，如果发生收件人拒绝签收或其他无法送达的情形时，本人同意从公司寄出之日起视为公司已经送达。 5.本人对"员工入职登记表"上面登记的全部内容皆已知晓，并保证本人所提供以及填写的所有资料均属实。本人充分了解上述资料的真实性是双方签订劳动合同的前提条件，如有弄虚作假或隐瞒的情况，属于严重违反公司规章制度，同意公司有权解除劳动关系或劳动合同，公司因此遭受的损失，本人负有赔偿的义务。 员工签字：　　　　日期：　　年　　月　　日										

表格里面的文字可以根据需要调整方向。其方法是将光标放在单元格中，右击，从弹出的快捷菜单中选择“文字方向”，在打开的“文字方向 – 表格单元格”对话框中选择符合需求的文字方向即可。

3.2 制作“出差申请单”

案例说明

出差申请单是企业、公司、单位的常用文档之一。其作用是让需要出差的员工填写，以便报销。出差申请单样式比较简单，企业行政人员只需合理布局表格内容，调整文字格式即可。

“出差申请单”文档制作完成后的效果如下图所示。

出差申请单

申报部门		申请人	
出差日期	年　月　日　至　年　月　日　：　共　天		
出差地区			
出差事由			
交通工具	□飞机 □火车 □汽车 □动车 □其他		
申请费用	元（¥　　　　）		
报销方式	□转账 □现金		
部门审核	财务审核		总经理审核
申报部门			
说明： 1. 此申请表作为出差申请、借款、核销必备凭证。 2. 如出差途中变更行程计划需及时汇报。 3. 出差申请表须在接到申请后 48 小时内批复。			

思路解析

行政人员在制作“出差申请单”时，可以选择手动绘制表格的方式。这是因为出差申请单的表格框架比较简单，

但往往不是规则固定的表格布局，如果选用直接输入行数和列数的方式生成表格，反而会因为不恰当的行数和列数而使操作复杂化。在此，使用手动绘制的方式绘制表格，再完善文字内容。其制作流程及思路如下。

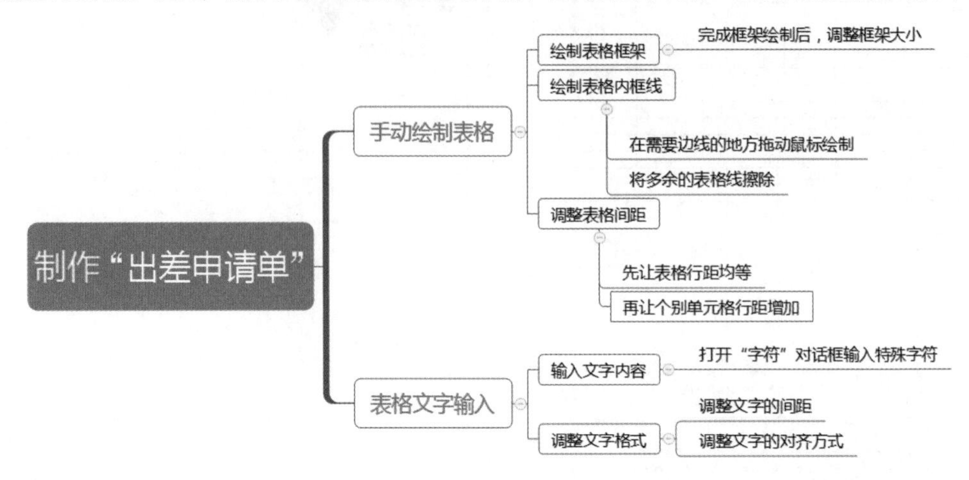

步骤详解

3.2.1 手动绘制表格

在 Word 2019 中还可以手动绘制表格的方法创建表格，这种方式适合于结构不固定的表格。

1. 绘制表格框架

手动绘制表格时，只需在有表格线的地方进行绘制即可。

第 1 步：执行绘制表格命令。❶新建 Word 文档，并命名好文档标题；❷选择“插入”选项卡下“表格”菜单中的“绘制表格”选项。

第 2 步：绘制表格外框。在页面中按住鼠标左键不放，绘制一个表格外框。

专家点拨

在绘制表格的过程中，若绘制的线条有误，需要将相应的线条擦除，则可以使用“橡皮擦”工具擦除表格边线。其方法是单击“表格工具 - 布局”选项卡“绘图”组中的“橡皮擦”按钮，然后在表格中需要擦除边线的地方单击边线，即可快速擦除这根边线。

第 3 步：调整外框大小。表格外框绘制完成后，可以将鼠标指针放在表格外框上进行大小调整。如下图所示，将鼠标指针放在表格外框右下角，当鼠标指

针变成倾斜的双向箭头时，按住鼠标左键不放，拖动鼠标，以此来放大或缩小表格。

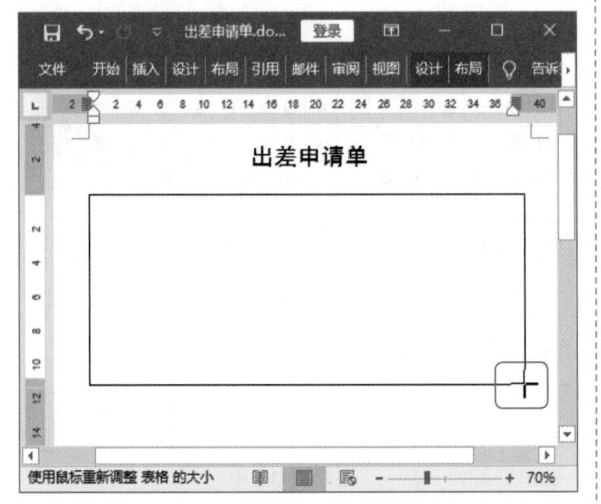

第 4 步：绘制表格内框线。继续绘制表格的内框线，方法是按住鼠标左键不放，在需要内框线的地方拖动鼠标进行绘制。

第 5 步：查看完成绘制的表格。当表格内框线完成绘制后，效果如下图所示。

出差申请单

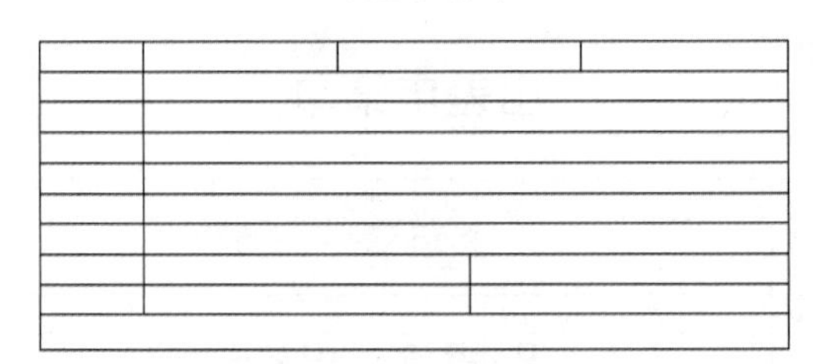

2. 调整表格间距

手动绘制的表格往往存在表格间距不均等的问题。所以完成表格绘制后，需要对表格的间距进行调整。

第 1 步：让表格行距相等。❶单击表格左上角图标⊞，以便选中整个表格；❷右击，从弹出的快捷菜单中选择“平均分布各行”选项。

第 2 步：单独调整行高。在前面的操作中，表格单元格的所有行已经平均分布，现在可以单独调整某一行单元格的行高。将鼠标指针放在最后一行单元格下方的线上，当鼠标指针变成双向箭头时，按住鼠标左键不放向下拖动鼠标，以增加最后一行的行高。

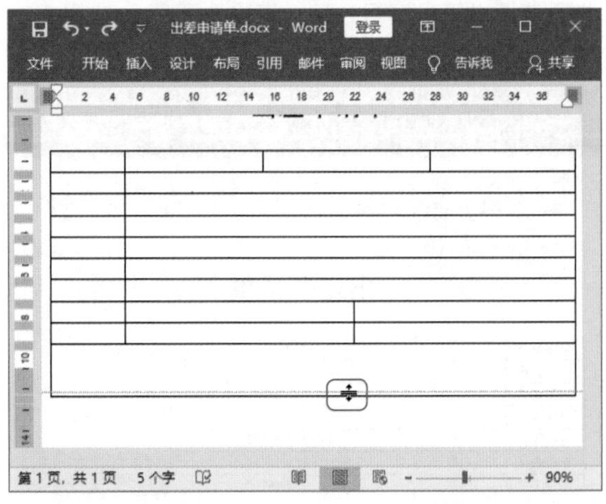

第 3 步：查看完成的表格。此时便完成了表格的绘制，效果如下图所示。

出差申请单

3.2.2 设置表格中的对象格式

当表格框架绘制完成后，就可以在表格中输入内容了。输入内容时，需要注意特殊字符的输入方式，并且在输入内容后，要对文本格式进行调整。

1. 输入表格内容

输入表格内容的具体操作步骤如下。

第 1 步：输入文字内容。将光标置于表格中，然后输入文字内容，如下图所示。

出差申请单

申报部门		申请人	
出差日期	年月日至年月日：共天		
出差地区			
出差事由			
交通工具	飞机火车汽车动车其他		
申请费用	元（¥　　　　）		
报销方式	转账现金		
部门审核	财务审核	总经理审核	
申报部门			
说明： 1. 此申请表作为出差申请、借款、核销必备凭证。 2. 如出差途中变更行程计划需及时汇报。 3. 出差申请表须在接到申请后 48 小时内批复。			

第 2 步：打开“符号”对话框。❶单击“插入”选项卡下“符号”组中的“符号”下三角按钮；❷选择下拉菜单中的“其他符号”选项。

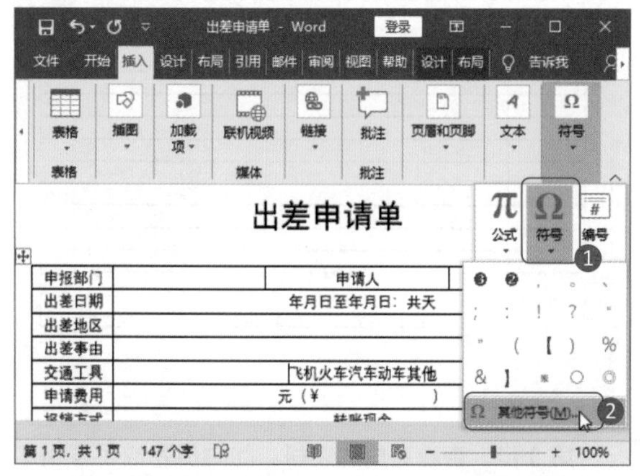

第 3 步：选择符号插入。❶在“符号”选项卡下，选择 Wingdings 字体；❷选择“□”符号；❸单击“确定”按钮。将此符号插入相应的文字前。

第 4 步：查看完成文字输入的表格。此时表格的文字输入便完成了，其效果如下图所示。

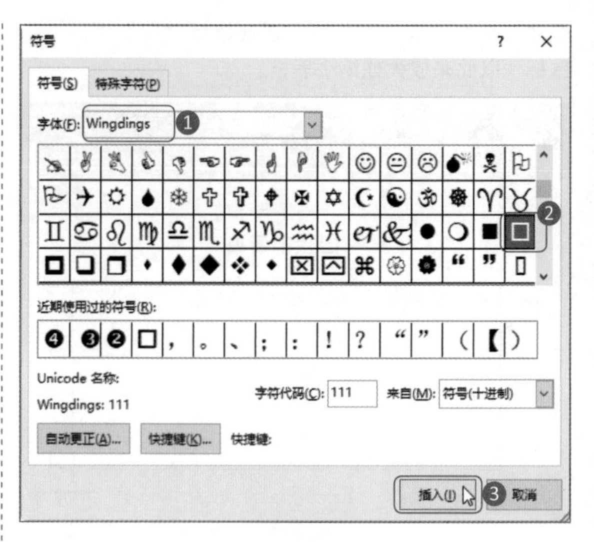

出差申请单

申报部门		申请人	
出差日期	年月日至年月日：共天		
出差地区			
出差事由			
交通工具	□飞机□火车□汽车□动车□其他		
申请费用	元（¥　　　　）		
报销方式	□转账□现金		
部门审核	财务审核	总经理审核	
申报部门			
说明： 1. 此申请表作为出差申请、借款、核销必备凭证。 2. 如出差途中变更行程计划需及时汇报。 3. 出差申请表须在接到申请后 48 小时内批复。			

2. 调整内容格式

出差申请单的文字内容不多，但是需要注意文字间距及格式的调整。

第 1 步：打开“字体”对话框。❶选中“年月日至年月日：共天”文字；❷单击“开始”选项卡下“字体”组的“对话框启动器”按钮。

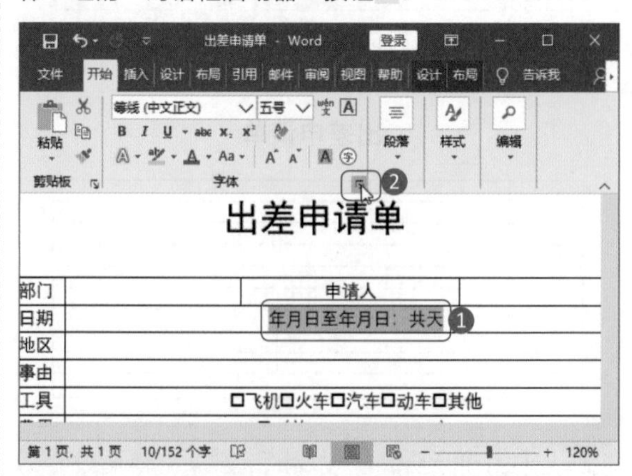

第 2 步：设置字体间距。❶在“高级”选项卡下的“间距”中选择“加宽”选项；❷在“磅值”中输入“8 磅”；❸单击“确定”按钮。

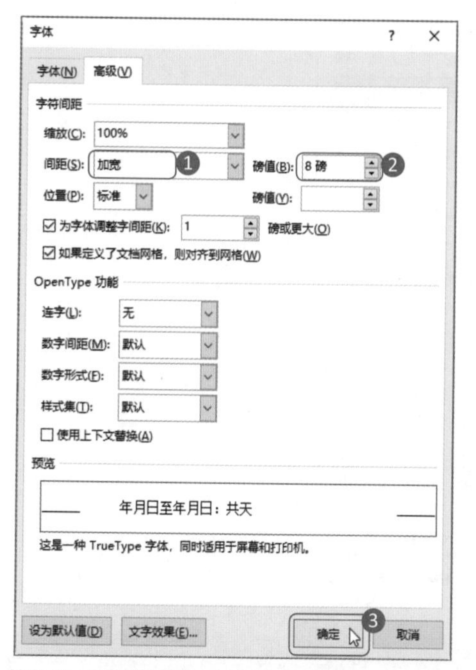

第 3 步：调整其他字体的间距。❶按照相同的方法，调整“□飞机□火车□汽车□动车□其他”文字的间距为“2 磅”；❷调整“□转账□现金”为“5 磅”。

出差申请单

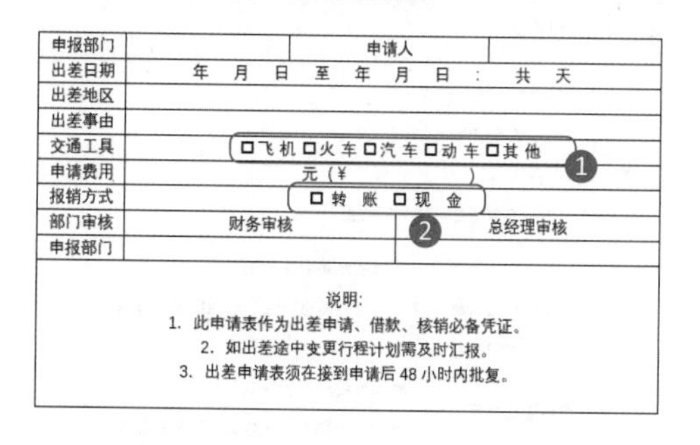

申报部门		申请人	
出差日期	年 月 日 至 年 月 日 : 共 天		
出差地区			
出差事由			
交通工具	□飞 机 □火 车 □汽 车 □动 车 □其 他		
申请费用	元（¥ ）		
报销方式	□转 账 □现 金		
部门审核	财务审核	总经理审核	
申报部门			
说明: 1. 此申请表作为出差申请、借款、核销必备凭证。 2. 如出差途中变更行程计划需及时汇报。 3. 出差申请表须在接到申请后 48 小时内批复。			

第 4 步：调整说明文字的格式。❶选中表格最下方说明文字；❷选择“开始”选项卡下“段落”组中的“两端对齐”的对齐方式。

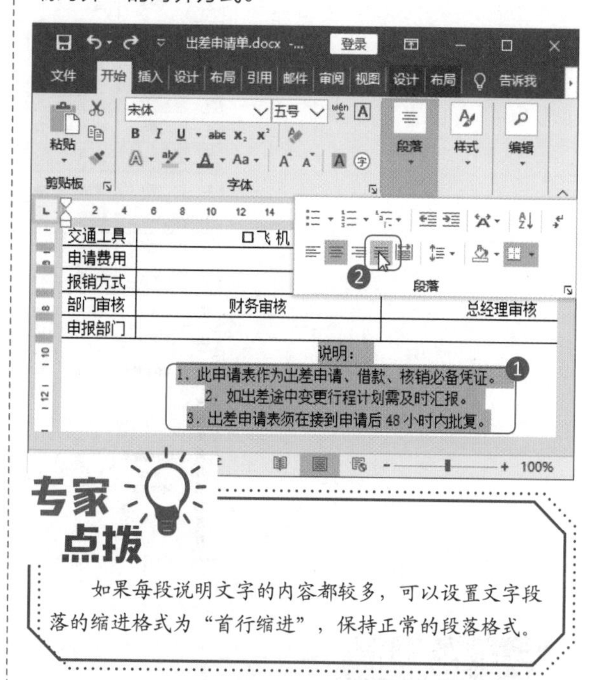

专家点拨

如果每段说明文字的内容都较多，可以设置文字段落的缩进格式为“首行缩进”，保持正常的段落格式。

第 5 步：为说明文字换行。将光标放到说明文字需要换行的地方，按下 Enter 键，完成说明文字的换行。此时便完成了出差申请单制作。

出差申请单

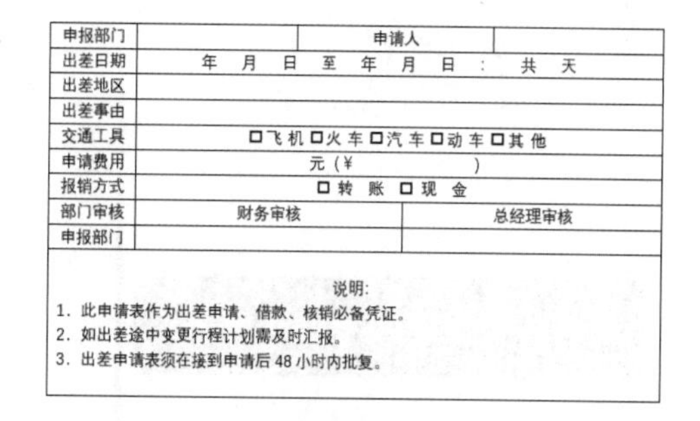

申报部门		申请人	
出差日期	年 月 日 至 年 月 日 : 共 天		
出差地区			
出差事由			
交通工具	□飞 机 □火 车 □汽 车 □动 车 □其 他		
申请费用	元（¥ ）		
报销方式	□转 账 □现 金		
部门审核	财务审核	总经理审核	
申报部门			
说明: 1. 此申请表作为出差申请、借款、核销必备凭证。 2. 如出差途中变更行程计划需及时汇报。 3. 出差申请表须在接到申请后 48 小时内批复。			

3.3 制作“员工绩效考核制度表”

案例说明

员工绩效考核制度表是公司管理十分重要的工具，通过定期的考核，能对比出不同员工、不同层面的工作情况。可以说员工绩效考核制度表是科学管理的工具。

“员工绩效考核制度表”文档制作完成后的效果如下图所示。

2019 年度员工绩效考核制度表

编号	工号	姓名	处理能力	协调性	责任感	积极性	总分
1.	0001	邹磊	95	80	99	54	328
2.	0002	王文	82	81	84	67	314
3.	0003	李苗	76	72	75	85	308
4.	0004	高飞	90	95	86	74	345
5.	0005	赵阳	84	76	84	81	325
6.	0006	陈少林	72	84	75	72	303
7.	0007	王少强	54	75	85	62	276
8.	0008	张林	66	96	94	42	298
9.	0009	周文艺	42	85	66	52	245
10.	0010	罗珊珊	57	84	42	90	273
11.	0011	张晓慧	84	66	51	77	278
12.	0012	李朝东	94	74	85	84	337
13.	0013	赵强	71	54	71	75	271
	所有各项考核平均分		74.38	78.62	76.69	70.38	300.08
考核结果分析与处理	考评成绩评论及处理标准			评价处理方案			
						日期	2019 年 12 月 23 日

思路解析

当公司领导安排行政人员或部门管理人员制作“员工绩效考核制度表”时，需要根据当前员工的人数、工种、业绩分类等情况进行表格的布局规划。在制作表格时。其制作流程及思路如下。

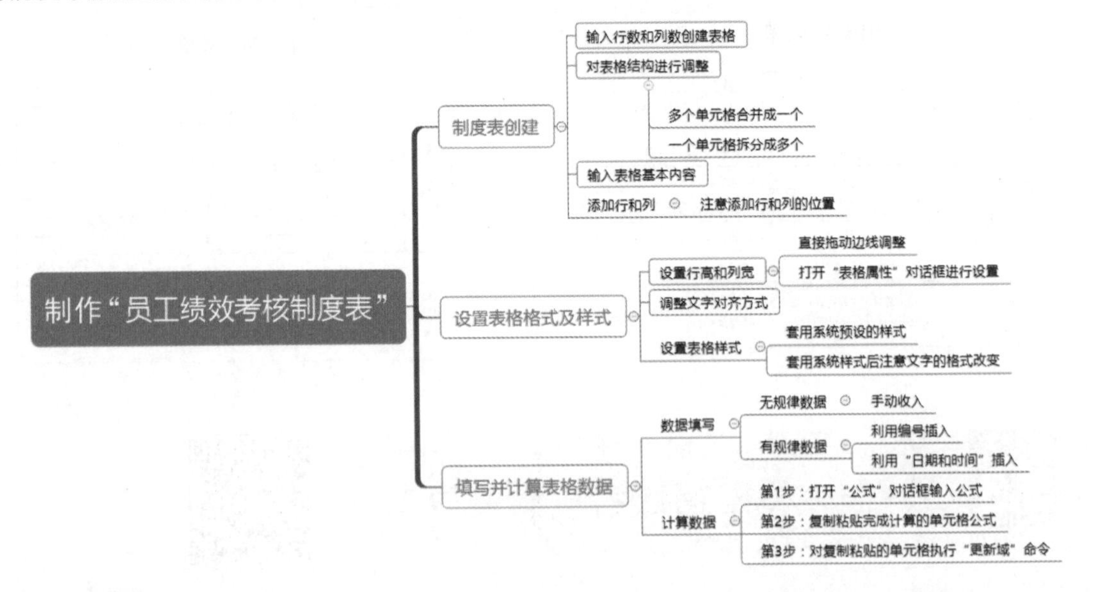

步骤详解

3.3.1 创建“员工绩效考核制度表”

在 Word 2019 中创建“员工绩效考核制度表”，首先需要将表格框架创建完成；然后再输入基本的文字内容；

最后进行格式调整及数据计算。

1. 快速创建规则表格

员工绩效考核制度表属于比较规范的表格，选用输入行数和列数的方式创建比较合理。

第 1 步：输入行数和列数创建表格。❶新建一个 Word 文件，并输入文件标题；❷打开“插入表格”对话框，输入行数和列数；❸单击“确定”按钮，完成表格创建。

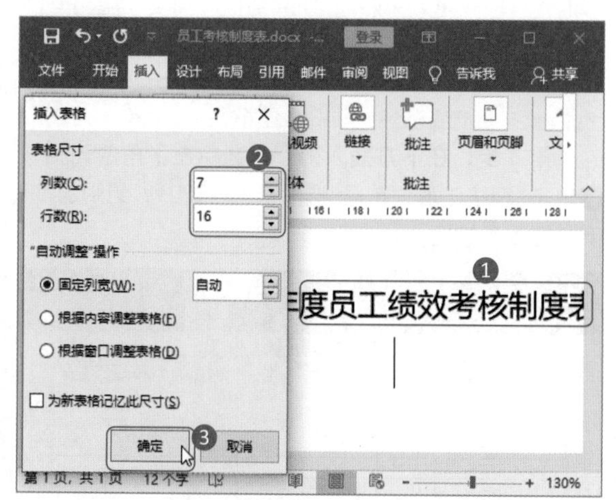

第 2 步：查看创建好的表格。完成创建的表格如下图所示。

2019 年度员工绩效考核制度表

2. 合并与拆分单元格

完成表格创建后，需要对表格的单元格进行合并、拆分调整，以符合内容需要。

第 1 步：合并单元格。❶将表格左下角单元格进行合并；❷再选中表格右下方单元格；❸单击“合并单元格”按钮。

第 2 步：拆分单元格。❶选中右下角合并的单元格；❷单击“拆分单元格”按钮；❸在“拆分单元格”对话框中输入行数和列数；❹单击“确定”按钮。

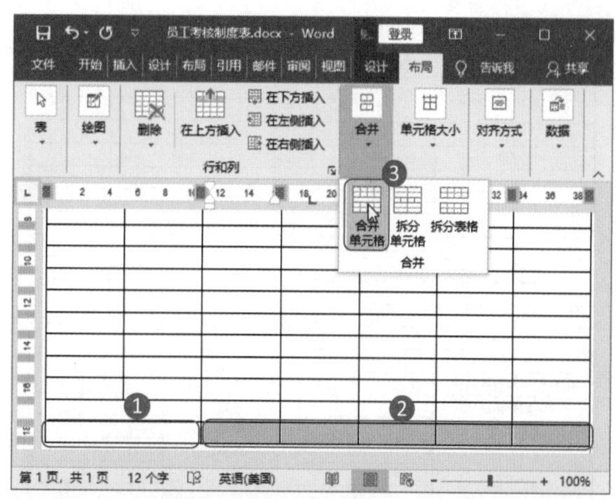

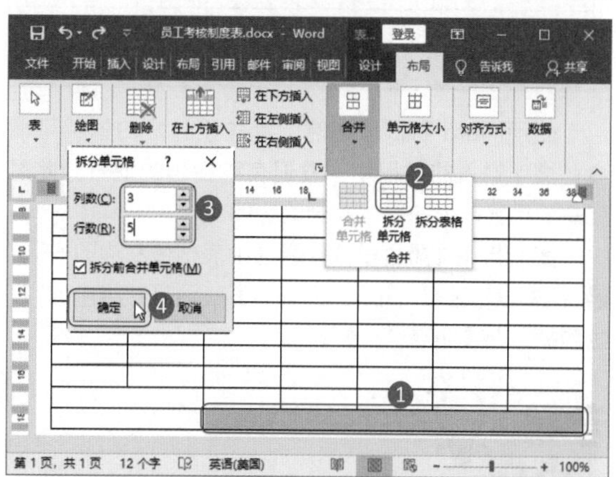

第 3 步：再次合并单元格。❶选中单元格；❷单击“合并单元格”按钮。此时便完成了表格框架的大体调整。

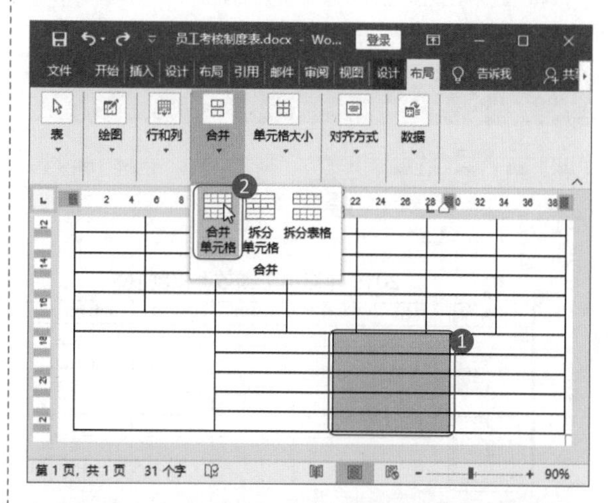

3. 输入表格基本内容

完成表格框架的大致调整后，可以为表格输入基本文字内容。

在单元格中输入文字内容，如下图所示。

2019 年度员工绩效考核制度表

编号	姓名	处理能力	协调性	责任感	积极性	总分
所有各项考核平均分						
考评成绩评论及处理标准			评价处理方案			

4. 添加行和列

使用 Word 制作表格时，事先设计好的框架可能会在文字输入的过程中，发现有不合理的地方。此时就需要用到行列的添加及删除功能。

第 1 步：在右侧插入列。❶选中表格最左边的一列；❷单击“表格工具 – 布局”选项卡下“行和列”组中的“在右侧插入” 按钮。

如果想要删除多余的行或列，可以选中该行或列的单元格后右击，从弹出的快捷菜单中选择“删除列”或“删除行” 选项，就能进行多余行或列的删除了。

第 2 步：输入插入列的标题。为新插入的一列单元格输入标题 “工号” 二字。

第 3 步：在下方插入列。❶选中左下角单元格；❷单击“表格工具 – 布局”选项卡下“行和列”组中的“在下方插入” 按钮。

第 4 步：合并单元格并输入文字。❶合并左下方单元格，并输入文字；❷合并最后一行单元格，并输入文字。

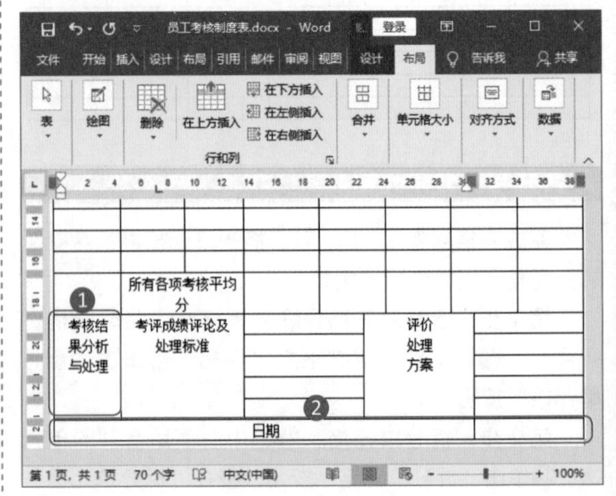

3.3.2 设置表格的格式和样式

“员工绩效考核制度表”制作完成后，需要对表格格式进行调整，完成格式调整后还要对样式进行调整。两者的目的皆在保证表格的美观性。

1. 设置行高和列宽

员工绩效考核制度表需要根据文字内容进行高和列宽的设置。设置方法有拖动表格线和输入指定高度两种。

第 1 步：打开“表格属性”对话框。❶单击表格左上方十字箭头符号⊞，表示选中整个表格；❷单击“表格工具－布局”选项卡下“表”组中的“属性”按钮，打开“表格属性”对话框。

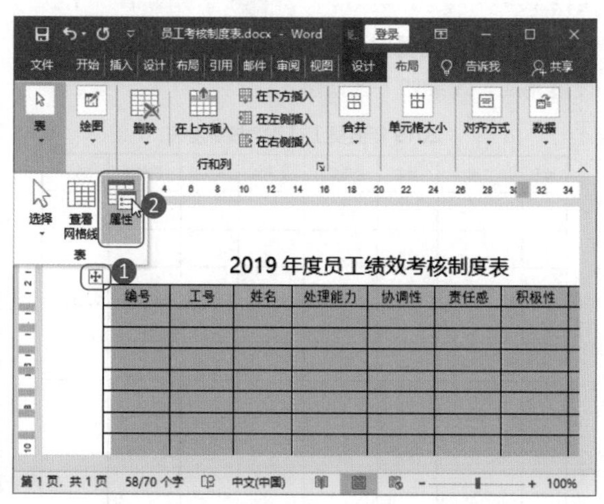

第 2 步：设置“表格属性”对话框。❶切换到“行”选项卡；❷在“尺寸”组中设置行高；❸单击“确定”按钮。

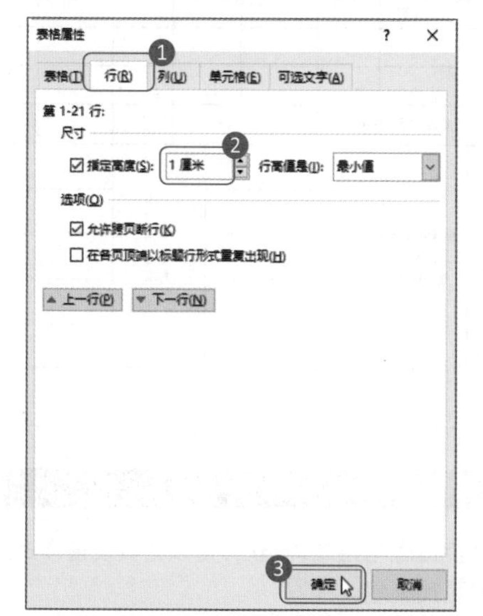

第 3 步：拖动单元格边线调整列宽。拖动第一列单元格的边框线，缩小列宽。

第 4 步：单独调整单元格的列宽。单独选中单元格，调整列宽，如下图所示。

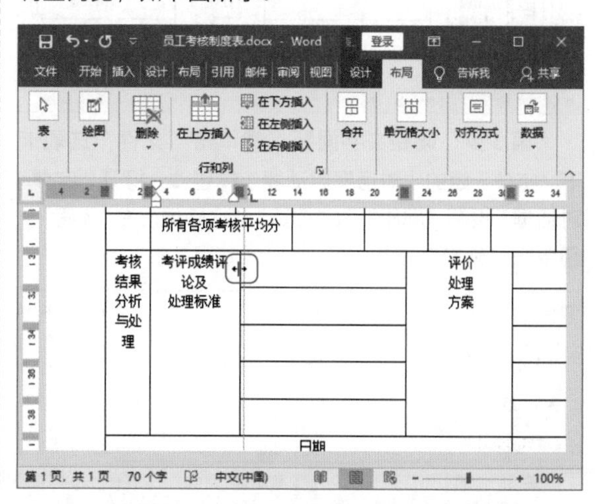

2. 调整文字对齐方式

完成单元格调整后，需要调整文字的对齐方式。

第 1 步：让文字居中显示。选中整个表格，单击“表格工具－布局”选项卡下“对齐方式”组中的“水平居中”按钮▤。

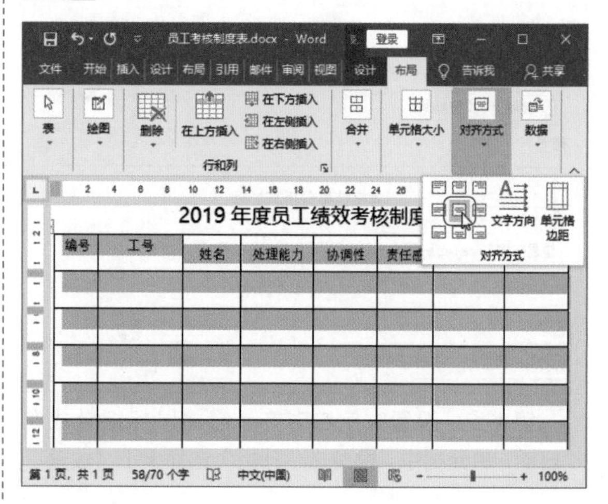

第 2 步：调整文字方向。❶选中左下角单元格文字；❷单击“表格工具－布局”选项卡下“对齐方式”组中的“文字方向”按钮，让横向文字变成竖向。

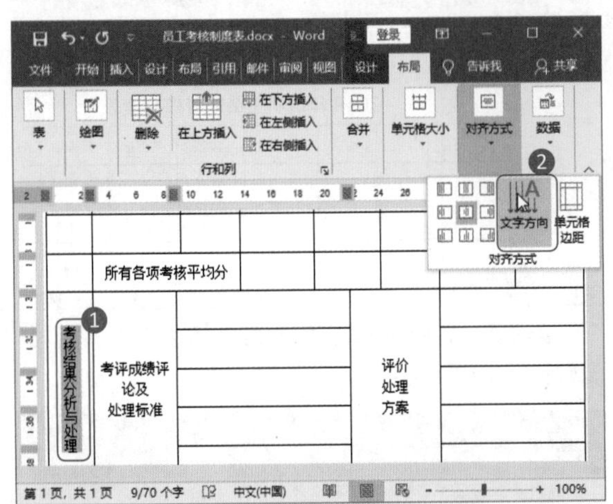

第 3 步：调整文字间距。❶单击“文件”选项卡下“字体”组的“对话框启动器”按钮，打开“字体”对话框，设置“间距”为“加宽”，“磅值”为“3 磅”；❷单击“确定”按钮。

第 4 步：设置文字右对齐。❶将鼠标指针放在“日期”单元格中；❷单击“开始”选项卡下“段落”组中“右对齐”按钮。

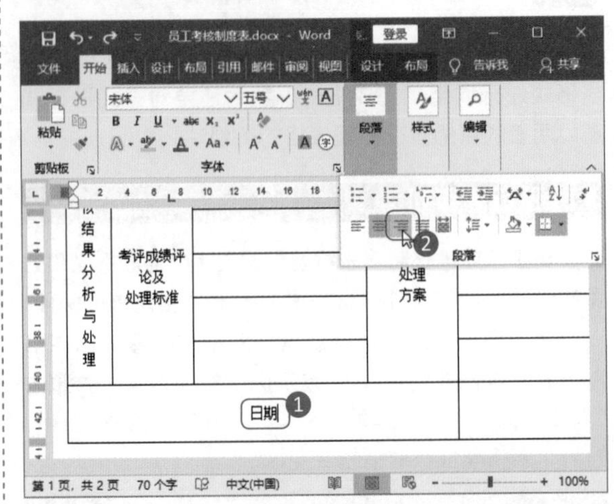

第 5 步：查看完成设置的表格。此时表格文字已设置完成，效果如下图所示。

2019 年度员工绩效考核制度表

编号	工号	姓名	处理能力	协调性	责任感	积极性	总分
	所有各项考核平均分						
考核结果分析与处理	考评成绩评论及处理标准			评价处理方案			
日期							

3. 设置表格样式

在完成表格格式调整后，可以为其设置样式效果，使表格更加美观。

第 1 步：打开样式列表。❶单击表格左上角图标，选中整个表格；❷单击“表格工具－设计”选项卡下“表格样式”组中的下三角按钮▽。

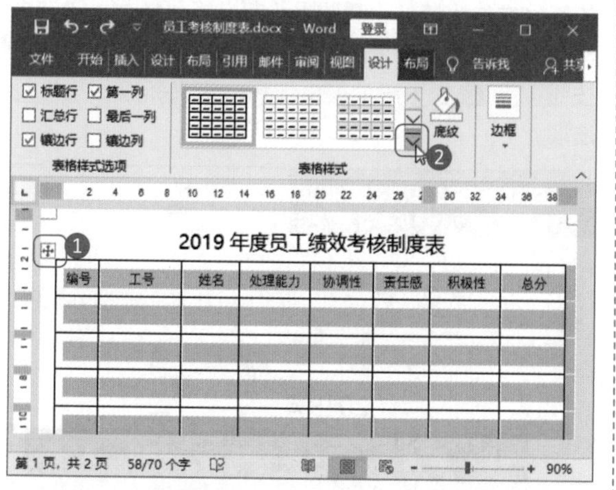

第 2 步：选择样式。在下拉菜单中选择“网格表 4”选项。

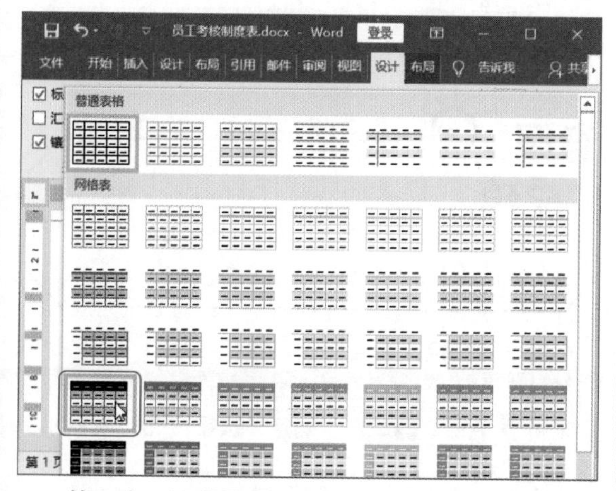

第 3 步：调整文字对齐方式。套用 Word 预设的表格样式后，字体格式会根据样式选择而有所改变，此时再微调一下即可。选中整个表格，单击“水平居中”按钮▤。

第 4 步：调整文字右对齐。将最下方“日期”文字设置为“右对齐”，此时便完成了员工绩效考核制度表的样式调整。

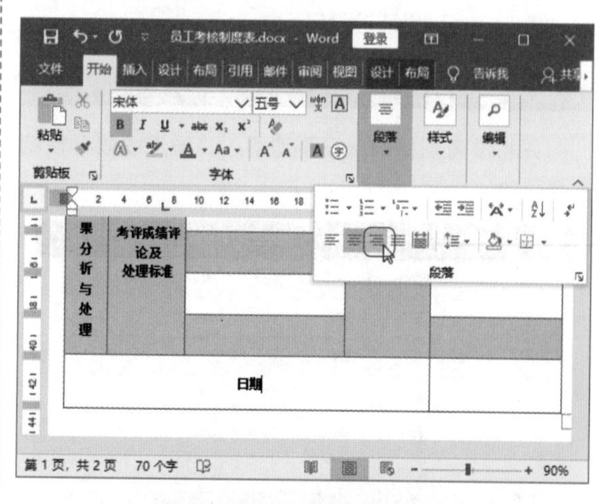

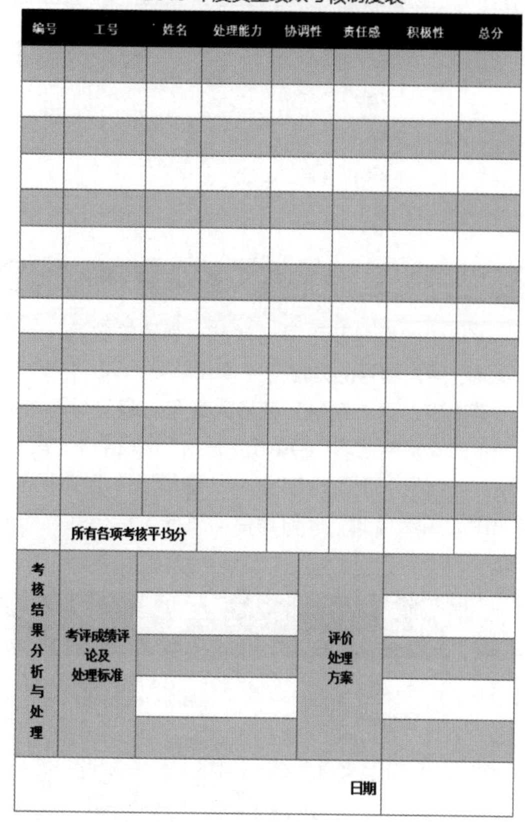

2019 年度员工绩效考核制度表

编号	工号	姓名	处理能力	协调性	责任感	积极性	总分
	所有各项考核平均分						
考核结果分析与处理	考评成绩评论及处理标准			评价处理方案			
				日期			

3.3.3 填写并计算表格数据

员工绩效考核制度表常常需要输入员工编号等内容，这些有规律的内容都可以利用 Word 2019 功能智能地输入。并且在 Word 2019 文档中，表格工具栏专门在“布局”选项卡的“数据”组中提供了插入“公式”功能，用户可以借助 Word 2019 提供的数学公式运算功能对表格中的数据进行数学运算，包括加、减、乘、除、求和、求平均值等常见运算。

1. 填写表格数据

先将没有规律的数据手动填入“员工绩效考核制度表”中。

编号	工号	姓名	处理能力	协调性	责任感	积极性	总分
		邹磊	95	80	99	54	
		王文	82	81	84	67	
		李苗	76	72	75	85	
		高飞	90	95	86	74	
		赵阳	84	76	84	81	
		陈少林	72	84	75	72	
		王少强	54	75	85	62	
		张林	66	96	94	42	
		周文艺	42	85	66	52	
		罗珊珊	57	84	42	90	
		张晓慧	84	66	51	77	
		李朝东	94	74	85	84	
		赵强	71	54	71	75	

2. 快速插入编号

表格中的编号及工号通常是有规律的数据，此时可以通过插入编号的方法自动填入。

第 1 步：为“编号”列插入编号。❶选中需要插入编号的单元格区域；❷单击“开始”选项卡下“段落”组中的“编号”下三角按钮；❸从下拉菜单中选择要使用的编号样式，此时便自动完成了这一列编号的填充。

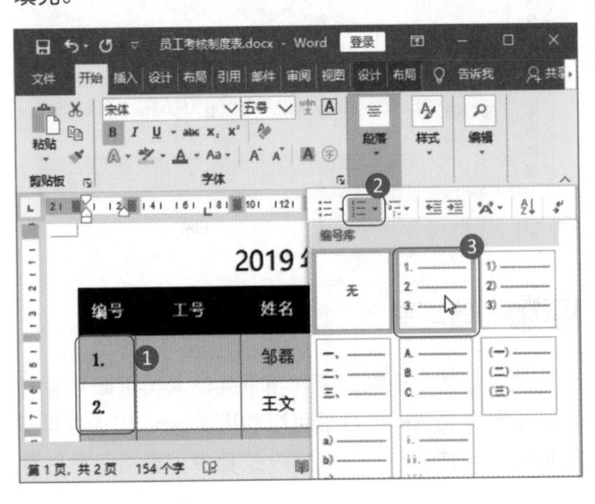

第 2 步：打开“定义新编号格式”对话框。员工的工号往往比较长，需要重新定义编号样式。❶选中需要添加工号的单元格区域；❷单击“编号”下三角按钮；❸从下拉菜单中选择“定义新编号格式”选项。

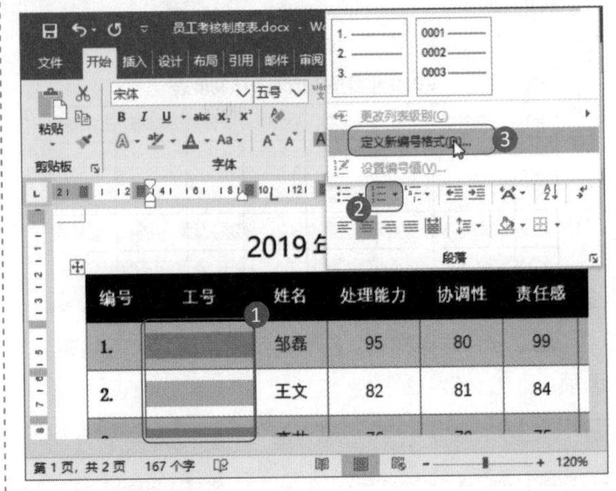

利用“编号”只能添加从数字 1 开始递增的编号，而类似于 12478、12479 等便无法添加。

第 3 步：定义编号格式。❶在打开的“定义新编号格式”对话框中，设置“编号样式”；❷将编号后面的“,”删除；❸单击“确定”按钮。此时就完成了编号的自动输入。

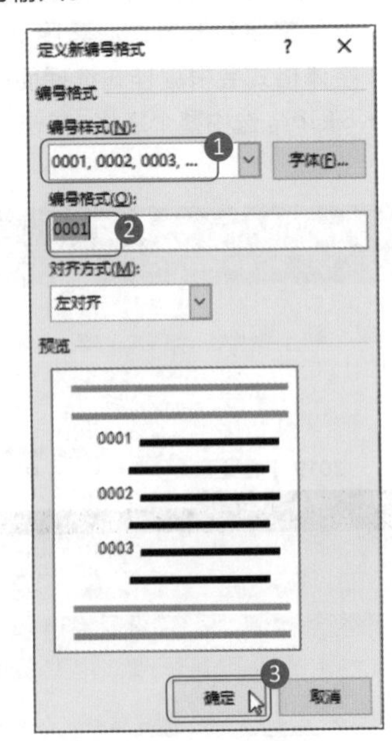

编号	工号	姓名	处理能力	协调性	责任感	积极性	总分
1.	0001	邹磊	95	80	99	54	
2.	0002	王文	82	81	84	67	
3.	0003	李苗	76	72	75	85	
4.	0004	高飞	90	95	86	74	
5.	0005	赵阳	84	76	84	81	
6.	0006	陈少林	72	84	75	72	
7.	0007	王少强	54	75	85	62	
8.	0008	张林	66	96	94	42	
9.	0009	周文艺	42	85	66	52	
10.	0010	罗珊珊	57	84	42	90	
11.	0011	张晓慧	84	66	51	77	
12.	0012	李朝东	94	74	85	84	
13.	0013	赵强	71	54	71	75	

3. 插入当前日期

在员工绩效考核制度表中有日期栏，可以通过插入日期的方式来添加当前日期。

第 1 步：打开“日期和时间”对话框。❶将光标放到需要添加日期的单元格中；❷单击“插入”选项卡下“文本”组中的“日期和时间”按钮。

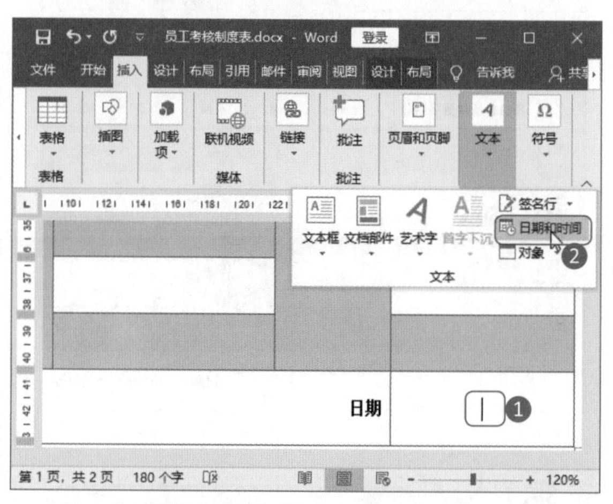

第 2 步：选择日期格式插入。❶选择一种日期格式；❷单击“确定”按钮，便能成功添加日期。

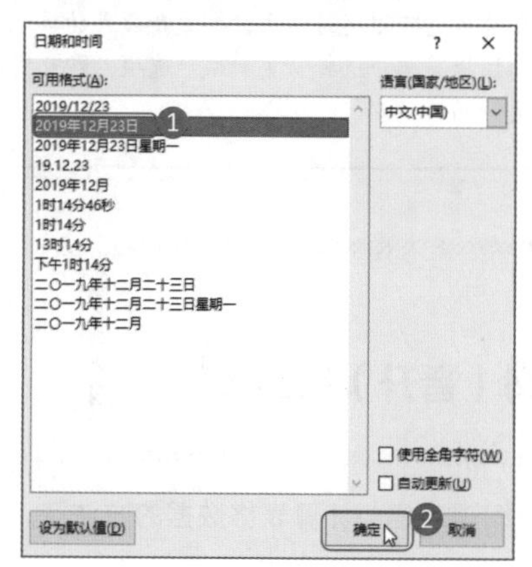

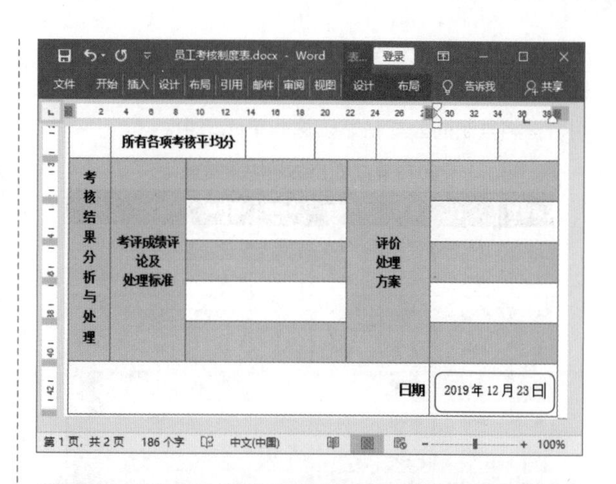

4. 自动计算得分

在员工绩效考核制度表中，往往需要计算员工各项表现的总分及平均分，此时可以利用 Word 中的公式进行计算。

第 1 步：打开“公式”对话框。❶将光标放在第一个需要计算“总分”的单元格中；❷单击“表格工具 - 布局”选项卡下“数据”组中的“公式”按钮。

第 2 步：输入公式求和。❶输入公式“=SUM(LEFT)”；❷单击“确定”按钮。

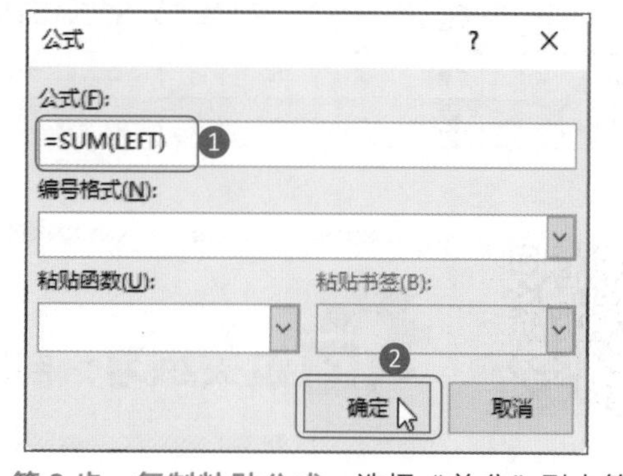

第 3 步：复制粘贴公式。选择“总分”列中第一

个单元格中的公式结果，按 Ctrl+C 组合键复制该公式，选择该列下方所有表格总分数据的单元格，按 Ctrl+V 组合键将复制的公式粘贴于这些单元格中。

2019 年度员工绩效考核制度表

编号	工号	姓名	处理能力	协调性	责任感	积极性	总分
1.	0001	邹燕	95	80	99	54	328
2.	0002	王文	82	81	84	67	328
3.	0003	李苗	76	72	75	85	328
4.	0004	高飞	90	95	86	74	328
5.	0005	赵阳	84	76	84	81	328
6.	0006	陈少林	72	84	75	72	328
7.	0007	王少强	54	75	85	62	328
8.	0008	张林	66	96	94	42	328
9.	0009	周文艺	42	85	66	52	328
10.	0010	罗珊珊	57	84	42	90	328
11.	0011	张晓慧	84	66	51	77	328
12.	0012	李朝东	94	74	85	84	328
13.	0013	赵强	71	54	71	75	328

第 4 步：更新公式。公式粘贴后，需要进行更新，才会重新计算新的单元格数值。其方法是按 F9 键，执行“更新域”命令。此时就完成了“总分”列的计算。

2019 年度员工绩效考核制度表

编号	工号	姓名	处理能力	协调性	责任感	积极性	总分
1.	0001	邹燕	95	80	99	54	328
2.	0002	王文	82	81	84	67	314
3.	0003	李苗	76	72	75	85	308
4.	0004	高飞	90	95	86	74	345
5.	0005	赵阳	84	76	84	81	325
6.	0006	陈少林	72	84	75	72	303
7.	0007	王少强	54	75	85	62	276
8.	0008	张林	66	96	94	42	298
9.	0009	周文艺	42	85	66	52	245
10.	0010	罗珊珊	57	84	42	90	273
11.	0011	张晓慧	84	66	51	77	278
12.	0012	李朝东	94	74	85	84	337
13.	0013	赵强	71	54	71	75	271

第 5 步：计算平均分。❶将光标置于需要计算平均分的第一个单元格中；❷打开“公式”对话框；❸输入公式“=AVERAGE (ABOVE)”；❹单击“确定”按钮。

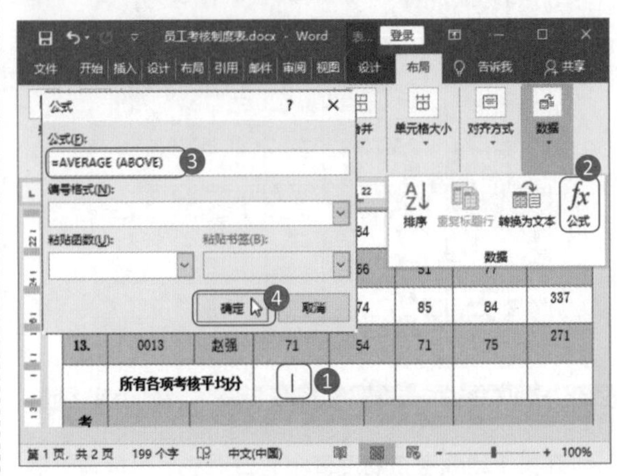

第 6 步：复制粘贴并更新平均分公式。将第一个单元格中的平均分公式复制到后面的单元格中，并按 F9 键更新公式，即可完成平均分计算。

11.	0011	张晓慧	84	66	51	77	278
12.	0012	李朝东	94	74	85	84	337
13.	0013	赵强	71	54	71	75	271
	所有各项考核平均分		74.38	78.62	76.69	70.38	300.08
考核结果分析与处理	考评成绩评论及处理标准			评价处理方案			
						日期	2019 年 12 月 23 日

更新公式还可以通过右击需要更新公式的单元格，从弹出的快捷菜单中选择“更新域”选项，即可实现复制公式更新的目的。

过关练习：制作“人员调岗（晋升）核定表”

通过前面内容的学习，相信读者已熟悉在 Word 中创建表格、编辑表格、计算表格数据的方法了。为了巩

固所学内容，下面以制作“人员调岗（晋升）核定表”为案例，读者可以结合思路解析自己动手进行强化练习。其效果如下图所示。

2019 年岗位晋升人员资质核定表

姓名	教育情况				晋升前			晋升后			考核评分					
															评分计算	
	学历	专业	毕业时间	职称	职务级别	月薪（元）	聘任日期	职务级别	月薪（元）	晋升日期	处理能力	工作效率	表达能力	专业技能	平均分	总分
张强	本科	市场营销	2012.6	组长	五级	6000	2014.11	四级	7000	2018.12	85	57	90	55	71.75	287
刘宏	硕士	通讯技术	2011.6	助理	三级	8000	2015.2	二级	9000	2018.7	67	81	56	64	67	268
赵丽	专科	市场营销	2014.6	部长	四级	7000	2014.9	三级	7500	2018.7	84	90	77	84	83.75	335
罗秋	本科	工商管理	2012.6	组长	五级	5500	2013.4	四级	6000	2018.3	66	67	61	61	63.75	255
周发	本科	酒店管理	2011.6	组员	六级	5500	2012.4	五级	6500	2018.3	71	51	63	59	61	244
部门主管意见 签字： 年 月 日				人力资源部意见 签字： 年 月 日				行政总监意见 签字： 年 月 日				片区领导意见 签字： 年 月 日				

思路解析

在企业中，常常出现人员岗位（包括晋升）调动的情况，为了准确评估企业人员是否具备足够的资质调动岗位（晋升），需要对其进行测评。测评过后通常会有一张评定表，由企业不同领导签字、再次评估，以保证人员的每一次调岗（晋升）都是合理的、公平公正的。那么企业行政人员在制作“人员调岗（晋升）核定表”时，就需要根据核定人员的数量、核定项目规划好表格的大体行数和列数，然后再通过调整表格布局、添加文字和数据、美化表格的流程完成核定表。其制作流程及思路如下。

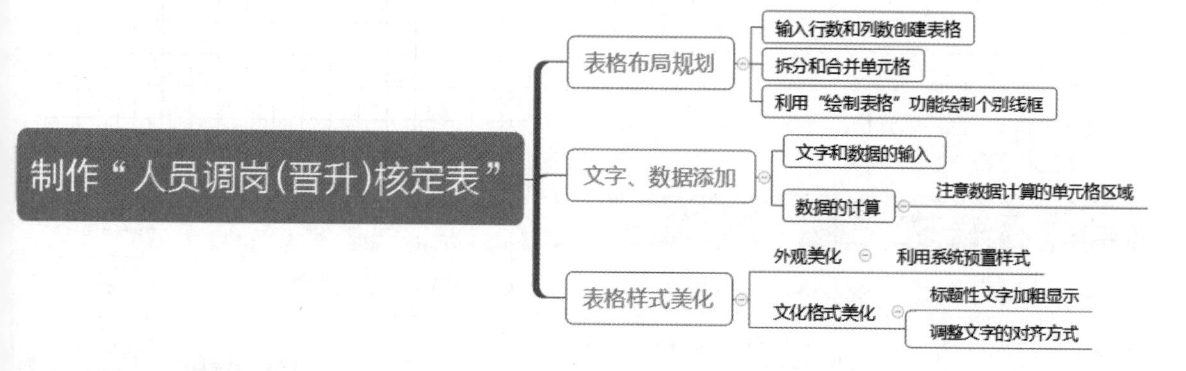

关键步骤

关键步骤 1：新建并调整文档，插入表格。❶新建一个 Word 文档，并输入标题，调整页面的布局方向为“横向”；❷打开“插入表格”对话框，输入“列数”和“行数”；❸单击“确定”按钮。

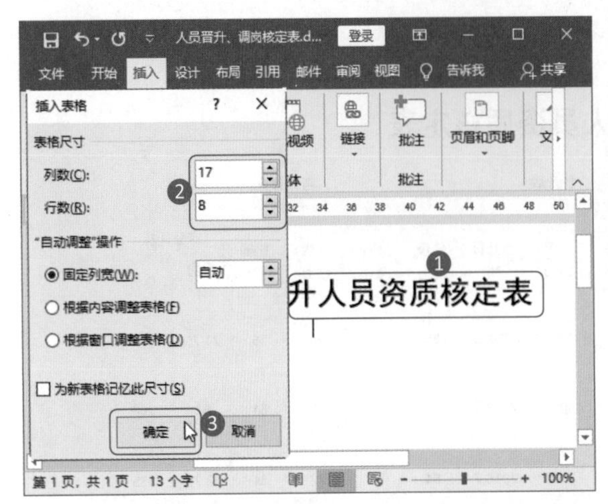

关键步骤 2：调整表格行距。将鼠标指针放在表格最后一行下方的边框线上，当鼠标指针变成双向箭头时，按住鼠标左键不放，往下拖动，增加表格最后一行的距离。然后单击表格左上方图标⊞，选中整张表格，右击表格，从弹出的快捷菜单中选择“平均分布各行”选项。

关键步骤 3：合并单元格。将表格上方和下方的部分单元格进行合并。

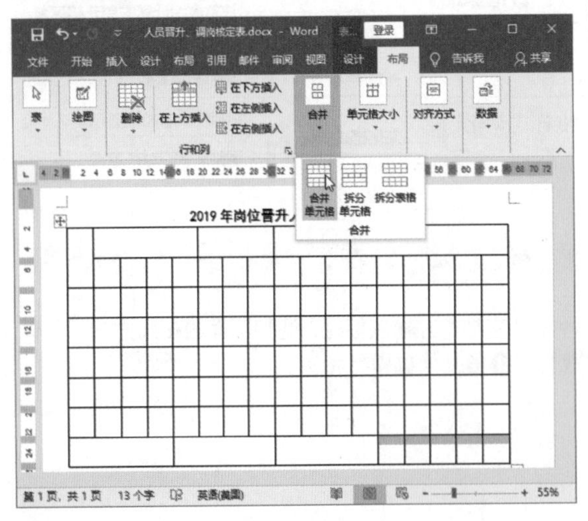

关键步骤 4：合并右上角单元格，并单击“绘制表格”按钮。❶选中表格第二行最右边的两个单元格进行合并；❷单击“表格工具－布局”选项卡下“绘图”组中的“绘制表格”按钮。

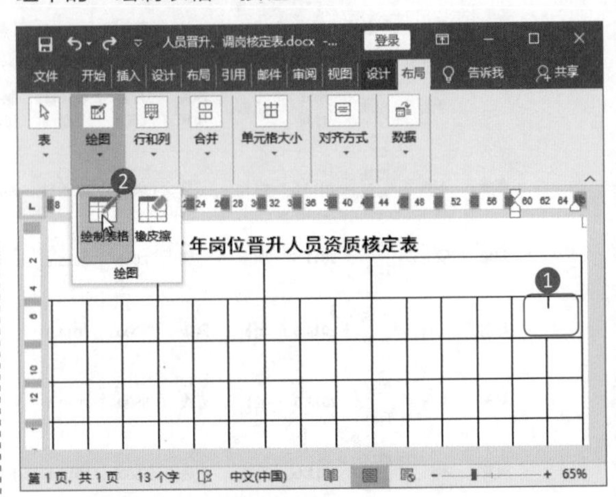

关键步骤 5：绘制横线和竖线。在右上角合并的单元格中，绘制一条横线和竖线，此时就完成了表格的布局调整。

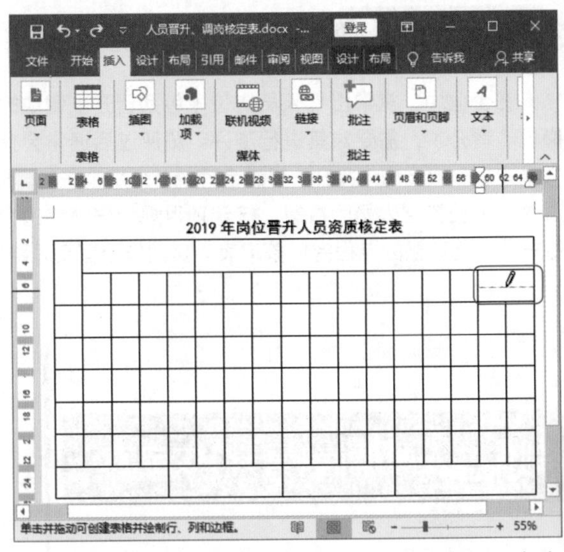

关键步骤 6：输入表格文字。如下图所示，在表格中输入相应的文字内容。

2019 年岗位晋升人员资质核定表

姓名	教育情况				晋升前			晋升后			考核评分					
															评分计算	
	学历	专业	毕业时间	职称	职务级别	月薪（元）	聘任日期	职务级别	月薪（元）	晋升日期	处理能力	工作效率	表达能力	专业技能	平均分	总分
张强	本科	市场营销	2012.6	组长	五级	6000	2014.11	四级	7000	2018.12	85	57	90	55		
刘东	硕士	通讯技术	2011.6	助理	三级	8000	2015.2	二级	9000	2018.7	67	81	56	64		
赵丽	专科	市场营销	2014.6	部长	四级	7000	2014.9	三级	7500	2018.7	84	90	77	84		
罗秋	本科	工商管理	2012.6	组长	五级	5500	2013.4	四级	6000	2018.3	66	67	61	61		
周发	本科	酒店管理	2011.6	组员	六级	5500	2012.4	五级	6500	2018.3	71	51	63	59		
部门主管意见 签字: 年月日					人力资源部意见 签字: 年月日				行政总监意见 签字: 年月日				片区领导意见 签字: 年月日			

关键步骤 7：打开“公式”对话框。❶将光标放到第一个需要计算平均分的单元格中；❷单击“表格工具 – 布局”选项卡下“数据”组中的“公式”按钮。

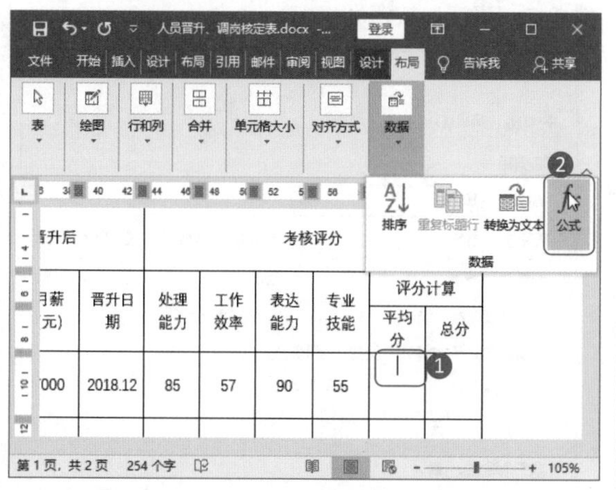

关键步骤 8：输入公式。❶在“公式”选项卡中，输入下图所示的公式；❷单击“确定”按钮。

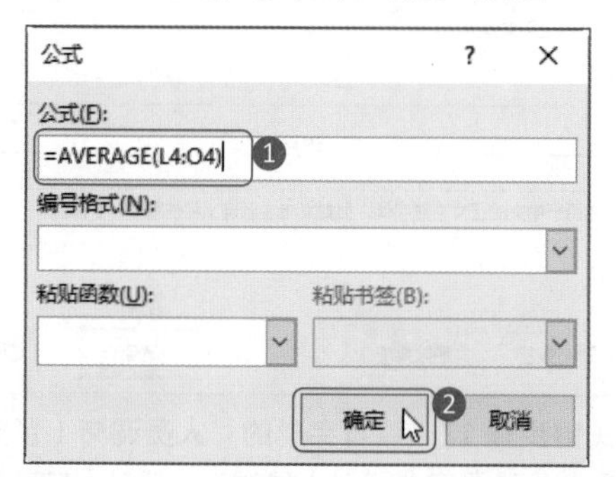

关键步骤 9：计算第二项平均分。❶按照同样的方法，打开“公式”对话框，输入公式；❷单击“确定”按钮。剩余的平均分单元格计算方式相同，只不过将公式中的数字依次换成 6、7、8。

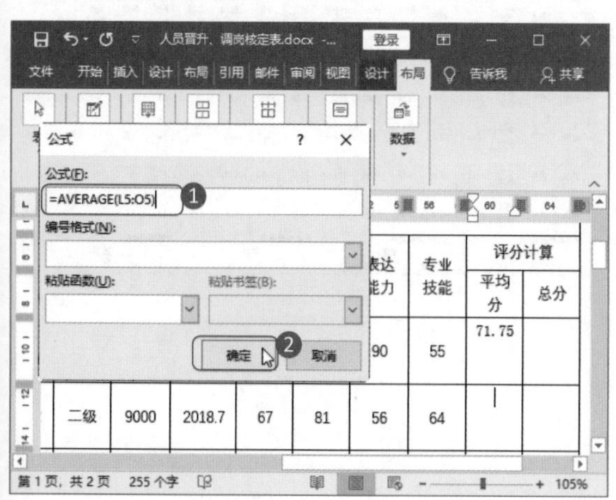

关键步骤 10：计算第一个总分。❶将光标放到第一个需要计算总分的单元格中；❷打开“公式”对话框，并输入公式；❸单击“确定”按钮。

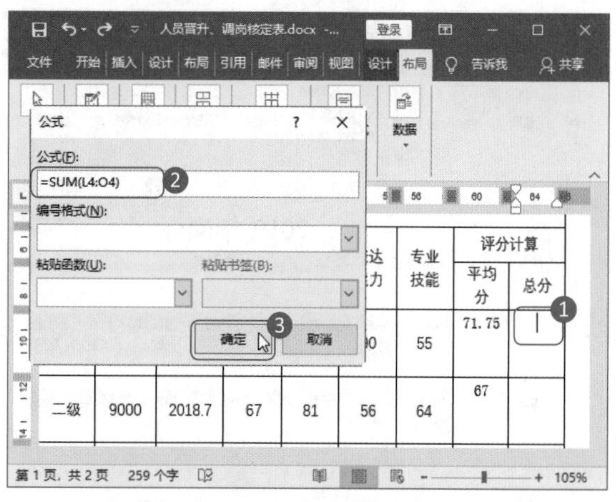

关键步骤 11：完成所有总分计算。按照同样的方法完成所有总分单元格的计算，剩余的总分单元格计算方式相同，只不过将公式中的数字依次换成 5、6、7、8。

2019 年岗位晋升人员资质核定表

姓名	教育情况				晋升前			晋升后			考核评分					
	学历	专业	毕业时间	职称	职务级别	月薪（元）	聘任日期	职务级别	月薪（元）	晋升日期	处理能力	工作效率	表达能力	专业技能	评分计算 平均分	总分
张强	本科	市场营销	2012.6	组长	五级	6000	2014.11	四级	7000	2018.12	85	57	90	55	71.75	287
刘宏	硕士	通讯技术	2011.6	助理	三级	8000	2015.2	二级	9000	2018.7	67	81	56	64	67	268
赵丽	专科	市场营销	2014.6	部长	四级	7000	2014.9	三级	7500	2018.7	84	90	77	84	83.75	335
罗秋	本科	工商管理	2012.6	组长	五级	5500	2013.4	四级	6000	2018.3	66	67	61	61	63.75	255
周发	本科	酒店管理	2011.6	组员	六级	5500	2012.4	五级	6500	2018.3	71	51	63	59	61	244
部门主管意见 签字: 年月日					人力资源部意见 签字: 年月日				行政总监意见 签字: 年月日				片区领导意见 签字: 年月日			

关键步骤 12：选择表格样式。❶选中整张表格，单击“表格工具 – 设计”选项卡下“表格样式”组中的折叠按钮；❷在样式表格中选择一种样式。

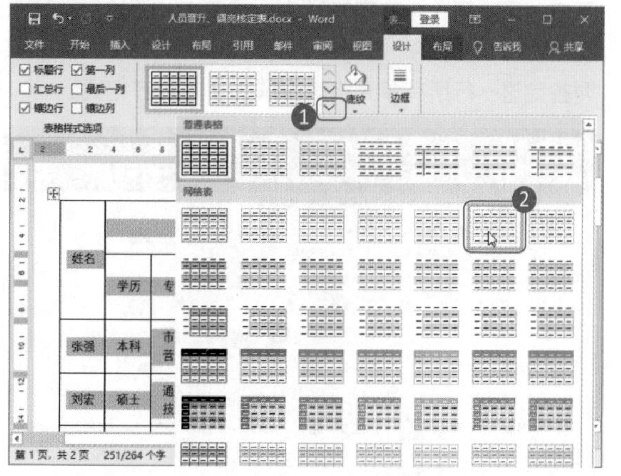

关键步骤 13：调整表格文字居中。❶单击表格左上方的图标⊞，选中整张表格；❷单击“表格工具 – 布局”选项卡下“对齐方式”组中的“水平居中”按

钮，让表格中的文字居中显示。

关键步骤 14：设置文字加粗显示。❶选中表格最后一行没有加粗显示的文字；❷单击“开始”选项卡下“字体”组中的“加粗”按钮 **B**。

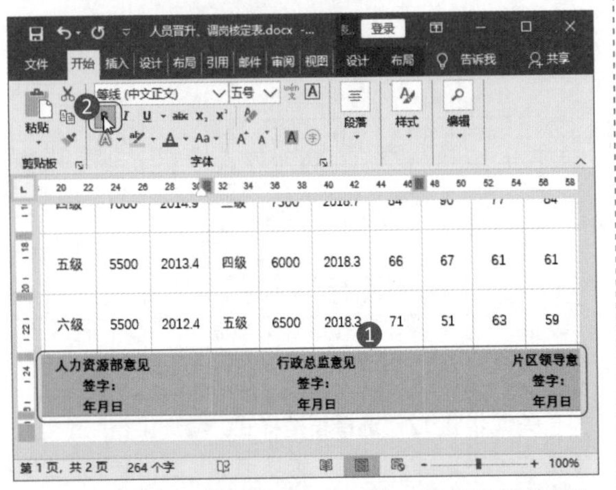

关键步骤 15：调整文字左对齐。❶将光标放到左下方单元格第一排文字的开头；❷单击“开始”选项卡下“段落”组中的“左对齐”按钮。按照同样的方法，调整完这一行所有单元格第一排文字的对齐格式。

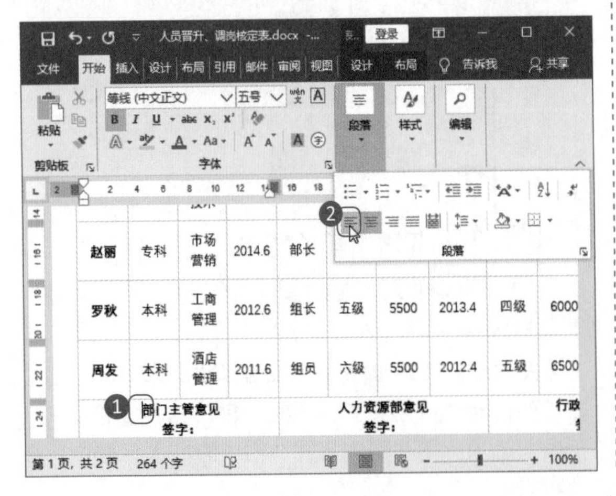

关键步骤 16：调整字体间距。❶按住 Ctrl 键，同时选中表格最后一行最下方的一行文字，打开“字体”对话框，在打开的“字体”对话框中，设置间距和磅值；❷单击“确定”按钮。

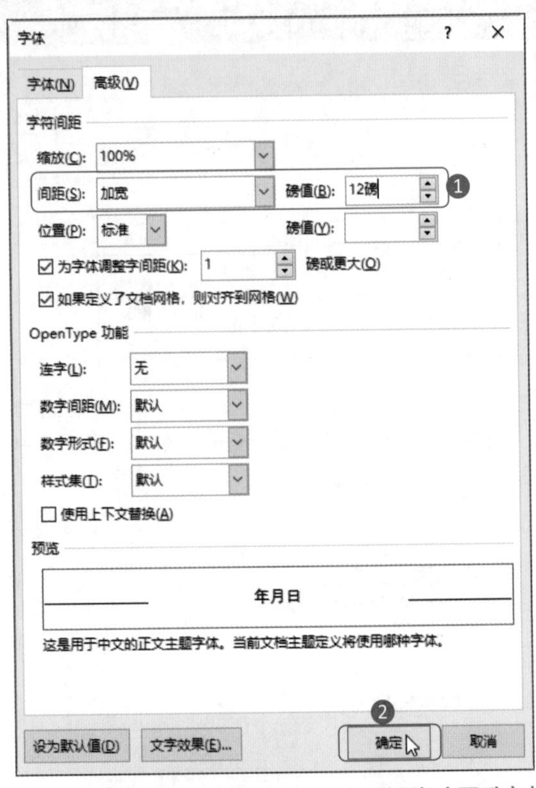

关键步骤 17：查看完成的“人员调岗（晋升）核定表”。此时便完成了“人员调岗（晋升）核定表”，效果如下图所示。

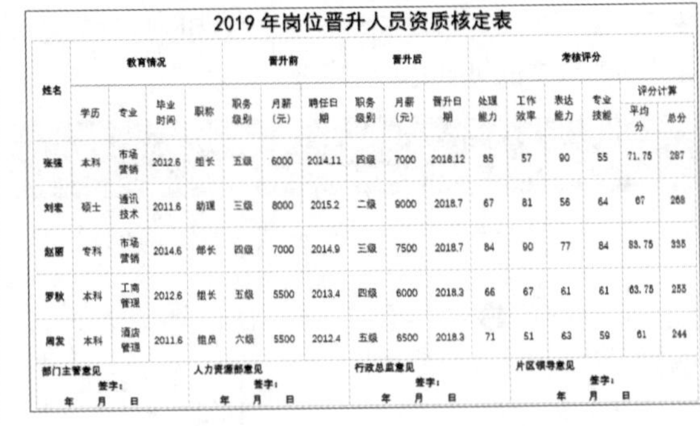

2019 年岗位晋升人员资质核定表

姓名	教育情况				晋升前			晋升后			考核评分					
	学历	专业	毕业时间	职称	职务级别	月薪(元)	聘任日期	职务级别	月薪(元)	晋升日期	处理能力	工作效率	表达能力	专业技能	评分计算 平均分	评分计算 总分
张强	本科	市场营销	2012.6	组长	五级	6000	2014.11	四级	7000	2018.12	85	57	90	55	71.75	287
刘雯	硕士	通讯技术	2011.6	助理	三级	8000	2015.2	二级	9000	2018.7	67	81	56	64	67	268
赵丽	专科	市场营销	2014.6	部长	四级	7000	2014.9	三级	7500	2018.7	84	90	77	84	83.75	335
罗秋	本科	工商管理	2012.6	组长	五级	5500	2013.4	四级	6000	2018.3	66	67	61	61	63.75	255
周发	本科	酒店管理	2011.6	组员	六级	5500	2012.4	五级	6500	2018.3	71	51	63	59	61	244

部门主管意见 签字： 年 月 日	人力资源部意见 签字： 年 月 日	行政总监意见 签字： 年 月 日	片区领导意见 签字： 年 月 日

高手秘技

1. 原来Word也可以只计算部分单元格的数据

使用 Word 中的表格进行数据计算时，自然没有 Excel 表灵活方便，例如只想计算部分单元格的数值时，在 Word 中就不知该如何输入公式。其实在 Word 表格中的单元格，和 Excel 表格中一样，也是通过行、列编号来定位单元格数据。单元格的行号从 1、2、3 开始，列号从 A、B、C 开始，只要找到对应单元格的行、列编号，就可以对该单元格的数值进行计算了。

寻找 Word 单元格的编号，可以根据隐藏的行、列编号进行推测，也可以将表格复制到 Excel 中以更方便地寻找编号。下面就来看看如何利用 Excel 找到 Word 表格对应的编号及计算方法。

第 1 步：复制 Word 表格中的数据。按住鼠标左键，拖动选中 Word 表格中的数据，然后按下复制组合键 Ctrl+C。

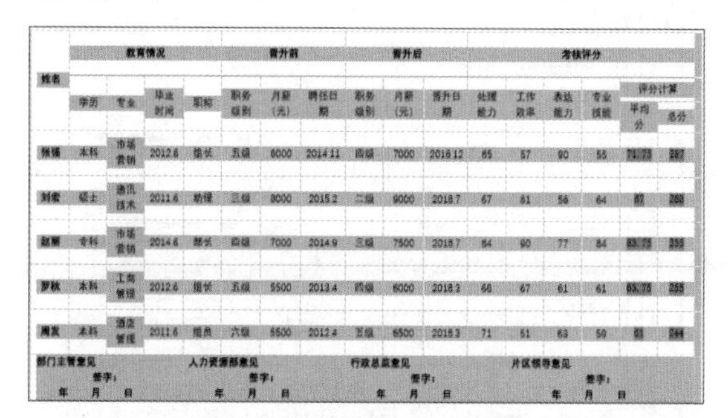

第 2 步：将数据粘贴到 Excel 表中。打开 Excel 表，选中左上角的单元格，按下粘贴组合键 Ctrl+V，表格数据便会粘贴到 Excel 表中。

第 3 步：找到数据所在单元格的编号。在 Excel 表格中定位单元格的编号十分方便。如下图所示，需要定位“处理能力”下方单元格的编号，只需选中这个单元格，其所在列和行的编号便有了阴影，可以轻易定位这个单元格是 L4。同样的道理，可以轻易定位“工作效率”和“表达能力”单元格的编号分别是 M4 和 N4。

第 4 步：在 Word 中进行公式计算。在 Word 中直接打开公式时，通常计算的是这一行 / 列的左边或上边的所有单元格数据。因此在下图中，要想计算第一行平均分，就不能利用默认的公式“=AVERAGE(LEFT)”，否则会将左边诸如 6000、7000 这样的数据都计算进去。正确的计算公式为“=AVERAGE(L4:O4)”，表示计算从 L4 这个单元格到 O4 单元格中所有数据的平均数。

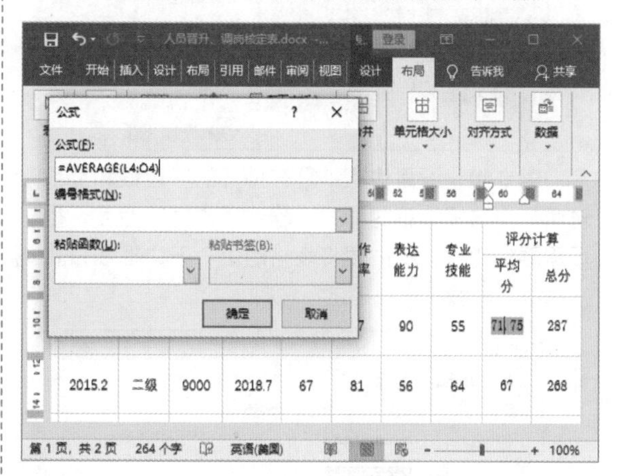

2. 要想实现表格的简约美，试试三线表格

现在是一个流行简约美的时代，内容信息讲究简约而不简单。要想改变表格样式，使表格出彩又简洁，可以试试“三线表格”。

第 1 步：去除表格原本的边框。选中整张表格，单击“开始”选项卡下“段落”组中的“边框”下三角按钮，再从下拉菜单中选择“无框线”选项。

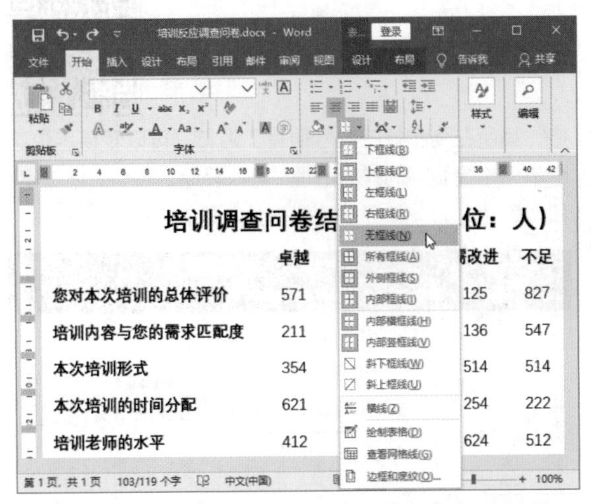

第 2 步：打开“边框和底纹”对话框。选中表格，选择“边框”下拉菜单中的“边框和底纹”选项。

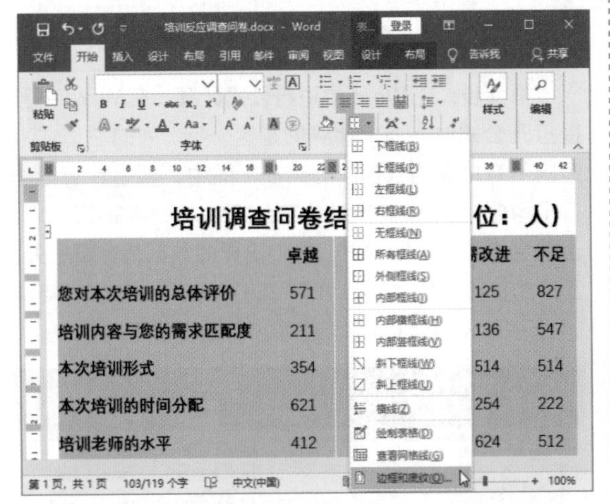

第 3 步：设置边框。❶在打开的“边框和底纹”对话框中选择边框的样式；❷选择边框的宽度；❸选择需要的边框；此时便将表格的上、下边框线设置成三线框了；❹单击“确定”按钮。

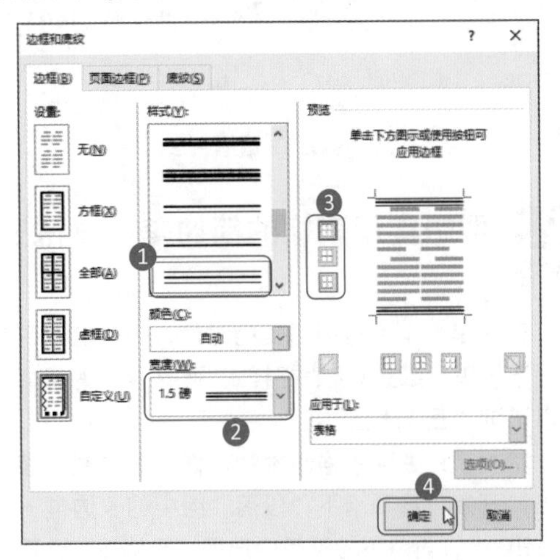

第 4 步：设置标题行的边框线。❶选中第一行的标题行；❷选择“边框”下拉菜单中的“边框和底纹”选项。

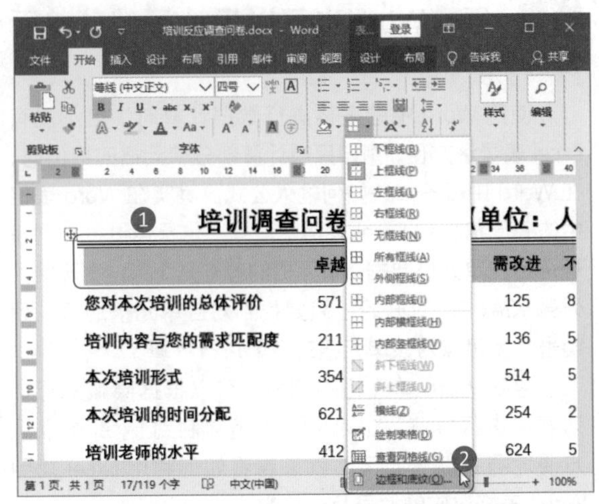

第 5 步：设置“边框和底纹”对话框。❶选择边框的样式；❷选择边框的宽度；❸选择需要的边框；❹单击“确定”按钮。

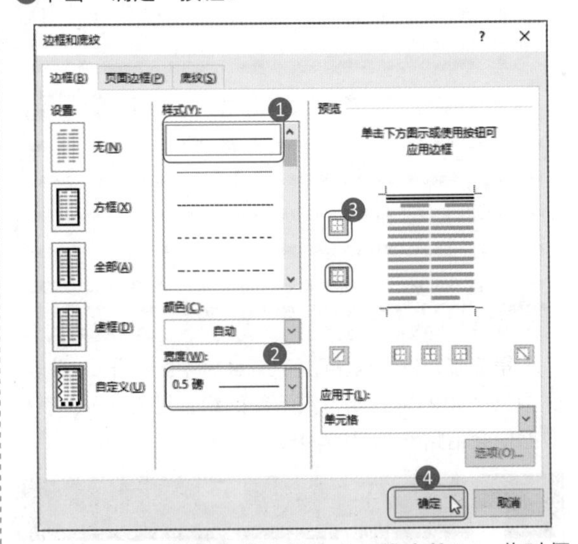

第 6 步：查看完成设置的“三线表格”。此时便完成了三线表格的制作，效果如下图所示。

培训调查问卷结果反馈（单位：人）

	卓越	优秀	良好	需改进	不足	不知如何判断
您对本次培训的总体评价	571	425	514	125	827	54
培训内容与您的需求匹配度	211	261	215	136	547	51
本次培训形式	354	421	261	514	514	42
本次培训的时间分配	621	15	354	254	222	62
培训老师的水平	412	157	245	624	512	51
培训的组织	514	122	125	361	514	412

Word 样式与模板的应用

内容导读

Word 2019 提供了强大的模板及样式编辑功能。利用这些功能不仅可以大大提高 Word 文档的编辑效率，并且能编辑出版式美观大方的文档。本章将介绍如何下载、制作模板，以及如何应用、修改、编辑样式。

知识要点

- 套用系统内置的样式
- 利用“样式”窗格编辑样式
- 为文档中不同的内容应用样式
- 下载和编辑模板
- 自定义设置模板
- 利用模板快速编辑文档

案例展示

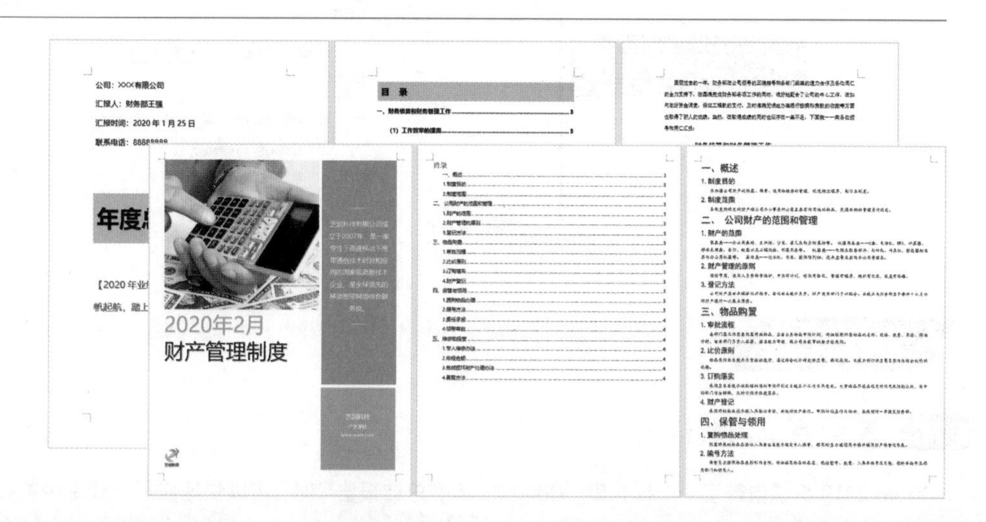

4.1 制作“年度总结报告”

案例说明

年度总结报告是企业常用文档之一，如果报告文字内容较多，通常选用 Word 而不是 PowerPoint 制作。使用 Word 文档制作“年度总结报告”，制作者首先要注意报告的美观度，利用简单的修饰性元素进行装饰，其次要学会利用 Word 2019 的样式功能快速实现文档格式的调整。

“年度总结报告”文档制作完成后的效果如下图所示。

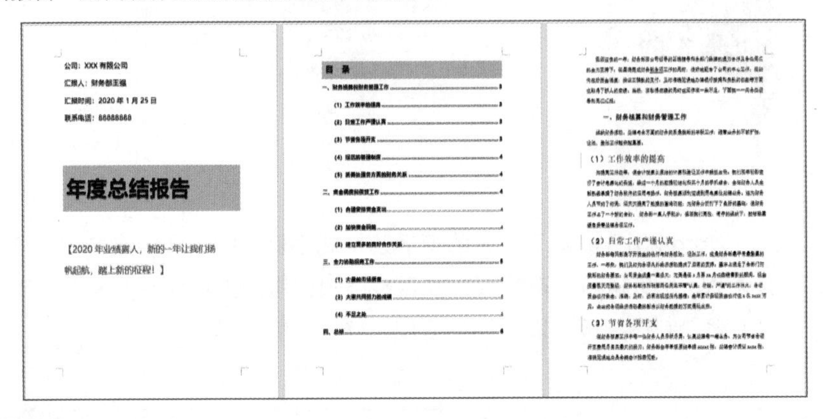

思路解析

企业的行政人员、不同部门的工作人员都可能需要制作“年度总结报告”。使用 Word 制作的“年度总结报告”文字较多，如果不利用样式进行调整，文档页面的内容看起来就会十分杂乱。因此，制作者首先要使用系统预置样式进行初步调整，然后再灵活调整细节样式，最后考虑报告整体的美观性，完成封面和目录的添加。其制作流程及思路如下。

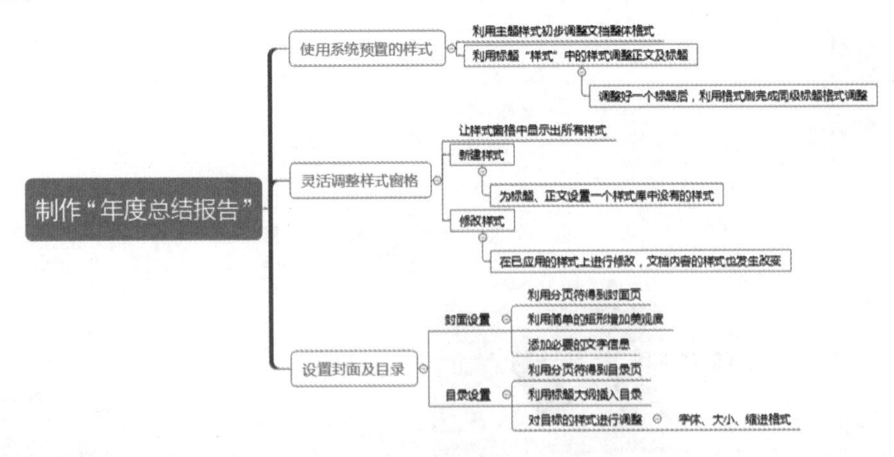

步骤详解

4.1.1 套用系统内置样式

Word 2019 系统自带了一个样式库，在制作“年度总结报告”时，可以快速应用样式库中的样式来设置段落、

标题等格式。

1. 应用主题样式

Word 2019 版本拥有自带的主题，主题包括字体、字体颜色和图形对象的效果设置。应用主题可以快速调整文档基本的样式。

第 1 步：新建文档，选择主题样式。新建一个 Word 文档，取名为“年度总结报告”，并按照路径“素材文件 \ 第 4 章 \ 年度总结报告素材 .doc”打开文件。按 Ctrl+A 组合键全选文本内容，按 Ctrl+C 组合键复制所选内容到新建的文档中。❶单击“设计”选项卡下“主题”按钮；❷从弹出的下拉菜单中选择“电路”主题样式。

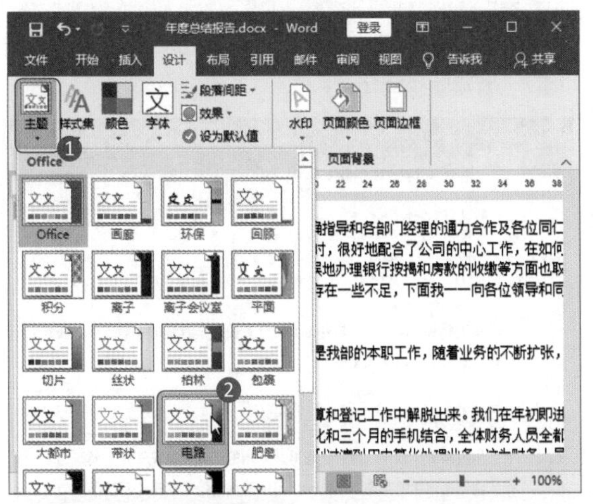

第 2 步：查看文档效果。此时文档就可以应用选择的主题样式了，效果如下图所示。

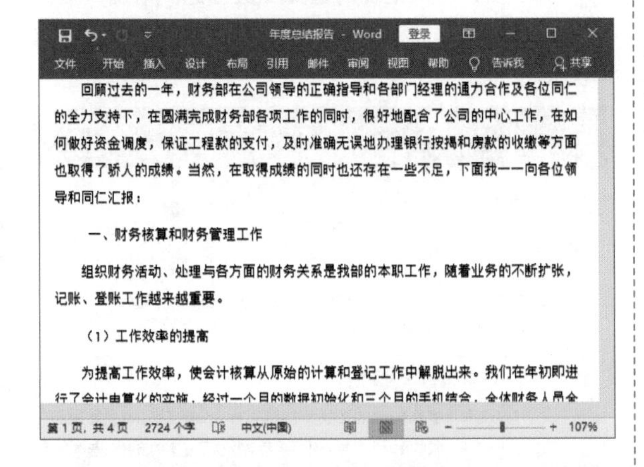

2. 应用文档样式

除了主题，还可以使用系统内置的样式，快速调整文档的内容格式。

第 1 步：打开样式列表。单击“设计”选项卡下“文档格式”组中的“样式集”折叠按钮▽。

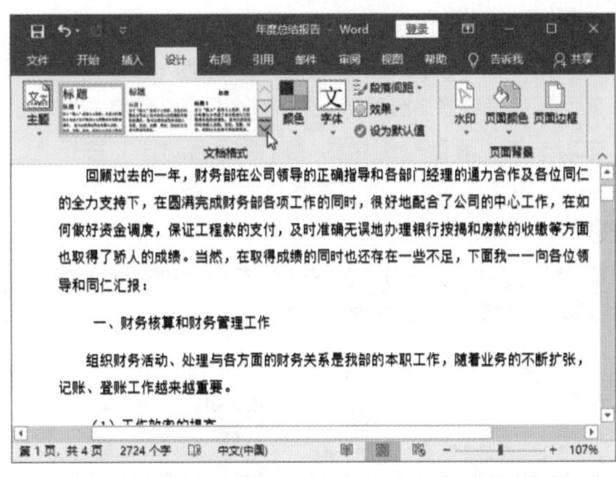

第 2 步：选择样式。在样式列表中选择样式，如这里选择“极简”样式。

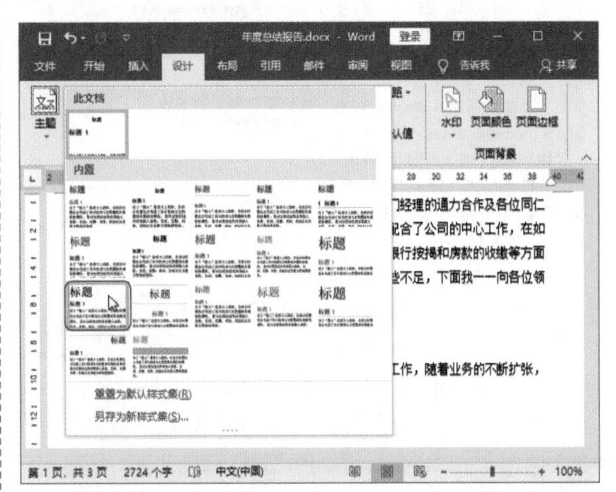

第 3 步：查看样式应用的效果。此时就可以看到样式应用的效果了。

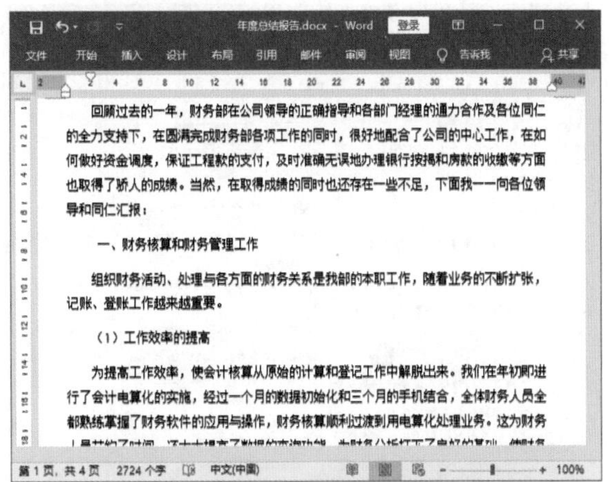

3. 应用标题样式

在年度总结报告中，不同级别的标题有多个。为了提高效率，每级标题的样式可以设置一次，然后利用格式刷完成同级标题的样式设置。

第 1 步：设置 1 级标题的大纲级别。❶标题前面带有大写序号的是1级标题，选中这个标题；❷单击“开始”选项卡下“段落”组中的“对话框启动器”按钮，打开“段落”对话框，设置其“大纲级别”为“1 级”；❸单击“确定”按钮。

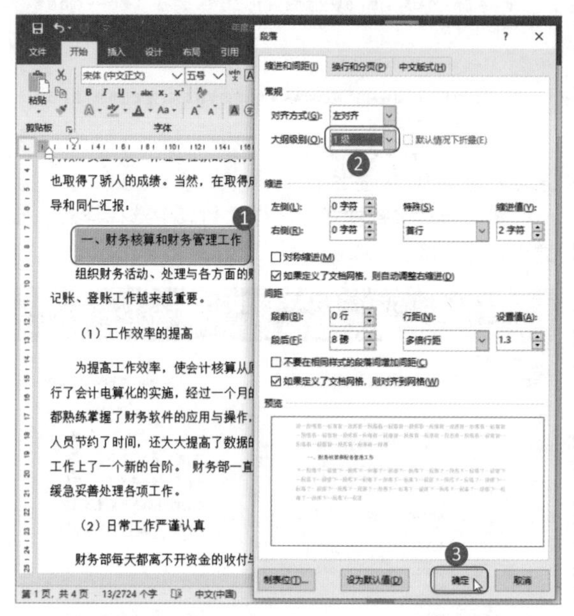

第 2 步：设置 2 级标题的大纲级别。❶标题前面带有括号序号的是 2 级标题，选中这个标题；❷单击“开始”选项卡下“段落”组中的“对话框启动器”按钮，打开“段落”对话框，设置其“大纲级别”为“2 级”；❸单击“确定”按钮。

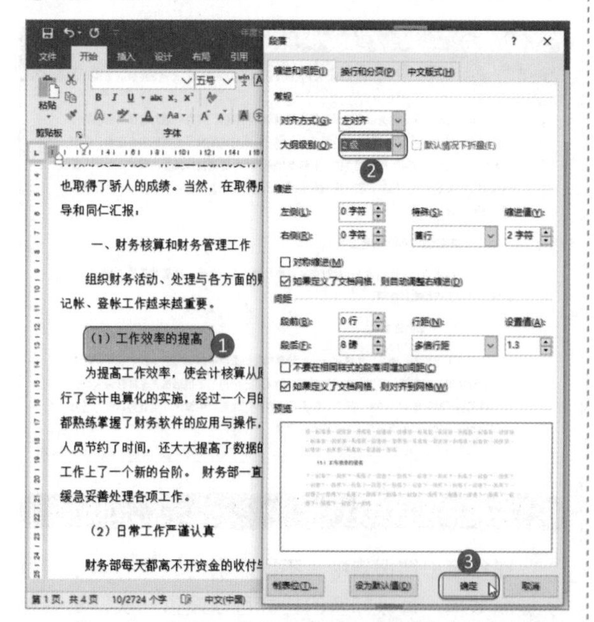

第 3 步：设置 2 级标题样式。保持选中 2 级标题，单击“开始”选项卡下“样式”组中的标题样式，选中“标题 1”选项，所选中的标题就套用了这种样式。

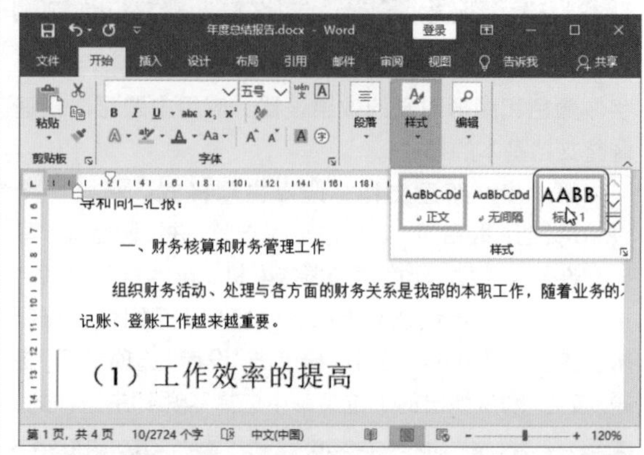

第 4 步：双击“格式刷”。双击“开始”选项卡下的“格式刷”按钮。

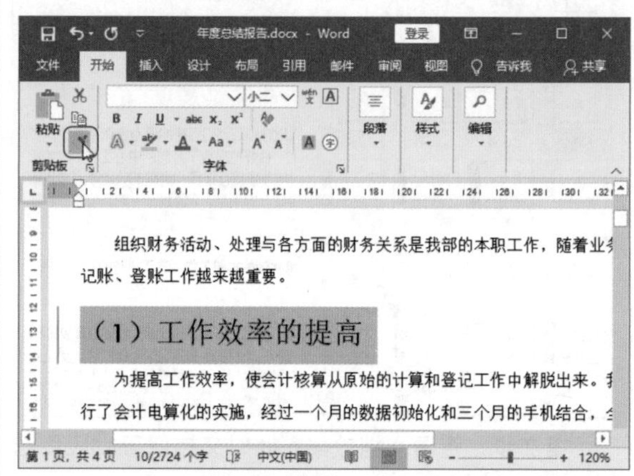

第 5 步：利用格式刷选择 2 级标题。双击“格式刷”后，鼠标指针变为刷子状态，依次选择其他 2 级标题。

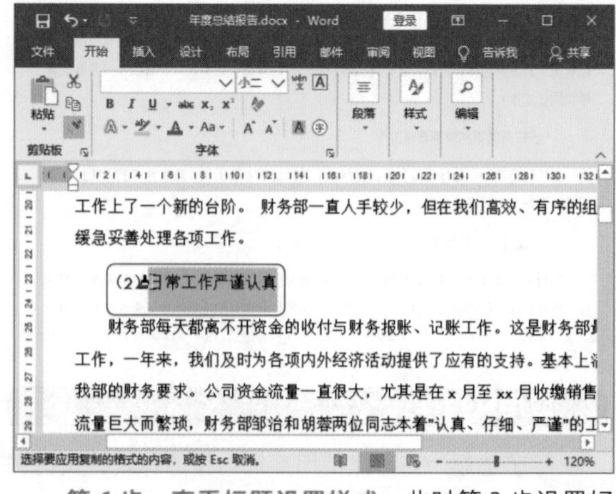

第 6 步：查看标题设置样式。此时第 3 步设置好的 2 级标题样式就应用到所有 2 级标题了，效果如下图所示。

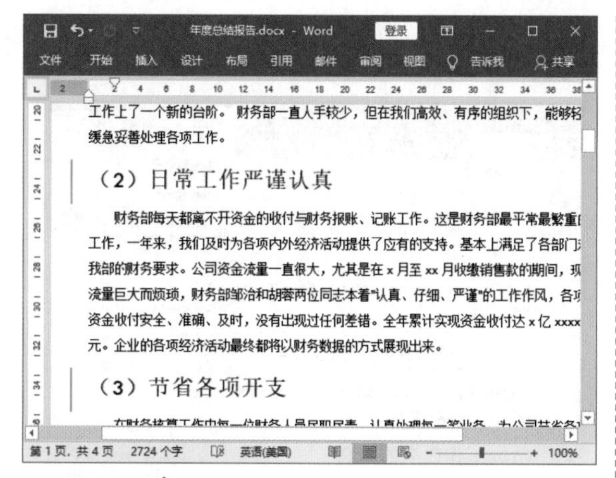

在设置标题样式时，如果不想后期使用“格式刷”统一样式，可以在设置前按住 Ctrl 键，选中所有相同级别的标题，再进行样式设置。

4.1.2 灵活使用“样式”窗格

Word 2019“样式”窗格中可以设置打开当前文档的所有样式，也可以自行新建和修改系统预设的样式。

1. 设置所显示的样式

默认情况下，“样式”窗格中只显示“当前文档中的样式”，为了方便查看所有的样式，可以打开所有的“样式”窗格。

第 1 步：打开“样式”窗格。单击“开始”选项卡下“样式”组中的“对话框启动器”按钮 ↘。

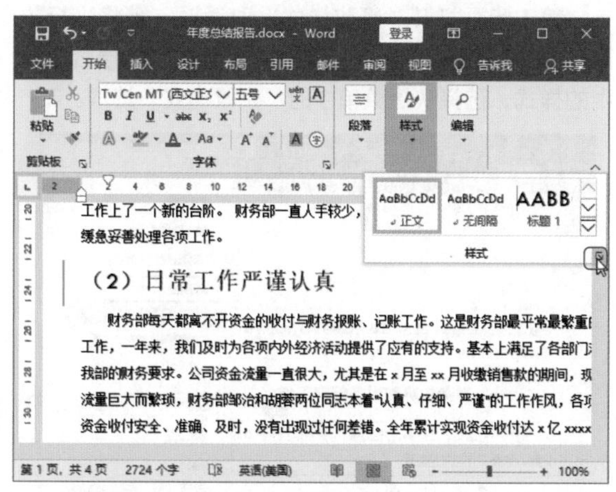

第 2 步：打开“样式窗格选项”对话框。在打开的“样式”窗格下方，单击“选项”按钮。

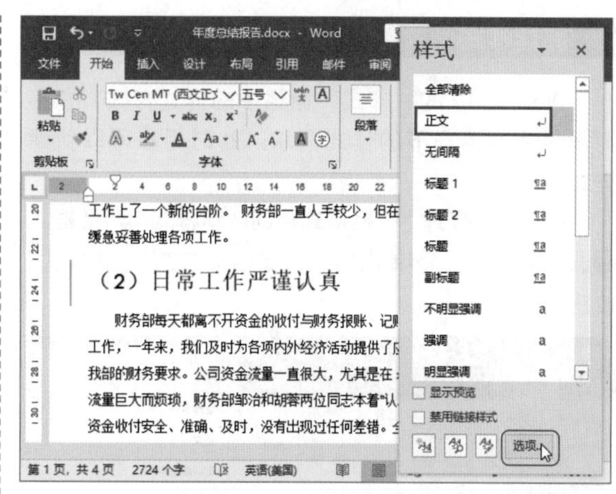

第 3 步：设置“样式窗格选项”对话框。❶在打开的“样式窗格选项”对话框中，设置“选择要显示的样式”为“所有样式”；❷勾选“选择显示为样式的格式”下方的所有复选框；❸单击“确定”按钮。

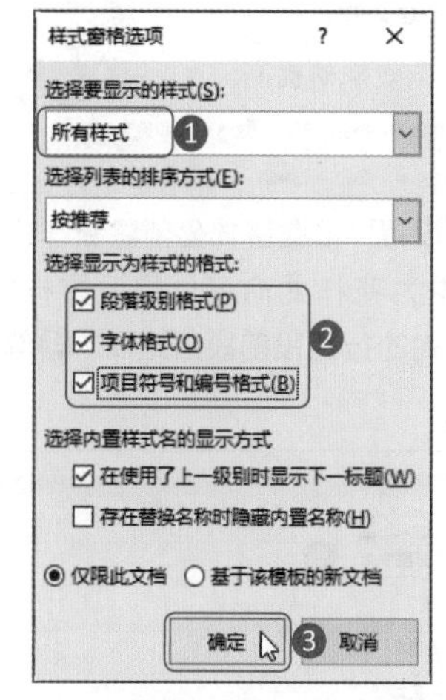

第 4 步：查看设置好的“样式”窗格。此时可以看到“样式”窗格中显示了所有的样式，将鼠标指针放到任一的文字段落中，“样式”窗格中就会出现这段文字对应的样式。

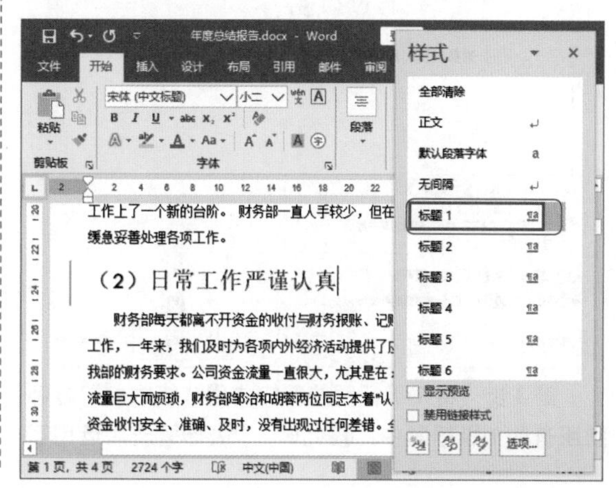

2. 新建样式

Word 2019 的“样式”窗格中的样式有限，并不能满足所有情况下的样式需求。此时用户可以新建样式。

第 1 步：打开“根据格式化创建新样式”对话框。 ❶选中 1 级标题；❷单击“样式”窗格下方的“新建样式”按钮。

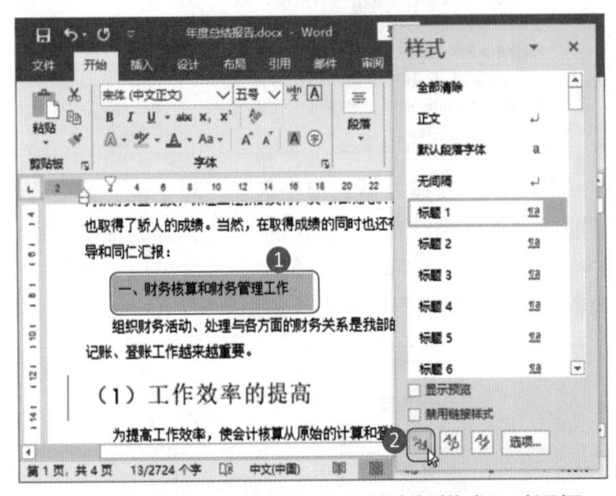

第 2 步：设置“根据格式化创建新样式”对话框。 ❶在对话框中为新样式命名；❷设置样式的字体格式；❸设置样式的行距段前段后距离；❹单击“确定”按钮。

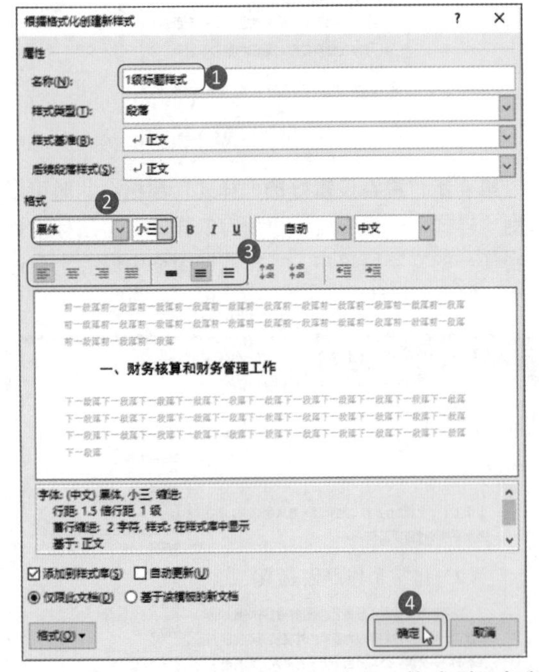

第 3 步：将 1 级标题的新样式用“格式刷”复制到所有的 1 级标题中。 ❶此时，1 级标题成功运用了新样式；❷利用“格式刷”将此样式复制到所有的 1 级标题中，即完成 1 级标题的样式设置。

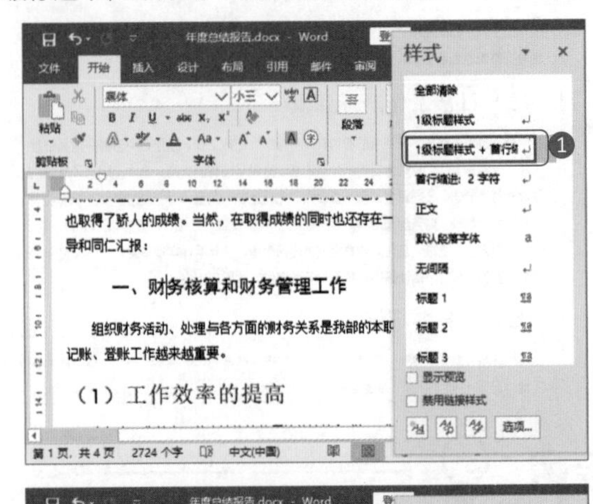

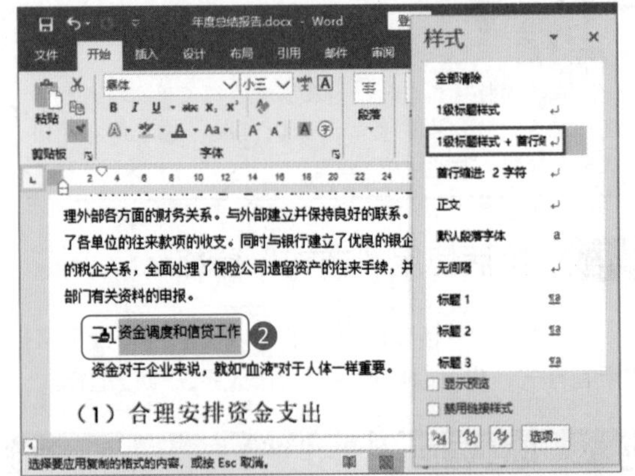

3. 修改样式

当完成样式设置后，如对样式不满意，可以进行调整。调整样式后，所有应用该样式的文本都会自动调整样式。

第 1 步：打开“修改样式”对话框。 ❶将光标放到正文中的任一位置，表示选中这个样式；❷右击选中的样式，选择快捷菜单中的“修改样式”选项。

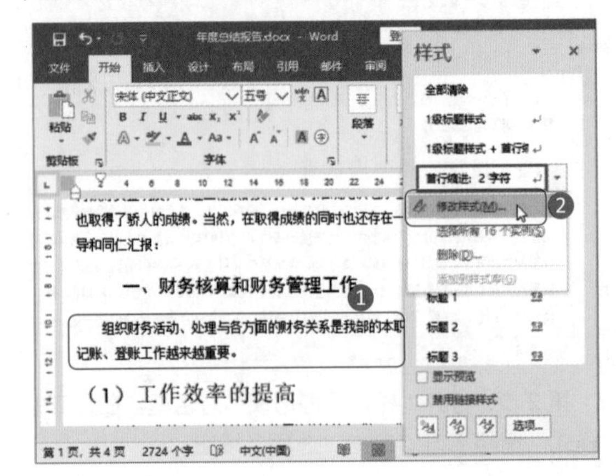

第 2 步：打开“段落”对话框。❶在对话框中，单击左下方“格式”按钮；❷选择菜单中的“段落”选项。

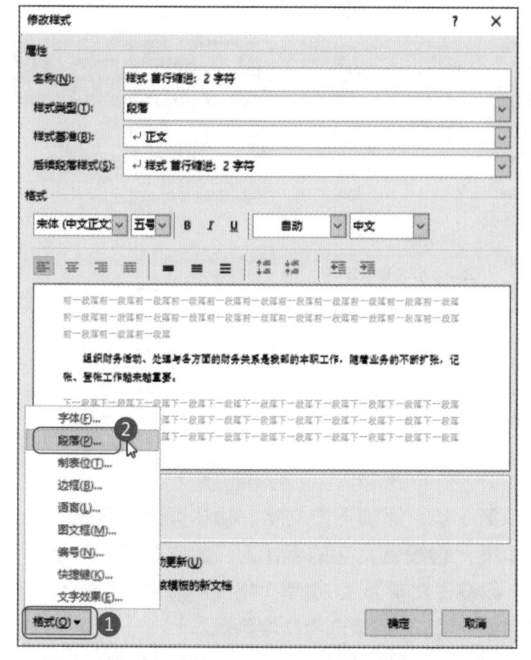

第 3 步：打开“段落”对话框。❶在“段落”对话框中设置“段后”距离为“8 磅”；❷设置“行距”为“1.5 倍行距”；❸单击“确定”按钮。

第 4 步：确定修改样式。完成样式修改后，单击“确定”按钮，表示确定修改样式。

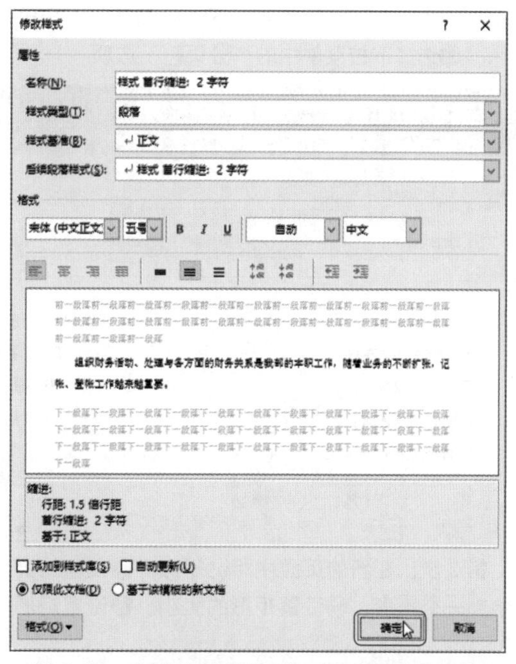

第 5 步：查看修改的样式。此时文档中所有的正文便已应用修改了的新样式，效果如下图所示。

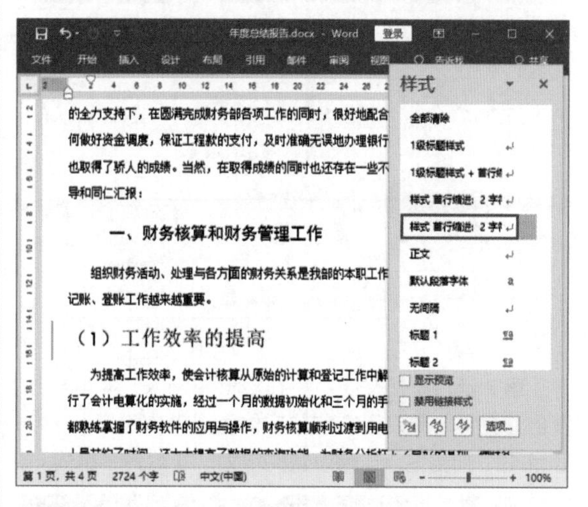

4.1.3 设置封面及目录样式

Word 2019 系统自带的样式主要针对内容文本，但是企业的年度总结报告需要有一个大气美观的封面、一定样式的目录，这就需要用户自己进行样式设置了。

1. 封面样式设置

年度总结报告的封面显示这是一份什么样的文档，以及文档的制作人等相关信息。只需添加简单的矩形，就可以让封面的美观度提高一个档次。

第 1 步：插入分页符。❶将光标放到文档最开始

的位置，单击“布局”选项卡下“分隔符”下三角按钮；❷选择下拉菜单中的“分页符”选项。

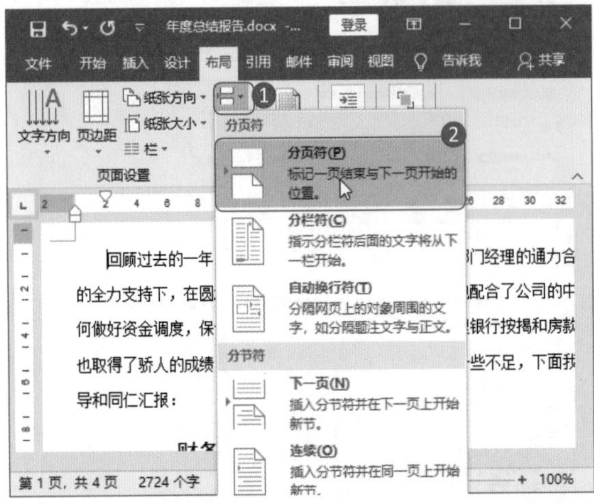

第 2 步：在新的页面中绘制矩形。❶在新的页面中绘制一个矩形；❷设置矩形的大小；❸设置矩形的颜色。

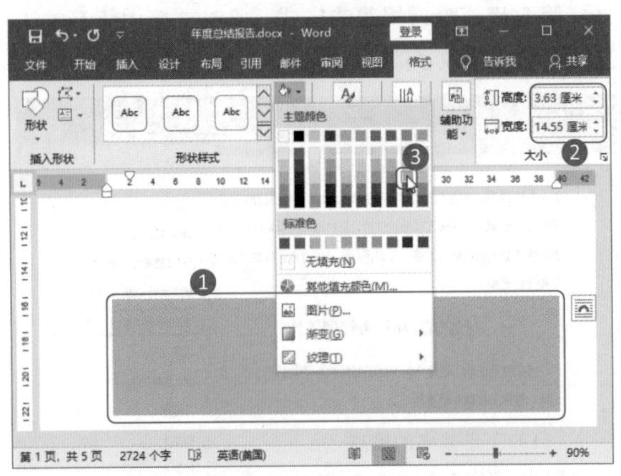

第 3 步：添加文字。❶在矩形中输入“年度总结报告”文字；❷设置文字的字体为“微软雅黑”，字号为 48，加粗显示；❸设置文字为“左对齐”格式。

第 4 步：添加上方文字。❶在页面上方绘制一个文本框，并输入文字；❷设置文字的字体为“微软雅黑”，字号为“三号”；❸设置文字为“左对齐”格式。

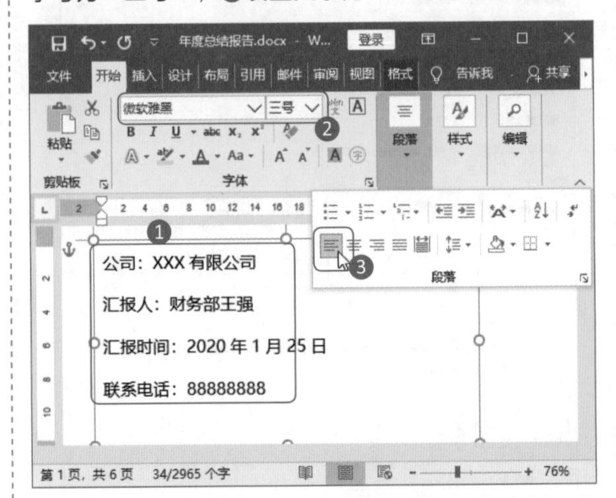

第 5 步：添加下方文字。❶在页面下方绘制一个文本框；❷设置文字的字体为“微软雅黑”，字号为 20；❸设置文字为“左对齐”格式；❹单击“字体颜色”按钮，打开菜单选择文字颜色。

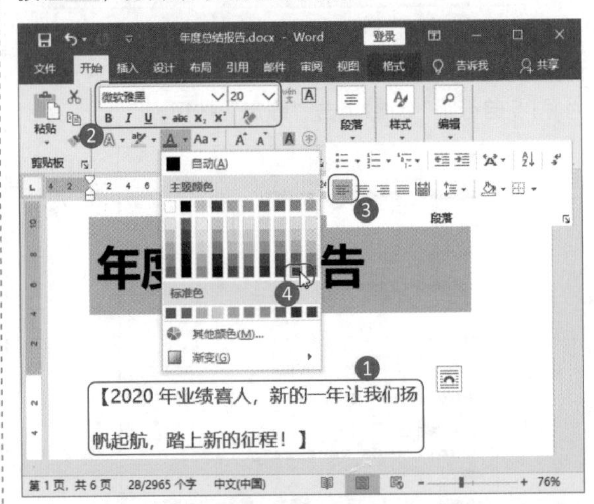

2. 目录样式设置

根据文档中设置的标题大纲级别，可以添加目录，添加目录后，需要对目录样式进行调整，以符合人们的审美。

第 1 步：绘制矩形。将光标放到封面页下方，插入一个“分页符”，这页空白页将是目录页。❶在目录页上方绘制一个矩形；❷设置矩形的颜色与封面页矩形的颜色一致，并调整矩形的大小。

第 2 步：输入“目录”二字。❶在矩形中输入文字“目录”；❷设置文字的字体为“微软雅黑”，字号为 18，

加粗显示，文字为“左对齐”；❸打开“字体”对话框，设置文字的“间距”为“加宽”，“磅值”为“10 磅”。

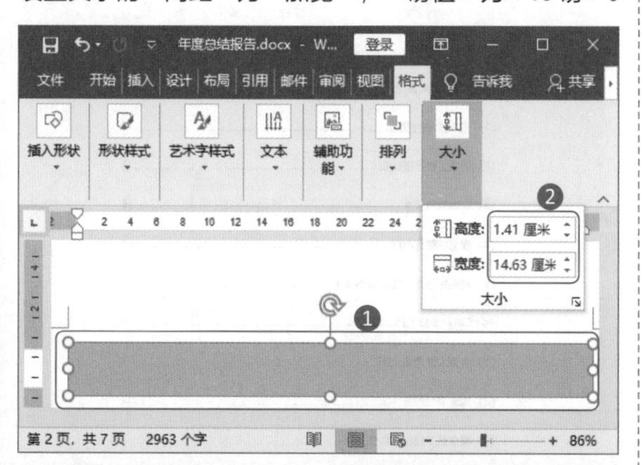

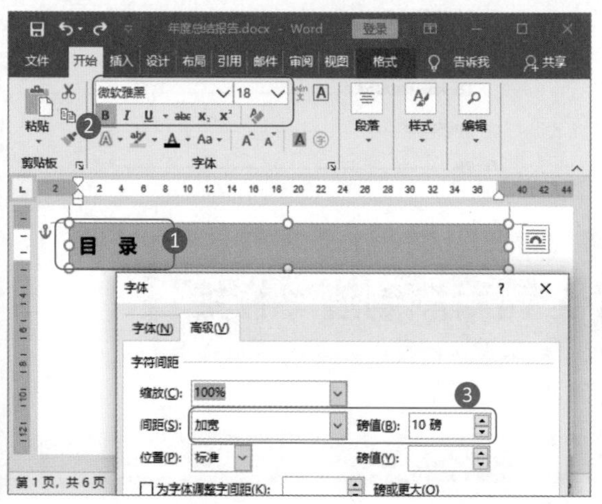

第 3 步：插入目录。打开“目录”对话框，❶选择“制表符前导符”类型；❷单击“确定”按钮。

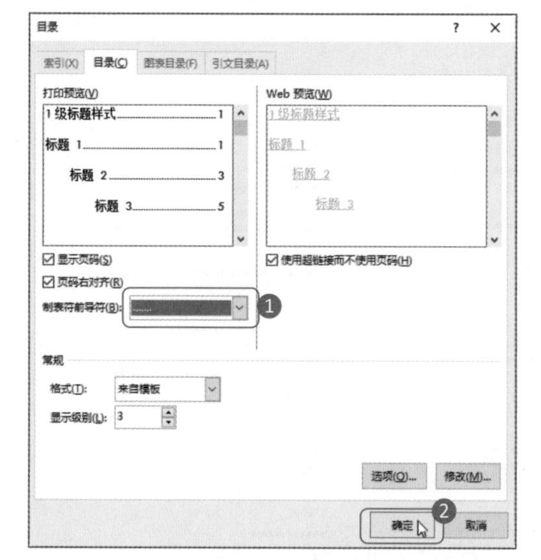

第 4 步：调整目录格式。❶按住鼠标左键不放，拖动选中所有目录内容；❷设置目录的字体为“微软雅黑”，字号为“小四”，加粗显示。

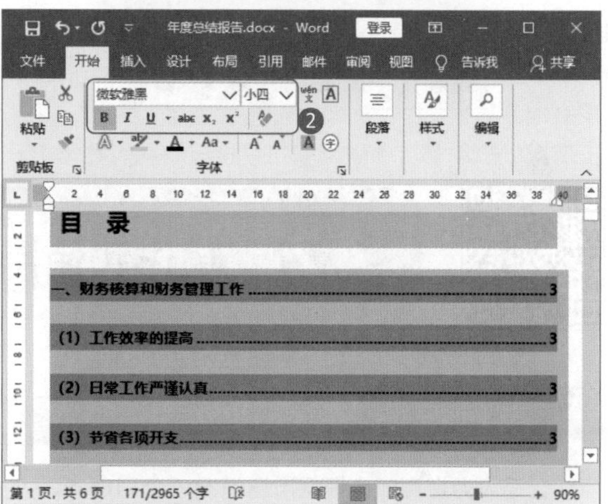

第 5 步：调整 2 级目录格式。❶用鼠标拖动，以从下往上的方式选中“一、”下方的 2 级目录；❷单击“段落”组中的“对话框启动器”按钮 ；❸设置 2 级目录的段落缩进。

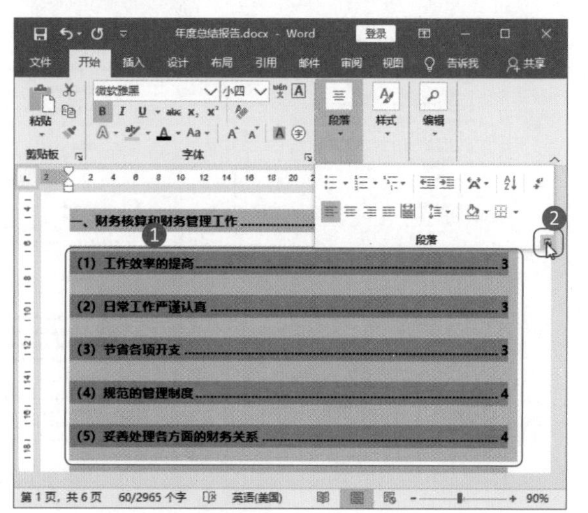

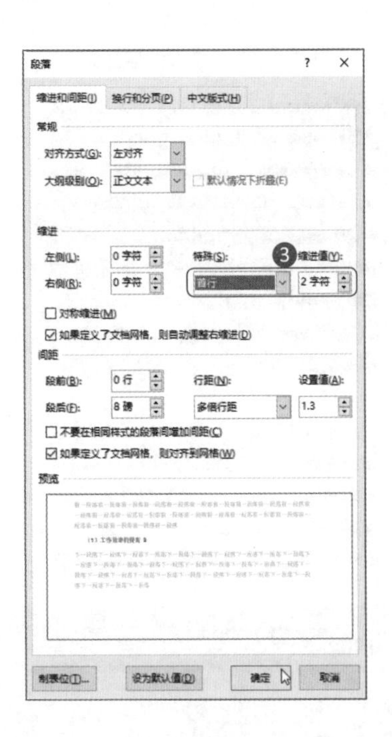

第 6 步：查看完成设置的目录。此时便完成了目录页的设置，效果如下图所示。

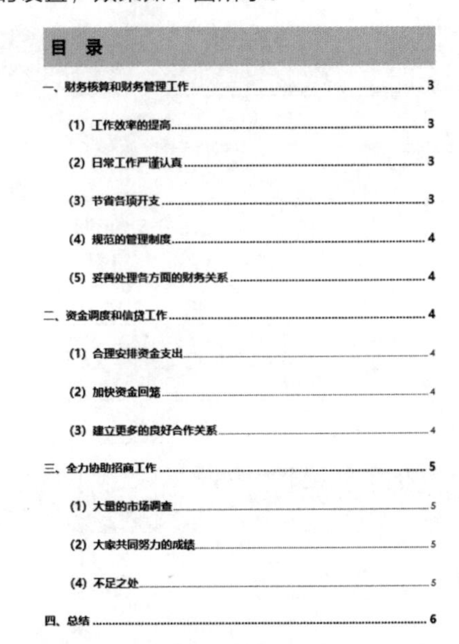

目 录

4.2 制作和使用“公司薪酬制度”模板

案例说明

公司人力资源部会根据市场情况、公司成本、人员数量等因素来制定公司薪酬制度。因为公司薪酬制度会随着市场行情的波动而变化，所以人力资源部人员可以制作一份“公司薪酬制度”的模板，当需要制定新的薪酬制度时，直接利用模板即可完成。

“公司薪酬制度”文档制作完成后的效果如下图所示。

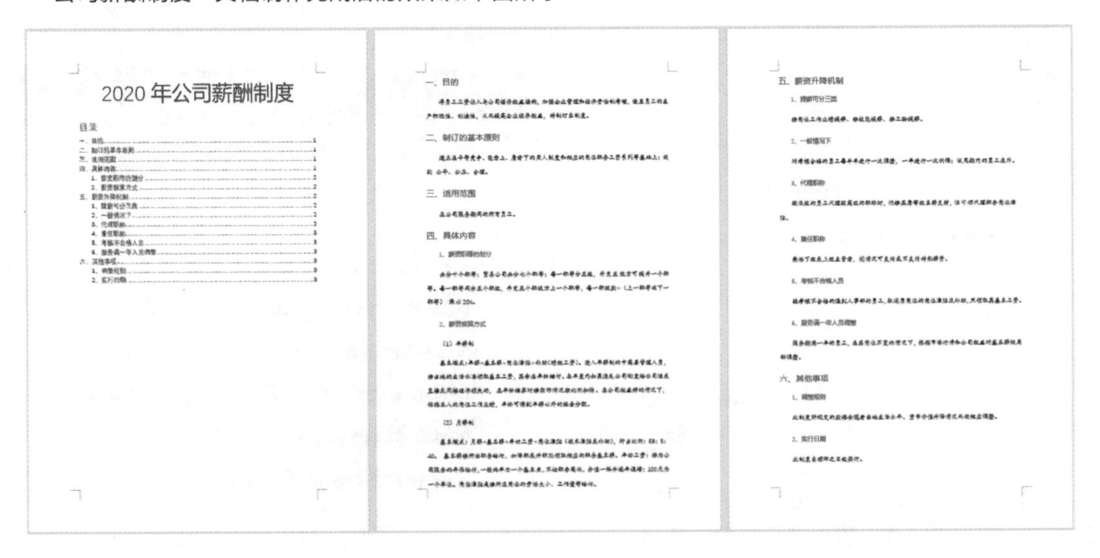

思路解析

新的一年到来了，企业人力资源部要制订新的公司薪酬制度。为了避免薪酬制度文档在样式上反复修改，人力资源部人员决定制作一个模板，利用模板完成薪酬制度文档的制作。其方法是先在模板中设置好标题、正文及目录的样式，然后再利用模板生成新文档。其制作流程及思路如下。

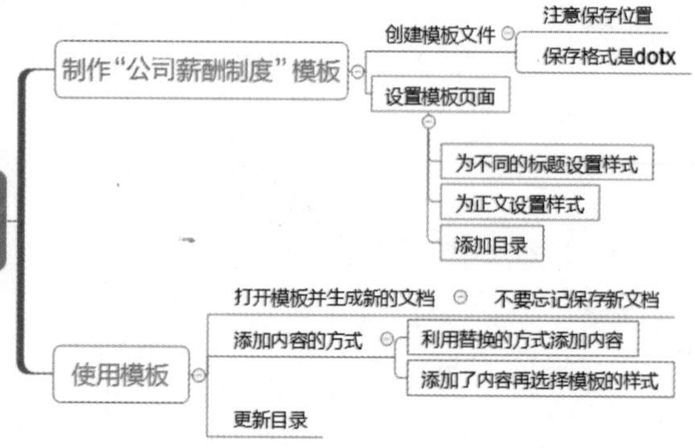

步骤详解

4.2.1 制作“公司薪酬制度”模板

除了利用系统内置的样式外，用户可以自己设计模板。在模板中主要设计标题、正文的样式，然后在需要时直接打开模板输入内容即可，免去了调整样式的过程。

1. 创建模板文件

Word 2019 创建的模板文件名后缀是 .dotx，创建成功后需要正确保存文件格式。

第 1 步：打开“另存为”对话框。❶新建一个文件，选择“文件”菜单中“另存为”选项；❷单击“浏览”按钮。

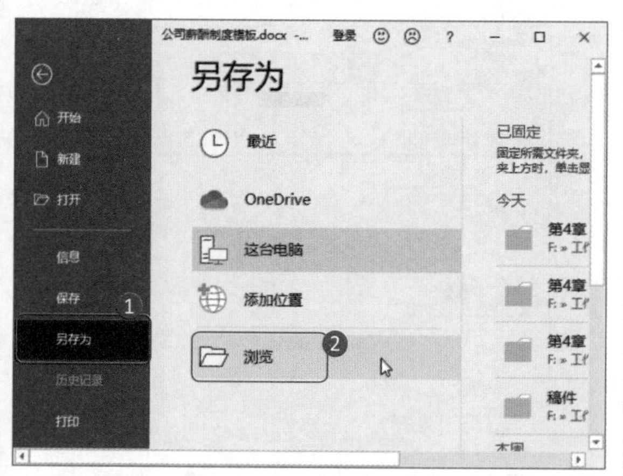

第 2 步：正确保存模板文件。❶在“另存为”对话框中，选择正确的路径保存模板文件；❷设置“保存类型”为“Word 模板（*.dotx）”类型；❸单击“保存”按钮。

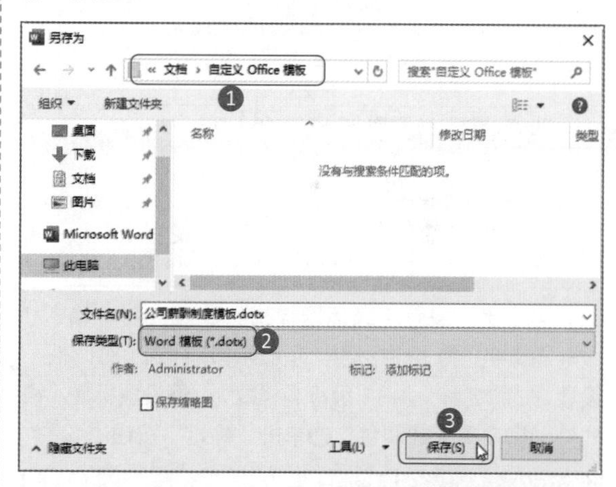

2. 设置模板页面样式

模板创建成功后，就可以开始设置模板的样式了。

第 1 步：为文档标题新建样式。❶在模板页面中输入标题文字：文档标题；❷单击“样式”窗格中的“新建样式”按钮。

第 2 步：设置标题样式。❶在打开的“根据格式化创建新样式”对话框中设置样式“名称”为“文档标题样式”；❷设置标题“格式”；❸设置标题颜色；❹单击“确定”按钮。

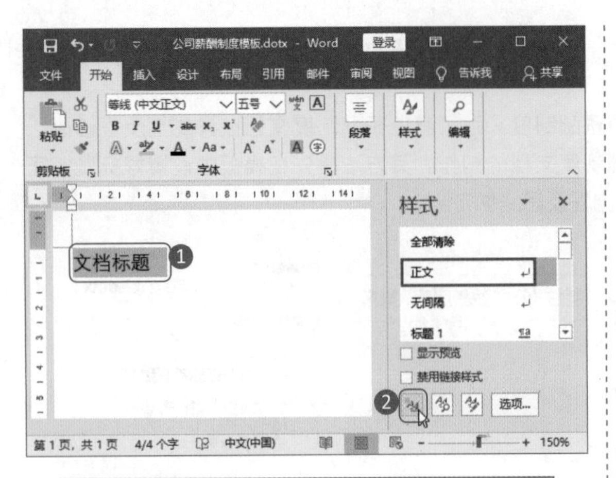

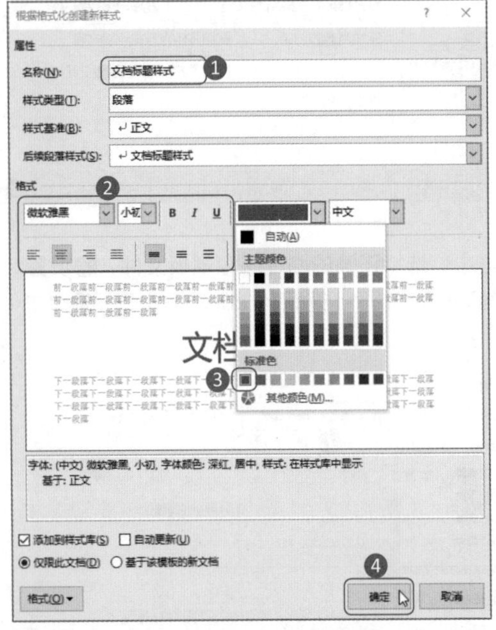

第 3 步：设置 1 级标题样式。❶在文档中输入 1 级标题文字，打开“根据格式化创建新样式”对话框，设置样式“名称”为“1 级标题样式”；❷设置标题“格式”；❸设置标题颜色；❹单击“确定”按钮。

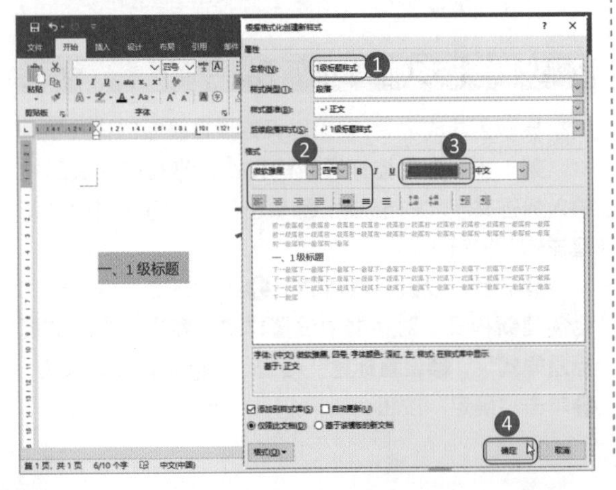

第 4 步：设置 1 级标题的“段落”对话框。选中 1 级标题，单击“开始”选项卡下“段落”组中的“对话框启动器”按钮，打开“段落”对话框，❶设置其“大纲级别”为“1 级”；❷单击“确定”按钮。

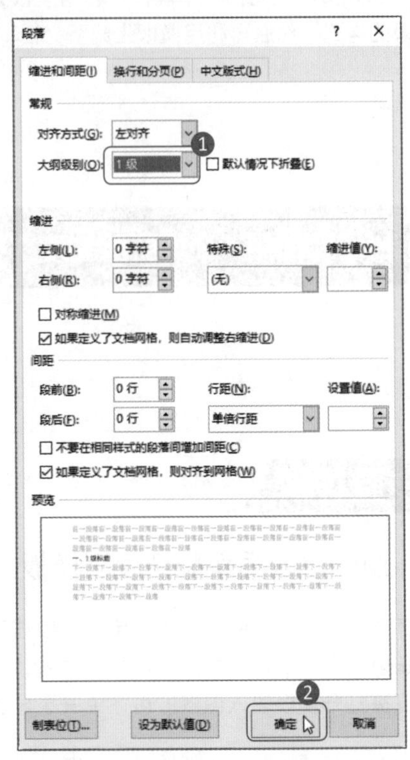

第 5 步：设置正文样式。❶在文档中输入正文，打开“根据格式化创建新样式”对话框，设置样式“名称”为“正文样式”；❷设置正文“格式”和“颜色”；❸单击左下角“格式”按钮，在菜单中选择“段落”选项。

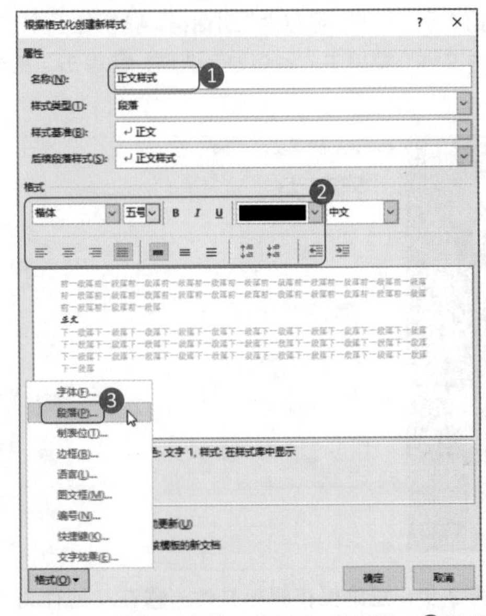

第 6 步：设置正文的“段落”对话框。❶设置正文

的缩进格式；❷设置正文的“间距”；❸单击“确定”按钮。

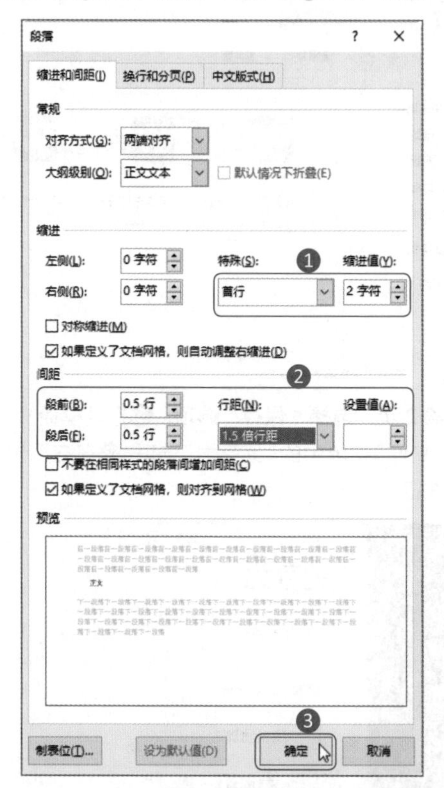

第 7 步：设置 2 级标题样式。❶在文档中输入 2 级标题文字，打开“根据格式化创建新样式”对话框，设置样式“名称”为“2 级标题样式”；❷设置标题“格式”和“颜色”；❸单击左下角“格式”按钮，在菜单中选择“段落”选项。

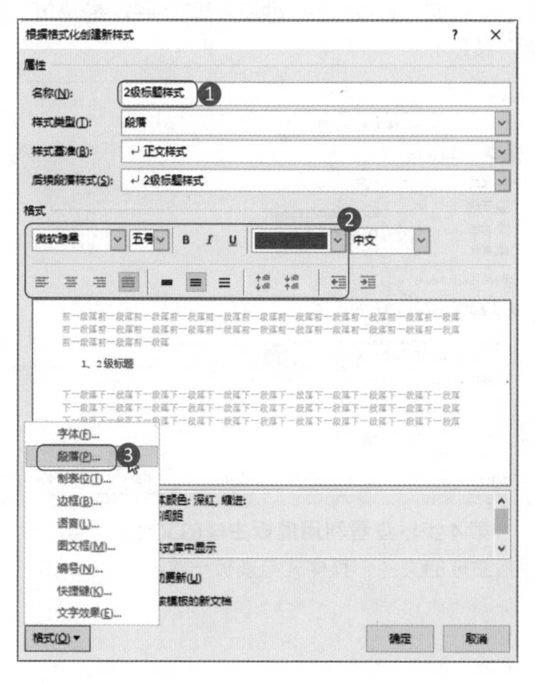

第 8 步：设置 2 级标题的“段落”对话框。选中 2 级标题，打开“段落”对话框，❶设置其“大纲级别”为“2 级”；❷设置标题的缩进格式；❸设置标题的“间距”；❹单击“确定”按钮。

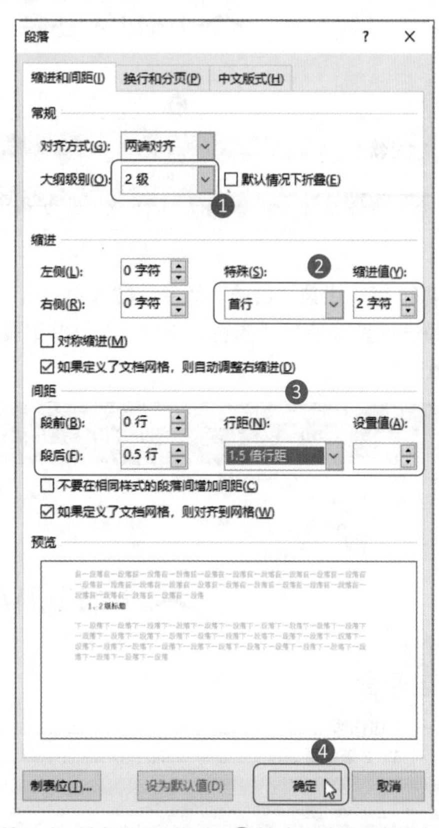

第 9 步：选择目录样式。❶单击“引用”选项卡下“目录”按钮；❷从下拉菜单中选择目录样式，这里选择“自动目录 1”。

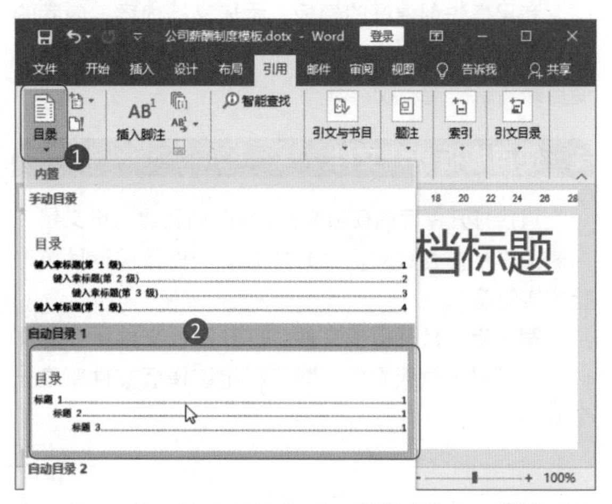

第 10 步：设置目录格式。❶选中目录；❷设置目录的字体为“微软雅黑”，字号为“五号”，加粗显示。

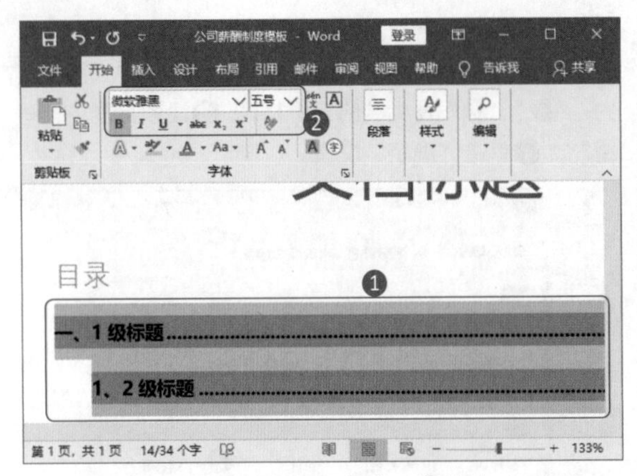

第 11 步：设置“目录”颜色。❶选中“目录”二字；❷设置其颜色为“黑色，文字 1”。此时便完成了模板的制作。

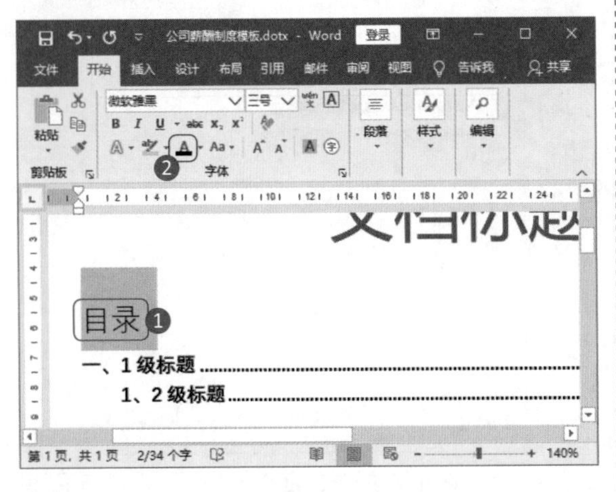

4.2.2 使用“公司薪酬制度”模板

利用事先创建好的模板，添加文档内容，内容的样式与模板一致。内容添加完成后，需要更新目录，使目录与新文档一致。

1．使用模板新建文件

直接打开保存的模板文件，会自动新建一份文档，为避免文档内容丢失，此时要对文档进行保存后再进行内容的输入。

第 1 步：打开模板文件。打开模板文件所在的文件夹，双击该模板文件，即可利用该模板文件新建一个文档。

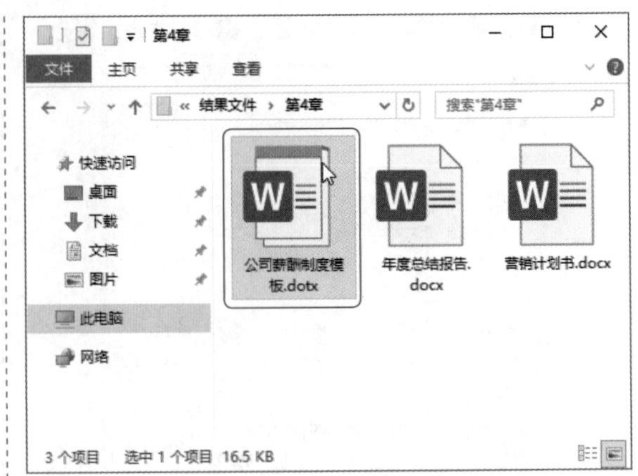

第 2 步：选择“保存”选项。❶打开模板文件后，选择“文件”菜单中的“另存为”选项；❷在右侧单击“浏览”按钮。

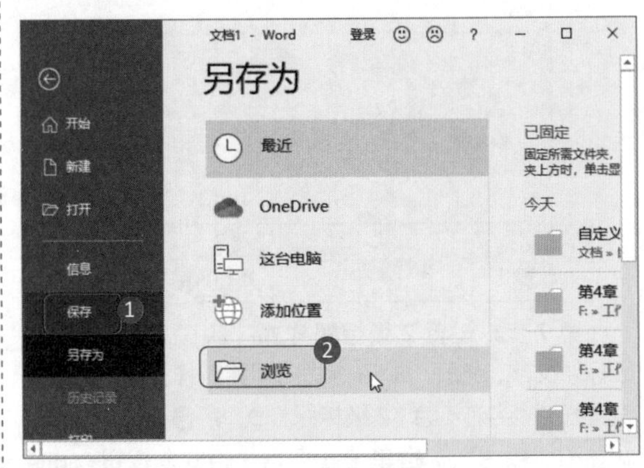

第 3 步：选择文件存放位置，保存新文件。❶选择恰当的文件存放路径；❷输入新文件名；❸单击“保存”按钮。

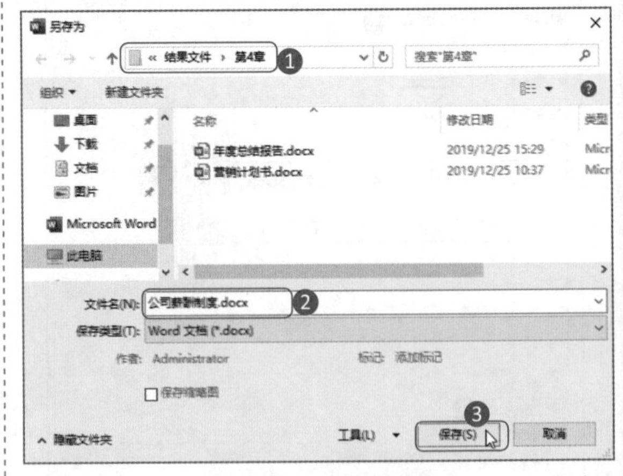

第 4 步：查看利用模板生成的文档。下图是利用模板生成的文件，其样式与模板一致。

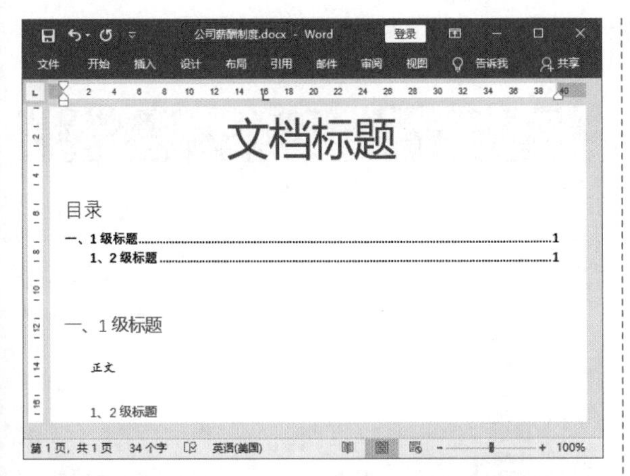

2. 在新文档中使用样式

利用模板生成新文档后，可以在其中添加内容，并更新目录。

第 1 步：复制 1 级目标。按照路径“素材文件 \ 第 4 章 \ 公司薪酬制度内容 .txt”，打开记事本文件，选中第一个 1 级目标，并按下组合键 Ctrl+C 复制该内容。

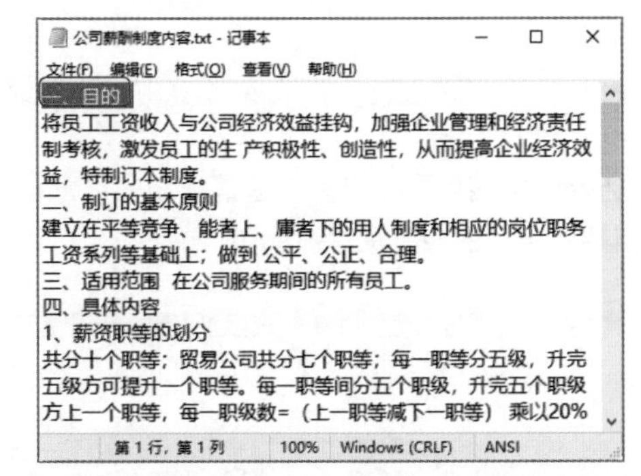

第 2 步：替换 1 级目标。选中文档中的 1 级目标，按下组合键 Ctrl+V，替换 1 级目标的内容。

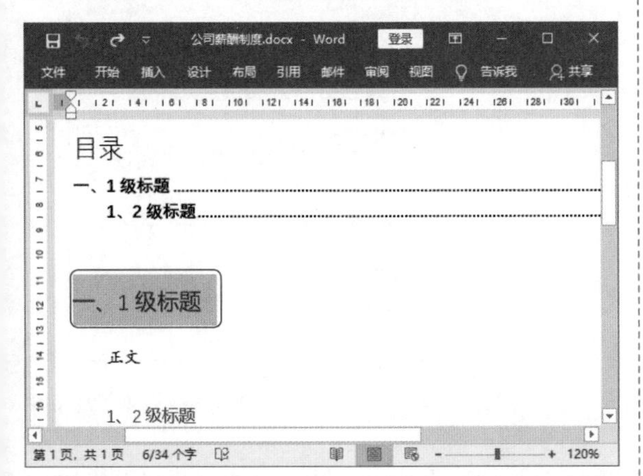

第 3 步：替换正文内容。按照相同的方法，复制正文内容进行替换。并依次完成文档中所有标题及正文的替换。

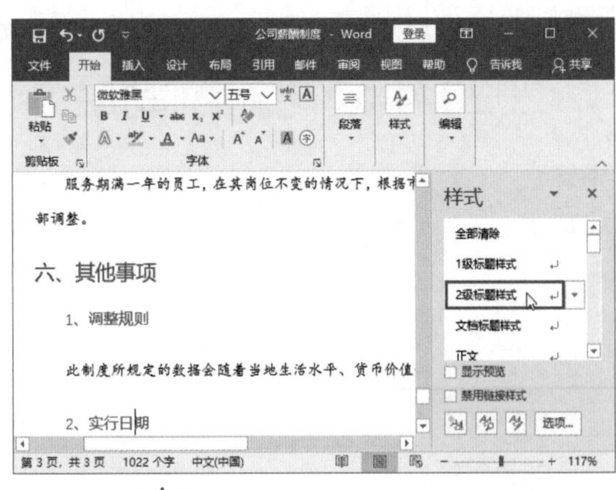

问：除了采用替换文字的方法外，还有没有别的方法输入内容应用模板样式？

答：有。直接替换文字，可能因为选中的内容的不同导致替换效果不理想。此时可以将文字不需要的模板文字删除，直接将内容输入或粘贴进文档中，然后选中内容，再在“样式”窗格中选择事先在模板中设置好的标题样式或正文样式。

第 4 步：单击“更新目录”按钮。❶选中目录；❷单击“引用”选项卡下“目录”组中的“更新目录”按钮 。

第 5 步：设置“更新目录”对话框。❶在“更新目录”对话框中选中“更新整个目录”单选按钮；❷单击“确定”按钮。

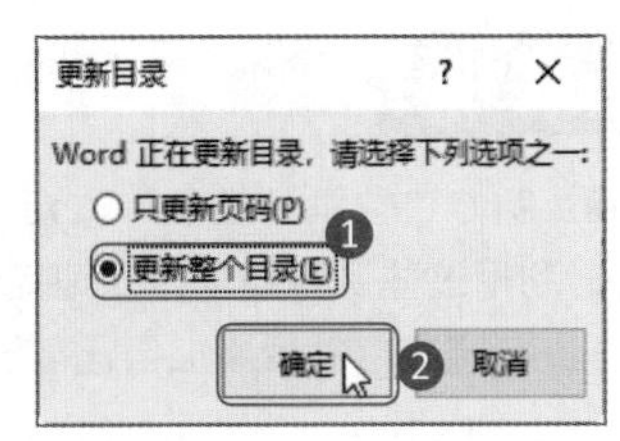

第 6 步：查看完成的文档。目录更新后便完成了文档的制作，效果如下两图所示。

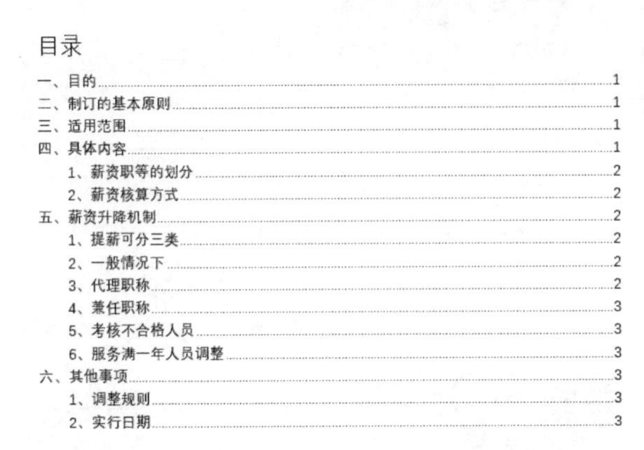

2020 年公司薪酬制度

目录

一、目的……1
二、制订的基本原则……1
三、适用范围……1
四、具体内容……1
1、薪资职等的划分……2
2、薪资核算方式……2
五、薪资升降机制……2
1、提薪可分三类……2
2、一般情况下……2
3、代理职称……2
4、兼任职称……3
5、考核不合格人员……3
6、服务满一年人员调整……3
六、其他事项……3
1、调整规则……3
2、实行日期……3

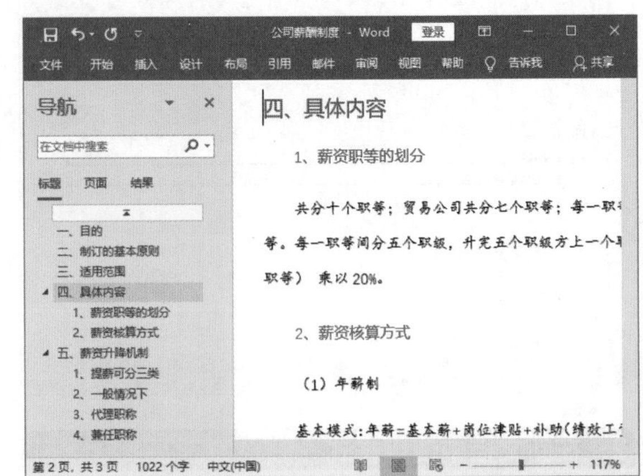

4.3 制作“营销计划书”

案例说明

营销计划书是企业销售部门常用的一种文档，每当销售任务告一段落就要拟订新的营销计划书。营销计划书的内容，通常包括封面、目录、正文内容。正文内容至少要包括对市场的调查及营销计划。

“营销计划书”文档制作完成后的效果如下图所示。

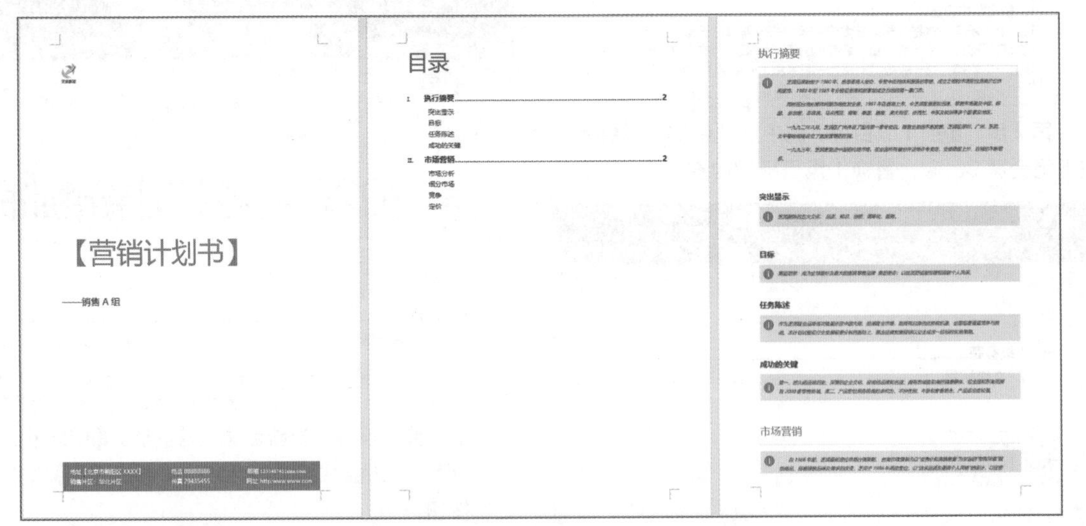

思路解析

使用 Word 制作“营销计划书”，对于没有排版功底的人来说比较费力，这种情况下可以直接下载 Word 2019 的模板，利用这些漂亮的模板快速完成“营销计划书”的制作。利用模板制作“营销计划书”，首先对模板的基本内容进行删减，然后添加自己需要的内容。其制作流程及思路如下。

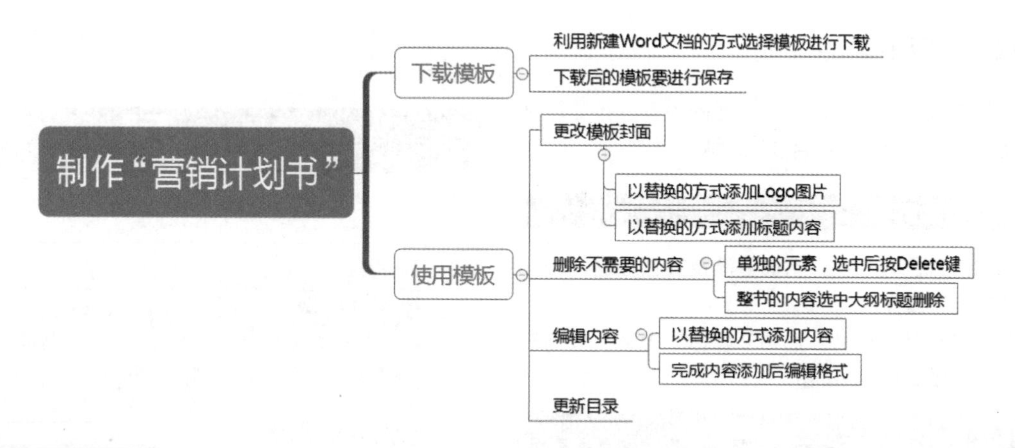

步骤详解

4.3.1 下载系统模板

Word 2019 提供了多种实用的 Word 文档模板，如商务报告、计划书、简历等类型的模板。用户可以直接下载这些模板创建自己的文档。

第 1 步：选择需要的模板。❶打开 Word 文档，选择"文件"菜单中的"新建"选项；❷在右边的界面中选择需要的模板。

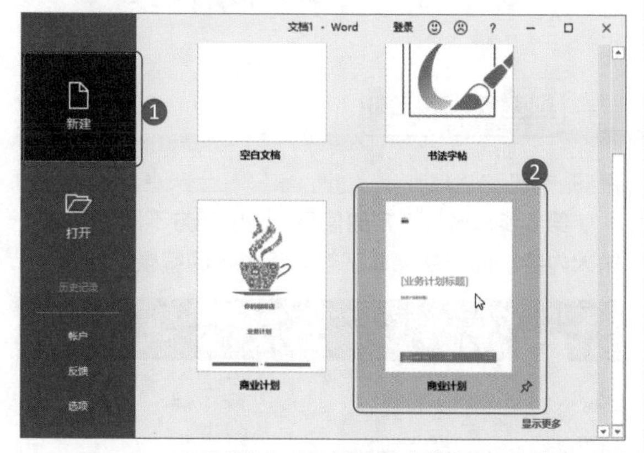

第 2 步：下载模板。选中需要的模板后，单击"创建"按钮，就能下载该模板了。

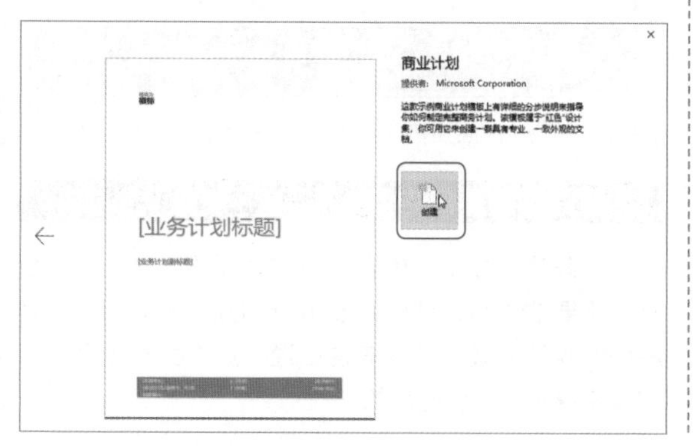

第 3 步：查看下载的模板。下载成功后的模板，可以看到模板的样式及标题大纲都是设置好了的。

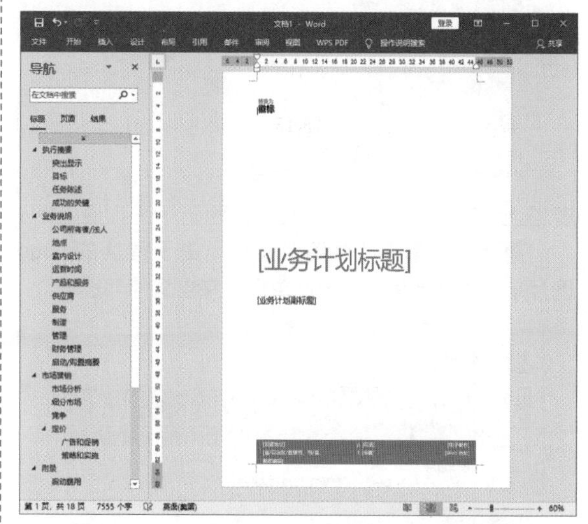

第 4 步：保存下载的模板。❶打开下载的模板后，按 F12 键打开"另存为"对话框，选择文件保存的路径；❷输入文件名；❸单击"保存"按钮。

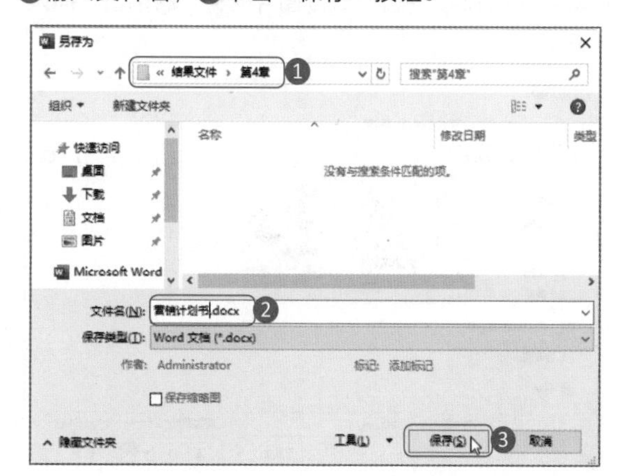

4.3.2 使用下载的模板

模板下载成功后，可以对里面的内容进行删减并录入新的内容，让文档符合实际需求。

1. 更改封面内容

通常下载的模板中，封面会涉及文档标题、Logo 图片的替换等操作。

第 1 步：替换图片。选中“徽标”内容，单击右上方的“更换图片”按钮。

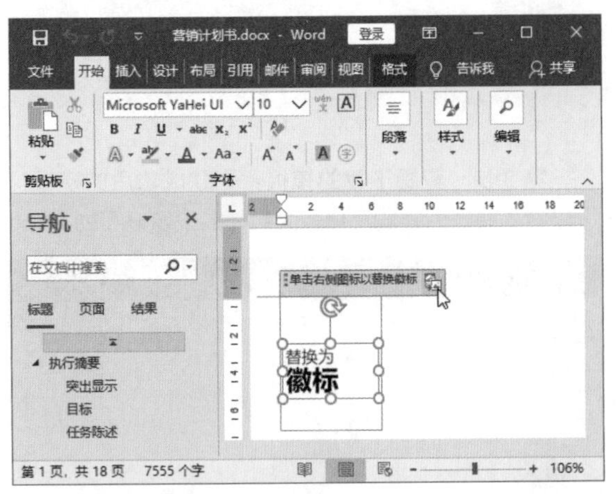

第 2 步：单击“浏览”按钮。由于替换的 Logo 图片来自本地计算机，因此单击“来自文件”选项。

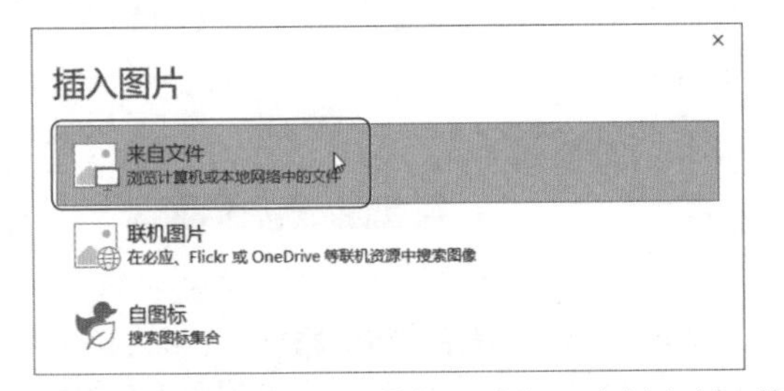

第 3 步：插入图片。❶按照路径“素材文件 \ 第 4 章 \LOGO.png”找到 Logo 图片文件；❷单击“插入”按钮。

第 4 步：替换标题内容。选中标题文本框，输入标题内容。

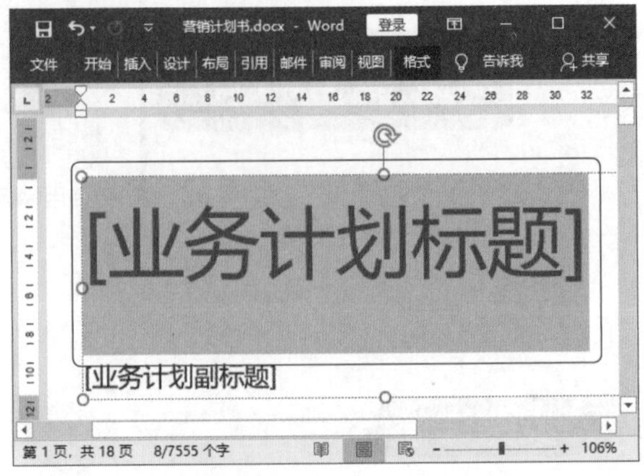

第 5 步：输入副标题内容。使用同样的方法选中副标题，输入副标题内容。

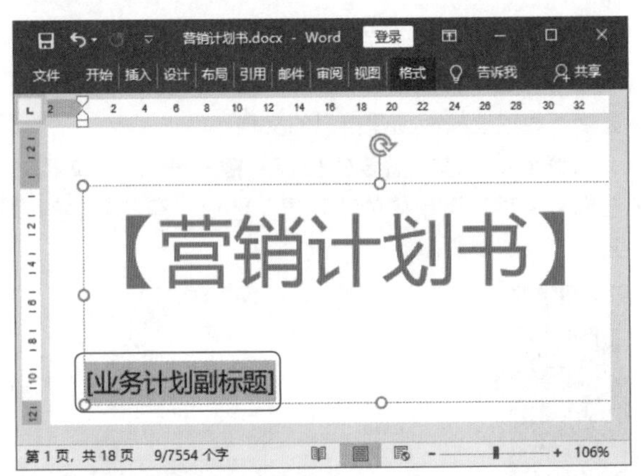

第 6 步：输入下方的信息。选中下方不同的信息，输入内容。此时便完成了封面页内容的编辑。

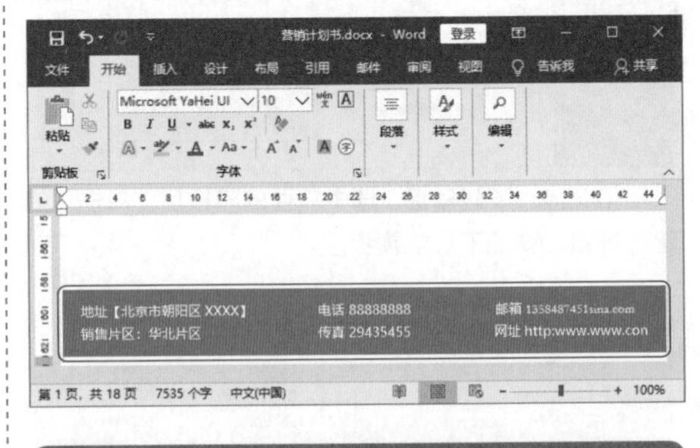

2. 删除不需要的内容

下载的模板中，内容页与封面页不一样，常常会有不需要的内容，此时需要进行删除。不同的内容有不同的删除方式，总的来说，通过选中大纲级别可以实现快速删除内容的目的。

第 1 步：删除表格内容。 对于图表这种单独的元素，删除方式是选中图表，按下 Delete 键进行删除。

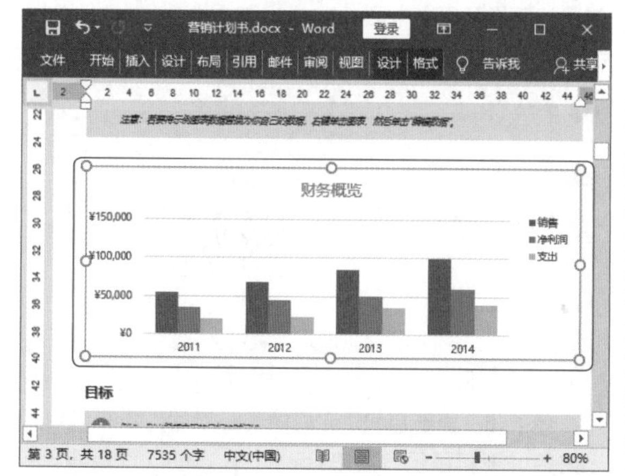

第 2 步：删除"企业描述"内容。 在"导航"窗格中，右击"业务说明"标题，从弹出的快捷菜单中选择"删除"选项。

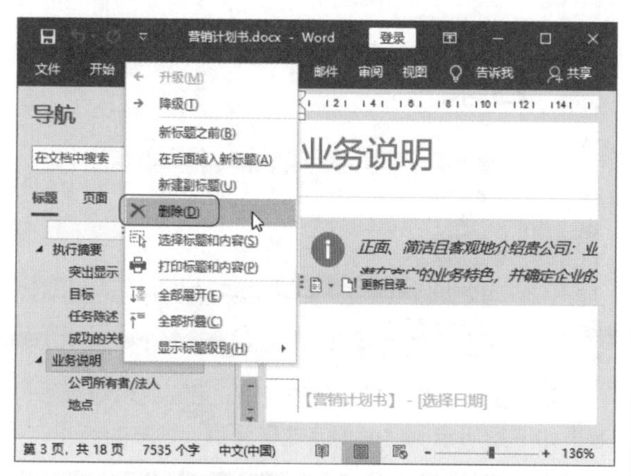

第 3 步：删除"附录"内容。 在"导航"窗格中，右击"附录"标题，从弹出的快捷菜单中选择"删除"选项。

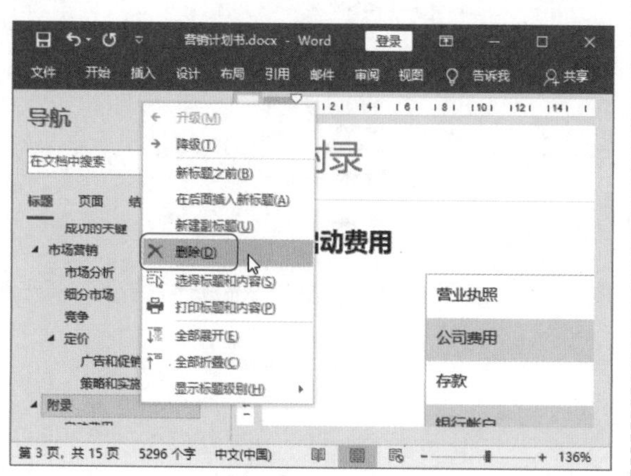

3. 编辑替换内容

当不需要的内容删除完后，就可以针对保留的内容进行编辑替换，以完成符合需求的营销计划书的制作。

第 1 步：复制"摘要"文本。 按照路径打开"素材文件\第 4 章\营销计划书内容.docx"文件，选中"执行摘要"下方的文字，右击，选择快捷菜单中的"复制"选项。

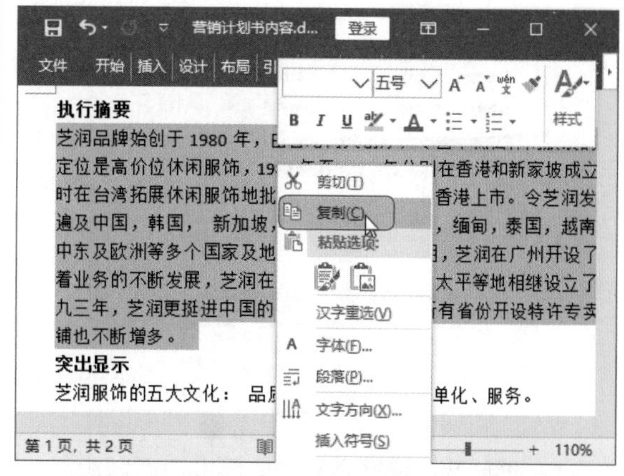

第 2 步：替换"执行摘要"文本。 选中模板中的"执行摘要"内容，按下组合键 Ctrl+V 粘贴替换内容。

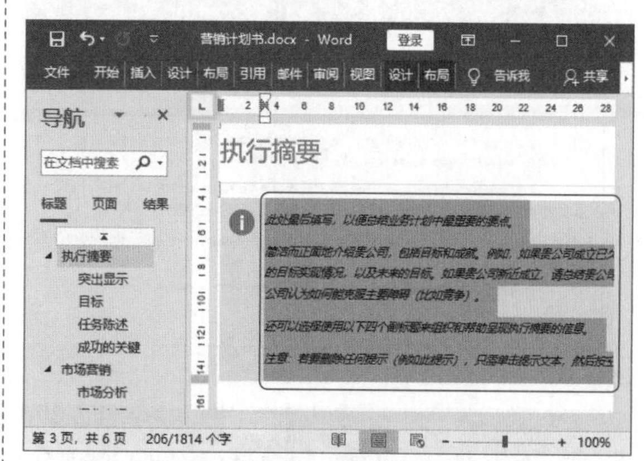

第 3 步：调整文本格式。 ❶选中替换成功的"摘要"文字，打开"段落"对话框，设置缩进值；❷单击"确定"按钮。查看完成设置的内容。

第 4 步：替换"要点"内容。 ❶按照同样的方法，复制"要点"文字，进行替换；❷将光标放到"要点"文字前方，单击"表格工具 - 布局"选项卡下"对齐方式"组中的"中部左对齐"按钮。

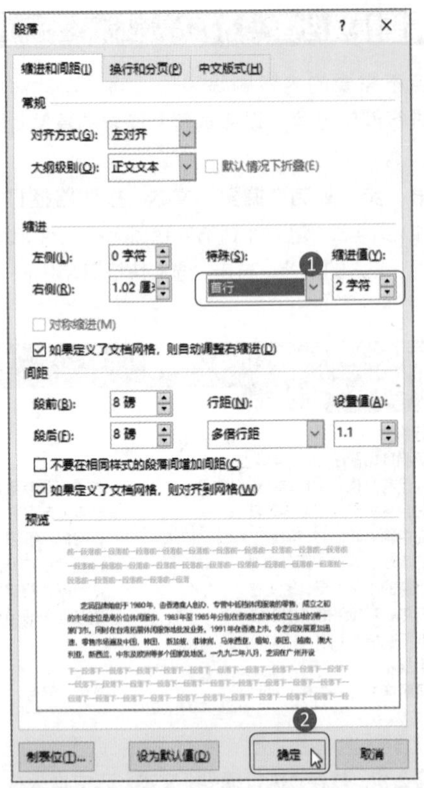

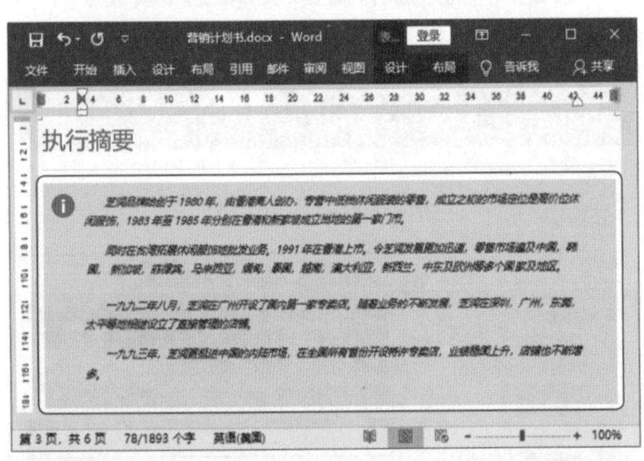

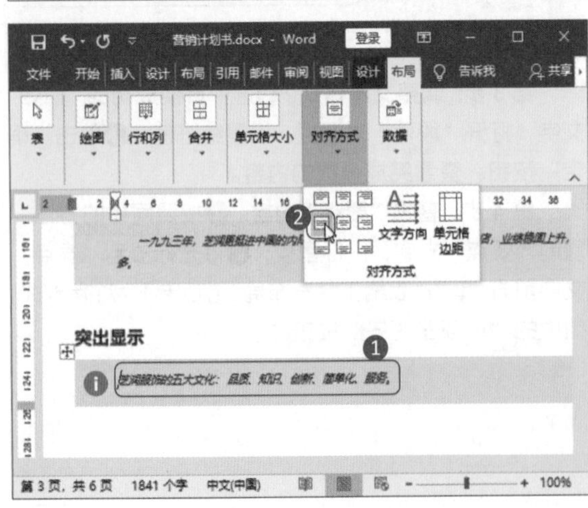

第 5 步：完成其他内容的替换及格式调整。按照同样的方法，完成其他内容的替换，并调整对齐格式。效果如下图所示。

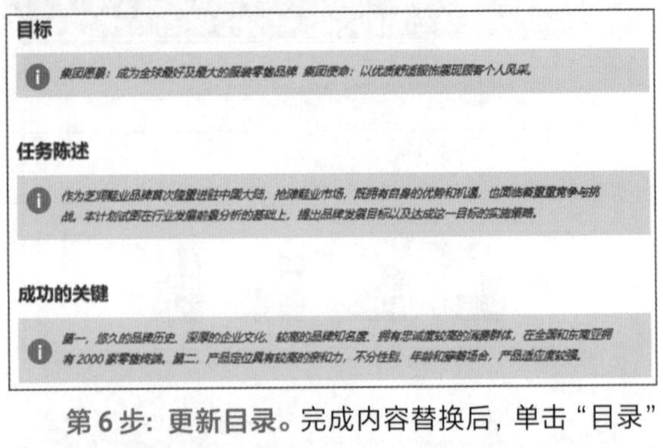

第 6 步：更新目录。完成内容替换后，单击“目录”上方的“更新目录”按钮。

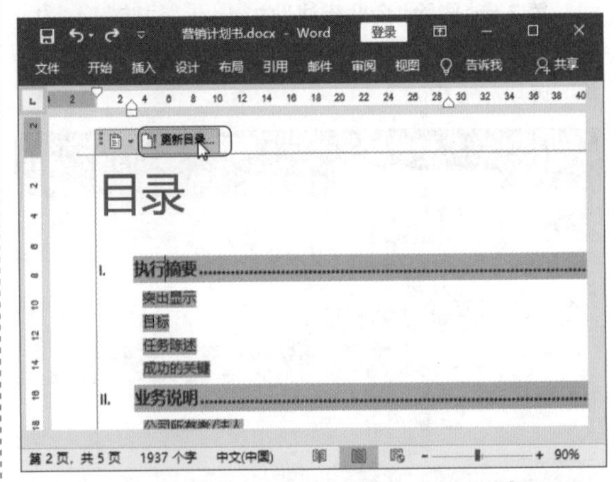

第 7 步：查看完成更新的目录。完成目录更新后，效果如下图所示，此时便完成了营销计划书的制作。

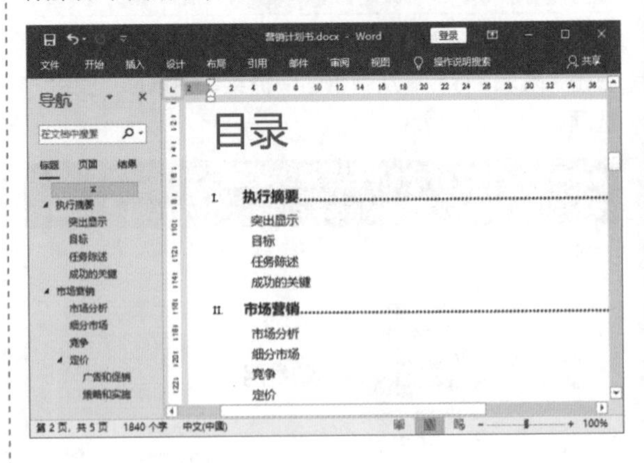

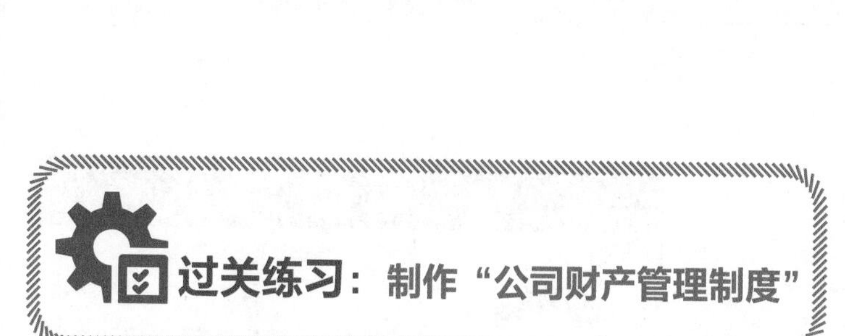

通过前面内容的学习，相信读者已经熟悉了Word模板与样式的应用功能。为了巩固所学内容，下面以制作“公司财产管理制度”为例让读者进行训练，其完成效果如下图所示。读者可以结合思路解析，自己动手练习。

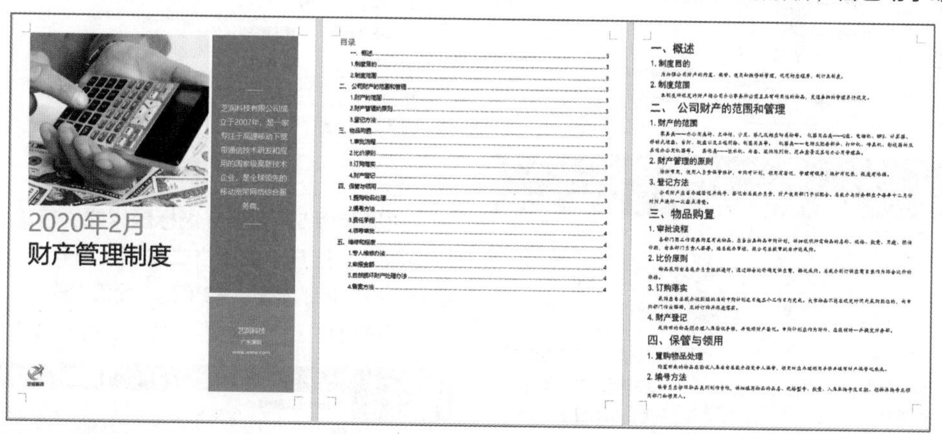

思路解析

公司财产管理制度可能随着不同的时期而有所不同，公司管理人员可以制作一个模板，在需要的时候直接调用编辑。但是自行设置的模板在样式美观上可能有所欠缺，所以可以将本章前面介绍的知识融合起来，下载网络中的模板，修改模板成为新的模板，再在这个新模板中添加并编辑内容。其制作流程及思路如下。

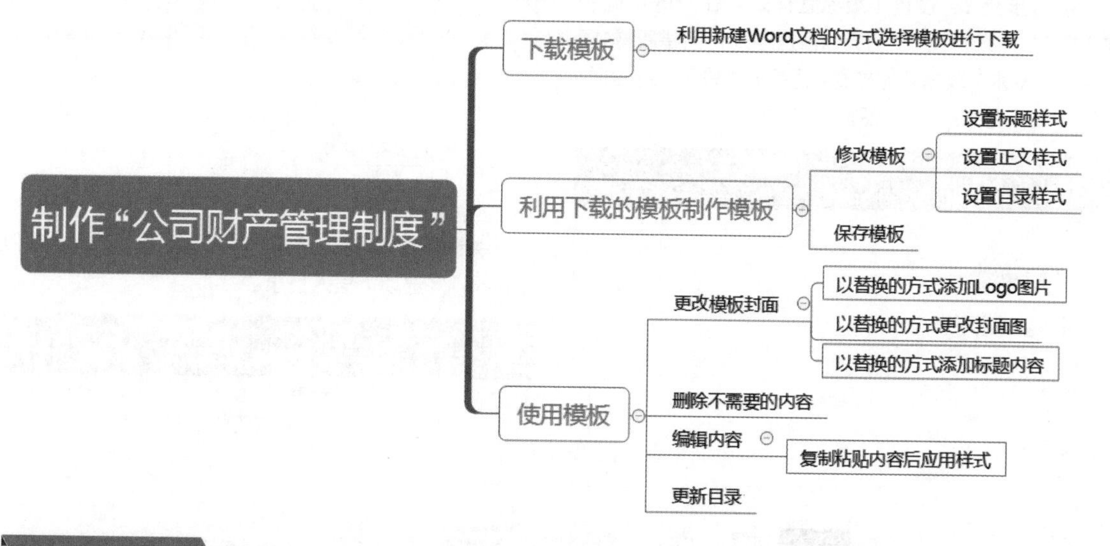

关键步骤

关键步骤 1：选择模板。打开 Word 2019，在“新建”页面中选择一个模板，如下图所示。然后单击“创建”按钮下载模板。

关键步骤 2：在模板中添加分页符。❶将光标放到模板页面最下方；❷选择“布局”下方“分隔符”菜单中的“分页符”选项。

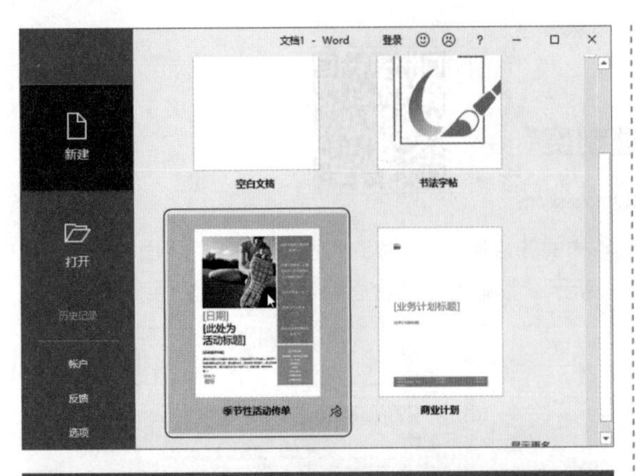

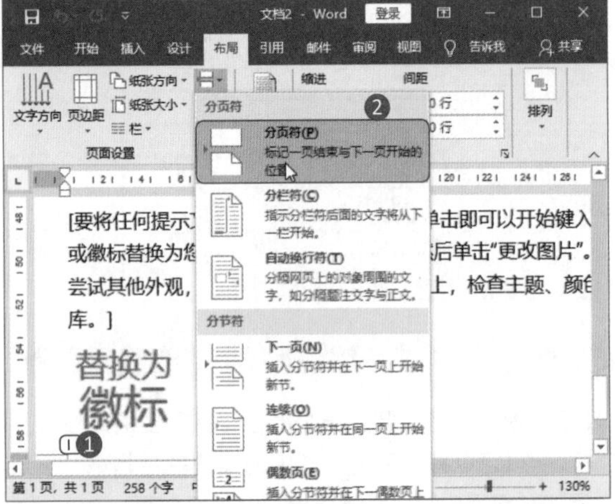

关键步骤 3：设置 1 级标题样式。在新的页面中输入文字“1 级标题”，打开“根据格式化创建新样式”对话框，设置 1 级标题的样式。再打开“段落”对话框，设置 1 级标题的“大纲级别”为“1 级”。

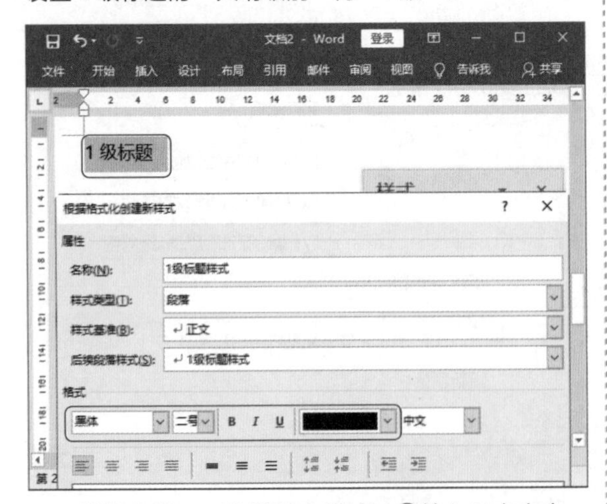

关键步骤 4：设置正文样式。❶输入正文文字；❷打开“根据格式化创建新样式”对话框，设置正文“格式”。然后再打开“段落”对话框，设置正文的缩进值为“2 字符”。

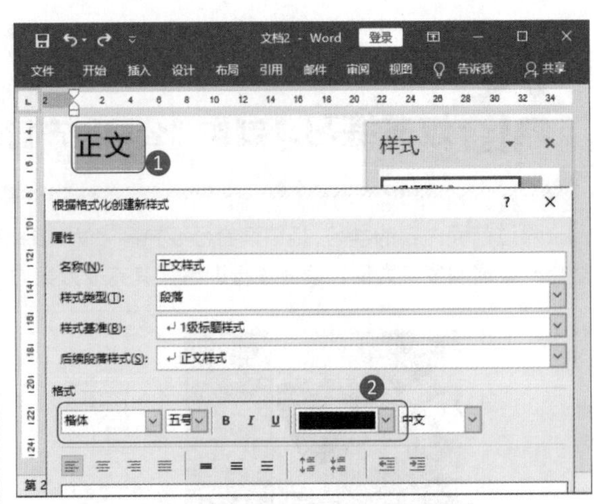

关键步骤 5：设置 2 级标题样式。❶输入文字“2 级标题”，打开“根据格式化创建新样式”对话框，设置 2 级标题的样式；❷单击“段落”选项，在“段落”对话框中设置 2 级标题的“大纲级别”为“2 级”。

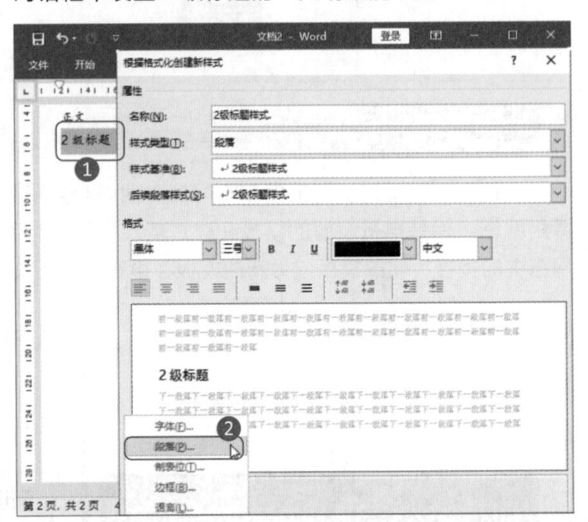

关键步骤 6：插入目录。选择“目录”菜单中的“自动目录 1”选项，插入目录。

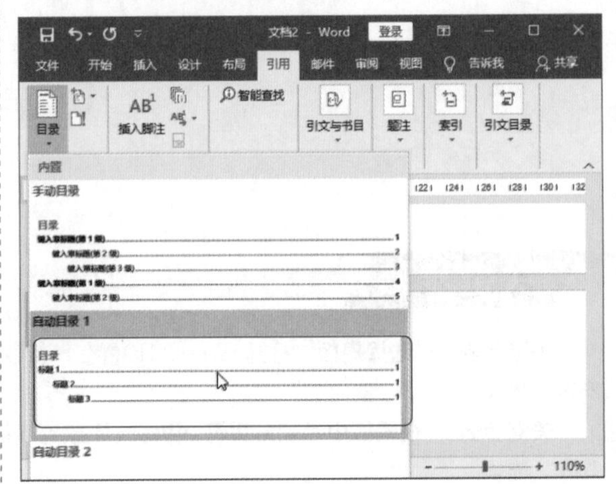

关键步骤 7：保存模板。❶选择“文件”菜单中的“另存为”选项，单击“浏览”按钮，选择模板保存路径；❷输入模板的文件名；❸单击“保存”按钮。

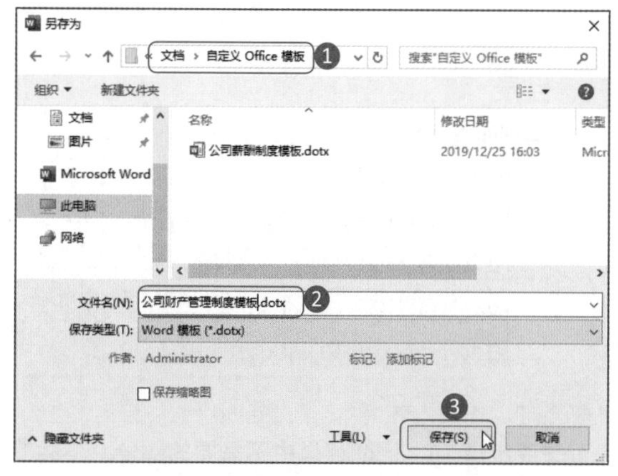

关键步骤 8：打开保存的模板并再次保存。双击保存的模板，打开模板。打开模板后，按 F12 键保存文件。

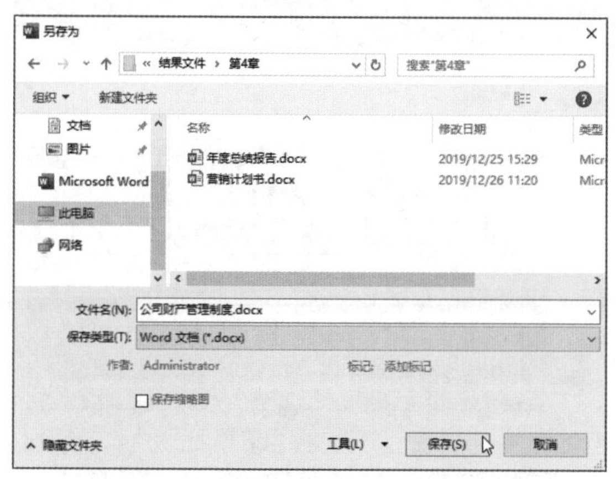

关键步骤 9：替换和删除内容。❶输入日期，再输入文档标题“财产管理制度”；❷选中下方的文字，按 Delete 键删除。

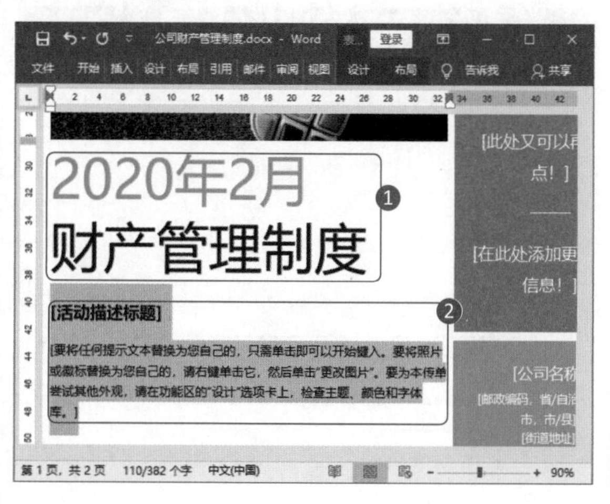

关键步骤 10：更换图片。右击左下角“替换为徽标”文字，选择快捷菜单中的“更改图片 - 来自文件”选项。按照路径“素材文件 \ 第 4 章 \LOGO.png”打开图片文件，进行图片的更改。

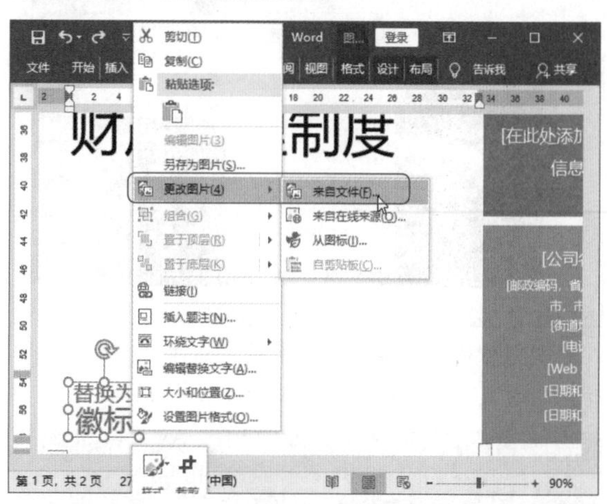

关键步骤 11：复制粘贴文本。按照路径“素材文件 \ 第 4 章 \ 公司财产管理制度内容 .docx”打开文档，选中“公司介绍”内容进行复制。将复制的文本粘贴到右边的位置处，并且删除多余的文字内容。再在下方黄色色块中输入相关信息。

关键步骤 12：替换封面图片。右击封面图片，选择快捷菜单中的“更改图片 - 来自文件”选项。按照路径“素材文件 \ 第 4 章 \ 图片 1.jpg”打开图片文件，此时便完成了封面页设计。

关键步骤 13：输入 1 级标题。选中文档中的 1 级标题，输入新的 1 级标题名称。

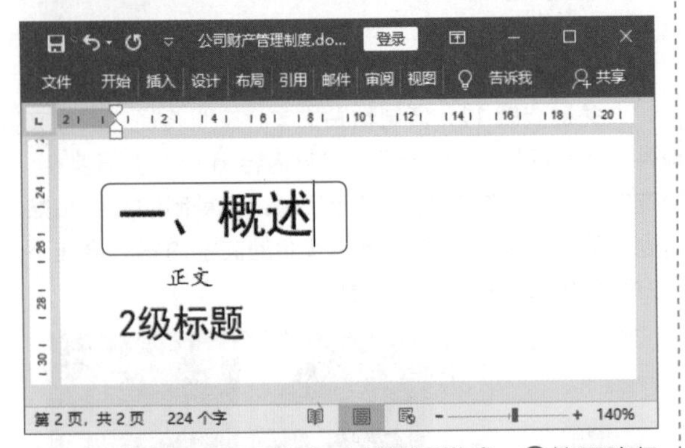

关键步骤 14：复制内容并设置样式。❶按照路径“素材文件 \ 第 4 章 \ 公司财产管理制度内容 .docx”打开文件，复制除了第一个 1 级标题外的所有内容，并粘贴到文档中；❷选中 2 级标题，选择“样式”窗格中的“2 级标题样式”选项，对其标题样式进行调整。按照同样的方法，完成其他内容的样式调整。

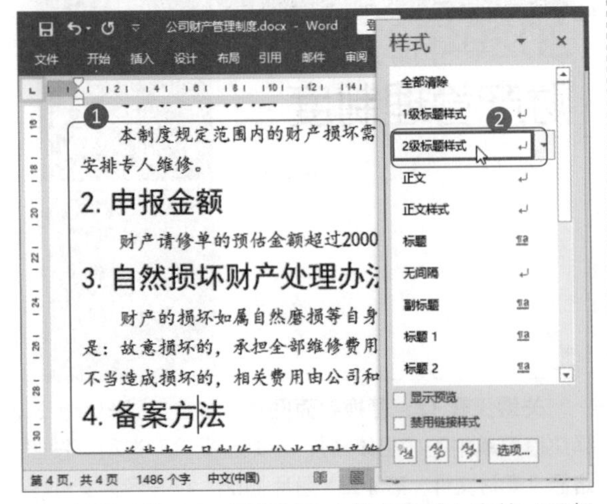

关键步骤 15：更新目录。单击目录上方的“更新目录”按钮，更新目录。

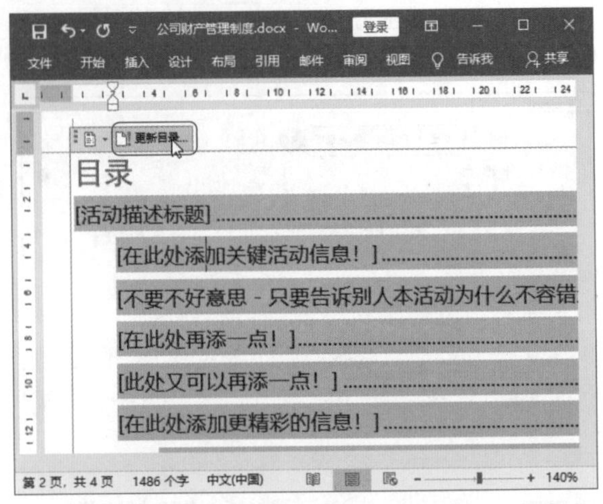

关键步骤 16：删除目录中不需要的部分。下载的模板中，有一些不需要的元素也添加到目录中了，此时可以选中这些元素，按 Delete 键删除。

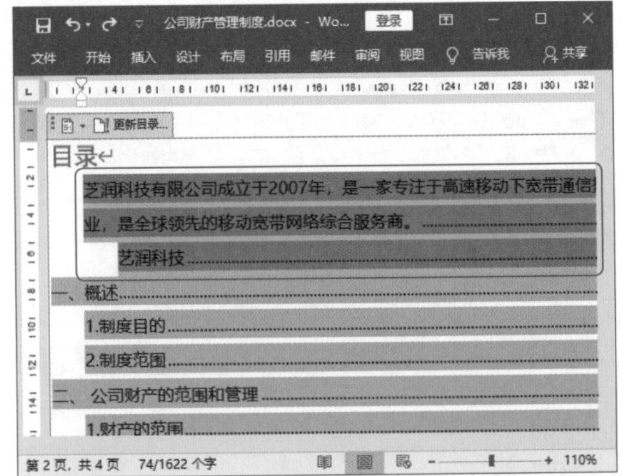

关键步骤 17：让内容另起一页。删除后有的内容与目录在同一页，在这些内容前定位光标，按 Enter 键，让内容另起一页。

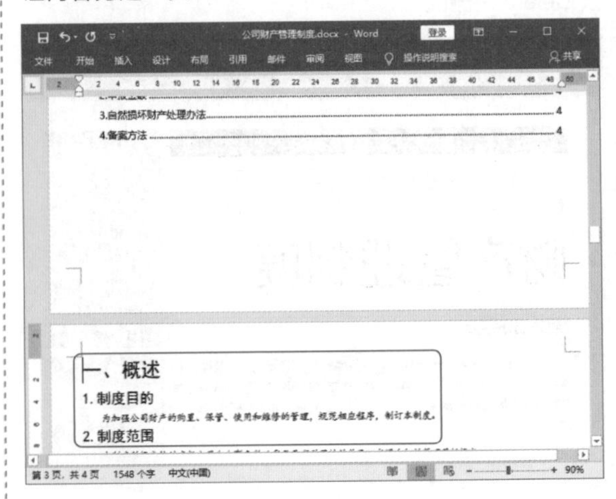

关键步骤 18：查看完成的“财产管理制度”。此时便完成了“财产管理制度”文档的制作，效果如下图所示。

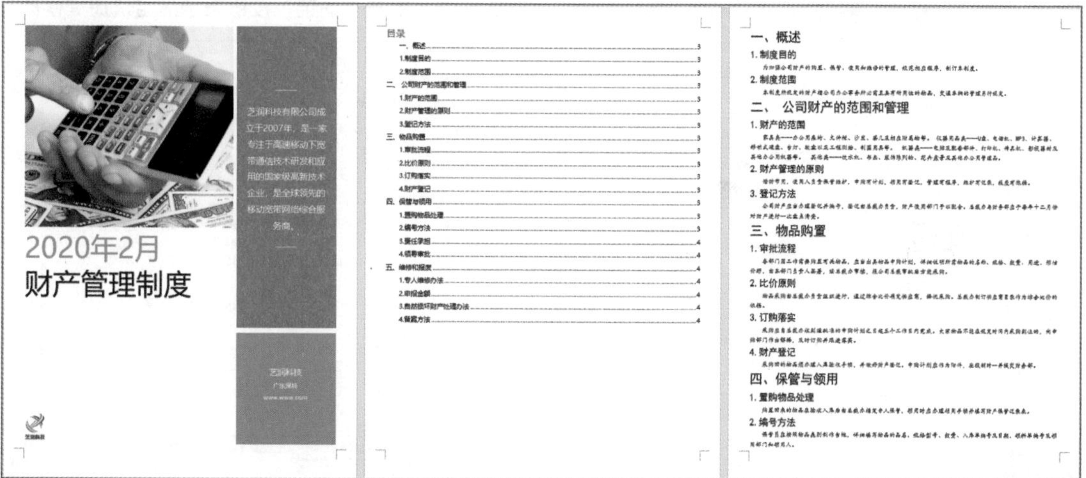

高手秘技

1. 实用的文字格式删除技巧

将文字复制粘贴到 Word 文档中，文字可能会变成自由格式，导致粘贴到文档中的文字格式看起来很奇怪并且不方便调整。此时可以利用一项清除格式的技巧，将格式清除后再重新设置。

第 1 步：执行清除格式命令。按 Ctrl+A 组合键，选中文档中的所有文字，单击“开始”选项卡下“样式”组中的折叠按钮，再选择下拉菜单中的“清除格式”选项。

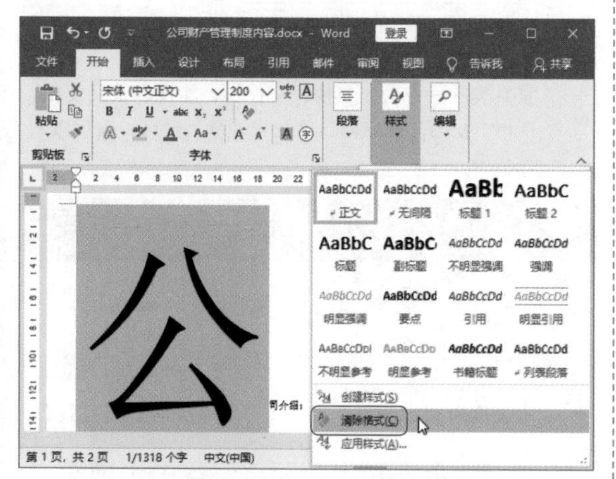

第 2 步：查看效果。此时文字格式已清除，效果如右图所示。

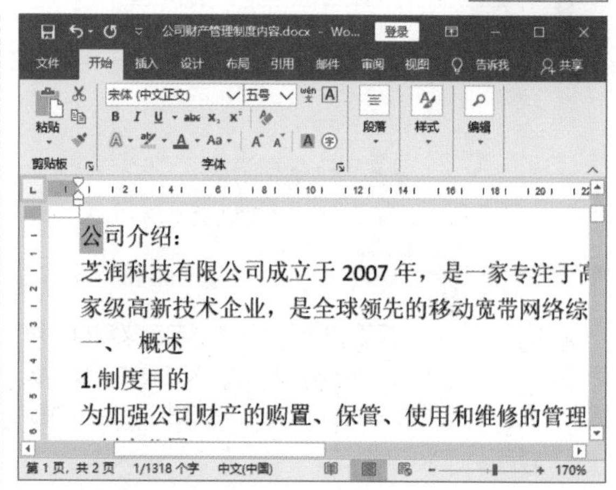

2. 高手才知道的招数——样式快捷键的设置技巧

通过 Word 2019 中的样式功能，可以为同一类型的内容设置相同的样式。如果同一类型的内容太多，可以为样式设置快捷键，通过快捷键来提高样式设置的效率。

第 1 步：打开“修改样式”对话框。右击选中要设置样式快捷键的样式，选择快捷菜单中的“修改”选项。

第 2 步：打开“自定义键盘”对话框。❶在打开的“修改样式”对话框中单击左下方的“格式”按钮；❷选择菜单中的“快捷键”选项。

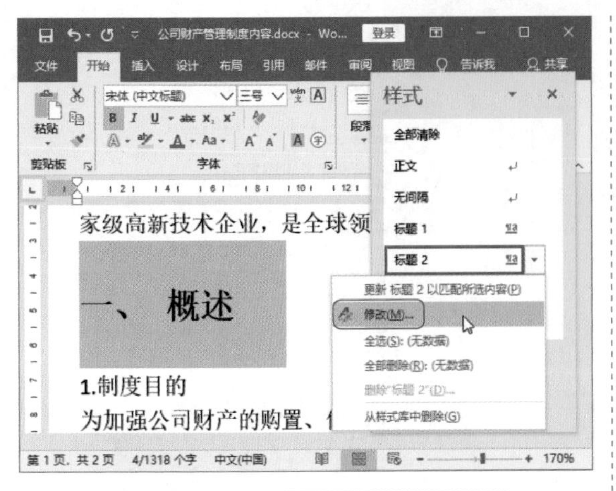

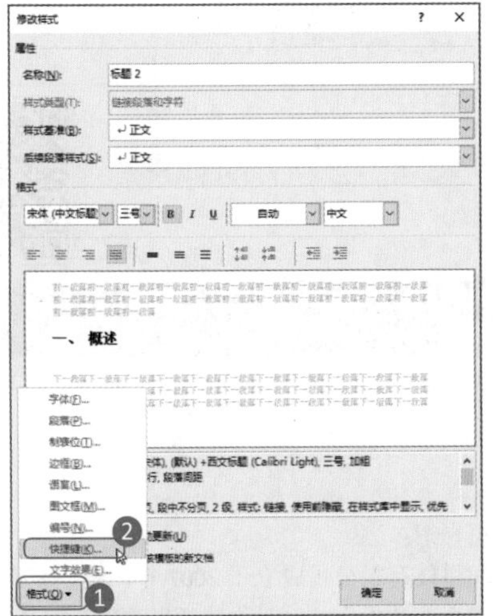

第 3 步：设置快捷键。❶在打开的“自定义键盘”对话框中，将光标定位到“请按新快捷键”文本框中，按下快捷键；❷选择“将更改保存在”的文档；❸单击“指定”按钮。

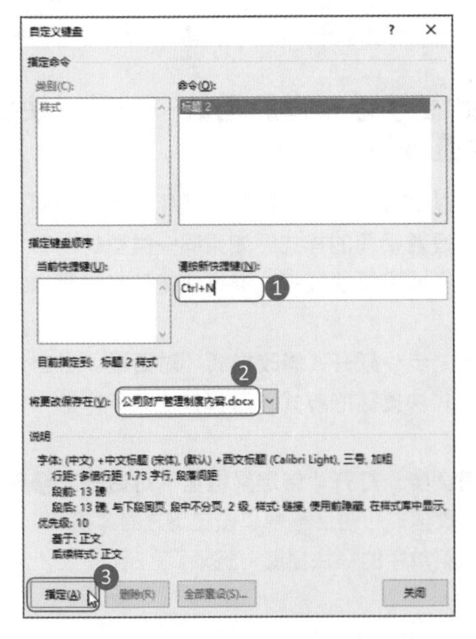

第 4 步：确定快捷键修改。返回到“修改样式”对话框中，单击“确定”按钮表示确定快捷键修改。

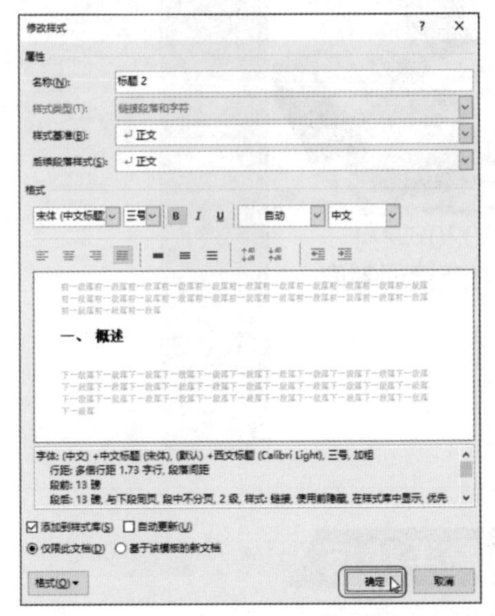

第 5 步：使用样式快捷键。❶选择要设置样式的内容，按下设置成功的样式快捷键；❷此时选中的内容便快速应用了样式。

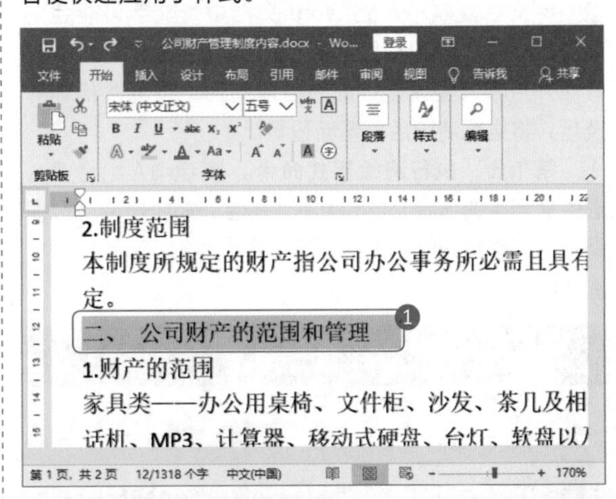

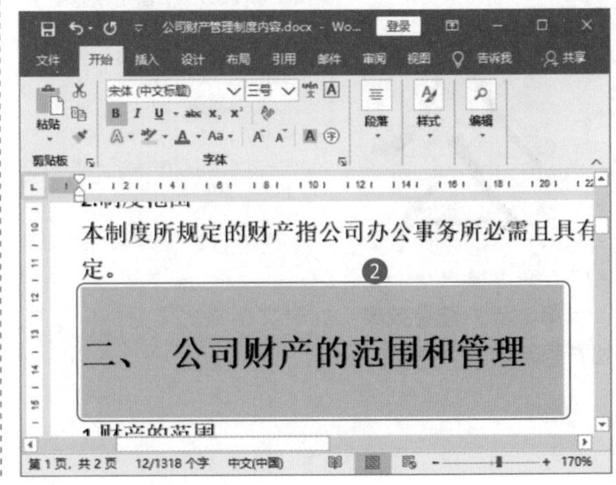

Word 办公文档的修订、邮件合并及高级处理

内容导读

Word 2019 除了具有简单的文档编辑功能外，还可以利用“审阅”功能，对他人的文档进行修订、添加批注。如果公司或企业想要批量制作邀请函，也可以利用 Word 的“编写和插入域”功能来快速实现。不仅如此，在 Word 中还可以添加控件制作问卷调查表。

知识要点

- 修订文档功能
- 为文档添加批注
- “插入合并域”功能
- 单选按钮及复选框控件的添加
- 组合框及文本框控件的添加
- 控件属性的更改

案例展示

邀请函

——国际商务节

尊敬的 王强女士/先生：

兹定于2020年10月20日上午9时于北京极地商贸中心8楼举办 2020年 商贸创意 国际商务节，会期 3 天。届时将有商务与文化交流、投资与经济合作洽谈等活动。

您到会场后的联系人、座次如下：

联系人：小刘

联系电话：13888xx6127

座次： 1大厅2排12号座位

诚意邀请单位：

北京机评科技有限公司

调查项目	调查填写 如无特别说明，填写时请在相应的选项上打“√”号即可，谢谢您的参与！
基本情况	
您的年龄是	◉ 20岁以下 ○ 20~39岁 ○ 40~59岁 ○ 60岁及以上
您的月收入水平是	○ 1500元以下 ○ 1500~3000元 ○ 3000~6000元 ○ 6000元以上
您的职业类型是	○ 工人 ○ 公务员 ○ 文教人员 ○ 企业人员 ○ 退休人员 ○ 学生 ○ 其他
调查内容	
您对本公司产品的购买频率是	○ 一周一次 ○ 二周一次 ○ 一个月一次 ○ 更少频率
与同类产品相比，您对本公司产品满意吗	○ 很满意 ○ 满意 ○ 一般 ○ 不满意
您认为本公司产品的优点是哪些（可多选）	☐外观好看 ☐ 质量好☐ 耐用☐使用方便 ☐智能化 ☐适合送人
当您对服务提出投诉或建议时，公司客服的处理方式（下拉选择）	选择一项。
其他调查项目	
您对公司产品或服务有哪些建议或意见？（文字填写）	单击或点击此处输入文字。
请为本公司写一句宣传语（文字填写）	单击或点击此处输入文字。

5.1 审阅“员工绩效考核制度”

案例说明

员工绩效考核制度文档是公司行政管理人员制作的。文档制作完成后，需要提交给上级领导，让领导确认内容是否无误。领导在查看员工绩效考核制度时，可以进入修订状态修改自己认为不对的地方，也可以添加批注，对不明白或者需要更改的地方进行注释。当文档制作人员收到反馈后，可以回复批注进行解释或修改。

进行修订和批注的“员工绩效考核制度”文档。制作完成后的效果如下图所示。

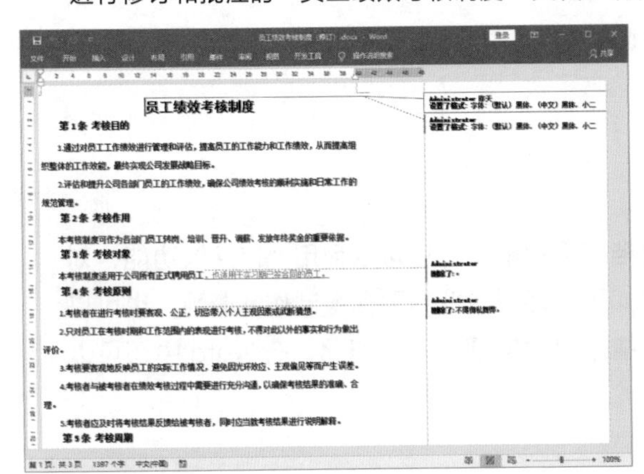

员工绩效考核制度

第1条 考核目的

1.通过对员工工作绩效进行管理和评估，提高员工的工作能力和工作绩效，从而提高组织整体的工作效能，最终实现公司发展战略目标。

2.评估和提升公司各部门员工的工作绩效，确保公司绩效考核的顺利实施和日常工作的规范管理。

第2条 考核作用

本考核制度可作为各部门员工转岗、培训、晋升、调薪、发放年终奖金的重要依据。

第3条 考核对象

本考核制度适用于公司所有正式聘用员工，也适用于实习期已签合同的员工。

第4条 考核原则

1.考核者在进行考核时要客观、公正，切忌带入个人主观因素或武断臆想。

2.只对员工在考核时期和工作范围内的表现进行考核，不得对此以外的事实和行为做出评价。

3.考核要客观地反映员工的实际工作情况，避免因光环效应、主观偏见等而产生误差。

4.考核者与被考核者在绩效考核过程中需要进行充分沟通，以确保考核结果的准确、合理。

5.考核者应及时将考核结果反馈给被考核者，同时应当就考核结果进行说明解释。

第5条 考核周期

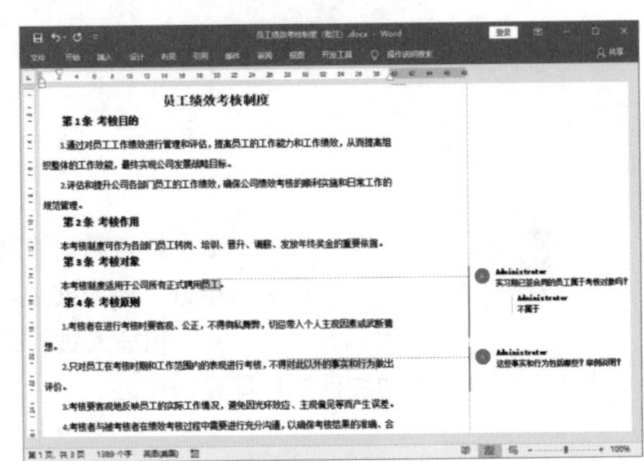

员工绩效考核制度

第1条 考核目的

1.通过对员工工作绩效进行管理和评估，提高员工的工作能力和工作绩效，从而提高组织整体的工作效能，最终实现公司发展战略目标。

2.评估和提升公司各部门员工的工作绩效，确保公司绩效考核的顺利实施和日常工作的规范管理。

第2条 考核作用

本考核制度可作为各部门员工转岗、培训、晋升、调薪、发放年终奖金的重要依据。

第3条 考核对象

本考核制度适用于公司所有正式聘用员工。

第4条 考核原则

1.考核者在进行考核时要客观、公正，不得徇私舞弊，切忌带入个人主观因素或武断猜想。

2.只对员工在考核时期和工作范围内的表现进行考核，不得对此以外的事实和行为做出评价。

3.考核要客观地反映员工的实际工作情况，避免因光环效应、主观偏见等而产生误差。

4.考核者与被考核者在绩效考核过程中需要进行充分沟通，以确保考核结果的准确、合

Administrator 实习期已签合同的员工属于考核对象吗？

Administrator 不属于

Administrator 这些事实和行为包括哪些？举例说明？

思路解析

对员工绩效考核制度进行修订与批注的目的与方式是有所区别的。修订文档是直接在原内容上进行更改，只不过更改过的地方会添加标记，文档制作者可以选择接受或拒绝修订。而批注的目的相当于注释，对文档有误或有疑问的地方添加修改意见或疑问。其制作流程及思路如下。

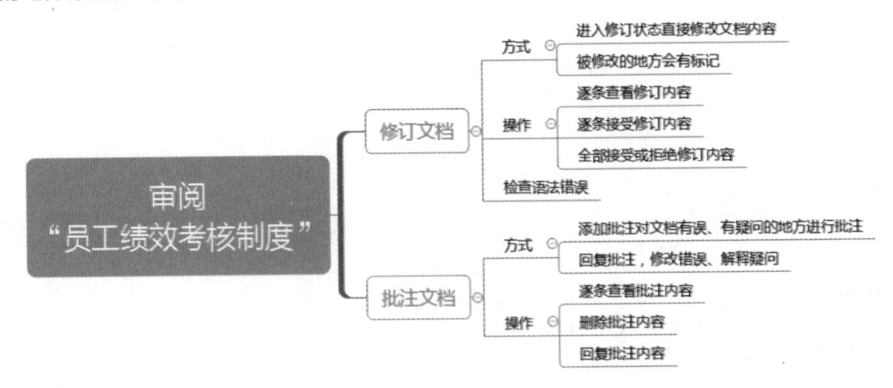

步骤详解

5.1.1 检查和修订“员工绩效考核制度”

员工绩效考核制度文档完成后，通常需要提交给领导或相关人员审阅，领导在审阅文件时，可以使用 Word

2019 中的“修订”功能，在文档中根据自己的修改意见进行修订，同时将修改过的地方添加上标记，以便让文档原制作者检查、改进。

1. 拼写和语法检查

在编写文档时，偶尔可能会因为一时疏忽或误操作，导致文章中出现一些错误的字或词语，甚至语法错误，利用 Word 中的“拼写和语法”检查功能可以快速找出和解决这些错误。

第 1 步：执行拼写检查命令。按照路径“素材文件\第 5 章\员工绩效考核制度.docx”打开素材文件，❶切换到“审阅”选项卡；❷在“校对”组中单击“拼写和语法”按钮。

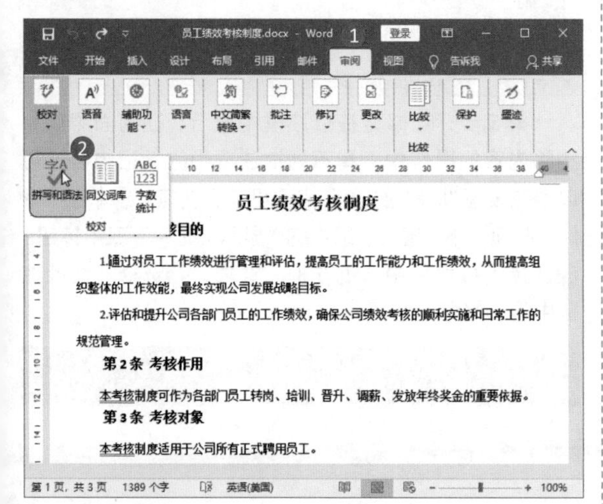

拼写和语法检查不仅可以通过“审阅”选项卡“校对”组中的“拼写和语法”功能实现，还可以通过打开文档的语法检查功能实现。方法是执行“文件”菜单中的“选项”命令，在“Word 选项”对话框的“校对”选项卡中选中“在 Word 中更正拼写和语法时”下面的选项即可。文档中有拼写和语法错误的内容下方会出现波浪线等标记。

第 2 步：忽略错误。此时在文档的右侧弹出“校对”窗口，并自动定位到第一个有语法问题的文档位置。如果有错误，直接进行更正即可；如果无错误，单击“忽略”按钮即可。

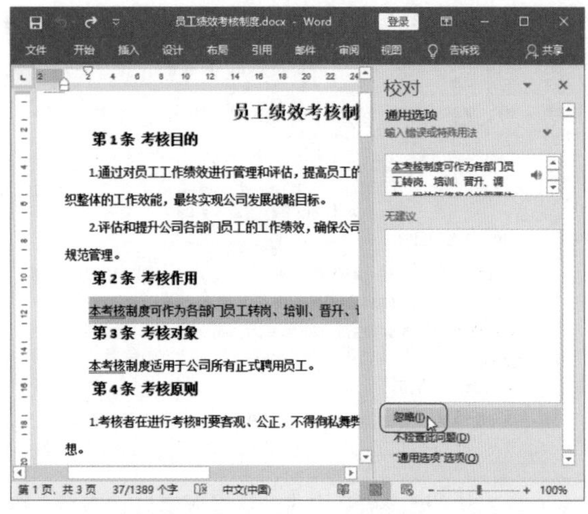

第 3 步：查看下一处错误。在第 2 步中忽略了语法错误，会进行下一处错误的查找。如果没有错误，继续单击“忽略”按钮，直到完成文档所有内容的错误查找。

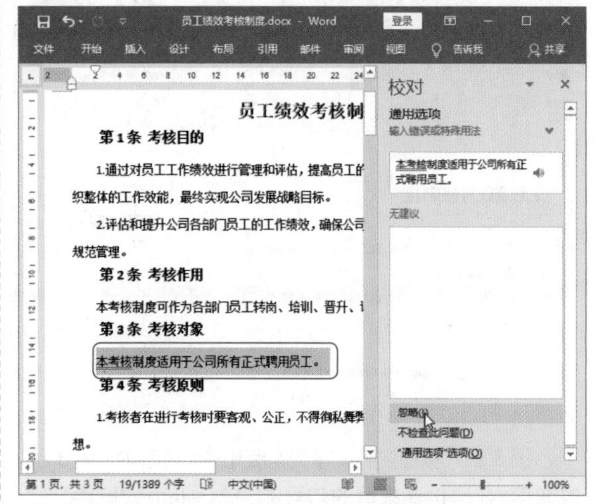

2. 在修订状态下修改文档

在审阅文档时，审阅者可以进入修订状态，对文档进行格式的修改、内容的删除或添加。所有操作的地方都会被标记，文档原制作者可以根据标记来决定接受或拒绝修订。

第 1 步：进入修订状态。❶单击“审阅”选项卡下的“修订”下三角按钮 ▾；❷选择下拉菜单中的“修订”选项。

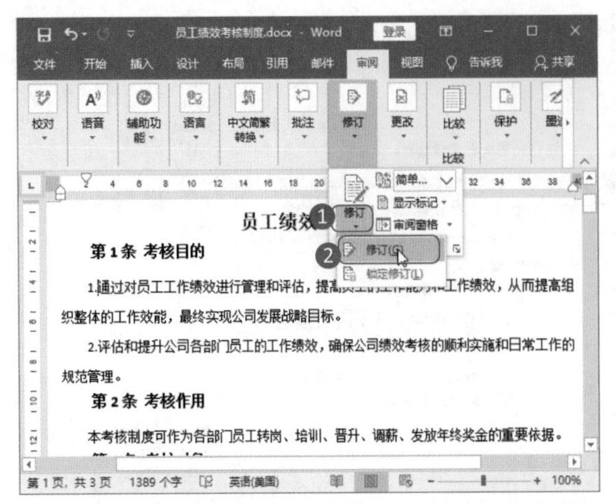

第 2 步：修改标题格式。 ❶进入修订状态后，直接选中标题；❷在“开始”选项卡下“字体”组中调整标题的字体、字号和加粗格式。此时在页面右边就出现了修订标记。

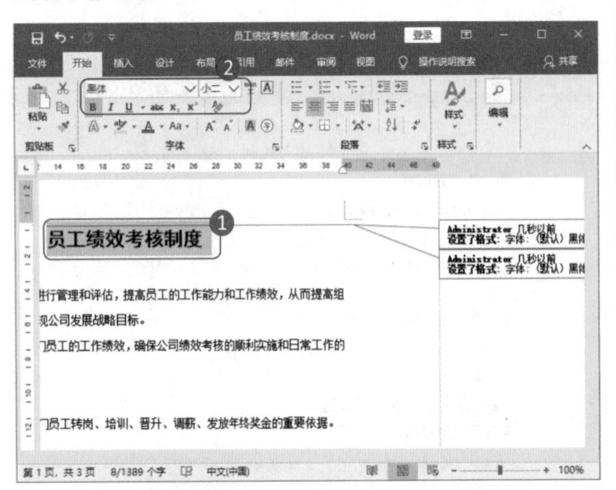

第 3 步：添加内容。 将光标定位到文档中“第 3 条”内容下，在这句话末尾的句号前，按 Delete 键删除“。”，再输入“，”和其他文字内容。此时添加的文字下方有一条横线。

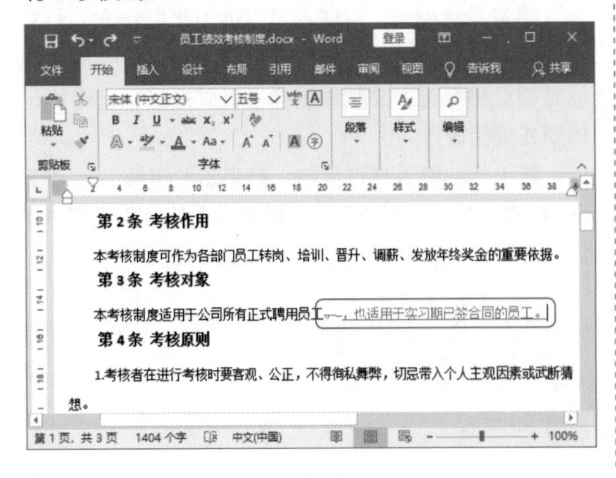

第 4 步：删除内容。 将光标定位到文档中“第 4 条”内容下方“公正，”后面，按下 Delete 键，删除多余的内容。此时被删除的文字上被划了一条横线。

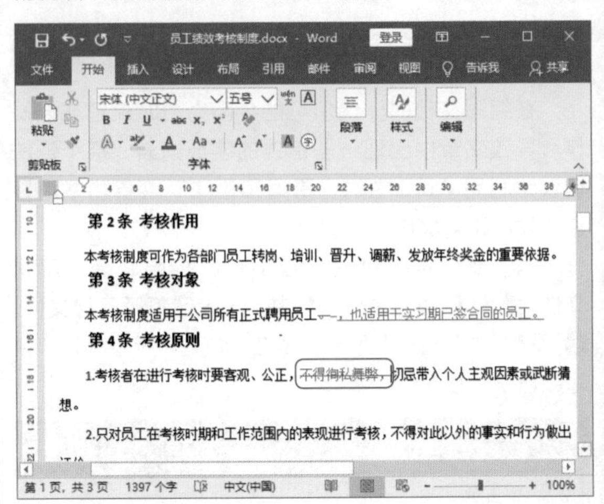

第 5 步：让修订在批注框中显示。 在前面添加和删除内容的操作中，看不到批注框中的标记内容，可以通过设置批注框的显示来看到修订内容。❶单击“审阅”选项卡下“修订”组中的“显示标记”下三角按钮；❷选择下拉菜单中“批注框”选项；❸选择“在批注框中显示修订”选项。

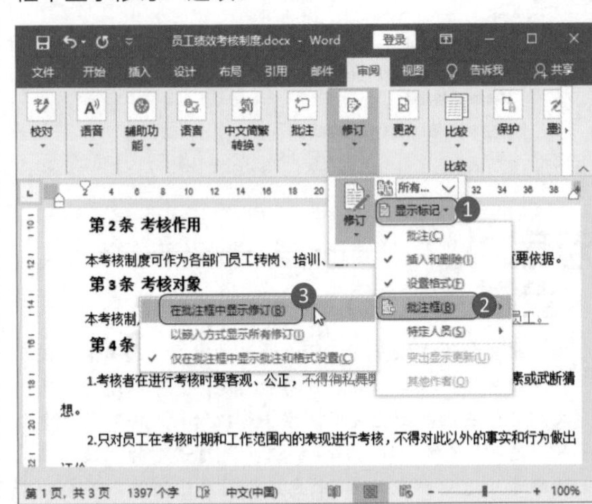

第 6 步：查看批注框中的内容。 页面右边出现了批注框，里面显示了有关修订操作的批注。

第 7 步：设置审阅窗格。 修订后的文档，可以打开审阅窗格，里面显示了有关审阅的信息。❶单击“审阅”选项卡下“修订”组中的“审阅窗格”按钮；❷选择下拉菜单中的“垂直审阅窗格”选项。

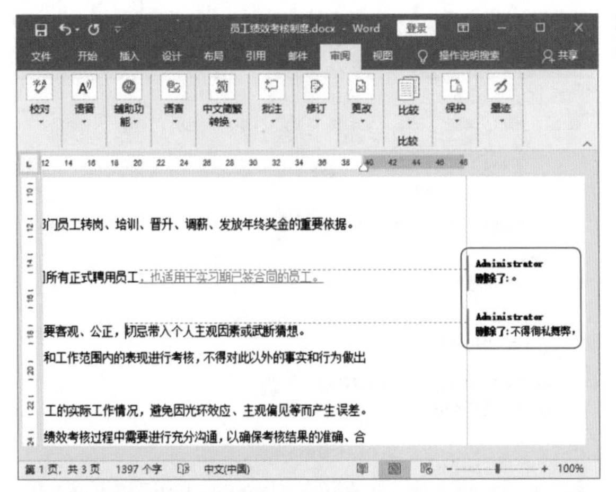

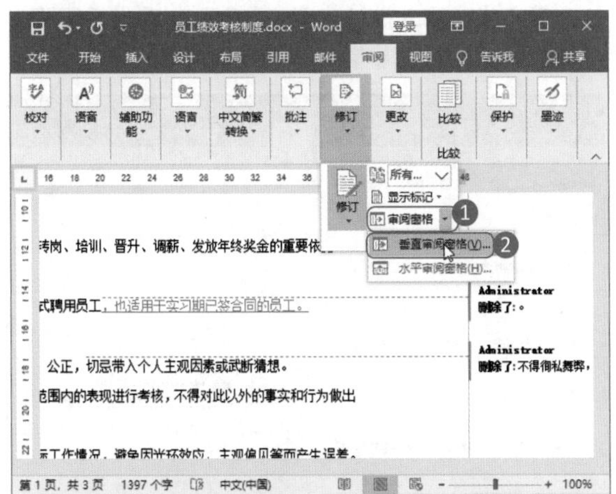

第 8 步：查看审阅窗格。此时在页面左边出现了垂直的审阅窗格，可以在这里看到有关修订的信息，如下图所示。

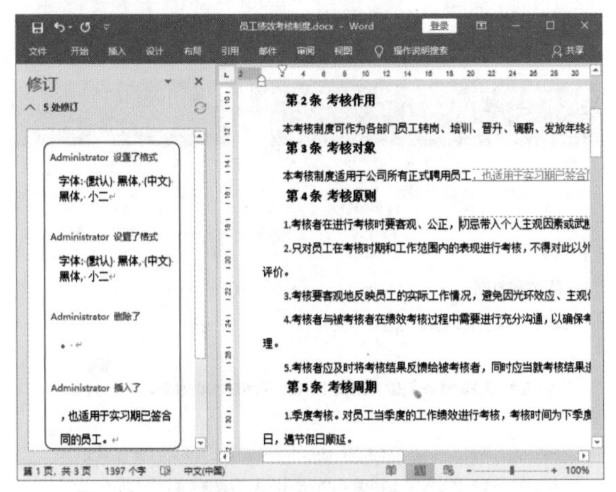

第 9 步：退出修订。单击“审阅”选项卡下“修订”按钮，可以退出修订状态。

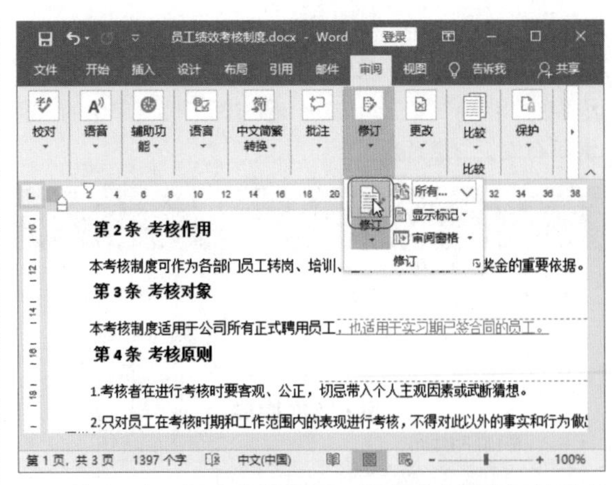

第 10 步：逐条查看修订。当完成文档修订并退出修订状态后，可以单击“审阅”选项卡下“更改”组中的“下一处”按钮，逐条查看修订的内容。

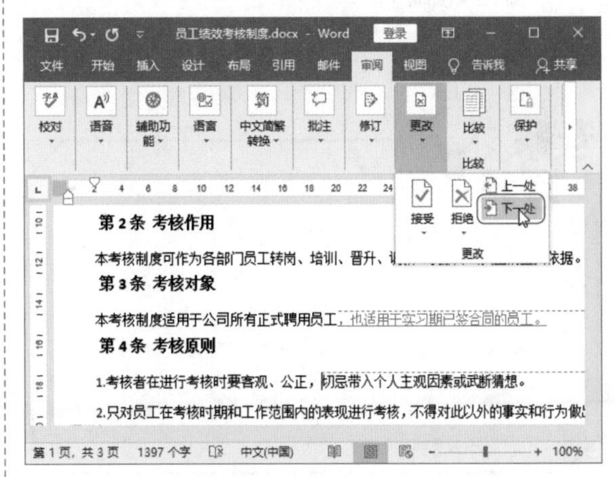

第 11 步：接受修订。如果认同别人对文档的修改，可以接受修订。❶单击“审阅”选项卡下“更改”组中的“接受”下三角按钮；❷选择下拉菜单中的“接受所有修订”选项。

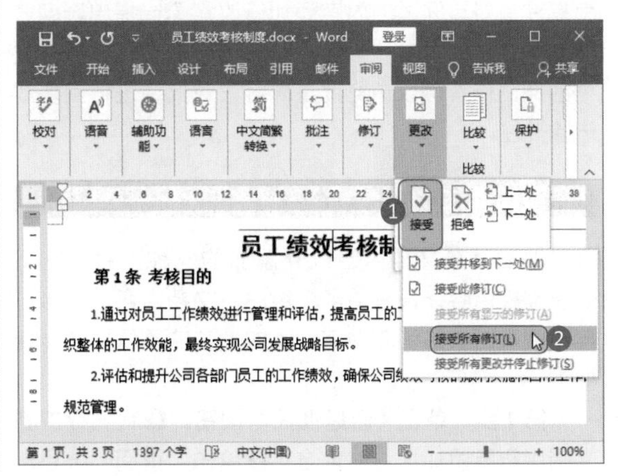

第 12 步：拒绝修订。如果不认同别人对文档的修订，可以拒绝修订。❶单击“审阅”选项卡下“更改”组中的“拒绝”下三角按钮；❷选择下拉菜单中的“拒绝所有修订”选项。

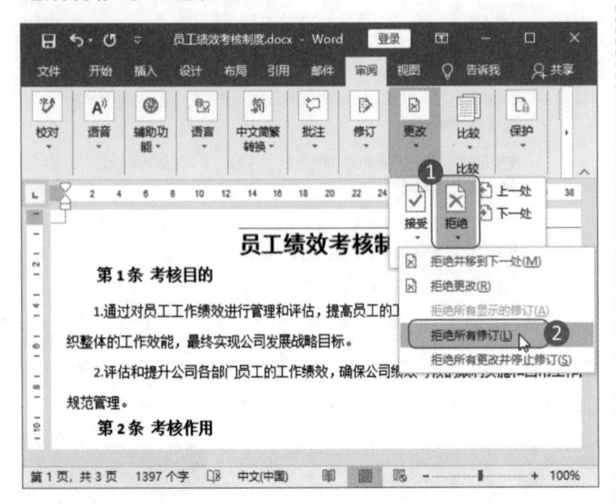

问：接受或拒绝修订可以逐条进行吗？

答：可以。接受和拒绝修订也可以逐条进行，根据每一条修订的情况，选择接受或拒绝这条修订。其方法是选择“接受”下拉菜单中的“接受并移到下一处”选项，或者选择“拒绝”下拉菜单中的“拒绝并移到下一处”选项，即可对修订过的内容逐条进行接受或拒绝操作。

5.1.2 批注“员工绩效考核制度”

修订是文档进入修订状态时对其内容进行更改，而批注是对有问题的内容添加修改意见或提出疑问，而非直接修改内容。当别人对文档添加了批注后，文档的原制作者可以浏览批注内容，对批注进行回复或删除批注。

1. 添加批注

批注是在文档内容以外添加的一种注释，它不属于文档内容，通常是多个用户对文档内容进行修订和审阅时附加的说明文字，添加批注的具体操作步骤如下。

第 1 步：单击“新建批注”按钮。❶将光标放到文档中需要添加批注的地方；❷单击“审阅”选项卡下“批注”组中的“新建批注”按钮。

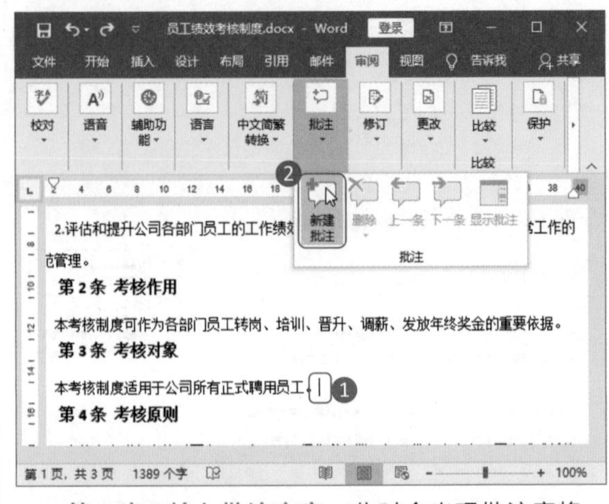

第 2 步：输入批注内容。此时会出现批注窗格，在窗格中输入批注内容。

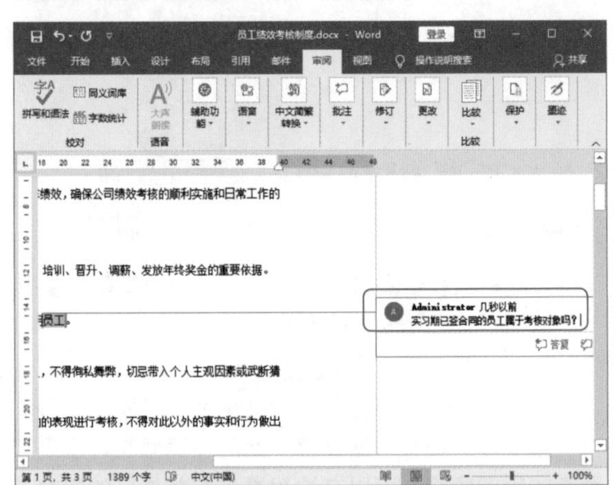

第 3 步：为特定的内容添加批注。❶选中要添加批注的特定内容；❷单击“审阅”选项卡下“批注”组中的“新建批注”按钮。

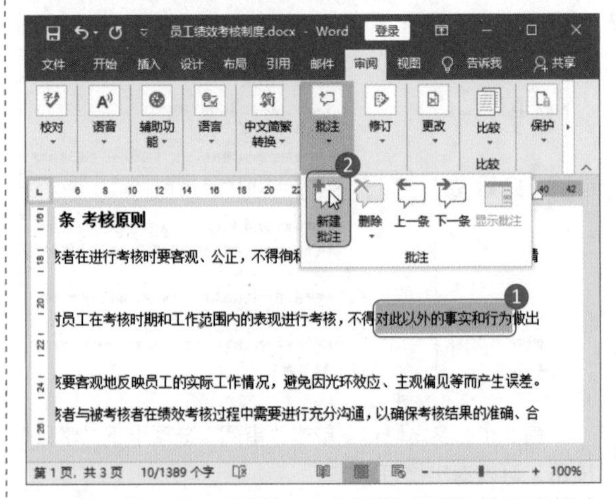

第 4 步：输入批注。在右边新出现的批注窗格中输入批注内容。

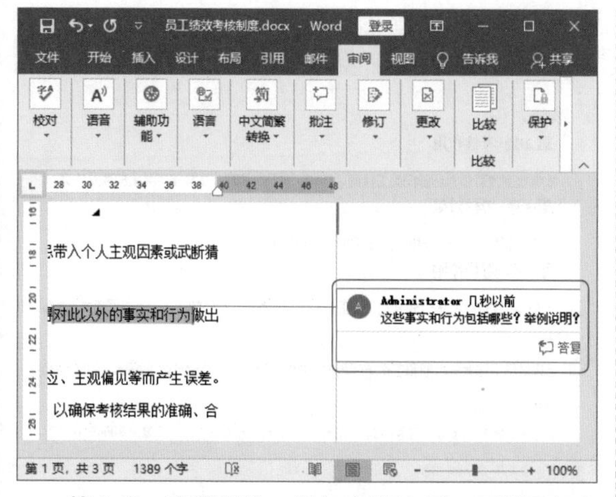

第 5 步：查看批注。添加完批注后，可以逐条查看添加的批注，看内容是否准确无误。单击“审阅”选项卡下“批注”组中的“下一条”按钮，即可逐条查看批注内容。

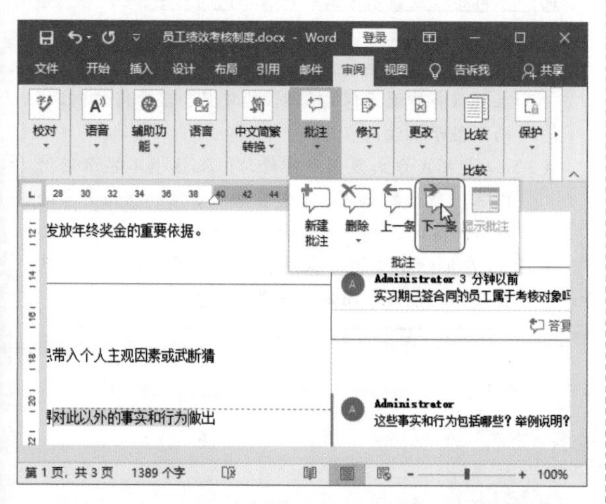

2. 回复批注

当文档原制作者看到别人对自己的文档添加的批注时，可以对批注进行回复。回复是针对批注问题或修改意见做出的答复。

第 1 步：执行回复批注命令。将鼠标指针放到要回复的批注上，单击“答复”按钮 。

第 2 步：输入回复内容。此时会在批注下方出现回复窗格，输入回复内容即可。

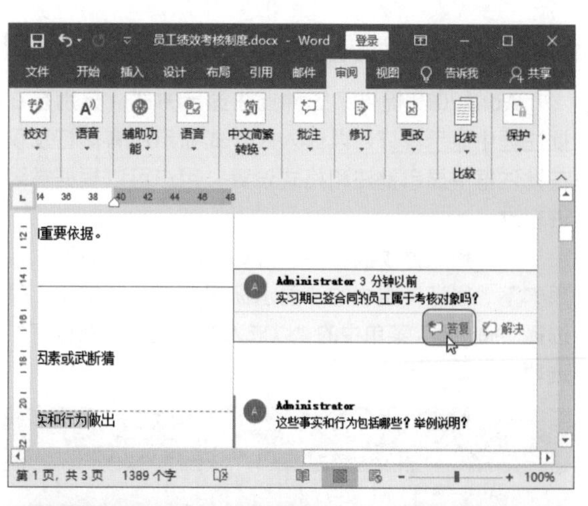

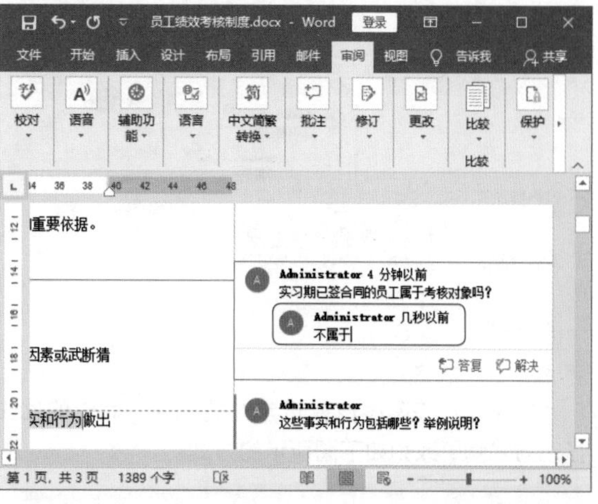

3. 删除批注

当文档原制作者在查看别人对自己的文档添加的批注时，如果不认同某条批注，或某批注是多余的，可以对其进行删除。方法如下图所示：❶将光标放到该批注上；❷选择“审阅”选项卡下“批注”组中的“删除”菜单中的“删除”选项。

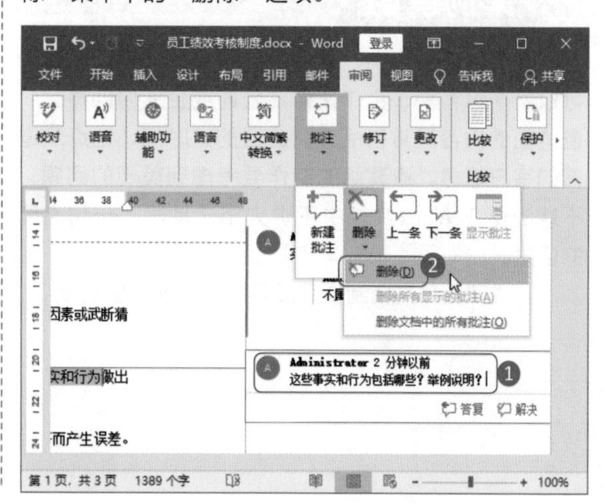

4. 修改批注显示方式

Word 2019 提供了三种批注显示方式，分别是在批注框中显示修订、以嵌入式方式显示所有修订及仅在批注框中显示批注和格式设置，用户可以根据需要进行改。

第 1 步：更改批注显示方式。❶单击“审阅”选项卡下“修订”组中的“显示标记”下三角按钮；❷选择“批注框”菜单中的“以嵌入方式显示所有修订”选项。

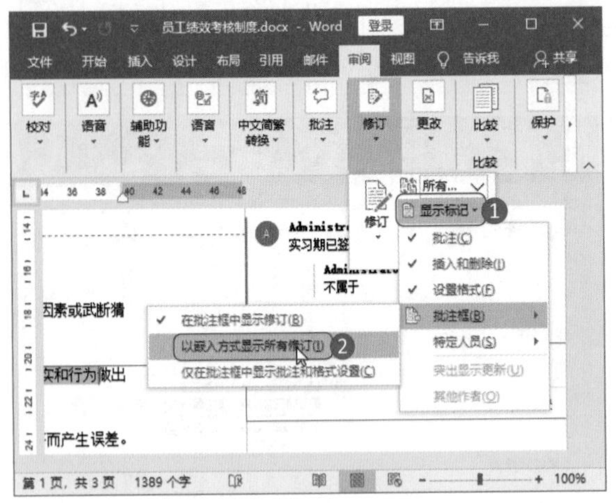

第 2 步：查看修改显示方式的批注。此时的批注显示方式就更改为如下图所示的方式。

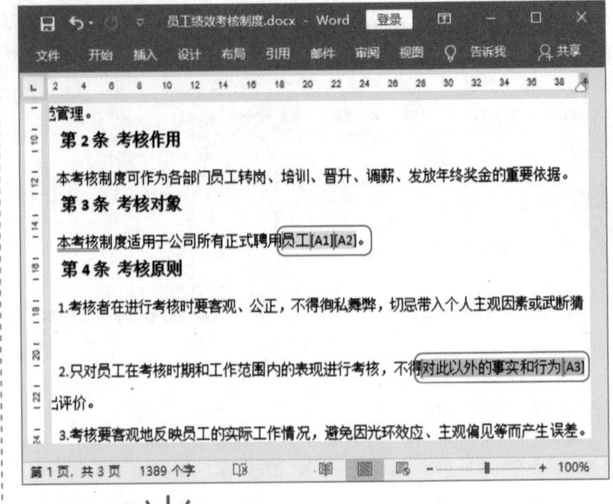

问：不同的批注显示方式有什么不同的作用？

答：不同的批注显示方式决定了批注和修订是否显示以及以何种方式显示。

（1）在批注框中显示修订：批注框中只会显示修订内容，而不显示批注内容。

（2）以嵌入式方式显示所有修订：批注框不显示任何内容，当把鼠标指针悬停在增加批注的原始文字的括号上方时，屏幕上才会显示批注的详细信息。

（3）仅在批注框中显示批注和格式设置：批注框中只会显示批注内容而不显示修订内容。

5.2 制作“邀请函”

案例说明

在公司或企业中，邀请函是常用的文档。邀请函可以发送给客户、合作伙伴、公司或企业内部员工。邀请函的内容通常包括邀请的目的、时间、地点及邀请的客户信息。邀请函的制作要考虑到美观的问题，不能随便在 Word 文档中不讲究格式地写上一句邀请的话语。

“邀请函”文档制作完成后的效果如右图所示。

邀请函

——国际商务节

尊敬的 王强女士/先生：

兹定于 2020 年 10 月 20 日上午 9 时于北京枫地商贸中心 8 楼举办 2020 年 商贸创意 国际商务节，会期 3 天。届时将有商务与文化交流、投资与经济合作洽谈等活动。

您到会场后的联系人、座次如下：

联系人：小刘

联系电话：13888xx6127

座次：1 大厅 2 排 12 号座位

诚意邀请单位：

北京枫译科技有限公司

思路解析

公司人事或项目经理在制作“邀请函”时，为了提高效率，需要考虑数据的导入问题。因为邀请函的背景及基本内容是一致的，不同的只是受邀客户的个人信息。所以制作“邀请函”，应当先制作一个模板，再将客户信息放在 Excel 表中，将客户信息批量导入 Word 文档中以快速生成多张邀请函。其制作流程及思路如下。

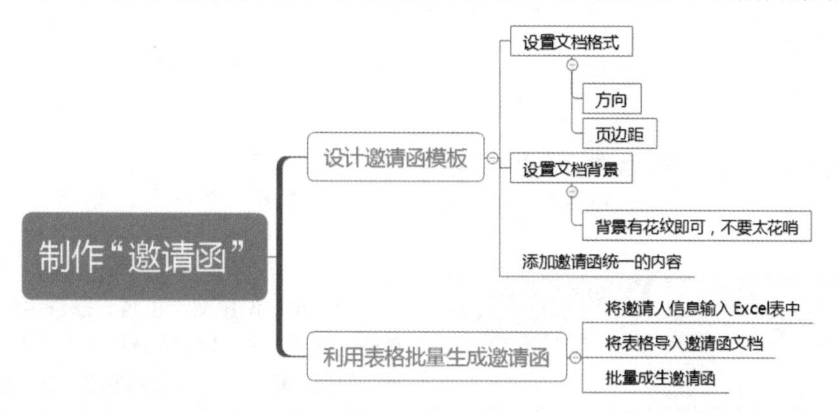

步骤详解

5.2.1 设计制作“邀请函”模板

邀请函面向的是多位客户，除了客户的个人信息外，其他信息都是统一的，因此可以事先将这些统一的信息制作完成，方便后期导入客户个人信息。

1. 设计“邀请函”页面格式

邀请函的功能相当于请帖，既要保证内容的准确性，又要保证页面的美观度。因此，在设计页面格式上，需要根据邀请函的内容调整页面方向。

第 1 步：调整页面方向。新建一个 Word 文档，命名并保存。选择“布局”选项卡下“页面设置”组中的“纸张方向”下拉菜单中的“横向”选项。

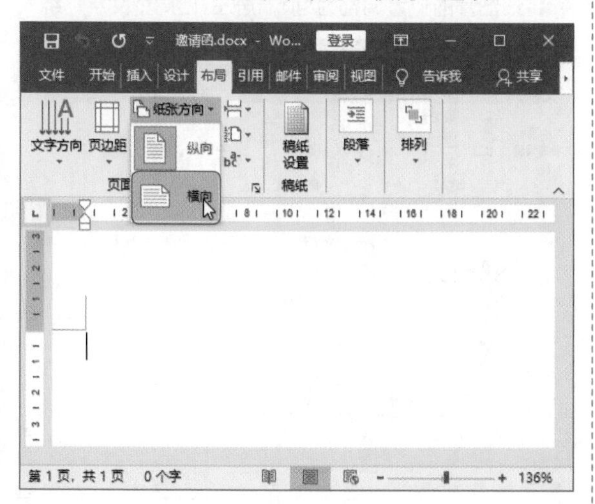

第 2 步：设置页边距。❶打开“页面设置”对话框，设置页边距的上下、左右距离；❷单击“确定”按钮。

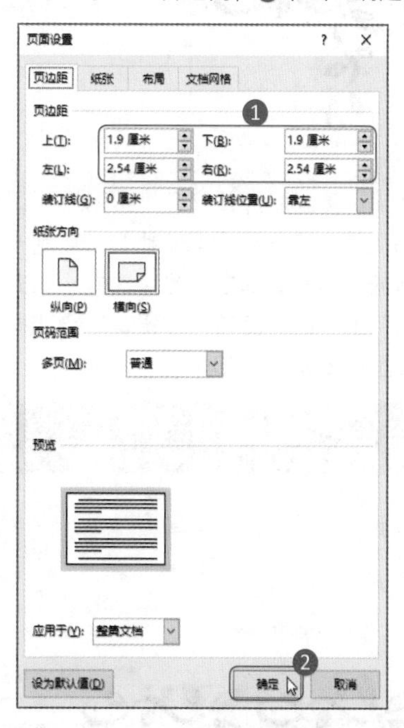

2. 设计“邀请函”背景

完成“邀请函”的页面调整后，需要在页面中添加背景图案，以保证其美观度。

第 1 步：插入背景图片。❶按照路径“素材文件\第 5 章\图片 1.png”找到图片文件；❷单击“插入”按钮。

第 2 步：调整图片大小。❶选中图片；❷在“图片工具 - 格式”选项卡下“大小”组中设置图片的“高度”和“宽度”。

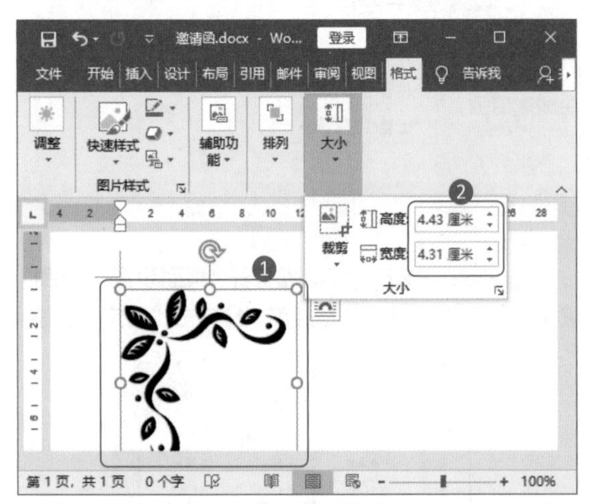

第 3 步：复制图片并打开“布局”对话框。❶选中插入的图片，按下组合键 Ctrl+D，复制一张图片；❷选中复制的图片，单击“图片工具 - 格式”选项卡下“排列”组中的“旋转”按钮；❸选择下拉菜单中的“其他旋转选项”选项。

第 4 步：设置旋转参数。❶在打开的“布局”对话框中设置“旋转”参数为 180°；❷单击“确定”按钮。

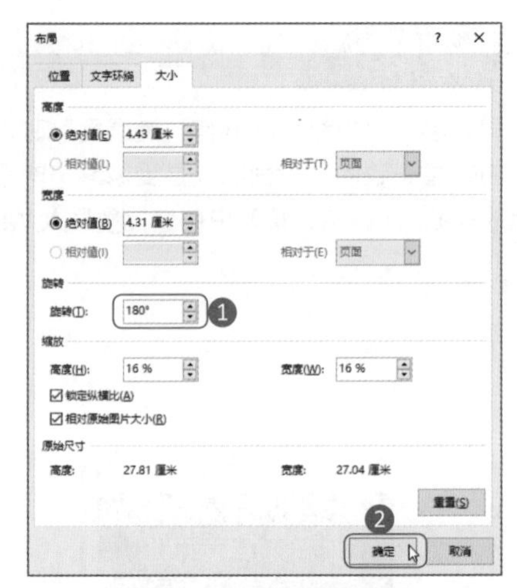

第 5 步：设置图片位置。❶选中旋转后的图片，单击“图片工具 - 格式”选项卡下“排列”组中的“位置”按钮；❷选择下拉菜单中的“底端居右，四周型文字环绕”选项。

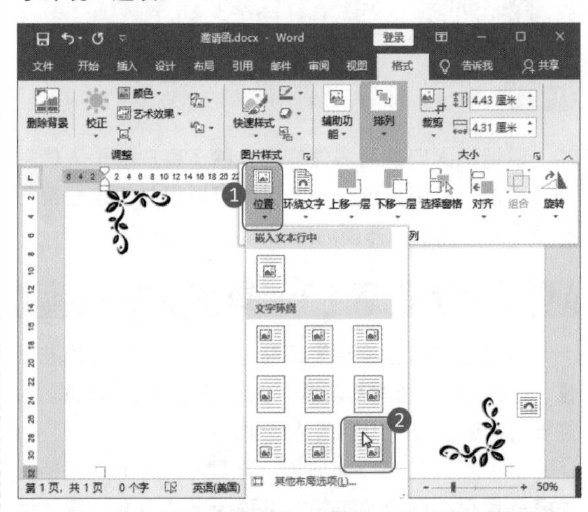

第 6 步：设置图片位置。❶选中之前插入的图片；❷将该图片的位置调整为“顶端居左，四周型文字环绕”。

3. 设计“邀请函”内容格式

完成“邀请函”的页面及背景格式设置后，需要添加统一的文字内容。❶输入文字内容，设置字体为“华文新魏”；❷绘制文本框，输入文本框中的文字。

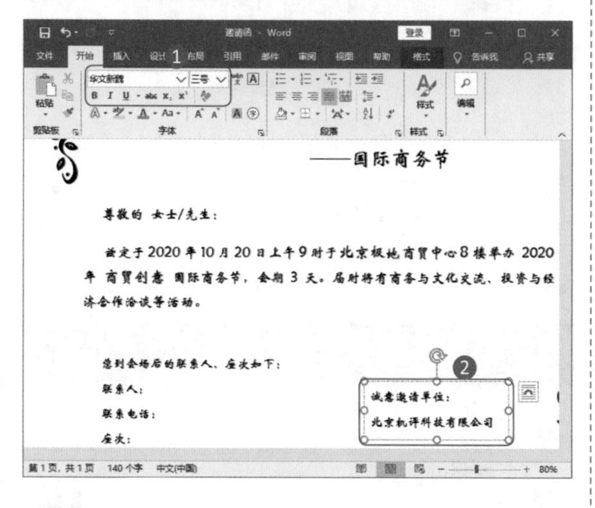

5.2.2 制作并导入数据表

当“邀请函”模板制作完成后，就可以将客户的信息数据录入 Excel 表中，并利用导入功能，批量完成“邀请函”制作。

1. 制作表格

打开 Excel 表，录入客户信息。针对不同客户会有不同的信息，效果如下图所示。Excel 表的数据录入方法会在本书第 6 章进行讲解，这里按照路径“结果文件 \ 第 5 章 \ 邀请客户信息表 .xlsx”找到表格文件并使用。

受邀客户姓名	联系人	联系电话	座次
王强	小刘	13888xx6127	1大厅2排12号座位
张天一	小张	15378xx1497	2大厅1排18号座位
刘雯	小李	182xx078669	1大厅3排12号座位
赵东	小王	182xx642173	3大厅2排1号座位
李梅	小吴	135xx512548	6大厅2排3号座位
韩梅	小赵	162xx845164	1大厅2排6号座位
冉秦	小董	134xx642514	4大厅4排19号座位
王宏	小王	182xx642173	1大厅2排4号座位
刘玺	小刘	13888xx6127	1大厅1排6号座位
张田	小李	182xx078669	2大厅2排12号座位
赵强	小王	182xx642173	3大厅3排4号座位
李梦梦	小赵	162xx845164	3大厅2排8号座位
秦昭化	小董	134xx642514	1大厅1排12号座位

2. 导入表格数据

完成客户信息的录入后，就可以将表格导入 Word 邀请函文档中了。

第 1 步：打开“选取数据源”对话框。❶单击“邮件”选项卡下“选择收件人”按钮；❷选择下拉菜单中的“使用现有列表”选项。

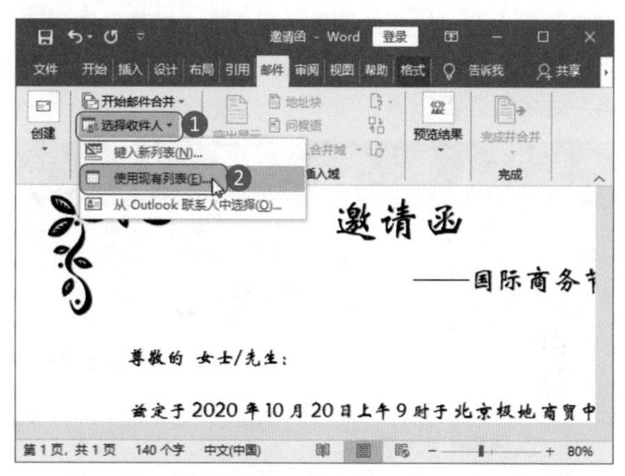

第 2 步：选择表格。❶在打开的“选取数据源”对话框中选择事先制作好的“邀请客户信息表 .xlsx”文件；❷单击“打开”按钮。

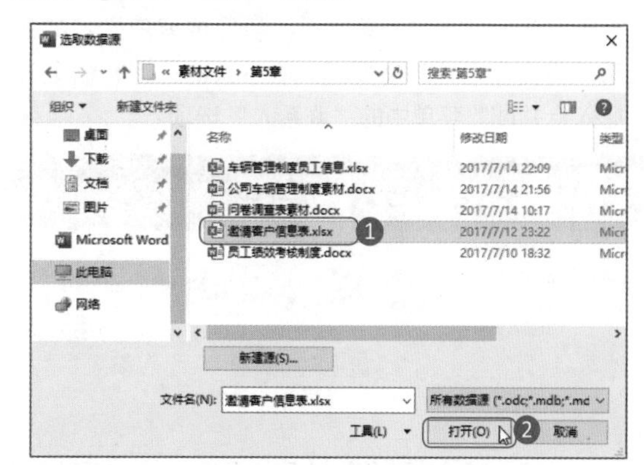

第 3 步：选择工作表。❶此时会弹出“选择表格”对话框，选择工作表；❷单击“确定”按钮，即可完成表格中客户信息的导入。

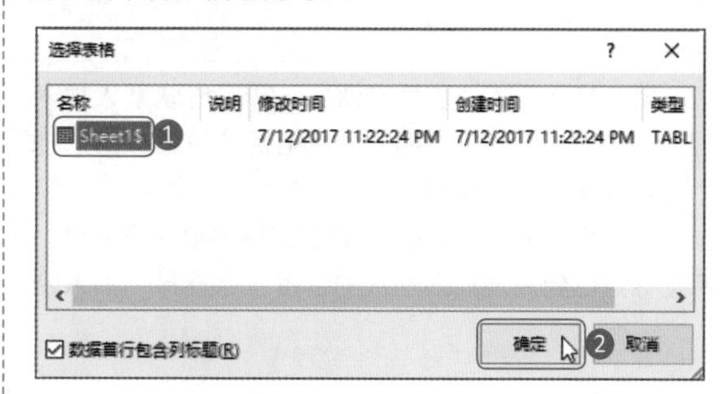

3. 插入合并域批量生成“邀请函”

当把数据表格导入“邀请函”模板文档中后，需要将表格中各项数据插入“邀请函”中相应的位置，之后再应用相关的批量生成功能生成所有客户的邀请函。

第 1 步：插入“受邀客户姓名”。❶将光标定位在需要插入客户姓名的位置；❷单击“邮件”选项卡下“插入合并域”按钮；❸选择下拉菜单中的“受邀客户姓名”选项。

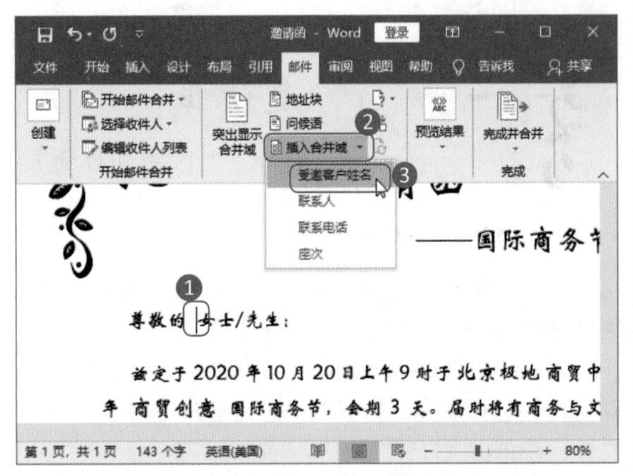

第 2 步：插入“联系人”。❶完成客户姓名的插入后，将光标定位到需要插入联系人的位置；❷选择“插入合并域”菜单中的“联系人”选项。

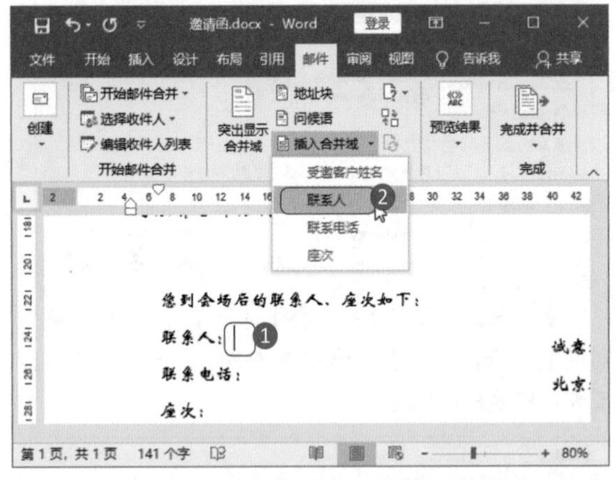

第 3 步：插入“联系电话”。❶完成联系人插入后，将光标定位到需要插入联系电话的位置；❷选择“插入合并域”菜单中的“联系电话”选项。

第 4 步：插入“座次”。❶完成联系电话插入后，将光标定位到需要插入座次的位置；❷选择“插入合并域”菜单中的“座次”选项。

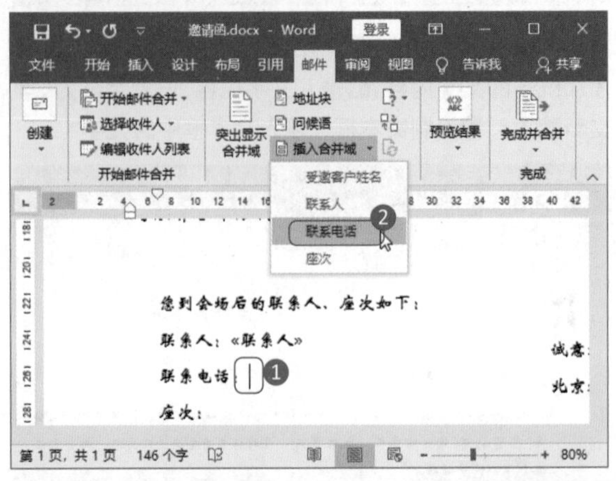

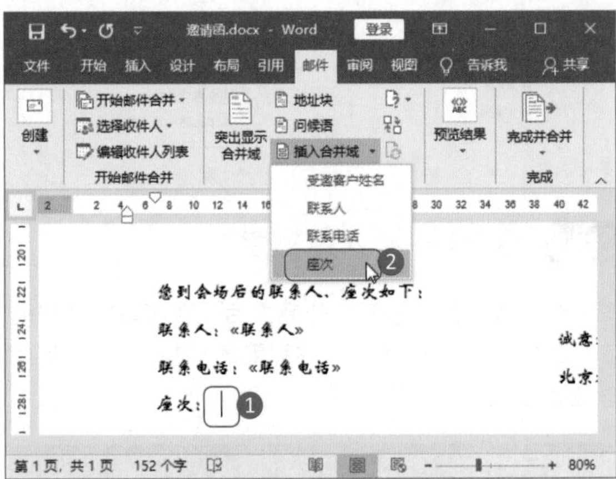

第 5 步：查看插入效果。此时便完成了邀请函中客户信息及其他个人信息的插入，效果如下图所示。

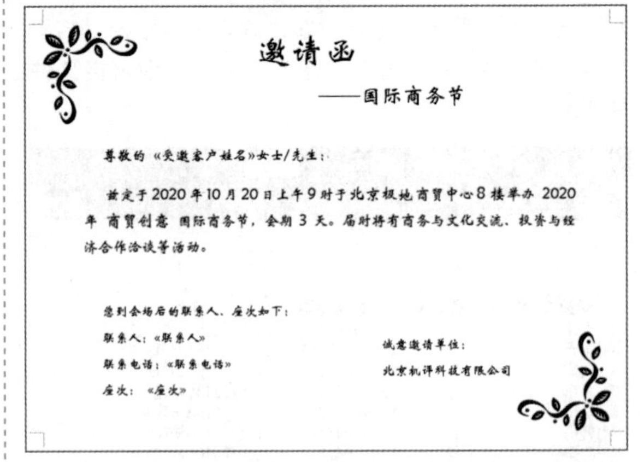
邀请函

——国际商务节

尊敬的《受邀客户姓名》女士/先生：

兹定于 2020 年 10 月 20 日上午 9 时于北京极地商贸中心 8 楼举办 2020 年 商贸创意 国际商务节，会期 3 天。届时将有商务与文化交流、投资与经济合作洽谈等活动。

您到会场后的联系人、座次如下：

联系人：«联系人»

联系电话：«联系电话»

座次：«座次»

诚意邀请单位：

北京机评科技有限公司

第 6 步：执行“预览结果”命令。单击“邮件”选项卡下“预览结果”组中的“预览结果”按钮，以便查看客户信息插入效果。

第 7 步：查看预览结果。此时可以看到客户信息表格中的内容被自动插入“邀请函”的相应位置，效果如下图所示。

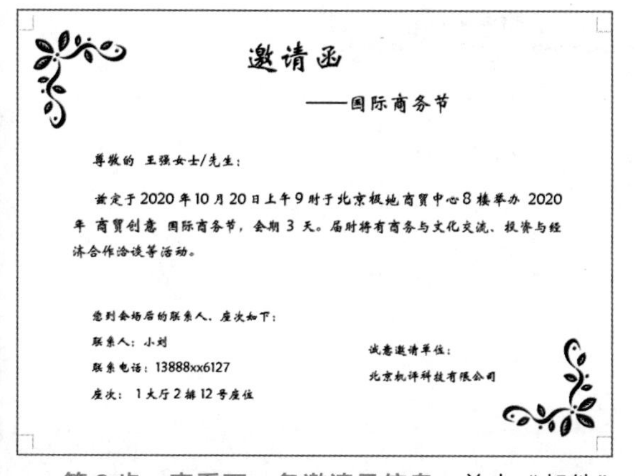
邀请函

——国际商务节

尊敬的 王强女士/先生：

兹定于 2020 年 10 月 20 日上午 9 时于北京极地商贸中心 8 楼举办 2020 年 商贸创意 国际商务节，会期 3 天。届时将有商务与文化交流、投资与经济合作洽谈等活动。

您到会场后的联系人、座次如下：

联系人：小刘

联系电话：13888xx6127

座次：1 大厅 2 排 12 号座位

诚意邀请单位：

北京机评科技有限公司

第 8 步：查看下一条邀请函信息。单击“邮件”选项卡下“预览结果”组中的“下一记录”按钮 ▸，可以继续浏览生成的其他“邀请函”结果。

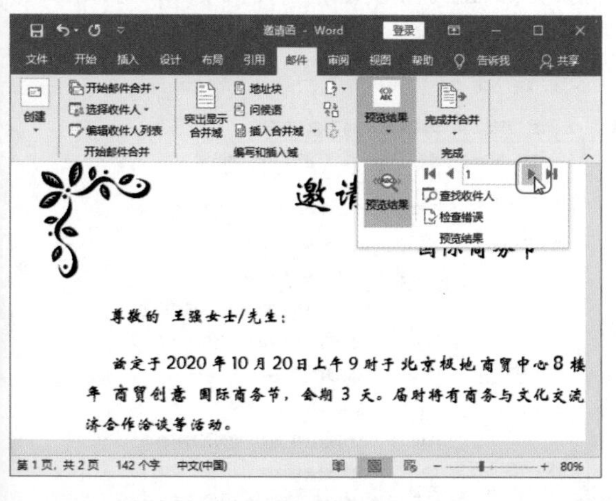

4. 打印“邀请函”

完成“邀请函”设计后，需要将“邀请函”打印出来邮寄给客户。具体操作步骤如下。

第 1 步：执行“打印文档”命令。❶单击“邮件”选项卡下“完成并合并”按钮；❷选择下拉菜单中的“打印文档”选项。

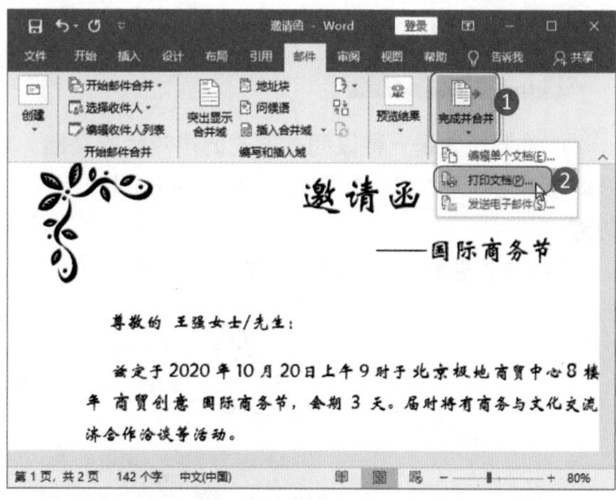

第 2 步：设置“合并到打印机”对话框。❶在“合并到打印机”对话框中选中“全部”单选按钮；❷单击“确定”按钮。

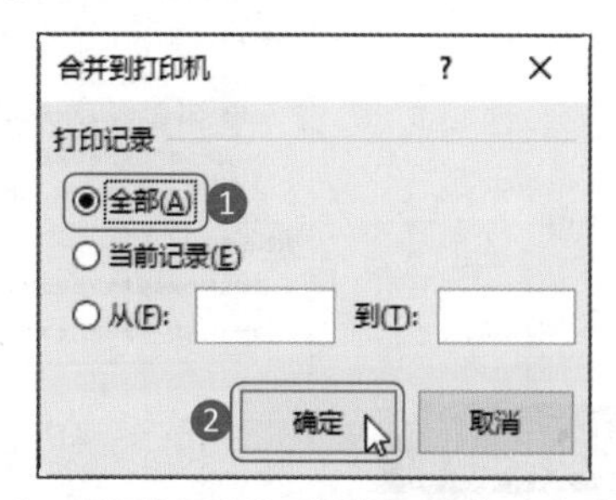

第 3 步：设置“打印”对话框。❶此时会弹出“打印”对话框，设置打印的“页面范围”和“份数”；❷设置每页版数；❸单击“确定”按钮，即可打印邀请函。

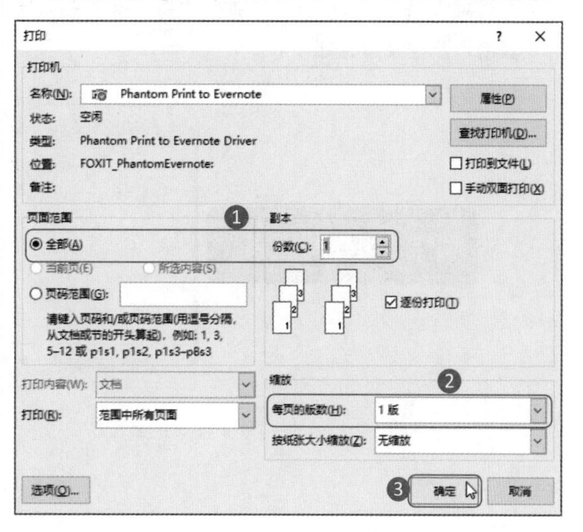

5.3 制作“问卷调查表”

案例说明

问卷调查表是一种以问题形式记录内容的文档，它需要有一个明确的调查主题，并从主题出发设计问题。被调查者可以通过填写文字或选择选项的方式来完成问卷调查表。利用 Word 制作问卷调查表时，需要用到控件功能。

“问卷调查表”文档制作完成后的效果如下图所示。

芝润科技

诚邀您

参与问卷调查

尊敬的顾客：

您好！为了进一步了解目前消费者对 ××× 超市产品和服务等的满意情况，我们的市场营销小组将在展开公众对 ××× 超市顾客满意度的抽样调查，以此为芝润提供相关资料，以便不断提高服务水平，为您提供更优质的服务。在此，我们将进行无记名调查，请您放心填写。希望能您在百忙之中如实填写此表，提出宝贵意见。

调查项目	调查填写 如无特别说明，填写时请在相应的选项上打“√”号即可，谢谢您的参与！
基本情况	
您的年龄是	◉ 20岁以下 ○ 20~39岁 ○ 40~59岁 ○ 60岁及以上
您的月收入水平是	○ 1500元以下 ○ 1500~3000元 ○ 3000~6000元 ○ 6000元以上
您的职业类型是	○ 工人 ○ 公务员 ○ 文教人员 ○ 企业人员 ○ 退休人员 ○ 学生 ○ 其他
调查内容	
您对本公司产品的购买频率是	○ 一周一次 ○ 二周一次 ○ 一个月一次 ○ 更少频率
与同类产品相比，您对本公司产品满意吗	○ 很满意 ○ 满意 ○ 一般 ○ 不满意
您认为本公司产品的优点是哪些（可多选）	□外观好看 □ 质量好□ 耐用□使用方便 □智能化 □适合送人
当您对服务提出投诉或建议时，公司客服的处理方式（下拉选择）	选择一项。
其他调查项目	
您对公司产品或服务有哪些建议或意见？（文字填写）	单击或点击此处输入文字。
请为本公司写一句宣传语（文字填写）	单击或点击此处输入文字。

思路解析

当企业需要通过问卷调查来发现问题，改进产品或服务时，就需要向消费者发送问卷调查表。在制作问卷调查表时，问卷的问题可以直接在 Word 中输入，但是问卷的选项及回答就需要使用控件功能。所以问卷制作者首先应该确定 Word 中是否有“开发工具”选项卡，然后再根据问卷的需求，按照一定的方法添加不同类型的控件。其制作流程及思路如下。

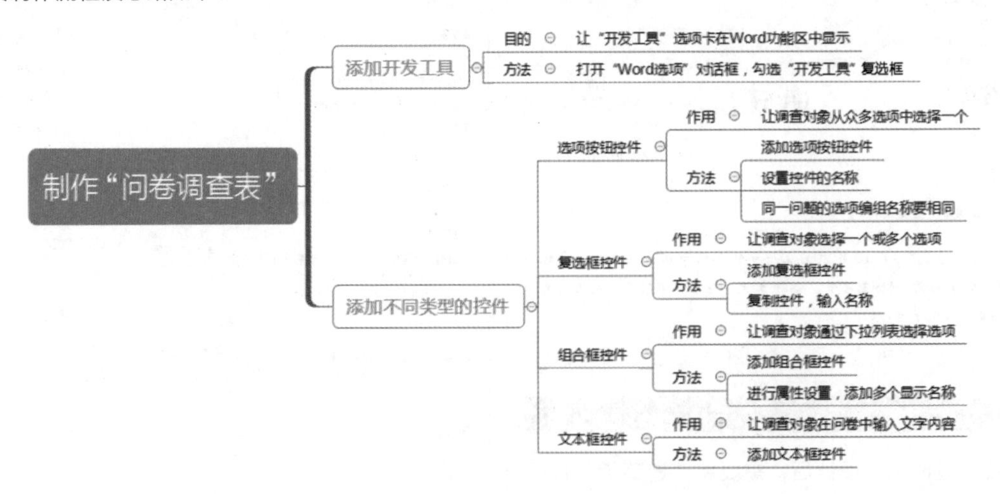

步骤详解

5.3.1 添加“开发工具”选项卡

默认情况下，系统不显示“开发工具”选项卡。如果想要添加控件，需要将该选项卡添加到功能区中，方可使用其功能。

第 1 步：打开“Word 选项”对话框。按照路径“素材文件\第 5 章\问卷调查表素材.docx”打开素材文件，选择 Word 的“文件”菜单中的“选项”选项。

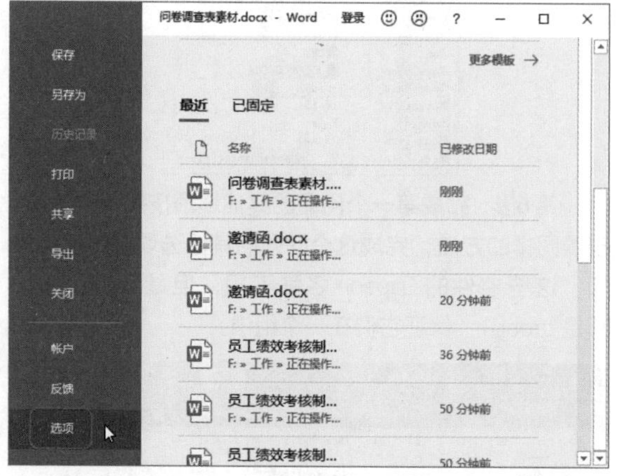

第 2 步：添加“开发工具”。❶在“Word 选项”对话框中，切换到“自定义功能区”选项卡；❷勾选“开发工具”复选框；❸单击“确定”按钮。

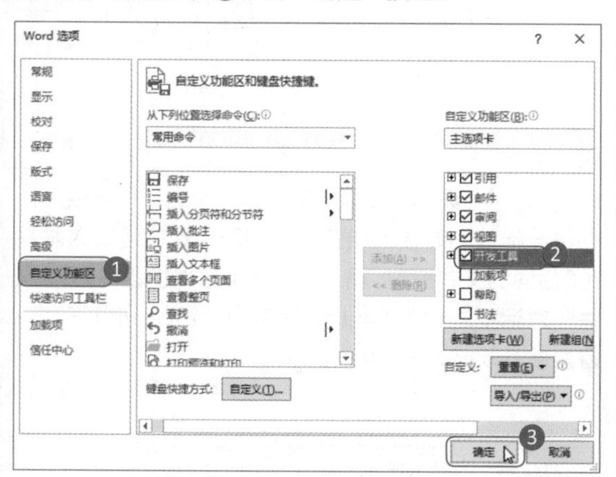

第 3 步：查看添加的“开发工具”。此时“开发工具”选项卡便被添加到 Word 中了，随后可以使用该选项卡下的功能。

5.3.2 在调查表中添加控件

利用“开发工具”选项卡下的“控件”功能，可以为调查表添加不同功能的控件，常用的控件有选项按钮控件、复选框控件、组合框控件及文本框控件，不同控件的添加和编辑方法不同。

1. 添加选项按钮控件

选项按钮控件是调查表中最常用的控件之一，它的作用是让调查对象可以从多个选项中选择一个选项。设置技巧是要将同一问题的多个选项编辑到一个组中。

第 1 步：添加第一个问题的第一个选项按钮控件。❶在调查表的第一个问题“您的年龄是”后面的文本框中插入光标；❷单击“开发工具”选项卡下“控件”组中的“旧式工具”按钮；❸选择下拉菜单中的“选项按钮”，如下图所示。

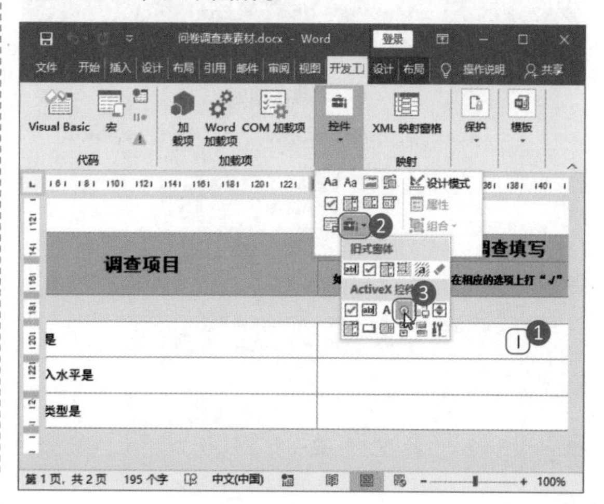

第 2 步：进入控件编辑状态。此时添加了一个选项按钮控件，右击控件，从弹出的快捷菜单中选择“属性”选项。

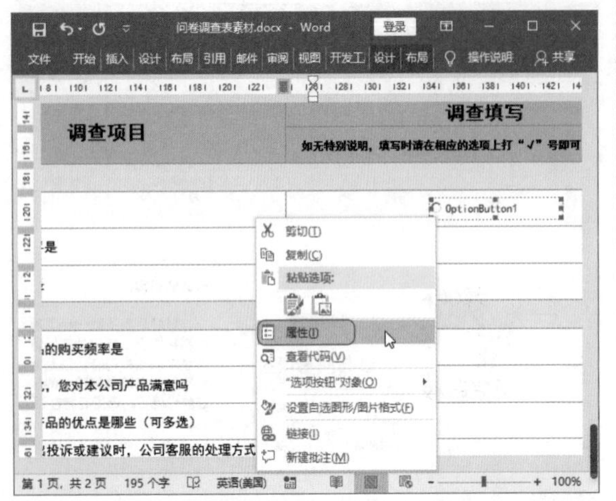

第 3 步：编辑控件属性。❶在打开的“属性”对话框中，在 Caption 后面的文本框中输入选项的文字“20 岁以下”；❷在 GroupName 后面的文本框中输入 group1 的编组名称。

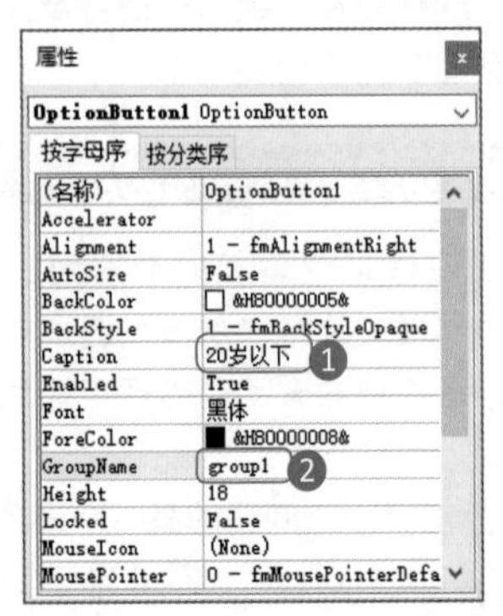

第 4 步：查看控件完成效果。完成“属性”对话框设置后，返回界面，可以看到第一个选项控件的效果。

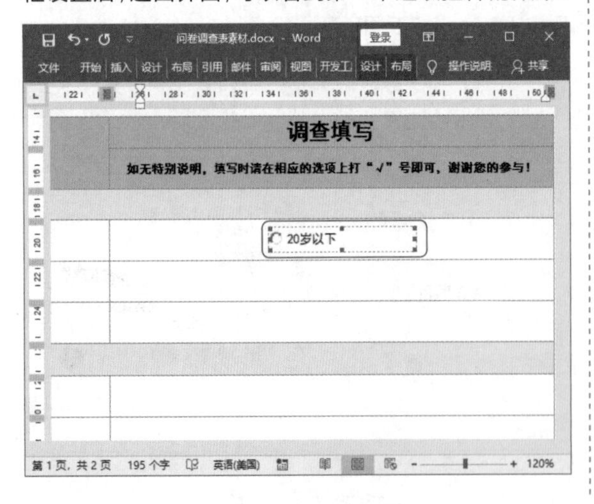

第 5 步：添加第一个问题的第二个选项按钮控件。同一问题下会有多个选项，此时编辑第二个选项按钮，该选项按钮的分组要保持与上一选项按钮的分组相同。❶在上一选项按钮“20 岁以下”后面添加一个选项按钮控件，打开“属性”对话框，设置 Caption 名称为“20 ~ 39 岁”；❷在 GroupName 中输入 group1。

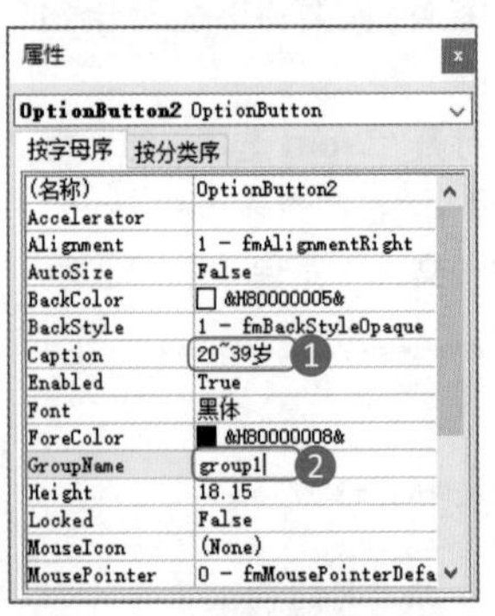

第 6 步：完成第一个问题的其他选项按钮控件添加。按照同样的方法，完成这个问题的其他选项按钮控件添加，这些控件的 Caption 名称不同，但是 GroupName 都是 group1，保证它们在一个组中。

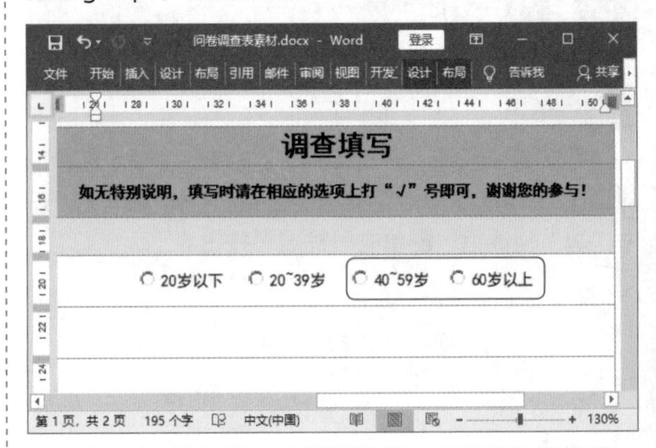

第 7 步：添加第二个问题的第一个选项按钮控件。❶将光标放到调查问卷第二个问题“您的月收入水平是”后面的文本框中，插入一个选项控件按钮，打开“属性”对话框，设置 Caption 名称为“1500 元以下”；❷设置 GroupName 为 group2。

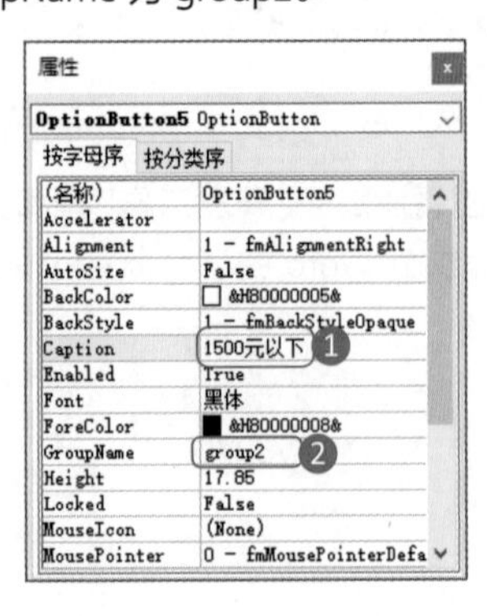

第 8 步：查看选项按钮控件效果。第二个问题的第一个选项按钮控件完成后，效果如下图所示。

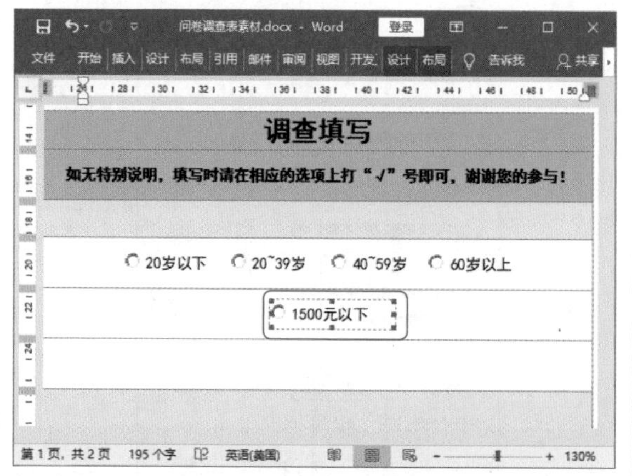

第 9 步：完成第二个问题的其他选项按钮控件设置。按照同样的方法，为第二个问题添加其他选项按钮控件，注意 GroupName 内容都为 group2。

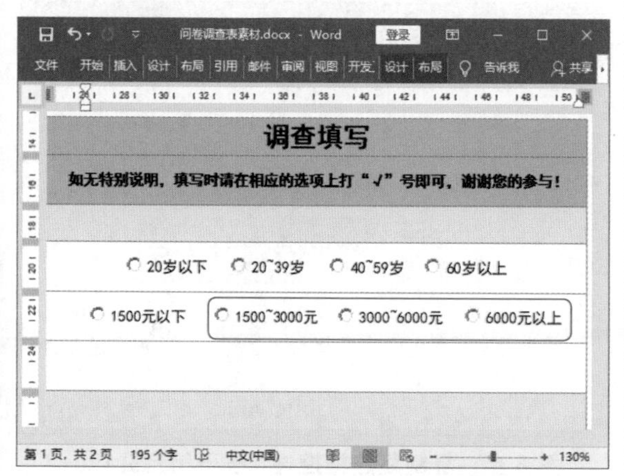

第 10 步：完成调查问卷的所有选项按钮控件添加。按照相同的方法，完成其他问题的选项按钮控件添加，不同的是其他问题的选项按钮控件的 GroupName 依次是 group3、group4、group5。效果如下图所示。

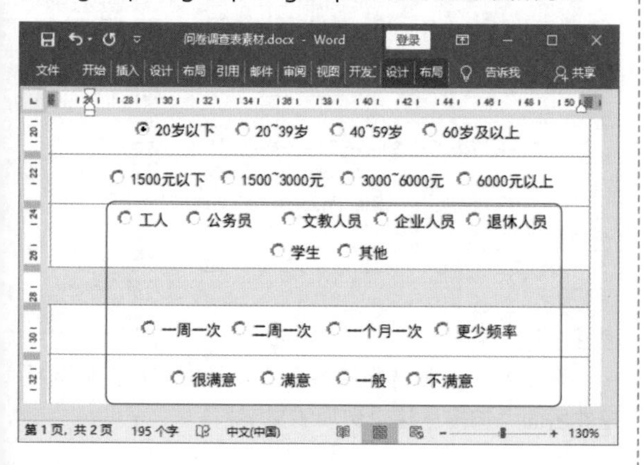

2. 添加复选框控件

选项按钮控件只可以选择其中一项，调查问卷还可以添加复选框控件，让调查对象可以针对同一问题选择多个选项。

第 1 步：添加复选框控件。❶将光标放在需要添加复选框控件的地方；❷单击“开发工具”选项卡下“控件”组中的“复选框内容控件”按钮☑。

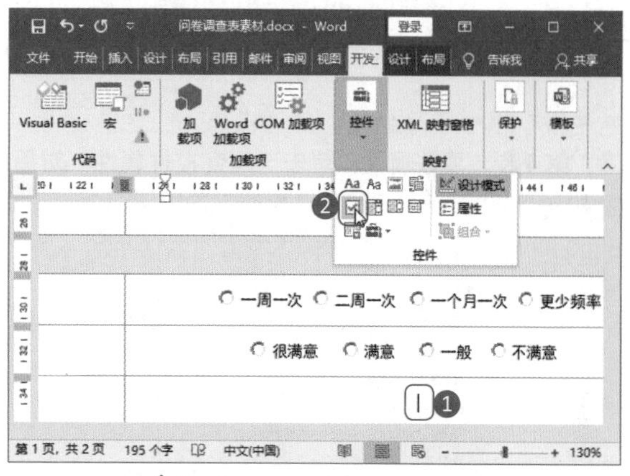

属性即对象的某些特性，不同的控件具有不同的属性，各属性分别代表它的一种特性。属性值不同，控件的外观或功能会不同，例如在选项按钮控件上的 Caption 属性，用于设置控件上显示的标签文字内容。

第 2 步：查看复选框控件添加效果。此时页面中添加了一个复选框控件，效果如下图所示。

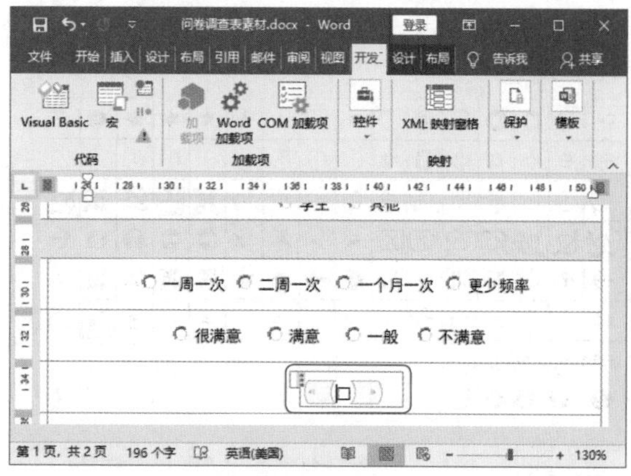

第 3 步：进入属性编辑状态。单击“开发工具”选项卡下“控件”组中的“属性”按钮，打开“内容控件属性”对话框。

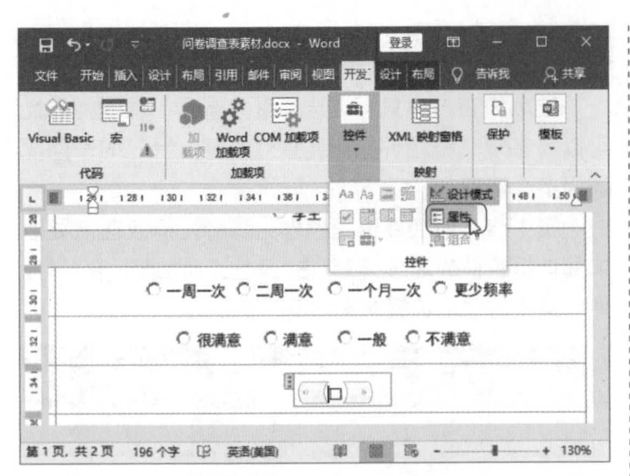

第 4 步：更改属性。单击“内容控件属性”对话框中的“选中标记”后面的“更改”按钮。

第 5 步：选择复选框控件选中标记。❶在打开的“符号”对话框中，选择复选框控件选中后的标记样式；❷单击“确定”按钮。

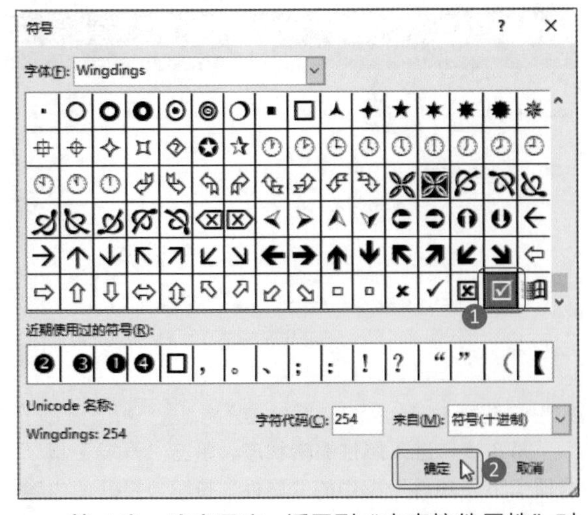

第 6 步：确定更改。返回到“内容控件属性”对话框中，单击“确定”按钮。

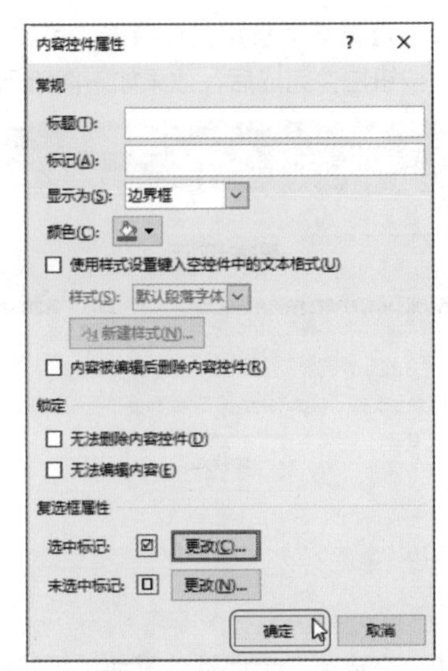

第 7 步：复制控件。选中复选框控件，然后右击复选框控件，选择快捷菜单中的“复制”选项。

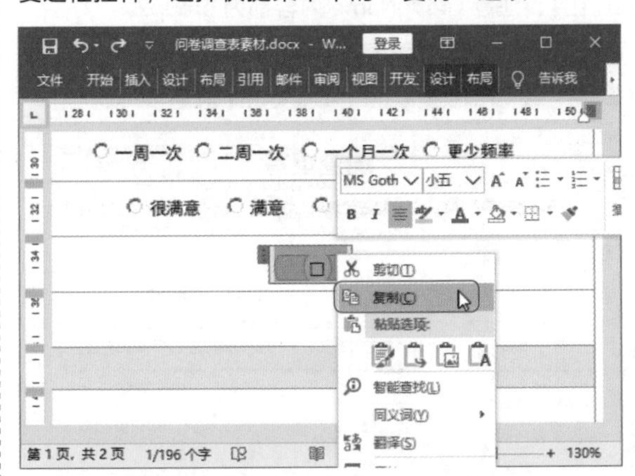

第 8 步：复制复选框控件。按下组合键 Ctrl+V，复制复选框控件。

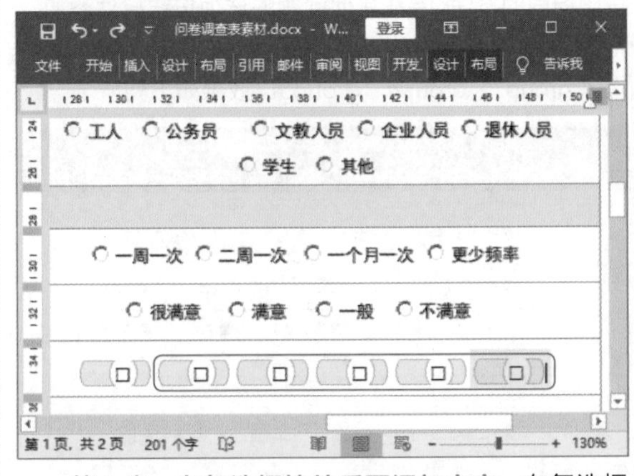

第 9 步：在复选框控件后面添加文字。在复选框控件后面添加描述这个选项的文字。

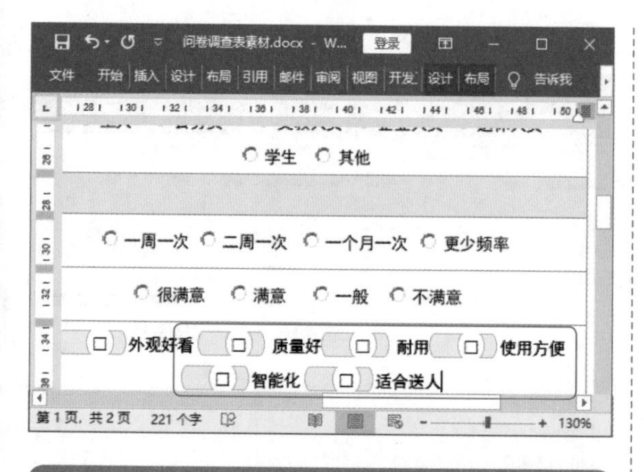

3. 添加组合框控件

在问卷调查表中，如果页面空间不够，或者是选项过多时，可以选择组合框控件，即将选项折叠起来放进组合框中，让调查对象通过在下拉列表中选择来回答问卷。

第 1 步：添加组合框控件。单击“开发工具”选项卡下“控件”组中的“组合框内容控件”按钮。

第 2 步：进入组合框控件属性编辑状态。右击添加的组合框控件，选择快捷菜单中的“属性”选项。

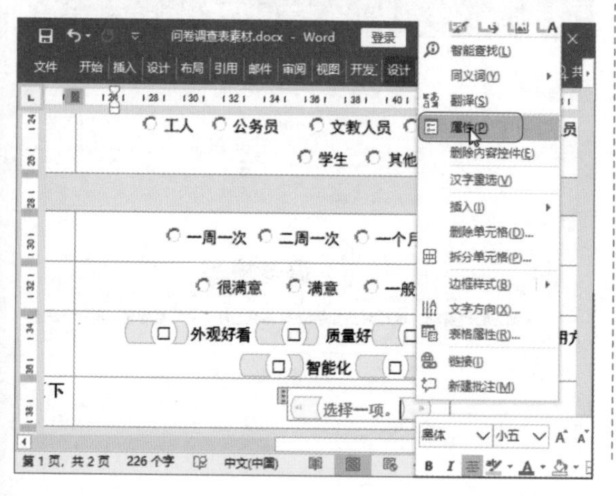

专家点拨

通常组合框用于在多个选项中选择一个选项，但它与选项按钮不同的是，它是由一个文本框和一个列表框组成。列表框只有在单击下拉按钮时才出现，故占用面积小。提供的选项可以有很多，用户除从下拉列表中选择选项外，还可以直接在文本框中输入选项内容，但其列表内容需要通过程序进行添加。

第 3 步：修改名称。单击“内容控件属性”对话框中的“修改”按钮。

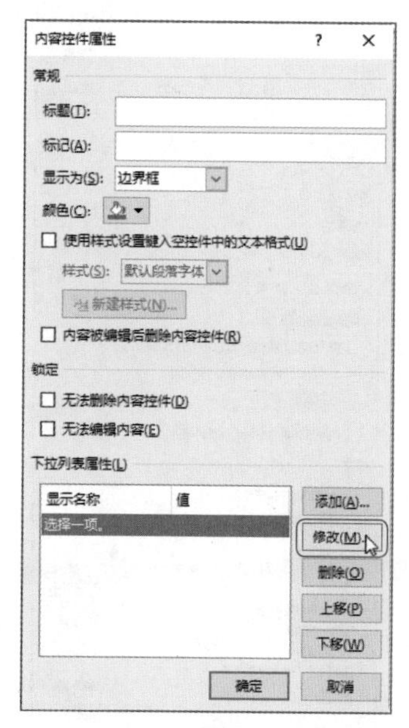

第 4 步：修改选项。❶在“修改选项”对话框中输入“显示名称”文本内容，在“值”文本框中输入 1；❷单击“确定”按钮。

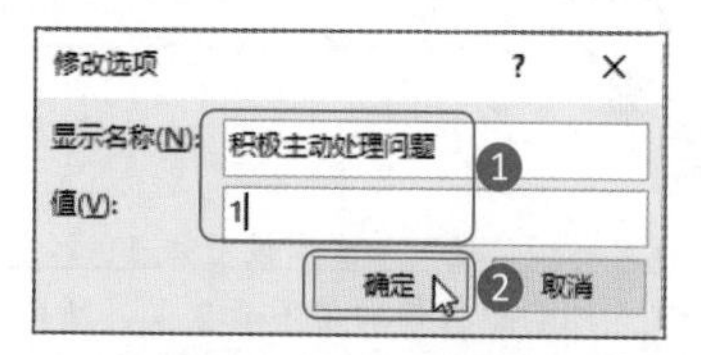

第 5 步：添加新选项内容。❶单击“添加”按钮；❷在弹出的“添加选项”对话框中输入新的选项的“显示名称”及“值”；❸单击“确定”按钮。

第 6 步：完成所有选项添加。❶按照同样的方法，完成这个组合框控件的其他选项内容的添加；❷单击“确定”按钮。

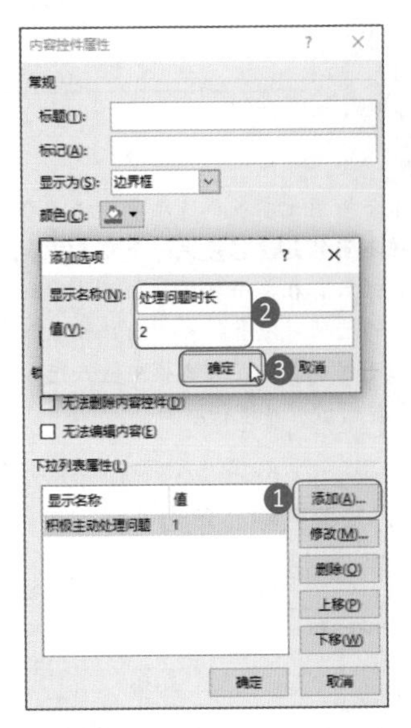

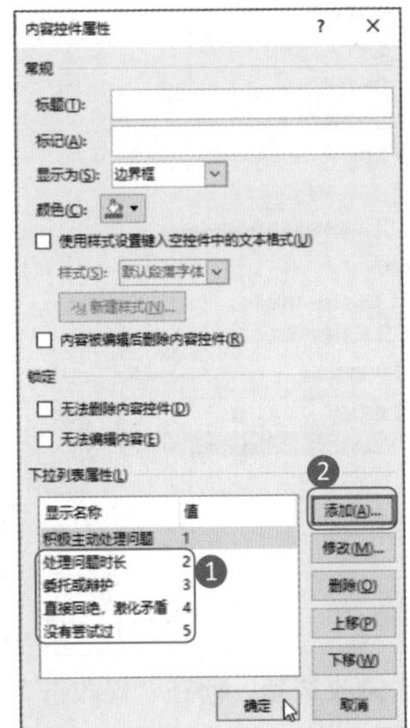

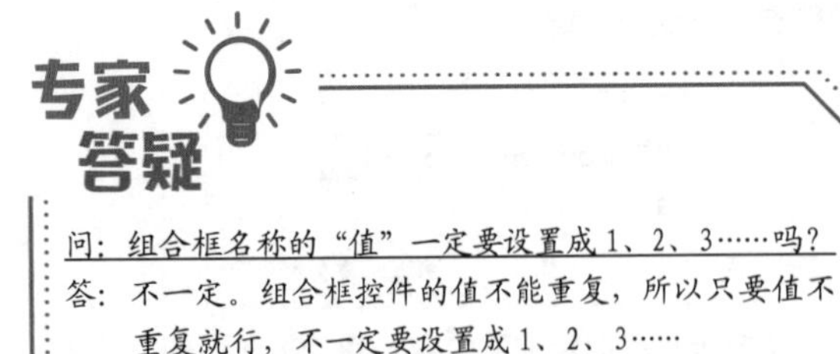

4. 添加文本框控件

在问卷调查表中，有需要让调查对象输入文字填写的内容，此时可以通过添加文本框控件来实现。

第 1 步：添加文本框控件。单击“开发工具”选项卡下“控件”组中的“纯文本内容控件”按钮 Aa，在文档中插入一个文本框控件。

第 2 步：再添加一个文本框控件。此时可以查看添加成功的第一个文本框控件，按照同样的方法，再添加另一个文本框控件。

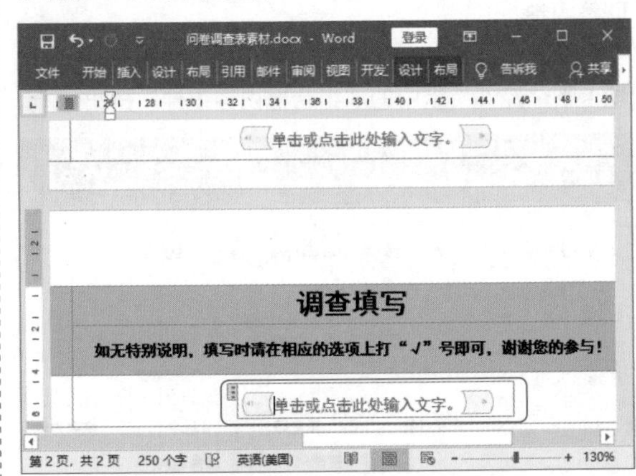

第 3 步：退出控件设计模式。到了这一步，便完成了问卷调查表的控件添加。单击“开发工具”选项卡下“控件”组中的“设计模式”按钮，退出控件的添加编辑状态。

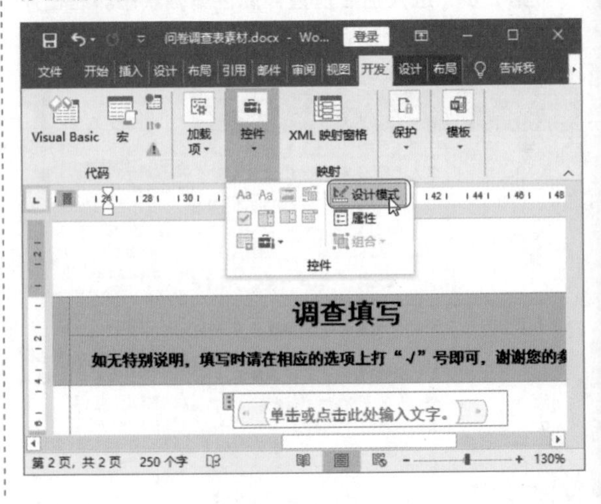

第 4 步：查看完成的调查问卷。退出控件添加编辑状态后，页面效果如下图所示。

调查项目	调查填写 如无特别说明，填写时请在相应的选项上打"√"号即可，谢谢您的参与！
基本情况	
您的年龄是	◉ 20岁以下 ○ 20~39岁 ○ 40~59岁 ○ 60岁及以上
您的月收入水平是	○ 1500元以下 ○ 1500~3000元 ○ 3000~6000元 ○ 6000元以上
您的职业类型是	○ 工人 ○ 公务员 ○ 文教人员 ○ 企业人员 ○ 退休人员 ○ 学生 ○ 其他
调查内容	
您对本公司产品的购买频率是	○ 一周一次 ○ 二周一次 ○ 一个月一次 ○ 更少频率
与同类产品相比，您对本公司产品满意吗	○ 很满意 ○ 满意 ○ 一般 ○ 不满意
您认为本公司产品的优点是哪些（可多选）	☐外观好看 ☐ 质量好☐ 耐用☐使用方便 ☐智能化 ☐适合送人
当您对服务提出投诉或建议时，公司客服的处理方式（下拉选择）	选择一项。
其他调查项目	
您对公司产品或服务有哪些建议或意见？（文字填写）	单击或点击此处输入文字。
请为本公司写一句宣传语（文字填写）	单击或点击此处输入文字。

过关练习：制作"公司车辆管理制度"

公司车辆管理制度文档是为了使公司或企业的车辆管理统一化、制度化而使用的内部文件，其目的是保证车辆的正常使用以及车辆安全。随着企业的发展，车辆管理制度需要进行更新，此时为了更好地完善制度，可以在新制度后面附上问卷调查表，征集员工的意见。

"公司车辆管理制度"文档制作完成后的效果如下图所示。

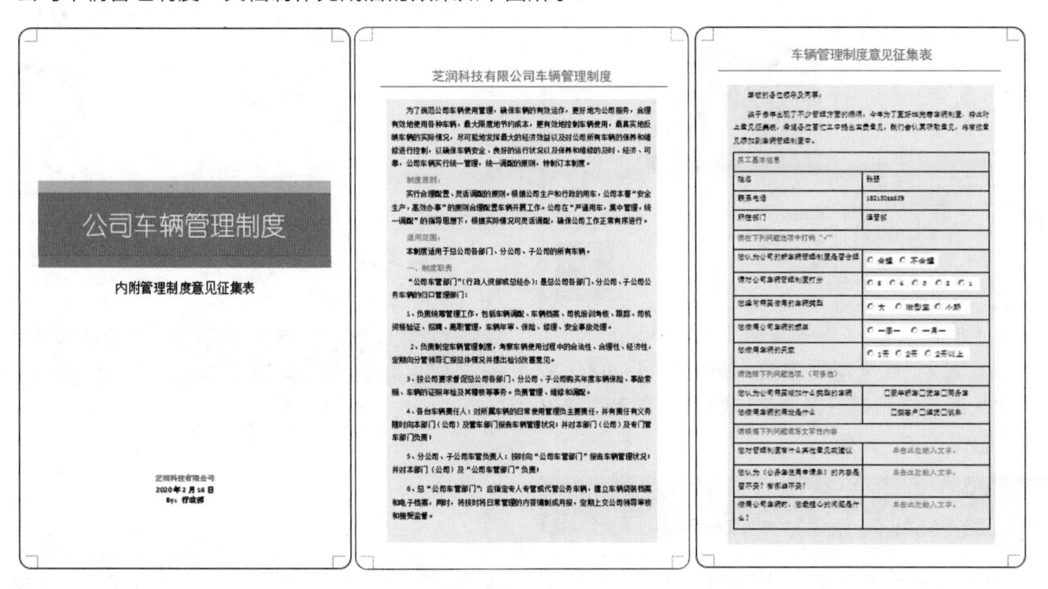
公司车辆管理制度
内附管理制度意见征集表
芝润科技有限公司车辆管理制度
车辆管理制度意见征集表

思路解析

当公司管理人员接收到拟定公司车辆管理制度文档的命令时，需要使用 Word 文档拟定一个初步的公司车辆管理制度，并将该制度返回给领导审阅，让领导提出修改意见。文档完成修改后，为了保证该制度的完备性，根据公司具体情况，可以附加问卷调查表，让使用车辆的员工提出自己的意见。其制作流程及思路如下。

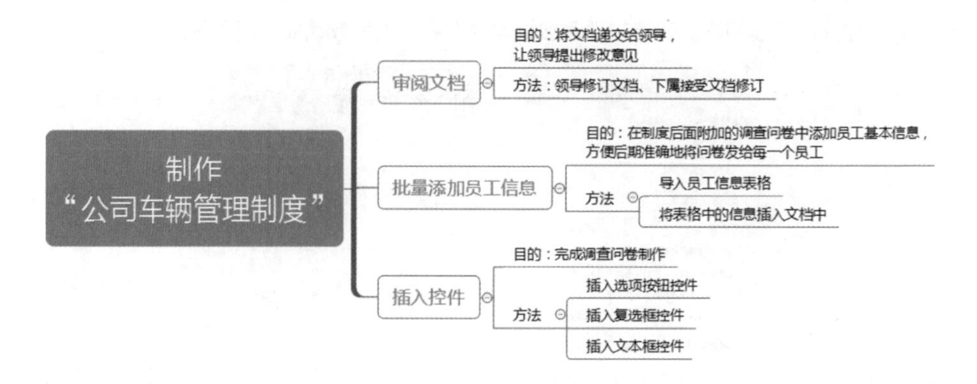

关键步骤

关键步骤 1：进入修订模式添加文本框。按照路径“素材文件\第 5 章\公司车辆管理制度素材 .docx”打开素材文件，单击“审阅”选项卡下“修订”按钮，进入修订状态。❶在封面页下方绘制一个文本框；❷输入文字，设置文字的字体及字号；❸设置文字的颜色。

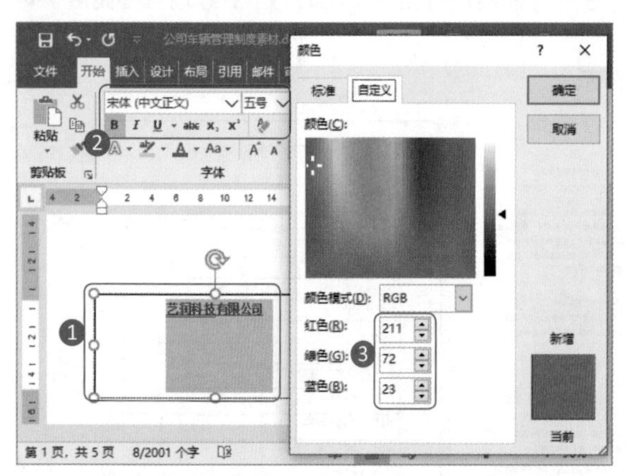

关键步骤 2：在文本框中输入其他文字。❶在文本框中输入第二排和第三排文字；❷设置文字的字体和大小；❸设置文字颜色。

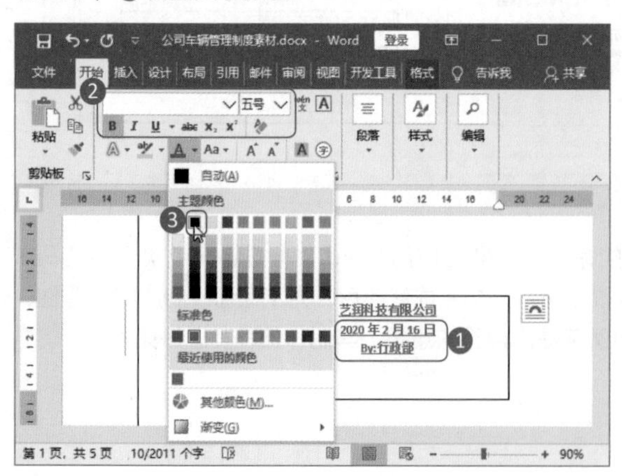

关键步骤 3：设置文本框格式。设置文本框为“无填充”格式及“无轮廓”格式，并调整文本框位置为“水平居中”。

关键步骤 4：添加文字。在第一个大标题中，添加“车辆”二字。

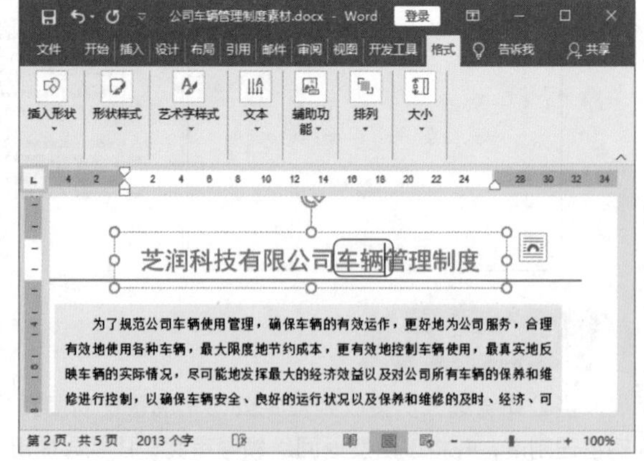

关键步骤 5：修改标点符号。将光标置于句号前，按 Delete 键，将该句号删除，输入“，”。

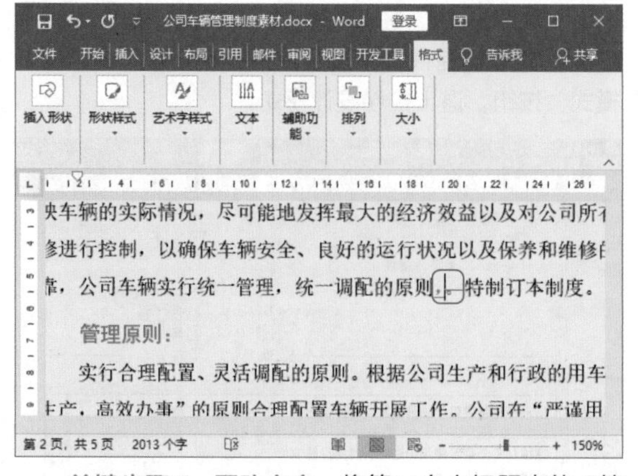

关键步骤 6：更改文字。将第一个小标题中的“管理”二字删除，输入“制度”二字。

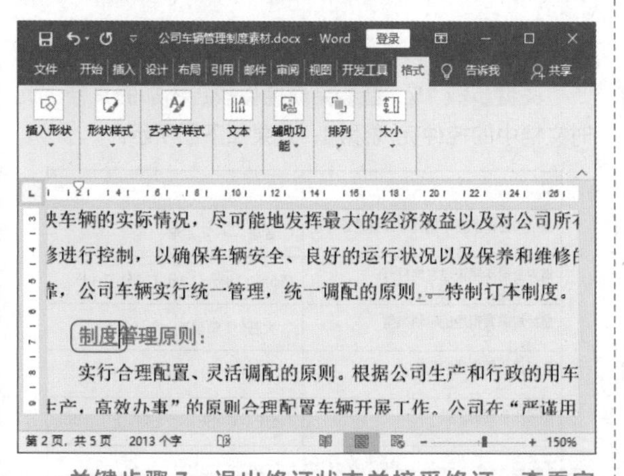

关键步骤 7：退出修订状态并接受修订，查看完成修订后的文档。单击“修订”按钮，退出修订状态后再单击“接受所有修订”按钮，此时就完成了文档中错误内容的修订，修订效果如下图所示。

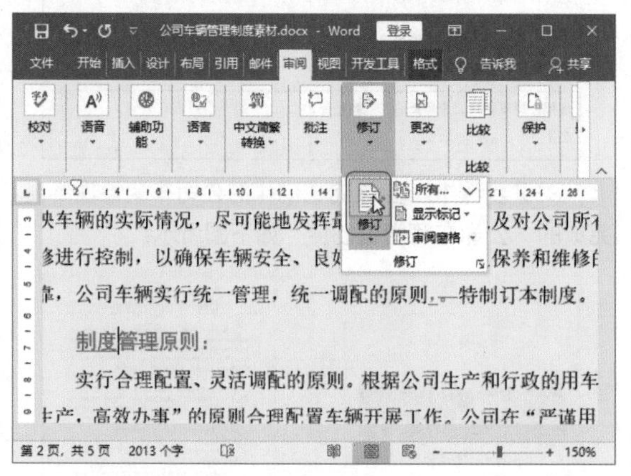

关键步骤 8：导入表格。单击“邮件”选项卡下“选项收件人”按钮，再选择下拉菜单中的“使用现有列表”选项。❶按照路径“素材文件 \ 第 5 章 \ 车辆管理制度员工信息 .xlsx”选择表格文件；❷单击“打开”按钮。随后再确定选择的工作表，完成表格导入。

关键步骤 9：插入表格信息。利用“插入合并域”功能依次插入表格中的信息。

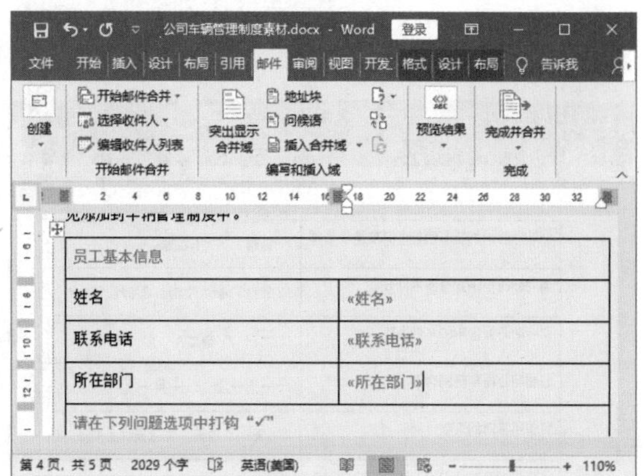

关键步骤 10：调整文字格式。选中插入的三列文字，调整文字的字体为“宋体”，字号为 10，颜色为“黑色”。单击“邮件”选项卡下“预览结果”组中的“预览结果”按钮，效果如下图所示。

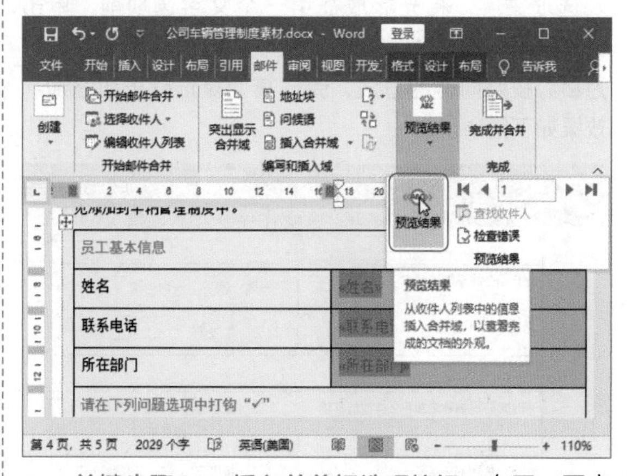

关键步骤 11：插入并剪切选项按钮。在下一页空白处插入“选项按钮”◉。右击插入的按钮，选择快捷菜单中的“剪切”选项。

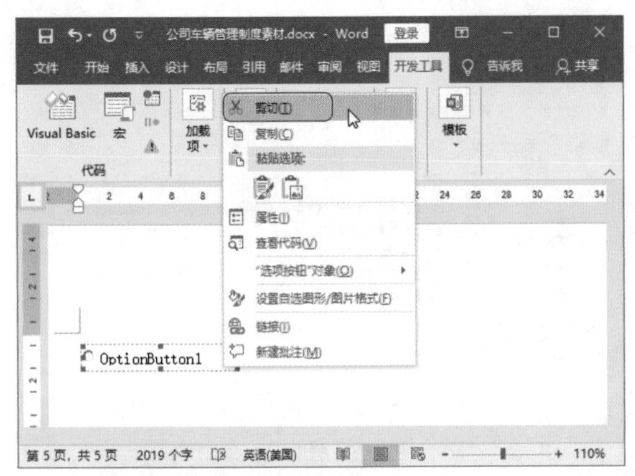

关键步骤 12：设置选项按钮属性，完成选项按钮插入。将选项按钮粘贴到表格中，打开第一个选项按钮的“属性”对话框，设置控件 Caption 值为“合理”，GroupName 为 group1。按照同样的方法，完成其他选项按钮的添加及属性设置。

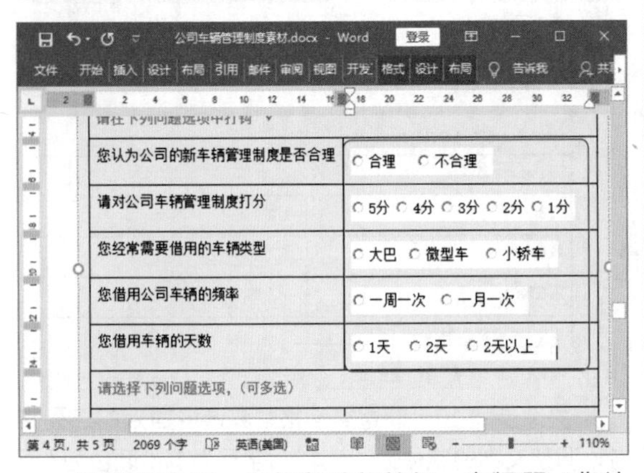

关键步骤 13：添加复选框按钮。在问题“您认为公司需要增加什么类型的车辆”对应的文本框中输入选项文字，将光标放在第一个文字选项前，单击“复选框内容控件”按钮，更改按钮的外观属性符号为☑。按照同样的方法，完成其他复选框按钮添加。效果如下图所示。

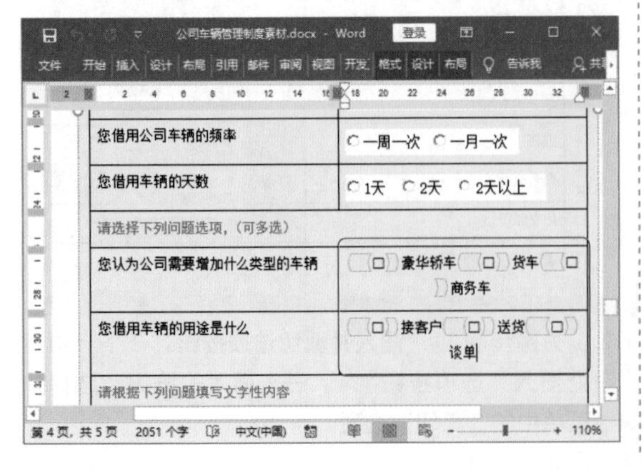

关键步骤 14：完成文本框控件添加。❶在表格下方插入文本框控件，并设置控件文字；❷单击“设计模式”按钮，退出控件设计模式。

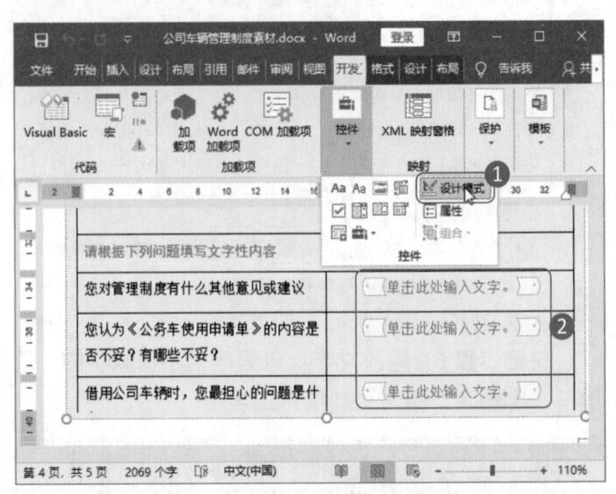

关键步骤 15：查看完成控件按钮添加的文档。此时文档中的控件完成添加，效果如下图所示。

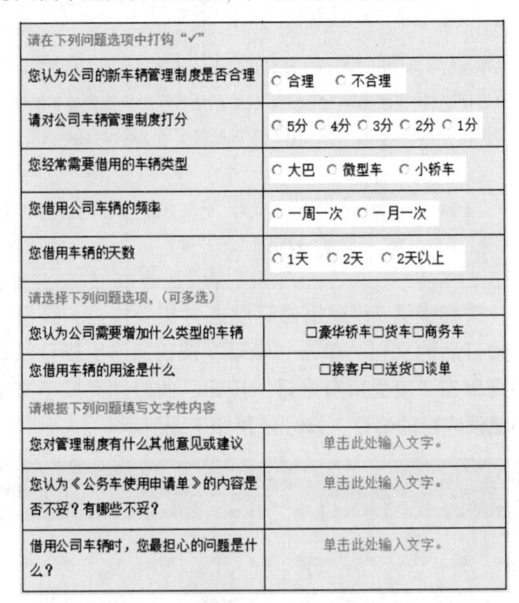

请在下列问题选项中打钩“✓”	
您认为公司的新车辆管理制度是否合理	○合理 ○不合理
请对公司车辆管理制度打分	○5分 ○4分 ○3分 ○2分 ○1分
您经常需要借用的车辆类型	○大巴 ○微型车 ○小轿车
您借用公司车辆的频率	○一周一次 ○一月一次
您借用车辆的天数	○1天 ○2天 ○2天以上
请选择下列问题选项，（可多选）	
您认为公司需要增加什么类型的车辆	☐豪华轿车☐货车☐商务车
您借用车辆的用途是什么	☐接客户☐送货☐谈单
请根据下列问题填写文字性内容	
您对管理制度有什么其他意见或建议	单击此处输入文字。
您认为《公务车使用申请单》的内容是否不妥？有哪些不妥？	单击此处输入文字。
借用公司车辆时，您最担心的问题是什么？	单击此处输入文字。

关键步骤 16：查看完成制作的公司车辆管理制度。完成的“公司车辆管理制度”如下图所示。

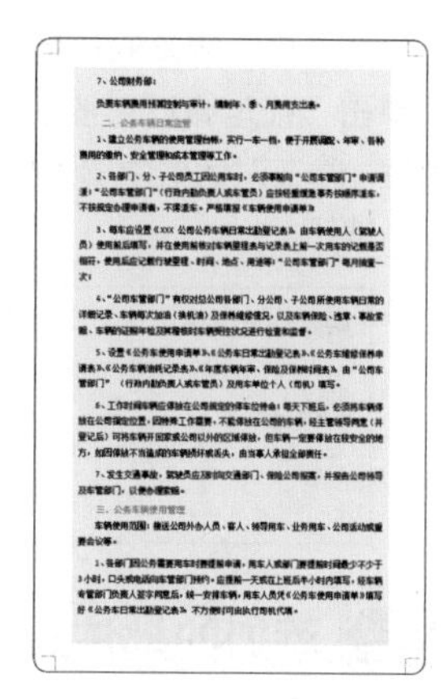

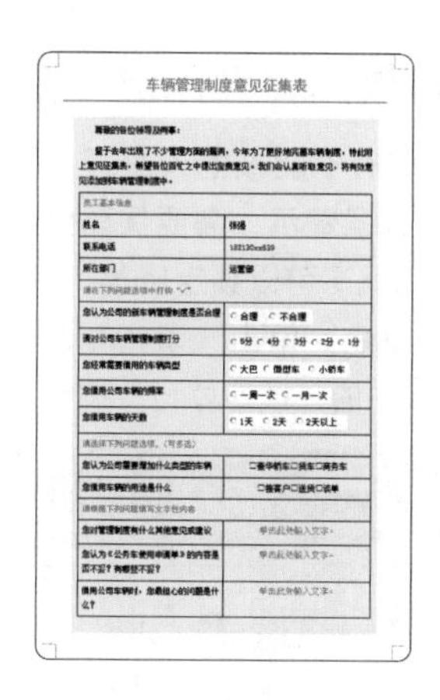

高手秘技

1. 怕别人看不懂文档，那就学会添加脚注命令

当文档需要他人审阅时，为了避免他人看不懂文档中的专业术语、特殊内容，可以添加脚注，起到解释文档内容的作用。

第 1 步：执行添加脚注命令。❶选中需要添加脚注的文字；❷单击“引用”选项卡下“脚注”组中的“插入脚注”按钮。

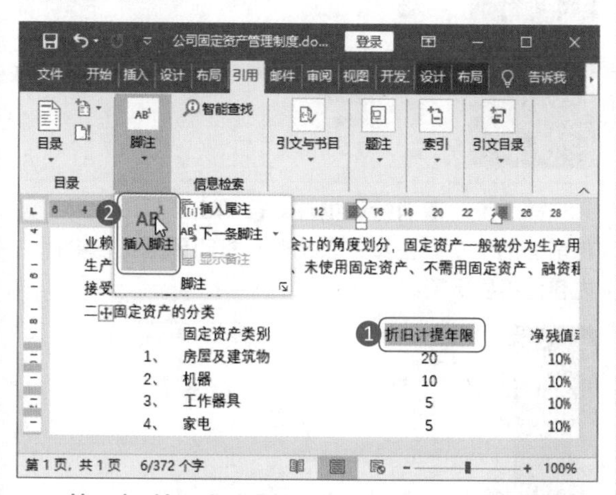

第 2 步：输入脚注内容。在文档下方输入脚注内容。

第 3 步：完成脚注添加。按照同样的方法，添加第二条脚注，结果如下图所示。脚注左上方有一个编号，这个编号与文档中添加脚注处的编号一致。文档阅读者可以通过这个编号找到相应的脚注进行阅读。

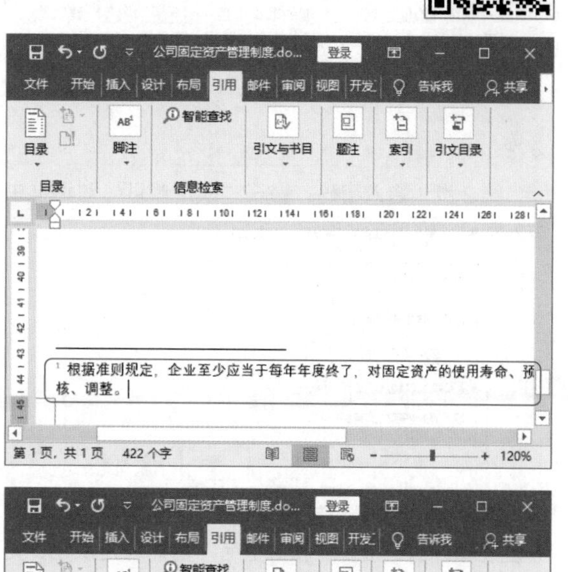

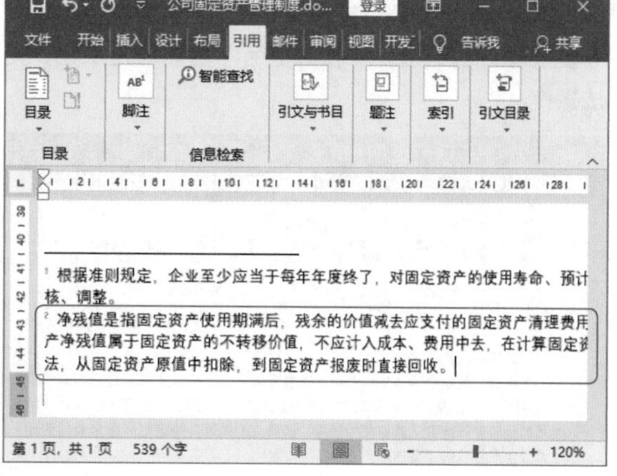

2. 避免修订内容被删除，就用这一招

在 Word 中添加的修订有时不能被他人进行修改或删除，例如领导给员工的错误警示，需要保留修订内容让其他员工知晓。这种情况下可以锁定修改。

第 1 步：执行锁定修订命令。 单击“审阅”选项卡下“修订”组“修订”菜单中的“锁定修订”按钮。

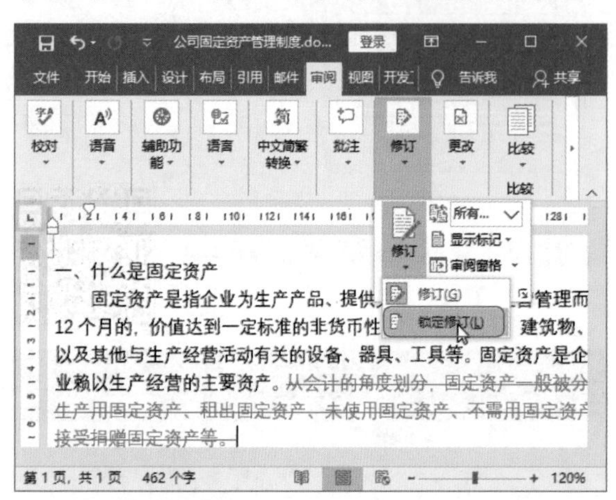

第 2 步：输入密码。 ❶在“锁定修订”对话框中输入密码；❷单击“确定”按钮。

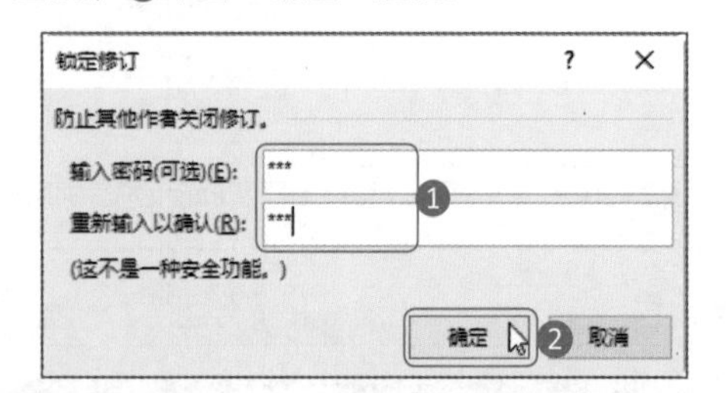

第 3 步：查看修订锁定效果。 此时选中文中修订，会发现修订的“接受”和“拒绝”功能均是灰色，无法操作。

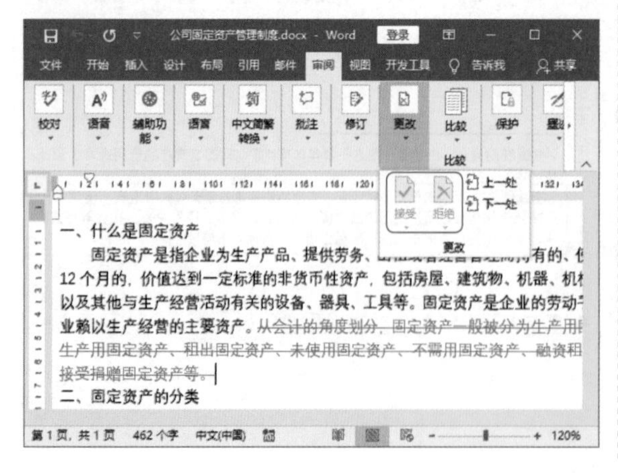

第 4 步：解除修订锁定。 要想解除修订锁定，再次单击“锁定修订”按钮，打开“解除锁定跟踪”对话框。❶在对话框中输入事先设置的密码；❷单击“确定”按钮。

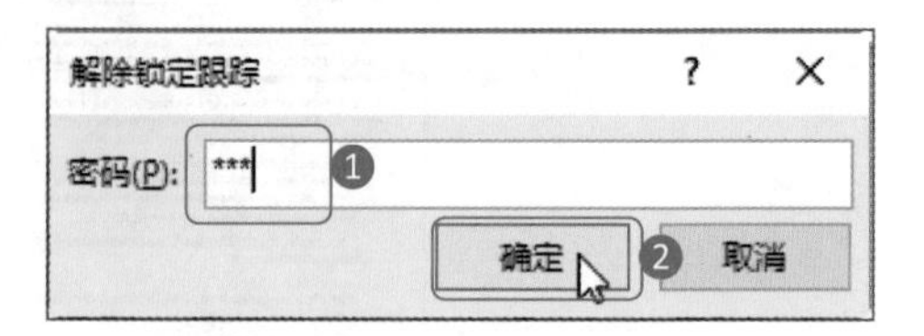

3. 添加的批注总是被打印出来怎么办

添加了批注的文档在打印时需要进行设置，否则可能将批注一同打印出来。

第 1 步：单击“打印所有页”。 ❶单击“文件”菜单，再选择菜单中的“打印”命令，此时在页面右边的打印预览中显示有批注内容；❷单击“打印所有页”下拉列表框右侧的下拉按钮。

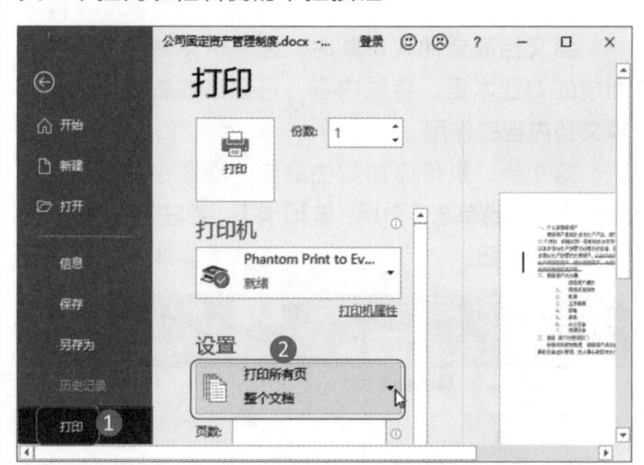

第 2 步：取消打印批注。 ❶单击“打印标记”，将前面的“√”去掉；❷此时在打印预览窗格中批注内容便不显示了。

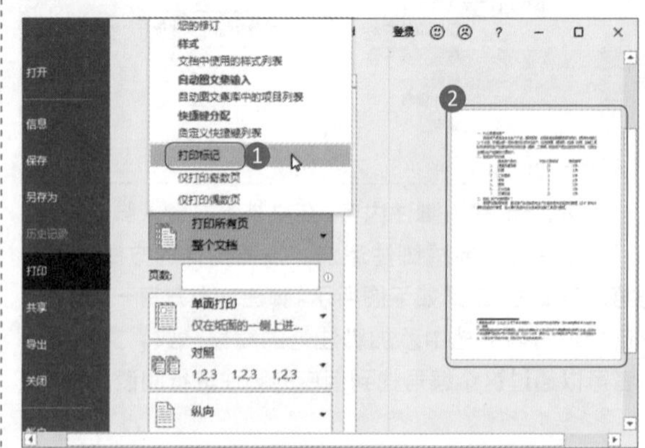

Excel 表格编辑与数据计算

内容导读

Excel 2019 是一款功能强大的电子表格软件，不仅具有表格编辑功能，还可以在表格中进行公式计算。本章以制作“公司员工档案表”“员工考评成绩表”以及“员工工资条”为例，介绍 Excel 表格编辑与公式计算的操作技巧；同时，以打印“员工工资条”为例，还介绍了 Excel 表格的打印设置。

知识要点

- 工作簿和工作表的创建方法
- 数据输入方法
- 使用公式计算数据
- 表格的样式调整方法
- 表格中文字格式设置
- 表格打印设置方法

案例展示

编号	姓名	性别
0012405	张强	男
0012406	刘艳	女
0012407	王宏	男
0012408	张珊珊	女
0012409	刘通	女
0012410	赵琳	女
0012411	姚莉莉	女
0012412	李新月	女
0012413	赵丽	女
0012414	曾玉	女
0012415	周礼	男
0012416	李浩	男
0012417	张龙	男
0012418	李国强	男
0012419	赵丙辰	男
0012420	沈瑜	男
0012421	王若	女
0012422	刘希	女

2020年第二季度员工考评成绩表

编号	姓名	销售业绩	表达能力	写作能力	应急处理能力	专业知识熟悉程度	总分	平均分	排名	是否合格
0012457	赵强	84	57	94	84	51	370	123	1	合格
0012458	王宏	51	75	85	96	43	350	117	3	合格
0012459	刘艳	42	62	76	72	52	304	101	20	不合格
0012460	王春兰	74	52	84	51	84	345	115	7	合格
0012461	李一凡	51	41	75	42	86	295	98	21	不合格
0012462	曾钰	42	52	84	52	94	324	108	12	合格
0012463	沈梦林	51	53	75	51	75	305	102	19	不合格
0012464	周小如	66	54	86	42	84	332	111	11	合格
0012465	赵西	64	52	84	62	86	348	116	5	合格
0012466	刘虎弗	85	57	72	51	94	359	120	2	合格
0012467	王泽一	72	58	84	42	85	341	114	9	合格
0012468	周梦钟	51	59	85	51	76	322	107	13	合格

工资条

工号	姓名	部门	职务	工龄	社保扣费	绩效评分	基本工资	工龄工资	绩效奖金	岗位津贴	实发工资
1021	刘通	总经办	总经理	8	200	85	1800	800	1000	1500	4900
工号	姓名	部门	职务	工龄	社保扣费	绩效评分	基本工资	工龄工资	绩效奖金	岗位津贴	实发工资
1022	张飞	总经办	助理	3	300	68	1800	300	680	1000	3480
工号	姓名	部门	职务	工龄	社保扣费	绩效评分	基本工资	工龄工资	绩效奖金	岗位津贴	实发工资
1023	王宏	总经办	秘书	5	200	84	1800	500	1000	500	3600
工号	姓名	部门	职务	工龄	社保扣费	绩效评分	基本工资	工龄工资	绩效奖金	岗位津贴	实发工资
1024	李湘	总经办	主任	4	200	75	1800	400	750	600	3350
工号	姓名	部门	职务	工龄	社保扣费	绩效评分	基本工资	工龄工资	绩效奖金	岗位津贴	实发工资
1025	赵强	运营部	部长	5	200	85	1800	500	1000	300	3400

6.1 制作“公司员工档案表”

案例说明

公司员工档案表是公司行政人事部常用的一种 Excel 文档。因为 Excel 文档可以存储很多数据类信息，因此在录入员工档案信息时通常会选择 Excel 而不是 Word。公司员工档案表中，包括员工的编号、姓名、性别、生日、身份证号等一系列员工的基本个人信息。

“公司员工档案表”文档制作完成后的效果如下图所示。

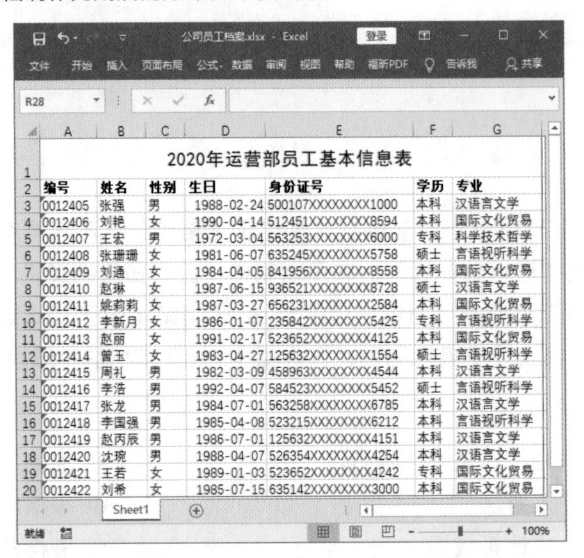

2020年运营部员工基本信息表

编号	姓名	性别	生日	身份证号	学历	专业
0012405	张强	男	1988-02-24	500107XXXXXXXX1000	本科	汉语言文学
0012406	刘艳	女	1990-04-14	512451XXXXXXXX8594	本科	国际文化贸易
0012407	王宏	男	1972-03-04	563253XXXXXXXX6000	专科	科学技术哲学
0012408	张珊珊	女	1981-06-07	635245XXXXXXXX5758	硕士	言语视听科学
0012409	刘通	女	1984-04-05	841956XXXXXXXX8558	本科	国际文化贸易
0012410	赵琳	女	1987-06-15	936521XXXXXXXX8728	硕士	汉语言文学
0012411	姚莉莉	女	1987-03-27	656231XXXXXXXX2584	本科	国际文化贸易
0012412	李新月	女	1986-01-07	235842XXXXXXXX5425	专科	言语视听科学
0012413	赵丽	女	1991-02-17	523652XXXXXXXX4125	本科	国际文化贸易
0012414	曾玉	女	1983-04-27	125632XXXXXXXX1554	硕士	言语视听科学
0012415	周礼	男	1982-03-09	458963XXXXXXXX4544	本科	汉语言文学
0012416	李浩	男	1992-04-07	584523XXXXXXXX5452	硕士	言语视听科学
0012417	张龙	男	1984-07-01	563258XXXXXXXX6785	本科	汉语言文学
0012418	李国强	男	1985-04-08	523215XXXXXXXX6212	本科	言语视听科学
0012419	赵丙辰	男	1986-07-01	125632XXXXXXXX4151	本科	汉语言文学
0012420	沈琬	男	1988-04-07	526354XXXXXXXX4254	本科	汉语言文学
0012421	王若	女	1989-01-03	523652XXXXXXXX4242	专科	国际文化贸易
0012422	刘希	女	1985-07-15	635142XXXXXXXX3000	本科	国际文化贸易

思路解析

公司行政人员在制作“公司员工档案表”时，首先要正确创建 Excel 文件，并在文件中设置好工作表的名称；然后开始输入数据，在输入数据时要根据数据类型的不同，选择相应的输入方法；最后再对工作表进行调整，增加它的美观度。其制作流程及思路如下。

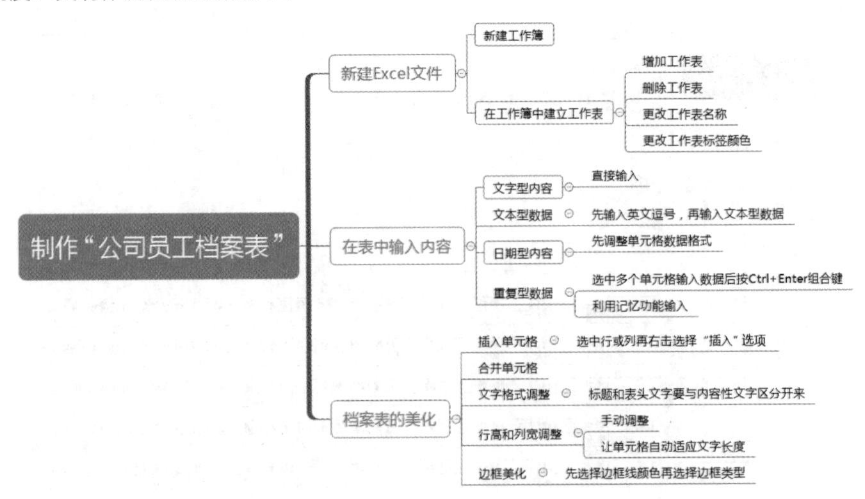

步骤详解

6.1.1 新建“公司员工档案表”文件

在办公应用中，常常有大量的数据信息需要进行存储和处理，这时可以使用 Excel 表格。例如，公司员工的资料信息，可以使用 Excel 表格进行存储。存储的第一步便是新建一个 Excel 文件。

1. 新建 Excel 文件

Excel 文件的创建步骤是：首先新建工作簿后；然后选择恰当的文件保存路径；最后输入工作簿名称进行保存。

第 1 步：新建工作簿。打开 Excel 2019 软件，在“开始”菜单中单击“空白工作簿”按钮。

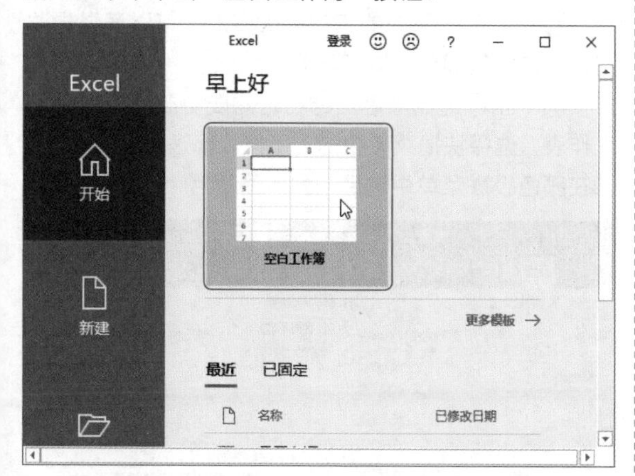

第 2 步：保存工作簿。❶此时自动创建了一个 Excel 工作簿；❷单击窗口左上方的“保存”按钮。

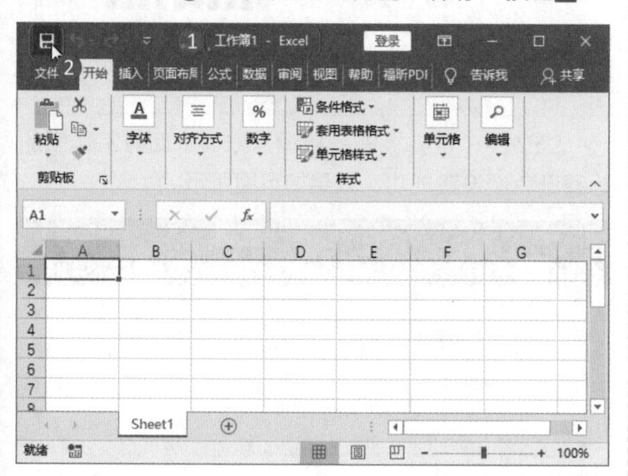

第 3 步：打开“另存为”对话框。❶在“文件”选项卡下选择“另存为”选项；❷单击“浏览”按钮。

第 4 步：设置保存参数。❶在打开的“另存为”对话框中，选择文件保存路径；❷输入工作簿的“文件名”；❸单击“保存”按钮。

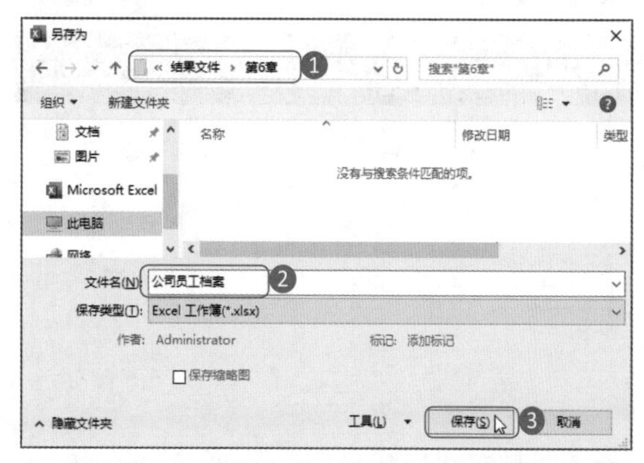

第 5 步：查看保存的工作簿。保存成功的工作簿如下图所示，文件名称已更改。

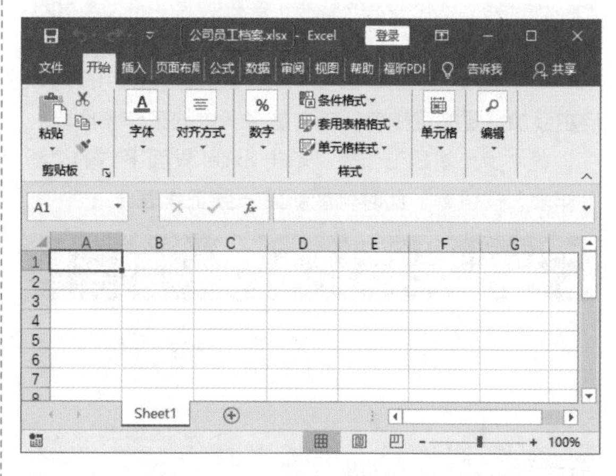

2. 重命名工作表名称

一个 Excel 文件可以称为“工作簿”，一个工作簿中可以有多张工作表，为了区分这些工作表，可以对其进行重命名。

第 1 步：执行“重命名”命令。右击工作表名称，

选择快捷菜单中的“重命名”选项。

第 2 步：输入新名称。执行“重命名”命令后，输入新的工作表名称，如下图所示。便完成了工作表的重命名操作。

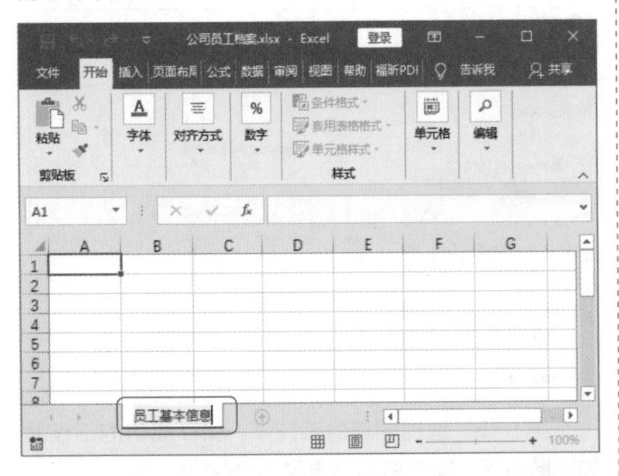

3. 新建与删除工作表

一个 Excel 工作簿中可以有多张工作表，用户可以自由添加需要的工作表，或者是将多余的工作表删除。

第 1 步：新建工作表。单击 Excel 界面下方的“新工作表”按钮⊕，此时就能新建一张工作表。

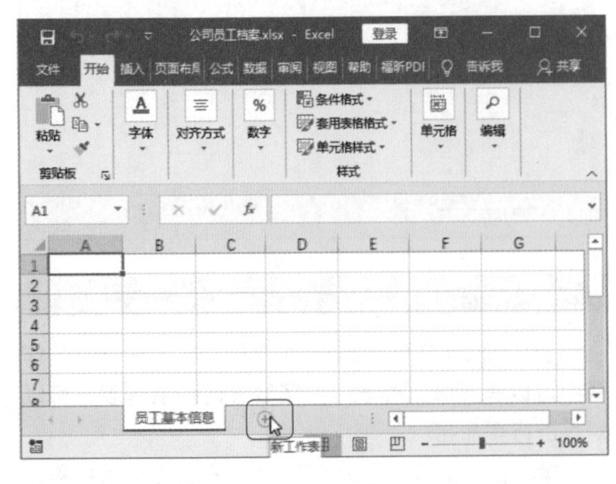

第 2 步：删除工作表。右击需要删除的工作表，选择菜单中的“删除”选项，即可删除工作表。

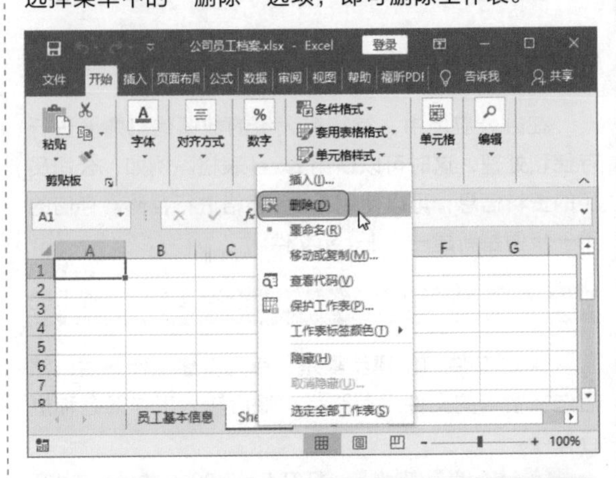

4. 更改工作表标签颜色

当一个工作簿中的工作表太多时，可以通过更改工作表的标签颜色，以示区分。

第 1 步：选择颜色。❶右击需要更改标签颜色的工作表，选择快捷菜单中的“工作表标签颜色”选项；❷在颜色级联菜单中选择一种标签颜色。

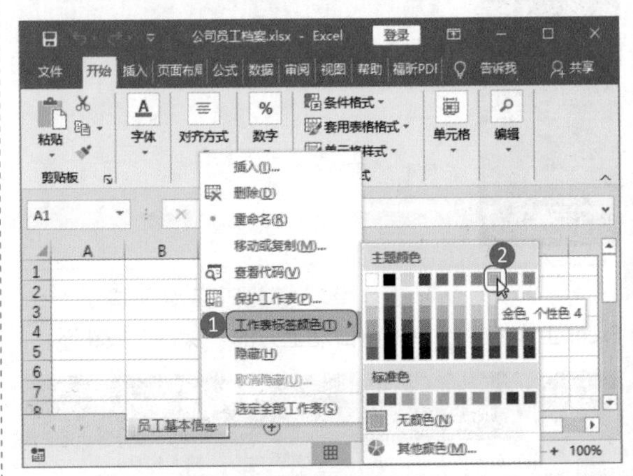

第 2 步：查看标签颜色设置效果。此时工作表的标签颜色便设置成功，效果如下图所示。

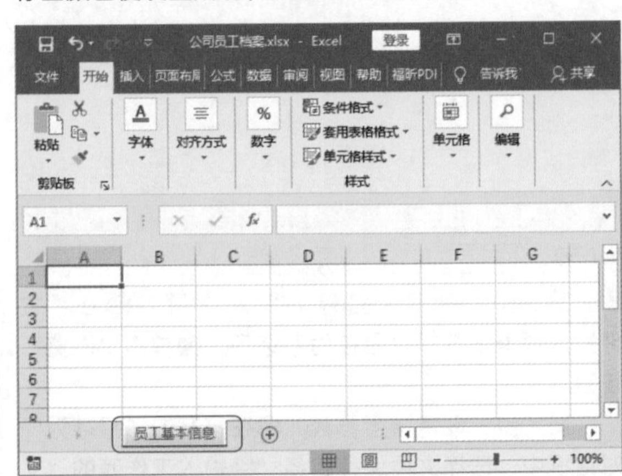

6.1.2 输入员工基本信息

当 Excel 文件及里面的工作表创建完成后，就可以在工作表中输入需要的信息了。在输入信息时，需要注意区分信息的类型及规律，以科学正确的方式输入信息。

1. 输入文本内容

文本信息是 Excel 表中最常见的一种信息，不需要事先进行设置数据类型就能输入。

第 1 步：输入第一个单元格的文本内容。将光标放到左上角的第一个单元格中，输入相应文本内容。

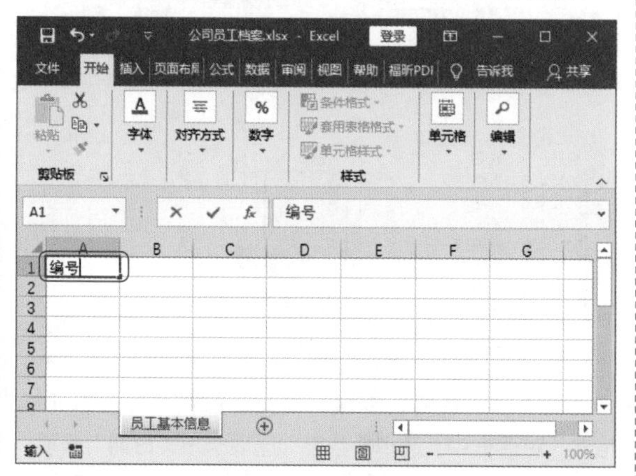

第 2 步：完成其他文本信息的输入。按照同样的方法，完成工作表中其他文本信息的输入。效果如下图所示。

	A	B	C	D	E	F	G
1	编号	姓名	性别	生日	学历	专业	
2		张强					
3		刘艳					
4		王宏					
5		张珊珊					
6		刘通					
7		赵琳					
8		姚莉莉					
9		李新月					
10		赵丽					
11		曾玉					
12		周礼					
13		李浩					
14		张龙					
15		李国强					
16		赵丙辰					
17		沈琬					
18		王若					
19		刘希					

2. 输入文本型数据

在 Excel 中要输入数值内容时，Excel 会自动将其以标准的数值格式保存于单元格中。如果在数值的左侧输入 0 将被自动省略，如 001，则自动将该值转换为常规的数值格式 1；再如输入小数 .009，会自动转换为 0.009。若数值位数达到或超过 12 位，第 12 位的数字将自动四舍五入，并以科学计数法进行表示，如输入 9.9876543216 将显示为 9.987654322，如输入 987654321775 将显示为 9.87654E+11，即表示 9.87654×10^{11}。

若要使数字保持输入时的格式，即输入文本型数据时，需要将数值转换为文本，即文本型数据。其方法是在输入数值时先输入英文单引号（'），例如要使“编号”列中输入的数据格式显示为 00*，则在输入时须按照文本型数据进行输入。具体操作步骤如下。

第 1 步：输入英文单引号。在需要输入文本型数据的单元格中将输入法切换到英文状态，输入单引号（'）。

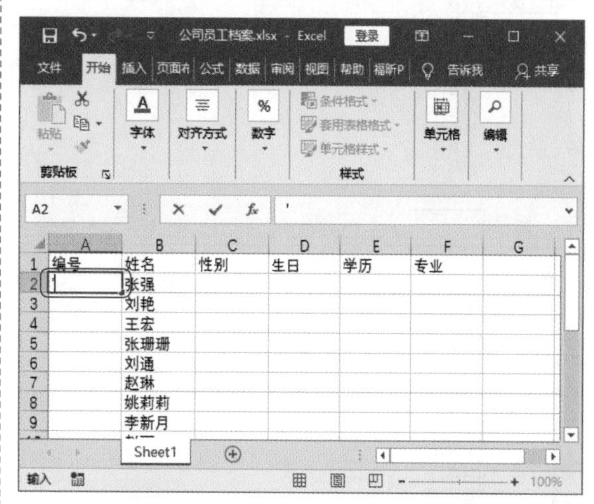

第 2 步：输入数据。在英文单引号后面紧接着输入员工的编号数据。

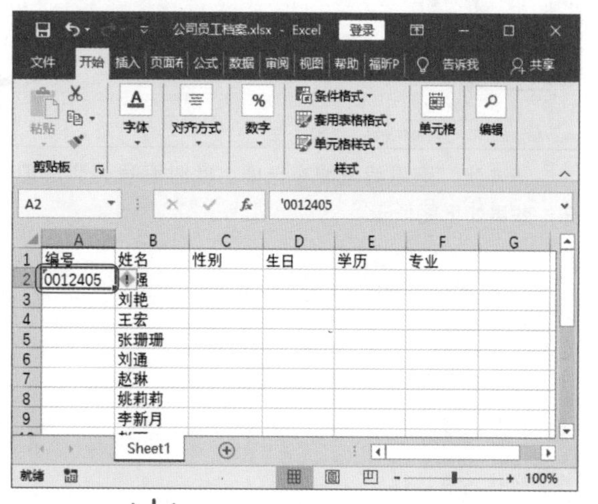

专家点拨

如果输入数据后，出现“#####”的显示状态，说明单元格需要增加列宽。

第 3 步：填充序列。因为员工编号是顺序递增的，所以可以利用“填充序列”功能完成其他编号内容的填充。❶将鼠标指针放到第一个员工编号单元格右下方，当鼠标指针变成黑色十字形时，按住鼠标左键不放，往下拖动；❷直到拖动的区域覆盖所有需要填充编号序列的单元格。

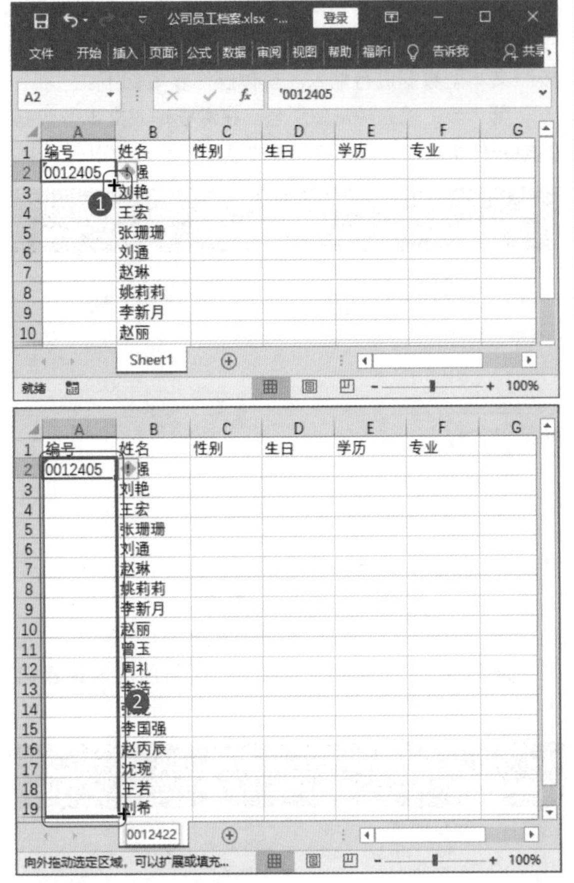

第 4 步：查看编号填充结果。此时编号列完成填充，效果如下图所示。

	A	B	C	D	E	F	G
1	编号	姓名	性别	生日	学历	专业	
2	0012405	张强					
3	0012406	刘艳					
4	0012407	王宏					
5	0012408	张珊珊					
6	0012409	刘通					
7	0012410	赵琳					
8	0012411	姚莉莉					
9	0012412	李新月					
10	0012413	赵丽					
11	0012414	曾玉					
12	0012415	周礼					
13	0012416	李浩					
14	0012417	张龙					
15	0012418	李国强					
16	0012419	赵丙辰					
17	0012420	沈琬					
18	0012421	王若					
19	0012422	刘希					

3．输入日期型数据

日期型数据有多种形式，如 2020 年 3 月 1 日、有 2020/3/1、18-Mar-1 等。为了保证日期格式的正确，可以事先选择单元格的数据类型再输入日期。

第 1 步：打开“设置单元格格式”对话框。❶选中要输入日期数据的单元格；❷单击“开始”选项卡下“数字”组中的“对话框启动器”按钮 ↘。

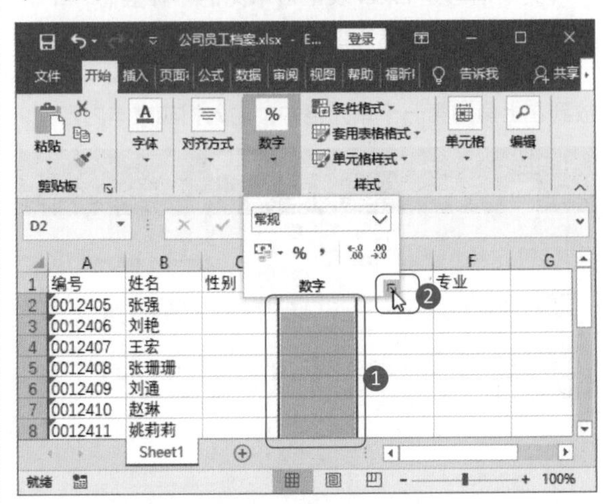

第 2 步：选择日期数据类型。❶在“设置单元格格式”对话框中，选择“数字”选项卡下“日期”选项；❷在“类型”中选择日期数据的类型；❸单击“确定”按钮。

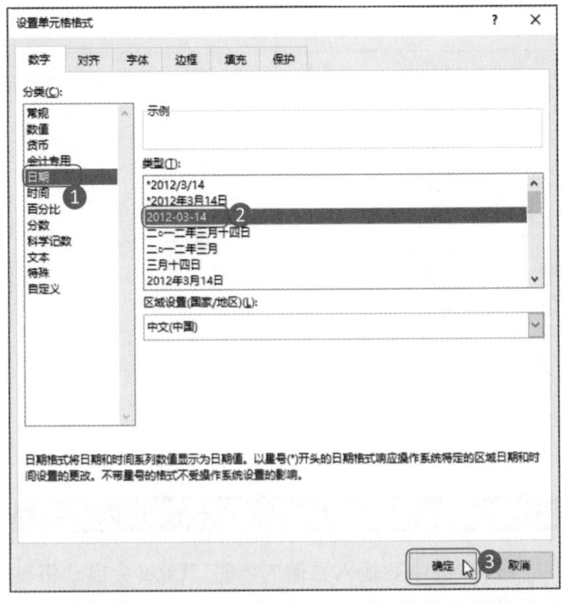

第 3 步：输入日期数据。完成单元格日期格式的设置后，输入日期数据即可。

编号	姓名	性别	生日	学历	专业
0012405	张强		1988-02-24		
0012406	刘艳		1990-04-14		
0012407	王宏		1972-03-04		
0012408	张珊珊		1981-06-07		
0012409	刘通		1984-04-05		
0012410	赵琳		1987-06-15		
0012411	姚莉莉		1987-03-27		
0012412	李新月		1986-01-07		
0012413	赵丽		1991-02-17		
0012414	曾玉		1983-04-27		
0012415	周礼		1982-03-09		
0012416	李浩		1992-04-07		
0012417	张龙		1984-07-01		
0012418	李国强		1985-04-08		
0012419	赵丙辰		1986-07-01		
0012420	沈琬		1988-04-07		
0012421	王若		1989-01-03		
0012422	刘希		1985-07-15		

Sheet1　选定目标区域，然后按 ENTER 或选...　100%

输入日期型数据不需要事先设置好单元格的数据类型。默认情况下，Excel 单元格数据类型是“常规”，这种类型输入文本及普通数据都没有问题。如果输入日期型数据后，发现格式不对，再选中单元格打开“设置单元格格式”对话框调整数据类型，单元格中的数据就能正常显示了。

4. 在多个单元格中同时输入数据

在输入表格数据时，若某些单元格中需要输入相同的数据，此时可同时输入，方法是同时选中要输入相同数据的多个单元格，输入数据后按组合键 Ctrl+Enter 即可。

第 1 步：选中要输入相同数据的单元格。按住 Ctrl 键，选中要输入数据“男”的单元格。

编号	姓名	性别	生日	学历	专业
0012405	张强		1988-02-24		
0012406	刘艳		1990-04-14		
0012407	王宏		1972-03-04		
0012408	张珊珊		1981-06-07		
0012409	刘通		1984-04-05		
0012410	赵琳		1987-06-15		
0012411	姚莉莉		1987-03-27		
0012412	李新月		1986-01-07		
0012413	赵丽		1991-02-17		
0012414	曾玉		1983-04-27		
0012415	周礼		1982-03-09		
0012416	李浩		1992-04-07		
0012417	张龙		1984-07-01		
0012418	李国强		1985-04-08		
0012419	赵丙辰		1986-07-01		
0012420	沈琬		1988-04-07		
0012421	王若		1989-01-03		
0012422	刘希		1985-07-15		

Sheet1　就绪　100%

第 2 步：输入数据。选中这些单元格后，直接输入数据“男”。

编号	姓名	性别	生日	学历	专业
0012405	张强		1988-02-24		
0012406	刘艳		1990-04-14		
0012407	王宏		1972-03-04		
0012408	张珊珊		1981-06-07		
0012409	刘通		1984-04-05		
0012410	赵琳		1987-06-15		
0012411	姚莉莉		1987-03-27		
0012412	李新月		1986-01-07		
0012413	赵丽		1991-02-17		
0012414	曾玉		1983-04-27		
0012415	周礼		1982-03-09		
0012416	李浩		1992-04-07		
0012417	张龙		1984-07-01		
0012418	李国强		1985-04-08		
0012419	赵丙辰		1986-07-01		
0012420	沈琬	男	1988-04-07		
0012421	王若		1989-01-03		
0012422	刘希		1985-07-15		

Sheet1　输入　100%

第 3 步：按组合键 Ctrl+Enter。按组合键 Ctrl+Enter，此时选中的单元格中自动填充输入的数据“男”。

编号	姓名	性别	生日	学历	专业
0012405	张强	男	1988-02-24		
0012406	刘艳		1990-04-14		
0012407	王宏	男	1972-03-04		
0012408	张珊珊		1981-06-07		
0012409	刘通		1984-04-05		
0012410	赵琳		1987-06-15		
0012411	姚莉莉		1987-03-27		
0012412	李新月		1986-01-07		
0012413	赵丽		1991-02-17		
0012414	曾玉		1983-04-27		
0012415	周礼	男	1982-03-09		
0012416	李浩	男	1992-04-07		
0012417	张龙	男	1984-07-01		
0012418	李国强	男	1985-04-08		
0012419	赵丙辰	男	1986-07-01		
0012420	沈琬	男	1988-04-07		
0012421	王若		1989-01-03		
0012422	刘希		1985-07-15		

Sheet1　就绪　计数: 8　100%

第 4 步：完成数据“女”的输入。按照相同的方法，输入数据“女”的内容。

编号	姓名	性别	生日	学历	专业
0012405	张强	男	1988-02-24		
0012406	刘艳	女	1990-04-14		
0012407	王宏	男	1972-03-04		
0012408	张珊珊	女	1981-06-07		
0012409	刘通	女	1984-04-05		
0012410	赵琳	女	1987-06-15		
0012411	姚莉莉	女	1987-03-27		
0012412	李新月	女	1986-01-07		
0012413	赵丽	女	1991-02-17		
0012414	曾玉	女	1983-04-27		
0012415	周礼	男	1982-03-09		
0012416	李浩	男	1992-04-07		
0012417	张龙	男	1984-07-01		
0012418	李国强	男	1985-04-08		
0012419	赵丙辰	男	1986-07-01		
0012420	沈琬	男	1988-04-07		
0012421	王若	女	1989-01-03		
0012422	刘希	女	1985-07-15		

Sheet1　就绪　计数: 10　100%

5. 应用记忆功能输入数据

在录入数据时，如果要输入的数据已在其他单元格中存在，可借助 Excel 中的记忆功能快速输入数据，即输入该数据的开头部分，若该数据已在其他单元格中存在，此时可以自动引用已有的数据。如果需要引用该数据则按 Enter 键；不需要引用该数据，直接输入其后的内容即可。

第 1 步：输入数据。在“学历”下方输入第一个数据“本科”。

编号	姓名	性别	生日	学历	专业
0012405	张强	男	1988-02-24	本科	
0012406	刘艳	女	1990-04-14		
0012407	王宏	男	1972-03-04		
0012408	张珊珊	女	1981-06-07		
0012409	刘通	女	1984-04-05		
0012410	赵琳	女	1987-06-15		
0012411	姚莉莉	女	1987-03-27		
0012412	李新月	女	1986-01-07		
0012413	赵丽	女	1991-02-17		
0012414	曾玉	女	1983-04-27		

专家点拨

当输入的数据的前部分不能从已存在的数据中找出唯一的数据，则不会出现提示。例如，表中已有数据“电子商务”和“电子技术”，如在新单元格中输入“电子”两字，仍无法确定将引用哪一个数据，故此时不会显示提示。

第 2 步：利用记忆功能输入相同数据。在第二个单元格中输入“本”字，此时单元格后面自动出现了“科”字，按 Enter 键即可完成这个单元格的输入。

编号	姓名	性别	生日	学历	专业
0012405	张强	男	1988-02-24	本科	
0012406	刘艳	女	1990-04-14	本科	
0012407	王宏	男	1972-03-04		
0012408	张珊珊	女	1981-06-07		
0012409	刘通	女	1984-04-05		
0012410	赵琳	女	1987-06-15		
0012411	姚莉莉	女	1987-03-27		
0012412	李新月	女	1986-01-07		
0012413	赵丽	女	1991-02-17		
0012414	曾玉	女	1983-04-27		

第 3 步：利用记忆功能输入其他数据。使用相同的方法，完成“学历”和“专业”列数据的输入，相同的内容只需输入一次就能使用记忆功能完成重复内容的输入。

编号	姓名	性别	生日	学历	专业
0012405	张强	男	1988-02-24	本科	汉语言文学
0012406	刘艳	女	1990-04-14	本科	国际文化贸易
0012407	王宏	男	1972-03-04	专科	科学技术哲学
0012408	张珊珊	女	1981-06-07	硕士	言语视听科学
0012409	刘通	女	1984-04-05	本科	国际文化贸易
0012410	赵琳	女	1987-06-15	硕士	汉语言文学
0012411	姚莉莉	女	1987-03-27	本科	国际文化贸易
0012412	李新月	女	1986-01-07	专科	言语视听科学
0012413	赵丽	女	1991-02-17	本科	国际文化贸易
0012414	曾玉	女	1983-04-27	硕士	言语视听科学
0012415	周礼	男	1982-03-09	本科	汉语言文学
0012416	李浩	男	1992-04-07	硕士	言语视听科学
0012417	张龙	男	1984-07-01	本科	汉语言文学
0012418	李国强	男	1985-04-08	本科	言语视听科学
0012419	赵丙辰	男	1986-07-01	本科	汉语言文学
0012420	沈琬	男	1988-04-07	本科	汉语言文学
0012421	王若	女	1989-01-03	专科	国际文化贸易
0012422	刘希	女	1985-07-15	本科	国际文化贸易

6.1.3 单元格的编辑与美化

在工作表中输入数据后，可能需要对单元格进行编辑，如插入新的单元格、合并单元格、更改单元格的行高和列宽等。同时也需要对单元格进行一些美化，如设置单元格的边框线。

1. 插入单元格

在工作表中输入数据后，审视数据时，可能会发现有遗漏的数据项，此时可以通过插入单元格功能来实现数据的新增。

第 1 步：选中数据列。将鼠标指针移到数据列上方，当鼠标指针变成黑色箭头时，单击，表示选中这一列数据。

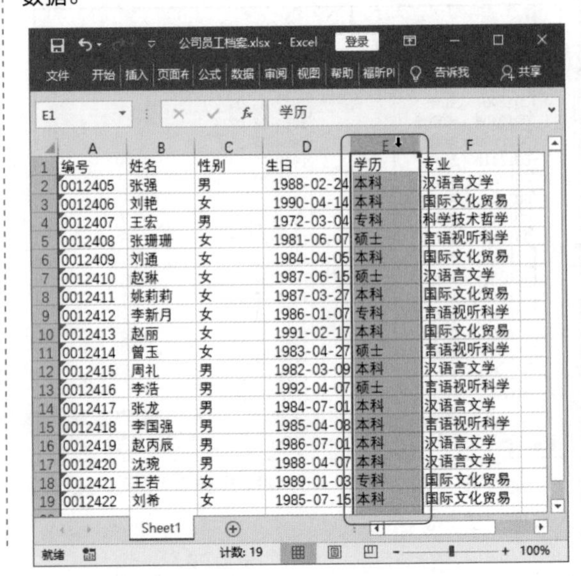

第 2 步：执行“插入”命令。❶选中数据列后，右击，选择快捷菜单中的“插入”选项；❷此时选中的数据列右边便插入了一列空白数据列。

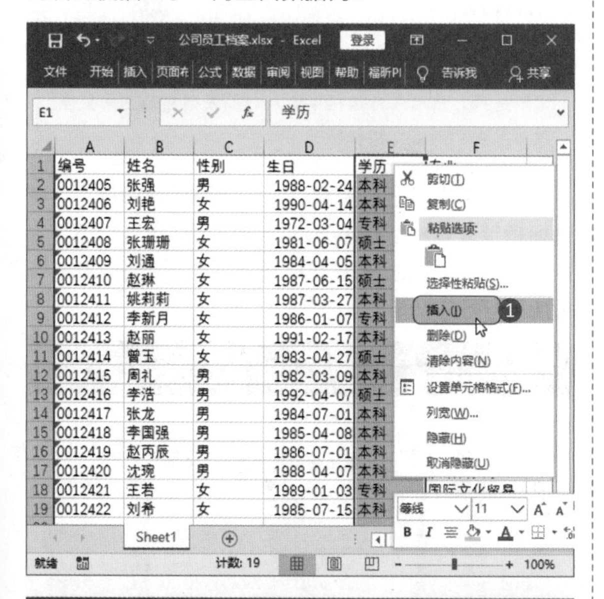

第 3 步：选中数据行。❶在第 2 步新建的空白数据列中输入“身份证号”内容；❷将鼠标指针移动到第一行左边第一个单元格的左边，当鼠标指针变成黑色箭头时，单击选中第一行数据行。然后右击，选择快捷菜单中的“插入”选项，即可在第一行上方新建一行数据行，这一行将作为标题行

第 4 步：合并单元格。❶拖动鼠标，选中新建行的单元格，单击“开始”选项卡下“对齐方式”组中的“合并单元格”的下三角按钮；❷选择下拉菜单中的“合并后居中”选项。

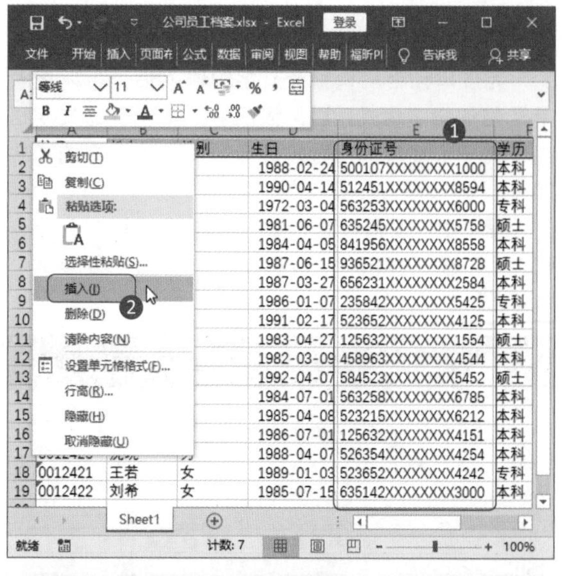

第 5 步：输入标题。合并单元格后，输入标题，效果如下图所示。

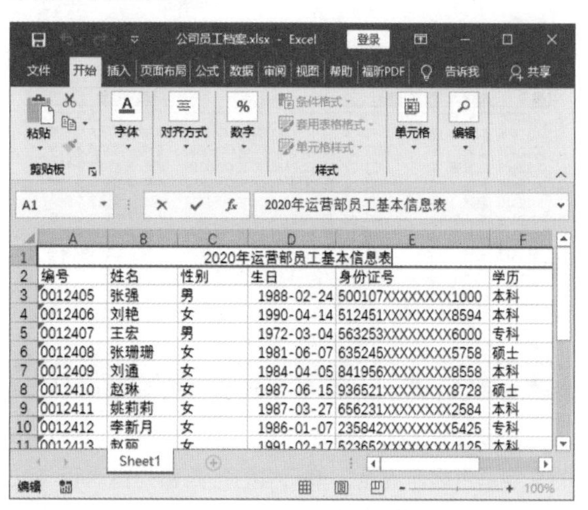

2. 设置文字格式

完成单元格的调整及文字的输入后，可以设置单元格的文字格式。通常情况下，工作表的文字格式不需要太复杂，只需设置标题及表头文字的格式即可。

第 1 步：设置标题格式。❶选中标题单元格；❷在“开始”选项卡下“字体”组中选择标题的字体、字号。

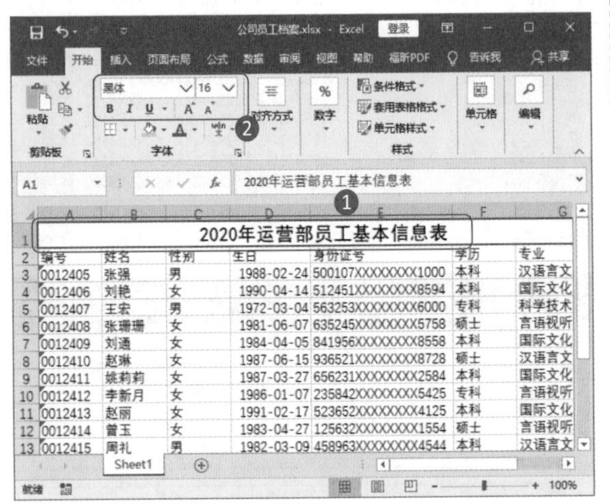

第 2 步：设置表头文字格式。❶选中表头文字；❷在“字体”组中设置表头文字的字体和字号；❸单击“对齐方式”组中的“居中”按钮≡。

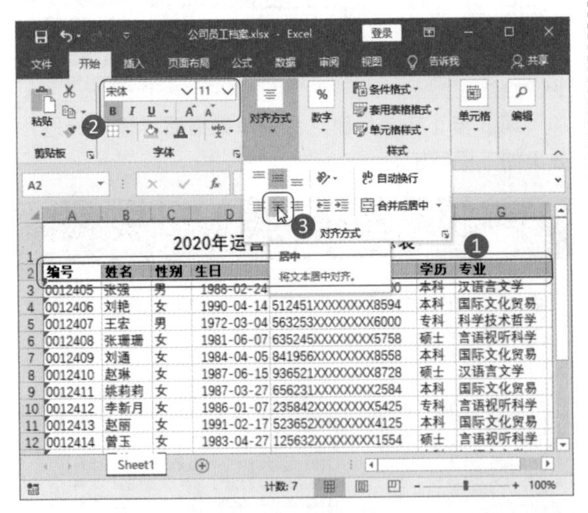

3. 调整行高和列宽

完成文字输入及格式调整后，需要审视单元格中的文字是否显示完全，单元格的行高和列宽是否与文字匹配。可以通过拖动鼠标的方式调整单元格大小，也可以让单元格自动匹配文字长度。

专家点拨

若要设置行高或列宽为具体的数据，可选中数据行或数据列，右击，在弹出的快捷菜单中选择“行高”或“列宽”选项，然后在对话框中输入行高或列宽的具体数值，最后单击“确定”按钮即可。

第 1 步：用拖动鼠标的方式调整标题的行高。将鼠标指针放到标题行下方的边框线上，当鼠标指针变成黑色双向箭头时，按住鼠标左键不放，向下拖动鼠标，增加第一行的行高。

第 2 步：选中第一列数据。将鼠标指针放到第一列数据上方，当鼠标指针变成黑色箭头时，单击选中这一列数据。

第 3 步：调整数据列宽。按住 Shift 键，选中“专业”列数据，此时从“编号”列到“专业”列都被选中了。将鼠标指针放到“专业”列右边线上，当鼠标指针变成黑色十字箭头时，双击。数据列会根据文字宽度自动调整列宽。

第 4 步：查看行高和列宽调整效果。完成行高和列宽调整的数据表如下图所示。

4. 添加边框

工作表的数据区域只占据了工作表的一部分，为了突出或美化数据区域，可以为这个区域添加边框，操作步骤是选择线条颜色然后再选择边框类型。

第 1 步：选择线条颜色。❶选中要添加边框的数据区域，单击“开始”选项卡下字体“组”中的“边框”下三角按钮 ；❷选择下拉菜单中的“线条颜色”选项；❸在颜色级联菜单中选择一种颜色。

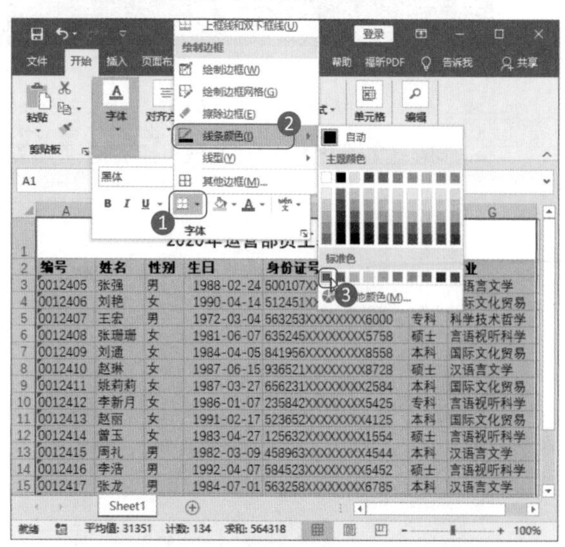

第 2 步：选择边框类型。❶单击“边框”下三角按钮 ；❷选择边框类型。

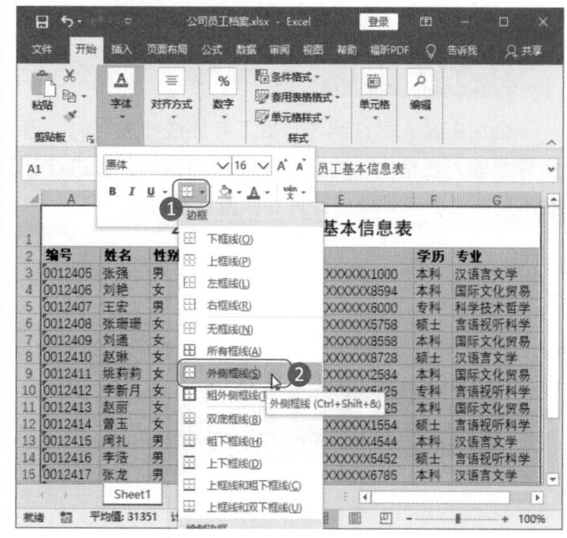

6.2 制作“员工考评成绩表”

案例说明

为了考查员工在岗位各方面的能力，公司每隔一段时间便会制作“员工考评成绩表”。员工考评成绩表除了简单地录入员工成绩外，还需要利用公式计算出员工成绩的总分、平均分。此外，为了一目了然地对比出不同员工的优秀程度，需要对员工成绩进行筛选、格式化显示。

“员工考评成绩表”文档制作完成后的效果如下图所示。

员工考评成绩表.xlsx - Excel

2020年第二季度员工考评成绩表

编号	姓名	销售业绩	表达能力	写作能力	应急处理能力	专业知识熟悉程度	总分	平均分	排名	是否合格
0012457	赵强	84	57	94	84	51	370	123	1	合格
0012458	王宏	51	75	85	96	43	350	117	3	合格
0012459	刘艳	42	62	76	72	52	304	101	20	不合格
0012460	王春兰	74	52	84	51	84	345	115	7	合格
0012461	李一凡	51	41	75	42	86	295	98	21	不合格
0012462	曾钰	42	52	84	52	94	324	108	12	合格
0012463	沈梦林	51	53	75	51	75	305	102	19	不合格
0012464	周小如	66	54	86	42	84	332	111	11	合格
0012465	赵西	64	52	84	62	86	348	116	5	合格
0012466	刘虎昂	85	57	72	51	94	359	120	2	合格
0012467	王泽一	72	58	84	42	85	341	114	9	合格
0012468	周梦钟	51	59	85	51	76	322	107	13	合格
0012469	钟小天	42	54	86	42	84	308	103	17	不合格
0012470	钟正凡	88	56	84	53	62	343	114	8	合格
0012471	肖莉	74	51	85	62	42	314	105	14	不合格
0012472	王涛	85	42	74	51	41	293	98	22	不合格
0012473	叶柯	74	53	86	42	53	308	103	17	不合格
0012474	谢稀	86	54	84	84	42	350	117	3	合格
0012475	黄磊	52	58	74	86	41	311	104	15	不合格
0012476	王玉龙	42	95	74	84	52	347	116	6	合格
0012477	吴磊	61	75	77	72	54	339	113	10	合格
0012478	张姗姗	34	84	55	75	62	310	103	16	不合格

思路解析

公司主管人员在制作“员工考评成绩表”时，首先需要获取到不同员工的不同考核指标的具体分数，然后将分数输入表格中，再选择不同的函数对分数进行计算，并设置条件格式显示，让公司其他领导更加方便地查看不同员工的考评成绩。其制作流程及思路如下。

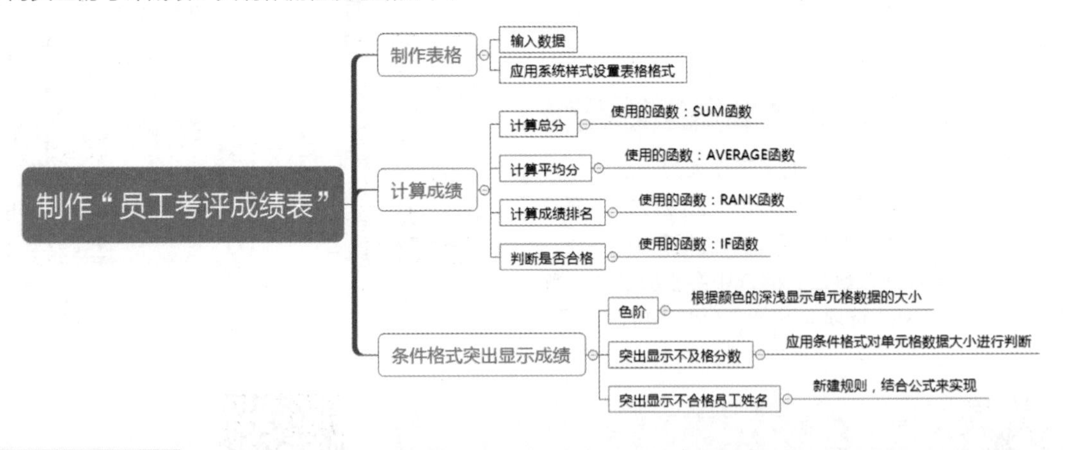

步骤详解

6.2.1 创建“员工考评成绩表”

创建“员工考评成绩表”，首先需要输入基本数据并设置好表格格式，方便后期数据的计算与分析。

1. 输入数据

选中单元格录入员工编号、姓名等数据，并且合并第一行单元格输入标题，至于需要计算的数据暂且不用输入，后期利用公式功能计算即可。数据输入效果如下图所示。

2020年第二季度员工考评成绩表

编号	姓名	销售业绩	表达能力	写作能力	应急处理能力	专业知识熟悉程度	总分	平均分	排名	是否合格
0012457	赵强	84	57	94	84	51				
0012458	王宏	51	75	85	96	43				
0012459	刘艳	42	62	76	72	52				
0012460	王春兰	74	52	84	51	84				
0012461	李一凡	51	41	75	42	86				
0012462	曾钰	42	52	84	52	94				
0012463	沈梦林	51	53	75	51	75				
0012464	周小如	66	54	86	42	84				
0012465	赵西	64	52	84	62	86				
0012466	刘虎昂	85	57	72	51	94				
0012467	王泽一	72	58	84	42	85				
0012468	周梦钟	51	59	85	51	76				
0012469	钟小天	42	54	86	42	84				
0012470	钟正凡	88	56	84	53	62				
0012471	肖莉	74	51	85	62	42				
0012472	王涛	85	42	74	51	41				
0012473	叶柯	74	53	86	42	53				
0012474	谢桶	86	54	84	84	42				
0012475	黄磊	52	58	74	86	41				
0012476	王玉龙	42	95	74	84	52				
0012477	吴磊	61	75	77	72	54				
0012478	张姗姗	34	84	55	75	62				

2. 设置表格样式

表格数据输入完成后，可以利用系统预设的标题格式、单元格样式快速美化表格。具体操作步骤如下。

第 1 步：设置标题格式。❶选中标题；❷单击“开始”选项卡下“样式”组中的“单元格样式”按钮；❸选择一个标题样式。

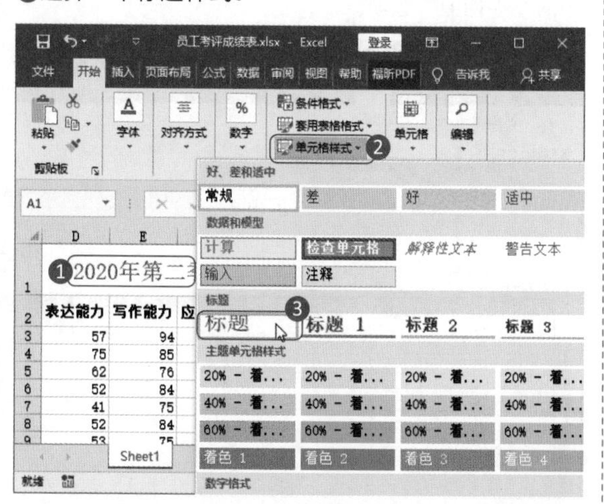

第 2 步：选择表格格式。❶单击“开始”选项卡下“样式”组中的“套用表格格式”按钮；❷选择一种表格样式。

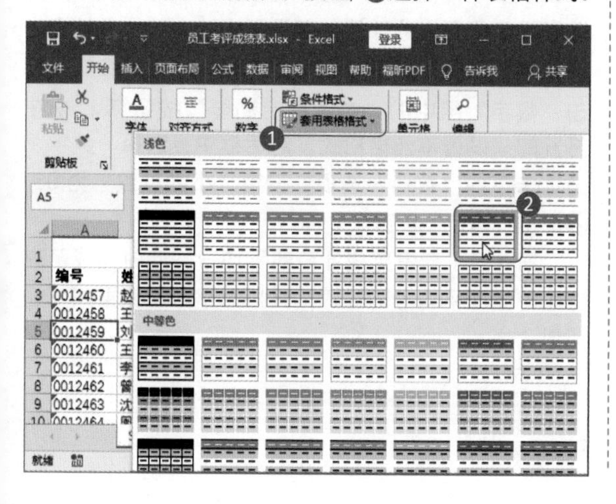

第 3 步：选择样式套用区域。❶此时会弹出“创建表”对话框，此时按住鼠标左键不放，在工作表中拖动鼠标选择标题以下的表格区域；❷单击“确定”按钮。

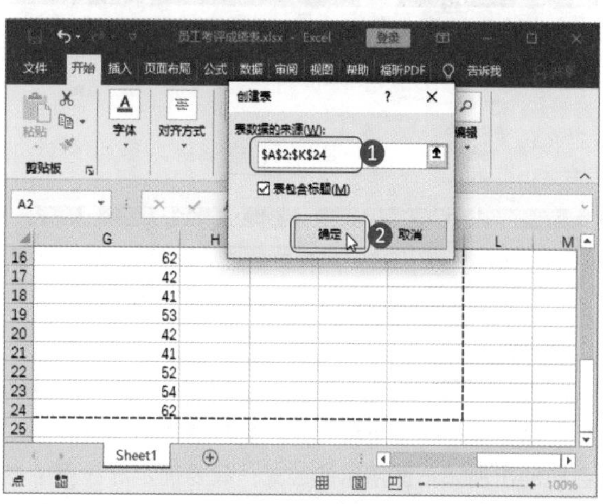

第 4 步：查看完成样式设置的效果。完成样式设置的效果如下图所示，表格套用了样式中的字体、颜色，并且在第一行数据单元格中添加了一个筛选按钮。

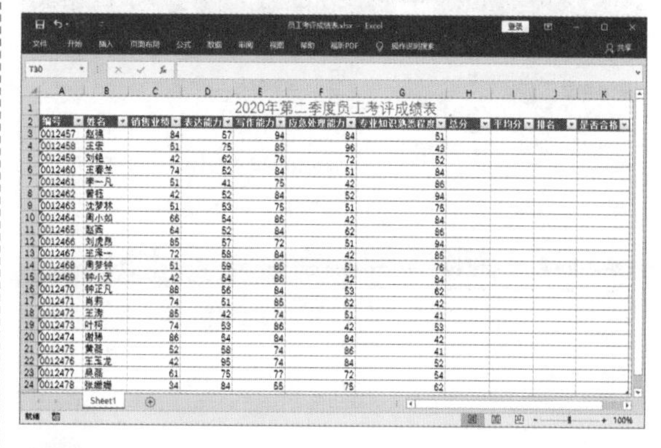

6.2.2 计算考评成绩

表格的基本数据输入完成后，涉及计算的数据内容可以通过 Excel 的公式功能自动计算输入。此时只需知道 Excel 常用公式的使用方法即可完成数据计算。

1. 计算总分

计算总分用到的是求和公式，这是 Excel 常用的公式之一。求和函数的语法格式是 SUM(number1, number2,...)，如果将逗号（,）换成冒号（:），表示计算从 number1 单元格到 number2 单元格之间的所有数据之和。

第 1 步：选择“求和”函数。❶选中“总分”下面的第一个单元格，表示要将求和结果放在此；❷单击“公式”选项卡下“函数库”组中的“自动求和”

下三角按钮；❸选择下拉菜单中的“求和”选项。

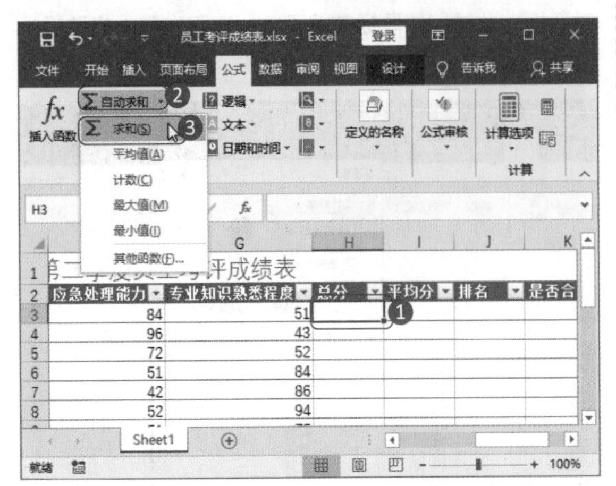

第 2 步：确定求和公式。执行“求和”命令后，会自动出现如下图所示的公式，只要确定虚线框中的数据是需要求和的数据即可，按 Enter 键，表示确定公式。

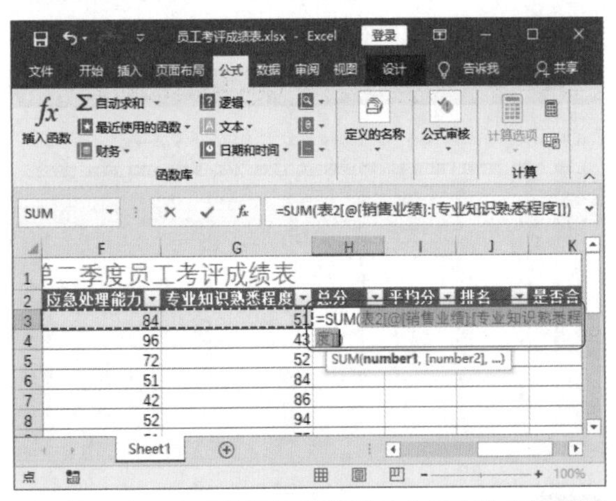

第 3 步：查看数据计算结果。由于事先套用了系统预设的格式，所以这里使用公式后，“总分”列剩下的单元格也会被自动计算求和，效果如下图所示。

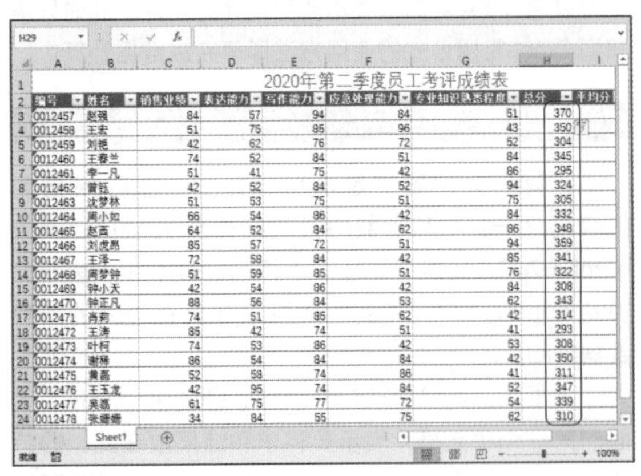

专家点拨

在使用 Excel 函数公式之前，首先应该明白单元格的命名定位方法。在 Excel 表中，每一个单元格都有独一无二的编号，其编号是由横向的字母加纵向的数字组成，如 B5 表示 B 列 5 行的单元格。因此在进行函数计算时，只要通过单元格编号来说明需要计算的数据单元格范围即可。如 SUM(B5:M3) 表示计算 B5 单元格到 M3 单元格中所有的数据之和。而 SUM(B5,M3) 则表示计算 B5 单元格和 M3 单元格的数据之和。

2. 计算平均分

平均值计算公式语法格式是 AVERAGE(number1, number2,...)。只需选择平均值公式，确定数据范围即可。

第 1 步：选择“平均值”公式。❶选择“平均分”下面的第一个单元格；❷选择“自动求和”下拉菜单中的“平均值”选项。

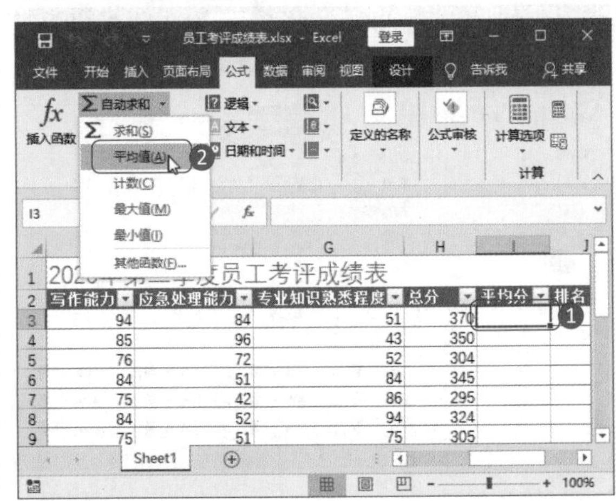

第 2 步：确定函数并设置计算结果的小数位数。在第 1 步中，确定平均分的数据计算范围后按 Enter 键即可完成平均分计算，但是平均分小数位数较多，需要进行设置。❶选中完成计算的平均分列数据，单击“数字”组中的“对话框启动器”按钮 ↘；❷在打开的“设置单元格格式”对话框中，选择“数字”选项卡下的“数值”选项，设置“小数位数”为 0；❸单击“确定”按钮。

第 3 步：查看完成计算的平均分。此时完成了表格中的员工平均分的计算，并且为整数，效果如下图所示。

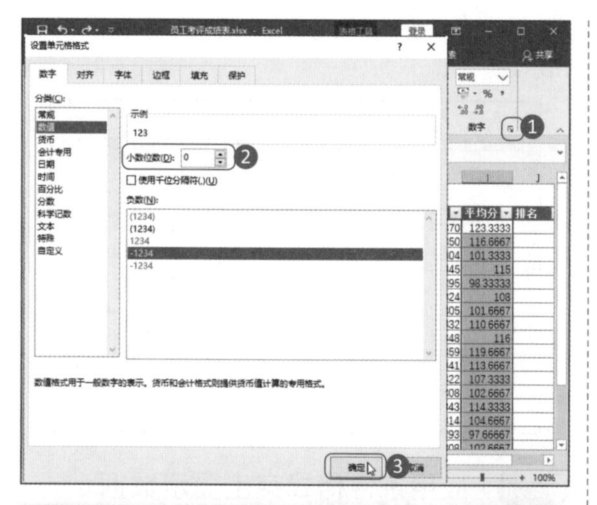

	C	D	E	F	G	H	I	J
1	2020年第二季度员工考评成绩表							
2	销售业绩	表达能力	写作能力	应急处理能力	专业知识熟悉程度	总分	平均分	排名
3	84	57	94	84	51	370	123	
4	51	75	85	96	43	350	117	
5	42	62	76	72	52	304	101	
6	74	52	84	51	84	345	115	
7	51	41	75	42	86	295	98	
8	42	52	84	52	94	324	108	
9	51	53	75	51	75	305	102	
10	66	54	86	42	84	332	111	
11	64	52	84	62	86	348	116	
12	85	57	72	51	94	359	120	
13	72	58	84	42	85	341	114	
14	51	59	85	51	76	322	107	
15	42	54	86	42	84	308	103	
16	88	56	84	53	62	343	114	
17	74	51	85	62	42	314	105	
18	85	42	74	51	41	293	98	
19	74	53	86	42	53	308	103	
20	86	54	84	84	42	350	117	
21	52	58	74	86	41	311	104	
22	42	95	74	84	52	347	116	
23	61	75	77	72	54	339	113	
24	34	84	55	75	62	310	103	

3. 计算成绩排名

员工考评成绩表中，可以统计出不同员工的成绩排名，需要用到的函数是 RANK 函数。该函数的使用语法格式是 RANK(number,ref,order)，其中第一个参数 number 表示需要找到排名的数字；ref 参数为数字列表数组或对数字列表的引用；order 参数为一数字，指明排位的方式，为零或者省略代表降序排列，不为零则为升序排列。

第 1 步：输入函数。在本例中，员工是按照总分的大小进行排名的，因此 RANK 函数中会涉及总分单元格的定位。如下图所示，将输入法切换到英文输入状态下，在标题“排名”下第一个单元格中输入公式“=RANK(H3,H$3:H$24)”，该公式表示，计算 H3 单元格数据在 H3 ~ H24 单元格数据中的排名。

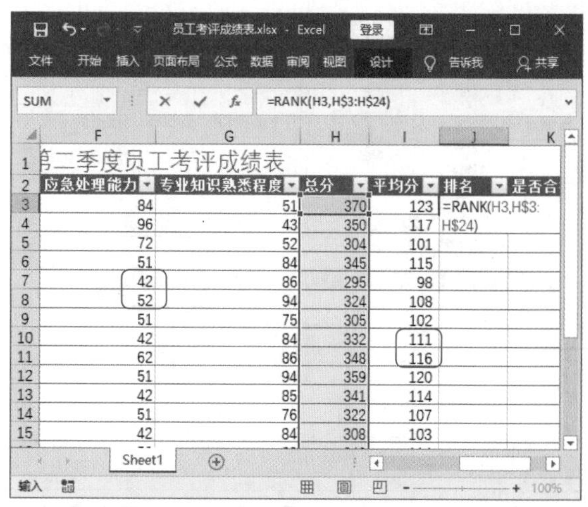

第 2 步：完成排名计算。在第 1 步中，输入公式后按 Enter 键完成公式计算，该列单元格后面的排名也被自动计算，效果如下图所示。

	D	E	F	G	H	I	J
1	2020年第二季度员工考评成绩表						
2	表达能力	写作能力	应急处理能力	专业知识熟悉程度	总分	平均分	排名
3	57	94	84	51	370	123	1
4	75	85	96	43	350	117	3
5	62	76	72	52	304	101	20
6	52	84	51	84	345	115	7
7	41	75	42	86	295	98	21
8	52	84	52	94	324	108	12
9	53	75	51	75	305	102	19
10	54	86	42	84	332	111	11
11	52	84	62	86	348	116	5
12	57	72	51	94	359	120	2
13	58	84	42	85	341	114	9
14	59	85	51	76	322	107	13
15	54	86	42	84	308	103	17
16	56	84	53	62	343	114	8
17	51	85	62	42	314	105	14
18	42	74	51	41	293	98	22
19	53	86	42	53	308	103	17
20	54	84	84	42	350	117	3
21	58	74	86	41	311	104	15
22	95	74	84	52	347	116	6
23	75	77	72	54	339	113	10
24	84	55	75	62	310	103	16

4. 判断是否合格

员工考评成绩表中，常常会附上一列，用于显示该员工成绩是否合格。使用到的函数是 IF 函数，该函数的语法格式是 IF(logical_test,value_if_true,value_if_false)，其作用是判断数据的逻辑真假。在本例中，如果逻辑为“真”，就返回“合格”文字，而逻辑为“假”则返回“不合格”文字，以此来判断员工成绩的合格与否。

第 1 步：打开“插入函数”对话框。❶选中“是否合格”下面的第一个单元格；❷选择“自动求和”下拉菜单中的“其他函数”选项。

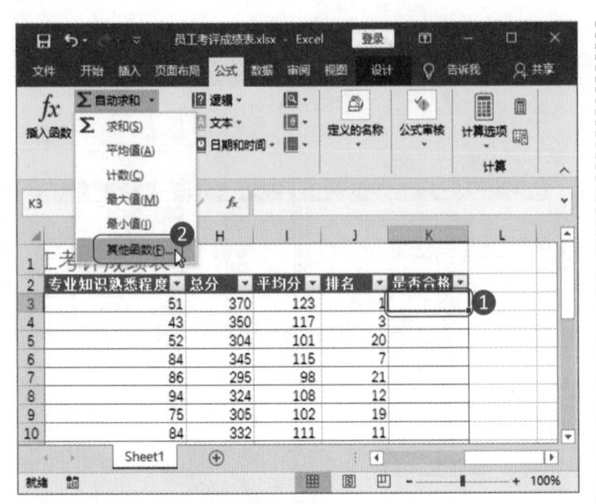

第 2 步：选择函数。❶在打开的“插入函数”对话框中，选择“常用函数”类别；❷选择 IF 函数；❸单击“确定”按钮。

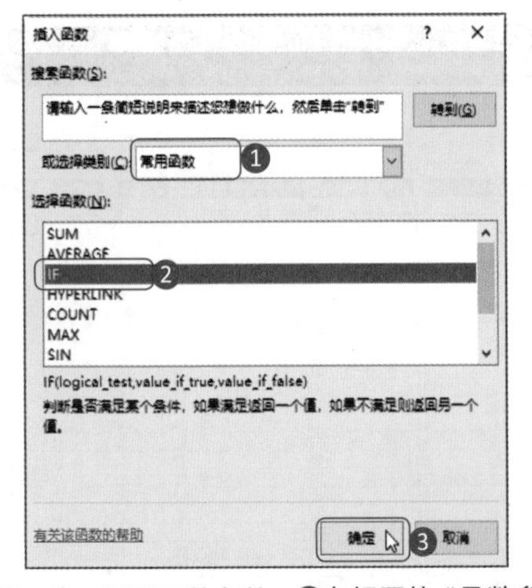

第 3 步：设置函数参数。❶在打开的“函数参数”对话框中，输入 h3>=320，表示 h3 单元格中的总分数如果大于等于 320 分则逻辑为真；否则逻辑为假，并且分别输入逻辑真和假返回的文字“合格”和“不合格”；❷单击“确定”按钮。

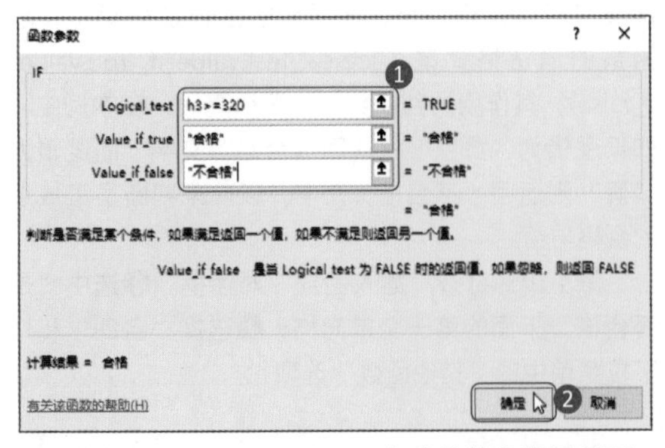

第 4 步：查看计算结果。完成函数参数设置后，表格中的成绩是否合格的判断就完成了，效果如下图所示。

2020年第二季度员工考评成绩表

表达能力	写作能力	应急处理能力	专业知识熟悉程度	总分	平均分	排名	是否合格
57	94	84	51	370	123	1	合格
75	85	96	43	350	117	3	合格
62	76	72	52	304	101	20	不合格
52	84	51	84	345	115	7	合格
41	75	42	86	295	98	21	不合格
52	84	52	94	324	108	12	合格
53	75	51	75	305	102	19	不合格
54	86	42	84	332	111	11	合格
52	84	62	86	348	116	5	合格
57	72	51	94	359	120	2	合格
58	84	42	85	341	114	9	合格
59	85	51	76	322	107	13	合格
54	86	42	84	308	103	17	不合格
56	84	53	62	343	114	8	合格
51	85	62	42	314	105	14	不合格
42	74	51	41	293	98	22	不合格
53	86	42	53	308	103	17	不合格
54	84	84	42	350	117	3	合格
58	74	86	41	311	104	15	不合格
95	74	84	52	347	116	6	合格
76	77	72	54	339	113	10	合格
84	55	75	62	310	103	16	不合格

6.2.3 应用条件格式突出显示数据

Excel 2019 具备“条件格式”功能。所谓条件格式，是指当指定条件为真时，Excel 自动应用于单元格的格式，例如，应用单元格底纹或字体颜色。如果想为某些符合条件的单元格应用某种特殊格式，可以使用“条件格式”功能实现。

1. 应用色阶显示总分

条件格式中有“色阶”功能，其原理是应用颜色的深浅来显示数据的大小。颜色越深表示数据越大；颜色越浅表示数据最小，这样做的好处是，数据更直观。

第 1 步：选择色阶颜色。❶选中“总分”数据列，单击“开始”选项卡下“样式”组中的“条件格式”下三角按钮；❷从下拉菜单中选择“色阶”选项；❸从级联菜单中选择一种色阶颜色。

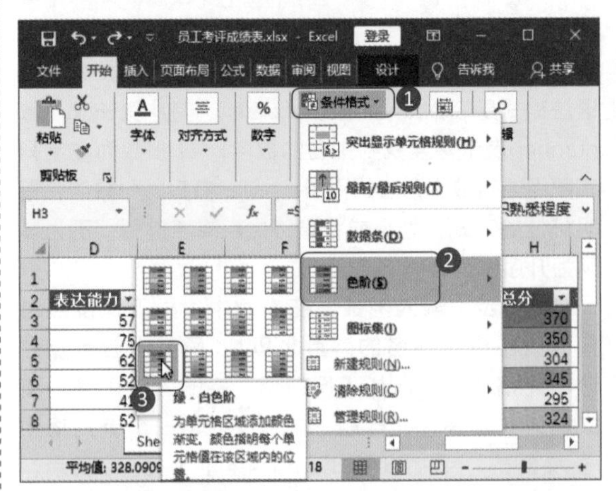

第 2 步：查看色阶应用效果。“总分”列应用色阶条件格式的效果如下图所示，不用细看总分数据的大小，从颜色深浅就可以快速对比出不同的员工考评总成绩的高低。

	D	E	F	G	H	I	J	K
1	2020年第二季度员工考评成绩表							
2	表达能力	写作能力	应急处理能力	专业知识熟悉程度	总分	平均分	排名	是否合格
3	57	94	84	51	370	123	1	合格
4	75	85	96	43	350	117	3	合格
5	62	76	72	52	304	101	20	不合格
6	52	84	51	84	345	115	7	合格
7	41	75	42	86	295	98	21	不合格
8	52	84	52	94	324	108	12	合格
9	53	75	51	75	305	102	19	不合格
10	54	86	42	84	332	111	11	合格
11	52	84	62	86	348	116	5	合格
12	57	72	51	94	359	120	2	合格
13	58	84	42	85	341	114	9	合格
14	59	85	51	76	322	107	13	合格
15	54	86	42	84	308	103	17	不合格
16	56	84	53	62	343	114	8	合格
17	51	85	62	42	314	105	14	不合格
18	42	74	51	41	293	98	22	不合格
19	53	86	42	53	308	103	17	不合格
20	54	84	84	42	350	117	3	合格
21	58	74	86	41	311	104	15	不合格
22	95	74	84	52	347	116	6	合格
23	75	77	72	54	339	113	10	合格
24	84	55	75	62	310	103	16	不合格

2. 突出显示不及格的分数

如果想要突出显示考评不及格的分数，也可以通过条件设置简单地实现。在条件格式中，可以通过单元格的数据大小，突出显示大于某个数的单元格或小于某个数的单元格等。

第 1 步：选择条件格式。❶选中表格中“销售业绩”到“专业知识熟悉程度”所有列的数据；❷选择“开始”选项卡下“样式”组中的“条件格式”菜单中的“突出显示单元格规则”选项；❸选择“小于”选项。

第 2 步：设置“小于”对话框。❶在打开的“小于”对话框中输入 60，表示突出显示小于 60 分的单元格；❷单击“确定”按钮。

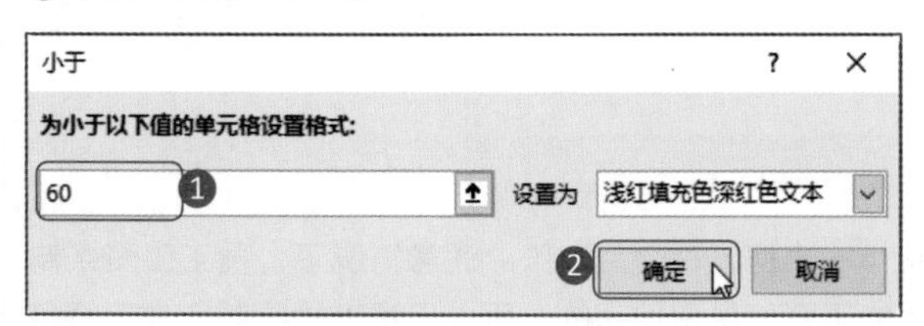

第 3 步：查看条件格式设置效果。此时选中的数据中，小于 60 分的单元格都被突出显示了，单元格底色为浅红色。

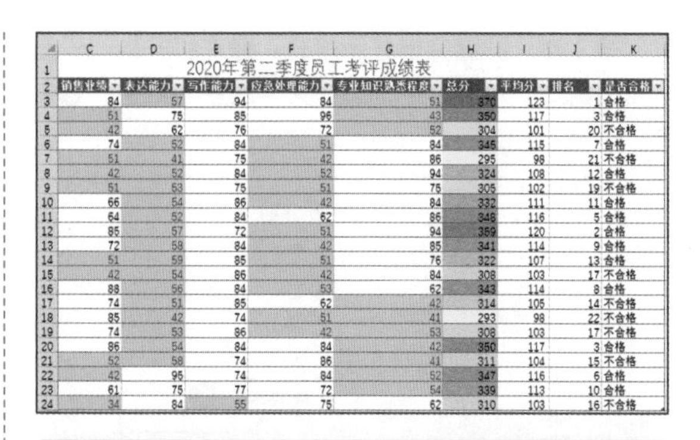

	C	D	E	F	G	H	I	J	K
1	2020年第二季度员工考评成绩表								
2	销售业绩	表达能力	写作能力	应急处理能力	专业知识熟悉程度	总分	平均分	排名	是否合格
3	84	57	94	84	51	370	123	1	合格
4	51	75	85	96	43	350	117	3	合格
5	42	62	76	72	52	304	101	20	不合格
6	74	52	84	51	84	345	115	7	合格
7	51	41	75	42	86	295	98	21	不合格
8	42	52	84	52	94	324	108	12	合格
9	51	53	75	51	75	305	102	19	不合格
10	66	54	86	42	84	332	111	11	合格
11	64	52	84	62	86	348	116	5	合格
12	85	57	72	51	94	359	120	2	合格
13	72	58	84	42	85	341	114	9	合格
14	51	59	85	51	76	322	107	13	合格
15	42	54	86	42	84	308	103	17	不合格
16	88	56	84	53	62	343	114	8	合格
17	74	51	85	62	42	314	105	14	不合格
18	85	42	74	51	41	293	98	22	不合格
19	74	53	86	42	53	308	103	17	不合格
20	86	54	84	84	42	350	117	3	合格
21	52	58	74	86	41	311	104	15	不合格
22	42	95	74	84	52	347	116	6	合格
23	61	75	77	72	54	339	113	10	合格
24	34	84	55	75	62	310	103	16	不合格

3. 突出显示不合格员工的姓名

条件格式可以结合公式，实现更多的设置效果。方法是通过新建格式规则公式，完成规则的建立。

第 1 步：打开“新建格式规则”对话框。❶选中员工的姓名单元格；❷选择“条件格式”下拉菜单中的“新建规则”选项。

第 2 步：设置新规则。❶在打开的“新建格式规则”对话框中，选择规则类型；❷输入格式规则，该规则表示如果 K3 单元格中的数值是“不合格”，那么该员工的姓名要突出显示；❸单击“格式”按钮。

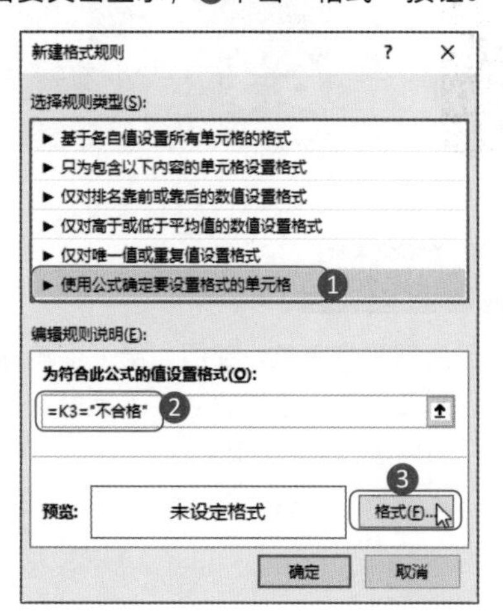

第 3 步：设置突出显示格式。❶在打开的“设置单元格格式”对话框中，选择文字颜色为红色；❷单击“确定”按钮。

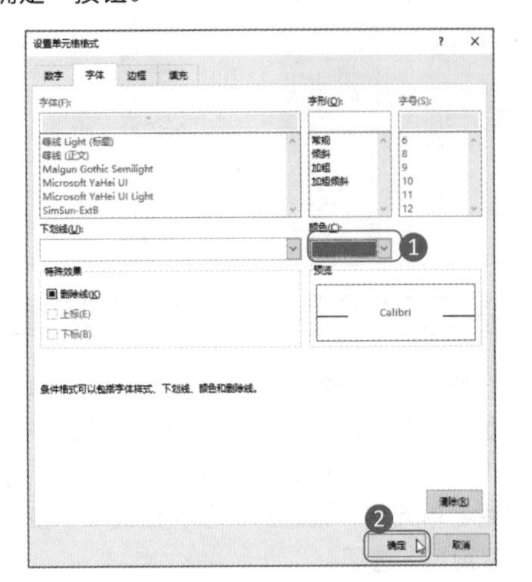

第 4 步：确定新建的格式。返回“新建格式规则”对话框，确定设置的格式，单击“确定”按钮。

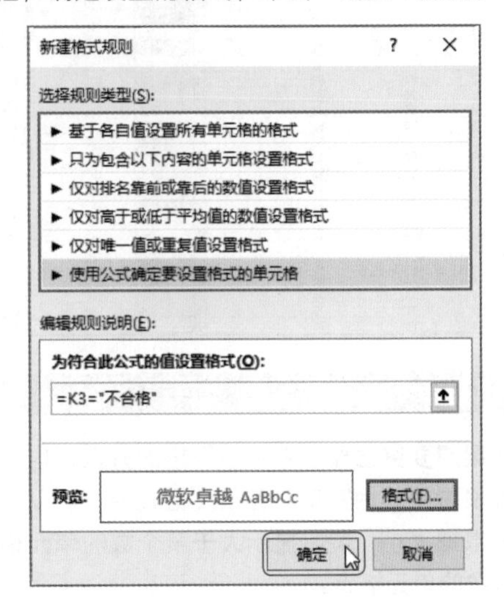

第 5 步：查看效果。完成条件格式设置后，效果如下图所示，不合格的员工姓名被标成了红色。

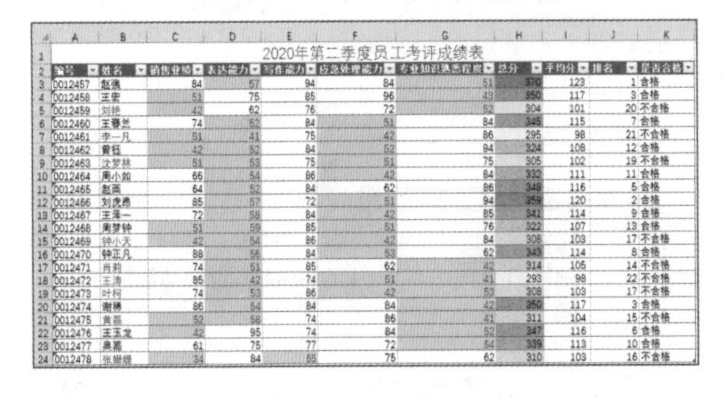

2020年第二季度员工考评成绩表

编号	姓名	销售业绩	表达能力	写作能力	应急处理能力	专业知识熟悉程度	总分	平均分	排名	是否合格
0012457	赵璇	84	57	94	84	51	370	123	1	合格
0012458	王宏	51	75	85	96	43	350	117	3	合格
0012459	刘艳	42	62	76	72	52	304	101	20	不合格
0012460	王春兰	74	52	84	51	84	345	115	7	合格
0012461	李一凡	51	41	75	42	86	295	98	21	不合格
0012462	曾钰	42	52	84	52	94	324	108	12	合格
0012463	沈梦林	51	53	75	51	75	305	102	19	不合格
0012464	周小如	66	54	86	42	84	332	111	11	合格
0012465	赵西	64	52	84	62	86	348	116	5	合格
0012466	刘虎	85	57	72	51	94	359	120	2	合格
0012467	王泽一	72	58	84	42	85	341	114	9	合格
0012468	周梦钟	51	59	85	51	76	322	107	13	合格
0012469	钟小天	42	54	86	42	84	308	103	17	不合格
0012470	钟正凡	88	56	84	53	62	343	114	8	合格
0012471	肖莉	74	51	85	62	42	314	105	14	不合格
0012472	王涛	85	42	74	51	41	293	98	22	不合格
0012473	叶柯	74	53	86	42	53	308	103	17	不合格
0012474	谢桥	86	54	84	84	42	350	117	3	合格
0012475	黄磊	52	58	74	86	41	311	104	15	不合格
0012476	王玉龙	42	95	74	84	52	347	116	6	合格
0012477	吴嘉	61	75	77	72	54	339	113	10	合格
0012478	张姗姗	34	84	55	75	62	310	103	16	不合格

专家答疑

问：应用条件格式时，对于建立好的规则如果不满意，可以更改吗？

答：可以。应用条件格式对单元格数据更改显示状态后，如果不满意规则设置，可以更改规则。其方法是选择“条件格式”下拉菜单中的“管理规则”选项，打开“条件格式规则管理器”对话框，从中选择表格中建立的规则进行更改。可以更改规则所适用的单元格区域，也可以更改值在真和假状态下的显示方式。

6.3 计算并打印“员工工资条”

案例说明

员工工资表是按单位、部门、员工工龄等考核指标制作的表格，每个月一张。通常情况下，员工工资条制作完成后，需要打印出来发放到员工手里。但是员工之间的工资信息是保密的，所以工资表需要制作成工资条的形式，打印后进行裁剪发放。

“员工工资条”文档计算并制作完成后的效果如下图所示。

工资条

工号	姓名	部门	职务	工龄	社保扣费	绩效评分	基本工资	工龄工资	绩效奖金	岗位津贴	实发工资
1021	刘通	总经办	总经理	8	200	85	1800	800	1000	1500	4900
工号	姓名	部门	职务	工龄	社保扣费	绩效评分	基本工资	工龄工资	绩效奖金	岗位津贴	实发工资
1022	张飞	总经办	助理	3	300	68	1800	300	680	1000	3480
工号	姓名	部门	职务	工龄	社保扣费	绩效评分	基本工资	工龄工资	绩效奖金	岗位津贴	实发工资
1023	王宏	总经办	秘书	5	200	84	1800	500	1000	500	3600
工号	姓名	部门	职务	工龄	社保扣费	绩效评分	基本工资	工龄工资	绩效奖金	岗位津贴	实发工资
1024	李湘	总经办	主任	4	200	75	1800	400	750	600	3350
工号	姓名	部门	职务	工龄	社保扣费	绩效评分	基本工资	工龄工资	绩效奖金	岗位津贴	实发工资
1025	赵强	运营部	部长	5	200	85	1800	500	1000	300	3400
工号	姓名	部门	职务	工龄	社保扣费	绩效评分	基本工资	工龄工资	绩效奖金	岗位津贴	实发工资
1026	秦霞	运营部	组员	2	200	95	1800	100	1000	200	2900
工号	姓名	部门	职务	工龄	社保扣费	绩效评分	基本工资	工龄工资	绩效奖金	岗位津贴	实发工资
1027	赵璐	运营部	组员	3	200	84	1800	300	1000	200	3100
工号	姓名	部门	职务	工龄	社保扣费	绩效评分	基本工资	工龄工资	绩效奖金	岗位津贴	实发工资
1028	王帆	运营部	组员	3	200	75	1800	300	750	200	2850

思路解析

员工工资表中，涉及工龄工资、绩效奖金等类型的数据都是可以通过公式进行计算的。所以公司财务人员在制作工资表时，可以利用函数计算，既方便又避免出错，但是财务人员需要根据不同的计算数据使用不同的公式。在计算完成后，财务人员应将工资表制作成工资条方便打印。其制作流程及思路如下。

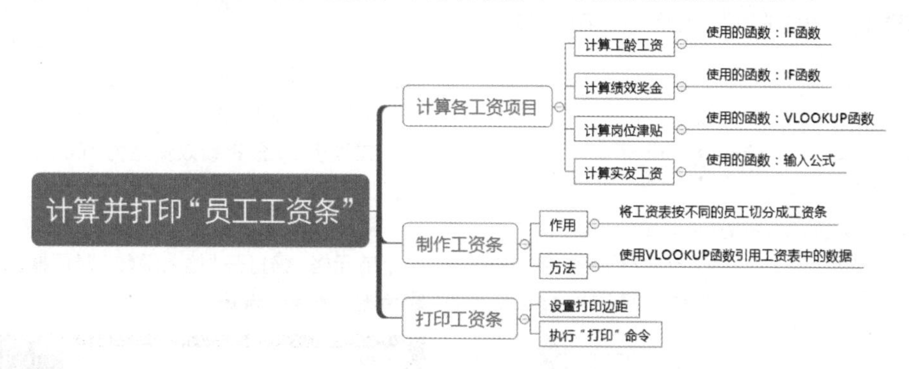

步骤详解

6.3.1 应用公式计算员工工资

员工工资表中，除了基本工资、社保扣费这类费用外，例如绩效奖金、实发工资等数据都可以通过公式计算出来。利用公式计算各项数据，既方便又不容易出错。

1. 计算员工工龄工资

在不同的企业中，员工工龄工资的计算方法不同，本例中，工龄满 3 年或超过 3 年的员工，每年增加 100 元，小于 3 年的员工每年只增加 50 元。此时需要用到 IF 函数。具体操作步骤如下。

第 1 步：打开“插入函数”对话框。❶单击“工龄工资”下面的第一个单元格；❷单击“公式”选项卡下“函数库”组中的“插入函数”按钮。

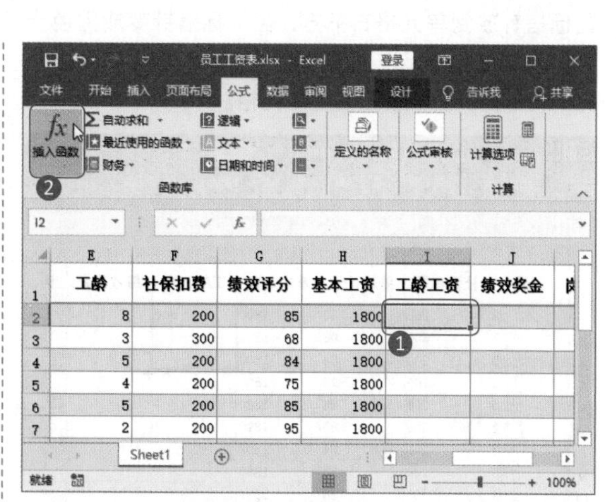

第 2 步：选择函数。❶在打开的“插入函数”对话框中，选择函数类型为“常用函数”；❷选择 IF 函数；❸单击“确定”按钮。

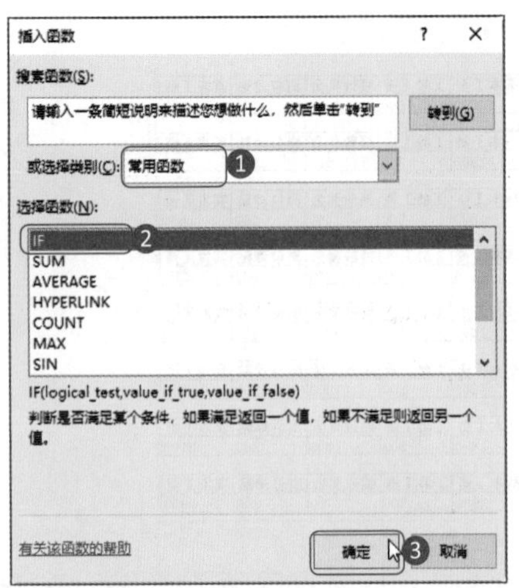

第 3 步：设置函数参数。❶在打开的“函数参数”对话框中，设置如下图所示的函数参数。该参数表达的意思是，如果 E2 单元格的数值小于 3，则返回该单元格数值 ×50 的数据；如果 E2 大于或等于 3，则返回该单元格数值 ×100 的数据；❷单击“确定”按钮。

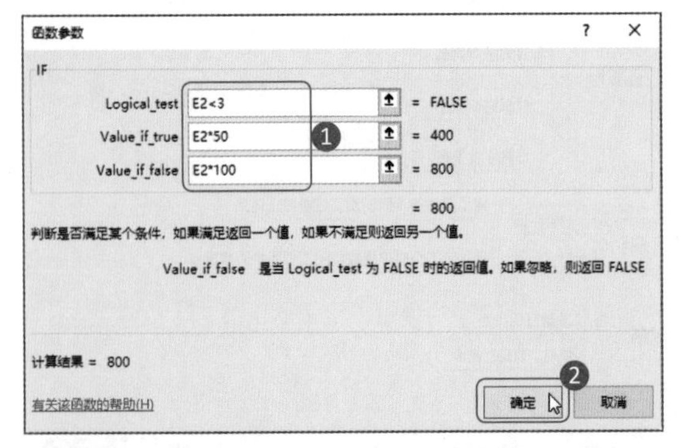

第 4 步：复制公式。在第 3 步中输入公式后，将鼠标指针放到单元格右下方，当鼠标指针变成黑色十字形时，按住鼠标左键不放往下拖动鼠标，直到覆盖完所有需要计算工龄工资的单元格。

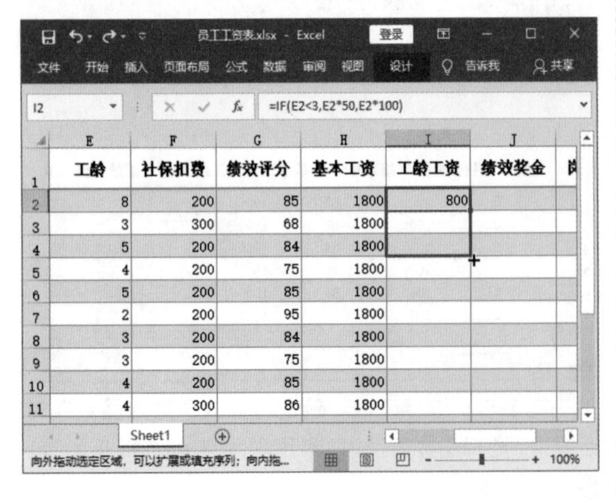

第 5 步：查看工龄工资计算结果。复制完公式后，就完成了工龄工资的计算结果，效果如下图所示。

	C	D	E	F	G	H	I	J
1	部门	职务	工龄	社保扣费	绩效评分	基本工资	工龄工资	绩效奖
2	总经办	总经理	8	200	85	1800	800	
3	总经办	助理	3	300	68	1800	300	
4	总经办	秘书	5	200	84	1800	500	
5	总经办	主任	4	200	75	1800	400	
6	运营部	部长	5	200	85	1800	500	
7	运营部	组员	2	200	95	1800	100	
8	运营部	组员	3	200	84	1800	300	
9	运营部	组员	3	200	75	1800	300	
10	运营部	组员	4	200	85	1800	400	
11	运营部	组员	4	300	86	1800	400	
12	运营部	组员	5	300	85	1800	500	
13	技术部	部长	5	300	84	1800	500	
14	技术部	设计师	6	300	75	1800	600	
15	技术部	设计师	5	200	85	1800	500	
16	技术部	设计师	3	300	96	1800	300	

2. 计算员工绩效奖金

通常员工的绩效奖金将根据该月的绩效考核成绩或业务量等计算得出，本例中绩效奖金与绩效评分成绩相关，且其计算方式为：绩效评分 60 分以下无绩效奖金；大于或等于 60 分且小于 80 分以每分 10 元计算；大于或等于 80 分者绩效资金为 1000 元。计算的具体操作步骤如下。

第 1 步：选择函数。❶选中“绩效奖金”下面第一个单元格；❷打开“插入函数”对话框，选择 IF 函数；❸单击“确定”按钮。

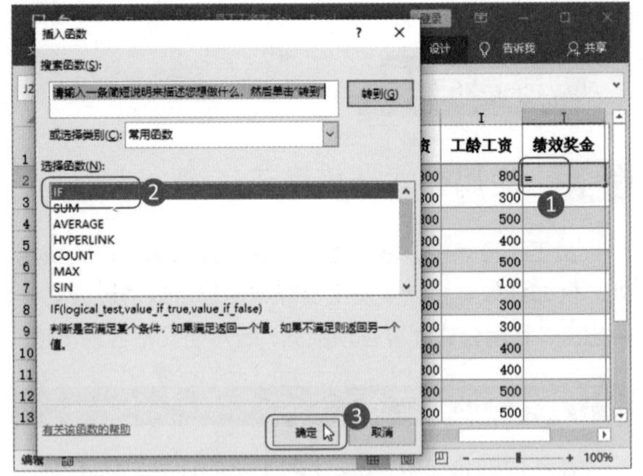

第 2 步：设置函数参数。❶在打开的“函数参数”对话框中，输入如下图所示的参数值。其中，g2<60 表示判断 G2 单元格的数据是否小于 60：如果小于 60，则返回 0 数据；如果大于或等于 60，则再进一步判断是否大于 80 来决定返回值。if(g2<80,g2*10,1000) 表示，如果 G2 单元格的值小于 80，则返回 G2 单元格数值 ×10 的结果，否则就返回 1000 这个数值；

❷单击“确定”按钮。

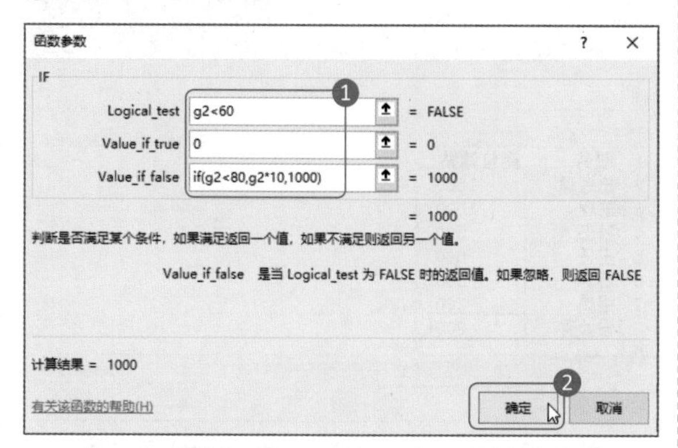

第 3 步：复制公式。完成第一个单元格数据计算后，拖动鼠标复制公式。

	职务	工龄	社保扣费	绩效评分	基本工资	工龄工资	绩效奖金
2	总经理	8	200	85	1800	800	1000
3	助理	3	300	68	1800	300	
4	秘书	5	200	84	1800	500	
5	主任	4	200	75	1800	400	
6	部长	5	200	85	1800	500	
7	组员	2	200	95	1800	100	
8	组员	3	200	84	1800	300	
9	组员	3	200	75	1800	300	
10	组员	4	200	85	1800	400	
11	组员	4	300	86	1800	400	
12	组员	5	300	85	1800	500	
13	部长	5	300	84	1800	500	

第 4 步：查看绩效奖金计算结果。完成绩效奖金计算的结果如下图所示。

	职务	工龄	社保扣费	绩效评分	基本工资	工龄工资	绩效奖金	岗位津贴
2	总经理	8	200	85	1800	800	1000	
3	助理	3	300	68	1800	300	680	
4	秘书	5	200	84	1800	500	1000	
5	主任	4	200	75	1800	400	750	
6	部长	5	200	85	1800	500	1000	
7	组员	2	200	95	1800	100	1000	
8	组员	3	200	84	1800	300	1000	
9	组员	3	200	75	1800	300	750	
10	组员	4	200	85	1800	400	1000	
11	组员	4	300	86	1800	400	1000	
12	组员	5	300	85	1800	500	1000	
13	部长	5	300	84	1800	[illegible]	1000	
14	设计师	6	300	75	1800	600	750	
15	设计师	5	200	85	1800	500	1000	
16	设计师	3	300	96	1800	300	1000	

3. 计算员工岗位津贴

企业中各员工所在岗位不同，则其工资应有一定的差别，故许多企业为不同的工作岗位设置有不同的岗位津贴。为方便快速地计算出各员工的岗位津贴，可在新工作表中列举出各职务的岗位津贴标准，然后利用查询函数，以各条数据中的“职务”数据为查询条件，从岗位津贴表中查询出相应的数据。具体操作步骤如下。

第 1 步：新建工作表。❶新建一张“岗位津贴标准表”；❷在新工作表中，输入岗位津贴标准表的表头字段内容。

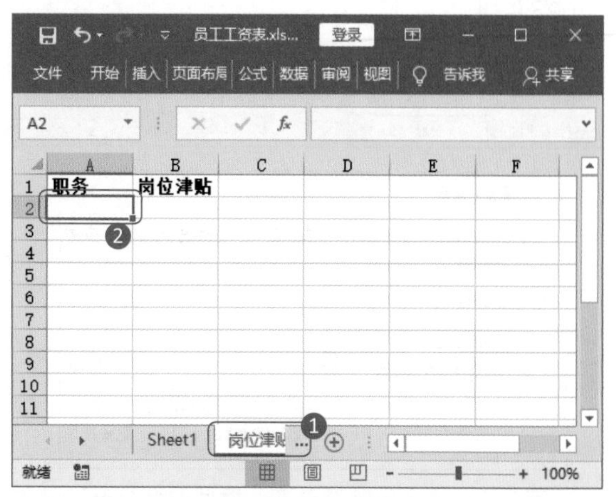

第 2 步：复制职务内容。返回到 Sheet1 工作表中，选中所有的职务类型，右击，选择快捷菜单中的“复制”选项。

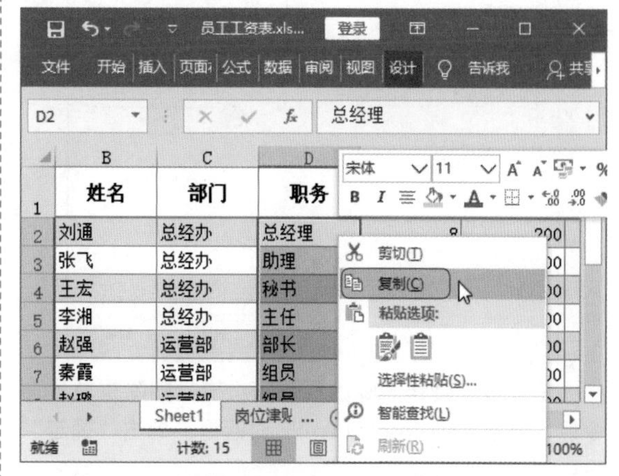

第 3 步：粘贴职务内容并执行删除重复项命令。❶将复制的职务信息粘贴到“岗位津贴标准表”工作表的“职务”字段下面；❷选中 A 列内容，单击“数据”选项卡下“数据工具”组中的“删除重复值”按钮。

第 4 步：设置“删除重复项警告”对话框。❶在打开的“删除重复项警告”对话框中选择“以当前选定区域排序”选项；❷单击“删除重复项”按钮。

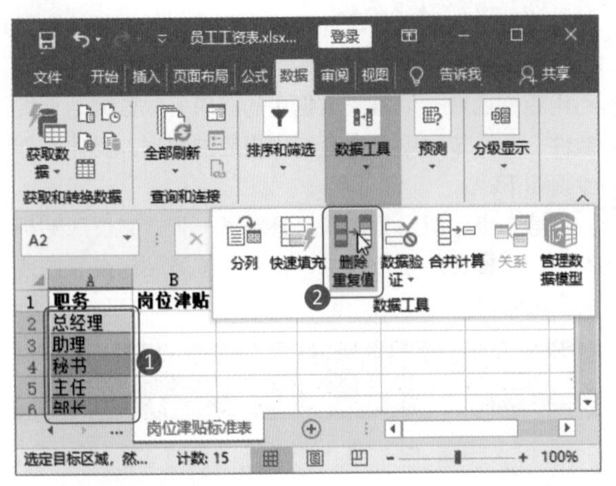

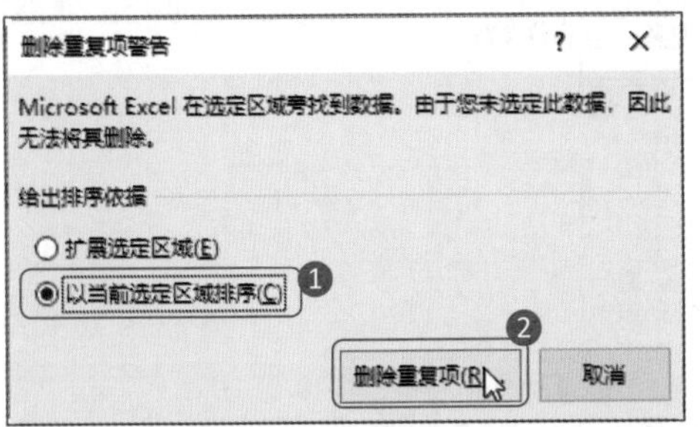

第 5 步：确定删除重复项。❶此时会打开“删除重复值”对话框，取消“数据包含标题”的选中状态；❷单击“确定”按钮。

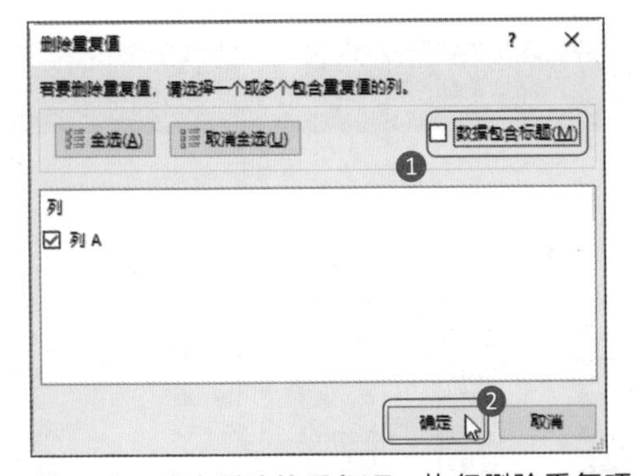

第 6 步：确定删除的重复项。执行删除重复项命令后，弹出“Microsoft Excel”对话框，单击“确定”按钮。

第 7 步：输入岗位津贴。此时表格中的职务重复项便被删除了，输入公司不同岗位的津贴数值，如右上图所示。

第 8 步：选择函数。❶返回到 Sheet1 工作表中，选中“岗位津贴”下面的第一个单元格；❷打开“插入函数”对话框，选择“查找与引用”函数类型，选择 VLOOKUP 函数；❸单击“确定”按钮。

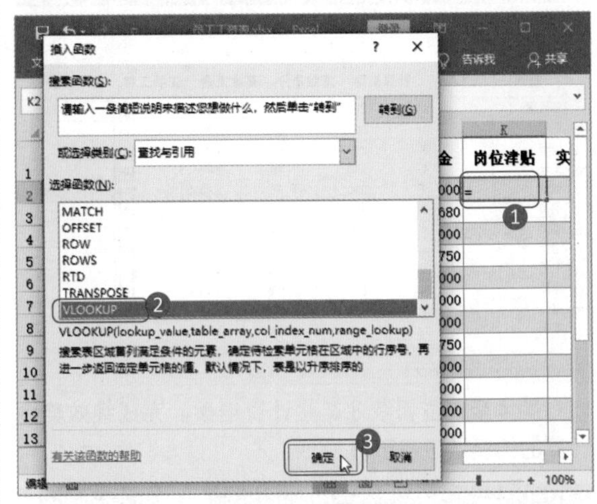

第 9 步：设置函数参数。❶在打开的“函数参数”对话框中，输入如下图所示的参数内容。其中，D2 表示查找目标单元格；Table_array 的参数值表示查看目标范围是岗位津贴标准表中 A2 单元格到 B8 单元格的区域；2 表示将该区域第 2 列的数据返回，而第 2 列正好就是“岗位津贴”列；❷单击“确定”按钮。

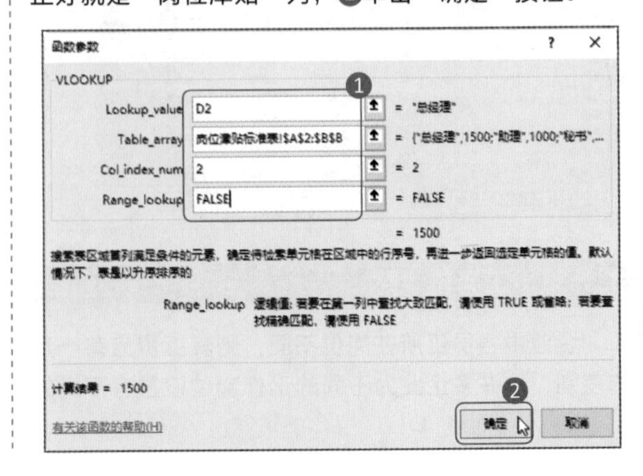

专家点拨

使用 VLOOKUP 函数时，一定要确定查找范围，否则 Excel 工具并不能进行准确查找。给出查找范围后，第二个参数要符合查找范围才不会出错。本例中，要在“岗位津贴标准表”的 A2 ~ B8 单元格中查找第 2 列内容，如果第二个参数是 3，即查看第 3 列内容就会出错，因为超出了查找范围。

第 10 步：完成津贴计算。完成第一个单元格的津贴计算后，复制公式，完成所有单元格的津贴计算。

K2 =VLOOKUP(D2,岗位津贴标准表!$A$2:$B$8,2,FALSE)

	E	F	G	H	I	J	K	L
1	工龄	社保扣费	绩效评分	基本工资	工龄工资	绩效奖金	岗位津贴	实发工资
2	8	200	85	1800	800	1000	1500	
3	3	300	68	1800	300	680	1000	
4	5	200	84	1800	500	1000	500	
5	4	200	75	1800	400	750	600	
6	5	200	85	1800	500	1000	300	
7	2	200	95	1800	100	1000	200	
8	3	200	84	1800	300	1000	200	
9	3	200	75	1800	300	750	200	
10	4	200	85	1800	400	1000	200	
11	4	300	86	1800	400	1000	200	
12	5	300	85	1800	500	1000	200	
13	5	300	84	1800	500	1000	300	
14	6	300	75	1800	600	750	300	
15	5	200	85	1800	500	1000	300	
16	3	300	96	1800	300	1000	300	

4. 计算员工实发工资

当其他类型的费用都计算完成后，可以计算实发工资数据。其方法是用所有该发的工资和减去该扣的工资，等于实发工资。

第 1 步：输入公式。在“实发工资”第一个单元格中输入如下图所示的公式，该公式表示用 H2 单元格到 K2 单元格的数据之和减去 F2 单元格的数据。完成公式输入后，按 Enter 键表示确定输入公式。

=SUM(H2:K2)-F2

	H	I	J	K	L
1	基本工资	工龄工资	绩效奖金	岗位津贴	实发工资
2	1800	800	1000	1500	=SUM(H2:K2)-F2
3	1800	300	680	1000	
4	1800	500	1000	500	
5	1800	400	750	600	
6	1800	500	1000	300	
7	1800	100	1000	200	

第 2 步：完成实发工资计算。完成第一个单元格的实发工资计算后，复制公式，完成其他单元格实发工资计算。效果如下图所示。

L2 =SUM(H2:K2)-F2

	E	F	G	H	I	J	K	L
1	工龄	社保扣费	绩效评分	基本工资	工龄工资	绩效奖金	岗位津贴	实发工资
2	8	200	85	1800	800	1000	1500	4900
3	3	300	68	1800	300	680	1000	3480
4	5	200	84	1800	500	1000	500	3600
5	4	200	75	1800	400	750	600	3350
6	5	200	85	1800	500	1000	300	3400
7	2	200	95	1800	100	1000	200	2900
8	3	200	84	1800	300	1000	200	3100
9	3	200	75	1800	300	750	200	2850
10	4	200	85	1800	400	1000	200	3200
11	4	300	86	1800	400	1000	200	3100
12	5	300	85	1800	500	1000	200	3200
13	5	300	84	1800	500	1000	300	3300
14	6	300	75	1800	600	750	300	3150
15	5	200	85	1800	500	1000	300	3400
16	3	300	96	1800	300	1000	[illegible]	3100

平均值: 3335.333333 计数: 15 求和: 50030

6.3.2 制作工资条

单位行政人员完成员工工资表的制作后，需要将其制作成工资条，方便后期打印。工资条的制作需要用到 VLOOKUP 函数。具体操作步骤如下。

第 1 步：新建工资条工作表。❶新建一张“工资条”工作表；❷在表中输入标题和工资条中该有的项目信息。

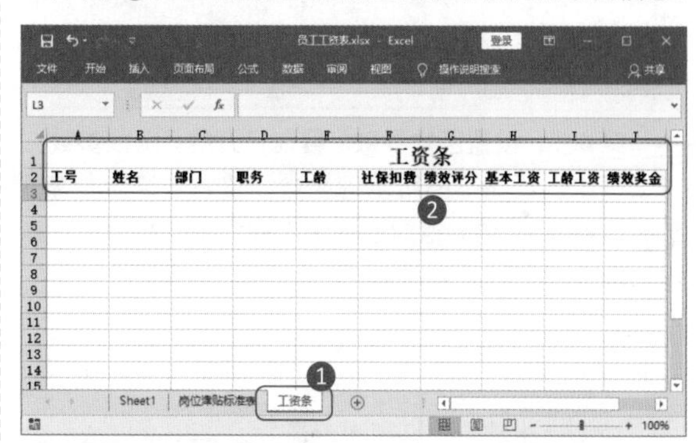

第 2 步：输入工号。在“工号”下面的第一个单元格中输入第一位员工的工号。

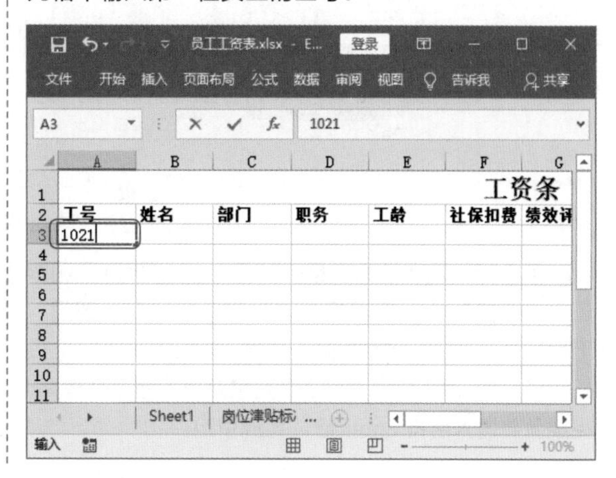

使用 VLOOKUP 函数时，最后一个参数值为 0 表示精确查找，为 1 表示模糊查找。精确查找表示一定要找到对应的数据，如果没有找到则返回错误值；而模糊查找如果没有找到对应的数据，则返回一个相似的数据。

第 3 步：选择函数。❶选中“姓名”下面的第一个单元格；❷打开“插入函数”对话框，选择 VLOOKUP 函数；❸单击“确定”按钮。

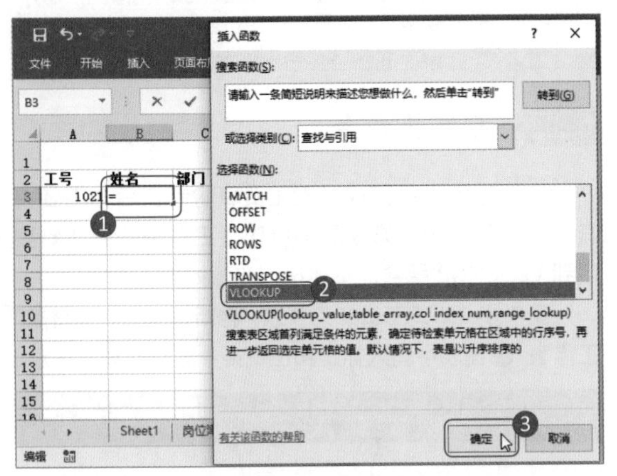

第 4 步：设置函数参数。❶在打开的“函数参数”对话框中设置如下图所示的参数，该参数表示从表 1 范围中引用 A3 单元格对应的第 2 列数据；❷单击“确定”按钮。

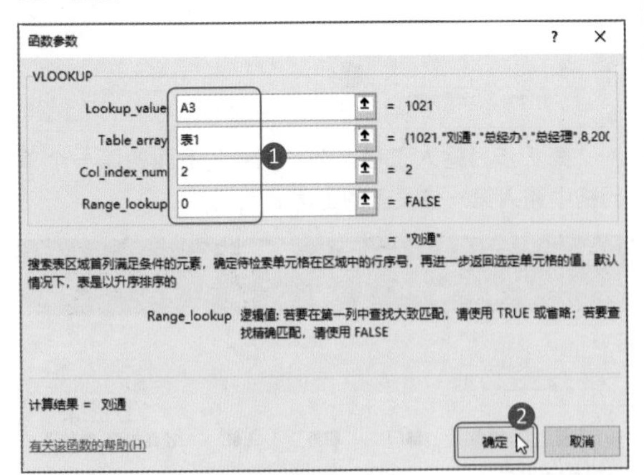

第 5 步：输入函数引用“部门”。VLOOKUP 函数还可以直接输入，不用打开函数对话框。在“部门”下面的第一个单元格中输入函数“=VLOOKUP(A3, 表 1,3,0)”，表示引用表 1 中 A3 单元格对应的第 3 列数据，完成函数输入后按 Enter 键，完成引用。

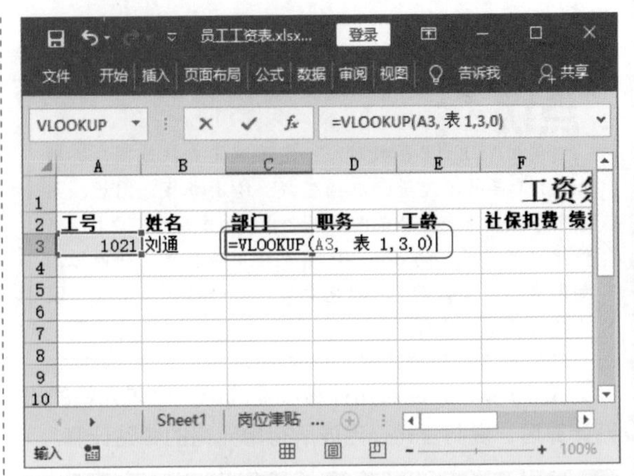

第 6 步：输入函数引用“职务”。按照相同的方法，输入函数进行引用，只不过将列数改为 4，如下图所示。

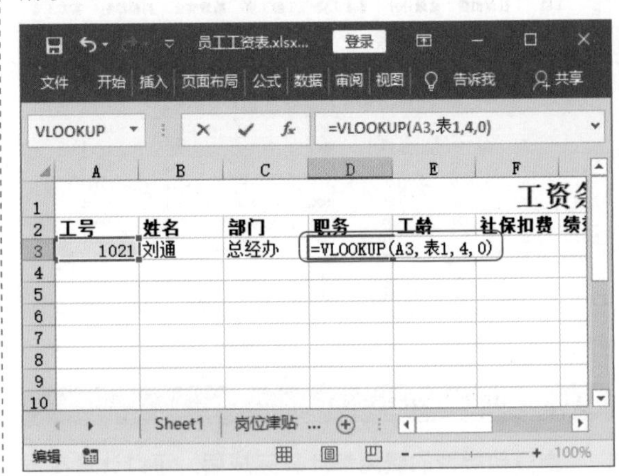

第 7 步：完成引用。利用引用函数，完成所有工资项目的引用，注意对应的列数，如“实发工资”的引用单元格列是 12。

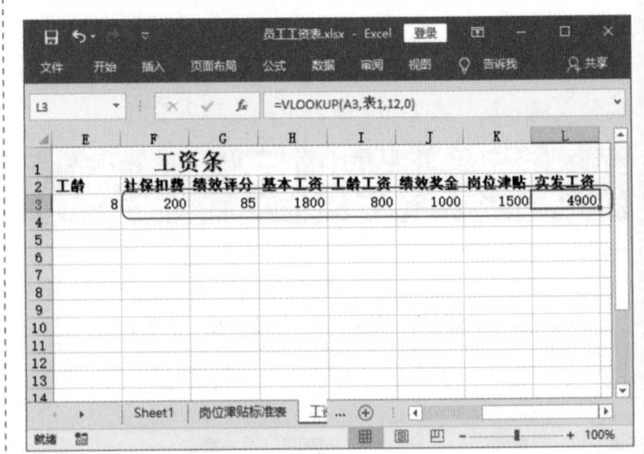

第 8 步：设置线条颜色。❶选中表格中的工资条内容，单击“开始”选项卡下“字体”组中的“边框”下三角按钮 ；❷从弹出的下拉菜单中选择“线条颜色”，然后再选择“黑色，文字 1”颜色。

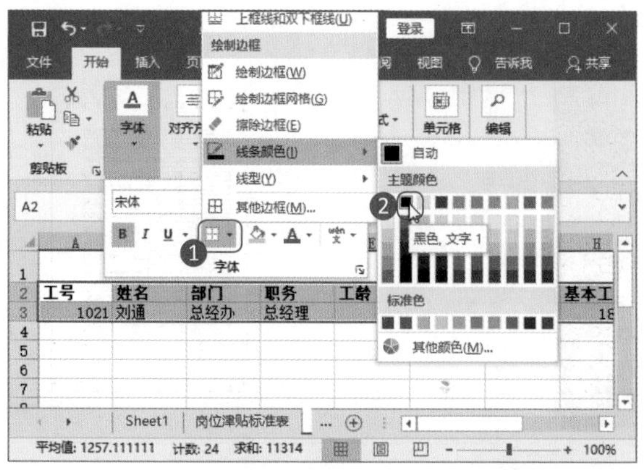

第 9 步：选择边框。❶再次单击“边框”下三角按钮 ；❷从下拉菜单中选择“所有框线”选项。

第 10 步：复制工资条。当工资条添加了边框线后，选中 A2：L4 单元格区域，即工资条内容加相应的空白行，将鼠标指针放到单元格右下角，当鼠标指针变成黑色十字形时，按住鼠标不放，往下拖动鼠标，进行工资条复制。

第 11 步：查看完成的工资条。完成复制的工资条如右上图所示。

工资条											
工号	姓名	部门	职务	工龄	社保扣费	绩效评分	基本工资	工龄工资	绩效奖金	岗位津贴	实发工资
1021	刘通	总经办	总经理	8	200	85	1800	800	1000	1500	4900
工号	姓名	部门	职务	工龄	社保扣费	绩效评分	基本工资	工龄工资	绩效奖金	岗位津贴	实发工资
1022	张飞	总经办	助理	3	300	68	1800	300	680	1000	3480
工号	姓名	部门	职务	工龄	社保扣费	绩效评分	基本工资	工龄工资	绩效奖金	岗位津贴	实发工资
1023	王宏	总经办	秘书	5	200	84	1800	500	1000	500	3600
工号	姓名	部门	职务	工龄	社保扣费	绩效评分	基本工资	工龄工资	绩效奖金	岗位津贴	实发工资
1024	李湘	总经办	主任	4	200	75	1800	400	750	600	3350
工号	姓名	部门	职务	工龄	社保扣费	绩效评分	基本工资	工龄工资	绩效奖金	岗位津贴	实发工资
1025	赵强	运营部	部长	5	200	85	1800	500	1000	300	3400
工号	姓名	部门	职务	工龄	社保扣费	绩效评分	基本工资	工龄工资	绩效奖金	岗位津贴	实发工资
1026	秦霞	运营部	组员	2	200	95	1800	100	1000	200	2900
工号	姓名	部门	职务	工龄	社保扣费	绩效评分	基本工资	工龄工资	绩效奖金	岗位津贴	实发工资
1027	赵璐	运营部	组员	3	200	84	1800	300	1000	200	3100
工号	姓名	部门	职务	工龄	社保扣费	绩效评分	基本工资	工龄工资	绩效奖金	岗位津贴	实发工资
1028	王帆	运营部	组员	3	200	75	1800	300	750	200	2850
工号	姓名	部门	职务	工龄	社保扣费	绩效评分	基本工资	工龄工资	绩效奖金	岗位津贴	实发工资
1029	赵奇	运营部	组员	4	200	85	1800	400	1000	200	3200
工号	姓名	部门	职务	工龄	社保扣费	绩效评分	基本工资	工龄工资	绩效奖金	岗位津贴	实发工资
1030	张慧	运营部	组员	4	300	86	1800	400	1000	200	3100
工号	姓名	部门	职务	工龄	社保扣费	绩效评分	基本工资	工龄工资	绩效奖金	岗位津贴	实发工资
1031	李达海	运营部	组员	5	300	85	1800	500	1000	200	3200
工号	姓名	部门	职务	工龄	社保扣费	绩效评分	基本工资	工龄工资	绩效奖金	岗位津贴	实发工资
1032	吴小李	技术部	部长	5	300	84	1800	500	1000	300	3300
工号	姓名	部门	职务	工龄	社保扣费	绩效评分	基本工资	工龄工资	绩效奖金	岗位津贴	实发工资
1033	陈天	技术部	设计师	6	300	75	1800	600	750	300	3150
工号	姓名	部门	职务	工龄	社保扣费	绩效评分	基本工资	工龄工资	绩效奖金	岗位津贴	实发工资
1034	罗飞	技术部	设计师	5	200	85	1800	500	1000	300	3400
工号	姓名	部门	职务	工龄	社保扣费	绩效评分	基本工资	工龄工资	绩效奖金	岗位津贴	实发工资
1035	刘明	技术部	设计师	3	300	96	1800	300	1000	300	3100

6.3.3 打印“员工工资条”

当完成工资条制作后，公司财务人员需要将工资条打印出来，再进行裁剪，然后发给对应的公司同事。打印工资条前需要进行打印预览，确定无误再进行打印。

第 1 步：单击“文件”按钮。单击 Excel 表格左上方的“文件”按钮。

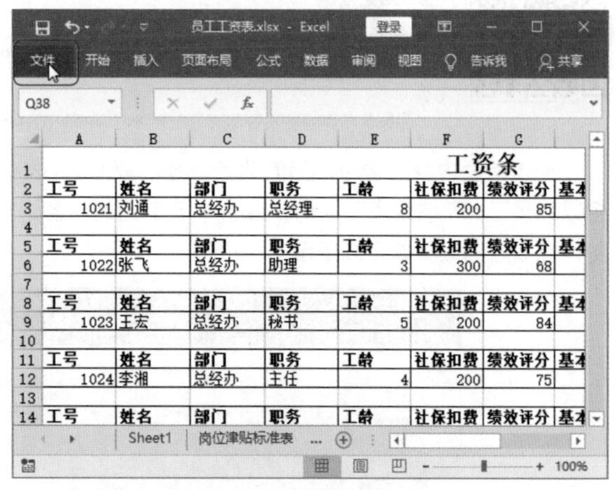

第 2 步：显示边距。❶在弹出的“文件”菜单中选择“打印”选项；❷单击右边打印预览下方的“显示边距”按钮 。

第 3 步：调整边距。将鼠标指针放到边距上，按住鼠标左键不放，拖动鼠标调整边距。

第 4 步：执行“打印”命令。完成打印边距设置后，单击“打印”按钮，即可完成工资条的打印。

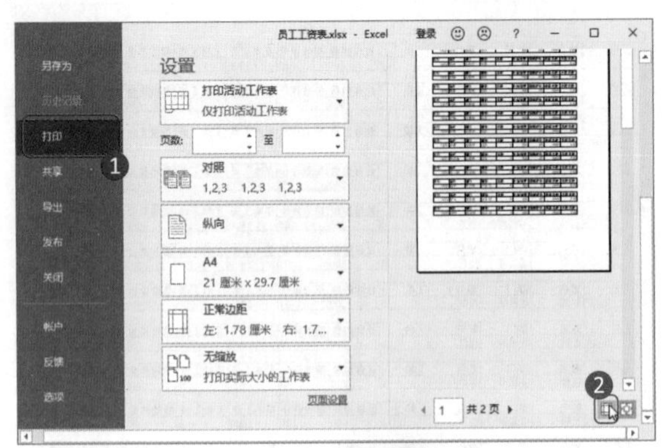

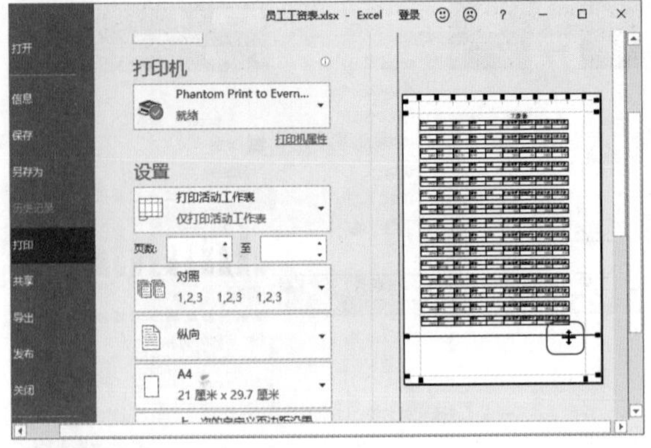

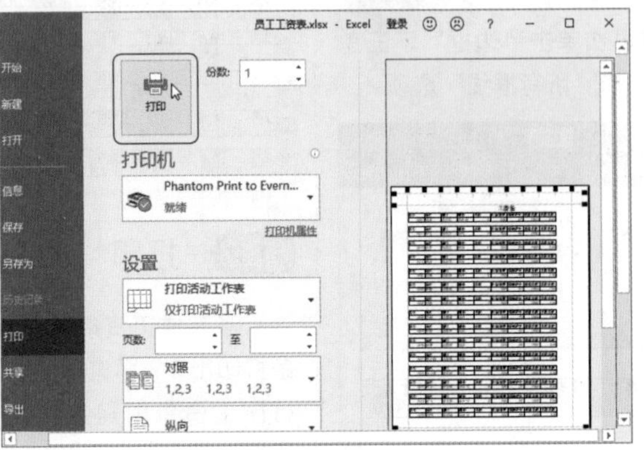

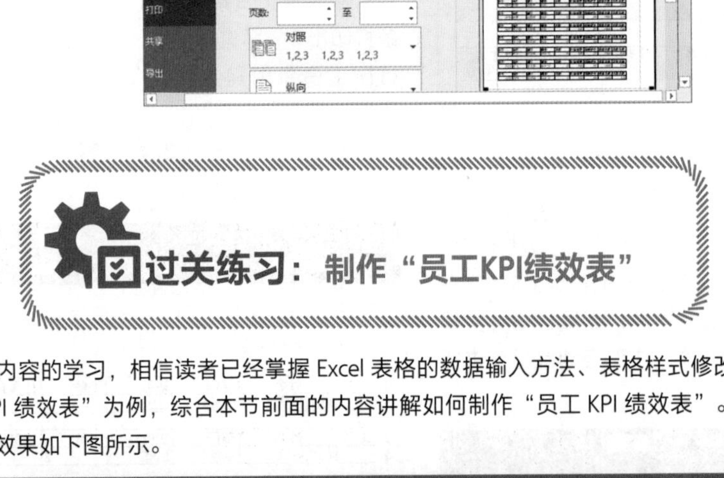

过关练习：制作“员工KPI绩效表”

通过前面内容的学习，相信读者已经掌握 Excel 表格的数据输入方法、表格样式修改及常用函数的运用。下面将以“员工 KPI 绩效表”为例，综合本节前面的内容讲解如何制作“员工 KPI 绩效表”。“员工 KPI 绩效表”文档制作完成后的效果如下图所示。

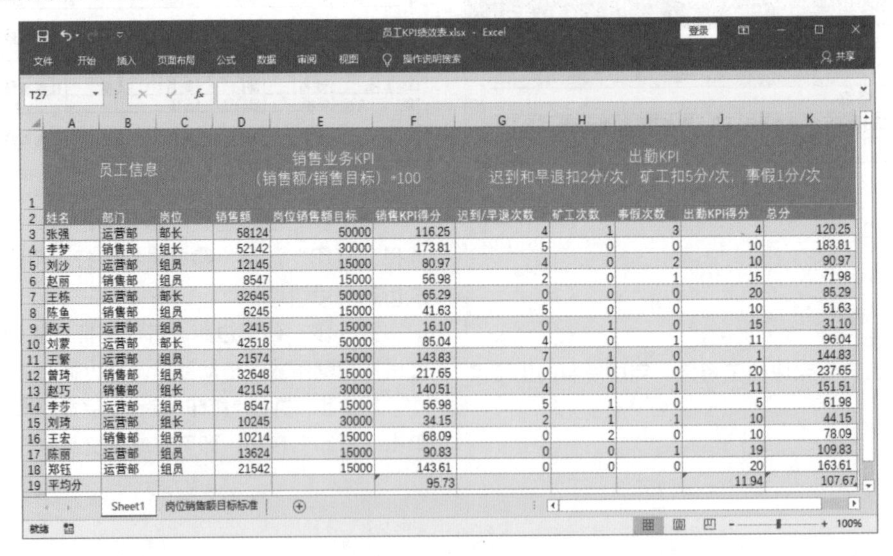

员工信息			销售业务KPI（销售额/销售目标）*100			出勤KPI 迟到和早退扣2分/次，矿工扣5分/次，事假1分/次				
姓名	部门	岗位	销售额	岗位销售额目标	销售KPI得分	迟到/早退次数	矿工次数	事假次数	出勤KPI得分	总分
张强	运营部	部长	58124	50000	116.25	4	1	3	4	120.25
李梦	销售部	组长	52142	30000	173.81	5	0	0	10	183.81
刘沙	运营部	组员	12145	15000	80.97	4	0	2	10	90.97
赵丽	销售部	组员	8547	15000	56.98	2	0	1	15	71.98
王栋	运营部	部长	32645	50000	65.29	0	0	0	20	85.29
陈鱼	销售部	组员	6245	15000	41.63	5	0	0	10	51.63
赵天	运营部	组员	2415	15000	16.10	0	1	0	15	31.10
刘蒙	运营部	部长	42518	50000	85.04	4	0	1	11	96.04
王繁	运营部	组员	21574	15000	143.83	7	1	0	1	144.83
曾琦	销售部	组员	32648	15000	217.65	0	0	0	20	237.65
赵巧	销售部	组长	42154	30000	140.51	4	0	1	11	151.51
李莎	运营部	组员	8547	15000	56.98	5	1	0	5	61.98
刘琦	运营部	组长	10245	30000	34.15	2	1	1	10	44.15
王宏	销售部	组员	10214	15000	68.09	0	2	0	10	78.09
陈丽	运营部	组员	13624	15000	90.83	0	0	1	19	109.83
郑钰	运营部	组员	21542	15000	143.61	0	0	0	20	163.61
平均分					95.73				11.94	107.67

思路解析

员工 KPI 绩效表的制作涉及基础数据的输入、绩效数据的计算。在制作该表格时，首先应该将基础数据输入表格中，然后再套用样式进行表格修饰。将基础数据输入完成后，需要根据基础数据计算出各 KPI 项目的总分和平均分。其制作流程及思路如下。

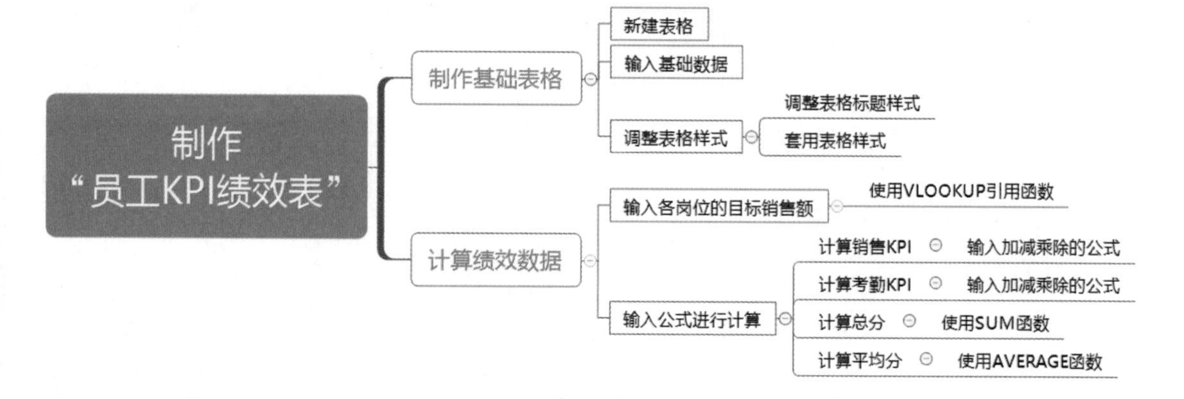

关键步骤

关键步骤 1：新建表格，输入基础数据并合并单元格。 新建 Excel 表格，命名并保存，输入基础数据信息。❶选中第一行的前三个单元格；❷单击“开始”选项卡下“对齐方式”组中的“合并后居中”按钮。

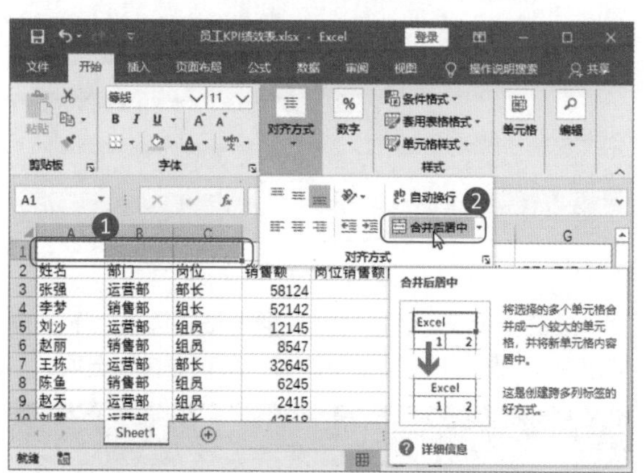

关键步骤 2：调整合并单元格格式并输入内容。 选中第一行单元格，按住鼠标左键不放，往下拖动鼠标增加单元格高度，在合并后的单元格中输入内容。

关键步骤 3：为单元格的文字分行。 将鼠标指针放到单元格中需要分行的文字中间，按下组合键 Alt+Enter，为文字分行。按照同样的方法，为第一行第三个合并单元格文字分行。

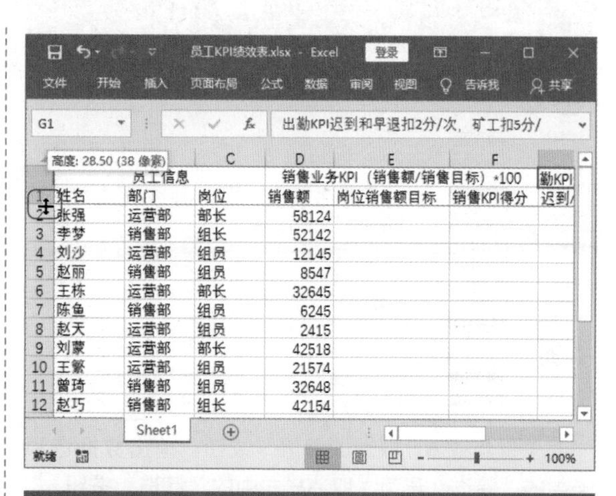

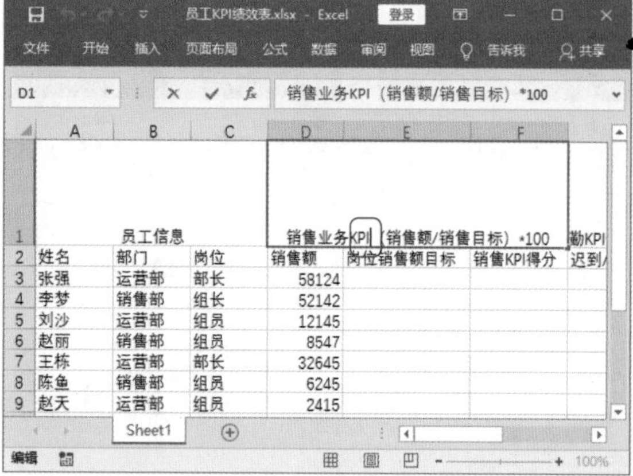

关键步骤 4：调整单元格宽度。选中表格中有内容的单元格列，将鼠标指针放到最右边的边线上，当鼠标指针显示为双十字箭头时单击，让单元格的列宽度实现自动调整。

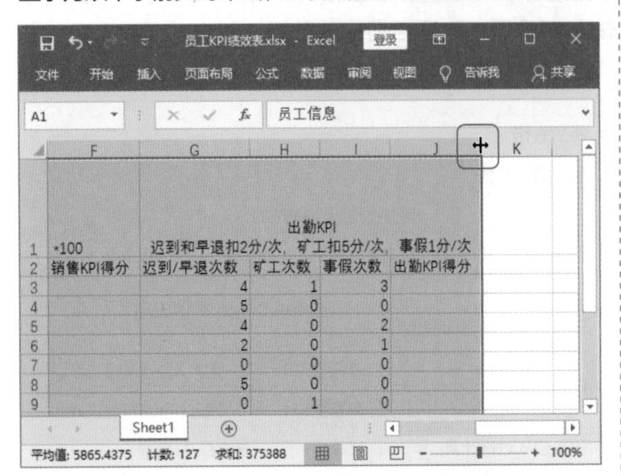

关键步骤 5：设置样式。❶选中表格中除第一行以外的有文字的单元格，单击“开始”选项卡下“套用表格格式”按钮；❷从弹出的下拉菜单中选择一种样式。

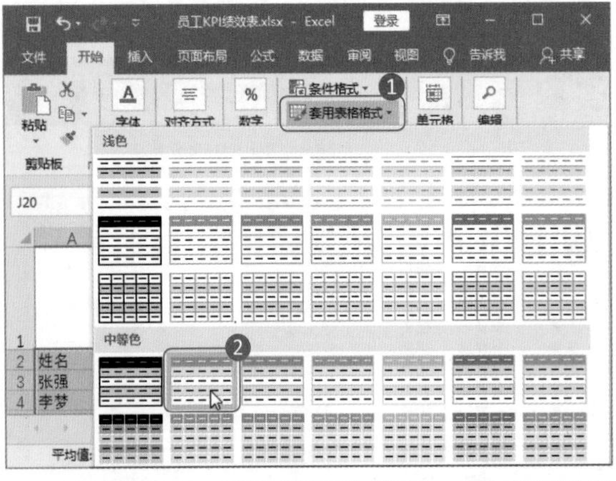

关键步骤 6：取消“筛选”按钮。单击数据选项卡中的“筛选”选项，取消样式中的“筛选”按钮。

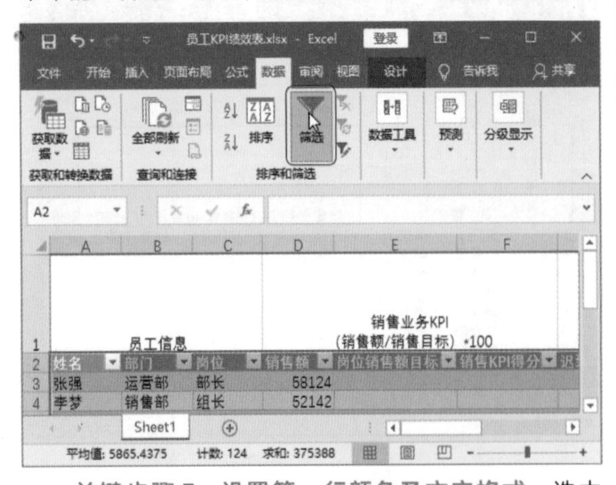

关键步骤 7：设置第一行颜色及文字格式。选中第一行单元格，单击“填充颜色”下三角按钮，选择“蓝色，个性色 1”，设置文字大小为 14 号，加粗显示，颜色为“白色，背景 1”。

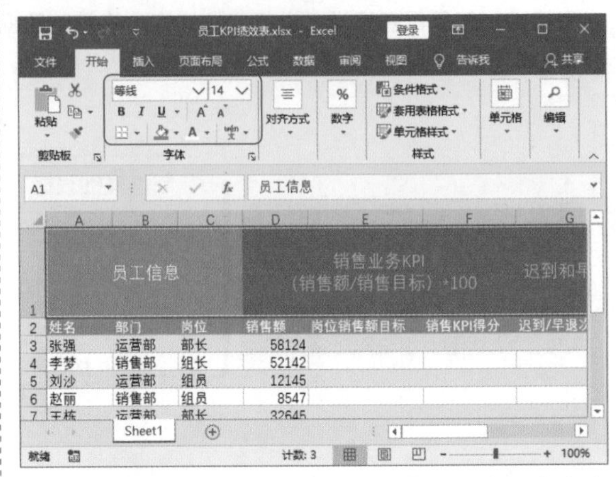

关键步骤 8：选择线条颜色。❶选中表格中有内容的单元格区域，单击“边框”下三角按钮；❷从中选择“线条颜色”选项；❸选择如图所示的颜色。

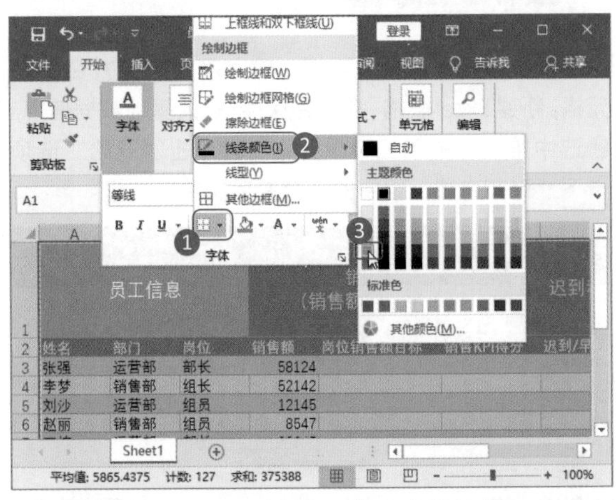

关键步骤 9：设置边框。❶单击“边框”下三角按钮；❷从下拉菜单中选择“所有框线”选项。

关键步骤 10：查看完成设置的表格。完成样式设置的 KPI 表格如下图所示。

员工信息			销售业务KPI（销售额/销售目标）*100			出勤KPI 迟到和早退扣2分/次，矿工扣5分/次，事假1分/次			
姓名	部门	岗位	销售额	岗位销售额目标	销售KPI得分	迟到/早退次数	矿工次数	事假次数	出勤KPI得分
张强	运营部	部长	58124			4	1	3	
李梦	销售部	组长	52142			5	0	0	
刘沙	运营部	组员	12145			4	0	2	
赵丽	销售部	组员	8547			2	0	1	
王栋	运营部	部长	32645			0	0	0	
陈鱼	销售部	组员	6245			5	0	0	
赵天	运营部	组员	2415			0	1	0	
刘蒙	运营部	部长	42518			4	0	1	
王繁	运营部	组员	21574			7	1	0	
曾琦	销售部	组员	32648			0	0	0	
赵巧	销售部	组长	42154			4	0	1	
李莎	运营部	组员	8547			5	1	0	
刘琦	运营部	组长	10245			2	1	1	
王宏	销售部	组员	10214			0	2	0	
陈丽	运营部	组员	13624			0	0	1	
郑钰	运营部	组员	21542			0	0	0	
总分									
平均分									

关键步骤 11：新建工作表。❶新建一个“岗位销售额目标标准”工作表；❷在表中输入岗位及对应的销售额目标标准。

岗位	销售额目标标准
部长	50000
组长	30000
组员	15000

关键步骤 12：打开“插入函数”对话框。❶单击 Sheet1 中“岗位销售额目标”下面的第一个单元格；❷单击“公式”选项卡下“函数库”组中的“插入函数”按钮。

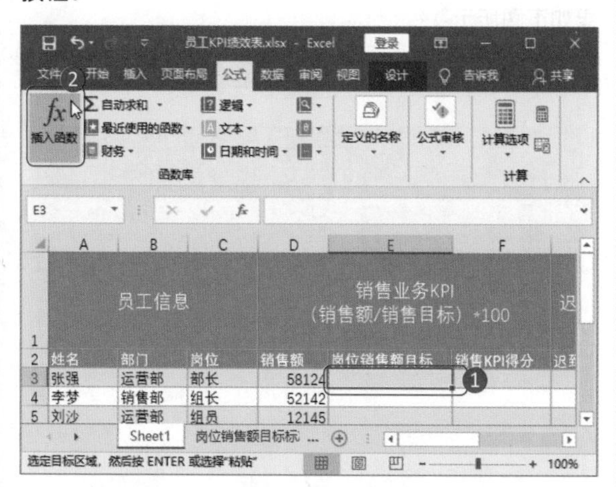

员工信息			销售业务KPI（销售额/销售目标）*100		
姓名	部门	岗位	销售额	岗位销售额目标	销售KPI得分
张强	运营部	部长	58124		
李梦	销售部	组长	52142		
刘沙	运营部	组员	12145		

关键步骤 13：选择函数并设置参数。在打开的“插入函数”对话框中，选择 VLOOKUP 函数。❶在“函数参数”对话框中设置如下图所示的参数；❷单击“确定”按钮。

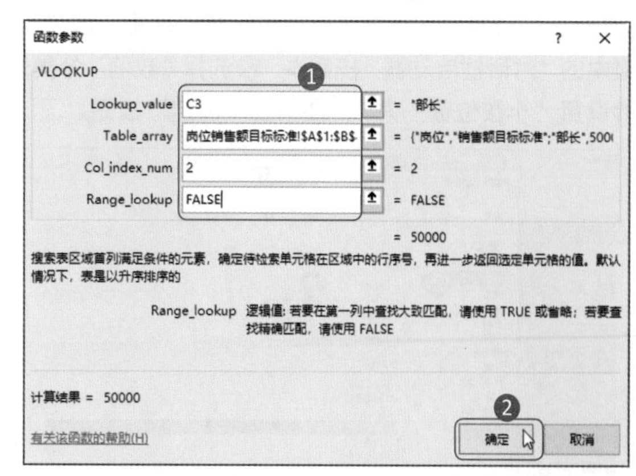

关键步骤 14：完成岗位销售额目标标准数据引用。完成公式函数参数设置后，该单元格对应的岗位销售额目标便填充完成，复制公式到该列其他单元格，完成对岗位销售额目标标准数据引用。

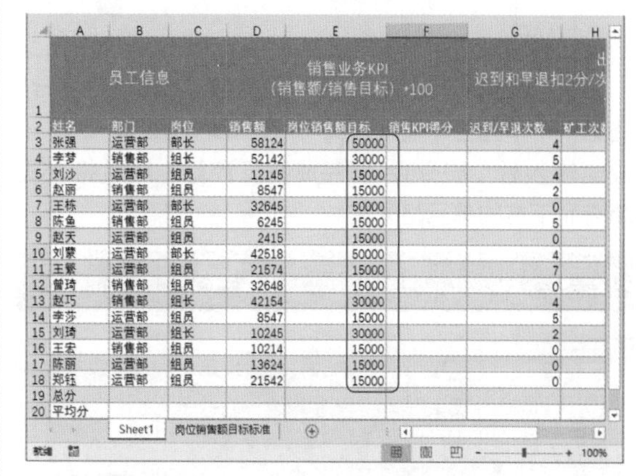

姓名	部门	岗位	销售额	岗位销售额目标	销售KPI得分	迟到/早退次数
张强	运营部	部长	58124	50000		4
李梦	销售部	组长	52142	30000		5
刘沙	运营部	组员	12145	15000		4
赵丽	销售部	组员	8547	15000		2
王栋	运营部	部长	32645	50000		0
陈鱼	销售部	组员	6245	15000		5
赵天	运营部	组员	2415	15000		0
刘蒙	运营部	部长	42518	50000		4
王繁	运营部	组员	21574	15000		7
曾琦	销售部	组员	32648	15000		0
赵巧	销售部	组长	42154	30000		4
李莎	运营部	组员	8547	15000		5
刘琦	运营部	组长	10245	30000		2
王宏	销售部	组员	10214	15000		0
陈丽	运营部	组员	13624	15000		0
郑钰	运营部	组员	21542	15000		0
总分						
平均分						

关键步骤 15：输入公式计算销售 KPI。在“销售 KPI 得分”下面的第一个单元格中输入公式“=(D3/E3)*100”。公式输入后，按下 Enter 键完成数值计算，然后将公式填充到下方的单元格区域。

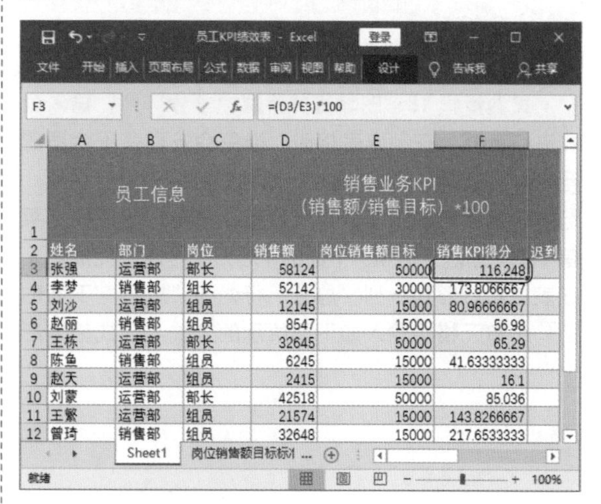

姓名	部门	岗位	销售额	岗位销售额目标	销售KPI得分
张强	运营部	部长	58124	50000	116.248
李梦	销售部	组长	52142	30000	173.8066667
刘沙	运营部	组员	12145	15000	80.96666667
赵丽	销售部	组员	8547	15000	56.98
王栋	运营部	部长	32645	50000	65.29
陈鱼	销售部	组员	6245	15000	41.63333333
赵天	运营部	组员	2415	15000	16.1
刘蒙	运营部	部长	42518	50000	85.036
王繁	运营部	组员	21574	15000	143.8266667
曾琦	销售部	组员	32648	15000	217.6533333

关键步骤 16：调整单元格格式。❶完成“销售KPI 得分”计算后，选中这一列单元格，单击“数字”组中的“对话框启动器”按钮 ；❷选择“数值”分类；❸设置“小数位数”为 2；❹单击“确定”按钮。

关键步骤 17：计算出勤 KPI 得分。在“出勤 KPI 得分”的第一个单元格中输入公式“=20-G3*2-H3*5-I3*1”。公式输入后，按 Enter 键完成数值计算，然后将公式填充到下方的单元格区域。

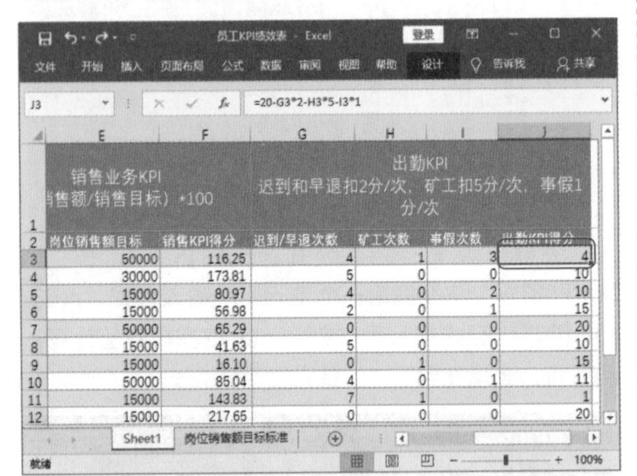

关键步骤 18：删除行并新建“总分”列，输入公式进行计算。在制作表格时，难免会发现有不合适的行或列，这时可以通过删除行或列的方式来进行调整。选中表格下方的“总分”所在行，右击，选择快捷菜单中的“删除”选项。下面的“总分”行删除完成后，在表格右方添加一列“总分”行，在“总分”下面的第一个单元格中输入如下图所示的公式。公式输入后按 Enter 键便完成数值计算。

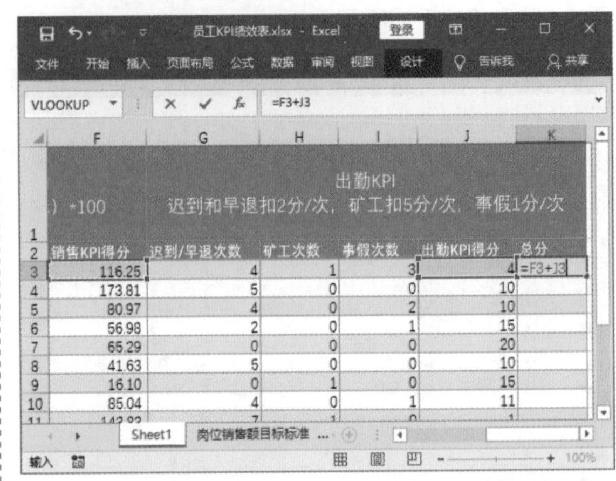

关键步骤 19：选择“平均值”公式。❶完成总分计算后，单击“销售 KPI 得分”对应的“平均分”单元格；❷单击“自动求和”按钮；❸选择下拉菜单中的“平均值”选项。

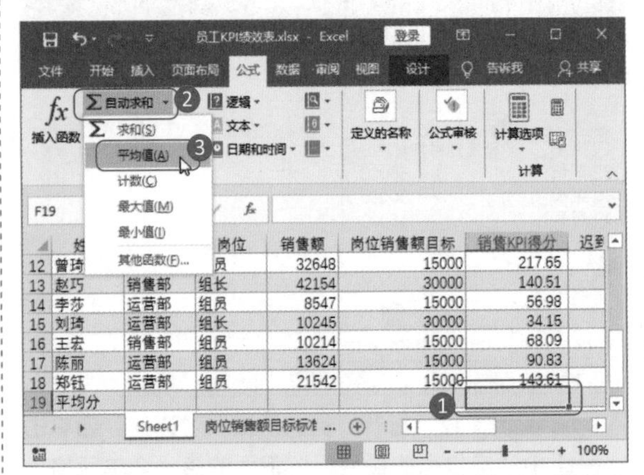

关键步骤 20：完成 KPI 表格制作。按照同样的方法，计算“出勤 KPI 得分”和“总分”的平均分，效果如下图所示。

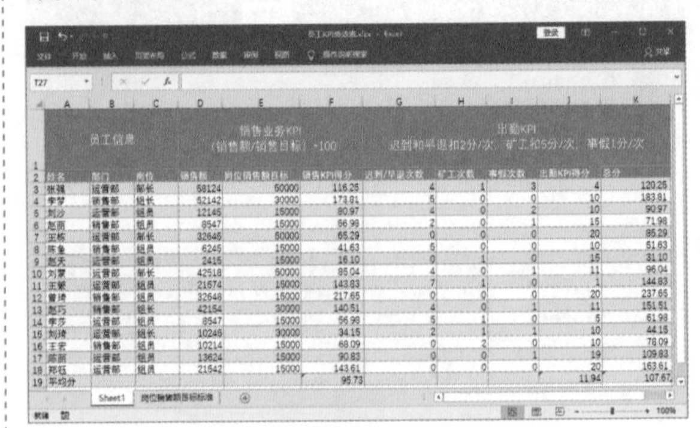

高手秘技

1. 学会正确粘贴数据，效率提高不止一点点

为了提高工作效率，在制作 Excel 表时，常常将数据复制修改后快速完成新的表格。此时需要掌握复制、粘贴的技巧，否则粘贴出来的数据会“不听话”。

如下图所示，直接将左边由公式计算出来的数据选中，按组合键 Ctrl+C 复制，再到右边的单元格中按组合键 Ctrl+V 粘贴，结果为 0 值，这是因为粘贴方式没有选对。

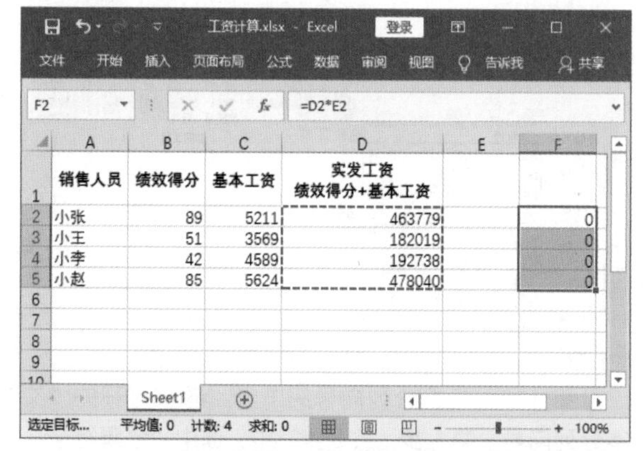

Excel 的粘贴方式可以保持原格式粘贴，也可以只粘贴数值，还可以转置粘贴。具体操作步骤如下。

第 1 步：复制数据。选中要粘贴的数据，按组合键 Ctrl+C 复制，复制后的区域会有虚线环绕。

第 2 步：选择性粘贴数据。❶单击“开始”选项卡下“剪贴板”组中的“粘贴”下三角按钮；❷从弹出的下拉菜单中选择“值”选项。结果如下图所示，右边是数据粘贴结果。

第 3 步：复制数据。在粘贴 Excel 数据时，有时不仅需要粘贴数据的值，还需要换方向粘贴数据，如将竖向排列的数据粘贴成横向排列。选中需要换方向粘贴的数据，并复制。

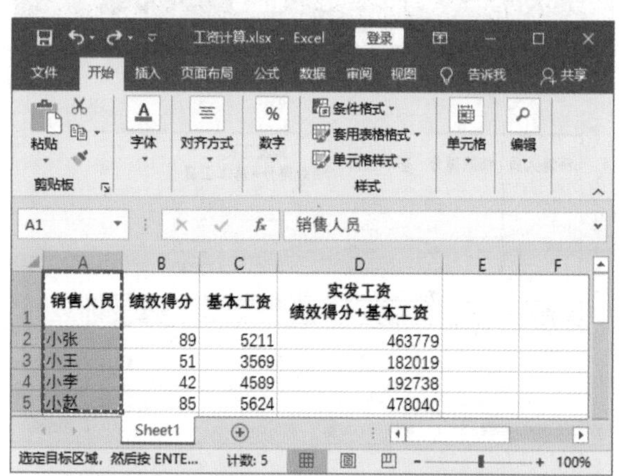

第 4 步：打开“选择性粘贴”对话框。❶单击“粘贴”下三角按钮；❷选择下拉菜单中的“选择性粘贴”选项。

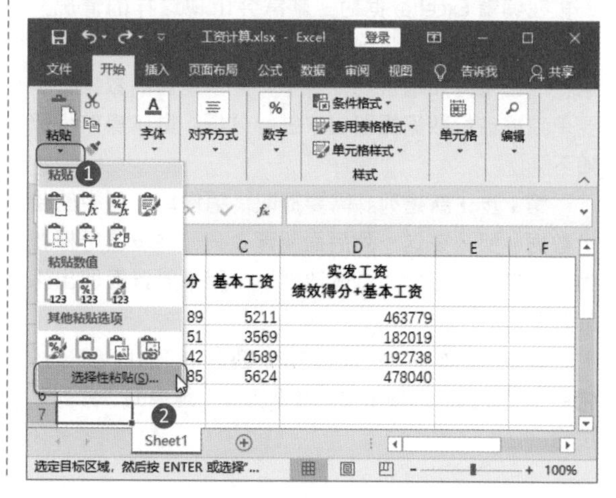

第 5 步：选择粘贴选项。❶在打开的“选择性粘贴”对话框中，勾选“转置”复选框；❷单击“确定”按钮。

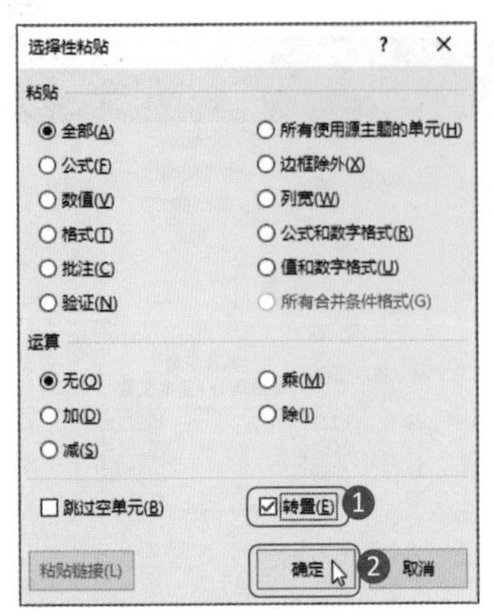

第 6 步：查看粘贴结果。如下图所示，原本竖向排列的数据变成横向排列了。同样的道理，可以将横向排列的数据粘贴成竖向排列。

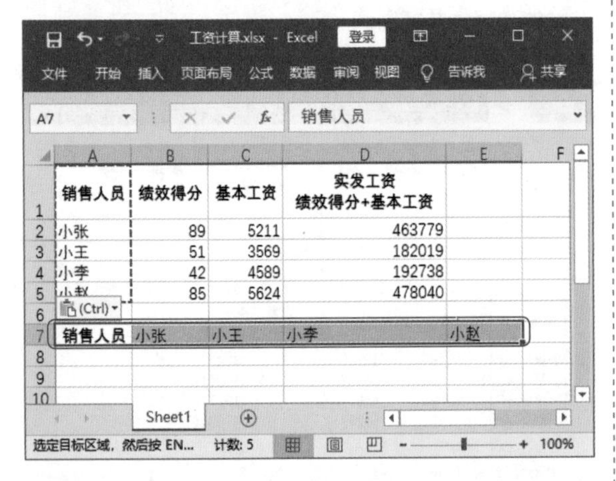

2. 一个技巧将单列数据瞬间拆分成多列

在编辑 Excel 数据时，常常会出现这样的情况，要将一列数据分成几列，或者将一列数据中的某些数据提取出来。如销售统计表中，关于销售的数据，需要单独将省份数据提取出来进行分析。具体操作步骤如下。

第 1 步：新建列。需要提取“销售地”列中的省份数据，那么在这一列后面新建 3 列，并设置行标题为“城市”“区”“具体地址”，用来放置提取出来的数据。

第 2 步：单击“分列”按钮。❶选中“销售地”列；❷单击“数据”选项卡下“数据工具”组中的“分列”按钮。

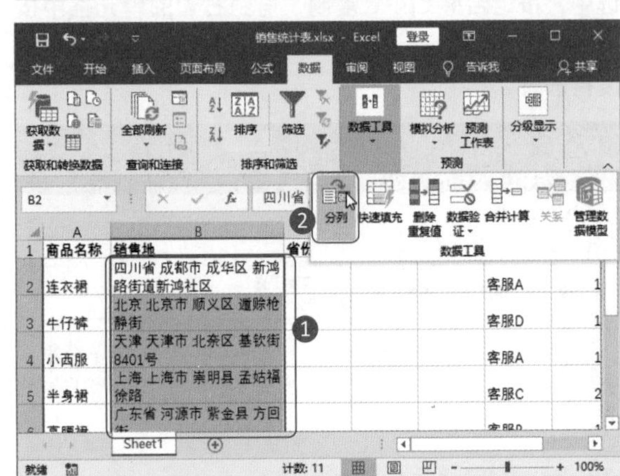

第 3 步：设置分列向导第 1 步。❶在打开的“文本分列向导 - 第 1 步，共 3 步”中，选中“分隔符号”单选按钮；❷单击“下一步”按钮。

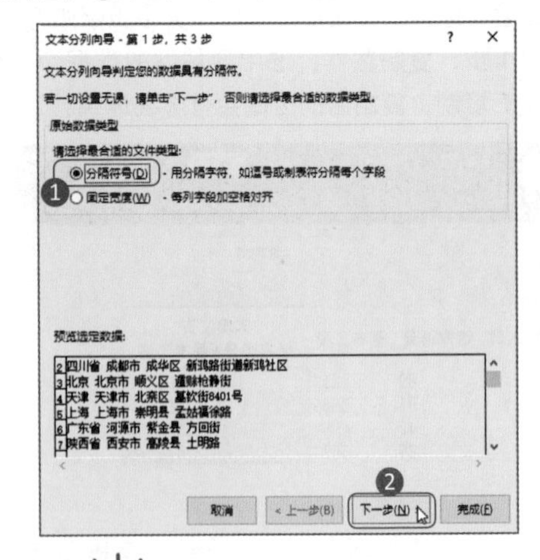

专家点拨

分列方式还可以选择“固定宽度”选项，即将一列单元格中的数据按照固定的字符宽度拆分成多列。

第 4 步：设置分列向导第 2 步。❶在“文本分列向导”第 2 步中，勾选“空格”复选框；❷单击“下一步”按钮。

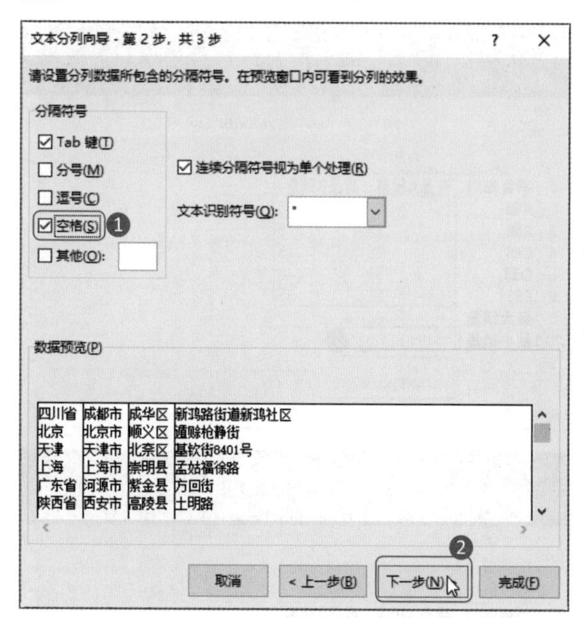

第 5 步：完成分列。在“文本分列向导”第 3 步中，单击“完成”按钮。

第 6 步：查看分列效果。返回工作表中，将“销售地”列标题更改为“省 / 直辖市”，此时销售地数据便被分成“省 / 直辖市”“城市”“区”“具体地址”，方便后期针对省份销量和城市销量的统计。

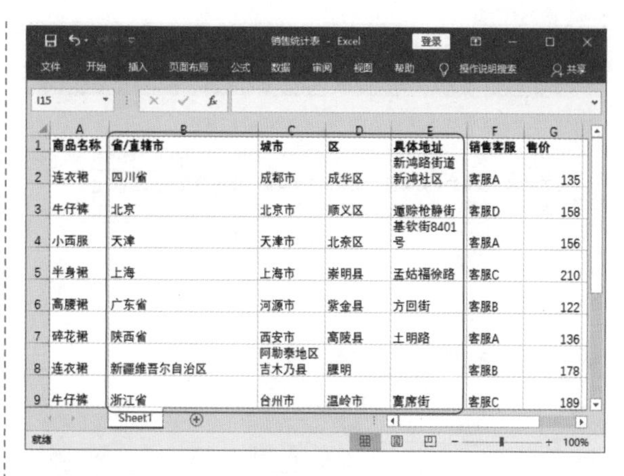

3. 补充3个常用函数，就怕你不会用

Excel 的函数功能非常强大，能快速计算不同需求的数据。在常用的函数中，除了本章讲到的 SUM 函数、AVERAGE 函数、IF 函数外，下面再补充 3 个常用函数。

第 1 步：用 COUNTA 函数计算个数。COUNTA 函数可以计算出含有内容的单元格个数，如统计一共发了多少件奖品。❶如下图所示，需要统计发出多少奖品，只需统计有多少个有内容的单元格即可，在“发出的商品总份数”下面的单元格中输入公式，按 Enter 键；❷此时就看到了计算结果，显示一共发出了 23 份奖品。

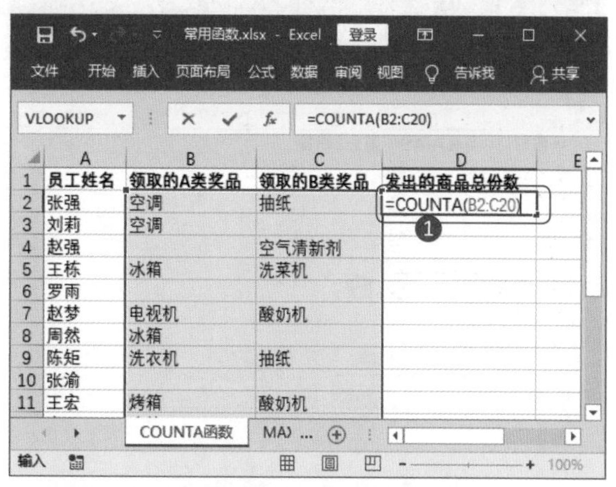

第 2 步：用 MAX 函数找出数据的最大值。❶如下图所示，在“最大销量”下面的单元格中输入 MAX 函数的计算公式；❷按 Enter 键，可以看到计算结果，公式中选中区域的最大值被查找了出来。

第 3 步：用 MIN 函数找出最小值。❶在“最小销量”单元格中输入 MIN 函数的公式；❷按 Enter 键完成计算。

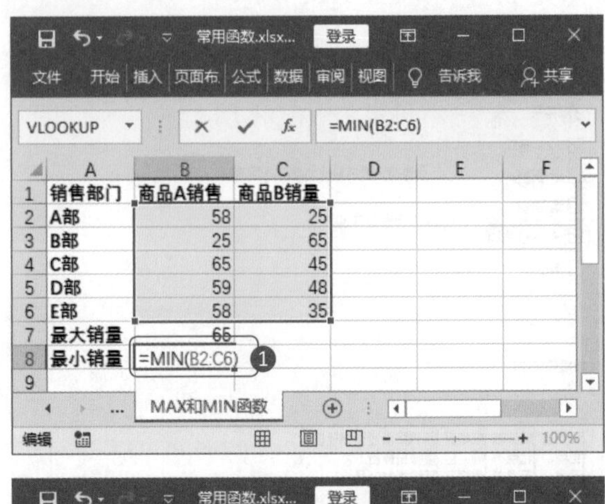

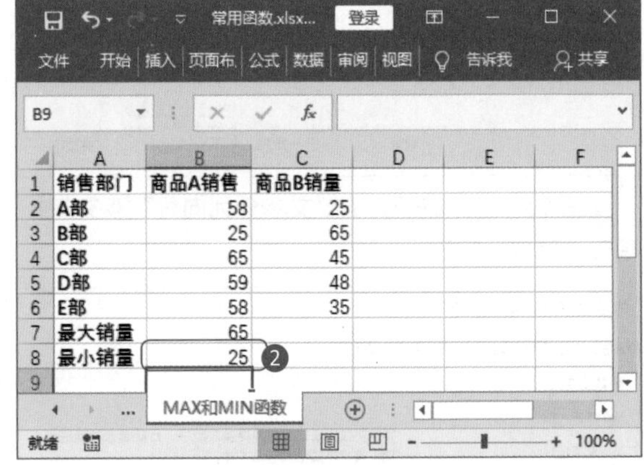

Excel 数据的排序、筛选与汇总

第 7 章

内容导读

在查看和分析表格数据时，常常需要对表格中的数据进行分类排序或筛选出符合条件的数据，利用 Excel 可以轻松完成这些操作。本章将为读者介绍，应用 Excel 对表格中的数据进行排序、筛选以及分类汇总等功能。

知识要点

- Excel 数据的排序操作
- 复杂排序的应用
- 简单的数据筛选功能
- 自定义筛选数据的操作
- 分类汇总的使用技巧
- 合并计算数据的方法

案例展示

	A	B	C	D	E	F
1	物品名称	规格型	单	原始数	本月进货	本月出库
2	长筒雨鞋	41码	双	5	15	12
5	长筒雨鞋	44码	双	10	14	7
7	工作服	S号	套	10	5	6
10	帆布手套		双	165	57	66
13	3M防尘口罩		个	100	100	97
14	3M防酸面罩		个	55	45	30
16	雨衣		件	67	51	10
17	一次性雨衣		件	55	34	89
21	竹扫把		把	10	5	6

	A	B	C	D	E	F	G
1	姓名	部门	产品A销量	产品B销量	产品C销量	月份	销售额
2	周时	销售1组	55	51	5	1月	17432
3	刘萌	销售1组	101	42	95	3月	33761
4	刘飞	销售1组	62	42	25	1月	19213
5	李云	销售1组	42	22	15	1月	11323
6	任[illegible]	销售1组	42	4	52	2月	13004
7	黄亮	销售1组	51	5	15	3月	8552
8	陈明	销售1组	12	23	5	3月	6970
9		销售1组 汇总					110255
10	刘萌	销售2组	65	42	4	2月	16348
11	肖骏	销售2组	85	42	41	1月	23975
12	张虹	销售2组	85	62	51	4月	29825
13	吴蒙	销售2组	42	52	26	4月	19494
14	杨桃	销售2组	53	10	52	4月	15428
15	李林	销售2组	62	5	42	2月	13751
16		销售2组 汇总					118821
17	赵强	销售3组	74	62	26	2月	24928
18	李涛	销售3组	74	51	12	3月	20427
19	王丽	销售3组	99	53	42	2月	27941
20	杜明	销售3组	74	51	11	3月	20276
21	高飞	销售3组	51	41	42	3月	20441
22	赵丽	销售3组	51	9	36	4月	12591
23	王敏	销售3组	52	8	41	4月	13231
24	赵西	销售3组	44	41	9	1月	14744
25		销售3组 汇总					154579
26		总计					383655

Sheet1 1月产品销量 2月产品销量 ... 100%

7.1 排序“业绩奖金表”

案例说明

不同的公司有不同的奖励机制，每隔一定的时间，财务部就需要对公司发放的奖金进行统计。业绩奖金表应该包括领取奖金的员工姓名、奖金类型等相关信息。当业绩奖金表制作完成后，需要根据需求进行排序，方便领导查看。

“业绩奖金表”文档制作完成后的效果如下图所示。

工号	姓名	所属部门	系数	销售奖（元）	客户关系维护奖（元）	工作效率奖（元）	应发奖金（系数*奖金）	领奖金日期
0134	周梦	销售部	0.8	1245	0	954	1759.2	2020/3/4
0135	王惠	销售部	0.6	2451	326	657	2060.4	2020/4/3
0126	刘丽	销售部	0.7	2541	325	610	2433.2	2020/1/3
0136	陈月	销售部	0.7	2635	215	845	2586.5	2020/3/5
0127	李华	销售部	0.9	3264	512	241	3615.3	2020/12/4
0137	曾宇	销售部	0.8	4154	421	624	4159.2	2020/4/2
0131	赵东	销售部	0.8	5124	125	256	4404	2020/6/7
0128	赵丽	销售部	1	5124	421	521	6066	2020/6/1
0125	王宏	运营部	0.8	1245	425	450	1696	2020/3/19
0129	刘伟	运营部	0.7	2642	512	325	2435.3	2020/6/4
0124	张强	运营部	1	1245	765	500	2510	2020/3/14
0130	张天	运营部	0.6	5124	254	451	3497.4	2020/5/4
0132	路钏	运营部	0.7	5261	124	425	4067	2020/1/1
0133	王泽	运营部	0.9	4251	111	845	4686.3	2020/2/4

思路解析

对业绩奖金表进行排序，需要根据实际需求进行操作。如对某类奖金金额的大小进行排序，这时只需用到简单的排序操作。如果排序操作比较复杂，如先要按照奖金的类型进行排序，再按照不同类型奖金金额的大小进行排序，这时就需要用到 Excel 的自定义排序功能。Excel 排序包括简单排序及自定义排序。其制作流程及思路如下。

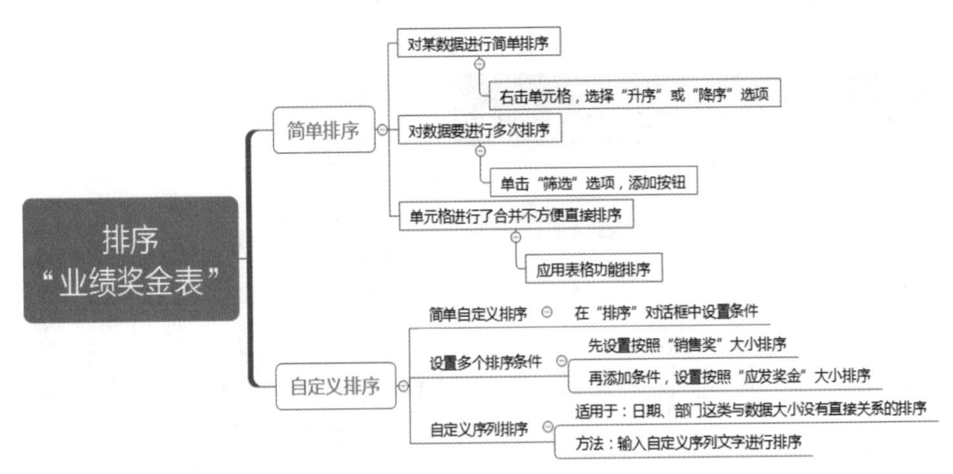

步骤详解

7.1.1 简单排序

Excel 最基本的功能就是对数据进行排序，可以使用“升序”或“降序”功能，也可以为数据添加排序按钮。

1. 对某列数据使用升序或降序排序

当需要对 Excel 数据工作表的某列数据进行简单排序时，可以利用“升序”和“降序”功能。

第 1 步：降序操作。❶按照路径“素材文件\第 7 章\业绩奖金表.xlsx”打开素材文件，在“系数”单元格上右击，选择快捷菜单中的“排序”选项；❷选择“降序”选项。

第 2 步：查看排序结果。此时“系数”列的数据就变为降序排序。如果需要对这列数据或其他列数据进行升序排序，选择“升序”选项即可。

	A	B	C	D	E	
1	工号	姓名	系数	销售奖（元）	客户关系维护奖（元）	工作效
2	0124	张强	1	1245	765	
3	0128	赵丽	1	5124	421	
4	0127	李华	0.9	3264	512	
5	0133	王泽	0.9	4251	111	
6	0125	王宏	0.8	1245	425	
7	0131	赵东	0.8	5124	125	
8	0134	周梦	0.8	1245	0	
9	0137	曾宇	0.8	4154	421	
10	0126	刘丽	0.7	2541	325	
11	0129	刘伟	0.7	2642	512	
12	0132	路钏	0.7	5261	124	
13	0136	陈月	0.7	2635	215	
14	0130	张天	0.6	5124	254	
15	0135	王惠	0.6	2451	326	

2. 添加按钮进行排序

如果需要对 Excel 表中的数据多次进行排序查看，为了方便操作可以添加按钮，通过按钮菜单来快速操作。

第 1 步：选择“筛选”选项。❶单击“开始”选项卡下“编辑”组中的“排序和筛选”按钮；❷选择下拉菜单中的“筛选”选项。

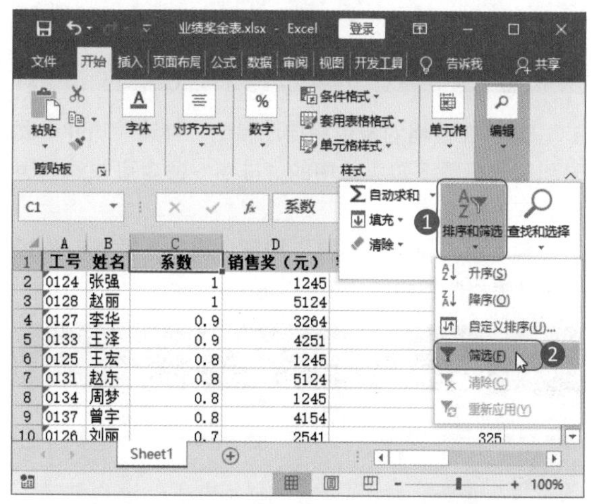

第 2 步：通过按钮执行排序操作。❶此时可以看到表格的第一行的每个单元格中都出现了按钮，单击“销售奖（元）”单元格的按钮；❷选择下拉菜单中的“升序”选项。

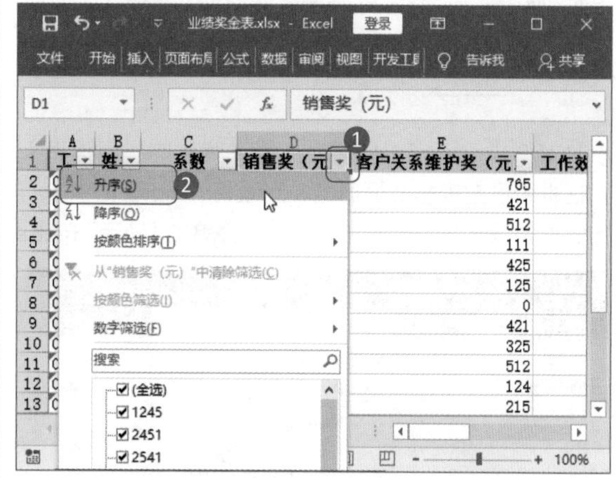

第 3 步：查看排序结果。此时“销售奖（元）”列的数据就进行了升序排序。如果要对其他列的数据进行排序操作，也可以单击该列的按钮。

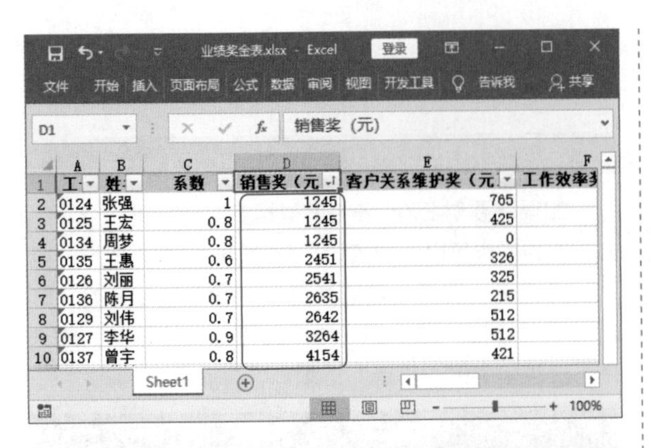

3. 应用表格“筛选”功能快速排序

Excel 在表格对象中将自动启动“筛选”功能，此时利用列标题下拉菜单中的“排序”命令可快速对表格数据进行排序。

第 1 步：单击“表格”按钮。单击“插入”选项卡下“表格”组中的“表格”按钮。

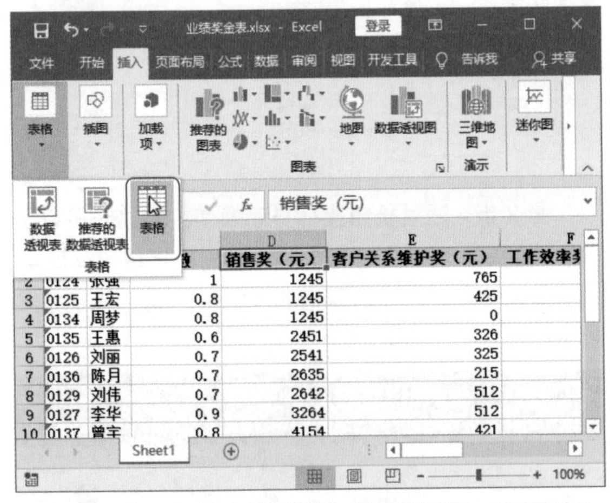

第 2 步：设定表格区域。❶在弹出的“创建表”对话框中设定表格数据区域，这里将 Excel 表格中所有的数据都设定为需要排序的区域；❷单击“确定”按钮。

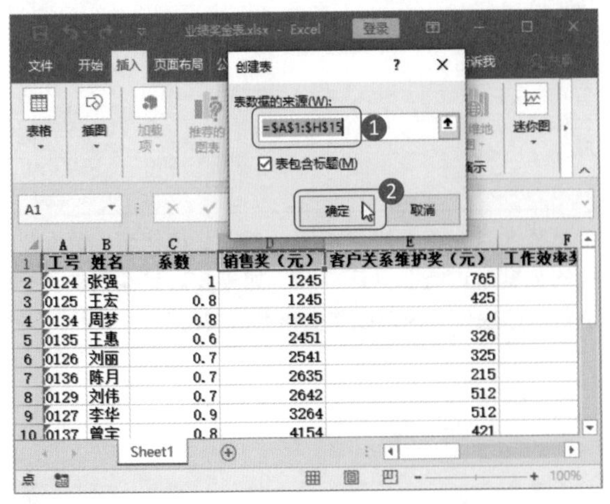

第 3 步：进行排序操作。❶此时表格对象添加了自动筛选功能，单击表格中数据列的按钮；❷选择下拉菜单中的“升序”或“降序”选项，即可实现数据列的排序操作。

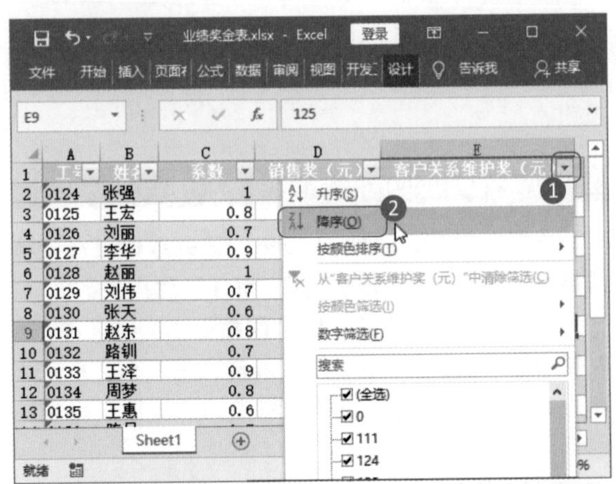

问：表格“筛选”功能排序与添加排序按钮排序有什么区别吗？

答：有区别。将数据插入表格再进行排序操作，并不是多此一举。如果 Excel 表格中，前面几行单元格进行了合并操作，如合并成为标题行，此时就无法通过添加按钮的方式对合并单元格的数据列进行排序操作。而此时如果采用表格“筛选”功能，即单独将需要排序的数据插入表格中，就可以进行排序。

7.1.2 自定义排序

Excel 表格数据排序除了简单的升序、降序排序外，还涉及更为复杂的排序。例如，需要对员工的业绩奖金按照“销售奖”金额的大小进行排序，当“销售奖”相同时，再按照“客户关系维护奖”金额的大小进行排序。又如，排序的方式不是按照数据的大小，而是按照没有明显数据关系的字段，如部门名称进行排序。上述这类操作都需要用到 Excel 的自定义排序功能。

1. 简单的自定义排序

简单的自定义排序只需打开“排序”对话框，设置其中的排序条件即可。

第 1 步：打开“排序”对话框。❶单击“排序和筛选”按钮；❷选择下拉菜单中的“自定义排序”选项。

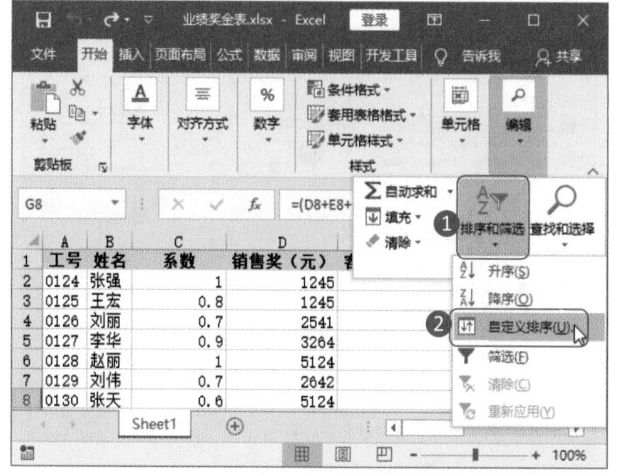

	A	B	C	D
1	工号	姓名	系数	销售奖（元）
2	0124	张强	1	1245
3	0125	王宏	0.8	1245
4	0126	刘丽	0.7	2541
5	0127	李华	0.9	3264
6	0128	赵丽	1	5124
7	0129	刘伟	0.7	2642
8	0130	张天	0.6	5124

第 2 步：设置“排序”对话框。❶在打开的“排序”对话框中，设置排序条件；❷单击“确定”按钮。

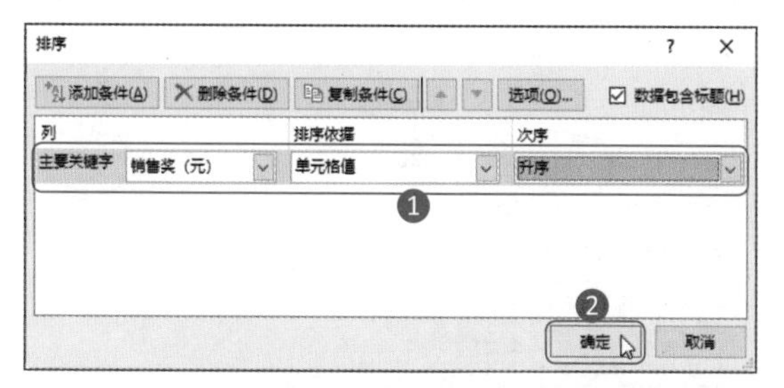

第 3 步：查看排序结果。此时 Excel 表的“销售奖（元）”列的数据就按升序排序了。

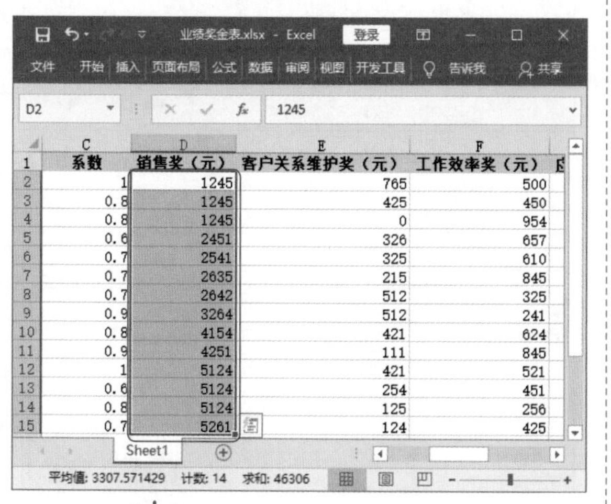

	C	D	E	F
1	系数	销售奖（元）	客户关系维护奖（元）	工作效率奖（元）
2	1	1245	765	500
3	0.8	1245	425	450
4	0.8	1245	0	954
5	0.6	2451	326	657
6	0.7	2541	325	610
7	0.7	2635	215	845
8	0.7	2642	512	325
9	0.9	3264	512	241
10	0.8	4154	421	624
11	0.9	4251	111	845
12	1	5124	421	521
13	0.6	5124	254	451
14	0.8	5124	125	256
15	0.7	5261	124	425

专家点拨

在“排序”对话框中，设置“主要关键字”，即选择数据列的名称，如要对“销售奖（元）”数据列进行排序就选择这一列。“排序依据”除了选择以数据大小（数值）为依据外，还可以选择以“单元格颜色”“字体颜色”“单元格图标”为依据进行排序。

2. 设置多个排序条件

自定义排序可以设置多个排序条件进行排序。只需在“排序”对话框中添加排序条件即可。

第 1 步：添加条件。打开“排序”对话框，单击“添加条件”按钮。

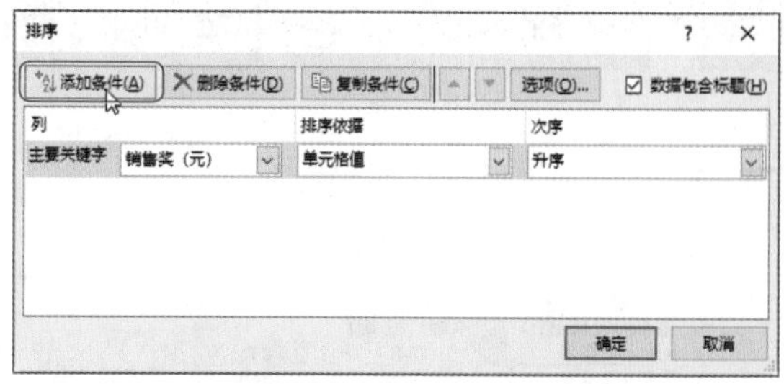

第 2 步：设置添加的条件。❶设置添加的排序条件；❷单击“确定”按钮。

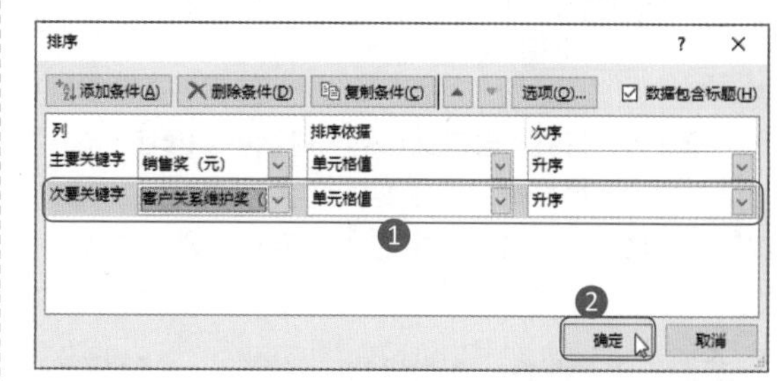

第 3 步：查看排序结果。如下图所示，此时表格中的数据便按照“销售奖（元）”数据列的值进行升序排序，“销售奖（元）”数据列值相同的情况下，便按照“客户关系维护奖（元）”的数值大小进行升序排序。

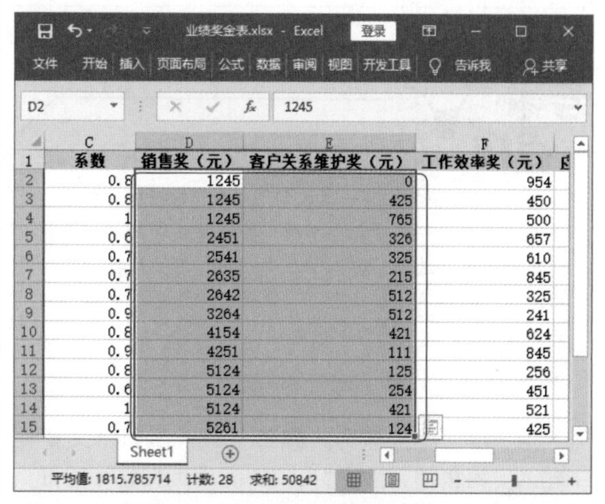

	C	D	E	F
1	系数	销售奖（元）	客户关系维护奖（元）	工作效率奖（元）
2	0.8	1245	0	954
3	0.8	1245	425	450
4	1	1245	765	500
5	0.6	2451	326	657
6	0.7	2541	325	610
7	0.7	2635	215	845
8	0.7	2642	512	325
9	0.9	3264	512	241
10	0.8	4154	421	624
11	0.9	4251	111	845
12	0.8	5124	125	256
13	0.6	5124	254	451
14	1	5124	421	521
15	0.7	5261	124	425

3. 自定义序列的排序

如果排序不是按照数据的大小，而是按照月份、部门这种与数据没有直接关系的序列，就需要重新定义序列进行排序。

第 1 步：打开“排序”对话框。❶在 Excel 表中添加数据列“所属部门”；❷单击“排序和筛选”按钮，选择下拉菜单中的“自定义排序”选项，打开“排序”对话框。

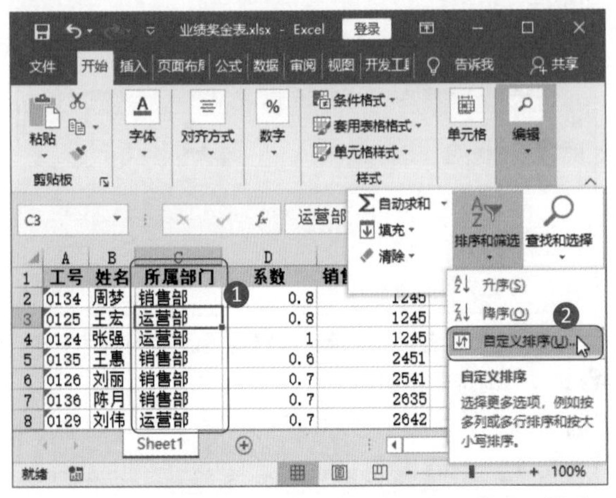

第 2 步：打开“自定义序列”对话框。❶在“排序”对话框中，选择好排序的主要关键字；❷单击“次序”按钮；❸选择下拉菜单中的“自定义序列”选项。

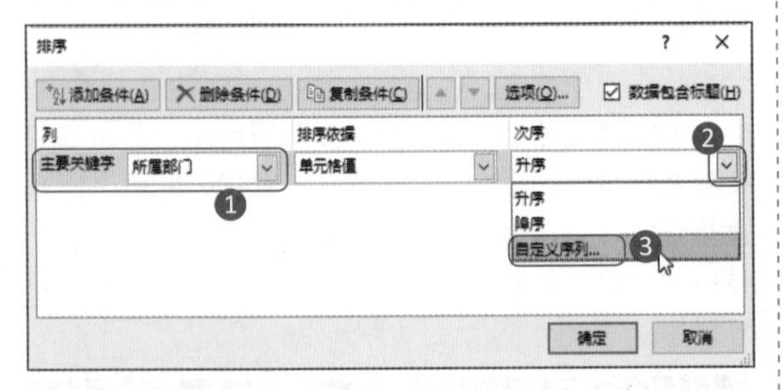

Excel 数据排序不一定要按照“列”数据进行排序，还可以按“行”数据进行排序。其方法是单击“排序”对话框中的“选项”按钮，在“方向”下面选择“按行排序”。同样地，在“选项”对话框中还可以选择“字母排序”“笔画排序”等方式。

第 3 步：输入序列。❶在“输入序列”文本框中输入“销售部，运营部”，中间用英文逗号隔开；❷单击“添加”按钮；❸此时新序列就被添加到“次序”条件中，单击“确定”按钮。

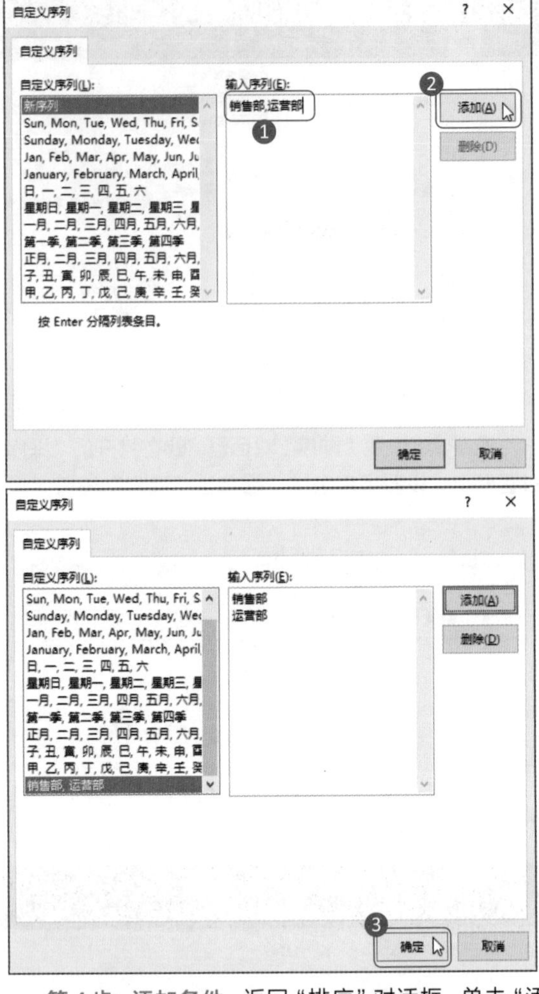

第 4 步：添加条件。返回“排序”对话框，单击“添加条件”按钮。

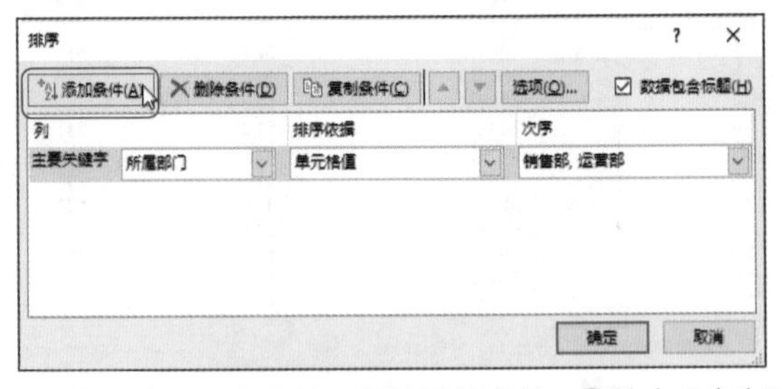

第 5 步：设置条件。❶设置新条件；❷单击“确定”按钮。

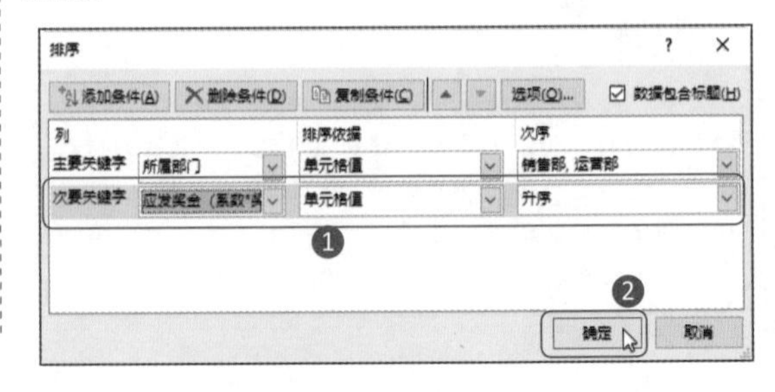

第 6 步：查看排序结果。此时表格中的数据，就按照“销售部”“运营部”两个部门的“应发奖金（系数 * 奖金）”的数据大小进行升序排序了。

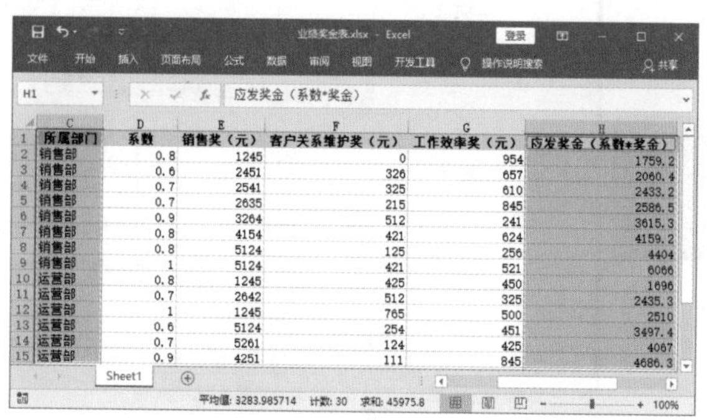

	所属部门	系数	销售奖（元）	客户关系维护奖（元）	工作效率奖（元）	应发奖金（系数*奖金）
2	销售部	0.8	1245	0	954	1759.2
3	销售部	0.6	2451	326	657	2060.4
4	销售部	0.7	2541	325	610	2433.2
5	销售部	0.7	2635	215	845	2586.5
6	销售部	0.9	3264	512	241	3615.3
7	销售部	0.8	4154	421	624	4159.2
8	销售部	0.8	5124	125	256	4404
9	销售部	1	5124	421	521	6066
10	运营部	0.8	1245	425	450	1696
11	运营部	0.7	2642	512	325	2435.3
12	运营部	1	1245	765	500	2510
13	运营部	0.6	5124	254	451	3497.4
14	运营部	0.7	5261	124	425	4067
15	运营部	0.9	4251	111	845	4686.3

7.2 筛选“库存管理清单”

案例说明

库存管理清单是公司管理商品进货与销售的统计表，表中应该包含物品名称、规格型号、原始数量与进货量等基本的数据信息。通常情况下，公司的商品数量较多，面对库存管理清单中密密麻麻的数据，往往需要进行筛选，才能快速找出所需要的商品数据。

“库存管理清单”文档筛选完成后的效果如下图所示。

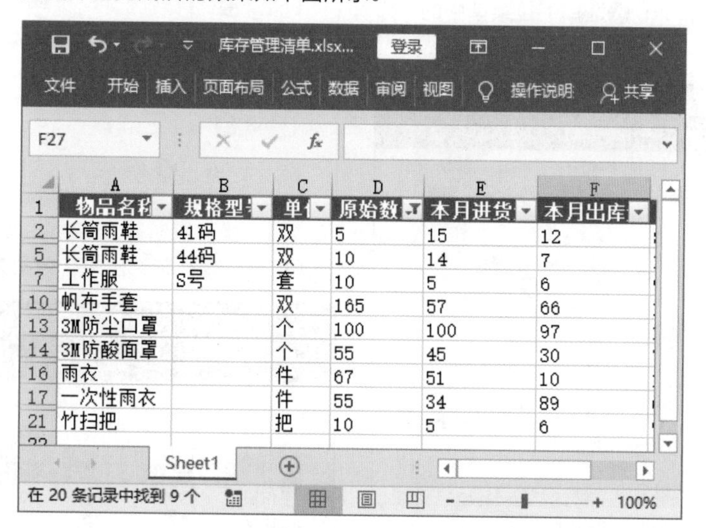

	物品名称	规格型	单	原始数	本月进货	本月出库
2	长筒雨鞋	41码	双	5	15	12
5	长筒雨鞋	44码	双	10	14	7
7	工作服	S号	套	10	5	6
10	帆布手套		双	165	57	66
13	3M防尘口罩		个	100	100	97
14	3M防酸面罩		个	55	45	30
16	雨衣		件	67	51	10
17	一次性雨衣		件	55	34	89
21	竹扫把		把	10	5	6

思路解析

面对库存管理清单中众多的数据，要根据需求进行筛选以快速找到需要的数据，此时要掌握 Excel 表的筛选功能。如果只是进行简单的筛选，如筛选出等于某个数的数据，那么使用 Excel 的自动筛选功能即可。如果要筛选出符合某种复杂条件的数据，如大于或小于某个数的数据，就需要用到 Excel 的自定义筛选或高级筛选功能了。其制作流程及思路如下。

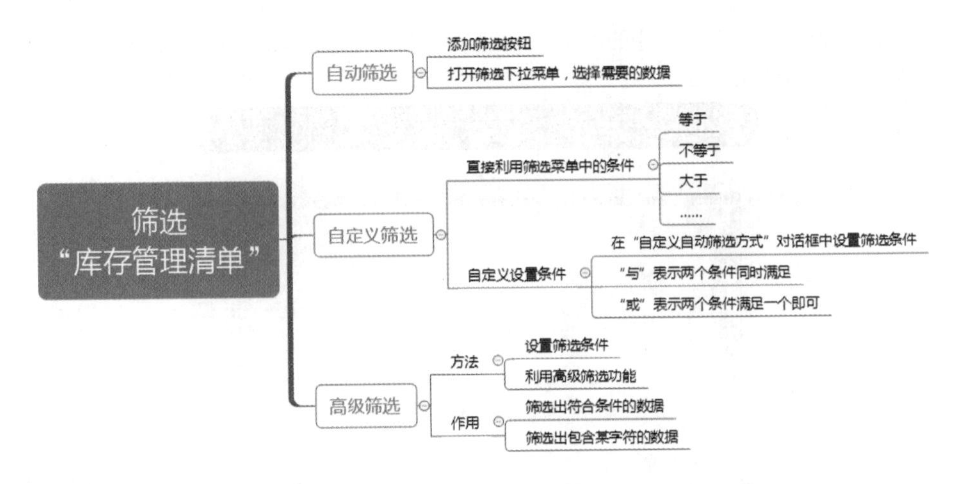

步骤详解

7.2.1 自动筛选

自动筛选是 Excel 的一个易于操作，且经常使用的实用技巧。自动筛选通常是按简单的条件进行筛选，筛选时将不满足条件的数据暂时隐藏起来，只显示符合条件的数据。

第 1 步：添加筛选按钮。❶按照路径"素材文件\第 7 章\库存管理清单.xlsx"打开素材文件，选中任一数据单元格；❷单击"开始"选项卡下"编辑"组中的"排序和筛选"按钮；❸选择下拉菜单中的"筛选"选项。

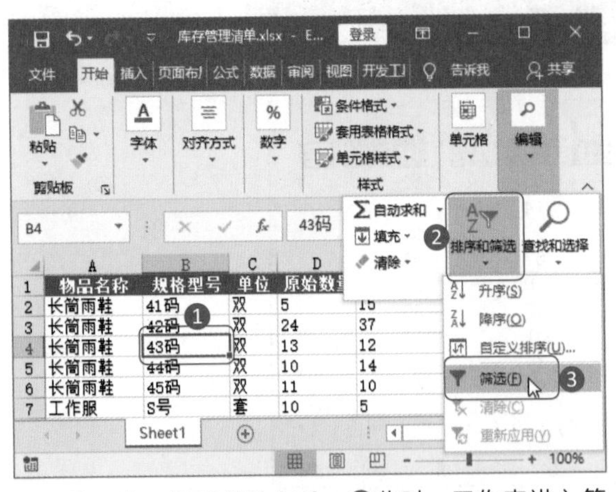

第 2 步：设置筛选条件。❶此时，工作表进入筛选状态，各标题字段的右侧出现一个下拉按钮，单击"物品名称"旁边的筛选按钮；❷在弹出的下拉列表中取消勾选"全选"复选框；❸勾选"工作服"复选框；❹单击"确定"按钮。

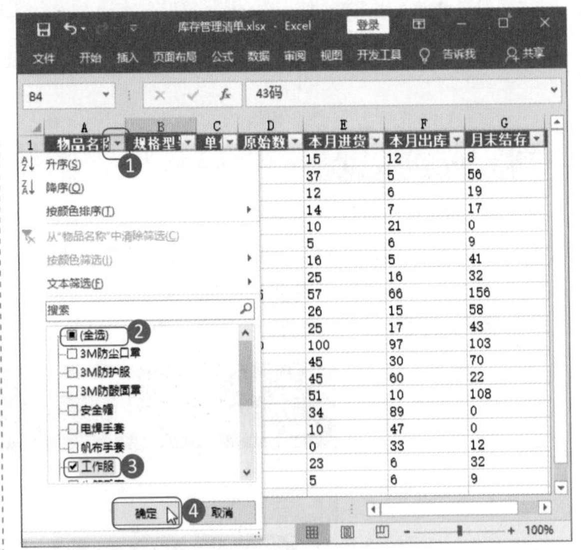

第 3 步：查看筛选结果。此时所有与"工作服"相关的数据便被筛选出来，效果如下图所示。

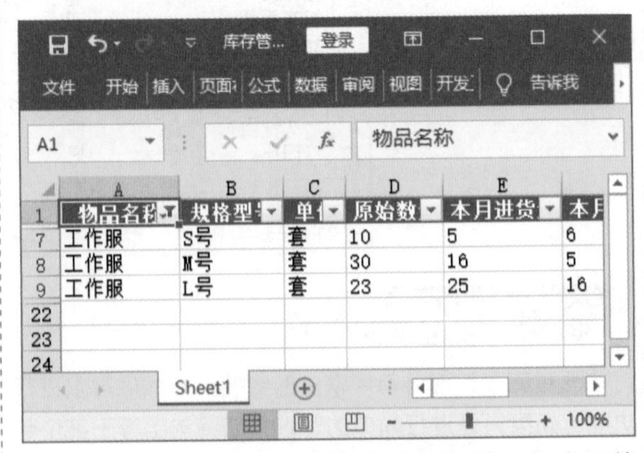

第 4 步：清除筛选。❶完成筛选后，单击"数

据”选项卡；❷单击“排序和筛选”组中的“清除”按钮，此时即可清除当前数据区域的筛选和排序状态。

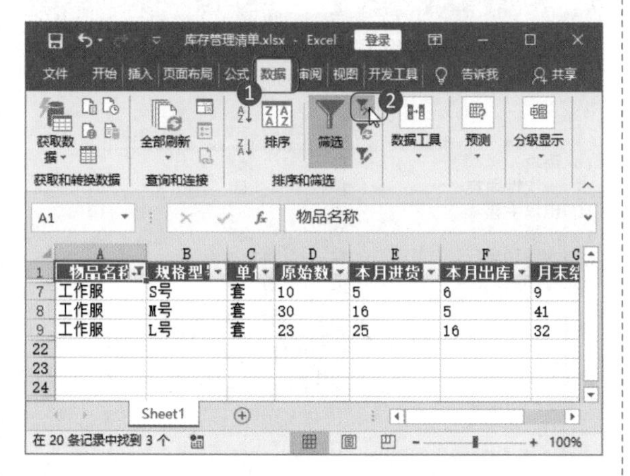

7.2.2 自定义筛选

自定义筛选是指通过定义筛选条件，查询符合条件的数据记录。在 Excel 2019 中，自定义筛选可以筛选出等于、大于、小于某个数的数据，还可以通过“或”“与”这样的逻辑用语筛选数据。

1. 筛选小于或等于某个数的数据

筛选小于或等于某个数的数据只需设置好数据大小，即可完成筛选。

第 1 步：选择条件。❶单击“原始数量”单元格的筛选按钮；❷选择下拉菜单中的“数字筛选”选项；❸选择“小于或等于”选项。

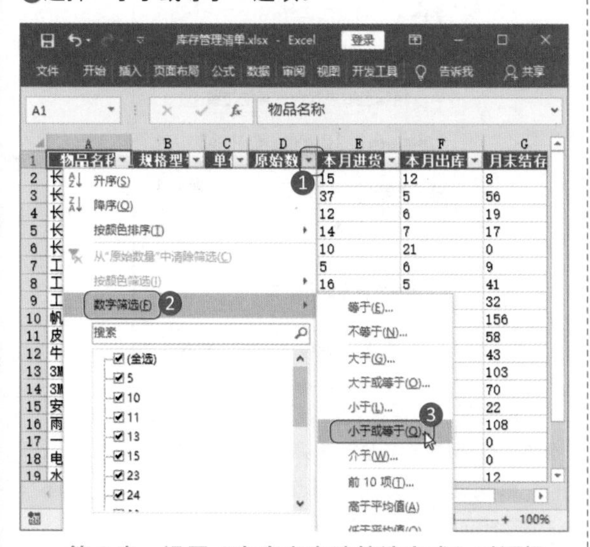

第 2 步：设置“自定义自动筛选方式”对话框。❶在打开的“自定义自动筛选方式”对话框中输入“原始数量”为 10；❷单击“确定”按钮。

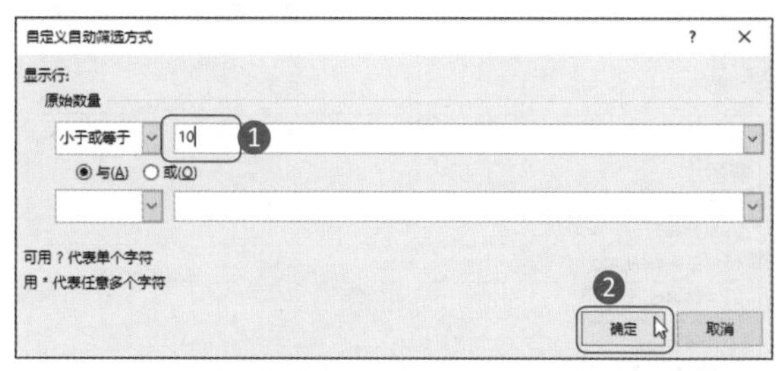

第 3 步：查看筛选结果。此时 Excel 表中，所有“原始数量”小于或等于 10 的物品便被筛选了出来。

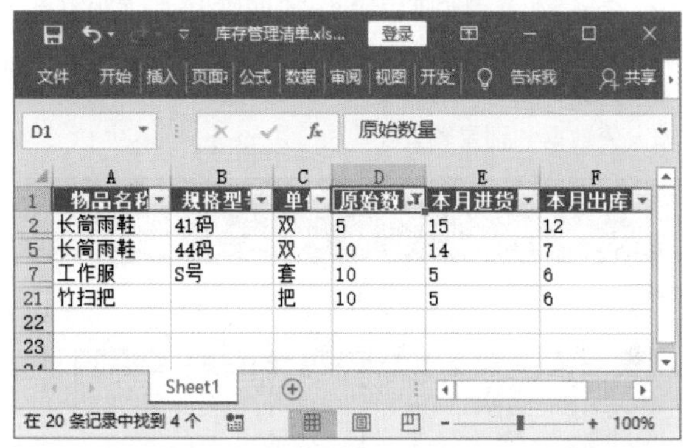

2. 自定义筛选条件

Excel 筛选除了直接选择“等于”“不等于“大于”等类条件外，还可以自定义筛选条件。

第 1 步：打开“自定义自动筛选方式”对话框。❶单击“原始数量”单元格的筛选按钮；❷选择下拉菜单中的“数字筛选”选项；❸选择“自定义筛选”选项。

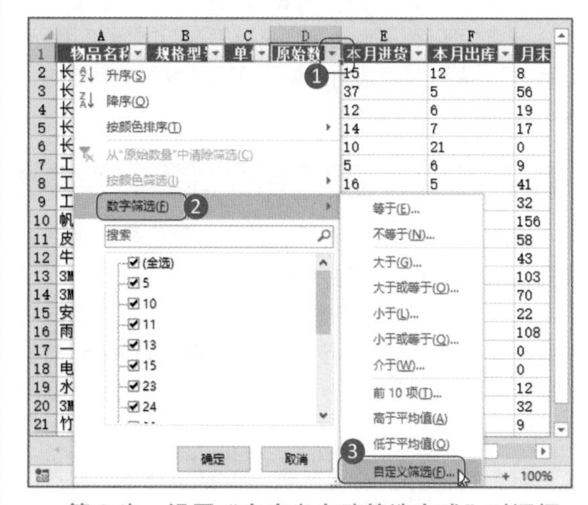

第 2 步：设置“自定义自动筛选方式”对话框。❶在打开的“自定义自动筛选方式”对话框中，设置“小于或等于”数量为 10，选中“或”单选按钮，

设置“大于或等于”数量为 50，表示筛选出小于或等于 10 以及大于或等于 50 的数据；❷单击“确定”按钮。

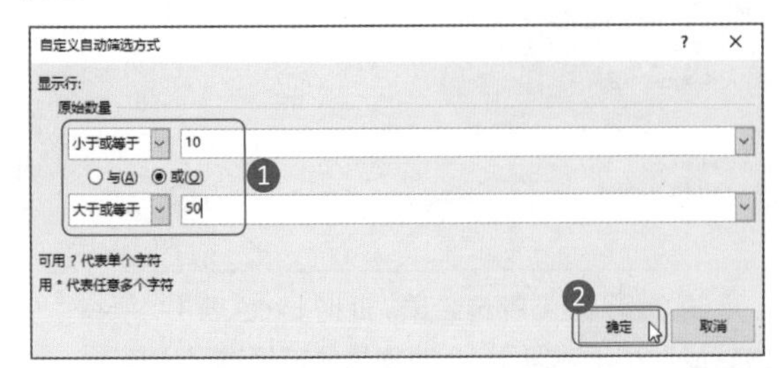

第 3 步：查看筛选结果。如下图所示，“原始数量”小于或等于 10 以及大于或等于 50 的数据便被筛选出来。这样的筛选可以快速查看某类数据中较小值以及较大值数据分别是哪些。

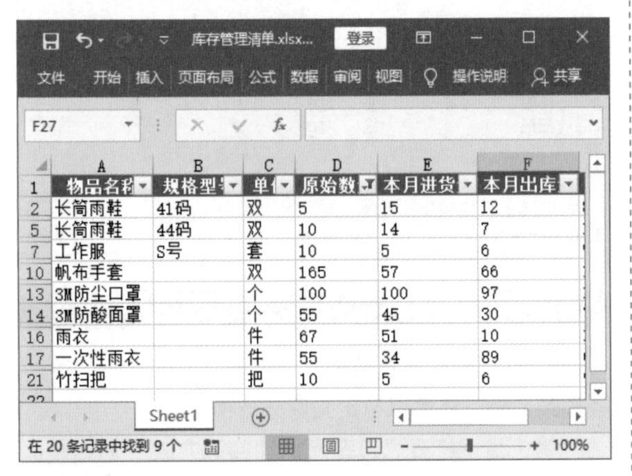

7.2.3 高级筛选

在数据筛选过程中，可能会遇到许多复杂的筛选条件，此时可以利用 Excel 的“高级筛选”功能。使用“高级筛选”功能，其筛选的结果可显示在原数据表格中，也可以将筛选结果复制到其他的位置。

1. 将符合条件的物品筛选出来

事先在 Excel 中设置筛选条件，然后再利用“高级筛选”功能筛选出符合条件的数据。

第 1 步：输入筛选条件。在 Excel 空白的地方输入筛选条件，如下图所示，图中的筛选条件表示需要筛选出月末结存量小于 20 的长筒雨鞋和月末结存量小于 10 的工作服。

第 2 步：打开“高级筛选”对话框。单击“数据”选项卡下“排序和筛选”组中的“高级”按钮。

第 3 步：单击折叠按钮。❶打开“高级筛选”对话框后，确定“列表区域”选中了表中的所有数据区域；❷单击“条件区域”的按钮。

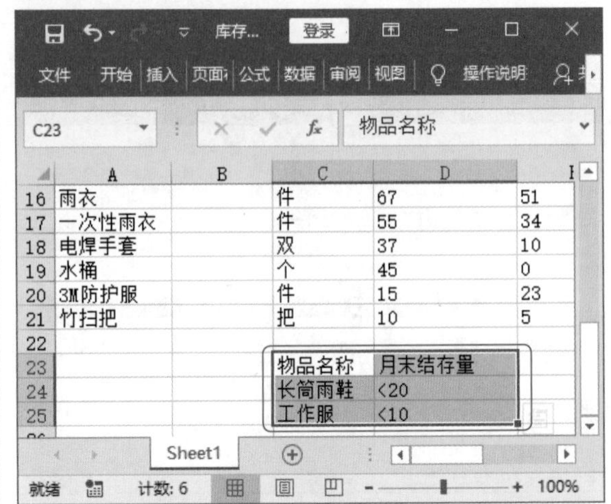

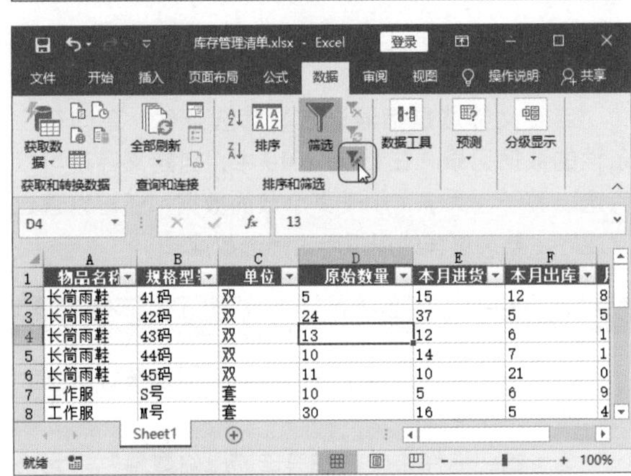

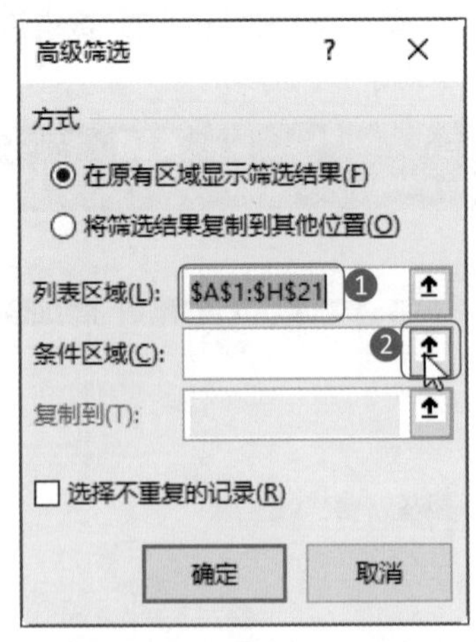

第 4 步：选择条件区域范围。按住鼠标左键不放，拖动鼠标选择事先输入的筛选条件区域。

第 5 步：确定高级筛选设置。单击“高级筛选”对话框中的“确定”按钮。

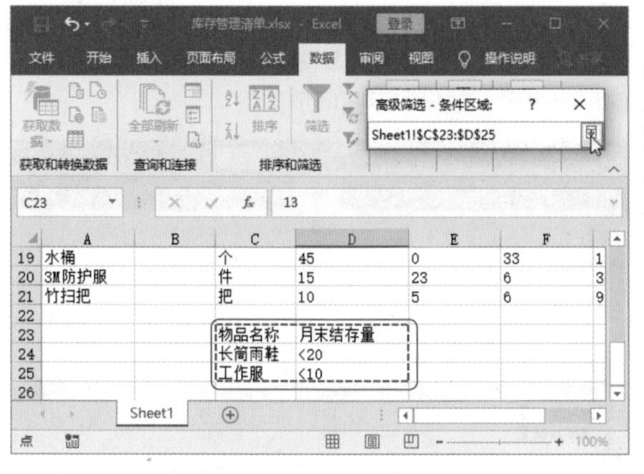

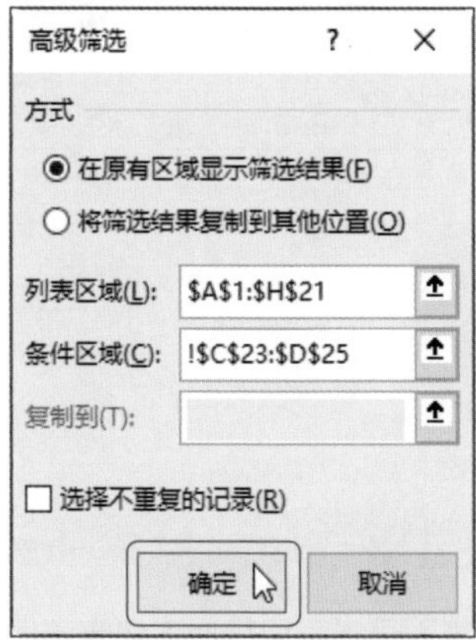

第 6 步：查看筛选结果。此时表格中，月末结存量小于 20 的长筒雨鞋及月末结存量小于 10 的工作服数据便被筛选出来了。

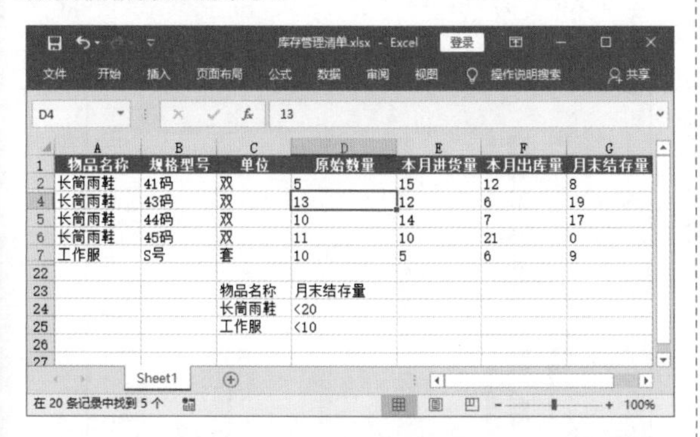

2. 根据不完整数据筛选

在对表格数据进行筛选时，若筛选条件为某一类数据值中的一部分，即需要筛选出数据值中包含某个或某一组字符的数据，例如要筛选出库存清单中，名称带 3M 字样的商品数据。在进行此类筛选时，可在筛选条件中应用通配符，使用星号（*）代替任意多个字符，使用问号（？）代替任意一个字符。

第 1 步：设置筛选条件。❶在 Excel 空白的地方输入筛选条件，这里的筛选条件中 3M* 表示物品名称以 3M 开头，后面有若干字符的商品；❷单击“数据”选项卡下“排序和筛选”组中的“高级”按钮。

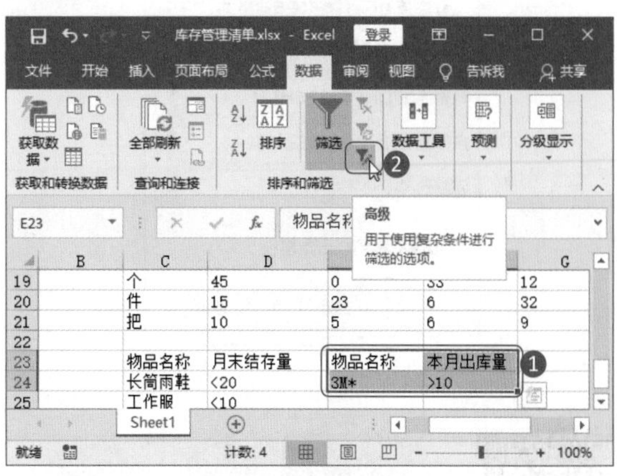

第 2 步：选择条件区域。在打开的“高级筛选”对话框中单击“条件区域”的折叠按钮，然后按住鼠标左键不放，拖动鼠标选择事先输入的筛选条件区域。

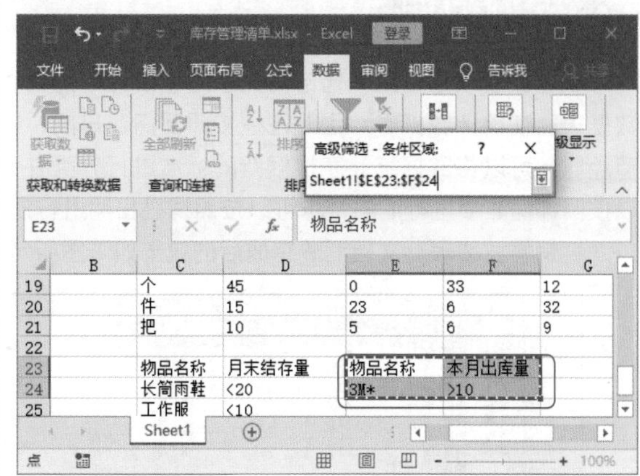

筛选条件由字段名称和条件表达式组成，首先在空白单元格中输入要作为筛选条件的字段名称，该字段名称必须与进行筛选的列表区中的列标题名称完全相同，然后在其下方的单元格中输入条件表达式，即以比较运算符开头的表达式，若要以完全匹配的数值或字符串为筛选条件，则可省略“=”。若有多个筛选条件，可将多个筛选条件并排。

第 3 步：确定高级筛选条件。单击“高级筛选”对话框中的“确定”按钮。

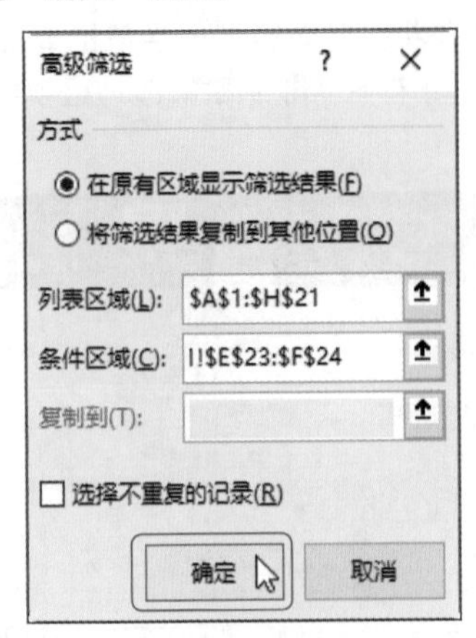

第 4 步：查看筛选结果。此时表格中，所有“物品名称”带 3M 且本月出库量大于 10 的商品数据便被筛选出来了，效果如下图所示。

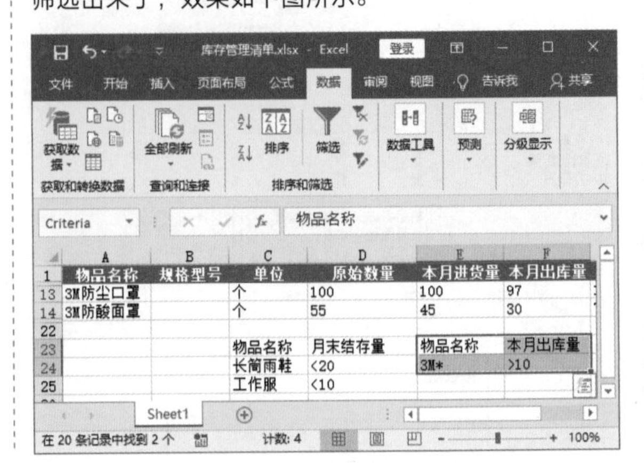

	A	B	C	D	E	F
1	物品名称	规格型号	单位	原始数量	本月进货量	本月出库量
13	3M防尘口罩		个	100	100	97
14	3M防酸面罩		个	55	45	30
22						
23			物品名称	月末结存量	物品名称	本月出库量
24			长筒雨鞋	<20	3M*	>10
25			工作服	<10		

7.3 汇总“销售业绩表”

案例说明

销售业绩表是企业销售部门为了方便统计不同销售部门、不同销售人员在不同日期下销售不同商品的业绩数据表。在统计数据时，企业往往按照部门、日期、销售员为分类依据进行数据统计。每到月底、年终等时间节点时，可以将数据统计表根据新的标准进行分类并汇总数据，方便分析。如本例中的“销售业绩表”，既可以按照部门业绩进行汇总，也可以按照销售日期进行汇总，还可以进行合并计算。

“销售业绩表”文档汇总完成后的效果如下图所示。

	A	B	C	D	E	F	G
1	姓名	部门	产品A销量	产品B销量	产品C销量	月份	销售额
2	周时	销售1组	55	51	5	1月	17432
3	刘萌	销售1组	101	42	95	3月	33761
4	刘飞	销售1组	62	42	25	1月	19213
5	李云	销售1组	42	22	15	1月	11323
6	任姗	销售1组	42	4	52	2月	13004
7	黄亮	销售1组	51	5	15	3月	8552
8	陈明	销售1组	12	23	5	3月	6970
9		销售1组 汇总					110255
10	刘萌	销售2组	65	42	4	2月	16348
11	肖骁	销售2组	85	42	41	1月	23975
12	张虹	销售2组	85	62	51	4月	29825
13	吴素	销售2组	42	52	26	4月	19494
14	杨桃	销售2组	53	10	52	4月	15428
15	李林	销售2组	62	5	42	2月	13751
16		销售2组 汇总					118821
17	赵强	销售3组	74	62	26	2月	24928
18	李涛	销售3组	74	51	12	3月	20427
19	王丽	销售3组	99	53	42	2月	27941
20	杜明	销售3组	74	51	11	3月	20276
21	高飞	销售3组	51	41	42	3月	20441
22	赵丽	销售3组	51	9	36	4月	12591
23	王敏	销售3组	52	8	41	4月	13231
24	赵西	销售3组	44	41	9	1月	14744
25		销售3组 汇总					154579
26		总计					383655

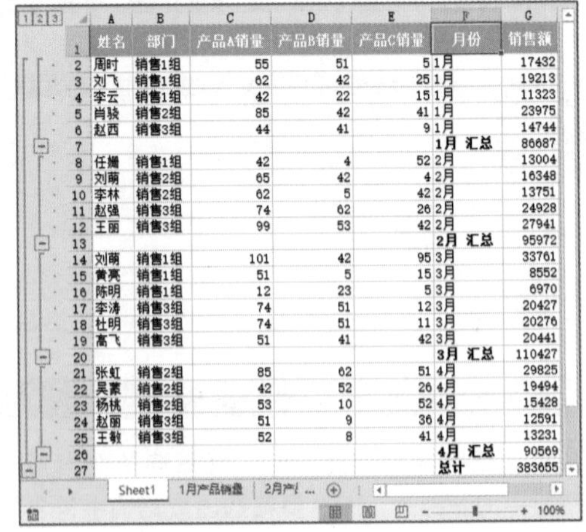

	A	B	C	D	E	F	G
1	姓名	部门	产品A销量	产品B销量	产品C销量	月份	销售额
2	周时	销售1组	55	51	5	1月	17432
3	刘飞	销售1组	62	42	25	1月	19213
4	李云	销售1组	42	22	15	1月	11323
5	肖骁	销售2组	85	42	41	1月	23975
6	赵西	销售3组	44	41	9	1月	14744
7						1月 汇总	86687
8	任姗	销售1组	42	4	52	2月	13004
9	刘萌	销售2组	65	42	4	2月	16348
10	李林	销售2组	62	5	42	2月	13751
11	赵强	销售3组	74	62	26	2月	24928
12	王丽	销售3组	99	53	42	2月	27941
13						2月 汇总	95972
14	刘萌	销售1组	101	42	95	3月	33761
15	黄亮	销售1组	51	5	15	3月	8552
16	陈明	销售1组	12	23	5	3月	6970
17	李涛	销售3组	74	51	12	3月	20427
18	杜明	销售3组	74	51	11	3月	20276
19	高飞	销售3组	51	41	42	3月	20441
20						3月 汇总	110427
21	张虹	销售2组	85	62	51	4月	29825
22	吴素	销售2组	42	52	26	4月	19494
23	杨桃	销售2组	53	10	52	4月	15428
24	赵丽	销售3组	51	9	36	4月	12591
25	王敏	销售3组	52	8	41	4月	13231
26						4月 汇总	90569
27						总计	383655

思路解析

面对销售业绩表，需要进行正确的分类汇总，才能进行有效的数据分析。在分析汇总数据前，应当根据分析的目的选择汇总方式。例如，分析的目的是对比不同部门的销售业绩，那么汇总自然以“部门”为依据。又如分析的目的是，将不同工作表中不同月份的产品销量工作表进行数据统计，此时就要利用“合并计算”功能。

其制作流程及思路如下。

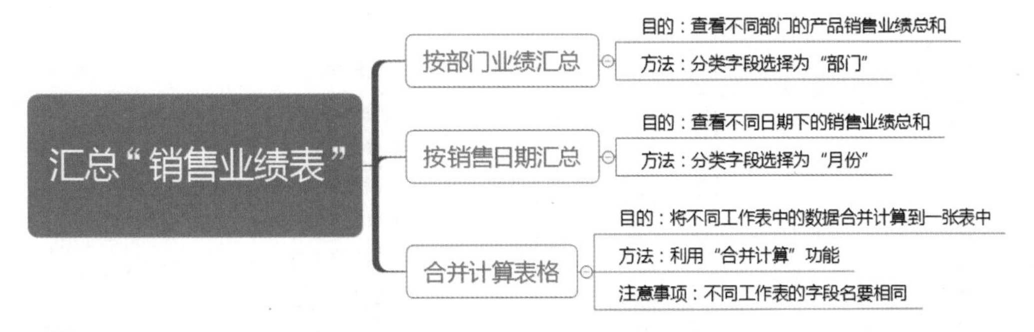

步骤详解

7.3.1 按部门业绩汇总

在销售业绩表中，有多个部门的业绩统计，为了方便对比各部门的销售业绩，可以按部门进行汇总。

第 1 步：对部门进行排序。由于在销售业绩表中，相同部门的数据没有排列在一起，为了方便后期汇总，这里需要先对"部门"进行排序。❶单击"部门"标题单元格；❷单击"数据"选项卡下"排序和筛选"组中的"排序"按钮。

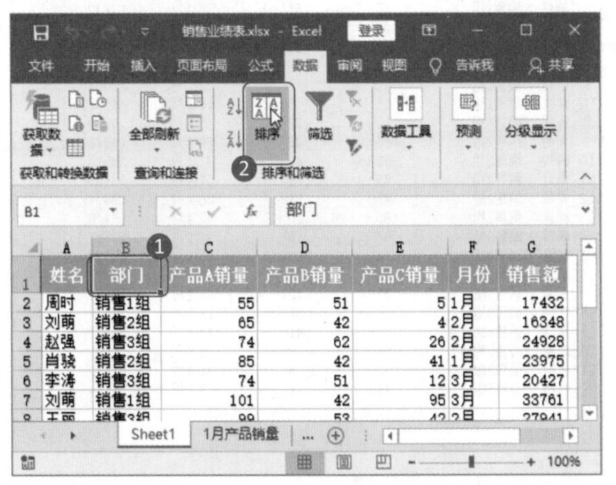

第 2 步：设置"排序"对话框。❶在打开的"排序"对话框中，设置排序条件；❷单击"确定"按钮。

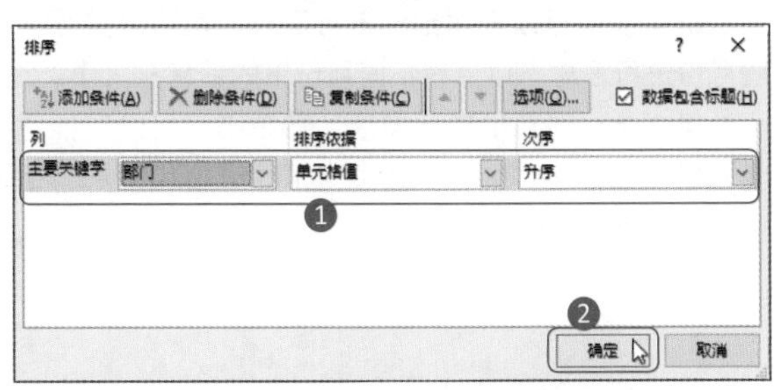

第 3 步：打开"分类汇总"对话框。单击"数据"选项卡下"分级显示"组中的"分类汇总"按钮。

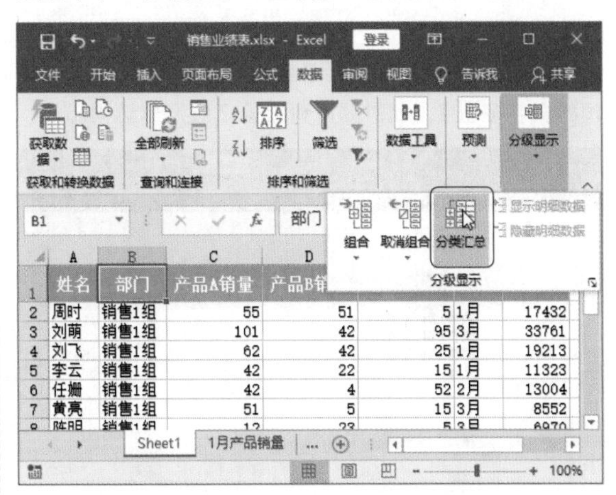

第 4 步：设置"分类汇总"对话框。❶在打开的"分类汇总"对话框中设置"分类字段"为"部门"，"汇总方式"为"求和"；❷"选定汇总项"为"销售额"；❸单击"确定"按钮。

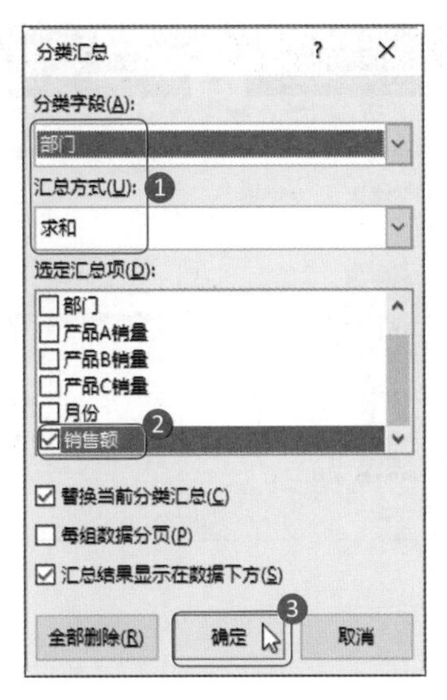

第 5 步：查看汇总效果。此时表格中的数据就按照不同部门的销售额进行了汇总。

	A	B	C	D	E	F	G
1	姓名	部门	产品A销量	产品B销量	产品C销量	月份	销售额
2	周时	销售1组	55	51	5	1月	17432
3	刘萌	销售1组	101	42	95	3月	33761
4	刘飞	销售1组	62	42	25	1月	19213
5	李云	销售1组	42	22	15	1月	11323
6	任嫣	销售1组	42	4	52	2月	13004
7	黄亮	销售1组	51	5	15	3月	8552
8	陈明	销售1组	12	23	5	3月	6970
9		销售1组 汇总					110255
10	刘萌	销售2组	65	42	4	2月	16348
11	肖骏	销售2组	85	42	41	1月	23975
12	张虹	销售2组	85	62	51	4月	29825
13	吴蒙	销售2组	42	52	26	4月	19494
14	杨桃	销售2组	53	10	52	4月	15428
15	李林	销售2组	62	5	42	2月	13751
16		销售2组 汇总					118821
17	赵强	销售3组	74	62	26	2月	24928
18	李涛	销售3组	74	51	12	3月	20427
19	王丽	销售3组	99	53	42	2月	27941
20	杜明	销售3组	74	51	11	3月	20276
21	高飞	销售3组	51	41	42	3月	20441
22	赵丽	销售3组	51	9	36	4月	12591
23	王敏	销售3组	52	8	41	4月	13231
24	赵西	销售3组	44	41	9	1月	14744
25		销售3组 汇总					154579
26		总计					383655

第 6 步：查看 2 级汇总结果。单击汇总区域左上角的数字按钮 2，此时即可查看第 2 级汇总结果。

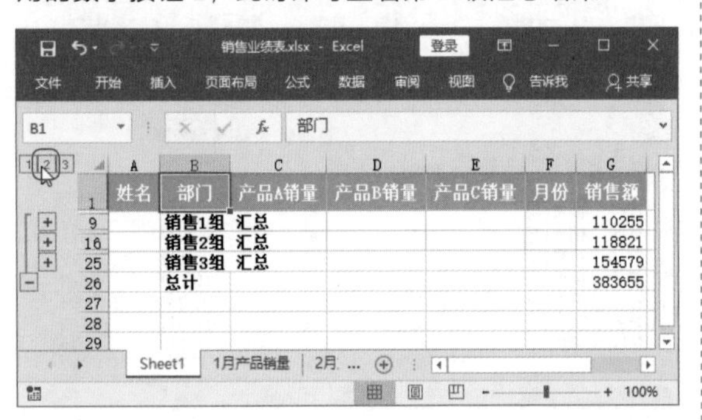

	A	B	C	D	E	F	G
1	姓名	部门	产品A销量	产品B销量	产品C销量	月份	销售额
9		销售1组 汇总					110255
16		销售2组 汇总					118821
25		销售3组 汇总					154579
26		总计					383655

第 7 步：再次执行分类汇总命令。完成部门的销售额汇总查看后，可以删除分类汇总，查看原始数据或者进行其他类别的汇总。其方法是首先单击“数据”选项卡下“分级显示”组中的“分类汇总”按钮。

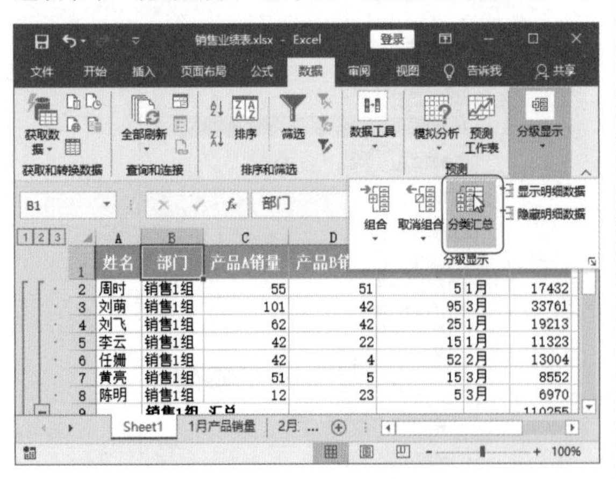

第 8 步：删除汇总。在打开的“分类汇总”对话框中，单击“全部删除”按钮即可删除之前的汇总统计。

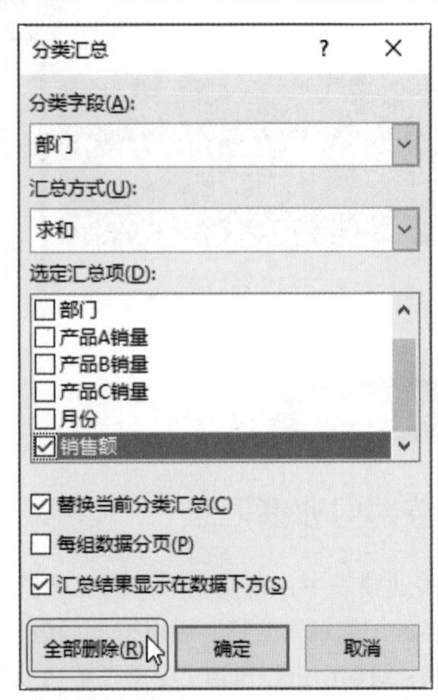

第 9 步：查看原始数据。删除分类汇总后，表格恢复原始数据的样子。

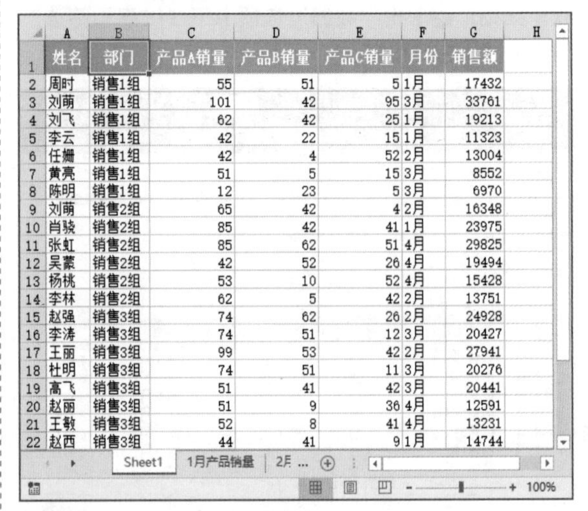

	A	B	C	D	E	F	G
1	姓名	部门	产品A销量	产品B销量	产品C销量	月份	销售额
2	周时	销售1组	55	51	5	1月	17432
3	刘萌	销售1组	101	42	95	3月	33761
4	刘飞	销售1组	62	42	25	1月	19213
5	李云	销售1组	42	22	15	1月	11323
6	任嫣	销售1组	42	4	52	2月	13004
7	黄亮	销售1组	51	5	15	3月	8552
8	陈明	销售1组	12	23	5	3月	6970
9	刘萌	销售2组	65	42	4	2月	16348
10	肖骏	销售2组	85	42	41	1月	23975
11	张虹	销售2组	85	62	51	4月	29825
12	吴蒙	销售2组	42	52	26	4月	19494
13	杨桃	销售2组	53	10	52	4月	15428
14	李林	销售2组	62	5	42	2月	13751
15	赵强	销售3组	74	62	26	2月	24928
16	李涛	销售3组	74	51	12	3月	20427
17	王丽	销售3组	99	53	42	2月	27941
18	杜明	销售3组	74	51	11	3月	20276
19	高飞	销售3组	51	41	42	3月	20441
20	赵丽	销售3组	51	9	36	4月	12591
21	王敏	销售3组	52	8	41	4月	13231
22	赵西	销售3组	44	41	9	1月	14744

7.3.2 按销售日期汇总

销售业绩可以按照部门进行汇总，也可以按照销售月份进行汇总，以查看不同月份下的销售额大小。

第 1 步：对月份进行排序。❶单击“月份”标题单元格；❷单击“数据”选项卡下“排序和筛选”组中的“升序”按钮。

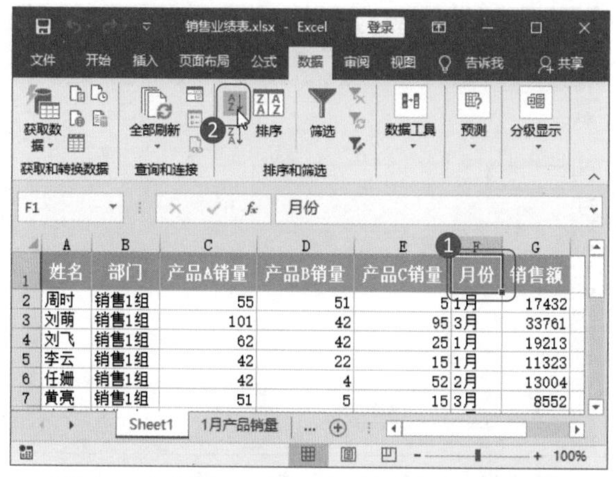

	A	B	C	D	E	F	G
1	姓名	部门	产品A销量	产品B销量	产品C销量	月份	销售额
2	周时	销售1组	55	51	5	1月	17432
3	刘萌	销售1组	101	42	95	3月	33761
4	刘飞	销售1组	62	42	25	1月	19213
5	李云	销售1组	42	22	15	1月	11323
6	任姗	销售1组	42	4	52	2月	13004
7	黄亮	销售1组	51	5	15	3月	8552

第 2 步：打开“分类汇总”对话框。单击“数据”选项卡下“分级显示”组中的“分类汇总”按钮。

	A	B	C	D
1	姓名	部门	产品A销量	产品B销
2	周时	销售1组	55	51
3	刘飞	销售1组	62	42
4	李云	销售1组	42	22
5	肖骁	销售2组	85	42
6	赵西	销售3组	44	41
7	任姗	销售1组	42	4

问：可以对销售业绩表中的产品 A、产品 B、产品 C 的销量进行汇总吗？

答：可以。如果要汇总不同产品的销量，只需在“分类汇总”对话框中，在“选定汇总项”下面选中“产品 A 销量”或“产品 B 销量”或“产品 C 销量”即可。汇总方式也不一定是求和，还可以选择“平均值”“最大值”“最小值”等方式汇总。

第 3 步：设置“分类汇总”对话框。❶在打开的“分类汇总”对话框中，选择“分类字段”为“月份”，“汇总方式”为“求和”；❷“选定汇总项”为“销售额”；❸单击“确定”按钮。

第 4 步：查看汇总结果。此时表格中按照不同月份的销售额进行了汇总。

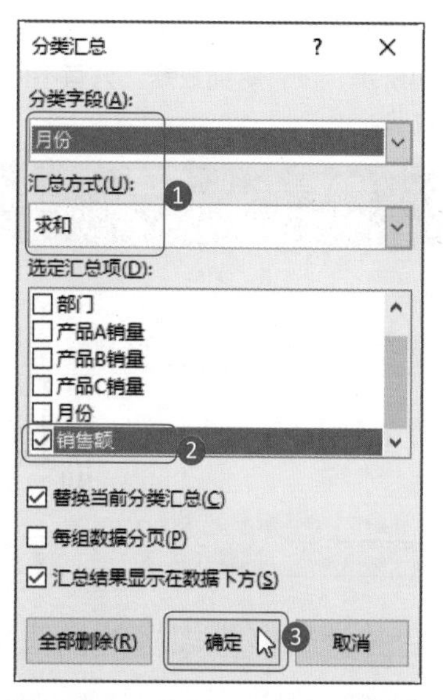

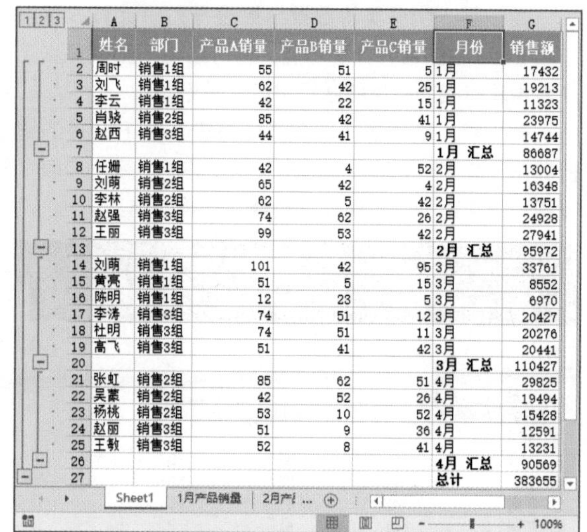

	A	B	C	D	E	F	G
1	姓名	部门	产品A销量	产品B销量	产品C销量	月份	销售额
2	周时	销售1组	55	51	5	1月	17432
3	刘飞	销售1组	62	42	25	1月	19213
4	李云	销售1组	42	22	15	1月	11323
5	肖骁	销售2组	85	42	41	1月	23975
6	赵西	销售3组	44	41	9	1月	14744
7						1月 汇总	86687
8	任姗	销售1组	42	4	52	2月	13004
9	刘萌	销售2组	65	42	4	2月	16348
10	李林	销售2组	62	5	42	2月	13751
11	赵强	销售3组	74	62	26	2月	24928
12	王丽	销售3组	99	53	42	2月	27941
13						2月 汇总	95972
14	刘萌	销售1组	101	42	95	3月	33761
15	黄亮	销售1组	51	5	15	3月	8552
16	陈明	销售1组	12	23	5	3月	6970
17	李涛	销售3组	74	51	12	3月	20427
18	杜明	销售3组	74	51	11	3月	20276
19	高飞	销售3组	51	41	42	3月	20441
20						3月 汇总	110427
21	张虹	销售2组	85	62	51	4月	29825
22	吴蒙	销售2组	42	52	26	4月	19494
23	杨桃	销售2组	53	10	52	4月	15428
24	赵丽	销售3组	51	9	36	4月	12591
25	王敏	销售3组	52	8	41	4月	13231
26						4月 汇总	90569
27						总计	383655

第 5 步：单击折叠按钮。如果只想直接看到汇总结果，可以单击页面左边的减号按钮⊟。

	A	B	C	D	E	F	G
1	姓名	部门	产品A销量	产品B销量	产品C销量	月份	销售额
2	周时	销售1组	55	51	5	1月	17432
3	刘飞	销售1组	62	42	25	1月	19213
4	李云	销售1组	42	22	15	1月	11323
5	肖骁	销售2组	85	42	41	1月	23975
6	赵西	销售3组	44	41	9	1月	14744
7						1月 汇总	86687
8	任姗	销售1组	42	4	52	2月	13004
9	刘萌	销售2组	65	42	4	2月	16348
10	李林	销售2组	62	5	42	2月	13751
11	赵强	销售3组	74	62	26	2月	24928
12	王丽	销售3组	99	53	42	2月	27941
13						2月 汇总	95972
14	刘萌	销售1组	101	42	95	3月	33761
15	黄亮	销售1组	51	5	15	3月	8552

第 6 步：查看明细折叠效果。单击减号按钮后，效果如下图所示，没有明细数据，只有不同月份的销售额汇总数据。

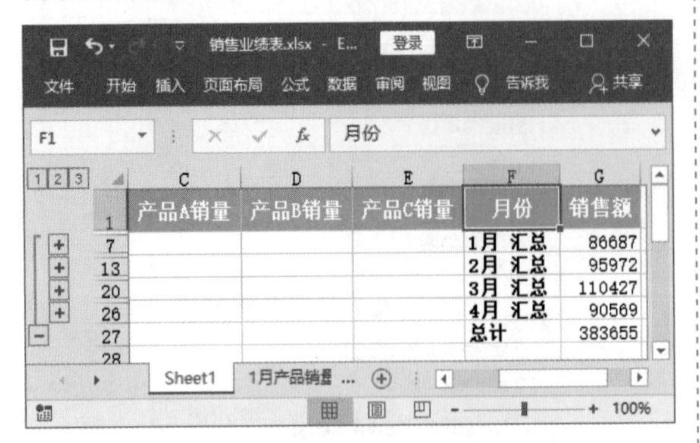

7.3.3 合并计算多张表格的销售业绩

要按某一个分类将数据结果进行汇总计算，可以应用 Excel 中的合并计算功能，它可以将一张或多张工作表中具有相同标签的数据进行汇总运算。

第 1 步：新建表。现在需要将表格中 1~3 月的销售数据汇总到一张表中，单击表格下方的“新工作表”按钮⊕，新建一张工作表来放合并计算的结果。

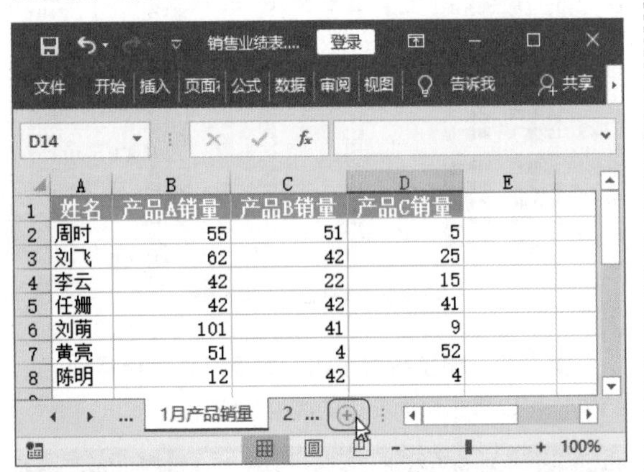

姓名	产品A销量	产品B销量	产品C销量
周时	55	51	5
刘飞	62	42	25
李云	42	22	15
任姗	42	42	41
刘萌	101	41	9
黄亮	51	4	52
陈明	12	42	4

对不同表格的数据进行合并计算，要注意表格中的字段名相同。如本例，“1 月产品销量”“2 月产品销量”“3 月产品销量”三张表都由“姓名”“产品 A 销量”等相同字段组成，并且“姓名”下的人名相同。

第 2 步：重命名表。新建表格后，右击工作表名称，执行“重命名”命令，输入新的工作表名称为“1 ~ 3 月产品销量汇总”。

第 3 步：执行合并计算命令。❶选中左上角单元格，表示合并计算的结果从这个单元格位置开始放置；❷单击“数据”选项卡下“数据工具”组中的“合并计算”按钮。

第 4 步：单击引用位置的按钮。在打开的“合并计算”对话框中，单击“引用位置”的按钮⬆。

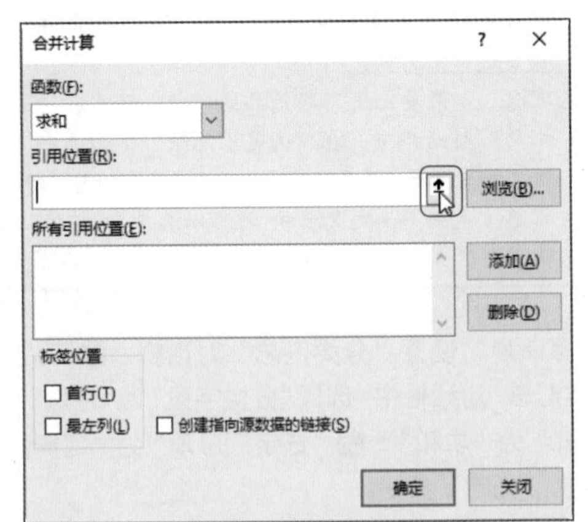

第 5 步：选择 1 月数据引用位置。❶切换到“1 月产品销量”工作表；❷按住鼠标左键不放，拖动鼠标选中表格中的销售数据；❸单击“合并计算 - 引用位置”对话框中的按钮。

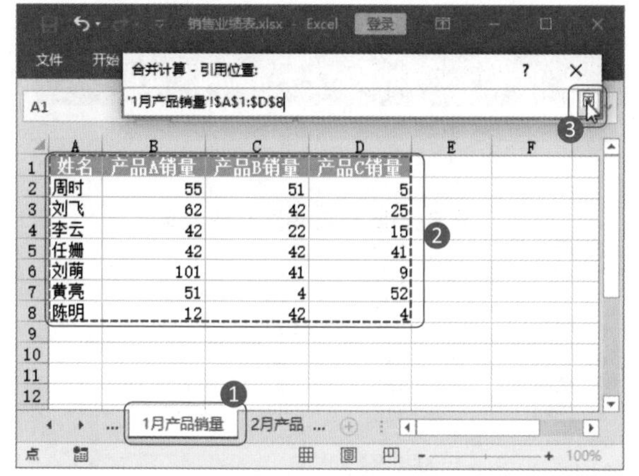

第 6 步：添加引用位置。❶完成 1 月产品数据的选择后，单击“添加”按钮，将数据添加到引用位置中；❷再次单击按钮。

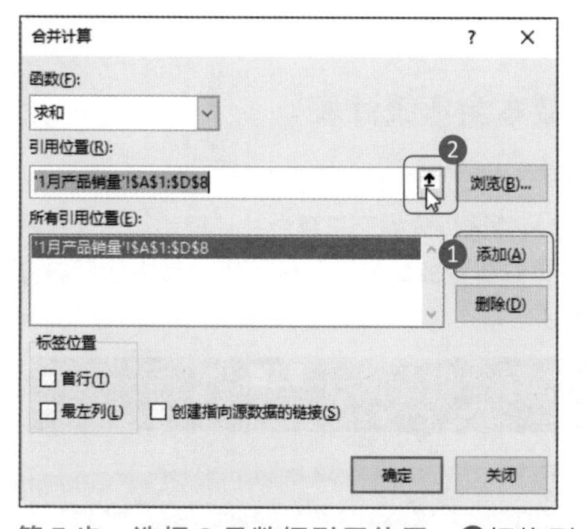

第 7 步：选择 2 月数据引用位置。❶切换到“2 月产品销量”工作表；❷按住鼠标左键不放，拖动鼠标选中表格中的销售数据；❸单击“合并计算 - 引用位置”对话框中的按钮。

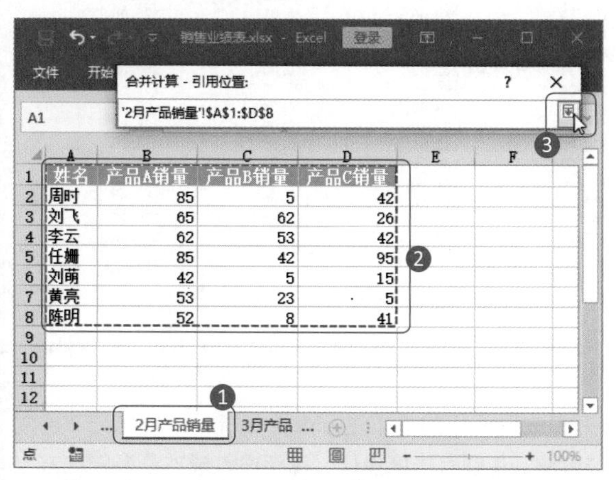

第 8 步：添加引用位置。❶完成 2 月产品数据的选择后，单击“添加”按钮，将数据添加到引用位置中，❷再次单击按钮。

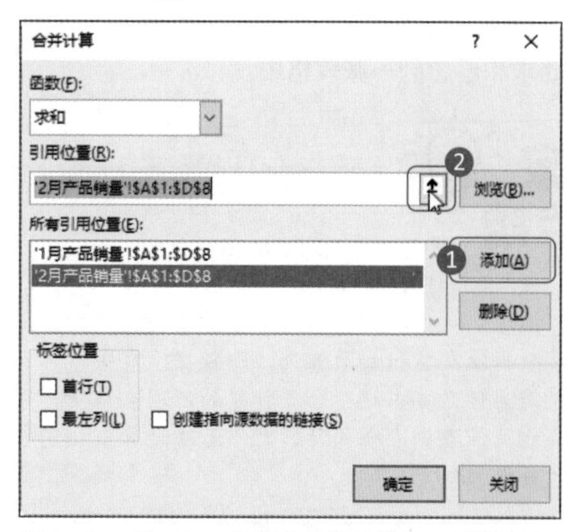

第 9 步：选择 3 月数据引用位置。❶切换到“3 月产品销量”工作表；❷按住鼠标左键不放，拖动鼠标选中表格中的销售数据；❸单击“合并计算 - 引用位置”对话框中的按钮。

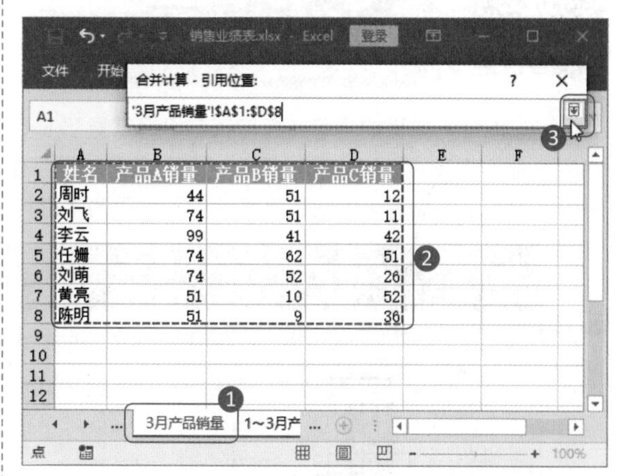

第 10 步：完成引用。❶完成 3 月产品数据的选择后，单击“添加”按钮，将数据添加到引用位置中；❷勾选“标签位置”下面的“首行”和“最左列”两个复选框；❸单击“确定”按钮。

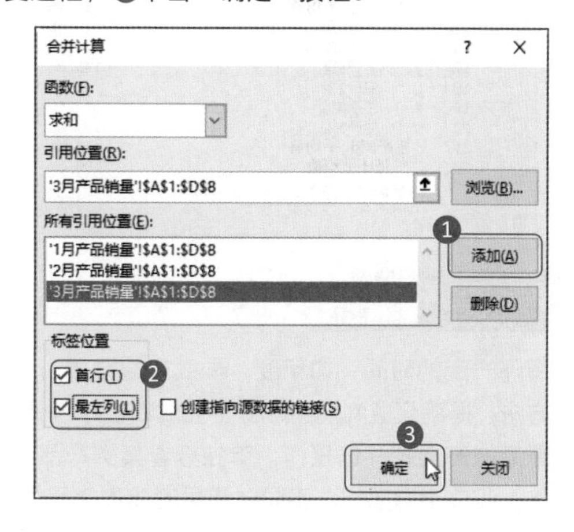

第 11 步：查看合并计算结果。此时表格中就完成了合并计算，结果如下图所示，三张表格中的销售数据自动求和汇总到一张表格中。

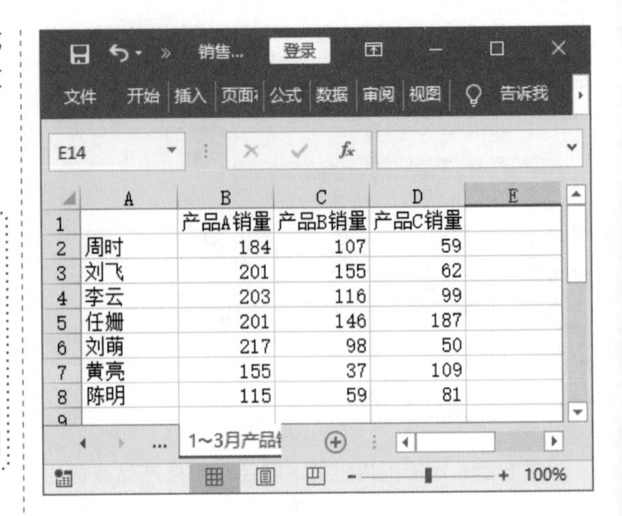

	A	B	C	D
1		产品A销量	产品B销量	产品C销量
2	周时	184	107	59
3	刘飞	201	155	62
4	李云	203	116	99
5	任姗	201	146	187
6	刘萌	217	98	50
7	黄亮	155	37	109
8	陈明	115	59	81

在“合并计算”对话框中，如果不勾选“标签位置”的“首行”和“最左列”复选框，合并计算的结果是，汇总数据没有首行和最左列，即数据没有字段名称。这也是为什么要求进行合并计算的不同表格中，字段名要相同，否则在合并计算时，无法计算出相同字段下的数据总和。

过关练习：分析“企业成本全年统计表”

通过本章节前面的学习，相信读者已经掌握了 Excel 的排序、筛选、分类汇总及合并计算功能。现在利用企业成本全年统计表，将排序、筛选、分类汇总功能都结合起来，分析企业成本全年统计表。其中的汇总分析效果如下图所示。读者可以结合思路解析，自己动手进行强化练习。

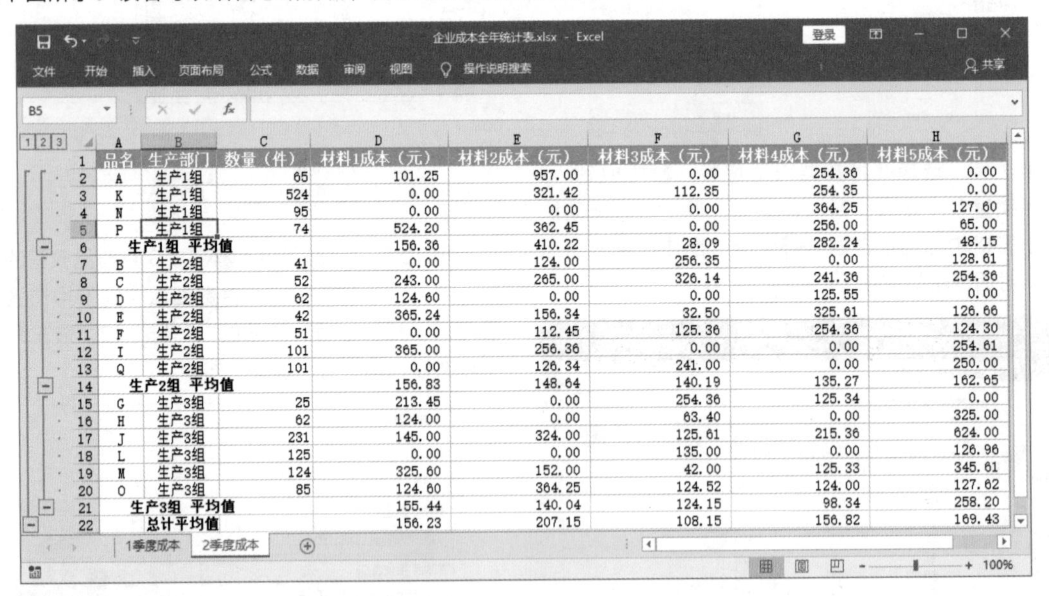

	A	B	C	D	E	F	G	H
1	品名	生产部门	数量（件）	材料1成本（元）	材料2成本（元）	材料3成本（元）	材料4成本（元）	材料5成本（元）
2	A	生产1组	65	101.25	957.00	0.00	254.36	0.00
3	K	生产1组	524	0.00	321.42	112.35	254.35	0.00
4	N	生产1组	95	0.00	0.00	0.00	364.25	127.60
5	P	生产1组	74	524.20	362.45	0.00	256.00	65.00
6	生产1组 平均值			156.36	410.22	28.09	282.24	48.15
7	B	生产2组	41	0.00	124.00	256.35	0.00	128.61
8	C	生产2组	52	243.00	265.00	326.14	241.36	254.36
9	D	生产2组	62	124.60	0.00	0.00	125.55	0.00
10	E	生产2组	42	365.24	156.34	32.50	325.61	126.66
11	F	生产2组	51	0.00	112.45	125.36	254.36	124.30
12	I	生产2组	101	365.00	256.36	0.00	0.00	254.61
13	Q	生产2组	101	0.00	126.34	241.00	0.00	250.00
14	生产2组 平均值			156.83	148.64	140.19	135.27	162.65
15	G	生产3组	25	213.45	0.00	254.36	125.34	0.00
16	H	生产3组	62	124.00	0.00	63.40	0.00	325.00
17	J	生产3组	231	145.00	324.00	125.61	215.36	624.00
18	L	生产3组	125	0.00	0.00	135.00	0.00	126.96
19	M	生产3组	124	325.60	152.00	42.00	125.33	345.61
20	O	生产3组	85	124.60	364.25	124.52	124.00	127.62
21	生产3组 平均值			155.44	140.04	124.15	98.34	258.20
22	总计平均值			156.23	207.15	108.15	156.82	169.43

思路解析

每隔一定的时间，如年度、季度末的时候，企业需要对过去时间段的成本进行统计分析，以便总结节约成本的方法，提高企业利润。分析企业成本全年统计表的操作方法，主要有排序操作，找到投入成本最多的地方、产量最高的产品；筛选操作，单独查看某类产品、某部门的成本使用情况，找出符合筛选条件的成本数据；汇总操作，汇总不同部门、不同时间段的成本使用情况。其制作流程及思路如下。

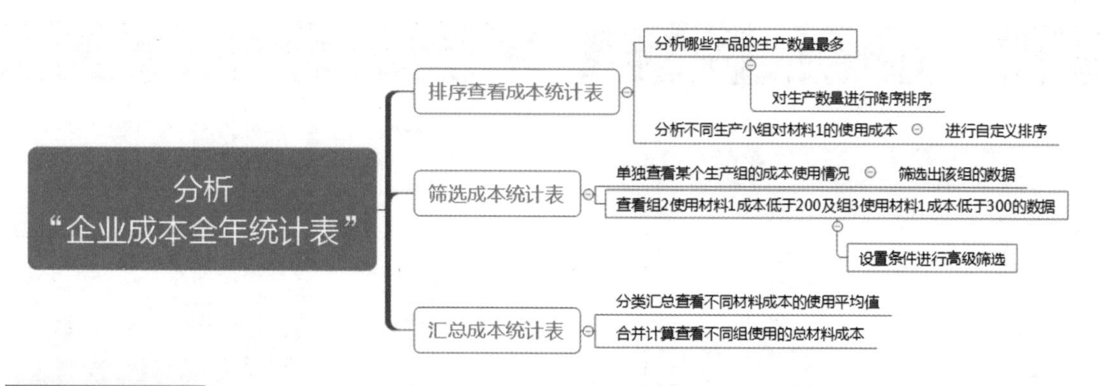

关键步骤

关键步骤 1：降序排序。按照路径“素材文件 \ 第 7 章 \ 企业成本全年统计表 .xlsx”打开素材文件，为表格添加筛选按钮后。❶单击“数量（件）”单元格的按钮；❷从下拉菜单中选择“降序”选项。

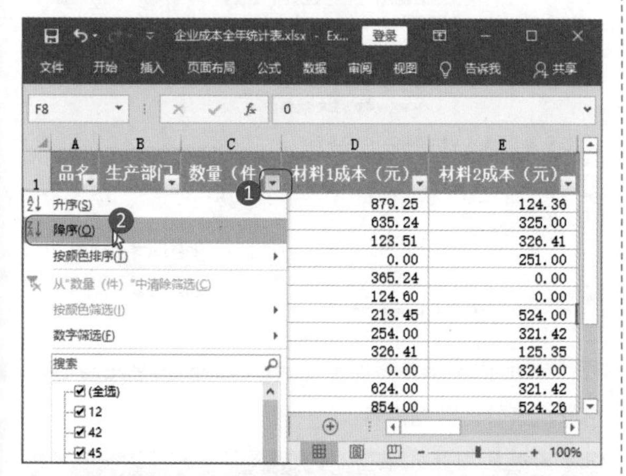

关键步骤 2：查看降序排序结果。此时表格中的不同产品的生产数量就按照从大到小的顺序进行降序排序了。

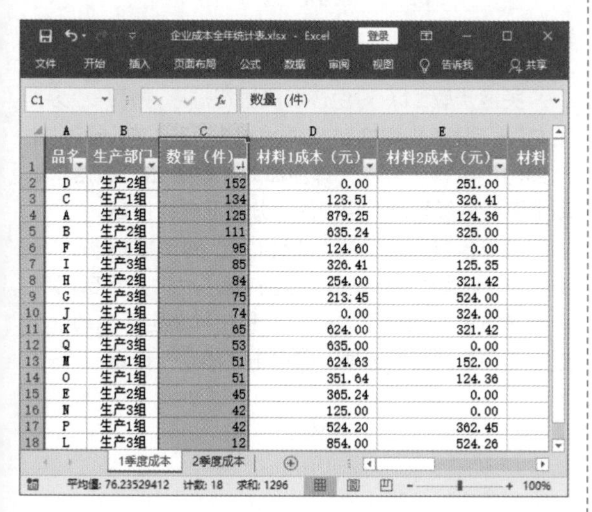

关键步骤 3：打开“排序”对话框。选择“开始”选项卡下“排序和筛选”组中下拉菜单中的“自定义排序”选项，打开“排序”对话框。

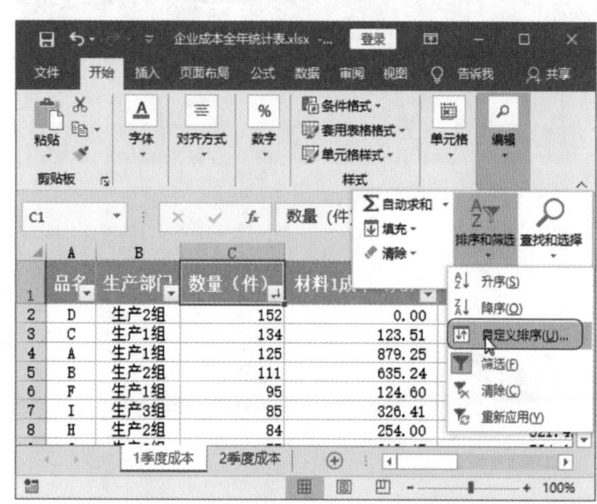

关键步骤 4：设置排序条件。❶设置好如下图所示的两个排序条件；❷单击“确定”按钮。

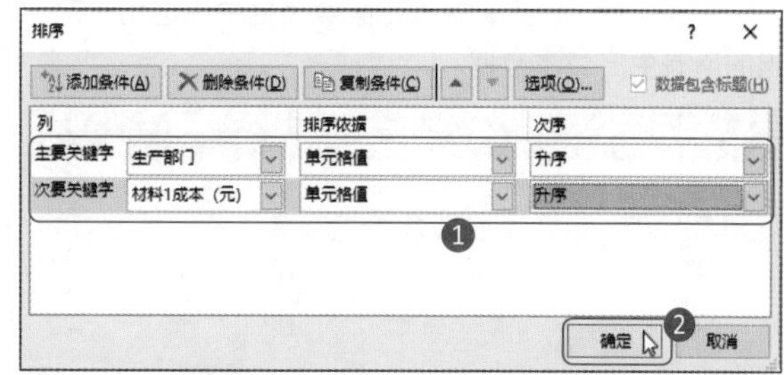

关键步骤 5：查看自定义排序结果。此时表格中的数据首先按照生产部门进行排序，生产部门相同的情况下，按照材料 1 的生产成本进行升序排序。

关键步骤 6：筛选数据。❶单击“生产部门”单元格的按钮；❷从下拉菜单中取消勾选“全选”复选框，勾选“生产 1 组”复选框；❸单击“确定”按钮。

品名	生产部门	数量（件）	材料1成本（元）	材料2成本（元）
J	生产1组	74	0.00	324.00
C	生产1组	134	123.51	326.41
F	生产1组	95	124.60	0.00
O	生产1组	51	351.64	124.36
P	生产1组	42	524.20	362.45
M	生产1组	51	624.63	152.00
A	生产1组	125	879.25	124.36
D	生产2组	152	0.00	251.00
H	生产2组	84	254.00	321.42
E	生产2组	45	365.24	0.00
K	生产2组	65	624.00	321.42
B	生产2组	111	635.24	325.00
N	生产3组	42	125.00	0.00
G	生产3组	75	213.45	524.00
I	生产3组	85	326.41	125.35
Q	生产3组	53	635.00	0.00
L	生产3组	12	854.00	524.26

关键步骤 7：查看筛选结果。 表格中筛选出生产 1 组的所有生产成本数据。

关键步骤 8：设置高级筛选条件。 ❶在表格下方空白的地方输入高级筛选条件，该条件表示要筛选出生产 2 组材料 1 成本小于 200 元的产品，以及生产 3 组材料 1 成本小于 300 元的产品；❷单击“数据”选项卡下“排序和筛选”组中的“高级”按钮。

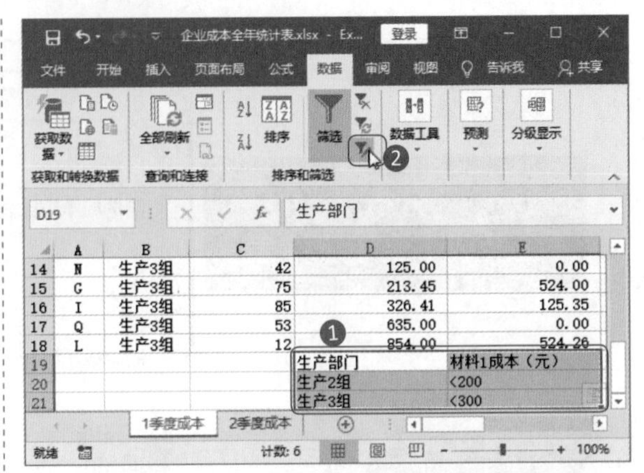

关键步骤 9：设置筛选条件。 ❶选择好条件区域；❷单击“确定”按钮。

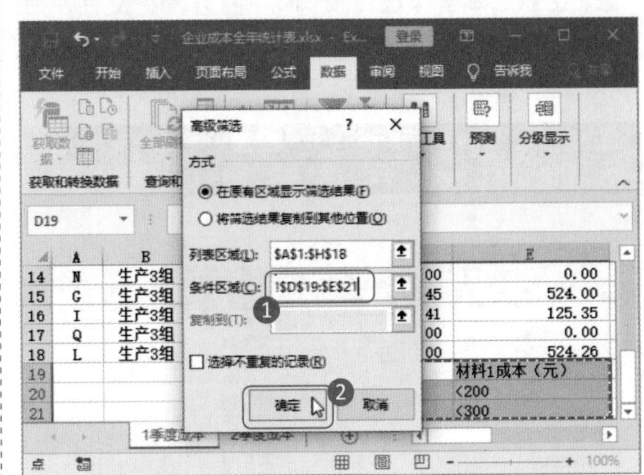

关键步骤 10：查看筛选结果。 此时页面中就筛选出符合条件的数据内容。

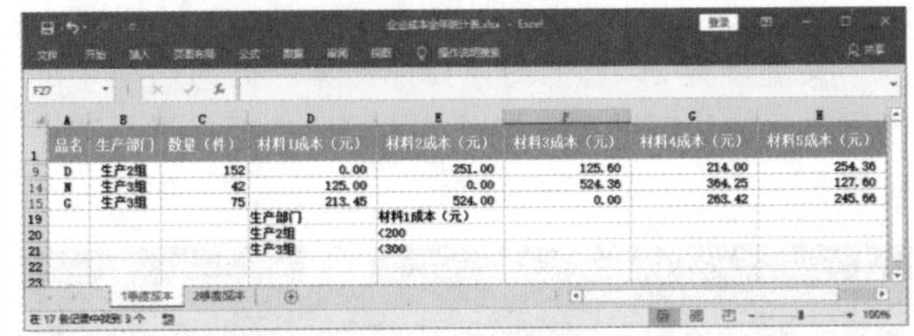

关键步骤 11：对生产部门进行排序并打开“分类汇总”对话框。 ❶切换到“2 季度成本”工作表；❷对“生产部门”执行“升序”排序命令；❸单击“数据”选项卡下“分级显示”组中的“分类汇总”按钮。

关键步骤 12：设置“分类汇总”对话框。 ❶在“分类汇总”对话框中，设置“分类字段”为“生产部门”，“汇总方式”为“平均值”；❷在“选定汇总项”下选中 5 种生产材料选项；❸单击“确定”按钮。

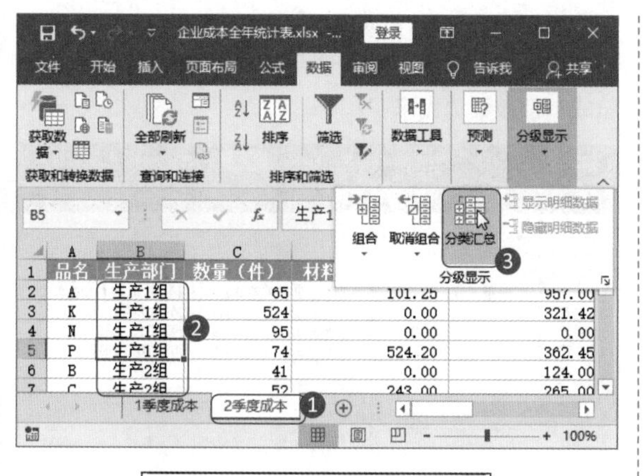

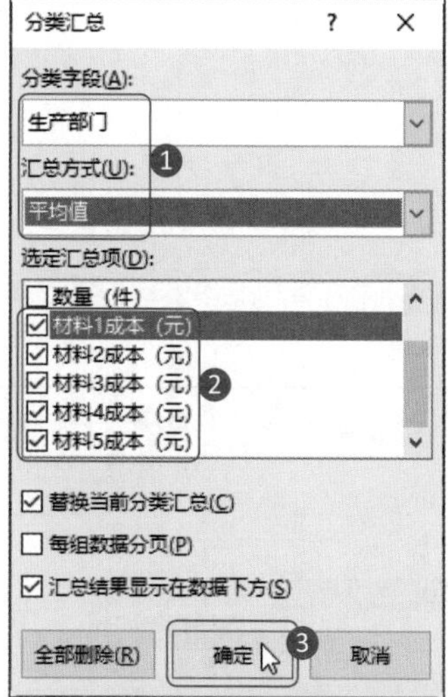

关键步骤 13：查看分类汇总结果。此时表格中的数据就按照 5 种生产材料的平均值进行了汇总。

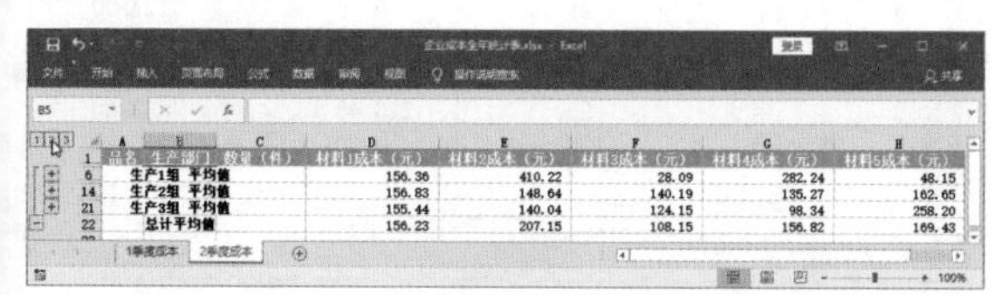

关键步骤 14：查看二级汇总结果。如果不想看明细数据，直接单击左上角的数字按钮 2，查看每种材料的成本平均值。

关键步骤 15：执行合并计算命令。❶新建一张工作表，命名为“1-2 季度合并计算”；❷单击“数据”选项卡下“数据工具”组中的“合并计算”按钮。

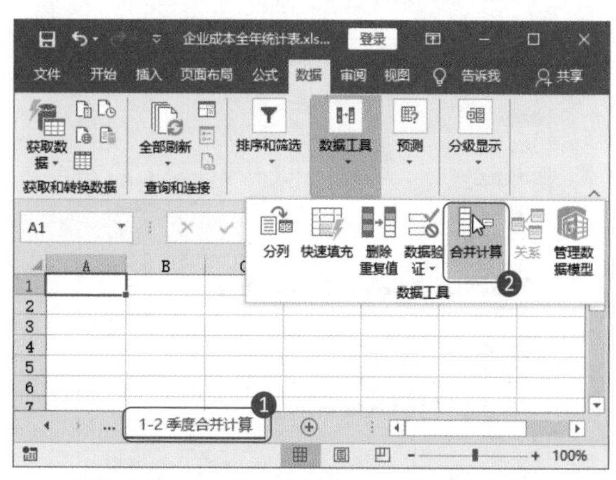

关键步骤 16：选择引用位置。❶在打开的“合并计算 - 引用位置”对话框中，单击“引用位置”右边的按钮后，切换到“1 季度成本”表格；❷按住鼠标左键不放，拖动鼠标选择 B1 ~ H18 区域的单元格；❸单击按钮。

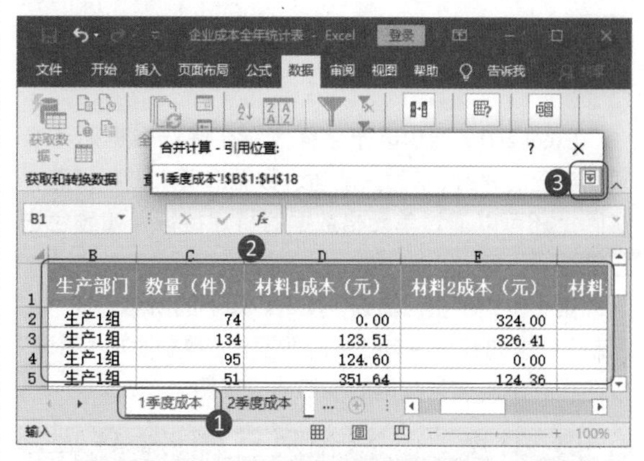

关键步骤 17：选择引用位置。将前面选择的区域添加后，再次进行引用位置的选择：❶切换到“2 季度成本”表格；❷按住鼠标左键不放并拖动鼠标选择 B1 ~ H18 区域的单元格；❸单击按钮。

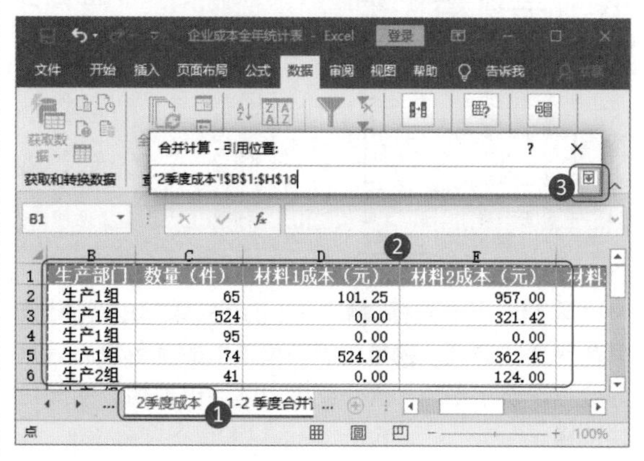

关键步骤 18：确定合并计算条件。❶在“合并计算”对话框中选中“标签位置”下面的两个选项；❷单击“确定”按钮。

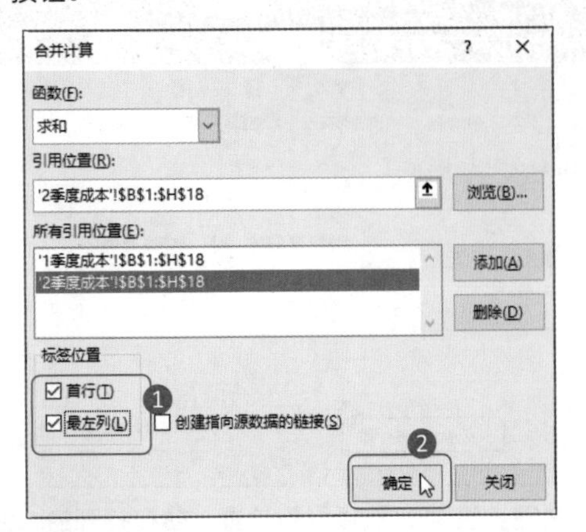

关键步骤 19：查看合并计算结果。如下图所示，1 季度和 2 季度不同小组的生产总数量、各种材料的总成本都被计算出来了。

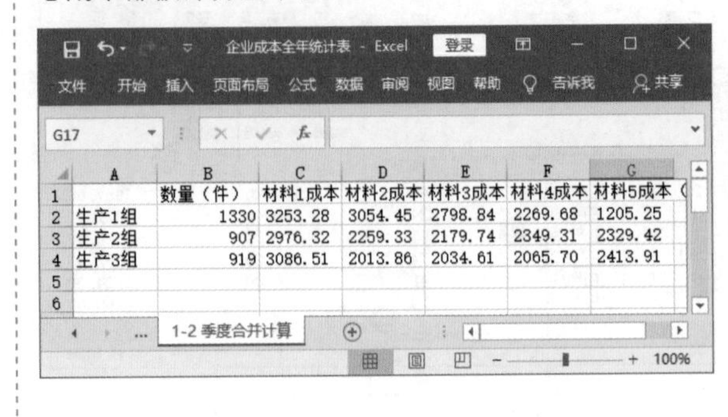

	A	B	C	D	E	F	G
1		数量（件）	材料1成本	材料2成本	材料3成本	材料4成本	材料5成本
2	生产1组	1330	3253.28	3054.45	2798.84	2269.68	1205.25
3	生产2组	907	2976.32	2259.33	2179.74	2349.31	2329.42
4	生产3组	919	3086.51	2013.86	2034.61	2065.70	2413.91

高手秘技

1. 打开思维局限，筛选对象不仅仅是数据

Excel 2019 的功能十分强大，在筛选数据时不要限制自己的思维，认为只能通过数据的值来进行筛选，实际上还可以通过单元格数据的特定特征，如颜色进行筛选。

第 1 步：单击“筛选”按钮。如下图所示，在“生产部门”这列数据中有红色的数据。为数据添加“筛选”按钮，并单击该列数据的“筛选”按钮▾。

第 2 步：筛选选择。❶从弹出的下拉菜单中选择“按颜色筛选”选项；❷单击级联菜单中的颜色块。只有为数据设置了颜色，这个菜单中才会出现相应的颜色块选择。

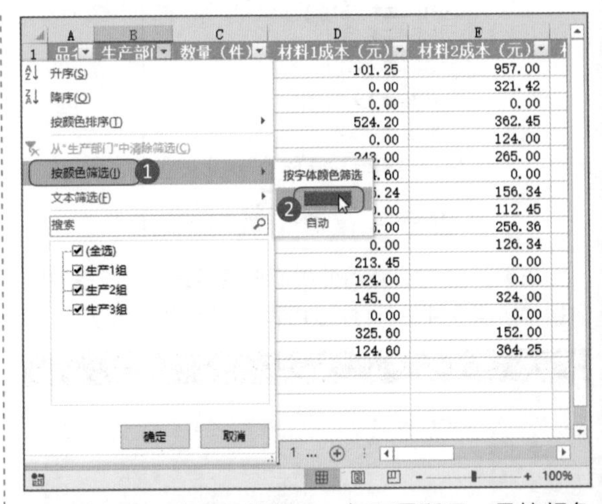

第 3 步：查看筛选结果。如下图所示，是按颜色筛选的结果。

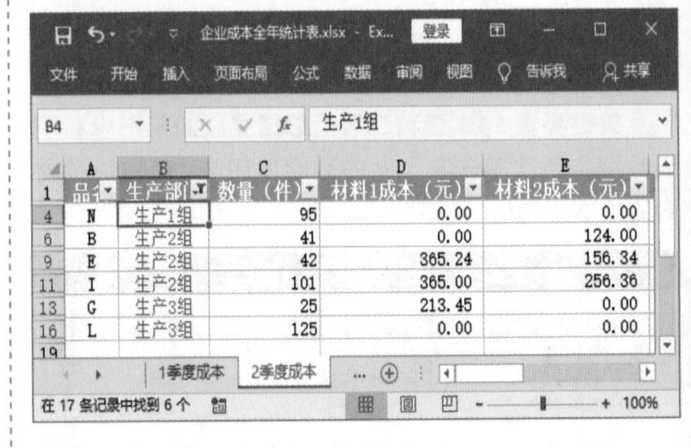

	A	B	C	D	E
1	品名	生产部门	数量（件）	材料1成本（元）	材料2成本（元）
4	N	生产1组	95	0.00	0.00
6	B	生产2组	41	0.00	124.00
9	E	生产2组	42	365.24	156.34
11	I	生产2组	101	365.00	256.36
13	G	生产3组	25	213.45	0.00
16	L	生产3组	125	0.00	0.00

2. 数据选择，想怎么选就怎么选

在选择数据时，可以使用组合键“Ctrl+Shift+ 方向键”快速选取批量数据，例如选中首行数据，然后按下组合键“Ctrl+Shift+ ↓”即可选中表格中的所有数据记录。利用键盘上的↑（上）、↓（下）、←（左）、→（右）各方向键灵活选择数据，方便在引用、筛选数据时自由选择。

第 1 步：选中数据，按下组合键。在表格中选择一个单元格，然后按下组合键“Ctrl+Shift+ ↑”。

第 2 步：查看选择效果。如下图所示，该单元格以上的数据都被选中了。同样的道理，如果想要选中单元格之下的数据，则选中该单元格，再按下组合键“Ctrl+Shift+ ↓”。

第 3 步：选择数据按下组合键。按住鼠标左键不放，拖动鼠标选中多个单元格的数据，按下组合键“Ctrl+Shift+ →”。

第 4 步：查看选择效果。如下图所示，之前选中的单元格以右数据都被选中了。同样的道理，如果想要选中单元格左边的数据，则选中单元格，再按下组合键“Ctrl+Shift+ ←”。

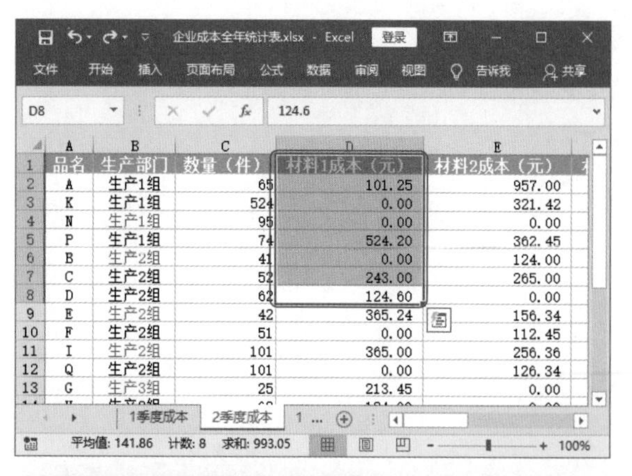

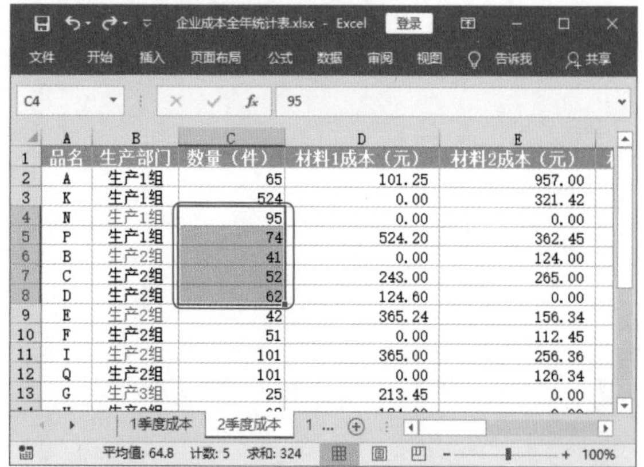

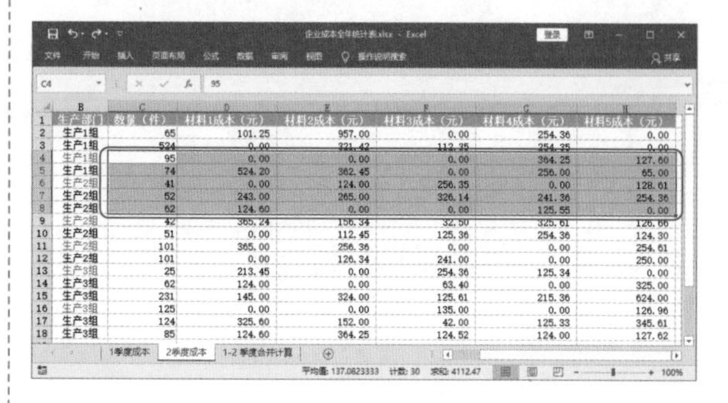

Excel 图表与透视表的应用

第8章

内容导读

Excel 2019 可以将表格中数据转换成不同类型的图表，帮助数据更加直观地展现。为了增强数据表现力，可以添加迷你图。当数据量大，数量项目较多时，可以创建数据透视表，利用数据透视表快速分析不同数据项目的情况。

知识要点

- 各类图表的创建方法
- 图表格式的编辑技巧
- 迷你图的应用
- 数据透视表的应用技巧
- 切片器和日程表的应用
- 利用数据透视表分析数据

案例展示

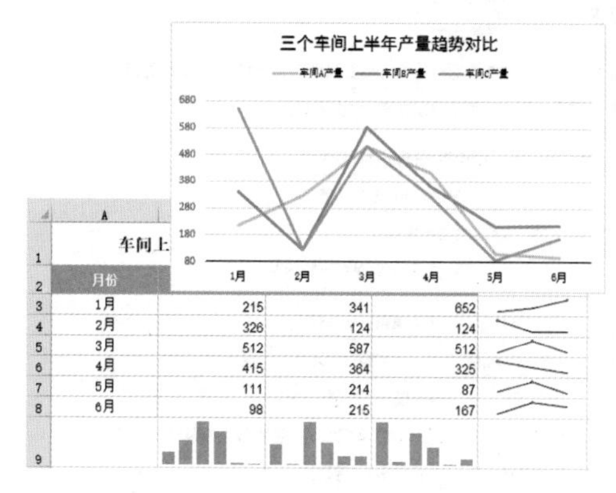

行标签	列标签 打底裤 求和项:成交量	求和项:同行竞争度	求和项:成交量汇总	求和项:同行竞争度汇总
2020-01	5496209	31415	5496209	31415
2020-03	3133516	26420	3133516	26420
2020-05	4038181	21489	4038181	21489
2020-06	3420760	19940	3420760	19940
2020-07	2357773	17268	2357773	17268
2020-10	8528305	21904	8528305	21904
2020-11	12708356	25132	12708356	25132
2020-12	11313305	26211	11313305	26211
总计	50996405	189779	50996405	189779

8.1 制作“员工业绩统计图”

案例说明

为了督促员工发现问题所在，提高业绩，形成良性竞争，企业常常会在固定时间段内对员工的不同能力进行考查，以观察员工的表现。员工业绩统计数据表格中，通常包括员工的姓名和不同考查方向的得分信息。完成表格制作后，可以将不同考查方向的得分制作成柱形图，以便更直观地分析数据。

“员工业绩统计图”文档制作完成后的效果如下图所示。

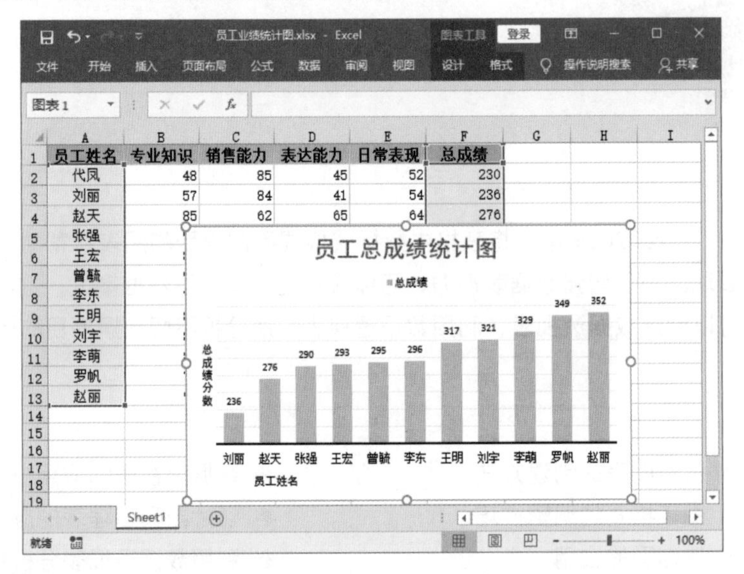

思路解析

当公司主管人员或行政人员需要向领导汇报部门员工的业绩时，纯数据表格不够直观，不能让领导一目了然地了解到不同员工的表现情况。如果将表格数据转换成图表数据，领导便能一眼看出不同员工的表现情况。因此制作图表时，首先要正确创建图表，再根据需要，选择图表布局并设置图表布局格式。其制作流程及思路如下。

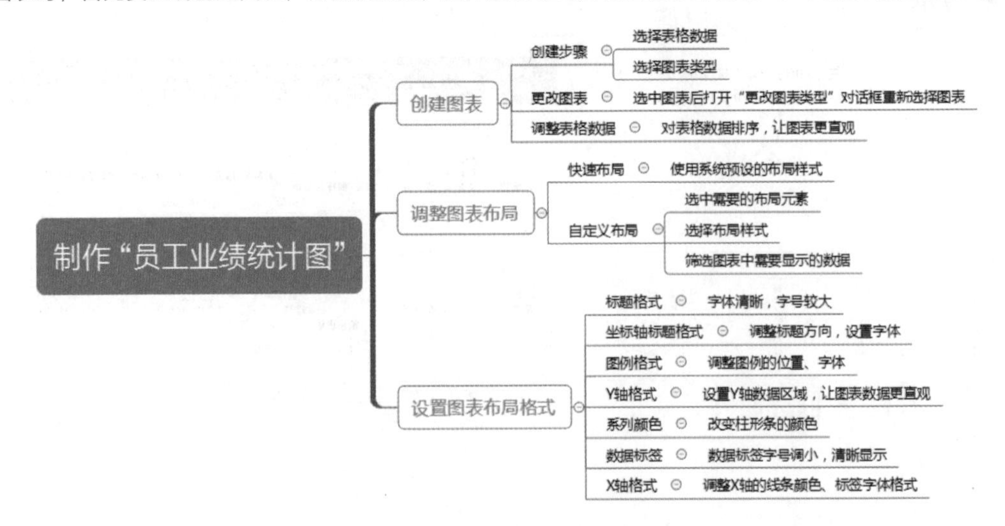

步骤详解

8.1.1 创建图表

Excel 创建图表的基本方法是选中表格中的数据，再选择需要创建的图表类型。如果不满意，可以更改选择好的图表类型，并且调整图表的原始数据。

1. 创建三维柱形图

创建图表需要选择好数据区域，再选择图表类型。具体操作步骤如下。

第 1 步：选择数据区域。❶按照路径“素材文件\第 8 章\员工业绩统计图.xlsx”打开素材文件，按住鼠标左键不放，拖动选中第一列数据；❷按 Ctrl 键，继续选中最后一列数据。

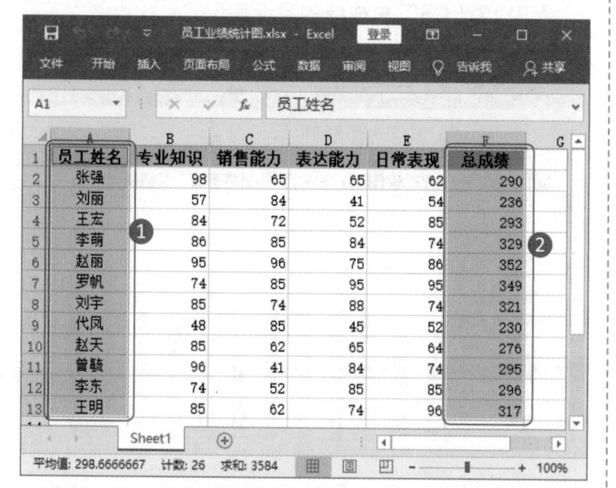

员工姓名	专业知识	销售能力	表达能力	日常表现	总成绩
张强	98	65	65	62	290
刘丽	57	84	41	54	236
王宏	84	72	52	85	293
李萌	86	85	84	74	329
赵丽	95	96	75	86	352
罗帆	74	85	95	95	349
刘宇	85	74	88	74	321
代凤	48	85	45	52	230
赵天	85	62	65	64	276
曾骏	96	41	84	74	295
李东	74	52	85	85	296
王明	85	62	74	96	317

第 2 步：选择图表类型。❶单击“插入”选项卡下“图表”组中的“插入柱形图或条形图”下三角按钮；❷选择“三维柱形图”选项。

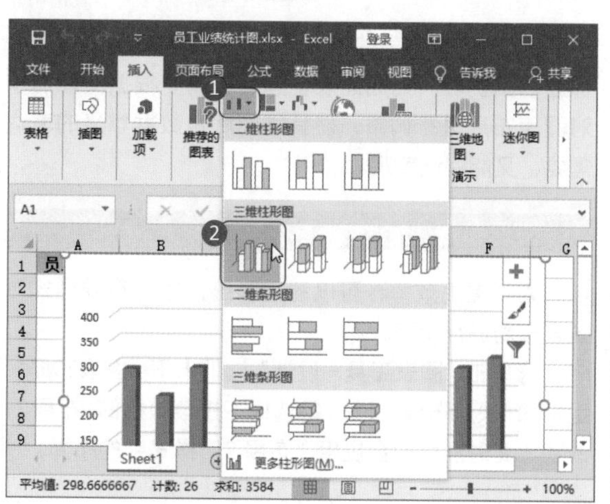

第 3 步：查看图表创建效果。此时根据选中的数据便创建出了一个三维柱形图。

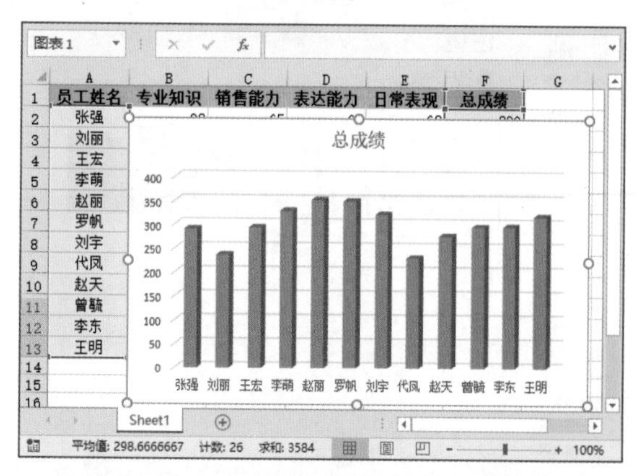

2. 更改图表类型

当发现插入的图表类型不理想时，不用删除图表重新插入，只需打开“更改图表类型”对话框重新选择图表即可。

第 1 步：打开“更改图表类型”对话框。选中图表，单击“图表工具 - 设计”选项卡下“类型”组中的“更改图表类型”按钮。

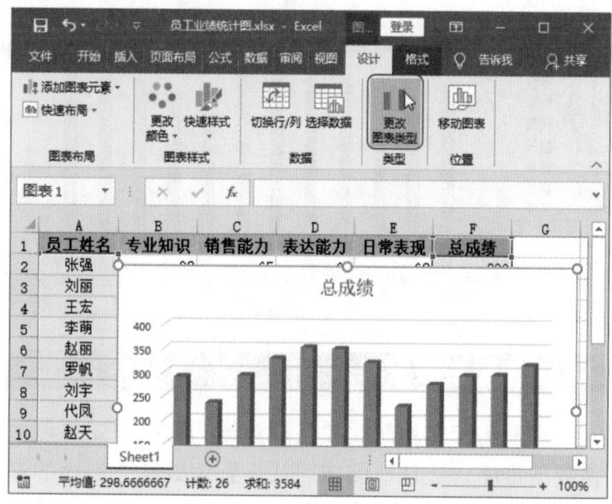

问：通常情况下，图表选择三维图表还是二维图表？

答：二维图表。图表讲究简洁美观，三维图表因为阴影等格式让图表显得信息过多，不够简洁。如果不是特殊需求，通常选择二维图表即可。

第 2 步：选择图表。❶在“更改图表类型”对话框中，选择“簇状柱形图”；❷单击“确定”按钮。

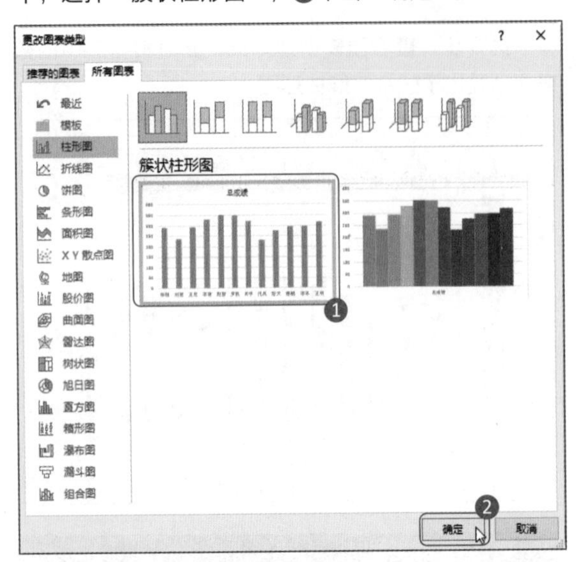

第 3 步：查看图表更改效果。此时工作界面中的图表从三维柱形图变成了平面的柱形图。

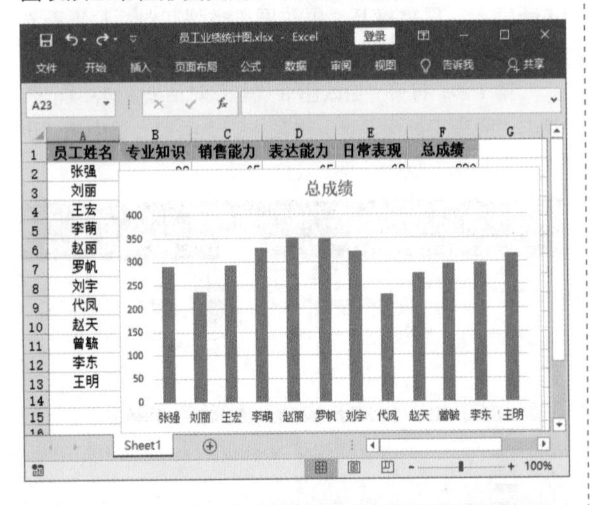

3. 调整图表数据排序

柱形图的作用是比较各项数据的大小，如果能调整数据排序，让柱形图按照从小到大或从大到小的序列显示，图表信息将更容易被人理解，实现一目了然的效果。图表创建完成后，调整表格中创建图表时选中的数据，图表将根据数据的变化而变化。

第 1 步：排序表格数据。❶右击“总成绩”标题单元格，从弹出的快捷菜单中选择“排序”选项；❷选择“升序”选项。

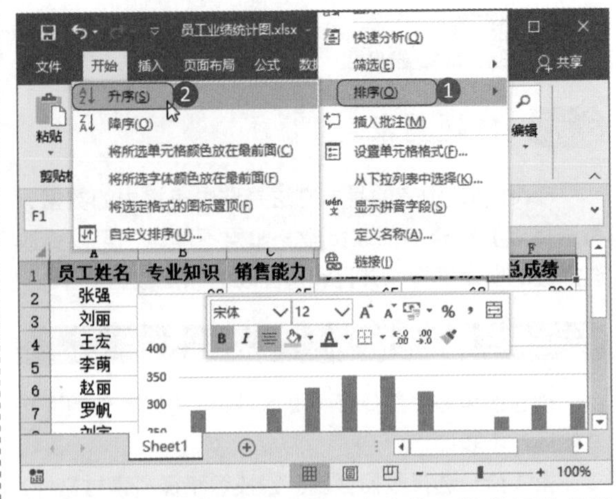

第 2 步：查看排序效果。当表格原始数据进行排序后，柱形图中代表“总成绩”的柱形条排列也发生了变化，即按照从低到高的顺序进行了排列，让人一眼就可以看出员工总成绩的高低情况。

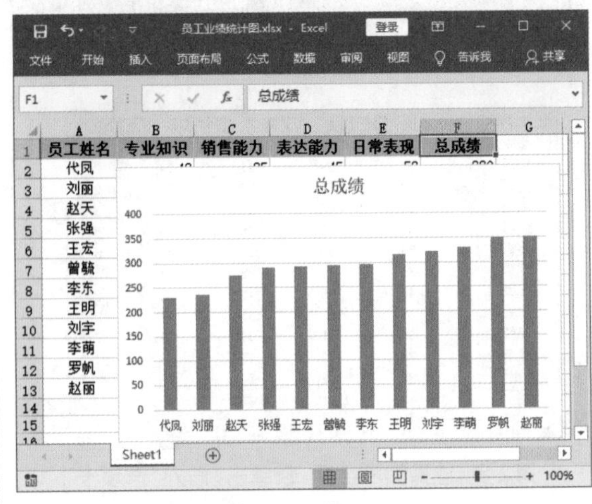

8.1.2 调整图表布局

组成 Excel 图表的布局元素有很多种，有坐标轴、标题、图例等。完成图表创建后，需要根据实际需求对图表布局进行调整，使其既能满足数据意义的表达需要，又能保证美观。

1. 快速布局

为了提高效率，可以利用系统预置的布局样式对图表布局进行调整。

❶单击“图表工具－设计”选项卡下“图表布局”组中的“快速布局”按钮；❷选择下拉菜单中的“布局 3”选项。此时图表便会应用“布局 3”样式中的布局。

2. 自定义布局

如果快速布局样式不能满足要求，还可以自定义布局。即通过手动更改图表元素、图表样式和使用图表筛选器来自定义图表布局或样式。

第 1 步：选择图表需要的元素。❶单击图表右上方的“图表元素”按钮[+]；❷从弹出的“图表元素”窗格中勾选需要的图表布局元素，同时取消勾选不需要的布局元素。

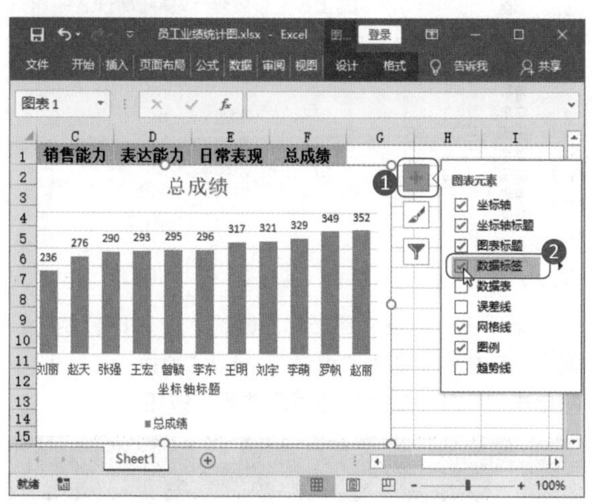

选择图表布局元素的原则是，只选择必要的元素，否则图表显得杂乱。如果去除某布局元素后，图表仍能正常表达含义，那么该布局元素最好不要添加。

第 2 步：选择图表样式。❶单击图表右上方的“图表样式”按钮[🖌]；❷在打开的样式列表中选择“样式 15”。

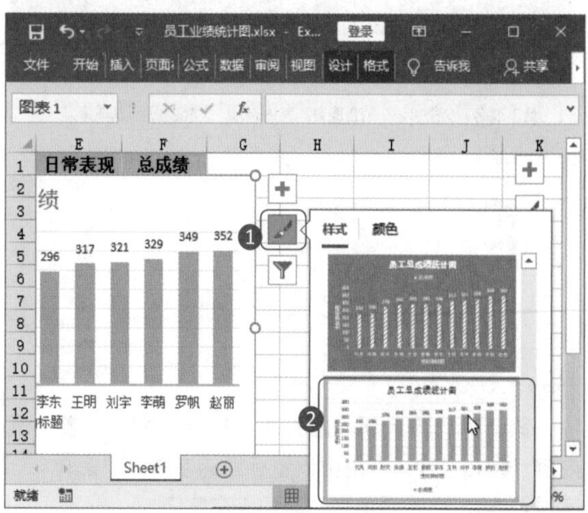

第 3 步：筛选图表数据。图表并不一定要全部显示选中的表格数据，根据实际需求，可以选择隐藏部分数据，如这里可以将总成绩太低的员工进行隐藏。❶单击图表右上方的“图表筛选器”按钮[▼]；❷取消勾选总成绩最低员工“代凤”；❸单击“应用”按钮。

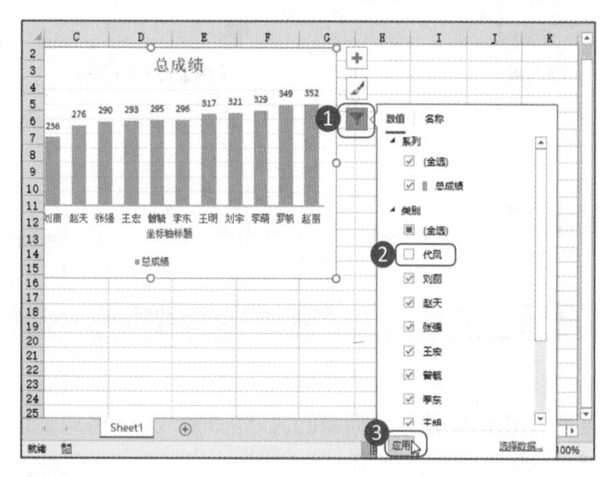

8.1.3 设置图表布局格式

当完成图表布局元素的调整后，需要对不同的布局元素进行格式设置，让不同的布局元素格式保持一致，且最大限度地帮助图表表达数据意义。

1. 设置标题格式

默认情况下，标题与表格中的数据字段名保持一致。完整的图表应该有一个完整的标题名，且标题的格式美观清晰。

第 1 步：删除原标题内容。将光标放到标题中，按 Delete 键，将原标题内容删除。

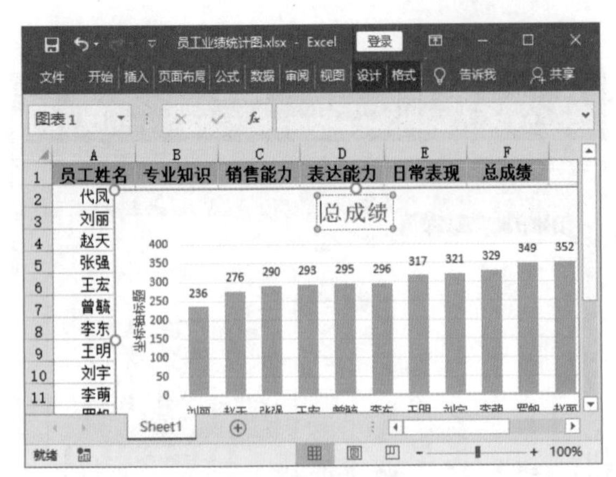

第 2 步：输入新标题并更改格式。 ❶输入新标题内容；❷在“字体”组中设置标题的字体为“黑体”，字号为 18，字体颜色为“黑色，文字 1”。

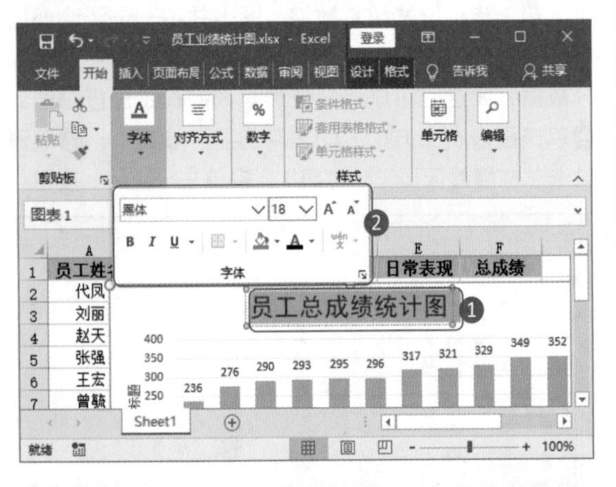

2. 设置坐标轴标题格式

坐标轴标题显示了 X 轴和 Y 轴分别代表的数据，因此，要调整坐标轴标题的文字方向、文字格式，让其传达的意义更加明确。

第 1 步：打开“设置坐标轴标题格式”窗格。 右击图表 Y 轴的标题，选择菜单中的“设置坐标轴标题格式”选项。

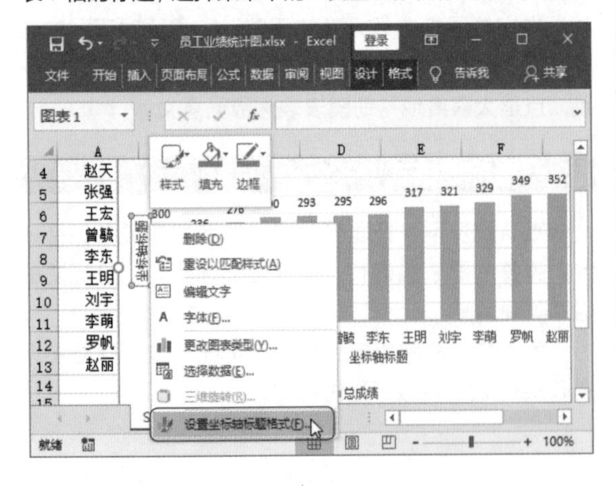

第 2 步：调整标题文字方向。 默认情况下的 Y 轴标题文字不方便辨认。❶切换到“设置坐标轴标题格式”窗格中的“文本选项”选项卡；❷单击“文本框”按钮；❸在“文字方向”菜单中选择“竖排”选项。

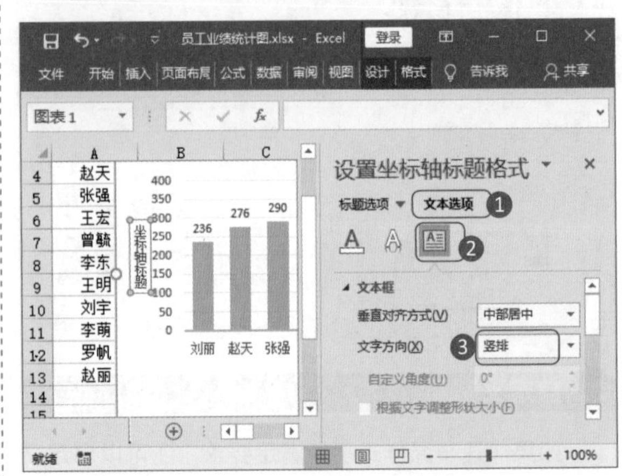

第 3 步：关闭格式设置窗格。 完成文字方向调整后，单击窗格右上方的关闭按钮，关闭窗格。

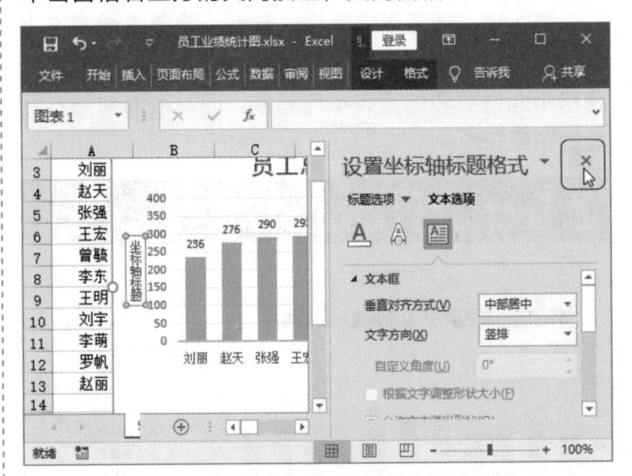

第 4 步：调整文字格式。 ❶输入 Y 轴的标题，设置坐标轴标题格式为“黑体”、9、“黑色，文字 1”；❷单击“字体”组“对话框启动器”按钮。

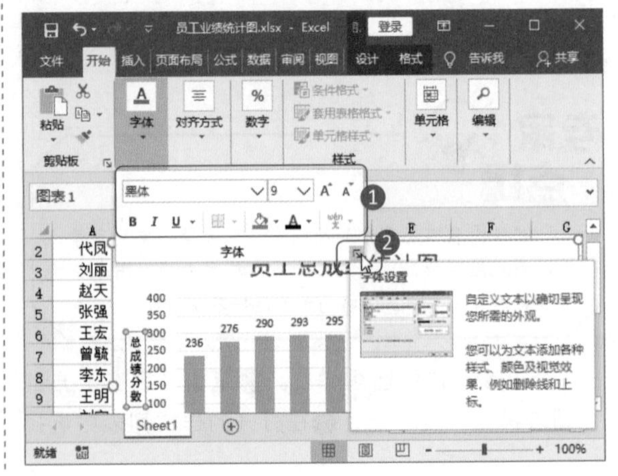

第 5 步：设置标题字符间距。❶在打开的“字体”对话框中，切换到“字符间距”选项卡下，设置“间距”为“加宽”，“度量值”为 1 磅；❷单击“确定”按钮。

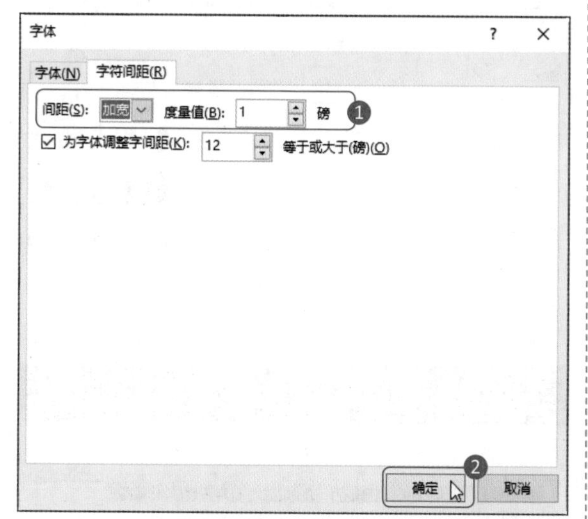

第 6 步：设置 X 轴标题格式。❶采用同样的方式输入 X 轴标题，设置格式为“黑体”、9、“黑色，文字 1”；❷将鼠标指针放到标题上，当鼠标指针变成黑色双向箭头时，按住鼠标左键不放，拖动鼠标，移动 X 轴标题的位置到图表的左下方。此时便完成了图表坐标轴标题的格式调整。

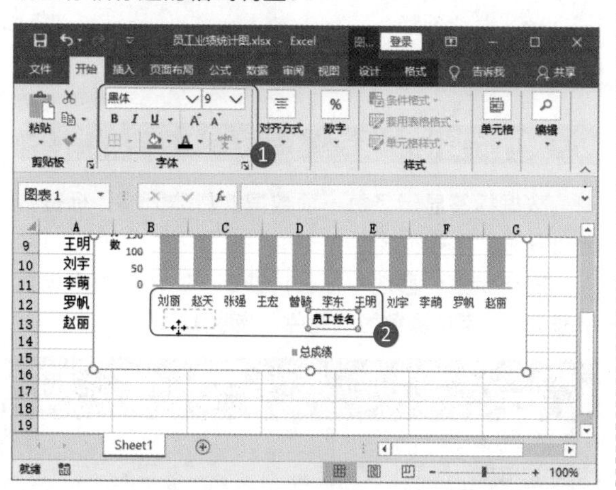

3. 设置图例格式

图表图例说明了图表中的数据系列所代表的内容。默认情况下图例显示在图表下方，可以更改图表的位置及图例文字格式。

第 1 步：打开“设置图例格式”窗格。❶选中图例，设置其字体格式为“黑体”、9、“黑色，文字 1”；❷右击图表下方的图例，选择快捷菜单中的“设置图例格式”选项，打开“设置图例格式”窗格。

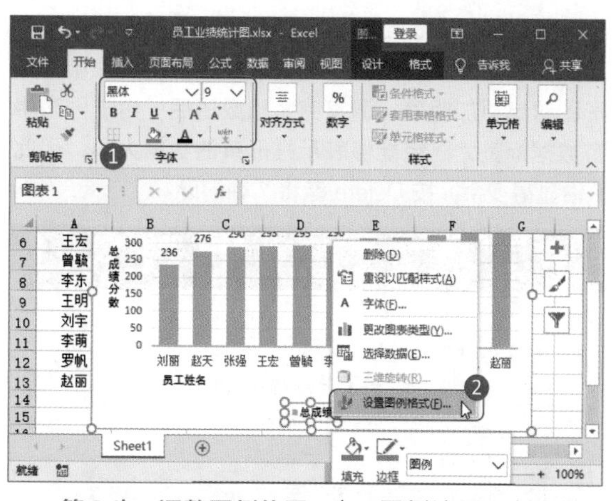

第 2 步：调整图例位置。在“图例选项”选项卡下“图例位置”中选中“靠上”单选按钮。

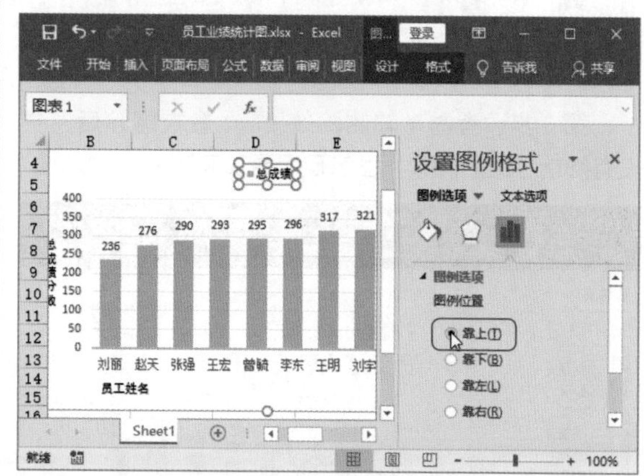

4. 设置 Y 轴格式

图表的作用是将数据具象化、直观化。因此调整坐标轴的数值范围，可以使图表数据的对比更明显。

第 1 步：设置 Y 轴的“最小值”。❶双击 Y 轴，打开“设置坐标轴格式”窗格，单击“坐标轴选项”选项卡下的按钮；❷在“最小值”中输入数值 200。

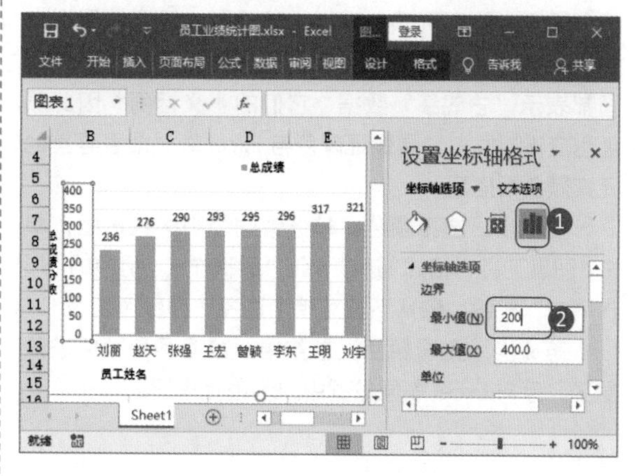

第 2 步：查看坐标轴数值设置效果并删除 Y 轴。 此时图表中的 Y 轴从数值 200 开始，并且图表中的柱形图对比更加明确。调整完 Y 轴数值后，由于图表中有数据标签，已经能够表示柱形条的数据大小，因此 Y 轴显得多余，按 Delete 键将 Y 轴删除。

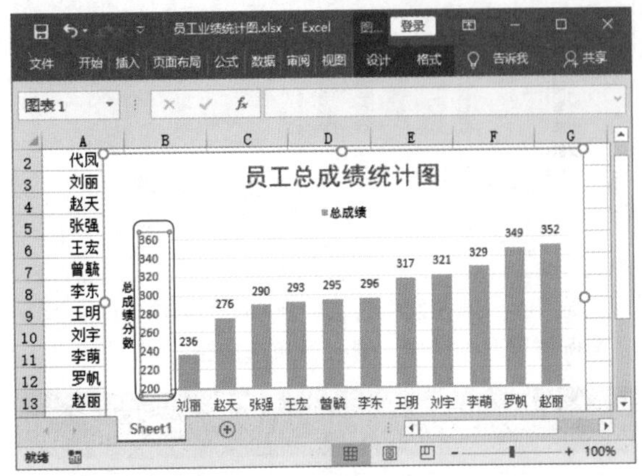

第 3 步：查看 Y 轴删除效果。 Y 轴被删除后，并没有影响数据的阅读，图表反而更加简洁。

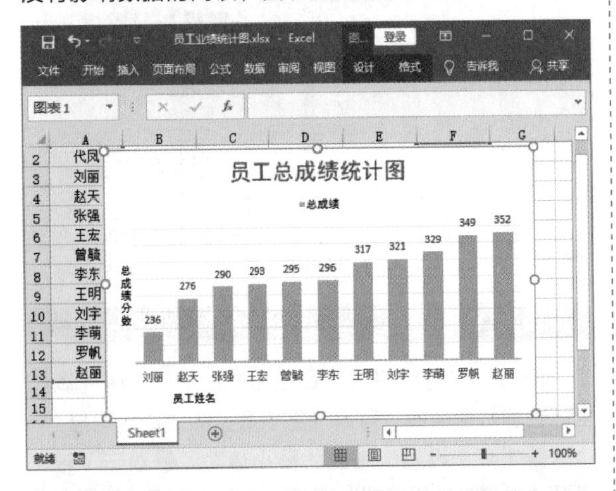

5. 设置系列颜色

图形表的系列颜色可以重新设置，设置的原则有两个：一是保证颜色意义表达无误，如本例中，柱形图都表示“总成绩”数据，它们的意义相同，因此颜色也应该相同；二是保证颜色与 Excel 表、图表等其他元素颜色相搭配。

第 1 步：选择颜色。 ❶选中图表中的柱形图，单击“图表工具－格式”选项卡下“形状样式”组中的“形状填充”按钮；❷从下拉菜单中选择一种颜色。

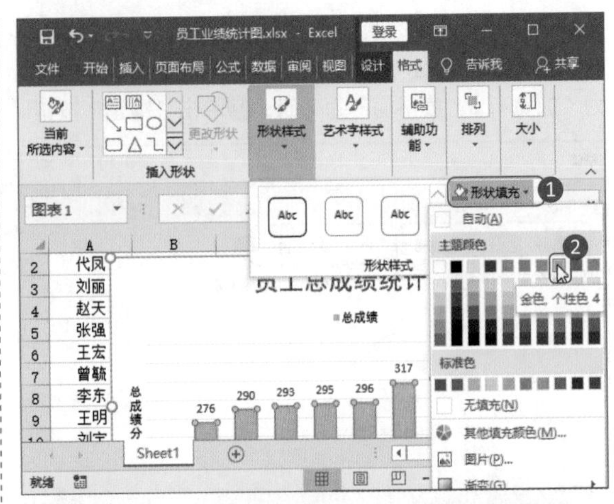

第 2 步：查看颜色设置效果。 数据系列颜色被改变了，且与 Excel 表原数据中的颜色相搭配。

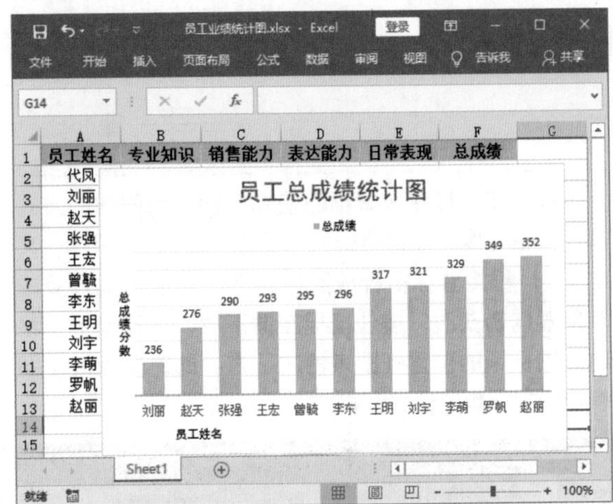

6. 设置数据标签格式

数据标签显示了每一项数据的具体大小，标签数量较多时，字号应该更小。

操作步骤： ❶选中标签；❷在“字体”组中设置字号为 8，字体颜色为“黑色，文字 1”。

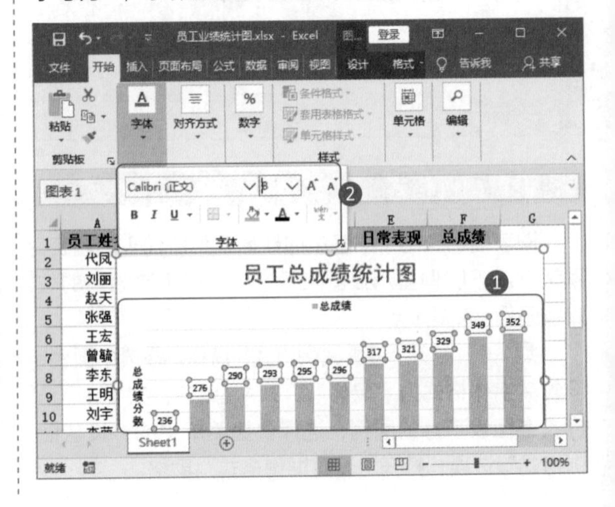

7. 设置 X 轴格式

X 轴可以设置其坐标轴线条格式，使其更加明显，还可以设置其轴标签文字格式，让其更方便辨认。

第 1 步：设置坐标轴线条格式。❶双击 X 轴，打开“设置坐标轴格式”窗格，切换到“坐标轴选项”选项卡；❷选择“线条”为“实线”；❸设置“颜色”为“黑色，文字 1”，“宽度”为 1 磅。

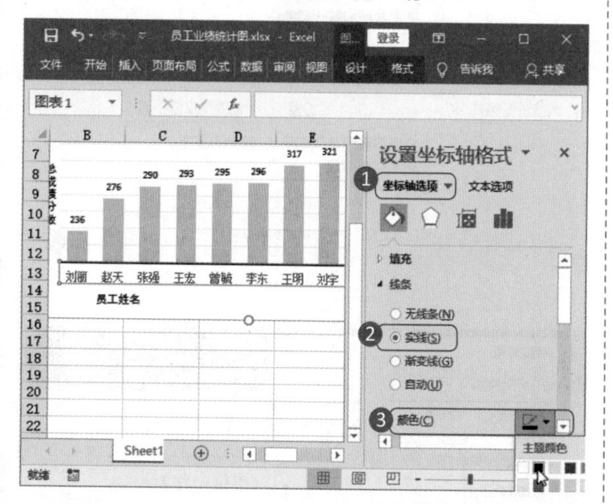

第 2 步：设置轴标签文字格式。选中 X 轴的标签文字，在“字体”组中设置其字体为“宋体（正文）”，字号为 9，字体颜色为“黑色，文字 1”。

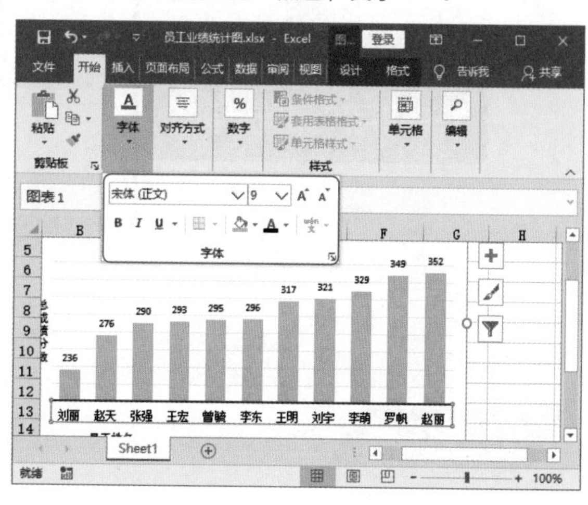

8.2 制作“车间月产量统计图”

案例说明

车间月产量是企业需要定期统计的数据，由于统计出来的数据量往往比较大，如果直接给领导呈现原始的纯数据信息，会让领导看不到重点，降低信息获取的效果。如果能贴心地在数据中添加迷你图，或是有侧重点地将数据转换成图表，领导就能一目了然地看懂汇报数据。将车间月产量数据转换成统计图，其文档制作完成后的效果如下图所示。

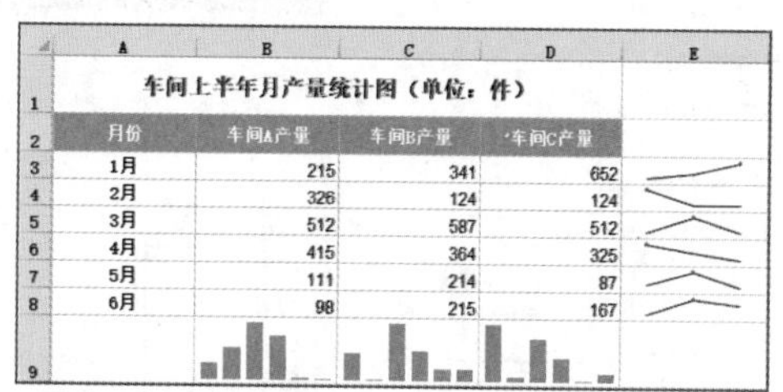

车间上半年月产量统计图（单位：件）

月份	车间A产量	车间B产量	车间C产量
1月	215	341	652
2月	326	124	124
3月	512	587	512
4月	415	364	325
5月	111	214	87
6月	98	215	167

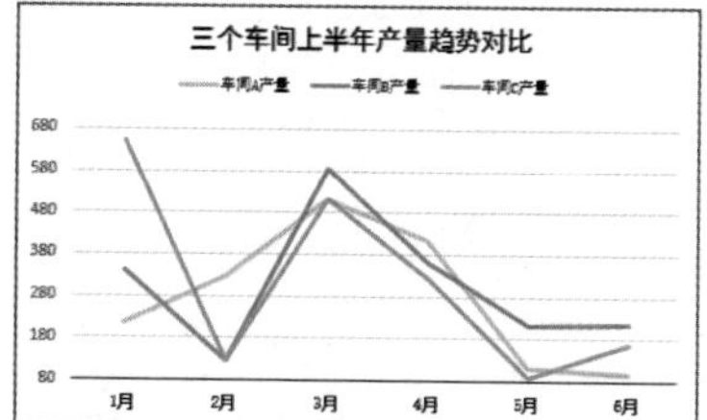

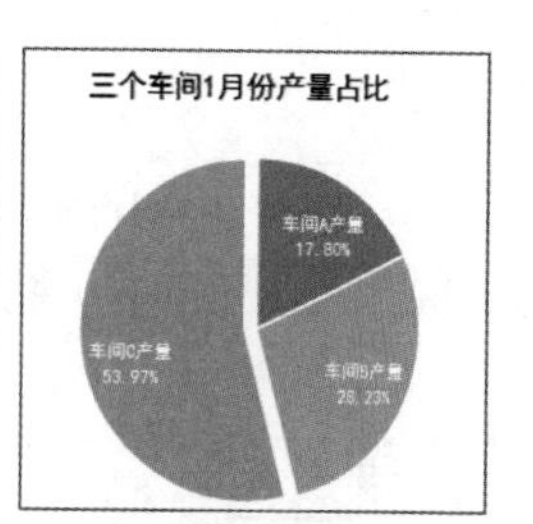

思路解析

当项目主管需要向领导汇报项目进度或产量时，要根据汇报重点选择性地将数据转换成不同类型的图表。例如，领导看重的是实际数据，那么为数据加上迷你图即可；如果想要向领导表现产量的趋势，那么可以选择折线图；如果想汇报不同车间的产量占比大小，那么可以选择饼图。三种统计图的制作流程及思路如下。

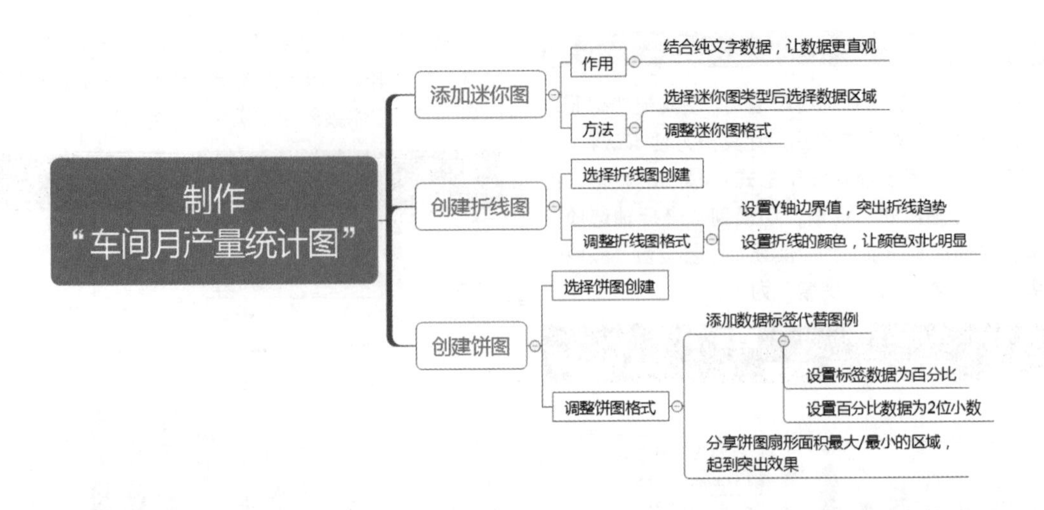

步骤详解

8.2.1 使用迷你图呈现产量的变化

迷你图是 Excel 表格的一个微型图表，可提供数据的直观表现。使用迷你图可以显示一系列数值的变化趋势，例如，不同车间的产量变化。

1. 为数据创建折线迷你图

折线迷你图体现的是数据的变化趋势，添加方法如下。

第 1 步：选择折线迷你图。按照路径“素材文件\第 8 章\车间月产量统计图.xlsx”打开素材文件，单击“插入”选项卡下“迷你图”组中的“折线”按钮。

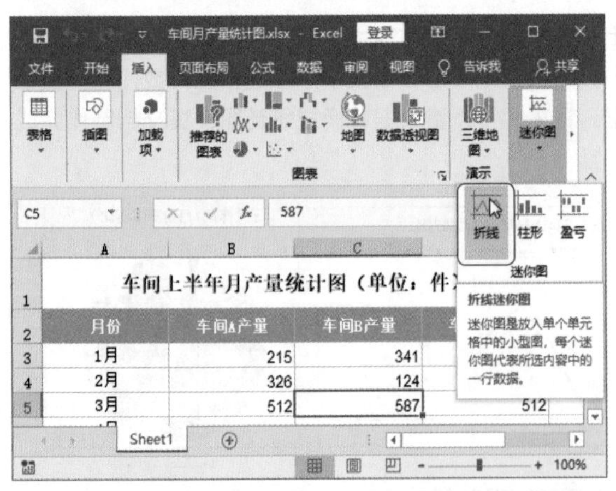

第 2 步：选择数据范围。在打开的“创建迷你图”对话框中，单击“数据范围”右侧的按钮，按住鼠标左键不放，拖动选择 B3 ~ D8 数据范围。

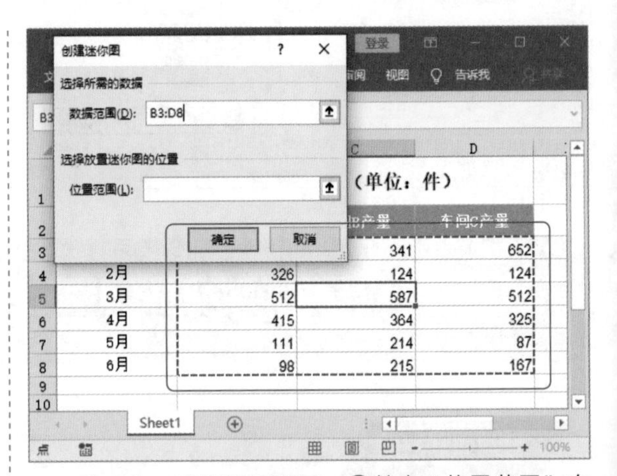

第 3 步：选择位置范围。❶单击“位置范围”右侧的按钮，按住鼠标左键不放，拖动选择 E3:E8 数据范围；❷单击“确定”按钮。

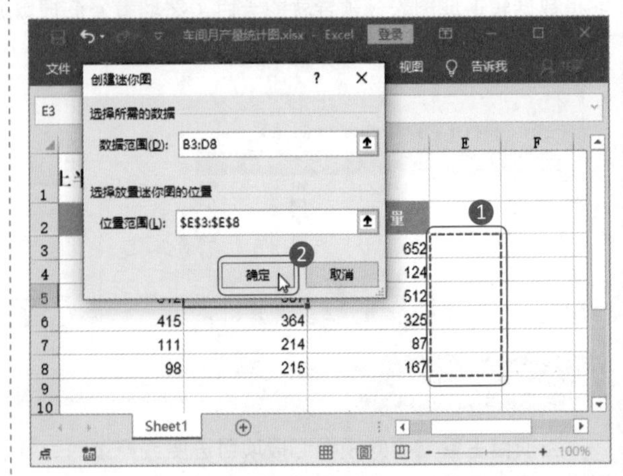

第 4 步：调整迷你图高点格式。❶勾选“迷你图

工具 – 设计”选项卡下“显示”组中的“高点”复选框；❷单击“标记颜色”按钮；❸选择“高点”，接着选择“红色”，将折线迷你图的最高点设置成红色的点。

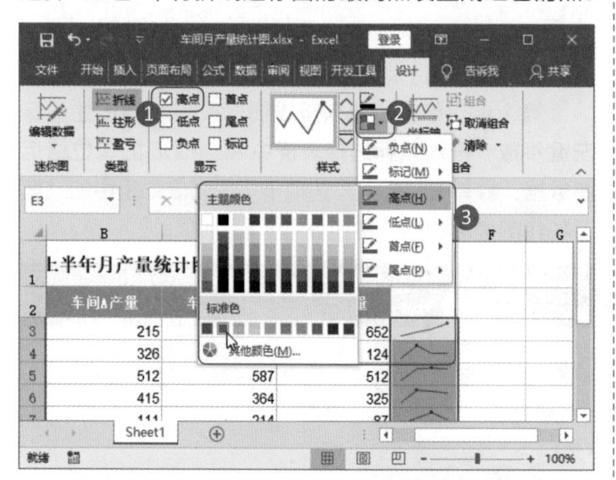

第 5 步：设置迷你图颜色。❶单击“迷你图颜色”按钮；❷从“主题颜色”菜单中选择“黑色，文字 1”选项。

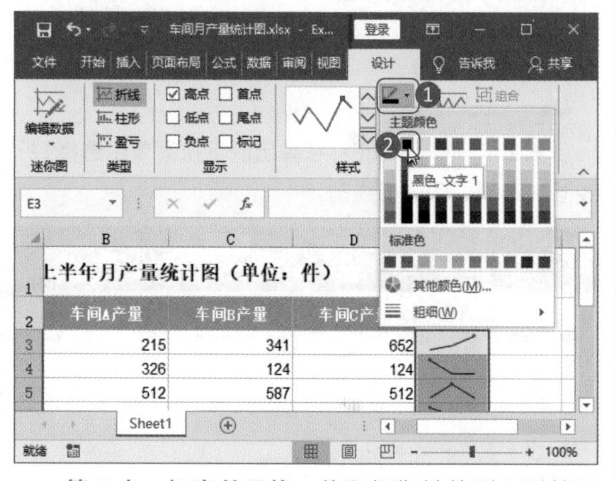

第 6 步：加宽单元格。将鼠标指针放到 E 列单元格右边的线上，按住鼠标左键不放拖动边线，加宽单元格距离。

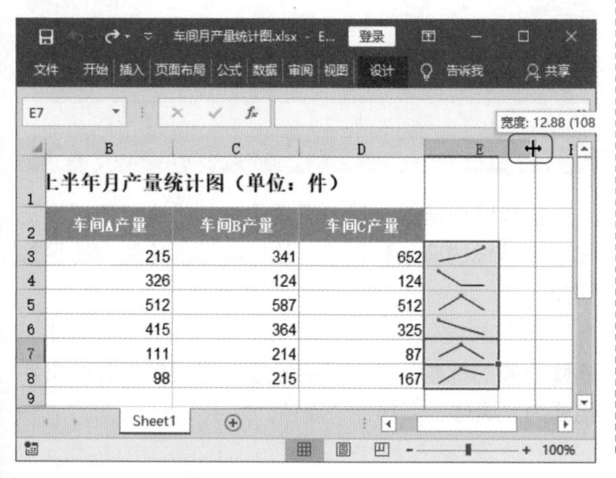

第 7 步：查看迷你图效果。此时便完成了迷你图设置。可以根据折线迷你图快速判断出不同月份下，三个车间的产量对比趋势。

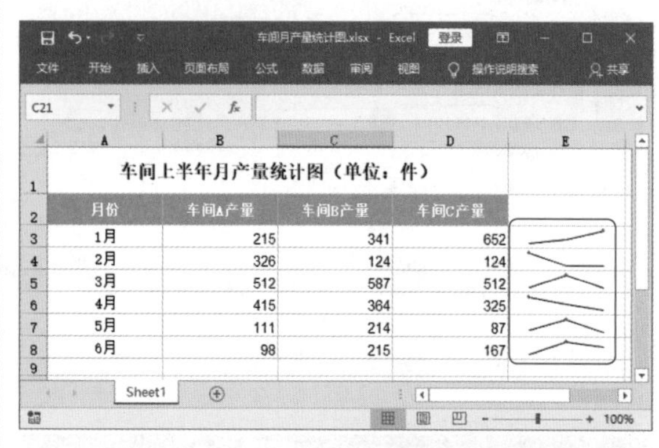

2. 为数据创建柱形迷你图

折线迷你图表现的是趋势对比，柱形迷你图则能表现数据大小对比，为表格数据增加柱形迷你图，可以帮助数据直观表现。

第 1 步：选择“柱形”选项。选择“插入”选项卡下“迷你图”组中的“柱形”选项。

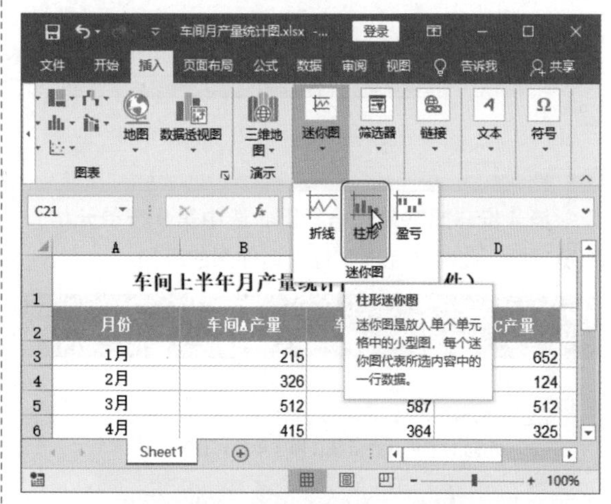

第 2 步：设置“创建迷你图”对话框。❶在打开的“创建迷你图”对话框中，在“数据范围”文本框中输入 B3:D8；❷单击“位置范围”右侧的按钮，按住鼠标左键不放，拖动选择 B9 ~ D9 的单元格区域；❸单击“确定”按钮。

第 3 步：设置迷你图颜色。❶单击“迷你图工具 – 设计”选项卡下“迷你图颜色”按钮；❷选择“浅蓝”颜色。

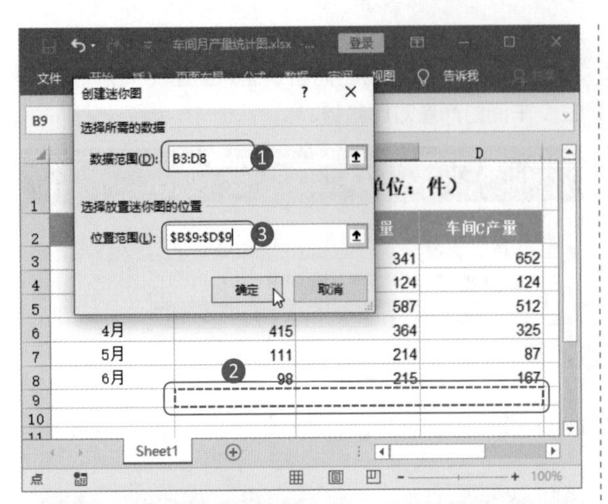

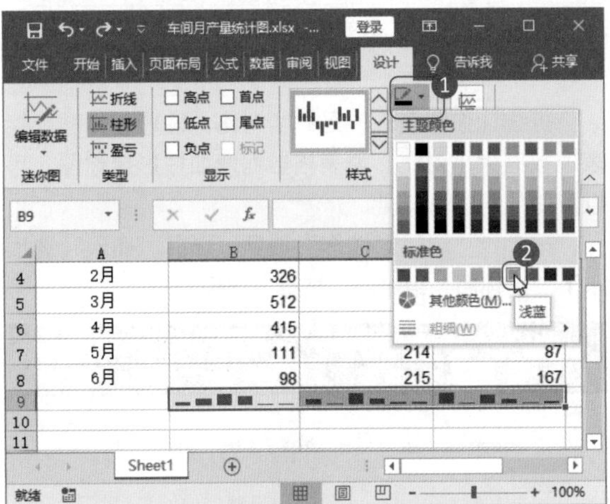

第 4 步：加宽单元格行距。选中第 9 行单元格，加宽行距，此时便完成了柱形迷你图的添加。

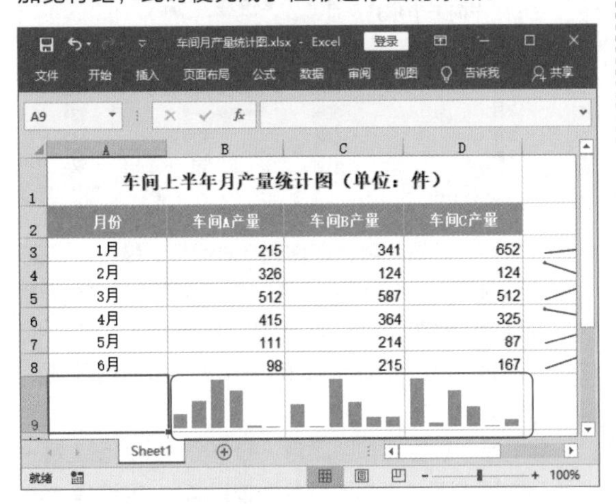

8.2.2 创建产量趋势对比图

要突出表现表格中数据的趋势对比，最好的方法是创建折线图。折线图创建成功后，要调整折线图格式，让趋势明显化。

1. 创建折线图

创建折线图的方法是选中数据，再选择折线图，具体操作步骤如下。

第 1 步：单击“插入折线图”按钮。❶按住鼠标左键不放，拖动鼠标选择表格中 A2 ~ D8 的单位格范围数据；❷单击“插入”选项卡下“图表”组中的“插入折线图或面积图”按钮 。

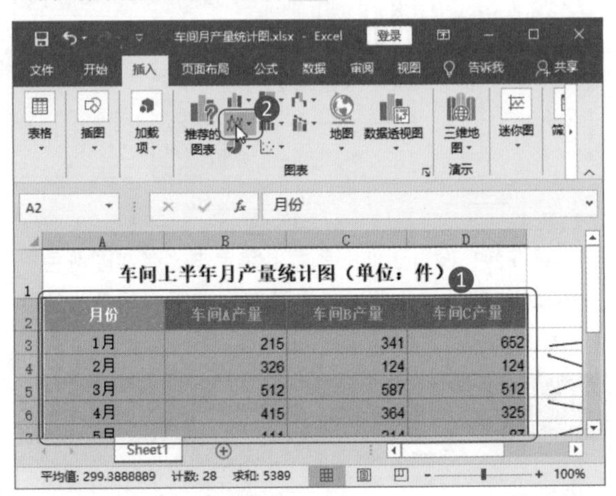

第 2 步：插入折线图。在弹出的下拉菜单中选择“折线图”选项，创建折线图。

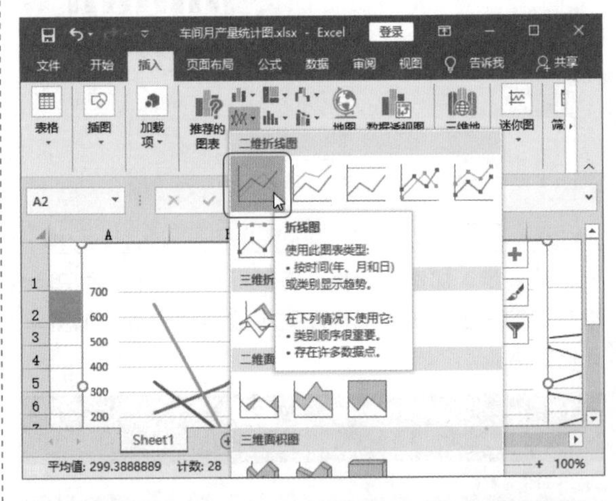

2. 设置折线图格式

折线图创建成功后，需要调整 Y 轴坐标值以及折线图中折线的颜色和粗细，让折线图的趋势对比更加明显。

第 1 步：设置标题。❶将光标放到折线图标题中，删除原来的标题，输入新的标题；❷设置标题的文字格式为“黑体”、14、“黑色，文字 1”。

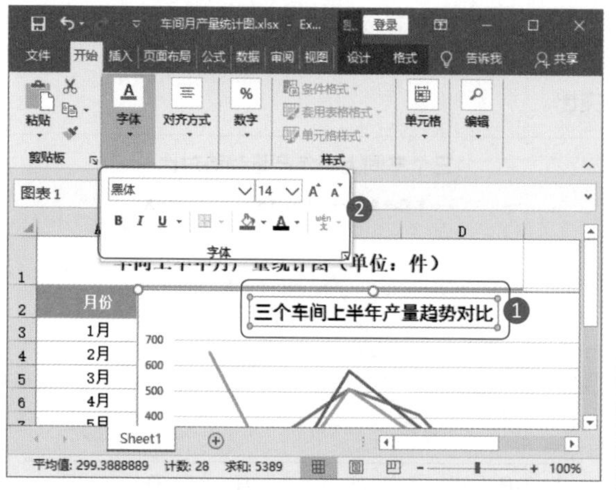

第 2 步：设置 Y 轴边界值。❶双击 Y 轴，打开“设置坐标轴格式”窗格，切换到“坐标轴选项”选项卡下，单击“坐标轴选项”按钮 ；❷设置坐标轴的边界的“最大值”和“最小值”。

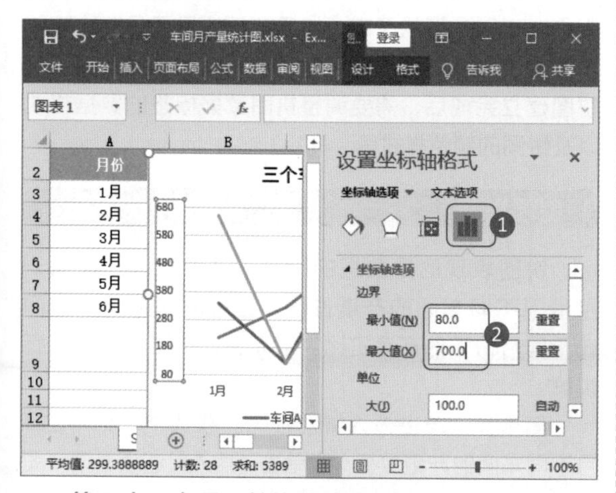

第 3 步：查看 Y 轴边界值设置效果。此时 Y 轴的最大值和最小值均被改变，折线的起伏度更加明显。

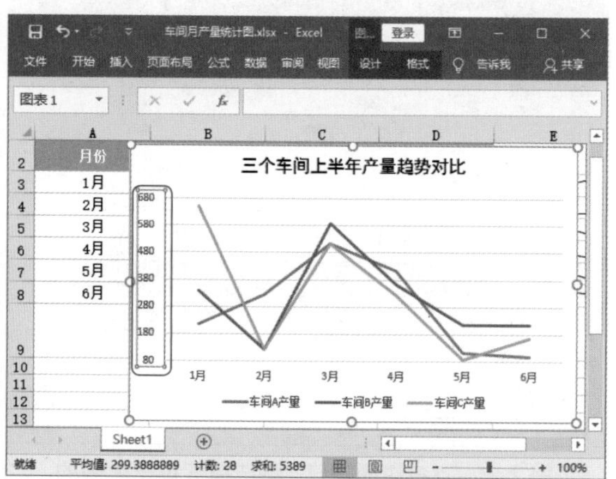

第 4 步：设置图例格式。❶双击图例，打开“设置图例格式”窗格，在“图例选项”选项卡下“图例位置”中选中“靠上”单选按钮；❷设置图例的字号为 8 号，字体颜色为“黑色，文字 1”。

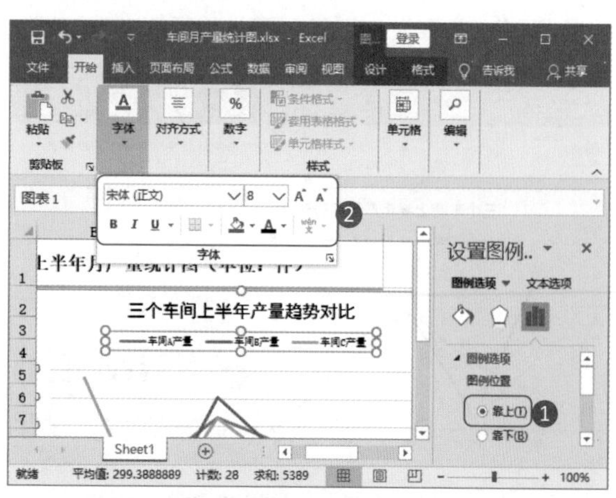

第 5 步：设置 X 轴线条颜色。❶双击 X 轴，打开“设置坐标轴格式”窗格，在“坐标轴选项”下选中“线条”下的“实线”单选按钮；❷选择“颜色”为“黑色，文字 1”。

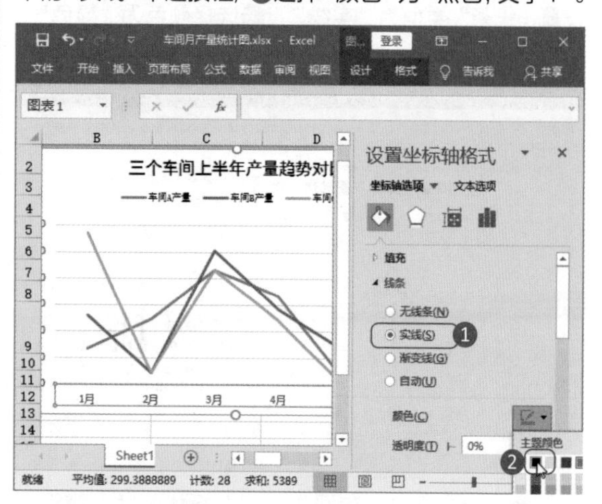

第 6 步：设置 X 轴文字标签颜色。选中 X 轴文字标签，设置“字体颜色”为“黑色，文字 1”。

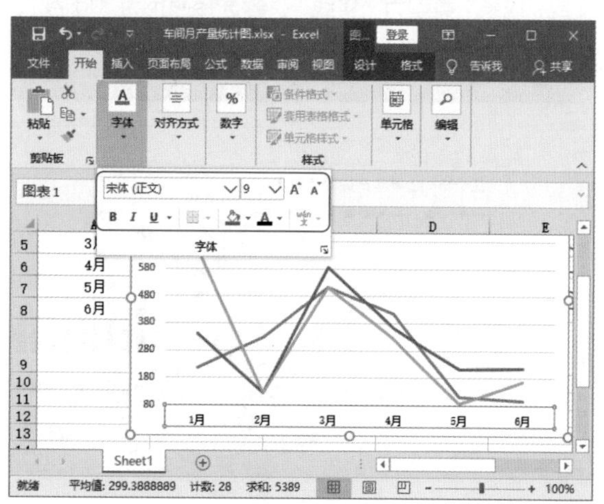

第 7 步：设置“车间 C 产量”折线颜色。❶双击代表车间 C 的折线，在“设置数据系列格式”窗格中，设置“线条”类型为“实线”；❷选择颜色为“浅蓝”。

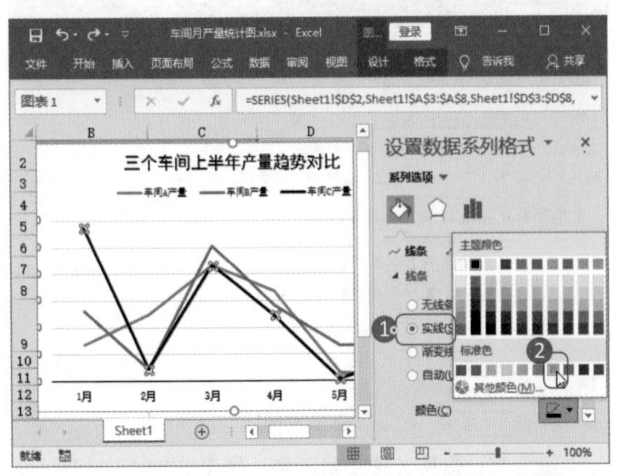

第 8 步：设置“车间 B 产量”折线颜色。❶双击代表车间 B 的折线，在“设置数据系列格式”窗格中，设置“线条”类型为“实线”；❷选择颜色为“绿色”。

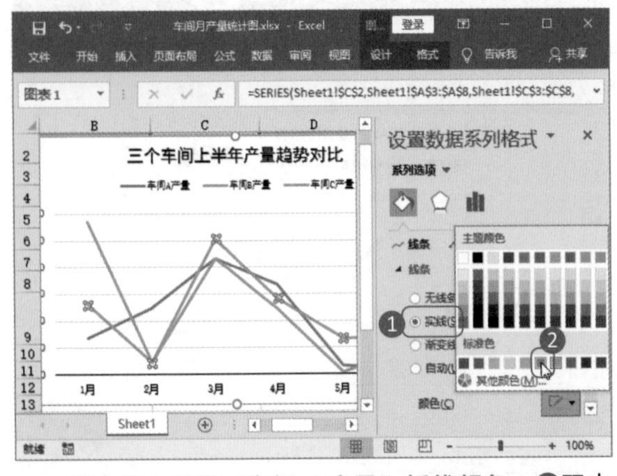

第 9 步：设置“车间 A 产量”折线颜色。❶双击代表车间 A 的折线，在“设置数据系列格式”窗格中，设置“线条”类型为“实线”；❷选择颜色为“橙色”。

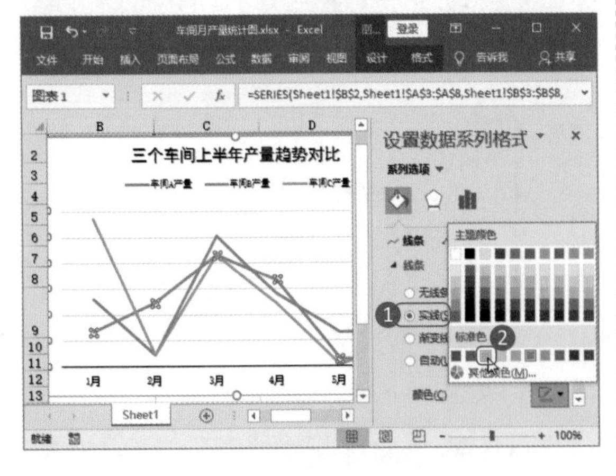

第 10 步：查看完成设置的折线图。此时折线图设置完成，可以看到，折线的颜色对比明显，且趋势突出。

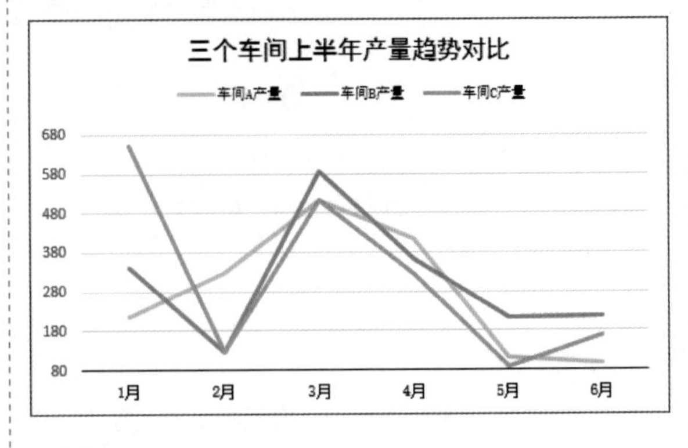

8.2.3 创建车间产量占比图

根据数据分析目标的不同，可以将表格中的数据制作成不同类型的图表。如果分析的目标是对比不同车间的占比，则可以选用专门表现比例数据的饼图。饼图建立完成后，需要调整饼图数据标签的数据格式以及饼图的颜色样式等。

1. 创建饼图

饼图表现的是数据的比例，这里可以创建同一月份下不同车间的产量占比，也可以创建同一车间在不同月份下的产量占比。下面将以前者为例，进行讲解。

第 1 步：单击插入饼图按钮。❶选中表格中的 1 月不同车间的产量数据；❷单击“插入”选项卡下“图表”组中的“插入饼图或圆环图”按钮。

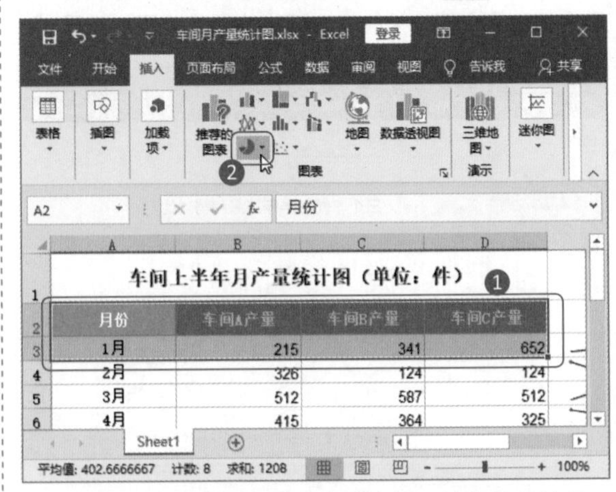

第 2 步：完成饼图创建。❶选择下拉菜单中的“二维饼图”选项；❷此时便完成了饼图创建。

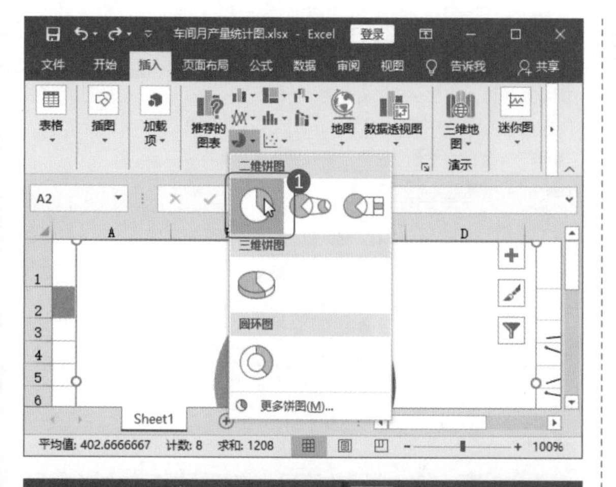

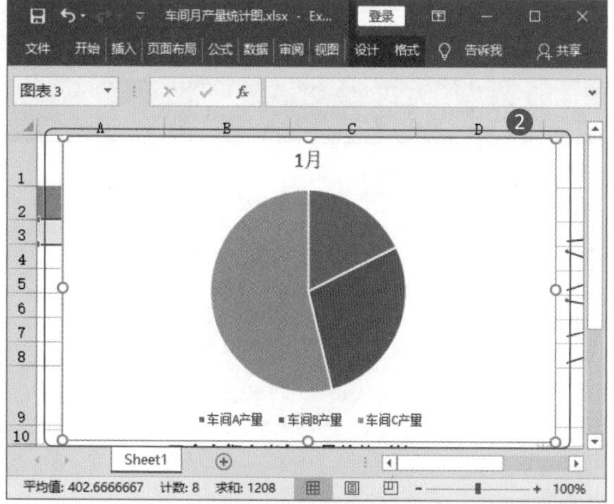

2. 调整饼图格式

调整饼图格式的目的是让别人更加便捷地看懂饼图，所以可以将饼图的图例去掉，用数据标签代替图例。再将饼图中数据最大或最小的扇形分离出来，起到重点突出的作用。

第 1 步：调整标题格式。❶将光标置入饼图原来的标题中，删除标题，输入新的标题；❷更改标题的格式为“黑体”、14、“黑色，文字 1”。

第 2 步：调整饼图颜色。❶单击“图表工具 – 设计”选项卡下“图表样式”组中的“更改颜色”按钮；❷从弹出的下拉菜单中选择“颜色 2”作为饼图配色。

第 3 步：删除饼图图例。右击饼图图例，选择快捷菜单中的“删除”选项。

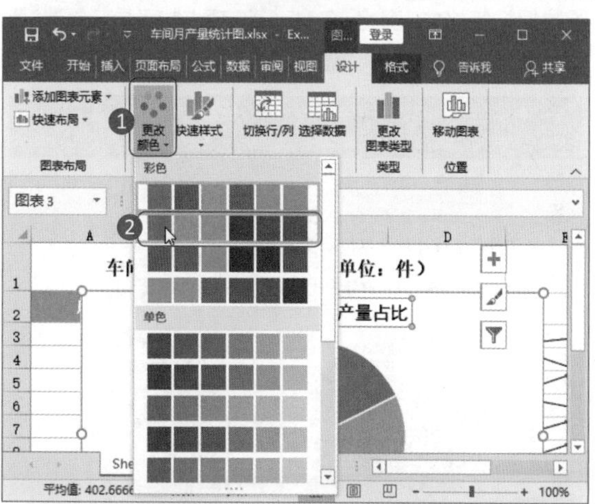

第 4 步：添加数据标签。❶单击“图表工具 – 设计”选项卡下“图表布局”组中的“添加图表元素”按钮；❷从弹出的下拉菜单中选择“数据标签”选项，再选择级联菜单中的“最佳匹配”选项。

第 5 步：设置标签选项。双击数据标签，打开“设置数据标签格式”窗格，在“标签选项”选项卡下勾选“类别名称”“百分比”“显示引导线”三个复选框。

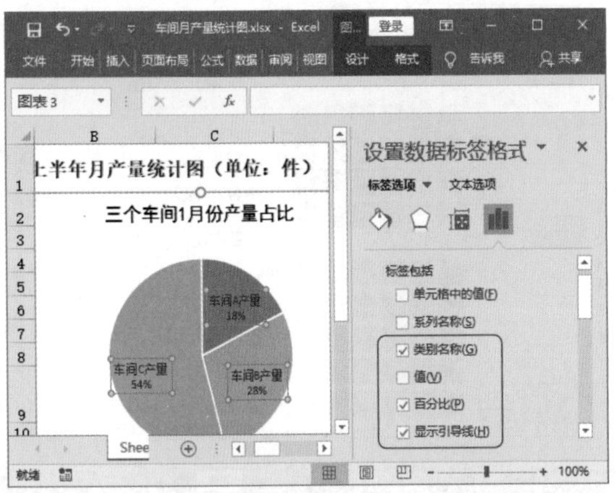

第 6 步：设置标签的数字格式。在“数字”组中设置“类别”为“百分比”，并设置“小数位数”为 2。

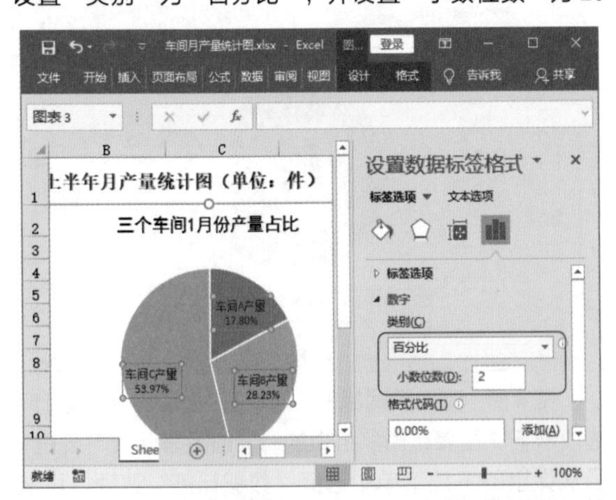

第 7 步：设置标签字体格式。此时饼图数据标签从原来的小数位为 0 百分数变为带两个小数点的百分数。❶选中标签，更改字体为“黑体”，字号为 9；❷设置标签字体颜色。

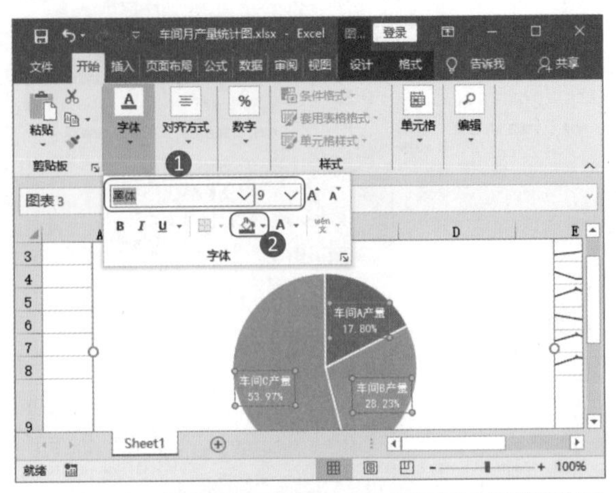

第 8 步：增加饼图的面积。将鼠标指针放到绘图区右下方，按住鼠标左键不放，拖动鼠标，将绘图区调大。

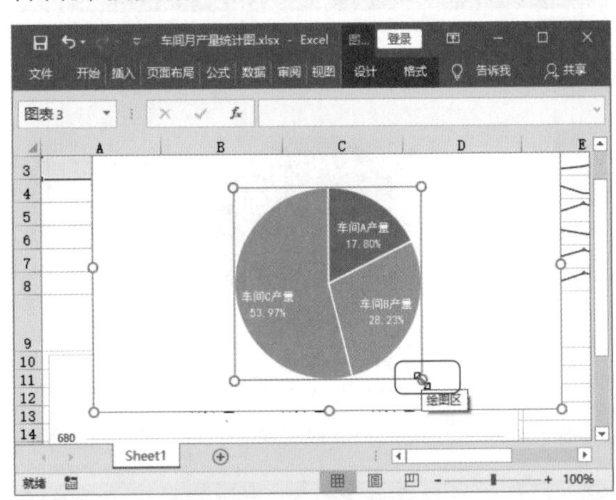

第 9 步：查看绘图区大小的改变效果。绘图区增加后，效果如下图所示，让饼图尽量充满整个图表区域。

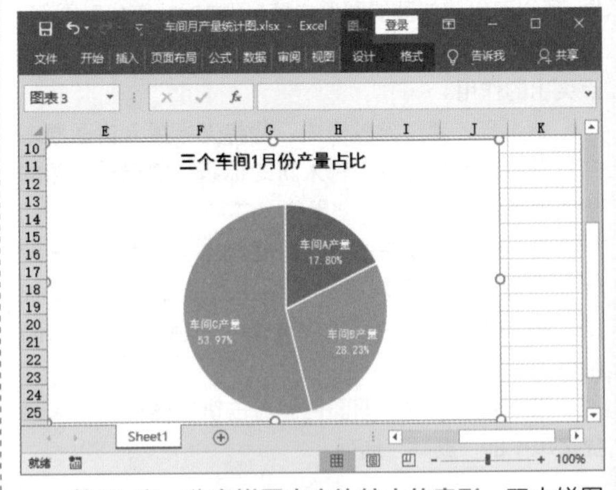

第 10 步：分离饼图中占比较大的扇形。双击饼图较大的扇形区域，打开“设置数据点格式”窗格，设置“点分离”为 7%，将该区域分离出来，起到强调作用。此时便完成了饼图的创建与格式调整。

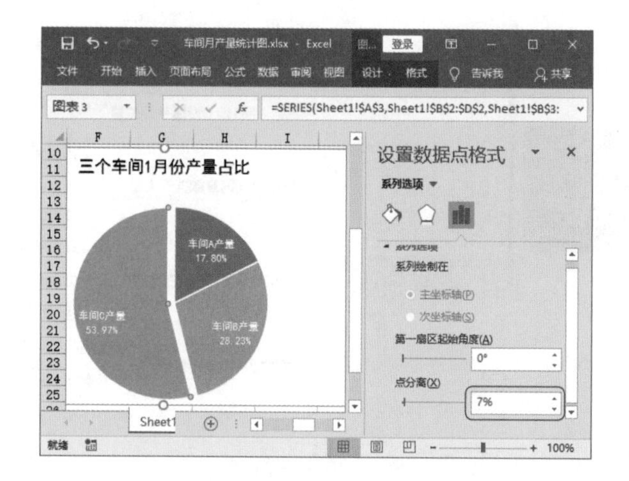

8.3 制作“网店销售数据透视表”

案例说明

不论是网店还是其他企业，都需要进行产品销售，为了衡量销售状态是否良好，哪些地方存在不足，需要定期统计销售数据。统计出来的数据往往包含日期、商品种类销量、销售店铺、销售人员等信息。由于信息比较杂，不方便分析，如果将表格制作成数据透视表，就可以提高数据分析效率。“网店销售数据透视表”文档制作完成后的效果如下图所示。

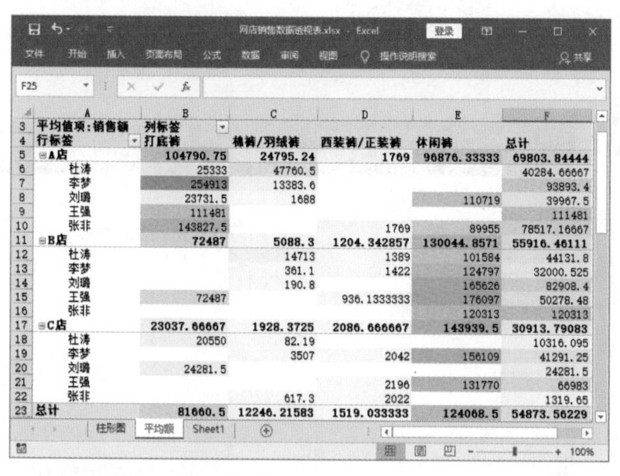

平均值项:销售额	列标签				
行标签	打底裤	棉裤/羽绒裤	西装裤/正装裤	休闲裤	总计
A店	104790.75	24795.24	1769	96876.33333	69803.84444
杜涛	25333	47760.5			40284.66667
李梦	254913	13383.6			93893.4
刘璐	23731.5	1688		110719	39967.5
王强	111481				111481
张非	143827.5		1769	89955	78517.16667
B店	72487	5088.3	1204.342857	130044.8571	55916.46111
杜涛		14713	1389	101584	44131.8
李梦		361.1	1422	124797	32000.525
刘璐		190.8		165626	82908.4
王强	72487		936.1333333	176097	50278.48
张非				120313	120313
C店	23037.66667	1928.3725	2086.666667	143939.5	30913.79083
杜涛	20550	82.19			10316.095
李梦		3507	2042	156109	41291.25
刘璐	24281.5				24281.5
王强			2196	131770	66983
张非		617.3	2022		1319.65
总计	81660.5	12246.21583	1519.033333	124068.5	54873.56229

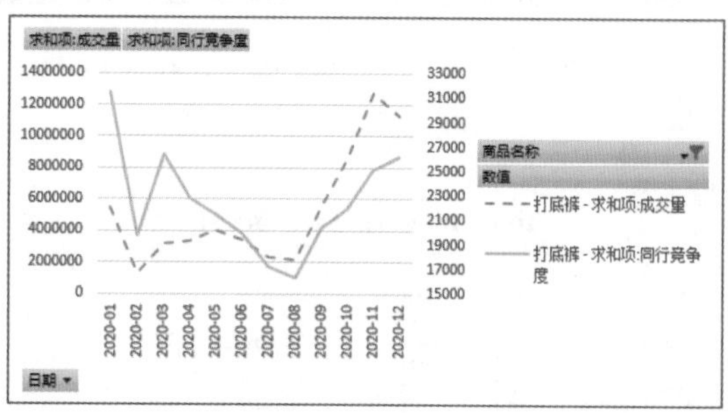

思路解析

当网店的销售主管需要汇报业绩或者是统计销售情况时，不仅需要将数据输入表格，还要利用表格生成数据透视表。在透视表中，可以通过求和、求平均数、为数据创建图表等方式更加灵活地分析数据。在利用透视表分析数据时，要根据数据分析的目的，选择条件格式、建立图表、使用切片器分析等不同的功能。其制作流程及思路如下。

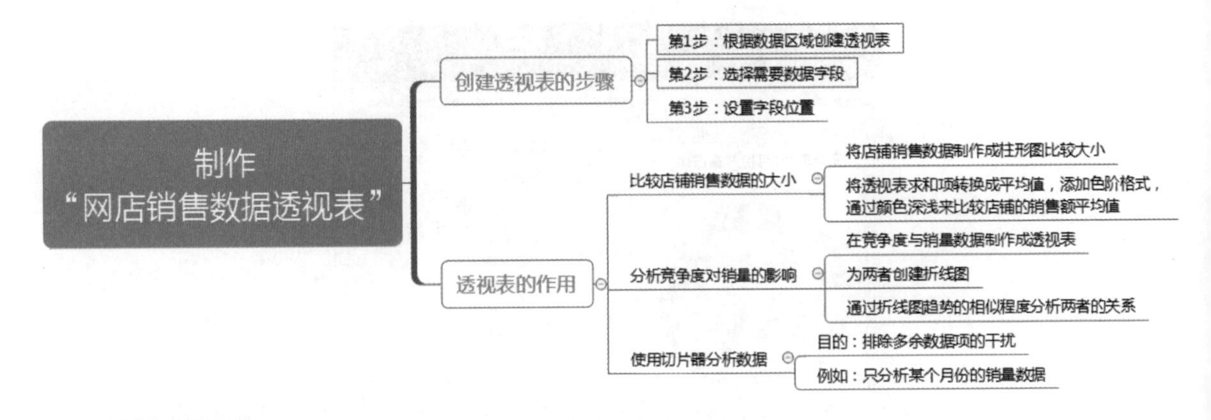

步骤详解

8.3.1 按销售店铺分析商品销售情况

数据透视表可以将表格中的数据整合到一张透视表中，在透视表中，通过设置字段，可以对比查看不同店铺的商品销售情况。

1. 创建数据透视表

要利用数据透视表对数据进行分析，就要根据数据区域创建数据透视表。

第 1 步：单击“数据透视表”按钮。按照路径“素材文件 \ 第 8 章 \ 网店销售数据透视表 .xlsx”打开素材文件，单击“插入”选项卡下“表格”组中的“数据透视表”按钮。

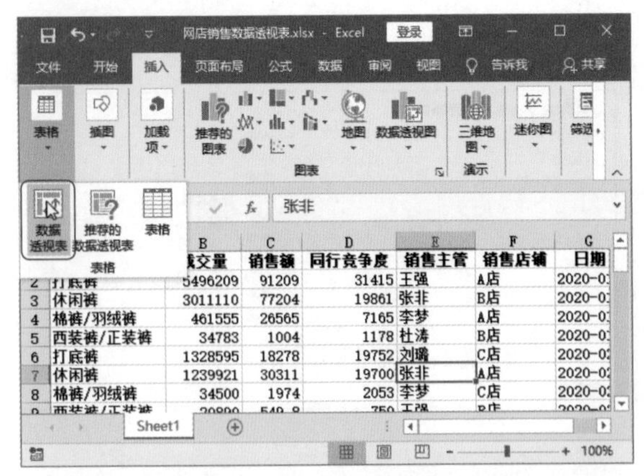

第 2 步：设置“创建数据透视表”对话框。❶在打开的“创建数据透视表”对话框中确定“表 / 区域”是表格中的所有数据区域；❷选中“新工作表”单选按钮；❸单击“确定”按钮。

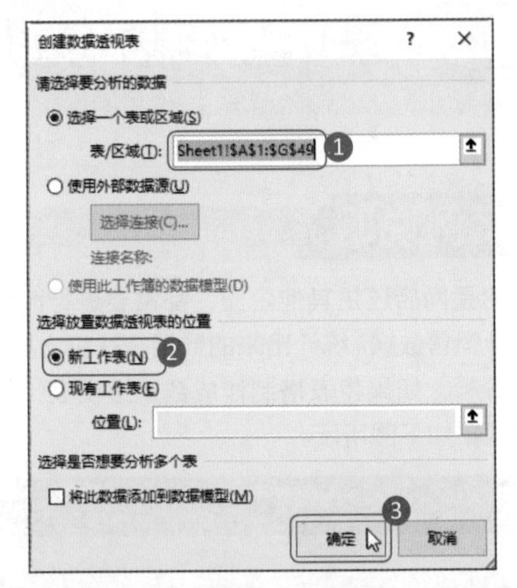

第 3 步：查看创建的透视表。完成数据透视表创建后，效果如下图所示，需要设置字段方能显示所需要的透视表。

2. 设置透视表字段

刚创建出的数据透视表或透视图中并没有任何数据，需要在透视表中添加进行分析和统计的字段才可得到相应的数据透视表或数据透视图。例如本例中，

需要分析不同店铺的销量，那么就要添加“销售店铺”“商品名称”“成交量”来分析商品数据。

第 1 步：设置透视表字段。❶在“数据透视表字段”窗格中选中需要的字段；❷使用拖动的方法，将字段拖动到相应的位置。

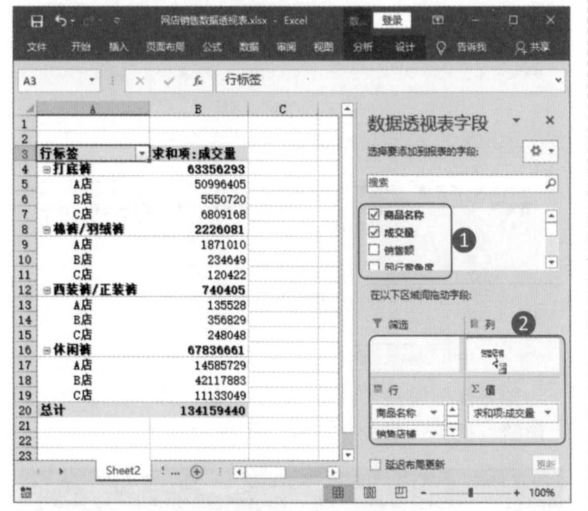

第 2 步：查看完成设置的透视表。完成字段选择与位置调整后，透视表效果如下图所示，从表中可以清晰地看到不同店铺的不同商品销量情况。

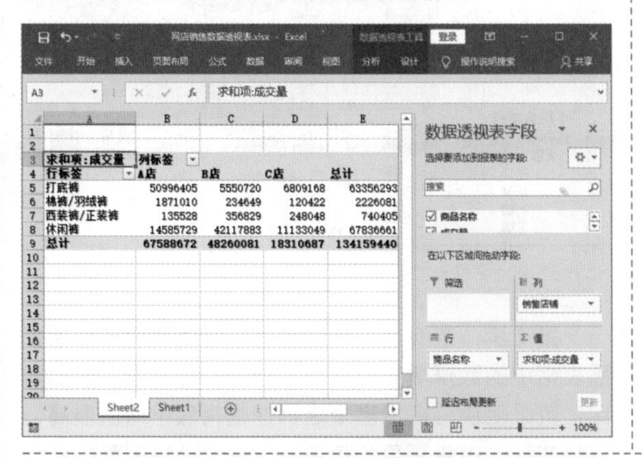

3. 创建销售对比柱形图

利用数据透视表中的数据，可以创建各种图表，将数据可视化，方便进一步分析。

第 1 步：选择图表。单击“插入”选项卡下“图表”组中的“二维柱形图”按钮，将店铺的销售数据制作成图表。

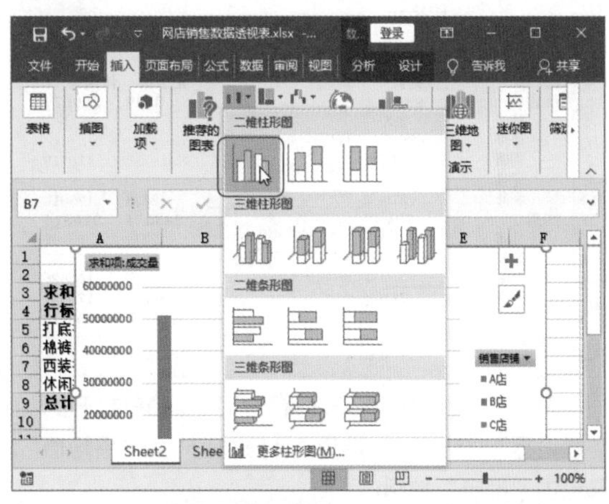

第 2 步：查看创建的图表。完成创建的柱形图如下图所示，将鼠标指针放到柱形条上会显示相应的数值大小。

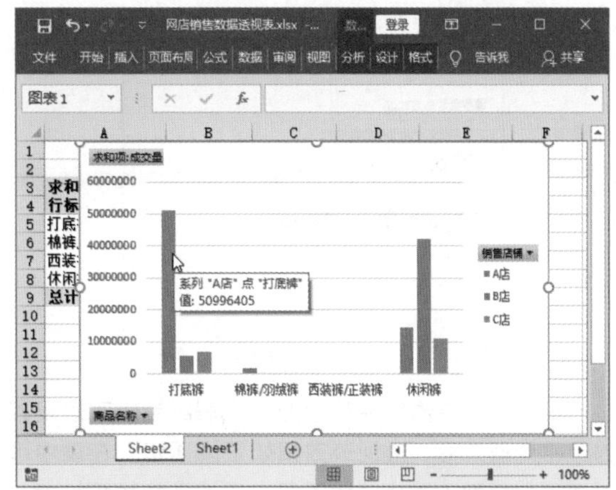

4. 计算不同店铺的销售额平均数

在数据透视表中，默认情况下统计的是数据的总和，例如前面的步骤中，透视表自动计算出了不同店铺中不同商品的销量之和。接下来就要通过设置，将求和改成求平均值，对比不同店铺的销售平均数大小。

第 1 步：选择字段。❶在“数据透视表字段”窗格中选中“商品名称”“销售额”“销售主管”“销售店铺”四个选项；❷设置字段的位置，此时销售额默认的是“求和项”。

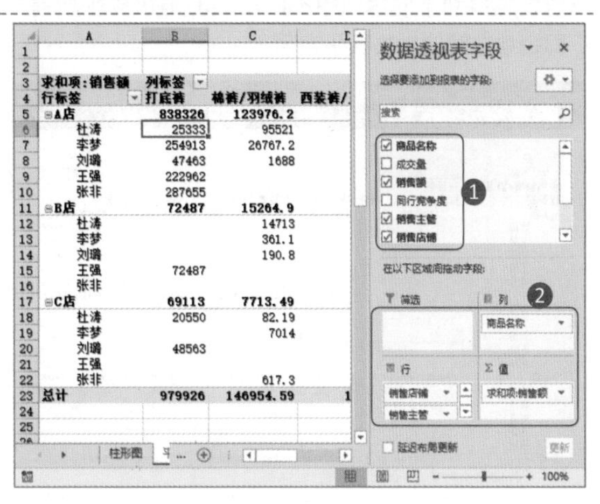

第 2 步：打开“值字段设置”对话框。在透视表任意单元格中右击，从弹出的快捷菜单中选择“值字段设置”选项。

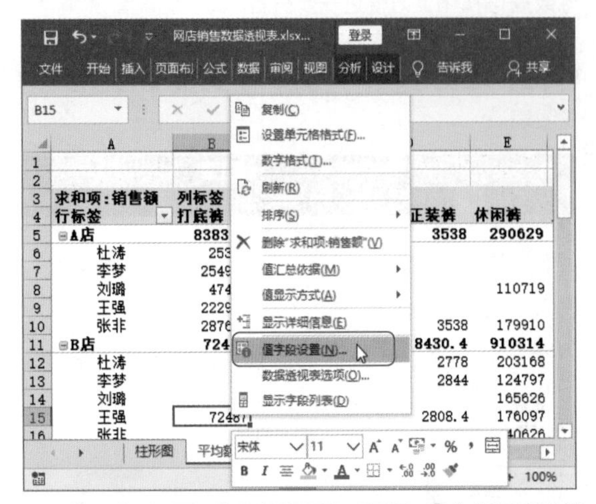

第 3 步：设置“值字段设置”对话框。❶在打开的“值字段设置”对话框中，选择“计算类型”为“平均值”；❷单击“确定”按钮。

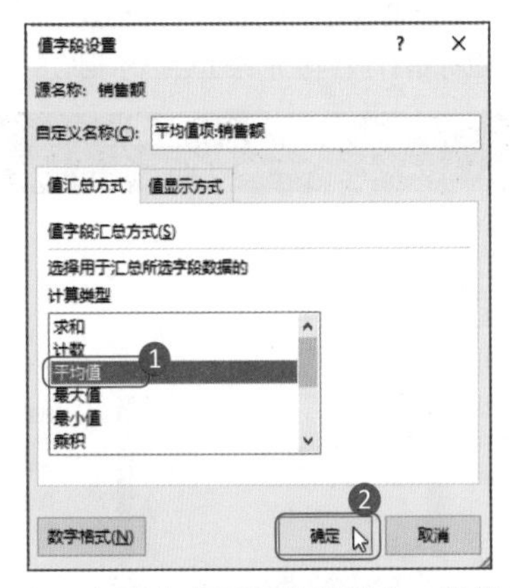

第 4 步：查看完成设置的透视表。当值字段设置为“平均值”后，透视表效果如下图所示。在表中可以清楚地看到不同店铺中不同商品的销售额平均值，不同销售主管的销售额平均值。

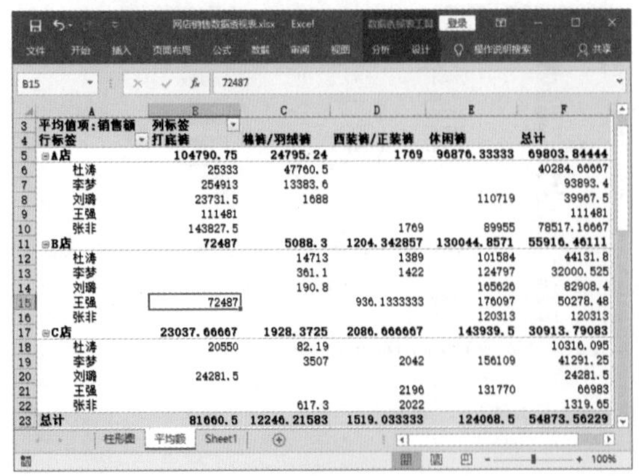

第 5 步：单击“条件格式”按钮。选中透视表中的数据单元格，单击“开始”选项卡下“样式”组中的“条件格式”按钮。

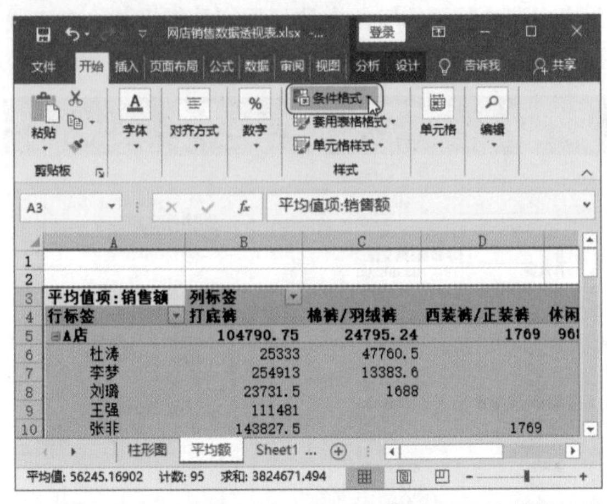

第 6 步：设置“色阶”格式。❶选择下拉菜单中的“色阶”选项；❷单击一种色阶样式。

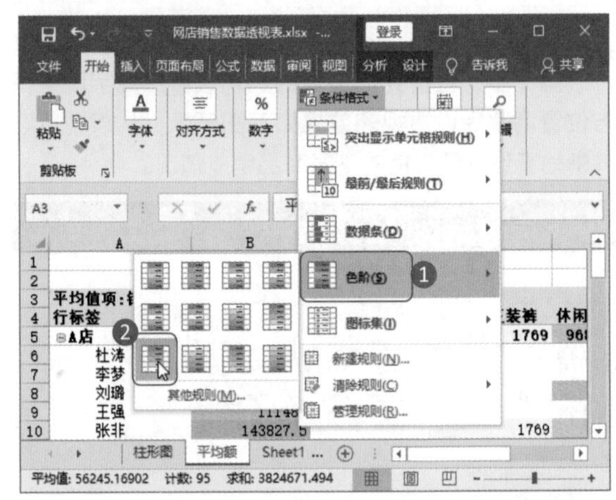

第 7 步：查看透视表效果。此时数据透视表就按照表格中的数据填充上深浅不一的颜色。通过颜色对比，可以很快分析出哪个店铺的销售额平均值最高，哪种商品的销售额平均值最高，哪位销售主管的业绩平均值最高。

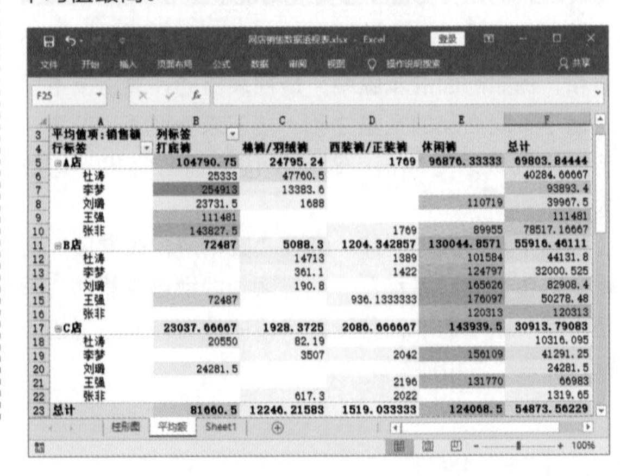

8.3.2 按销量和竞争度来分析商品

网店是一个竞争激烈的行业，为了分析商品的销量的影响因素，可以在透视表中，将销量与影响因素创建成折线图，通过对比两者的趋势来进行分析。

1. 调整透视表字段

要想分析竞争度对销量的影响，就要将销量与竞争度字段一同选中，创建成新的数据透视表。

操作步骤：❶在“数据透视表字段”窗格中选中“商品名称”“成交量”“同行竞争度”“日期”四个字段；❷调整字段的位置，如下图所示。

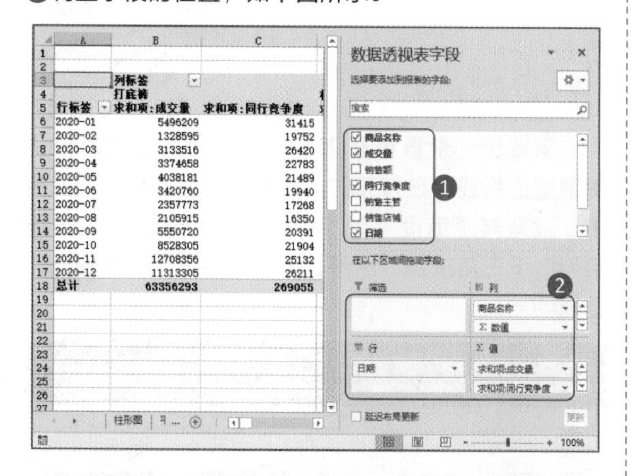

2. 创建折线图

当完成透视表创建后，需要将销量与同行竞争度创建成折线图，对比两者的趋势是否相似，如果是，则说明销量的起伏确实跟竞争度有关系。

第 1 步：选择图表。❶单击“插入”选项卡下“图表”组中的“插入折线图或面积图”按钮；❷选择“二维折线图”选项。

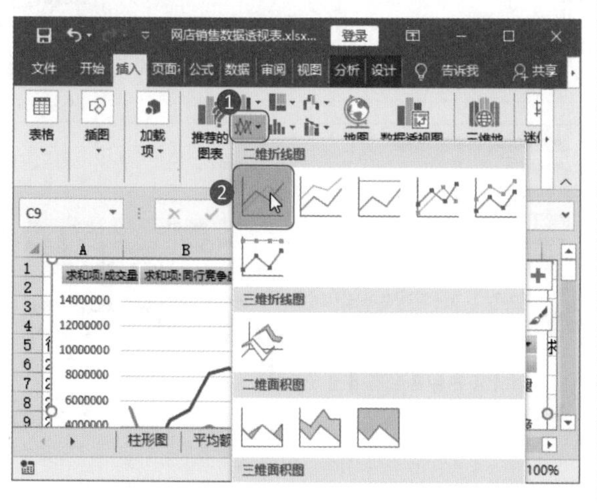

第 2 步：单击“商品名称”下三角按钮。为了更加清晰地分析数据趋势，这里暂时将不需要分析的数据折线隐藏，只选择需要分析的数据。单击图表中的“商品名称”下三角按钮。

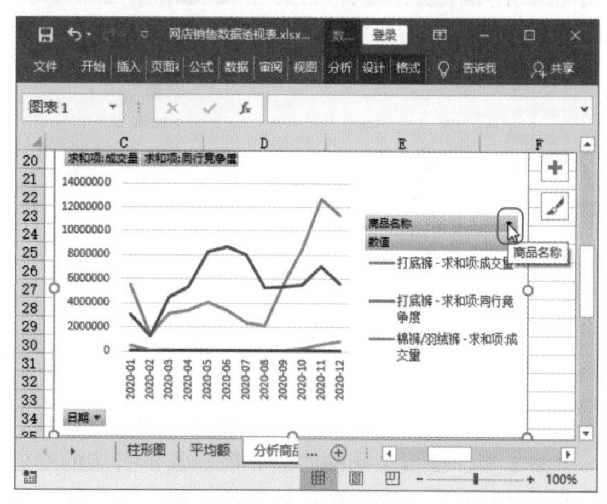

第 3 步：选择商品名称。❶从弹出的菜单中取消勾选“全选”，然后勾选“打底裤”；❷单击“确定”按钮。

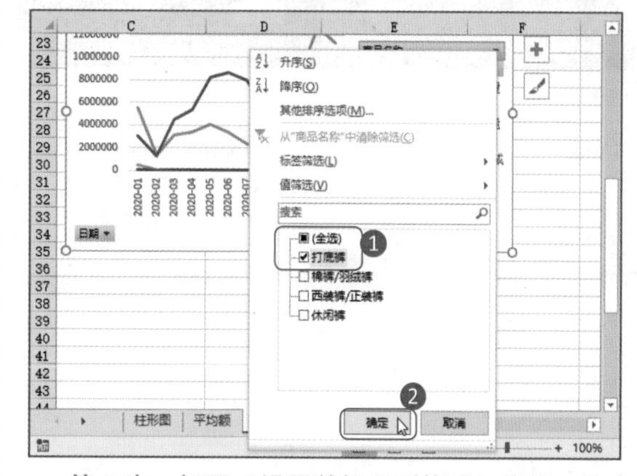

第 4 步：打开“设置数据系列格式”窗格。选中代表打底裤竞争度的折线，右击，从弹出的快捷菜单中选择“设置数据系列格式”选项。

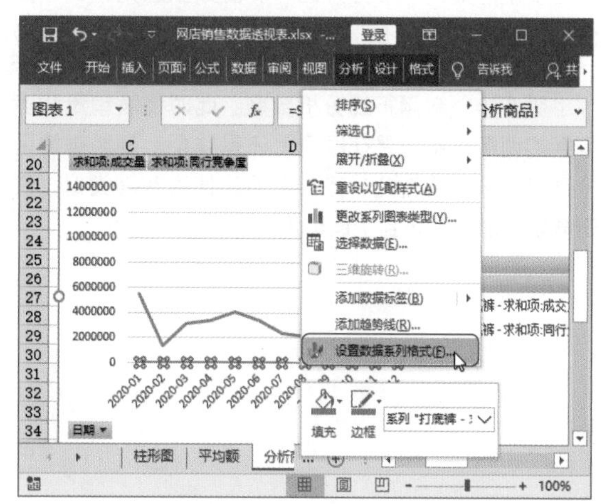

第 5 步：设置数据系列的坐标轴。在打开的“设置数据系列格式”窗格中选中“次坐标轴”单选按钮。

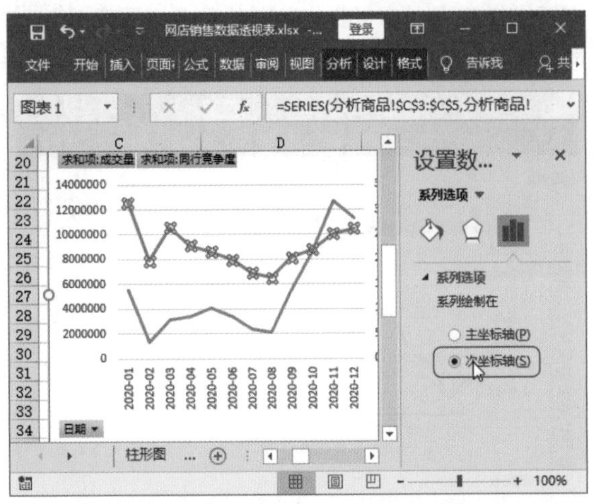

第 6 步：设置坐标轴的边界值。双击右边的次坐标轴，在打开的“设置坐标轴格式”窗格中设置坐标轴边界的“最大值”和“最小值”。

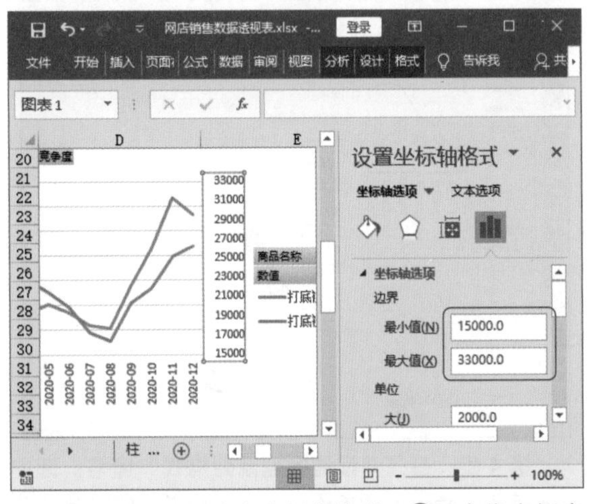

第 7 步：设置竞争度折线格式。❶双击代表打底裤竞争度的折线，在打开的“设置数据系列格式”窗格中，设置其“宽度”为“1.5 磅”；❷选择颜色为“橙色”。

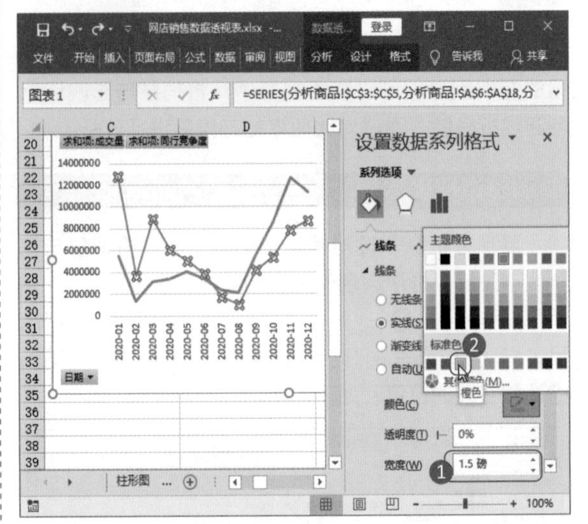

第 8 步：设置销量折线格式。❶双击代表打底裤销量的折线，在打开的“设置数据系列格式”窗格中，设置其“宽度”为“1.5 磅”；❷单击“短划线类型”下三角按钮，从弹出的菜单中选择“短划线”选项。

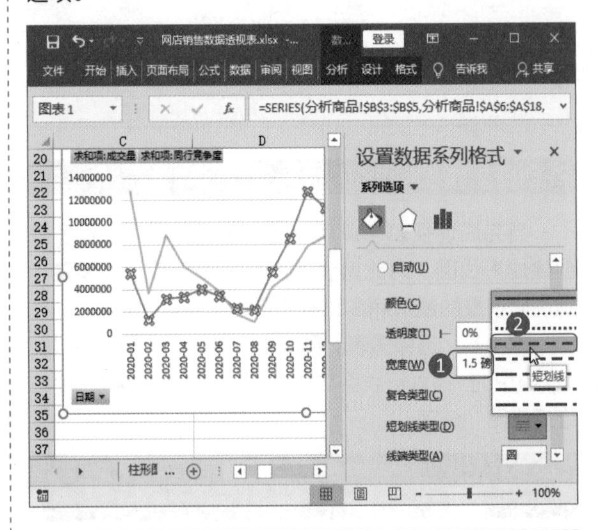

第 9 步：利用折线分析数据。此时代表销量和竞争度的两条线不论是在颜色上还是线型上都明确地区分开来，分析两者的趋势，发现起伏度非常类似，说明竞争度确实影响到了销量大小。

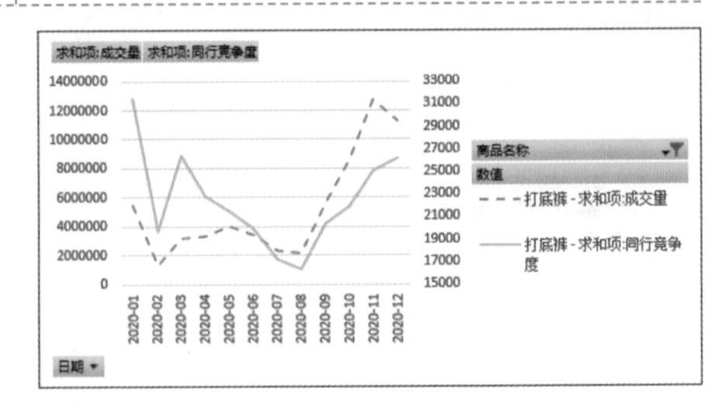

8.3.3 使用切片器分析数据透视表

通常情况下，制作出来的数据透视表数据项目往往比较多，如店铺的商品销售透视表，有各个店铺的数据。此时可以通过 Excel 2019 的切片功能，来筛选特定的项目，让数据更加直观地呈现。具体操作步骤如下。

第 1 步：单击“插入切片器”按钮。❶在透视表中，单击“插入”选项卡；❷单击“筛选器”组中的“切片器”按钮。

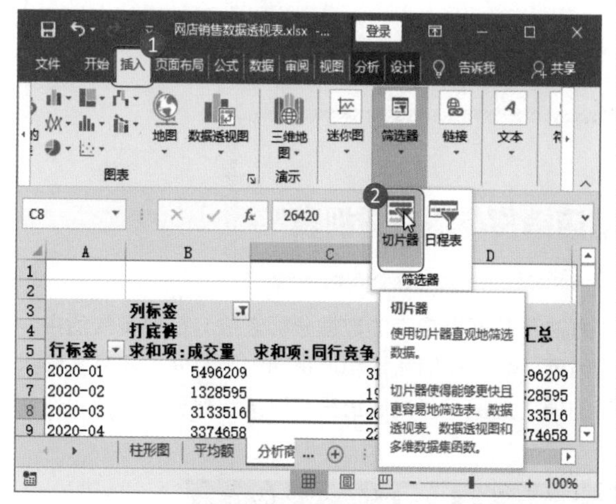

第 2 步：选择数据项目。❶在打开的“插入切片器”对话框中，勾选需要的数据项目，如“销售店铺”；❷单击“确定”按钮。

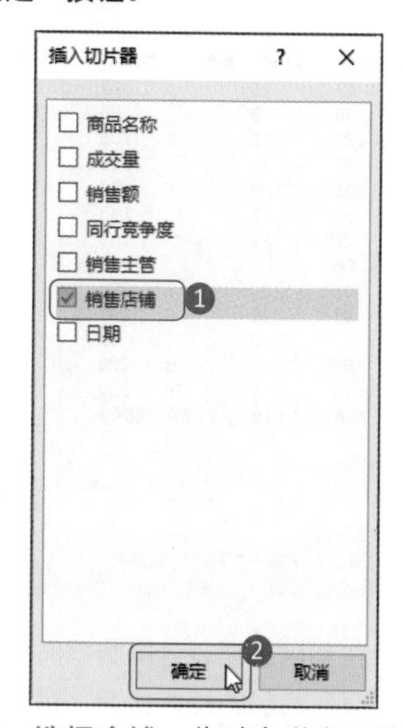

第 3 步：选择店铺。此时会弹出“销售店铺”切片器筛选对话框，选中其中一个店铺选项。

第 4 步：查看数据筛选结果。选中单独的店铺选项后，效果如下图所示，透视表中仅显示该店铺在不同日期的不同商品销量。

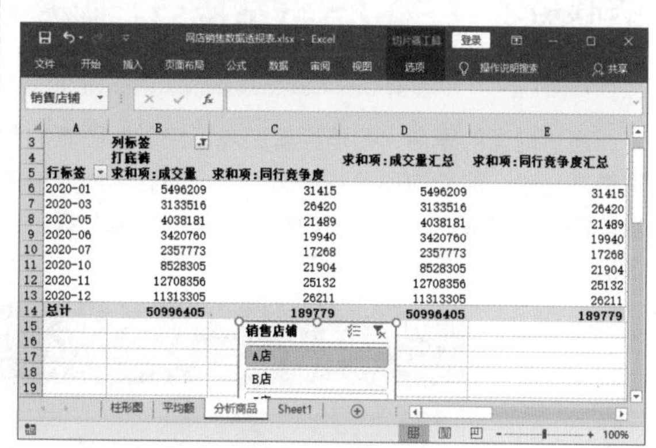

第 5 步：清除筛选。单击切片器上方的“清除筛选器”按钮 即可清除筛选。

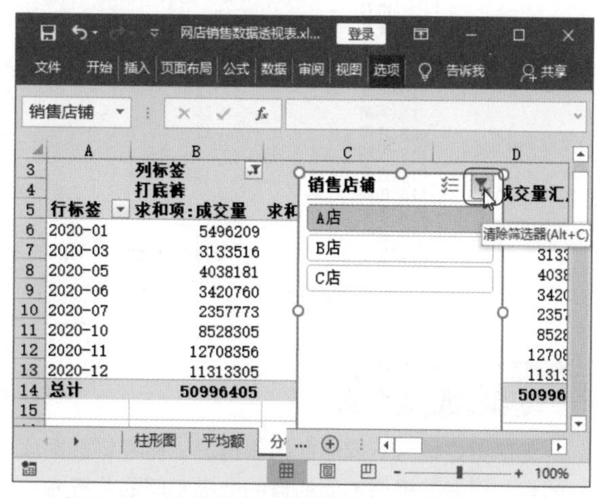

第 6 步：根据时间进行筛选。清除筛选后，可以重新选择筛选方式，如下图所示，选择查看 3 月的销售数据。

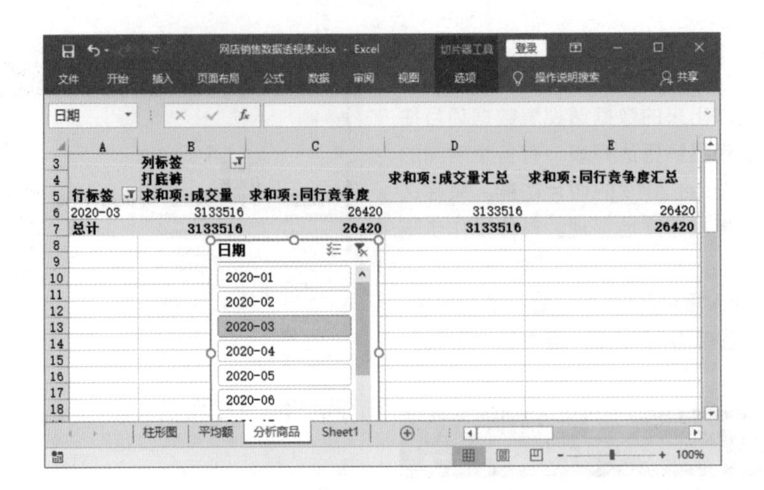

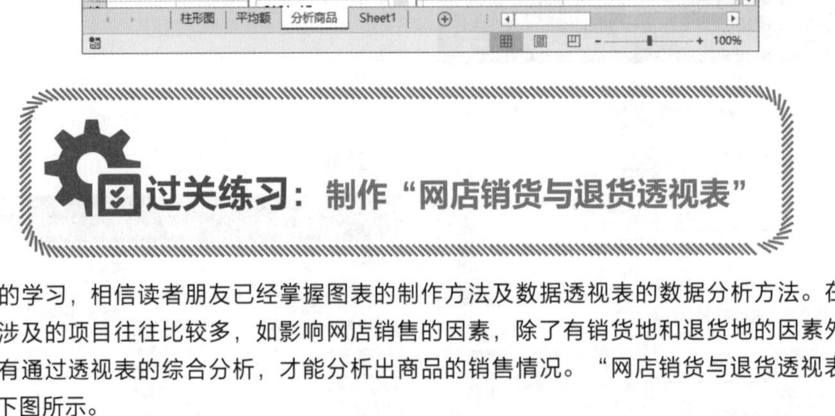

过关练习：制作“网店销货与退货透视表”

通过前面的学习，相信读者朋友已经掌握图表的制作方法及数据透视表的数据分析方法。在现实生活中，销售商品时，涉及的项目往往比较多，如影响网店销售的因素，除了有销货地和退货地的因素外，还有客服人员等因素。只有通过透视表的综合分析，才能分析出商品的销售情况。“网店销货与退货透视表”文档制作完成后的效果如下图所示。

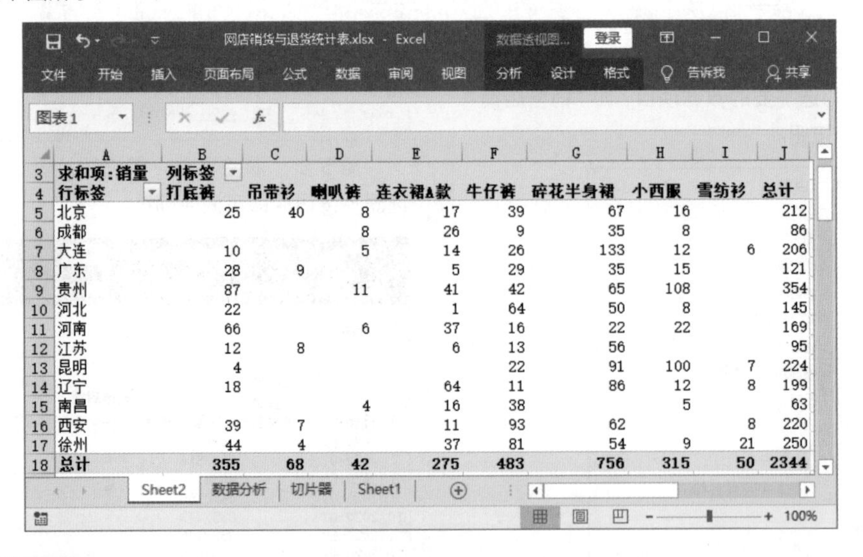

求和项:销量 行标签	列标签 打底裤	吊带衫	喇叭裤	连衣裙A款	牛仔裤	碎花半身裙	小西服	雪纺衫	总计
北京	25	40	8	17	39	67	16		212
成都			8	26	9	35	8		86
大连	10		5	14	26	133	12	6	206
广东	28	9		5	29	35	15		121
贵州	87		11	41	42	65	108		354
河北	22			1	64	50	8		145
河南	66		6	37	16	22	22		169
江苏	12	8		6	13	56			95
昆明	4				22	91	100	7	224
辽宁	18			64	11	86	12	8	199
南昌			4	16	38		5		63
西安	39	7		11	93	62		8	220
徐州	44	4		37	81	54	9	21	250
总计	355	68	42	275	483	756	315	50	2344

思路解析

为了更好地分析网店的销售情况，需要将数据项目创建成透视表。在利用透视表分析数据时，要从数据分析的目的出发，根据不同的目的选择不同的分析方式。如要分析“小西服”商品的销售情况，可以查看该商品在不同地区的销量及退货量，以及不同客服的销售情况，从而进一步分析商品不好卖的地区是否存在客服销售因素的影响。其制作流程及思路如下。

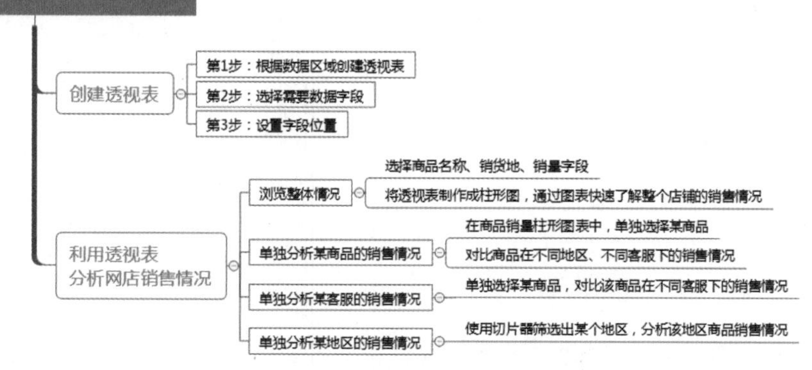

关键步骤

关键步骤 1：创建数据透视表。按照路径“素材文件 \ 第 8 章 \ 网店销货与退货透视表 .xlsx”打开素材文件。单击“插入”选项卡下“表格”组中的“数据透视表”按钮。

关键步骤 2：设置“创建数据透视表”对话框。❶选择“表 / 区域”的数据区域；❷选中“新工作表”单选按钮；❸单击“确定”按钮。

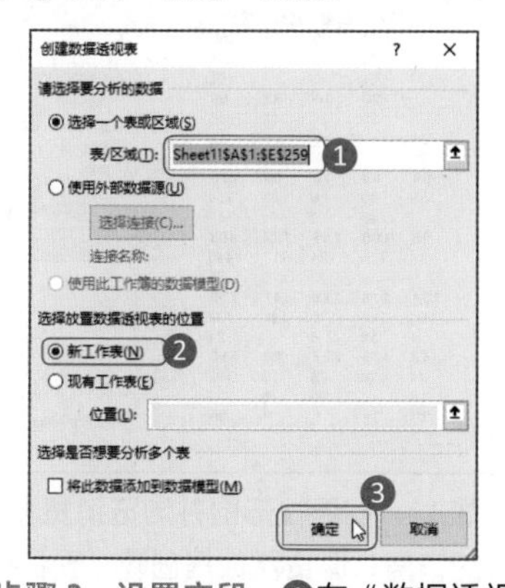

关键步骤 3：设置字段。❶在“数据透视表字段”窗格中选择字段；❷设置字段位置。

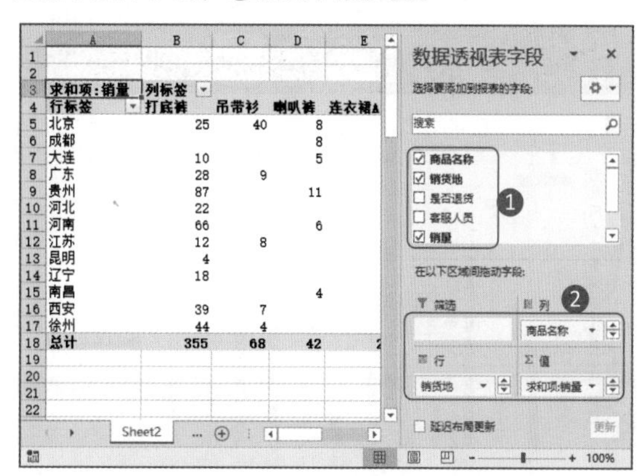

关键步骤 4：插入并分析柱形图。单击“插入”选项卡下“图表”组中的“插入柱形图或条表图”按钮，创建一个柱形图。将鼠标指针移到柱形图的柱形上会显示出相应的数据，如下图所示，大连的碎花半身裙销量最高。

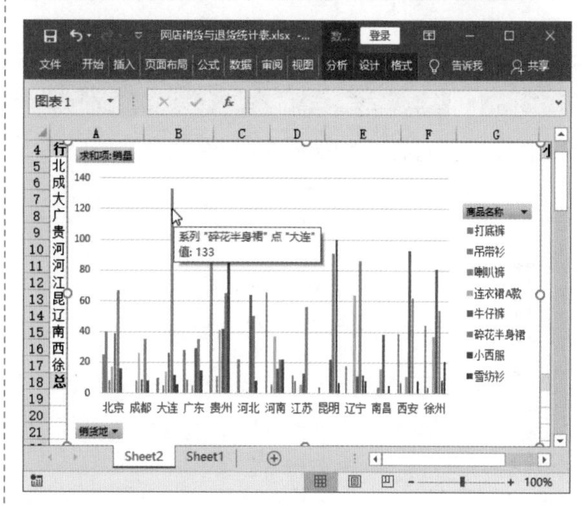

关键步骤 5：筛选商品。❶单击“商品名称”菜单，选择一样商品；❷单击“确定”按钮。

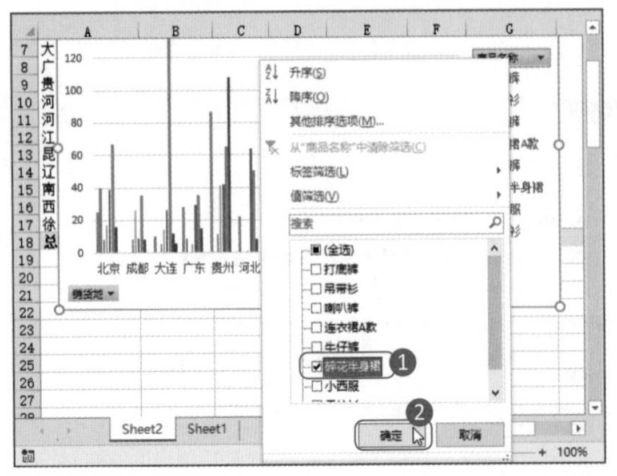

关键步骤 6：分析碎花半身裙销量。单独选择碎花半身裙后，分析其销量，发现除了大连，昆明市、辽宁省两地也卖得比较好。

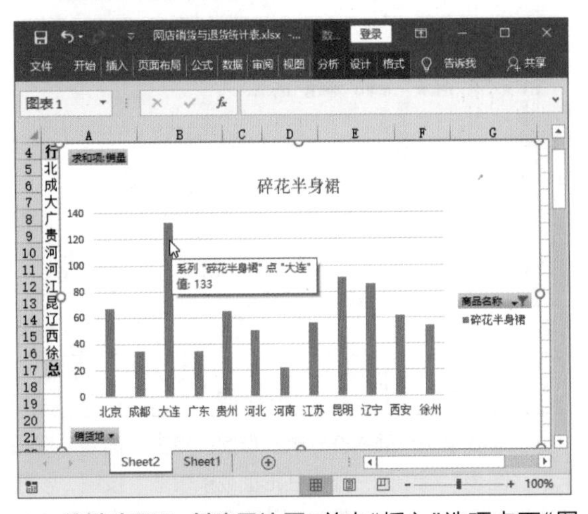

关键步骤 7：创建雷达图。单击“插入”选项卡下“图表”组中的“插入瀑布图、漏斗图、股价图、曲面图或雷达图”按钮，选择一个雷达图。

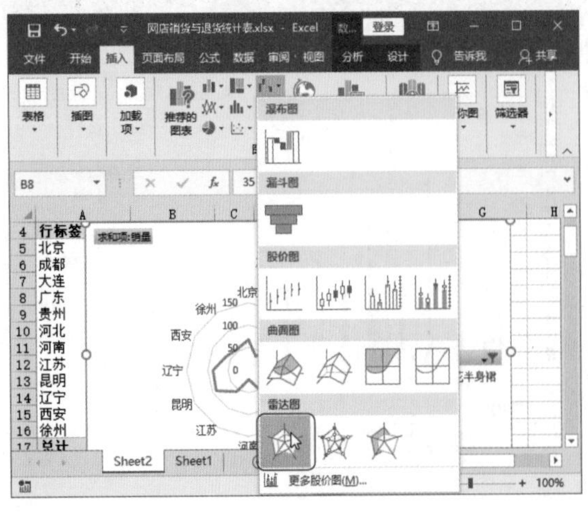

关键步骤 8：筛选商品。❶在“商品名称”菜单中选择“打底裤”；❷单击“确定”按钮。

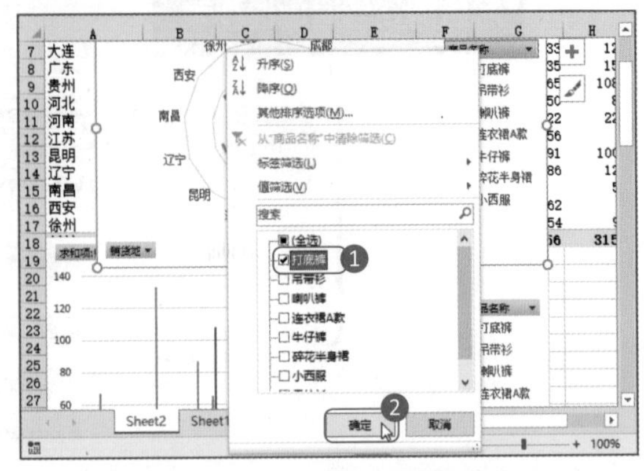

关键步骤 9：分析打底裤在不同城市的销量。在雷达图中筛选出打底裤商品后，通过雷达图对比出商品在不同城市的销量，贵州和河南是销量较高的两个城市。

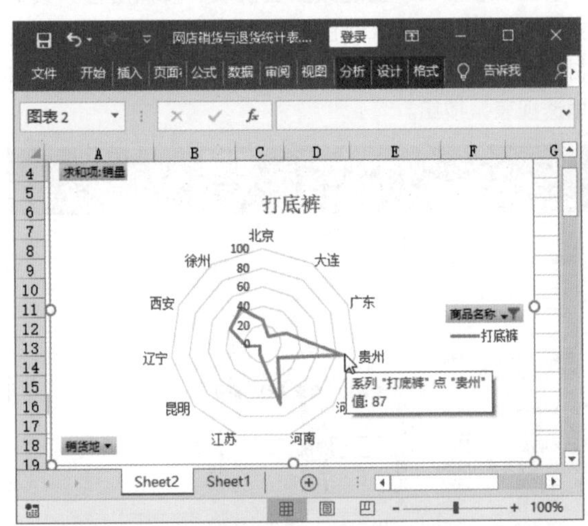

关键步骤 10：重新设置字段。❶打开“数据透视表字段”窗格，重新选择字段；❷设置字段的位置。

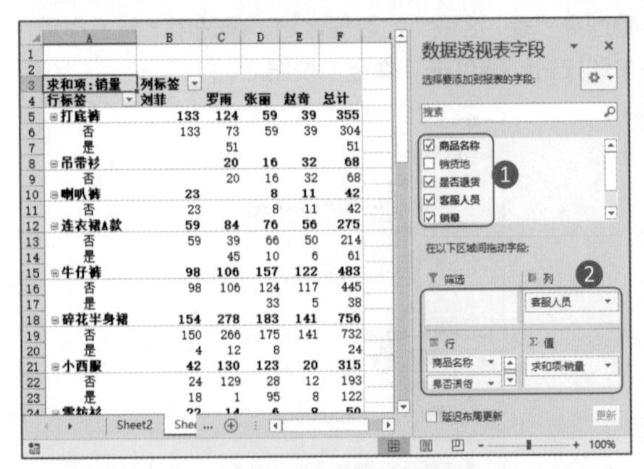

关键步骤 11：创建柱形图并浏览销货和退货情况。为透视表中的销量、退货量数据创建“簇状柱形图”，通过柱形图可以大概浏览网店商品的销货和退货情况，

能快速对比出哪些商品销量大，哪些商品退货量大。

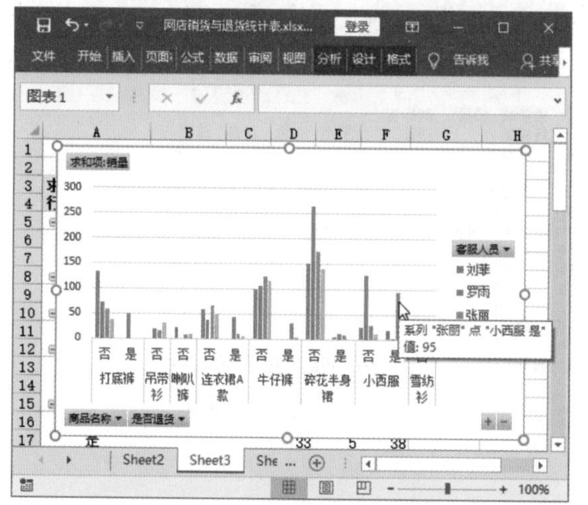

关键步骤 12：单独查看退货情况。❶在"是否退货"菜单中勾选"是"复选框；❷单击"确定"按钮。

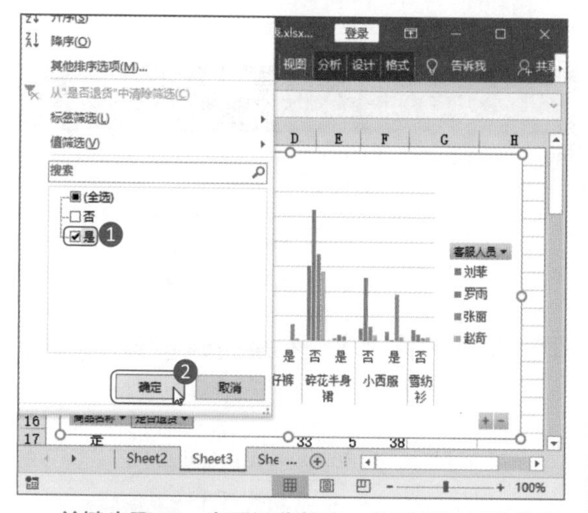

关键步骤 13：查看退货情况。从退货图表中发现，小西装的退货量最大。

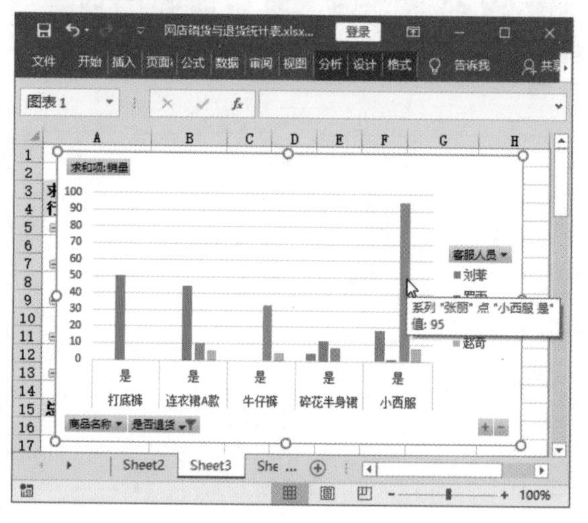

关键步骤 14：单独查看小西服的销售情况。在"是否退货"菜单中选中"全选"选项，在"商品名称"菜单中选中"小西服"字段，单独查看小西服的销售情况。结果发现由客服张丽销售的小西服退货量最大，而由客服罗雨销售的小西服销量最大。

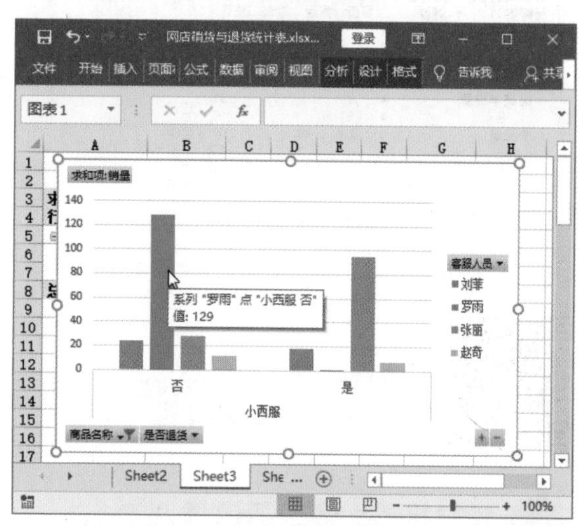

关键步骤 15：使用切片器。❶单击"数据透视表工具－分析"选项卡下"筛选"组中的"插入切片器"按钮，打开切片器，勾选"销货地"复选框；❷单击"确定"按钮。

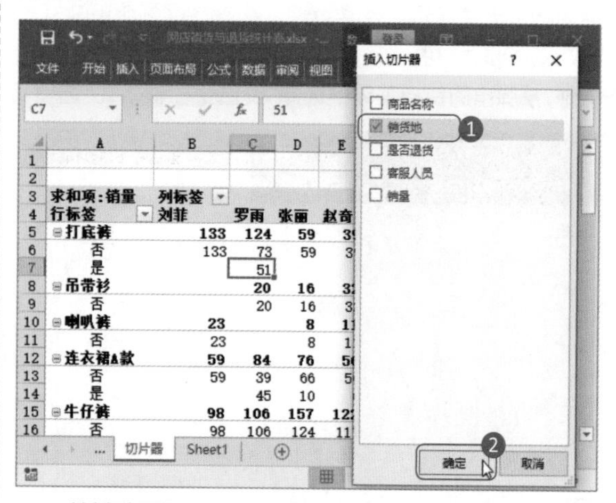

关键步骤 16：选择地区。在销货地切片器中选择"昆明"地区。

关键步骤 17：分析地区销售情况。单独选择昆明地区后，结果发现昆明的商品中，小西服的退货量最大，碎花半身裙的销量最大。

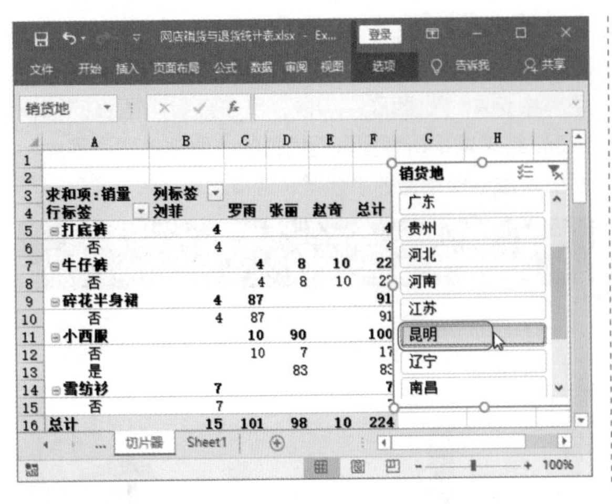

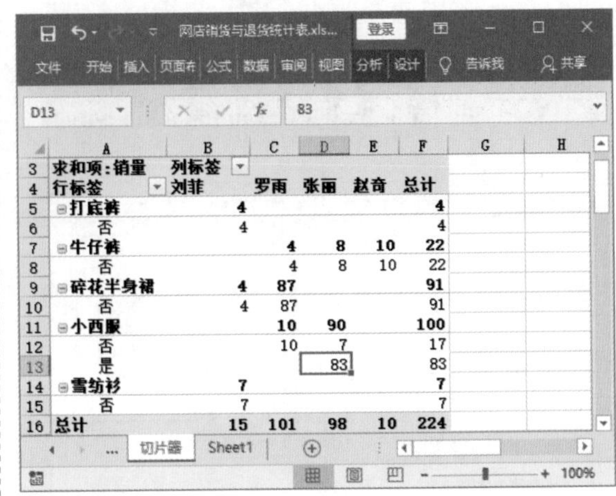

高手秘技

1. 横轴标签太多，要这样调

在制作 Excel 图表时，如果遇到横轴标签太多，如标签是一个 30 天的日期，那么 X 轴的标签就密密麻麻地挤在一起。此时可以调整标签的显示间隔，让 X 轴的标签清楚显示。

第 1 步：打开“设置坐标轴格式”窗格。右击横坐标轴，从弹出的快捷菜单中选择“设置坐标轴格式”选项。

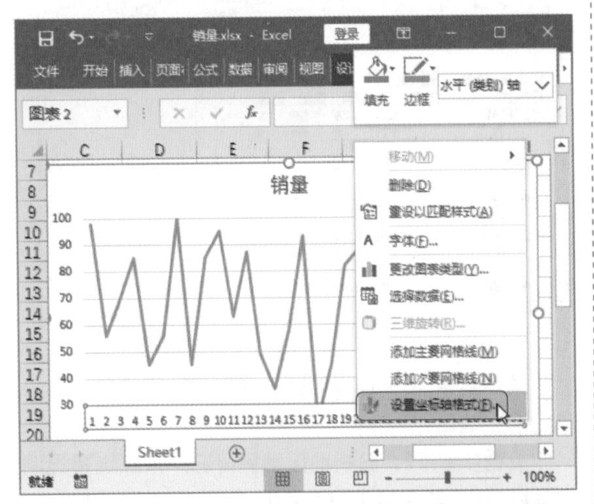

第 2 步：设置标签间隔。在“坐标轴选项”选项卡下“标签”组中，选中“指定间隔单位”单选按钮，并输入间隔单位 3。

第 3 步：查看标签设置效果。设置完成后横轴的标签不再那么多，而是以 3 为间隔进行显示。

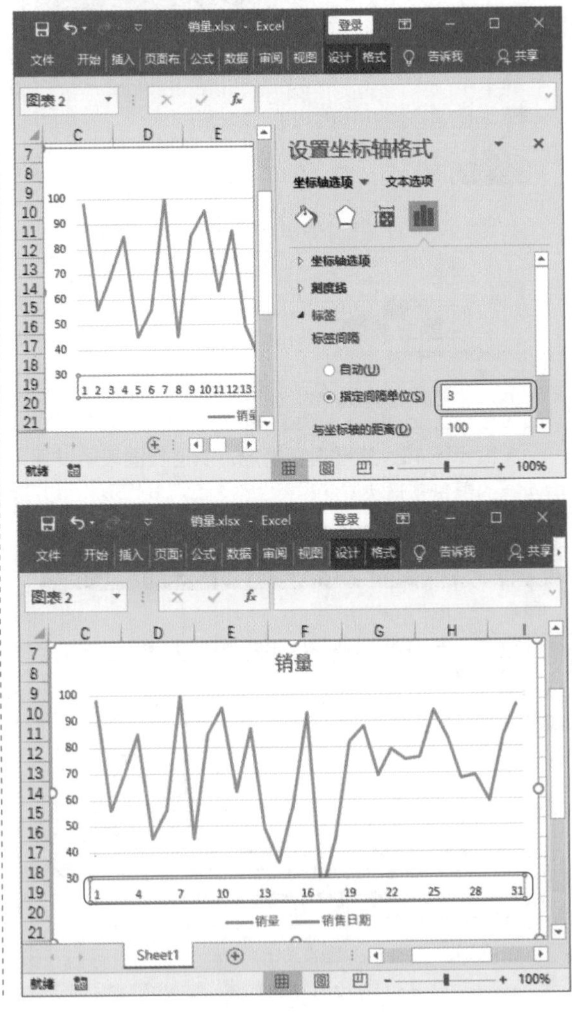

2. 画龙点睛，为图表添加辅助线

在 Excel 中制作完图表，为了让图表的信息更清楚地表达，突出图表重点可以添加辅助线。图表可以添加的辅助线有误差线、网格线、线条、趋势线、涨/跌柱线。但是这些辅助线并不是每种图表都能添加。下面介绍几种常用的辅助线。

第 1 步：添加线条。❶单击“图表工具－设计”选项卡下“添加图表元素”按钮；❷从弹出的菜单中选择“线条”选项；❸选择“垂直线”选项。

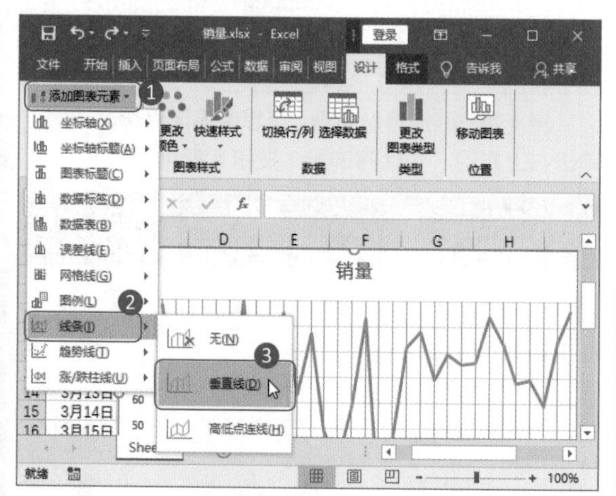

第 2 步：查看线条添加效果。线条添加效果如下图所示。之所以为折线图添加垂直线，是因为在分析折线图时，将折线的转折点对应到横轴坐标比较困难，如果添加了垂直线，起到了引导视线的作用，对应坐标就轻而易举了。

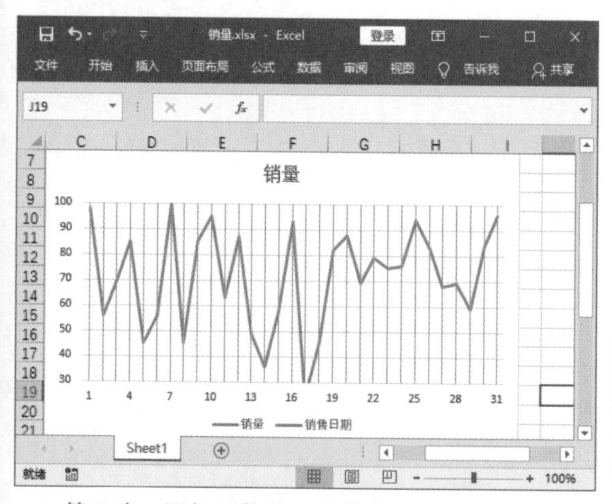

第 3 步：添加网格线。网格线，顾名思义就是图表区域的网格，通常情况下，散点图更适合添加网格线。网格线可以帮助散点图中的点定位到 X 轴和 Y 轴的具体坐标。❶单击“添加图标元素”按钮；❷从弹出的菜单中选择“网格线”选项；❸再选择一种网格线型类型即可成功添加网格线。

第 4 步：添加趋势线。趋势线就是帮助分析数据趋势的，通常情况下，散点图适合添加趋势线，以帮助分析孤立的点形成的趋势。❶单击“添加图表元素”按钮；❷从弹出的菜单中选择“趋势线”选项；❸选择一种趋势线。此时图表中孤立的散点便被一条线连接起来，方便分析其趋势走向。

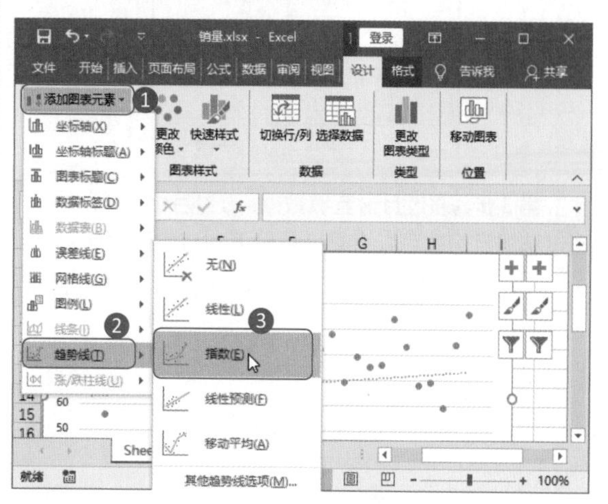

3. 透视表筛选，除了切片器还有日程表

在数据透视表中可以用切片器来单独分析不同项目的情况。同时还可以用日程表来分析不同日期下不同项目的数据情况。前提是表格中的原始数据要设置成“日期”格式的数据。

第 1 步：打开日程表。单击“插入”选项卡下筛选器组中的“日程表”按钮。

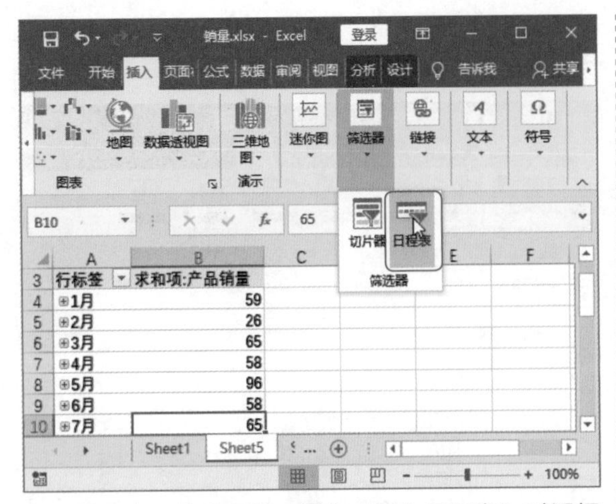

第 2 步：选中日期。❶在“插入日程表”对话框中勾选“月份”复选框；❷单击“确定”按钮。

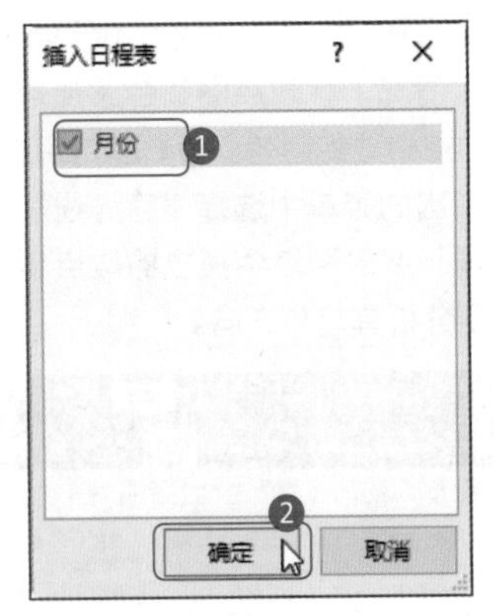

第 3 步：通过月份查看数据。在“月份”对话框中，通过选择月份就可以查看该月份下对应的数据了。

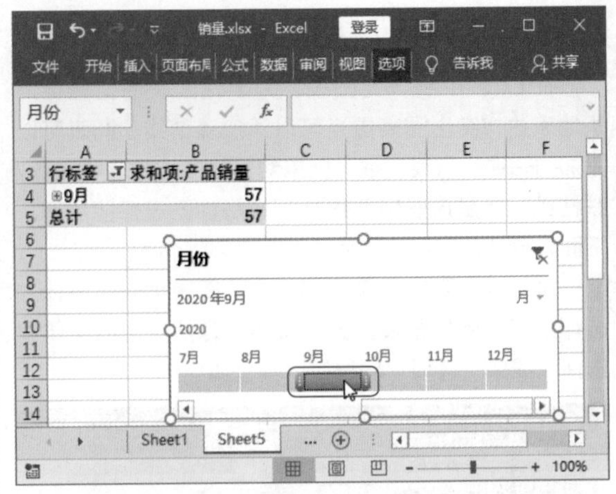

第 4 步：退出月份筛选。当想要退出月份筛选时，单击右上方的“清除筛选器”按钮 即可。

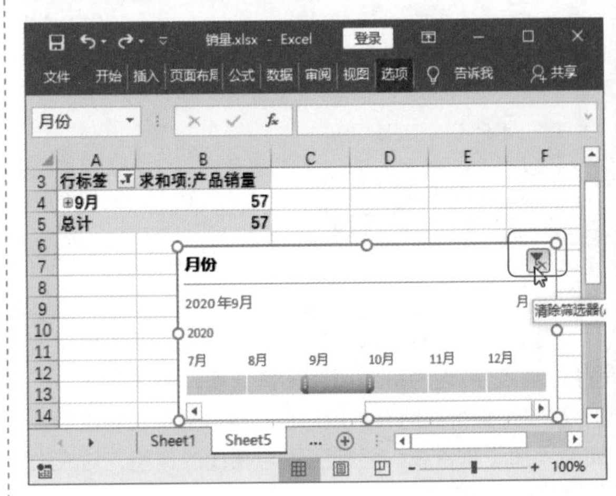

Excel 数据预算与分析

内容导读

在对表格中的数据进行分析时，常常需要对数据的变化情况进行模拟，并分析和查看该数据变化之后所导致的其他数据变化的结果，或对表格中某些数据进行假设，给出多个可能性，以分析应用不同的数据时可以达到的结果。本章将介绍 Excel 对数据进行模拟分析的方法。

知识要点

- 如何分析运算中的变量
- 单变量运算求解方法
- 双变量运算求解方法
- 不同因素的影响程度计算
- 模拟分析并创建多个解决方案
- 生成方案报表找出最优方案

案例展示

商品销售基本信息						
单位售价（元）	300					
固定成本（元）	15400					
单位变动成本（元）	126					
销量（件）	100					
销量及单价变化预测						
		销量（件）				
单位售价（元）	2000	100	200	500	1000	1500
	140	-14000	-12600	-8400	-1400	5600
	150	-13000	-10600	-3400	8600	20600
	180	-10000	-4600	11600	38600	65600
	200	-8000	-600	21600	58600	95600
	220	-6000	3400	31600	78600	125600
	240	-4000	7400	41600	98600	155600
	260	-2000	11400	51600	118600	185600
	280	0	15400	61600	138600	215600

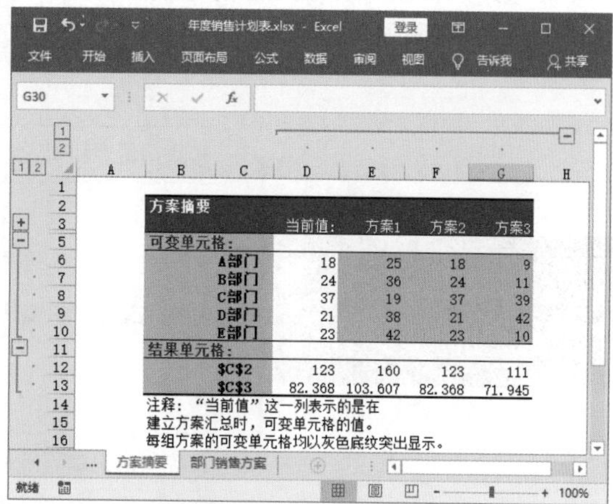

方案摘要	当前值:	方案1	方案2	方案3
可变单元格:				
A部门	18	25	18	9
B部门	24	36	24	11
C部门	37	19	37	39
D部门	21	38	21	42
E部门	23	42	23	10
结果单元格:				
$C$2	123	160	123	111
$C$3	82.368	103.607	82.368	71.945

注释：“当前值”这一列表示的是在
建立方案汇总时，可变单元格的值。
每组方案的可变单元格均以灰色底纹突出显示。

9.1 制作“产品利润预测表”

案例说明

制作“产品利润预测表”，分析产品销量和利润，是让企业产品获得良好销售表现的必要手段。在产品利润预测表中，要列出产品的固定成本、变动成本、售价，以及一个假设的销量。再利用这些基础数据进行模拟运算。完成模拟运算后，可以将产品利润预测表提交到上级领导处，让领导能及时对销售方案进行调整。

“产品利润预测表”文档制作完成后的效果如下图所示。

	A	B	C	D	E	F	G
1	商品销售基本信息						
2	单位售价（元）	300					
3	固定成本（元）	15400					
4	单位变动成本（元）	126					
5	销量（件）	100					
6							
7	销量及单价变化预测						
8			销量（件）				
9	单位售价（元）	2000	100	200	500	1000	1500
10		140	−14000	−12600	−8400	−1400	5600
11		150	−13000	−10600	−3400	8600	20600
12		180	−10000	−4600	11600	38600	65600
13		200	−8000	−600	21600	58600	95600
14		220	−6000	3400	31600	78600	125600
15		240	−4000	7400	41600	98600	155600
16		260	−2000	11400	51600	118600	185600
17		280	0	15400	61600	138600	215600

思路解析

为了利润最大化，企业通常会在将商品正式投入市场前比较分析商品在不同销量、售价下的利润大小，制订出利润最大化的方案，此时就需要用到 Excel 的模拟运算功能。不仅如此，在产品投入市场后，还需要及时分析不同因素对销量的影响，找出影响销量的不利因素，及时调整以保证利润，这就需要用到 Excel 的相关系数分析功能。其制作流程及思路如下。

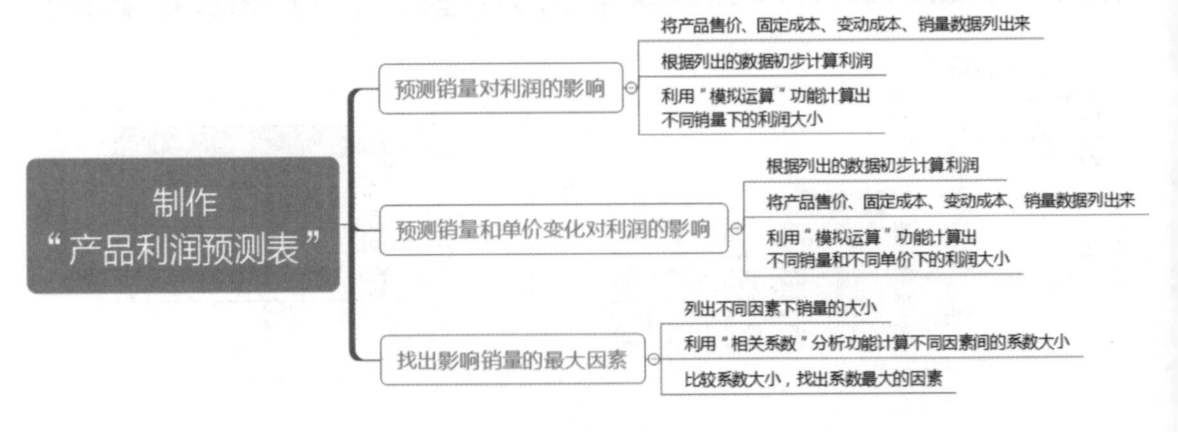

步骤详解

9.1.1 预测销量变化时的利润

本例将应用 Excel 的模拟运算表对产品不同销量的销售利润进行预测分析。已知产品的单价、销量、固定成本、单位变动成本，要得到产品销量达到 100、200、500、1000、1500 件时，利润变化的情况。

1. 制作利润预测表

要应用模拟运算表对数据变化结果进行计算，首先应列举出已知数据及变化数据的初始值，并在表格的行或列中列举出要进行模拟分析的变化的数据，然后在列举的数据前输入计算公式，公式中利用已知数据计算出目标结果。具体操作步骤如下。

第 1 步：制作已知数据列表。❶新建工作簿文件，更改工作表名 Sheet1 为“利润变化预测表”；❷在表格 A1 ~ B5 单元格中输入已知数据标签及数据，并添加单元格修饰。

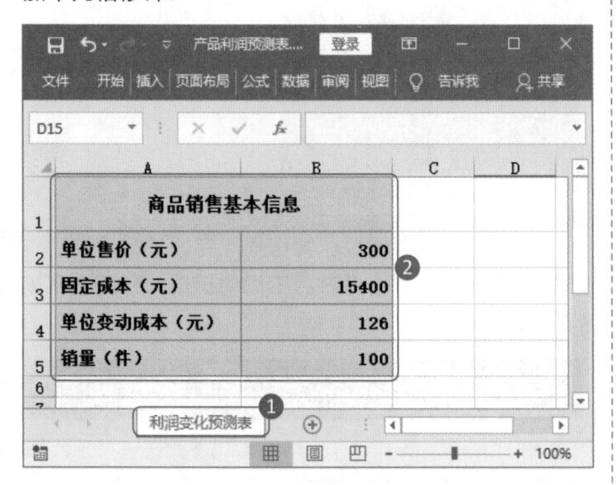

专家点拨

在创建单变量模拟运算表区域时，可将变化的数据放置于一列或一行中，若变化的数据在一列中，应将计算公式创建于其右侧列的首行；若变化的数据创建于一行中，则应将公式创建于该行下方的首列中。

第 2 步：创建模拟运算表区域。在 A7 ~ B15 单元格中添加数据内容及单元格修饰。

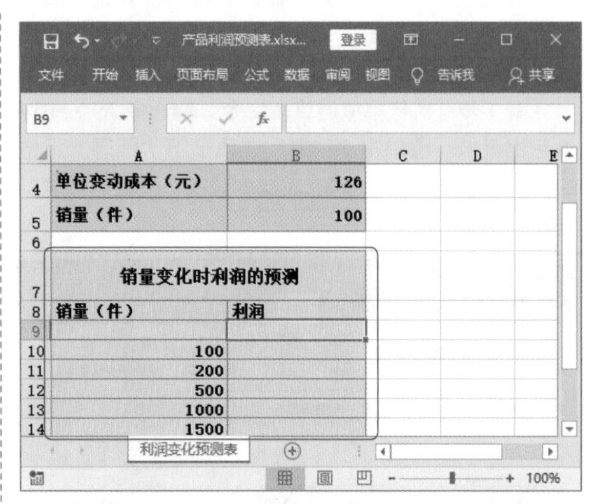

第 3 步：添加运算公式。❶选中 B9 单元格，在编辑栏中输入公式“=(B2-B4)*B5-B3”；❷按 Enter 键计算出已知数据得到的利润。

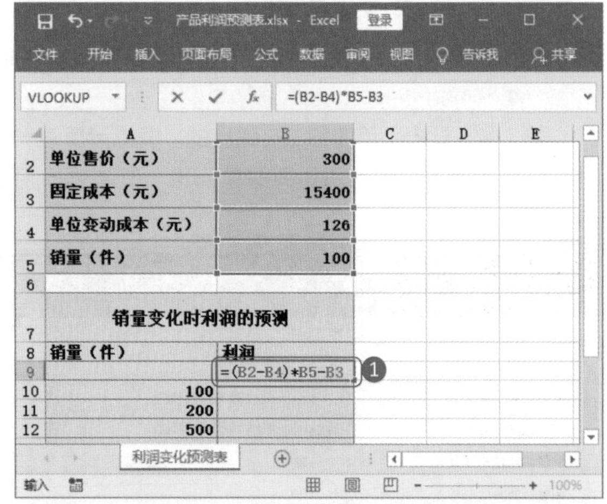

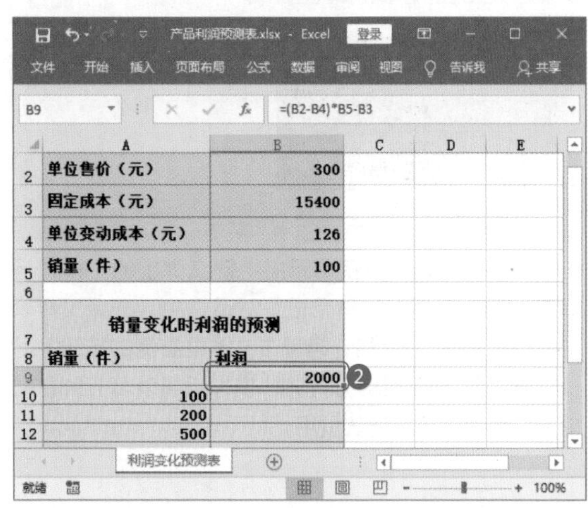

2. 利用模拟运算预测利润

创建好用于模拟运算的数据区域和计算公式后，则可应用模拟运算表功能计算出公式中变量变化后所得到的不同的结果。具体操作步骤如下。

第 1 步：执行模拟运算表命令。❶选择 A9 ~ B14 单元格区域；❷单击“数据”选项卡下“预测”组中的“模拟分析”按钮；❸在菜单中选择“模拟运算表”选项。

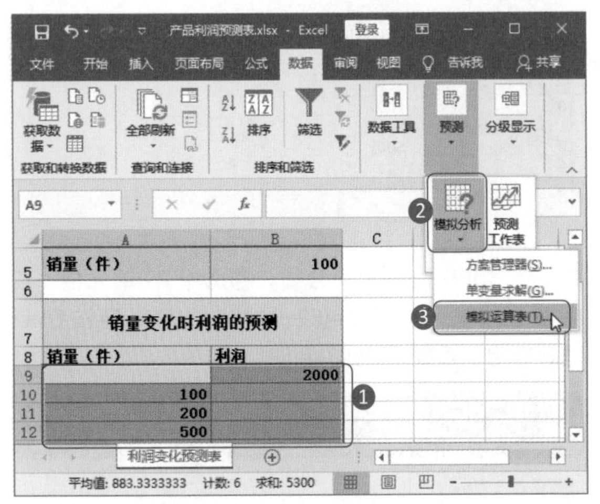

第 2 步：单击引用按钮。在弹出的“模拟运算表”对话框中，单击“输入引用列的单元格”文本框右侧的按钮。

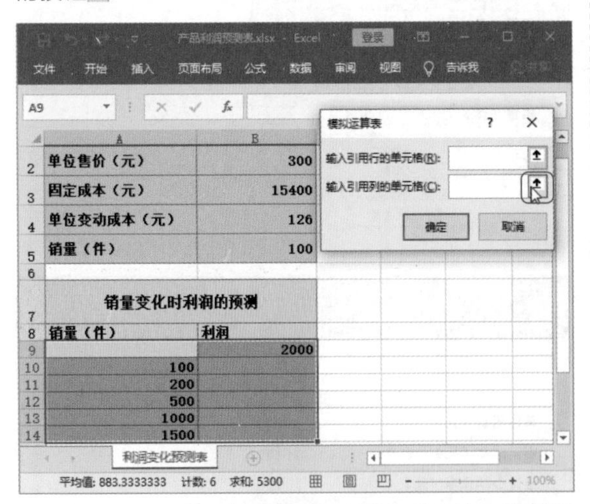

第 3 步：选择引用单元格。❶在弹出的“模拟运算表 - 输入引用列的单元格”对话框中，选择工作表中要引用的 B5 单元格；❷单击文本框右侧的按钮。

第 4 步：确定引用。返回到“模拟运算表”对话框中，单击“确定”按钮确认引用。

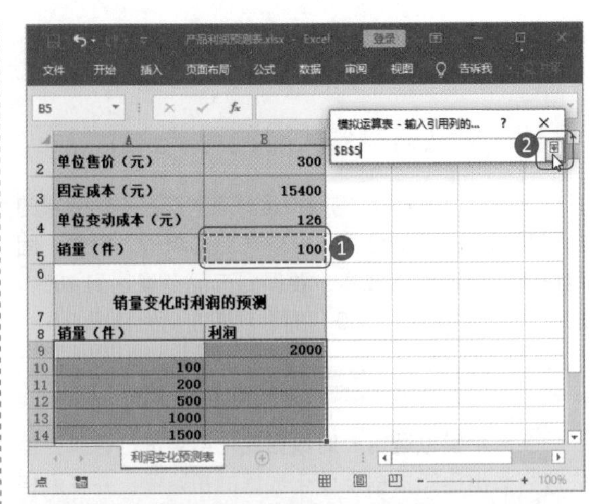

第 5 步：查看模拟运算结果。完成模拟运算后，效果如下图所示。根据产品不同的销量，预测出不同的利润大小。

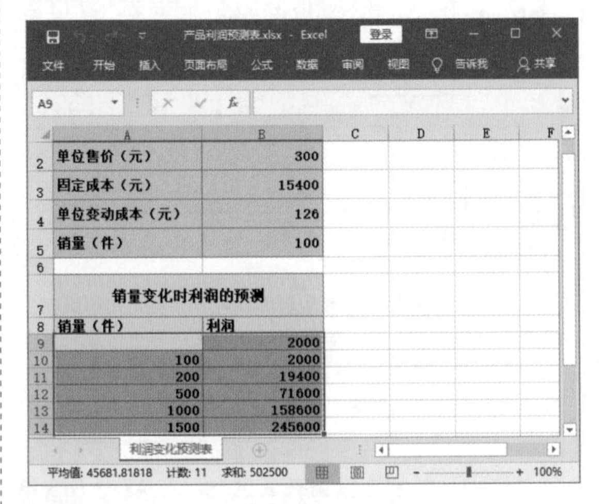

9.1.2 预测销量及单价变化时的利润

为分析出产品的销量和单价均发生变化时所得

到的利润，可应用双变量模拟运算表对两组数据的变化进行分析，计算出两组数据分别为不同值时的结果。本例中，要求得到销量分别为 100、200、500、1000、1500 件，单位售价分别为 140、150、180、200、220，240、260、280 元时的利润。具体操作步骤如下。

1．制作利润预测表

本例将计算公式中两个变量变化后得到的结果，故首先在表格中列举出已知数据，并分别于行和列列举出两个变量变化的值，将这两组变量变化值作为模拟运算表区域的行标题和列标题，然后在该表格区域的左上角中添加计算公式。具体操作步骤如下。

第 1 步：制作已知数据列表。❶更改工作表名 Sheet2 为“销量及单价变化预测表”；❷在表格 A1 ~ B5 单元格中输入已知数据标签及数据，并添加单元格修饰。

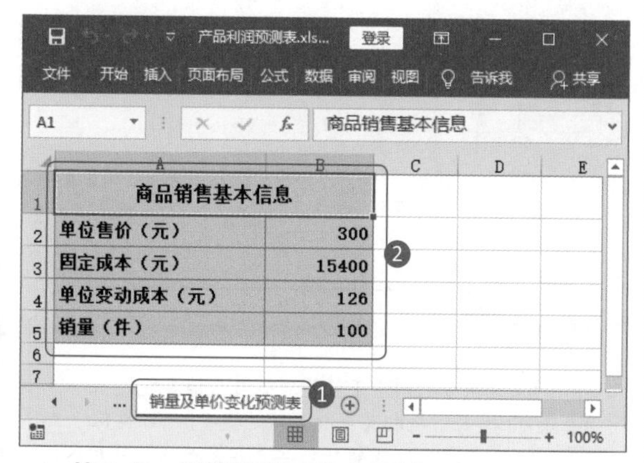

第 2 步：创建模拟运算表区域。在 A7 ~ G17 单元格中添加数据内容及单元格修饰，构成一个双变量模拟运算表的表格区域。

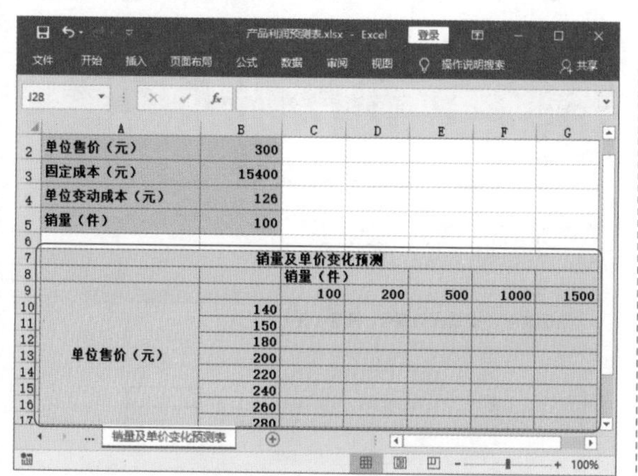

第 3 步：添加运算公式。在 B9 单元格中输入公式“=(B2-B4)*B5-B3”，计算由已知数据得到的利润。

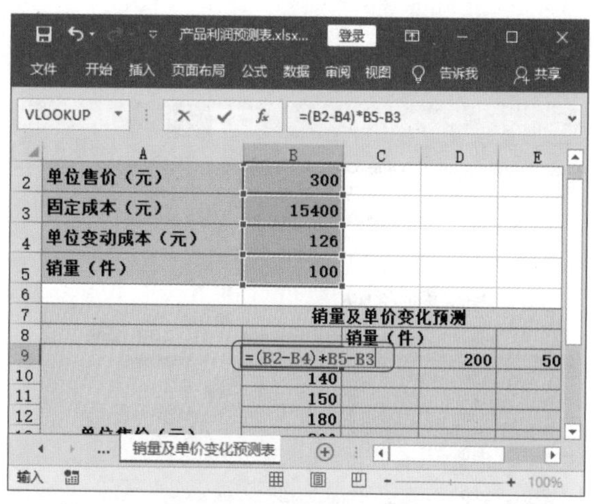

第 4 步：查看数据运算结果。在 B9 单元格中输入公式按 Enter 键后即可计算出数据结果。

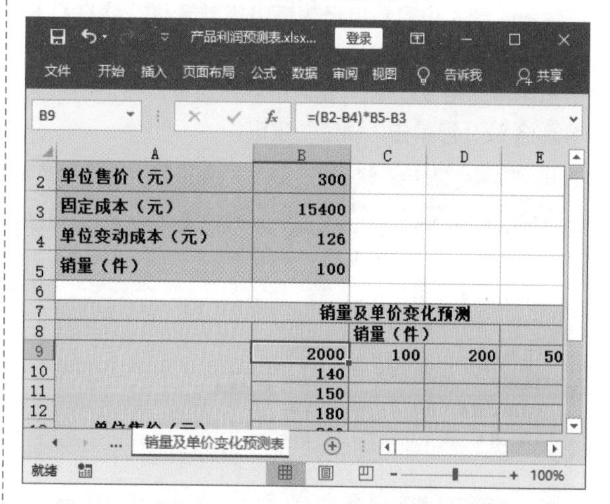

2．应用模拟运算表预测利润

创建好用于模拟运算的数据区域和计算公式后，则可应用模拟运算表功能计算出公式中变量变化后所得到的不同的结果。当需要计算一个公式中两个变量变化为不同值时公式的不同结果，此时应创建双变量模拟运算表，其创建方法与单变量模拟运算表的创建方法类似，不同的是，在“模拟运算表”对话框中需要同时引用行的单元格和列的单元格。“引用行的单元格”设置为模拟运算表中行变化的数据所对应的公式中的变量，本例中模拟运算表中行变化的数据为销量，故“引用行的单元格”应设置为公式中表示销量的单元格 B5。“引用列的单元格”则应引用模拟运算表中列变化的数据所对应的公式中的变量，本例中模拟运算表中列变化的数据为单位售价，故引用单元格 B2。具体操作步骤如下。

第 1 步：选择“模拟运算表”命令。❶选择 B9 ~ G17

单元格区域；❷单击“数据”选项卡“预测”组中的“模拟分析”按钮；❸在菜单中选择“模拟运算表”命令。

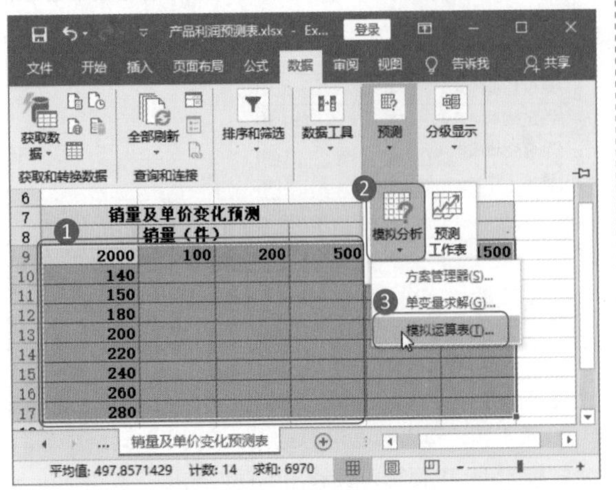

第 2 步：设置模拟运算表引用单元格。❶在打开的“模拟运算表”对话框的“输入引用行的单元格”中引用单元格 B5，在“输入引用列的单元格”中引用单元格 B2；❷单击“确定”按钮。

第 3 步：查看模拟运算表结果。操作完成后即可得到模拟运算表结果。

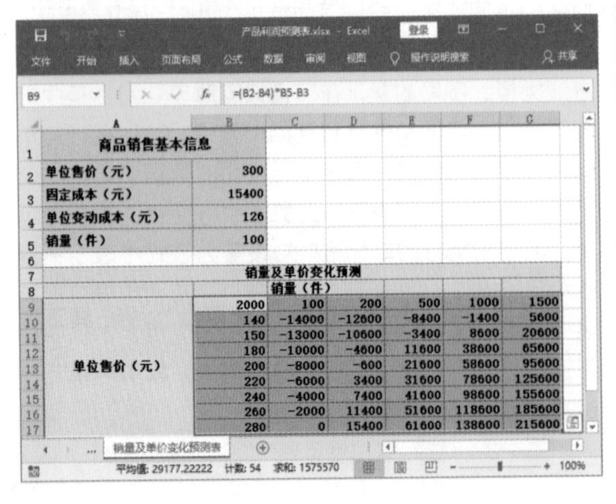

9.1.3 找出影响产品销售的最大因素

Excel 2019 的数据工具中，可以通过“相关系数”功能来分析不同因素对产品销量的影响。其操作步骤是其将影响产品销量的因素项列出来，再列出对应的产品销量。通过执行“相关系数”命令，计算出不同因素的相关系数大小。具体操作步骤如下。

第 1 步：列出因素项目。新建“影响产品的销售因素分析”工作表，在表中将产品在不同影响因素项目下对应的产品销量列出。

问：“店铺编号”因素下可不可以写店铺名称？

答：不可以。每一项相关系数必须是数字，所以类似于“A 店”“B 店”这样的非数字名字是无法计算相关系数的。可以灵活地用数字 1、2……来代表因素项目。

第 2 步：单击“数据分析”按钮。单击“数据”选项卡下“分析”组中的“数据分析”按钮。

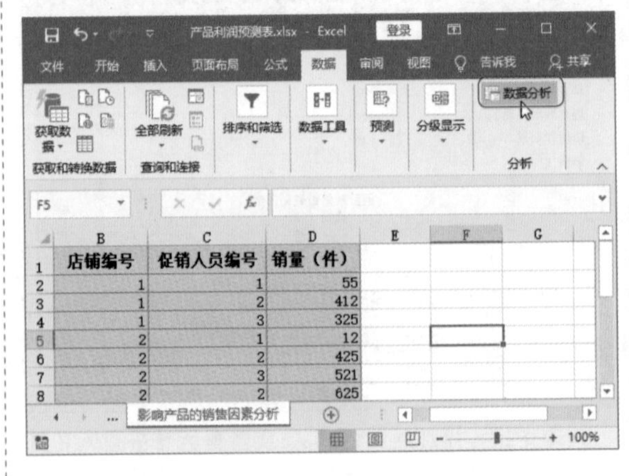

第 3 步：选择“相关系数”分析。❶在打开的“数据分析”对话框中，选择“相关系数”选项；❷单击“确定”按钮。

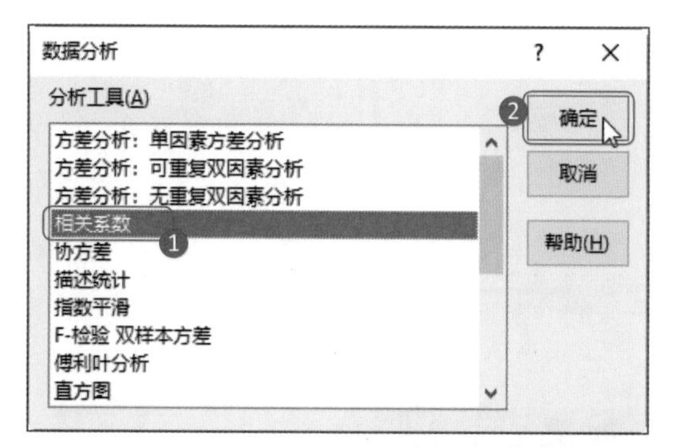

第 4 步：单击区域选择按钮。在“相关系数”对话框中，单击“输入区域”对应的区域选择按钮。

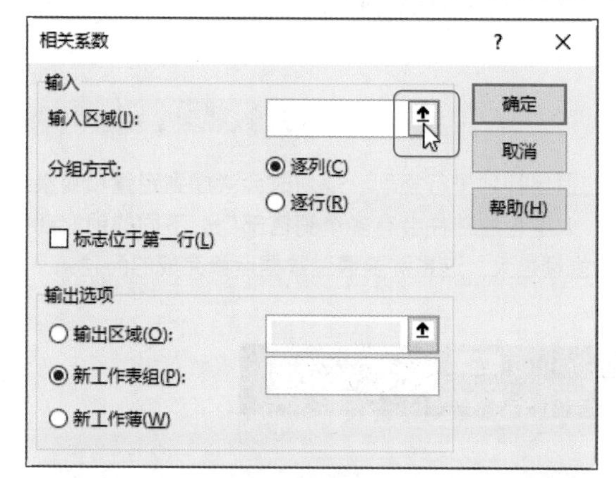

第 5 步：选择区域。❶选择表格中的所有数据区域；❷再次单击区域选择按钮，返回“相关系数”对话框。

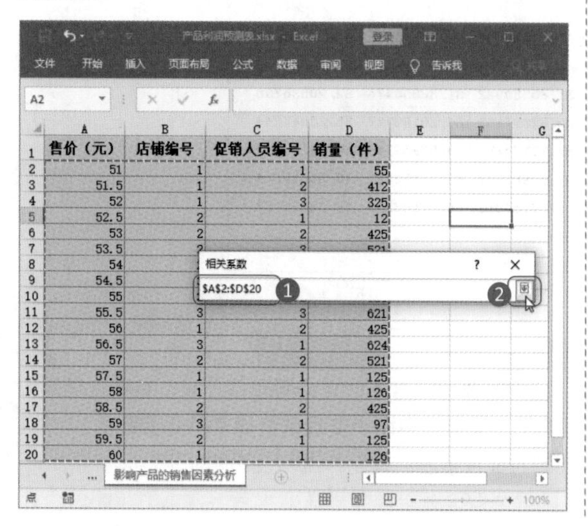

第 6 步：选择输出区域。单击“输出区域”对应的区域选择按钮，在表格需要放置输出结果的地方单击，然后返回“相关系数”对话框。

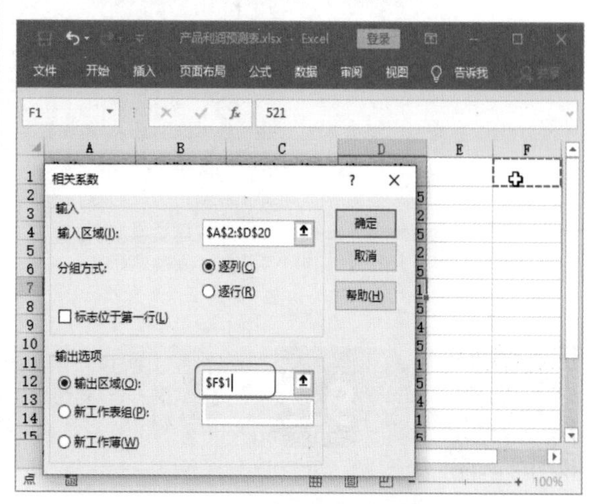

第 7 步：确定数据分析设置。❶设置“分组方式”为“逐列”；❷单击“确定”按钮。

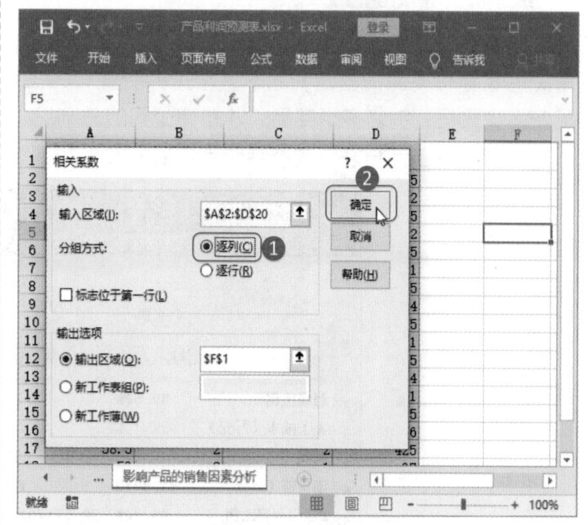

第 8 步：分析结果。此时系数分析的结果便出现在表格右边。该结果中，“列 1”代表的是“售价（元）”这列影响因素，以此类推，“列 2”则代表的是“店铺编号”这列影响因素。这里需要分析的是哪一列因素对“列 4”即销量的影响最大。从对应分析结果来看，“列 1”与“列 4”的相关系数是 −0.13147，而“列 3”与“列 4”的相关系数是 0.69164，说明在这些因素中，促销人员对销量的影响最大。要想提高销量，有必要选择合适的促销人员。

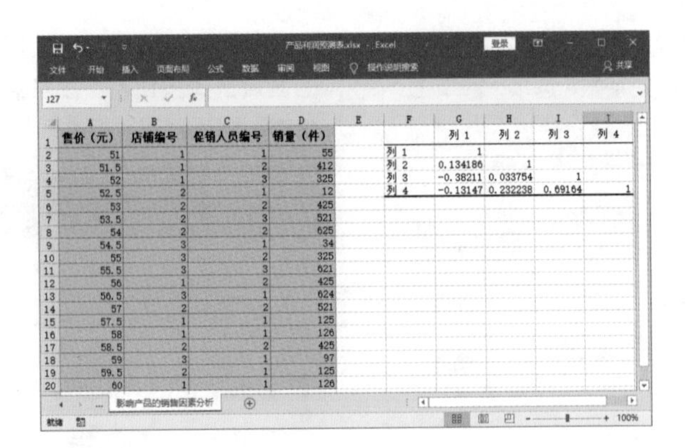

售价（元）	店铺编号	促销人员编号	销量（件）
51	1	1	55
51.5	1	2	412
52	1	3	325
52.5	2	1	12
53	2	2	425
53.5	2	3	521
54	2	2	625
54.5	3	1	34
55	3	2	325
55.5	3	3	621
56	1	2	425
56.5	3	1	624
57	2	2	521
57.5	1	1	125
58	1	1	126
58.5	2	2	425
59	3	1	97
59.5	2	1	125
60	1	1	126

	列 1	列 2	列 3	列 4
列 1	1			
列 2	0.134186	1		
列 3	-0.38211	0.033754	1	
列 4	-0.13147	0.232238	0.69164	1

9.2 制作“年度销售计划表”

案例说明

一个有计划的企业会根据上一年销售情况对来年公司的销售计划进行规划。规划时会考虑到定量和变量。常见的定量有商品的固定利润率，常见的变量有人工成本。大型企业往往会有多个销售部门，不同的销售部门配备多少人员，销售多少商品，才能使公司的总利润、总销售额最大，这是需要通过数据运算完成的问题。

“年度销售计划表”文档制作完成后的效果如下图所示。

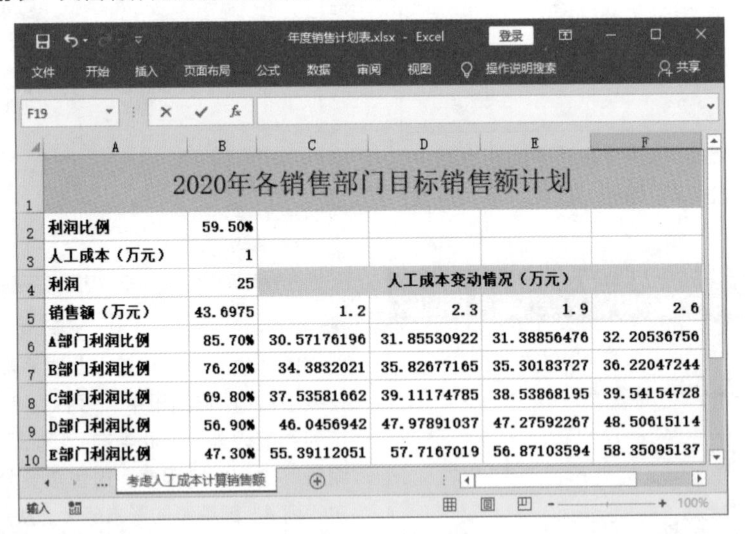

2020年各销售部门目标销售额计划					
利润比例	59.50%				
人工成本（万元）	1				
利润	25	人工成本变动情况（万元）			
销售额（万元）	43.6975	1.2	2.3	1.9	2.6
A部门利润比例	85.70%	30.57176196	31.85530922	31.38856476	32.20536756
B部门利润比例	76.20%	34.3832021	35.82677165	35.30183727	36.22047244
C部门利润比例	69.80%	37.53581662	39.11174785	38.53868195	39.54154728
D部门利润比例	56.90%	46.0456942	47.97891037	47.27592267	48.50615114
E部门利润比例	47.30%	55.39112051	57.7167019	56.87103594	58.35095137

思路解析

在利用 Excel 表的“模拟分析”功能进行数据运算时，首先需要明白当下计算的问题是什么，有哪些定量和哪些变量。有一个变量则选择“单变量求解”或者“模拟运算表”功能，有两个变量则选择“模拟运算表”功能。如果领导需要对比不同的销售计划方案，还需要用到 Excel 的方案管理器。其制作流程及思路如下。

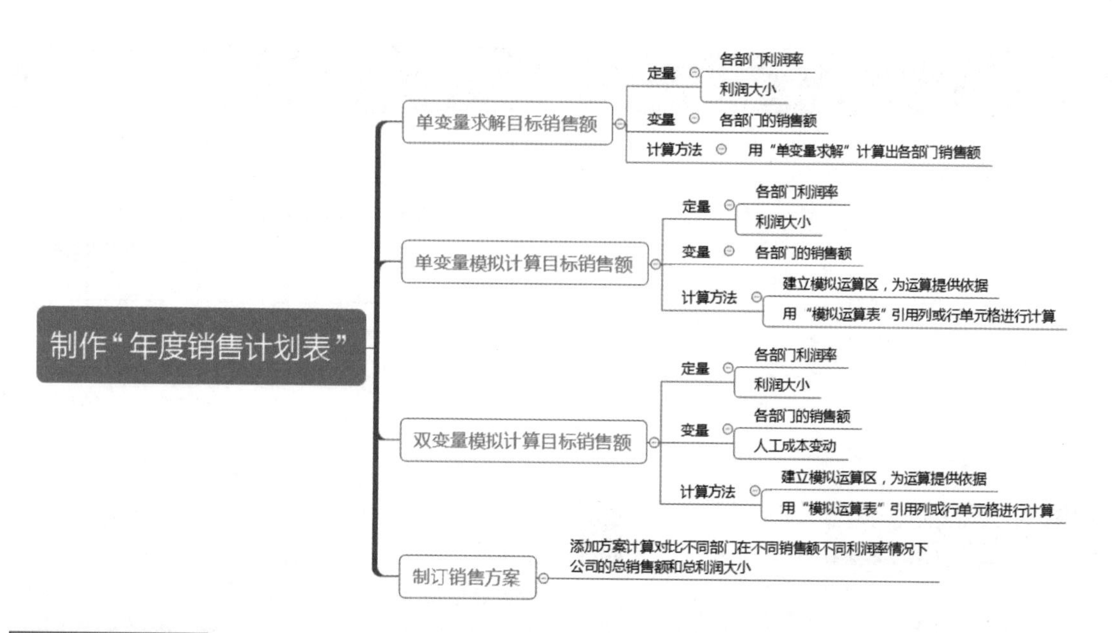

步骤详解

9.2.1 用单变量求解计算目标销售额

在计划各部门的年度销售目标时，可以根据已知的利润比例和利润大小计算出部门的目标销售额。所用到的运算方法是单变量求解方法。

第 1 步：输入公式计算利润。❶新建“年度销售计划表”工作簿，将工作表 Sheet1 更名为“各部门目标销售额”，在表中输入基本数据；❷在“利润”下面的单元格中输入下图所示的公式计算出 A 部门的利润大小。

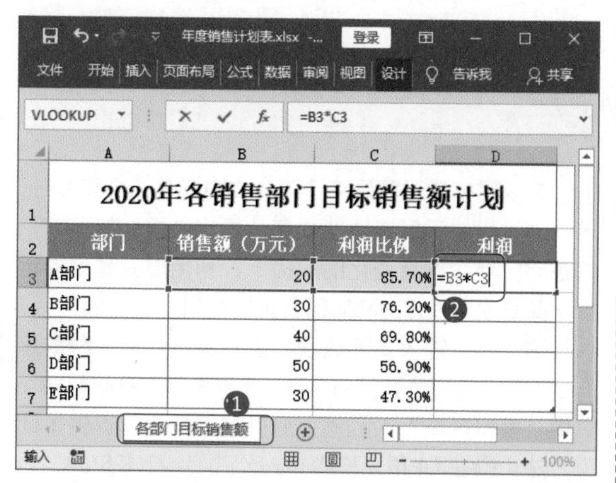

2020年各销售部门目标销售额计划			
部门	销售额（万元）	利润比例	利润
A部门	20	85.70%	=B3*C3
B部门	30	76.20%	
C部门	40	69.80%	
D部门	50	56.90%	
E部门	30	47.30%	

第 2 步：复制公式。将第一个单元格的利润公式复制到以下的单元格中完成所有部门的利润计算。

2020年各销售部门目标销售额计划			
部门	销售额（万元）	利润比例	利润
A部门	20	85.70%	17.14
B部门	30	76.20%	22.86
C部门	40	69.80%	27.92
D部门	50	56.90%	28.45
E部门	30	47.30%	14.19

在利用单变量求解分析数据时，需要输入公式引用数据时，不能直接输入数值，而是需要选择数据单元格，否则不能分析出数据的变动情况。

第 3 步：选择“单变量求解”选项。❶选中 D3 单元格；❷单击“数据”选项卡下“预测”组中的“模拟分析”按钮，从下拉菜单中选择“单变量求解”选项。

第 4 步：设置“单变量求解”对话框。❶在打开的“单变量求解”对话框中，输入“目标单元格”和“目标值”；❷单击“可变单元格”文本框中的区域选择按钮，选中 B3 单元格；❸单击“确定”按钮。

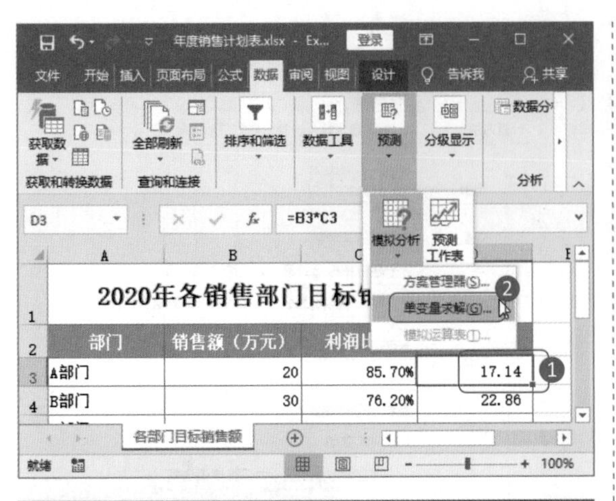

第 5 步：确定求解结果。经过计算后，弹出“单变量求解状态”对话框，单击“确定”按钮。

第 6 步：计算 B 部门的目标销售额。❶按照同样的方法，选中 D4 单元格，然后打开“单变量求解”对话框，计算 B 部门的目标销售额；❷在“单变量求解”对话框中设置“目标单元格”“目标值”“可变单元格”；❸单击“确定”按钮。

第 7 步：完成计算结果。按照同样的方法，完成余下几个部门的目标销售额计算，结果如下图所示，即计算出每个部门要达到 D 列的利润，需要完成的销售额是多少。

9.2.2 用单变量模拟运算方法计算目标销售额

单变量模拟运算是指计算公式中只有一个变量时，可以通过模拟运算表功能快速计算出结果。接下来，在各部门利润率有变化的前提下，利用单变量模拟运算计算要达到预定的利润时各部门的目标销售额。

第 1 步：输入基础数据和公式进行计算。❶新建一个“各部门销售额计划”表，在表中输入基础数据，其中“模拟区域”的数据为后面的模拟运算提供了计算方法；❷在 E4 单元格中输入公式“=21.425/B4”，计算出在利润是 21.425，利润率是 B4 单元格的值时，A 部门的销售目标。

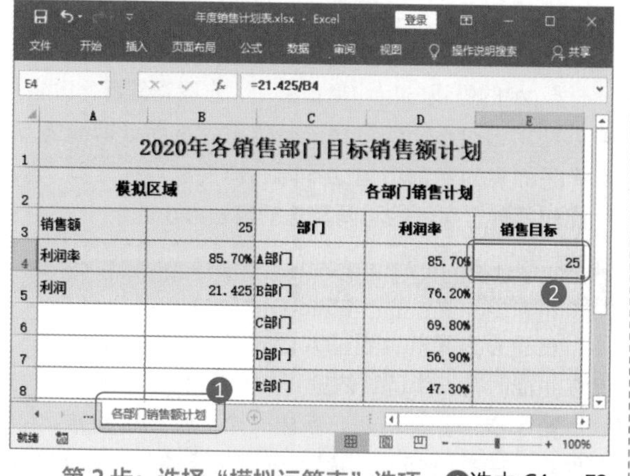

第 2 步：选择“模拟运算表”选项。❶选中 C4 ~ E8 单元格区域；❷选择“模拟分析”菜单中的“模拟运算表”选项。

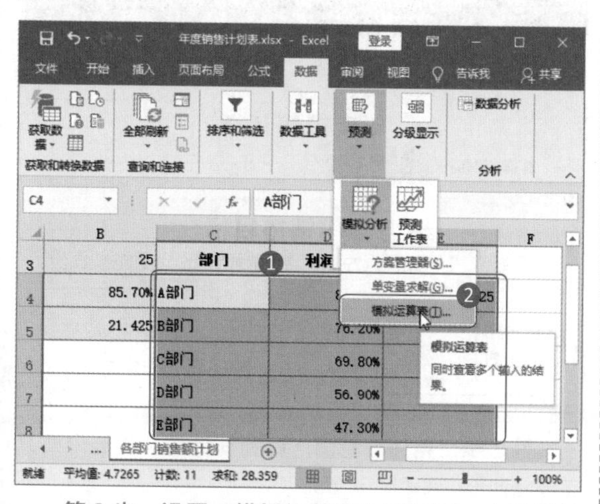

第 3 步：设置“模拟运算表”对话框。由于是单变量运算，所以这里只引用一个单元格数据即可。在此例中，变量是利润率，所以引用利润率单元格。❶单击“输入引用列的单元格”文本框的区域选择按钮，选中 B4 单元格；❷单击“确定”按钮。

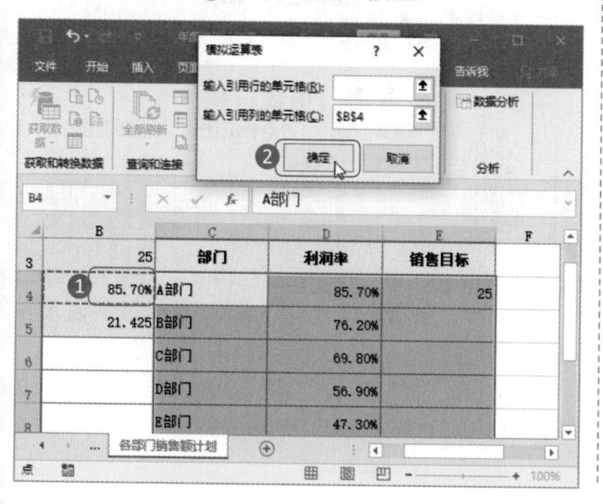

第 4 步：查看计算结果。此时选中区域其他部门的销售目标就被计算了出来，结果如下图所示。

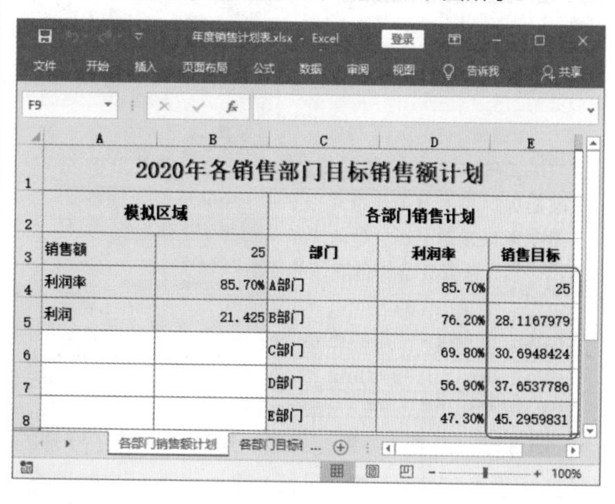

9.2.3 考虑人工成本计算目标销售额

计算各部门的销售额目标时，有时只有利润率一个变量，有时还可能有人工方面的变动成本变量，例如有的部门人员较多，而有的部门人员较少，需要更多的兼职人员，此时就会存在两个变量。下面就将部门的人工成本考虑在内，计算部门的目标销售额大小。

第 1 步：新建表格输入计算公式。❶新建一张“考虑人工成本计算目标销售额”工作表，在表中输入基础数据；❷在 B5 单元格中输入下图所示的公式，在利润比例、人工成本、利润已知的前提下，计算销售额的大小。该公式将为后面的模拟运算提供运算依据。

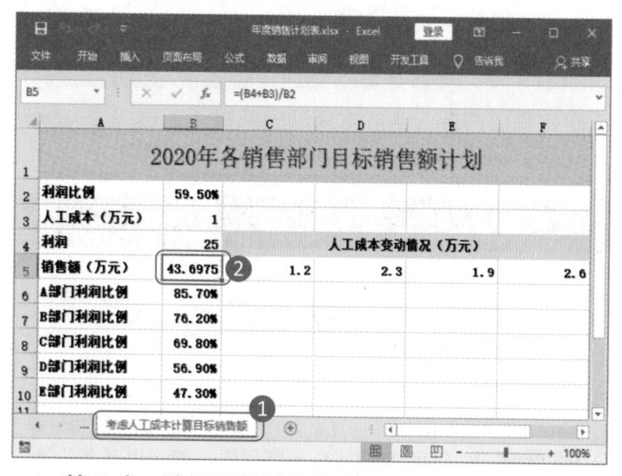

第 2 步：选择“模拟运算表”选项。选中 B5 ~ F10 单元格区域，在“模拟分析”菜单中选择“模拟运算表”选项。

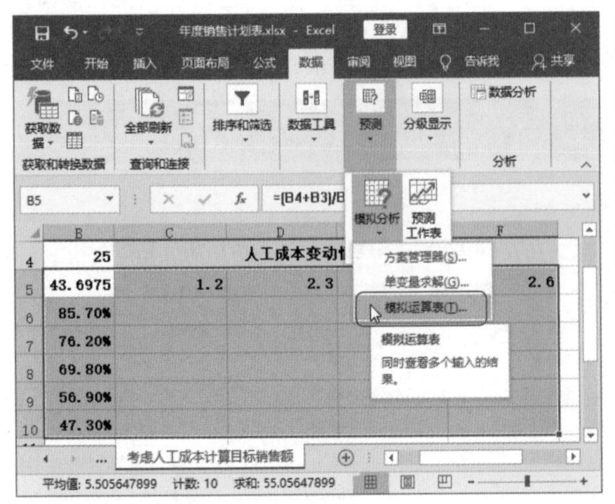

第 3 步：设置“模拟运算表”对话框。❶在打开的“模拟运算表”对话框中，设置“输入引用行的单元格”和“输入引用列的单元格”，在选中区域里，行代表的是人工成本，所以引用行选择单元格 B3，而列则选择代表“利润比例”的单元格 B2；❷单击“确定”按钮。

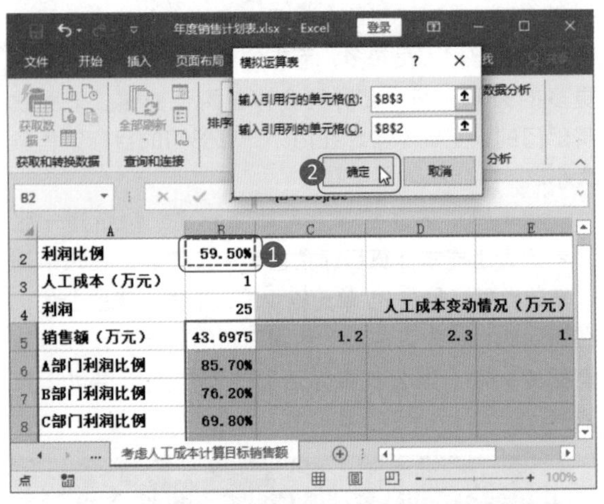

第 4 步：查看计算结果。双变量模拟运算可以计算出不同部门在人工成本变动的前提下，达到 25 万元利润的目标销售额。

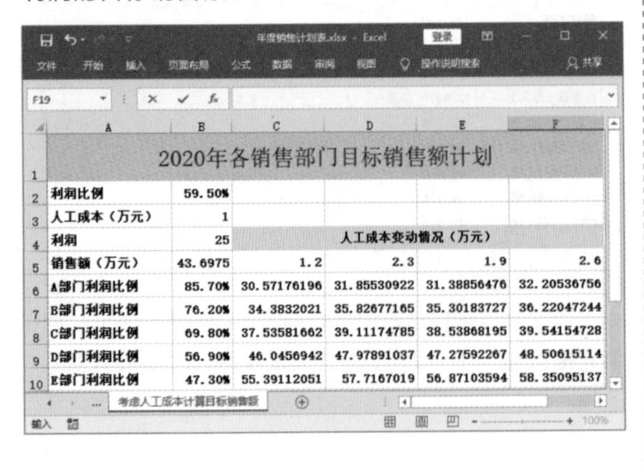

	A	B	C	D	E	F
1	2020年各销售部门目标销售额计划					
2	利润比例	59.50%				
3	人工成本（万元）	1				
4	利润	25	人工成本变动情况（万元）			
5	销售额（万元）	43.6975	1.2	2.3	1.9	2.6
6	A部门利润比例	85.70%	30.57176196	31.85530922	31.38856476	32.20536756
7	B部门利润比例	76.20%	34.3832021	35.82677165	35.30183727	36.22047244
8	C部门利润比例	69.80%	37.53581662	39.11174785	38.53868195	39.54154728
9	D部门利润比例	56.90%	46.0456942	47.97891037	47.27592267	48.50615114
10	E部门利润比例	47.30%	55.39112051	57.7167019	56.87103594	58.35095137

9.2.4 使用方案制订销售计划

Excel 的假设分析功能提供了“方案管理器”功能，可以利用它对不同的方案进行假设，从而选择最优方案。下面将为各部门建立不同的销售额目标方案，从而比较每种方案下的利润及总销售额大小。

1. 输入公式

在建立方案前，要输入公式进行基本计算，让方案在生成时有一个运算依据。

第 1 步：计算利润。新建一个“部门销售方案”工作表，在 D7 单元格中输入下图所示的公式，计算 A 部门的利润。

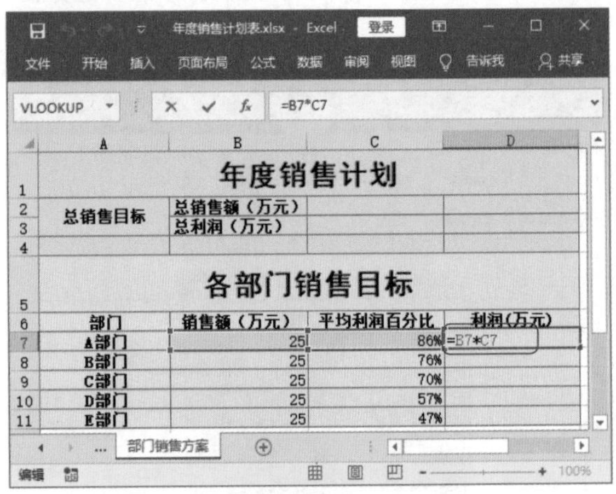

第 2 步：完成其他部门的利润计算。复制公式，完成其他部门的利润计算。

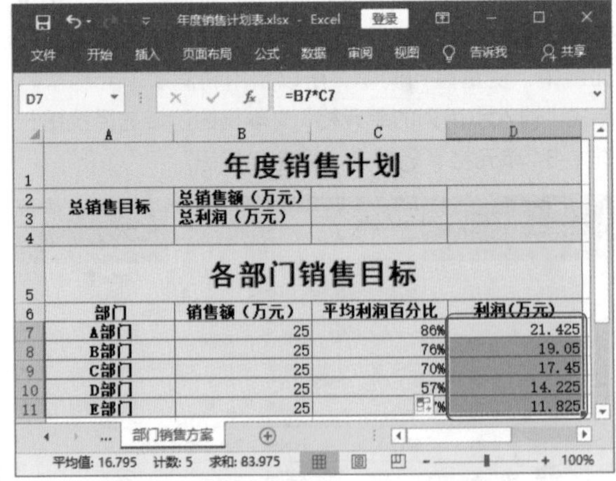

第 3 步：计算总销售额。在 C2 单元格中输入下图所示的公式，计算所有部门的销售额之和。

第 4 步：计算总利润。在 C3 单元格中输入下图所示的公式，计算所有部门的总利润。

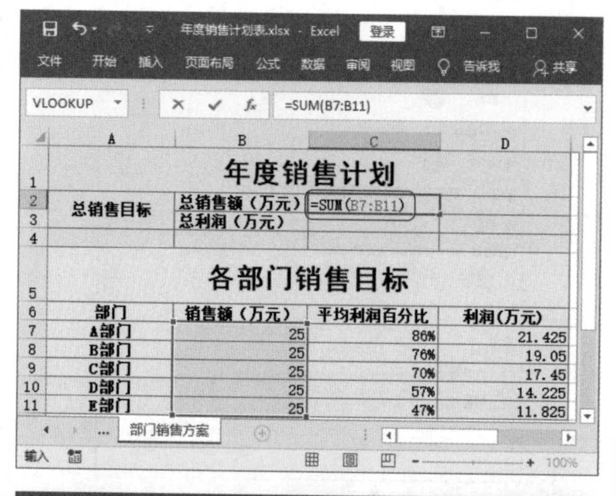

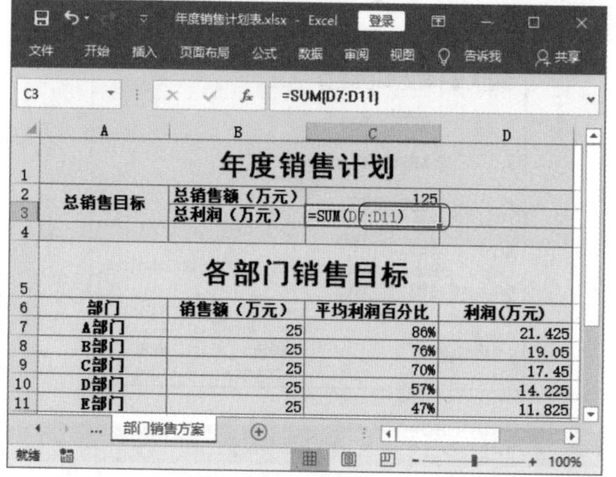

2. 添加方案

完成公式计算后，就可以为部门的不同销售额目标建立方案。

第 1 步：打开“方案管理器”对话框。选择“数据”选项卡下“预测”组“模拟分析”菜单中的“方案管理器”选项。

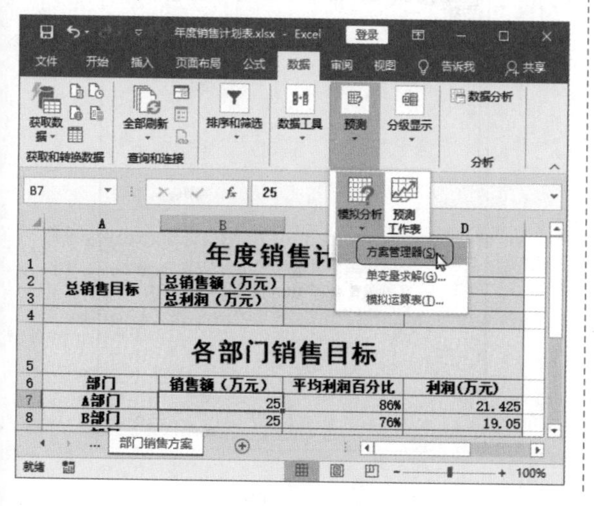

第 2 步：添加方案。此时打开的“方案管理器”对话框中没有方案，单击“添加”按钮，设置第一个方案。

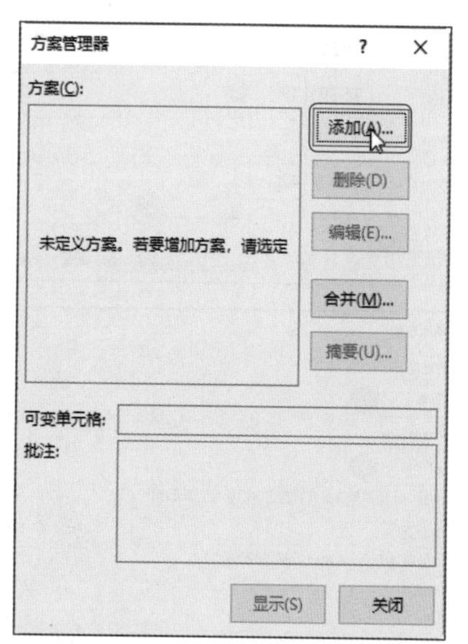

第 3 步：输入第一个方案名。❶在打开的“编辑方案”对话框中，输入第一个“方案名”为“方案 1”；❷单击“可变单元格”文本框中的区域选择按钮，选中 B7 ~ B11 的单元格区域，表示各部门的目标销售额是可以变化的；❸单击“确定”按钮。

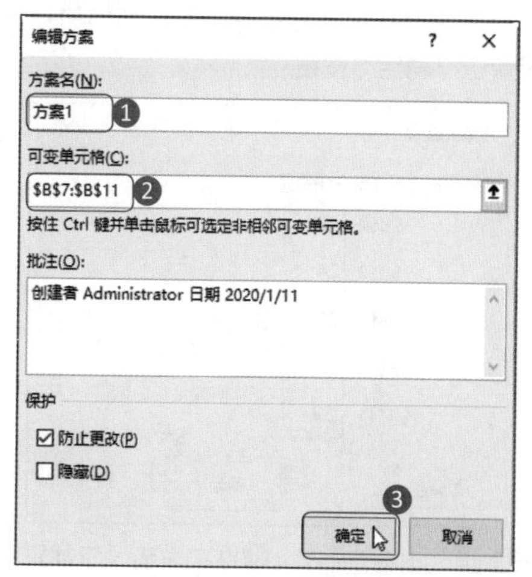

第 4 步：设置方案 1 变量值。❶在打开的“方案变量值”对话框中，分别输入五个部门不同的销售额目标大小；❷单击“确定”按钮。

第 5 步：添加方案 2。❶再次单击“方案管理器”对话框中的“添加”按钮，添加第二个方案，在“添加方案”对话框中，输入“方案名”为“方案 2”；❷设置“可变单元格”为 B7:B11，与方案 1 一致；❸单击“确定”按钮。

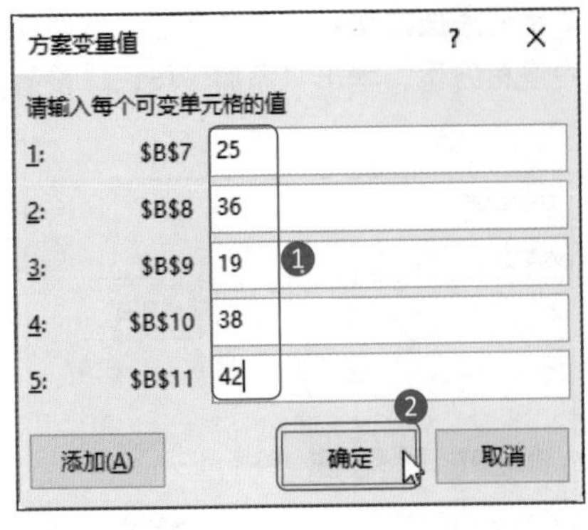

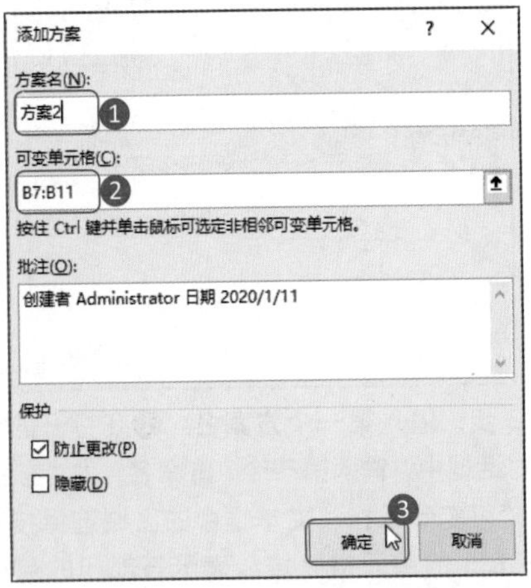

第 6 步：设置方案 2 变量值。❶在方案 2 的“方案变量值”对话框中，分别输入五个部门的销售额目标；❷单击“确定”按钮。

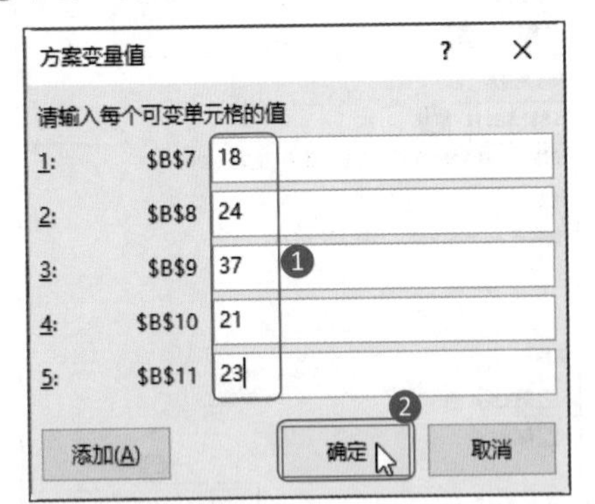

第 7 步：添加方案 3。❶再次单击“方案管理器”对话框中的“添加”按钮，添加第三个方案，命名为“方案 3”；❷设置“可变单元格”为 B7:B11，与方案 1 一致；❸单击“确定”按钮。

第 8 步：设置方案 3 变量值。❶在方案 3 的“方案变量值”对话框中，分别输入五个部门的销售额目标；❷单击“确定”按钮。

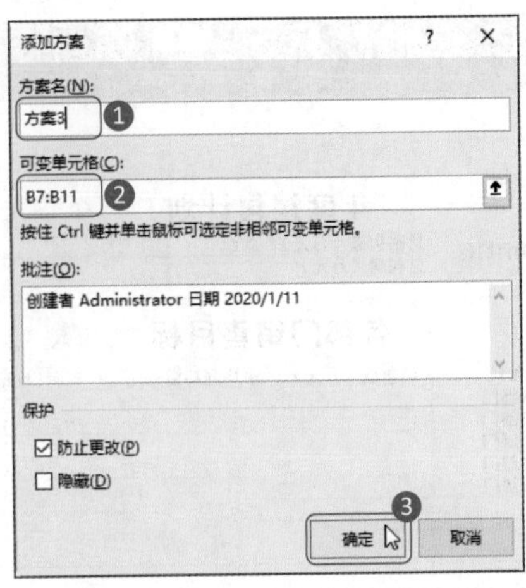

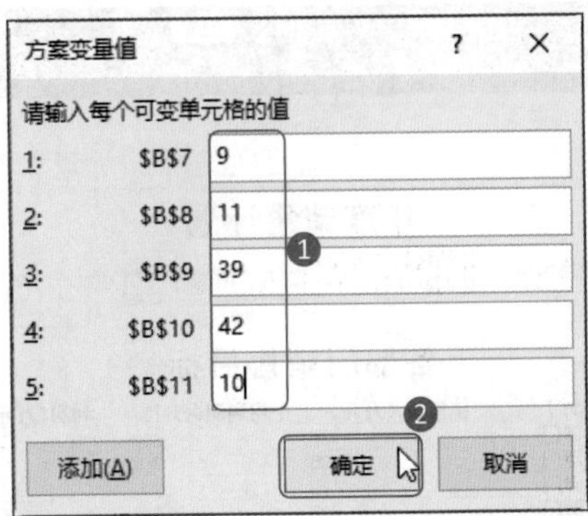

3. 查看方案求解结果

完成方案的添加后，可以选择不同的方案查看该方案的求解结果。

第 1 步：显示方案 1 的求解结果。❶打开“方案管理器”对话框，选中“方案 1”；❷单击“显示”按钮。

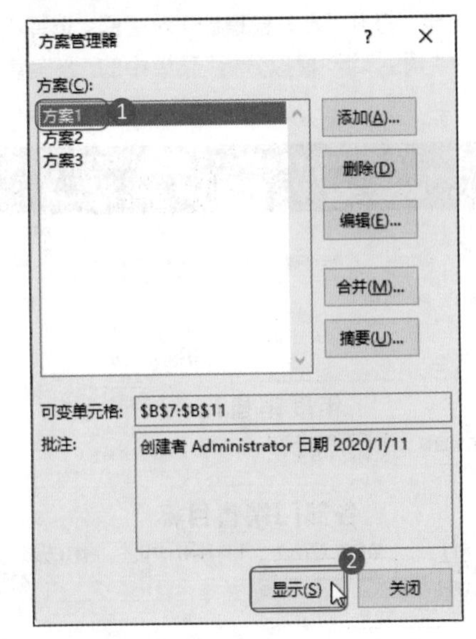

第 2 步：查看方案 1 结果。表格中显示出要实现方案 1 中各部门的销售额目标时，其利润、平均利润百分比大小各是多少。

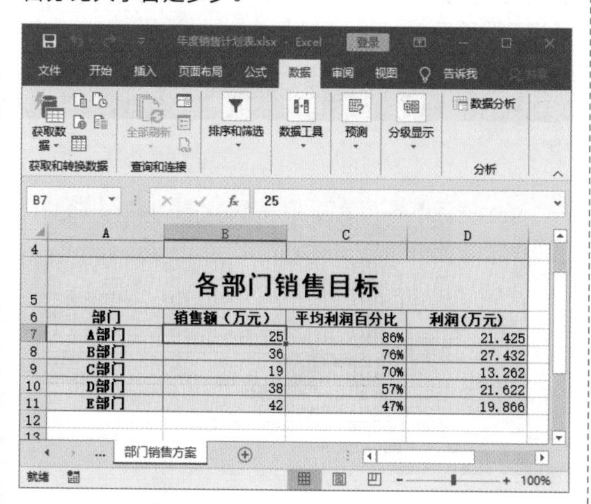

在方案的可变单元格中，可以输入相邻或不相邻的单元格。相邻单元格用英文冒号（:）分隔，不相邻单元格用英文逗号（,）分隔。

第 3 步：显示方案 2 的求解结果。❶打开“方案管理器”对话框，选中“方案 2”；❷单击“显示”按钮。

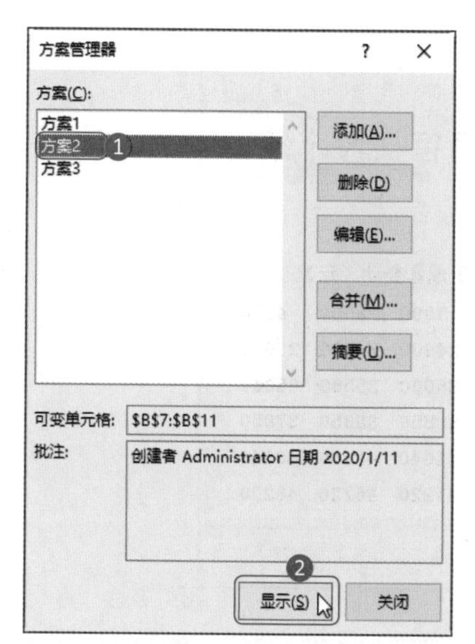

第 4 步：查看方案 2 结果。此时表格中便显示出要实现方案 2 中各部门的销售额目标时，其利润、平均利润百分比大小各是多少。

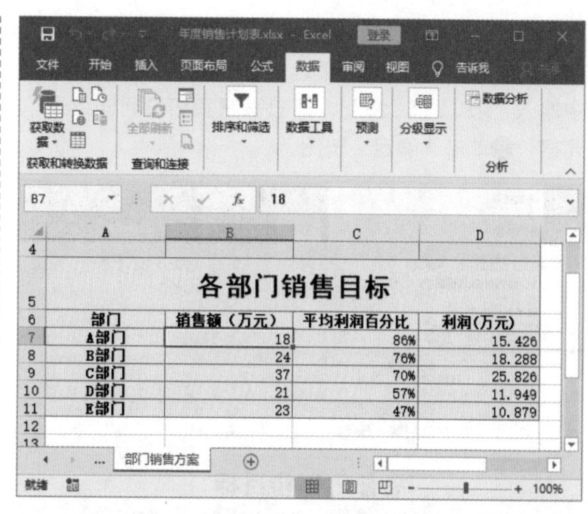

4. 生成方案摘要

显示方案只能显示一种方案的结果，如果要同时对比不同方案的结果，可以生成方案摘要，即将多个方案结果在表格中同时显示出来，方便对比选择。具体操作步骤如下。

第 1 步：单击“摘要”按钮。单击“数据”选项卡下“预测”组中的“模拟分析”按钮，从下拉菜单中选择“方案管理器”选项，打开“方案管理器”对话框。❶选择“方案 3”；❷单击对话框中的“摘要”按钮。

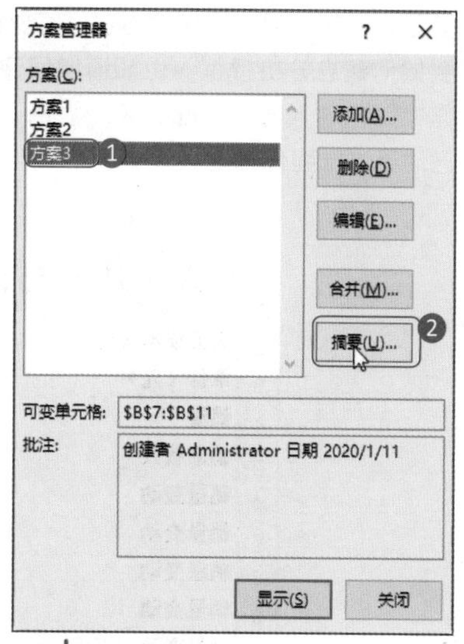

完成添加方案后，可以在“方案管理器”对话框中再次选中方案，单击“编辑”按钮，对方案进行编辑调整。如果不满意此方案，可以单击“删除”按钮，删除该方案，再重新添加新的方案。

第 2 步：设置“方案摘要”对话框。❶在“报表类型”中选中“方案摘要”单选按钮；❷在“结果单元格”中输入“=$C$2:$C$3”，即总销售额和总利润结果单元格；❸单击“确定”按钮。

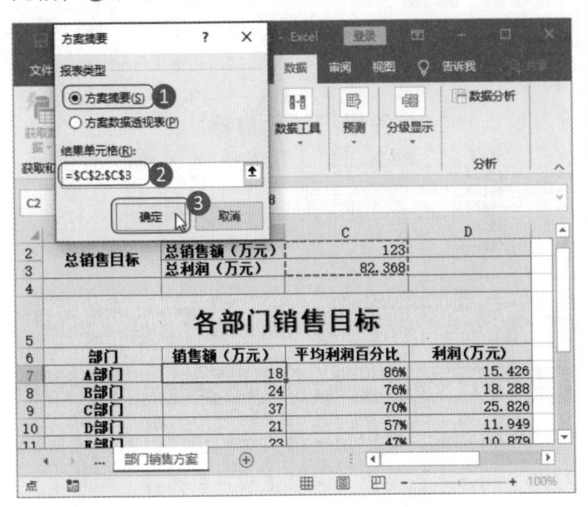

第 3 步：查看生成的方案。修改摘要报表中的部分单元格内容，将原本为引用单元格地址的文本内容更改为对应的标题文字，并调整表格的格式，最终效果如下图所示。

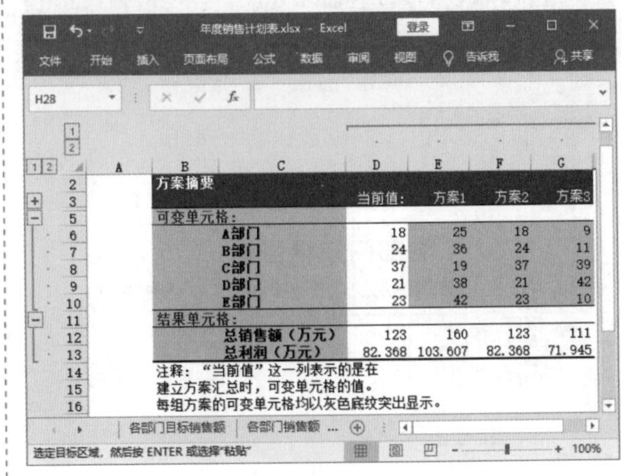

过关练习：制作“销售收入与人工配比表”

通过前面内容的学习，相信读者已经掌握如何利用 Excel 进行模拟运算，知道在有一个变量、两个变量的不同情况下要如何建立分析模型，也知道如何建立方案，以及对比不同方案下计划的优劣。为了巩固所学内容，下面以制作“销售收入与人工配比表”为例，复习巩固上面所学知识，其效果如下图所示。读者可以结合思路解析，自己动手进行强化练习。

	A	B	C	D	E	F
1	人工成本与销量变动时的销售收入计算					
2	人工成本（元）	2500				
3	单价（元）	55.8				
4	销量	500	人工成本变动（元）			
5	销售收入	25400	2500	3000	3500	4000
6	销量变动	500	25400	24900	24400	23900
7	销量变动	700	36560	36060	35560	35060
8	销量变动	750	39350	38850	38350	37850
9	销量变动	800	42140	41640	41140	40640
10	销量变动	900	47720	47220	46720	46220

人工与销量变动计算 | 方 ...

思路解析

在销售商品时，销量的大小会随着人工数量的变化而变化。如两位兼职人员和四位兼职人员，所能销售出去的商品数量是不同的。又如，兼职人员工作一个季度和工作一周，平均到每天的费用也是不同的，所销售出

去的商品数量也不同。为了找到人工成本与销量的最佳组合，使销售收入最大化，需要运用 Excel 的“模拟分析”功能。其制作流程及思路如下。

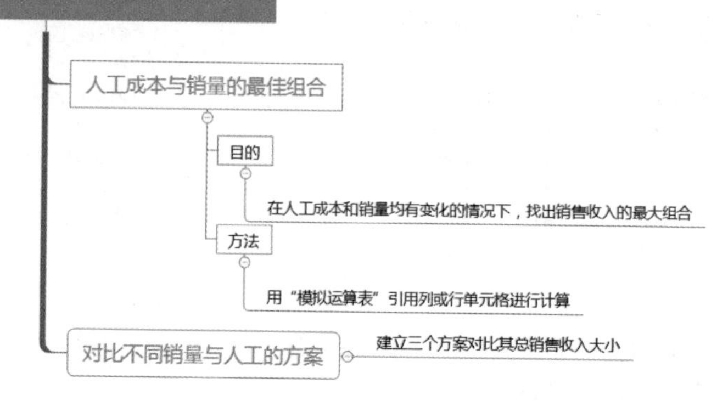

关键步骤

关键步骤 1：输入公式进行计算。按照路径“素材文件 \ 第 9 章 \ 销售收入与人工配比表 .xlsx”打开素材文件，切换到“人工与销量变动计算”工作表中，在 B5 单元格中输入公式“=B3*B4-B2”进行计算。

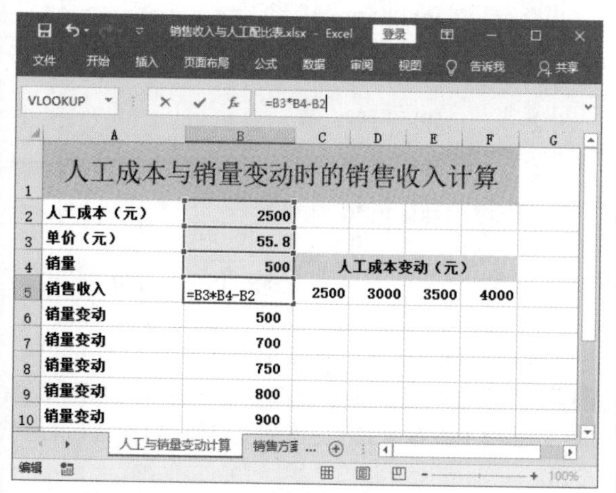

关键步骤 2：打开并设置“模拟运算表”对话框。选中 B5:F10 区域，选择“数据”选项卡下“预测”组“模拟分析”菜单中的“模拟运算表”选项。❶在“模拟运算表”对话框中，设置“输入引用行的单元格”和“输入引用列的单元格”；❷单击“确定”按钮。

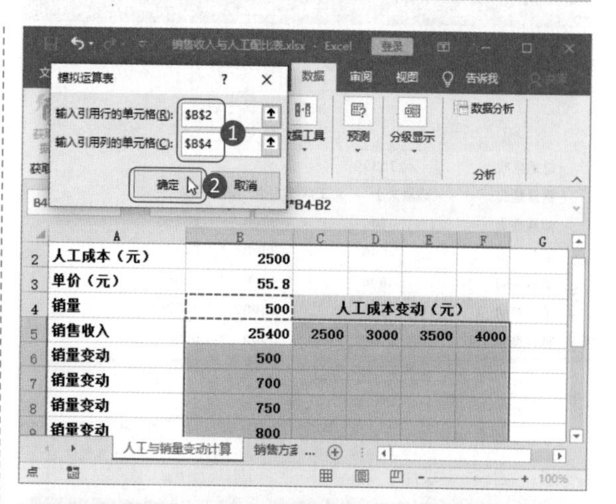

关键步骤 3：查看计算结果。可看到在人工成本变化的情况下，要达到目标销售收入，所需销量的变动情况。

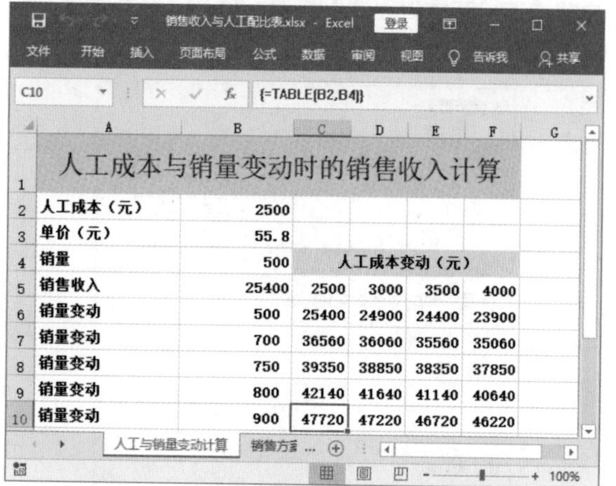

关键步骤 4：计算销售收入。切换到“销售方案”工作表中，在 D4 单元格中输入公式“=B4*55.8-C4”，其中 55.8 表示商品的利润。复制公式完成 D4 到 D8 单元格的计算。

	A	B	C	D	E
1	人工成本与销量变动时的销售收入计算				
2	总销售收入				
3	销量情况	销量大小	人工成本大小	销售收入	
4	销量变动	300	3000	13740	
5	销量变动	500	3500	24400	
6	销量变动	800	4000	40640	
7	销量变动	900	4500	45720	
8	销量变动	1000	5000	50800	

关键步骤 5：计算销售总收入。在 B2 单元格中输入公式“=SUM(D4:D8)”，计算销售总收入。

	A	B	C	D	E
1	人工成本与销量变动时的销售收入计算				
2	总销售收入	175300			
3	销量情况	销量大小	人工成本大小	销售收入	
4	销量变动	300	3000	13740	
5	销量变动	500	3500	24400	
6	销量变动	800	4000	40640	
7	销量变动	900	4500	45720	
8	销量变动	1000	5000	50800	

关键步骤 6：打开“方案管理器”对话框并添加方案。选择“数据”选项卡下“预测”组“模拟分析”菜单中的“方案管理器”选项，打开“方案管理器”对话框，单击“添加”按钮。

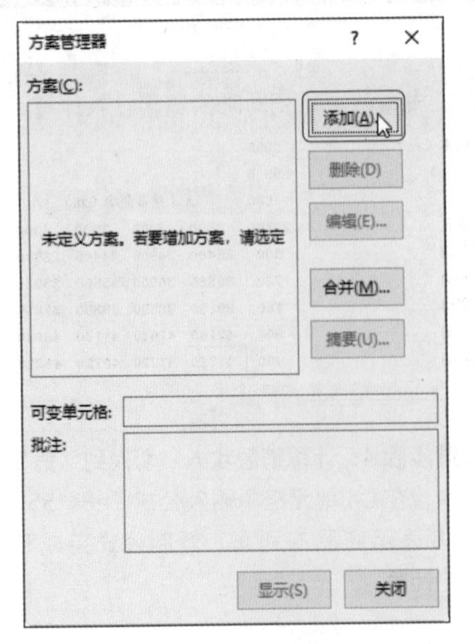

关键步骤 7：添加第一个方案。❶在“编辑方案”对话框中添加第一个方案的“方案名”和“可变单元格”区域；❷单击“确定”按钮。

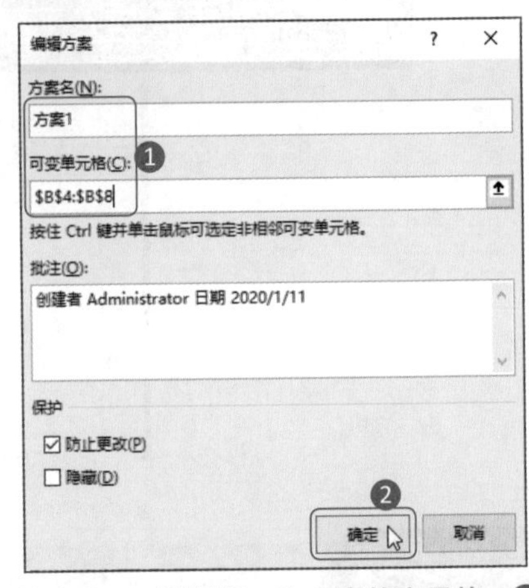

关键步骤 8：设置第一个方案的变量值。❶在“方案变量值”对话框中设置第一个方案的变量值；❷单击“确定”按钮。

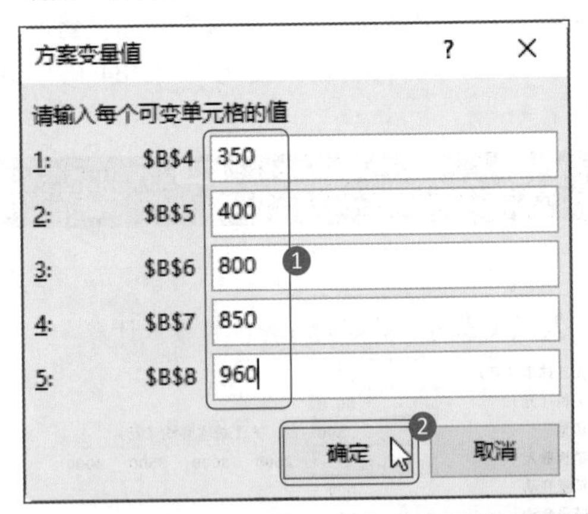

关键步骤 9：添加第二个方案并设置变量值。❶采用同样的方法，添加第二个方案并在“方案变量值”对话框中设置第二个方案的变量值；❷单击“确定”按钮。

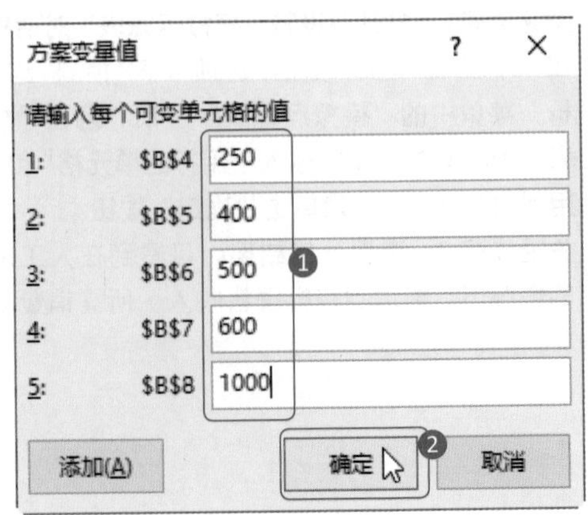

关键步骤 10：添加第三个方案并设置变量值。❶采用同样的方法，添加第三个方案，并在“方案变量值”对话框中设置第三个方案的变量值；❷单击“确定”按钮。

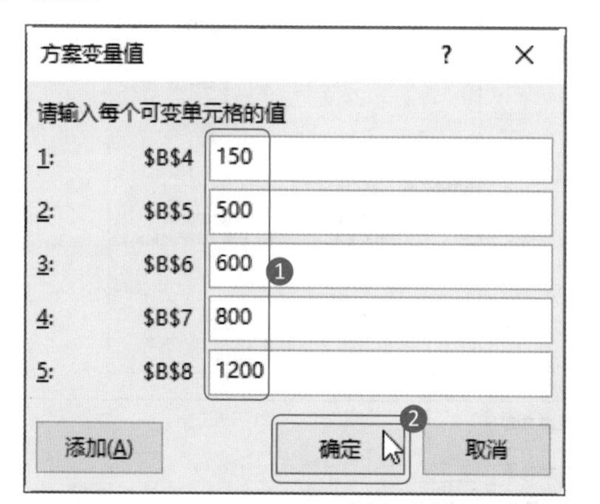

关键步骤 11：显示并查看方案 1。打开“方案管理器”对话框，选中“方案 1”，单击“显示”按钮。方案 1 的结果如下图所示，显示了不同销量与不同人工成本组合下的销售收入。

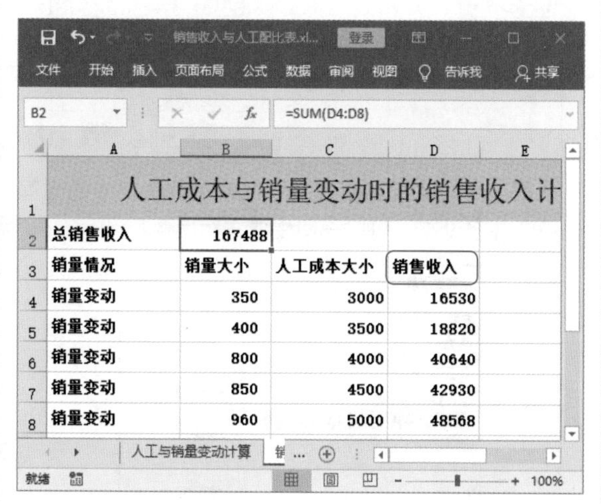

关键步骤 12：创建摘要并设置对话框。打开“方案管理器”对话框，单击“摘要”按钮，创建方案摘要。❶在打开的“方案摘要”对话框中，选中“方案摘要”单选按钮；❷设置“结果单元格”区域；❸单击“确定”按钮。

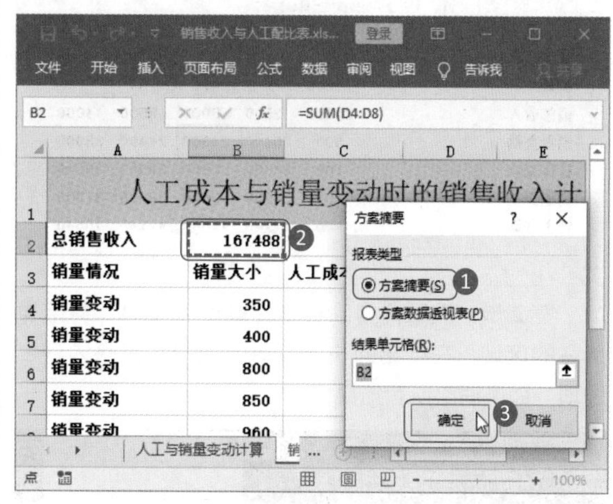

关键步骤 13：查看摘要。修改摘要报表中的单元格的标题内容，并调整表格的格式，最终效果如下图所示。

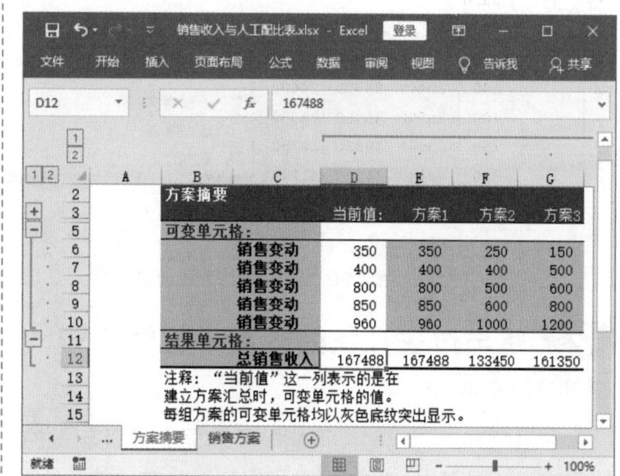

高手秘技

1. 不能清除模拟运算表中的内容怎么办

在清除模拟运算表中的某个计算结果时，系统会提示用户不能只更改模拟运算表中的某一部分。此时，如果想要清除这个计算结果必须将模拟运算表中的所有结果同时清除。

第 1 步：弹出提示对话框。清除某个计算结果时，会弹出“Microsoft Excel”对话框，系统会提示用户“无法只更改模拟运算表的一部分”。

第 2 步：清除内容。右击模拟运算表中计算结果所在的区域，在弹出的快捷菜单中选择“清除内容”选项，即可消除所有结果。

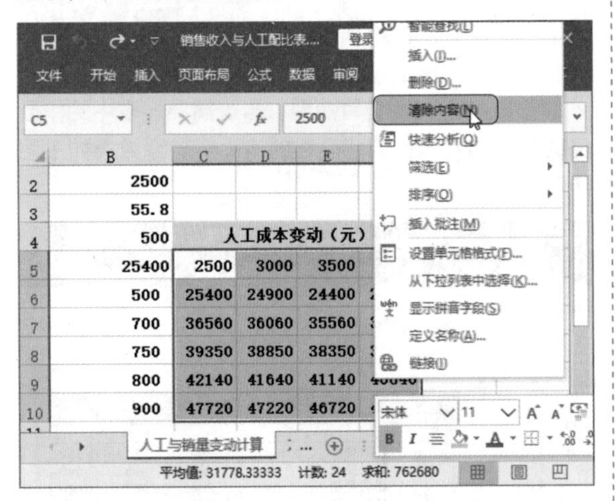

2. 想与过去几年的方案一起做比较，就要这样做

在进行方案对比时，可能需要连同之前几年做的销售方案一同对比，此时可以利用方案合并功能。

第 1 步：执行“合并”命令。打开“方案管理器”对话框，单击“合并”按钮。

第 2 步：选择工作簿和工作表。❶在打开的“合并方案”对话框中，选择其他方案所在的工作簿和工作表；❷单击“确定”按钮。

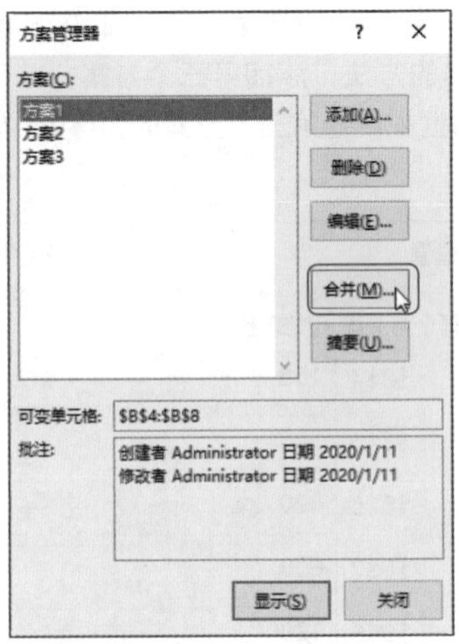

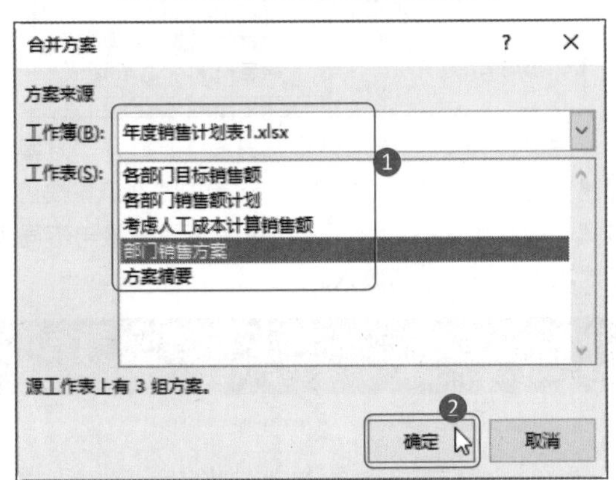

第 3 步：完成方案合并。此时其他表格中的方案也被合并了过来，可以一同生成方案摘要。

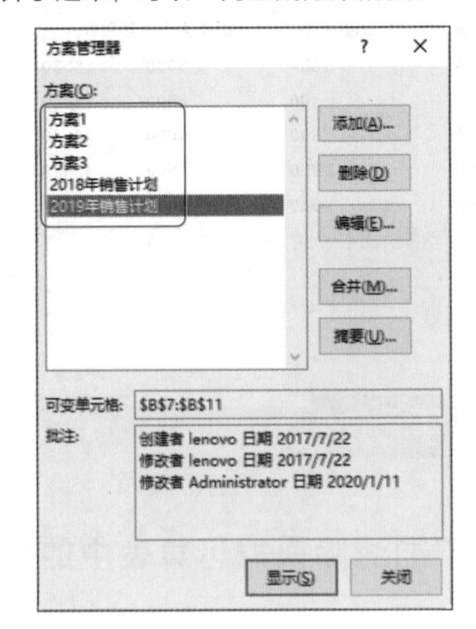

Excel 数据共享与高级应用

内容导读

在对大量数据进行存储和计算分析时，应用 Excel 中的一些高级功能可以有效地提高工作效率。Excel 表格具有强大的交互功能，例如在 Excel 表格中导入其他文件中的数据，将工作簿进行保护并共享实现多个用户同时编辑一个工作簿，运用宏命令及其功能实现 Excel 中的高级交互功能。

知识要点

- 录制宏的操作步骤
- 查看和启用宏的方法
- 登录窗口的设置
- 设置表格可编辑区域的方法
- 共享工作簿的操作流程
- 保护工作簿及查看修订的方法

案例展示

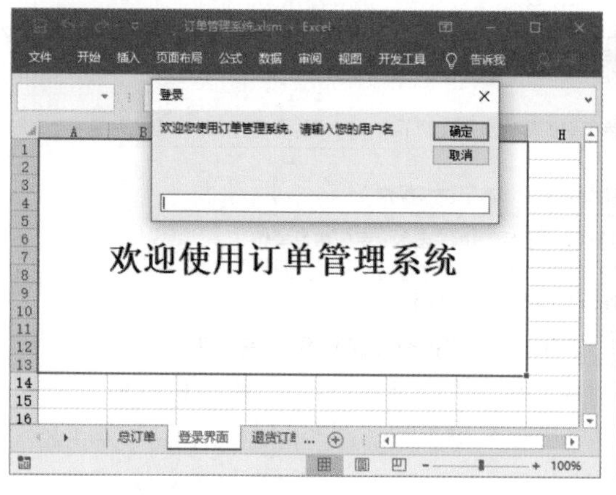

10.1 制作“订单管理系统”

案例说明

为了合理地统计销售数据，需要将公司的订单制作成“订单管理系统”，其中包含了各类订单的信息，也可以单独制作出退货订单、待发货订单、已发货订单等工作表。“订单管理系统”制作完成后，相关人员通过输入用户名和密码可成功打开文件，然后再利用宏命令快速了解各类订单项目的总和数据。

“订单管理系统”文档制作完成后的效果如下图所示。

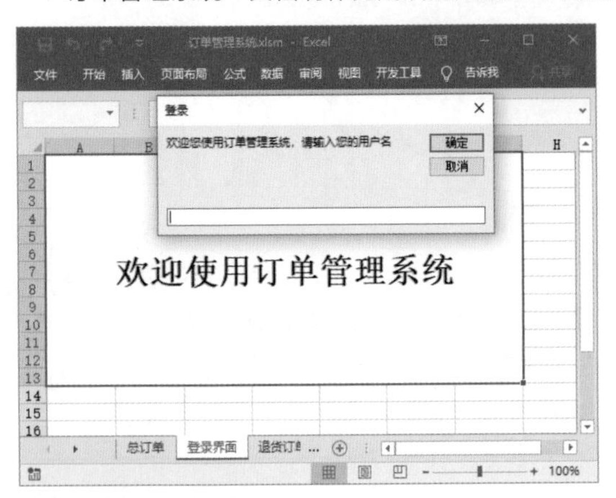

思路解析

在制作“订单管理系统”时，首先要将 Excel 文件保存成启用宏的文件，以方便后期的宏命令操作；然后再根据订单查询的需求，将需要重复操作的步骤录制成宏命令；最后，完成宏命令录制后，设置登录密码，以保证订单管理系统的安全。其制作流程及思路如下。

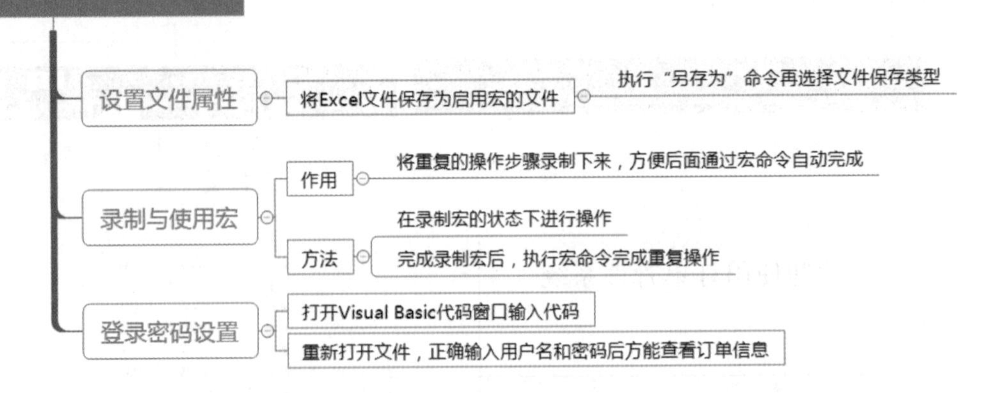

步骤详解

10.1.1 设置“订单管理系统”的文件保存类型

订单管理系统需要用到宏命令，因此 Excel 文件需要保存成启用宏的文件。具体操作步骤如下。

第 1 步：单击“文件”按钮。按照路径“素材文件\第 10 章\订单管理系统 .xlsx”打开素材文件，单击左上方的“文件”按钮。

第 2 步：打开“另存为”对话框。❶选择“另存为”选项；❷选择“这台电脑”选项；❸单击“浏览”按钮。

第 3 步：保存文件。❶在打开的“另存为”对话框中，选择文件的保存路径；❷输入“文件名”，设置“保存类型”为“Excel 启用宏的工作簿（*.xlsm）”；❸单击“保存”按钮。

第 4 步：查看保存成功的文件。更改文件的保存类型后，重新打开文件夹，可以看到该文件的类型已经发生改变。

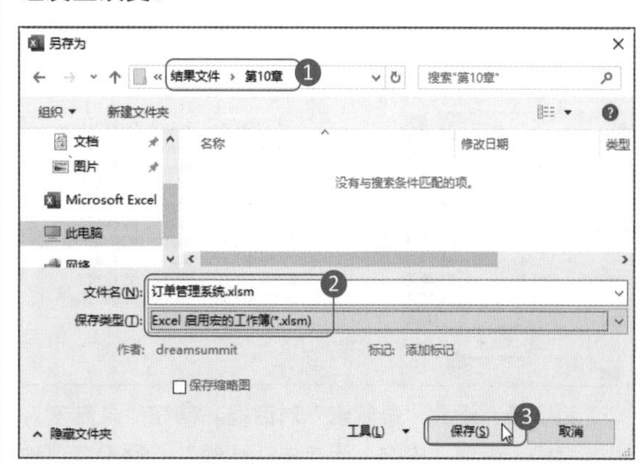

10.1.2 录制与使用宏命令

在利用 Excel 制作订单时，常常会遇到一些重复性操作。为了提高效率，可以使用 Excel 录制宏的功能，将需要重复性操作的步骤录制下来，当需要再次重复这些操作时，只需执行宏命令即可。

1. 录制自动计数的宏

在订单管理系统中，常常需要重复统计不同类型数据的总和，此时可以将求和操作录制成宏命令。其方法是在录制宏的状态下进行求和操作。

第 1 步：执行“录制宏”命令。❶打开 10.1.1 小节保存成功的启用宏的 Excel 文件，进入“总订单”工作表中；❷单击 B41 单元格，表示要对这列数据进行求和；❸单击“开发工具”选项卡下“代码”组中的“录制宏”按钮。

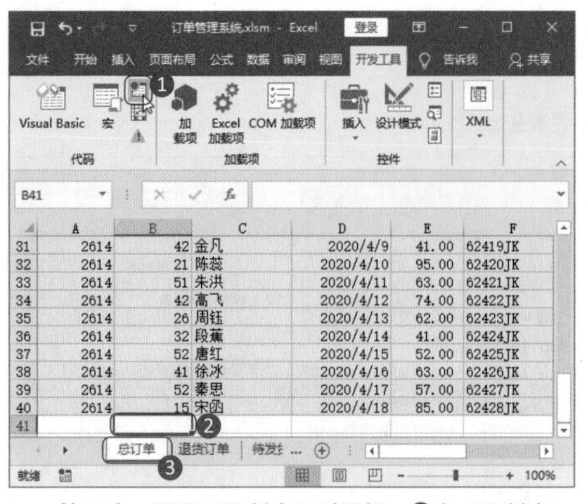

第 2 步：设置“录制宏”对话框。❶在“录制宏”对话框中，设置“宏名”为“自动计数”；❷设置“快捷键”为组合键 Ctrl+q；❸单击“确定”按钮。

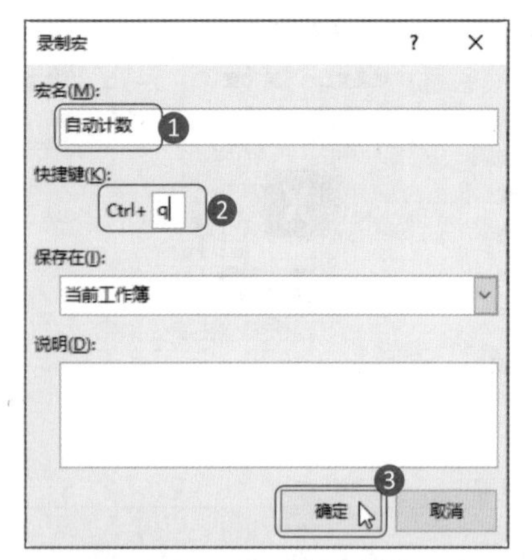

第 3 步：选择求和函数。选择“公式”选项卡下“函数库”组中的“自动求和”菜单中的“求和”选项。

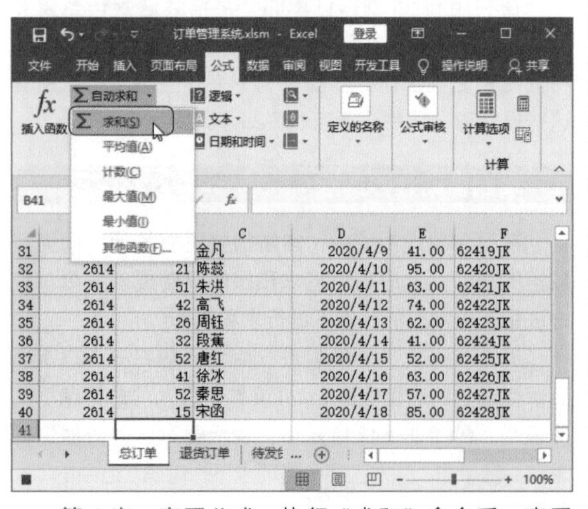

第 4 步：查看公式。执行“求和”命令后，查看数据范围是否包含了该列所有数据。如果确定公式无误，按 Enter 键完成计算。

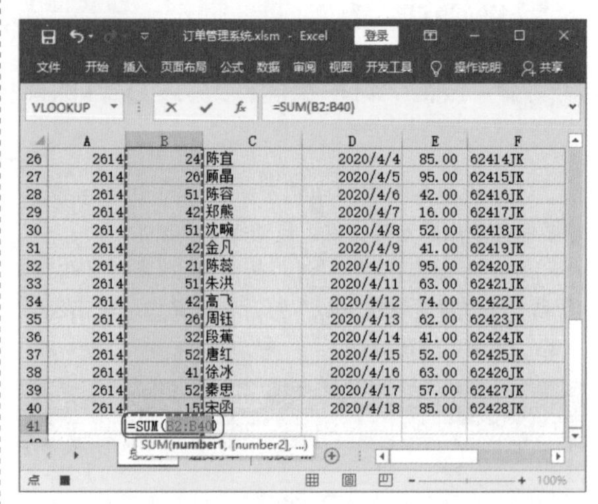

第 5 步：查看计算结果。如下图所示，B 列的“订单量”总数便被计算了出来。

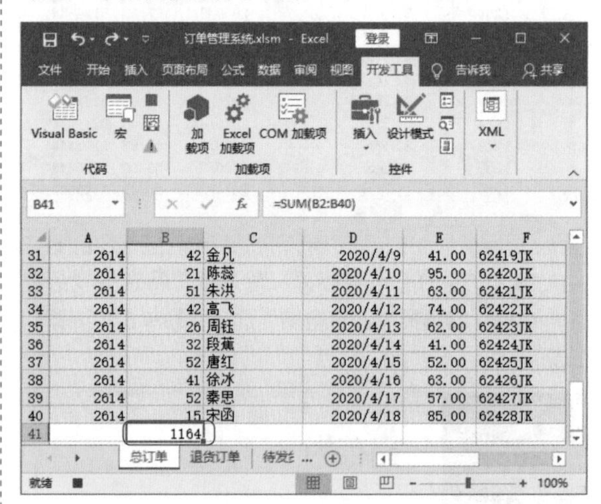

第 6 步：停止录制宏。完成求和计算后，单击“开发工具”选项卡下“代码”组中的“停止录制”按钮■，完成宏录制。

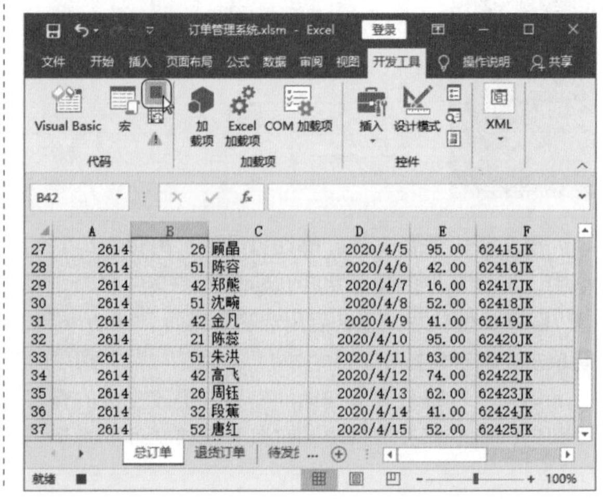

2. 执行宏命令

完成录制宏命令后，可以通过执行录制好的宏命令来对其他列的数据项目进行求和操作。在操作时，还可以利用事先设置好的宏命令快捷键，提高操作效率。

第 1 步：打开“宏”对话框。❶选中 E41 单元格，该列是“单价”列，现在需要计算所有单价的总和；❷单击“开发工具”选项卡下“代码”组中的“宏”按钮。

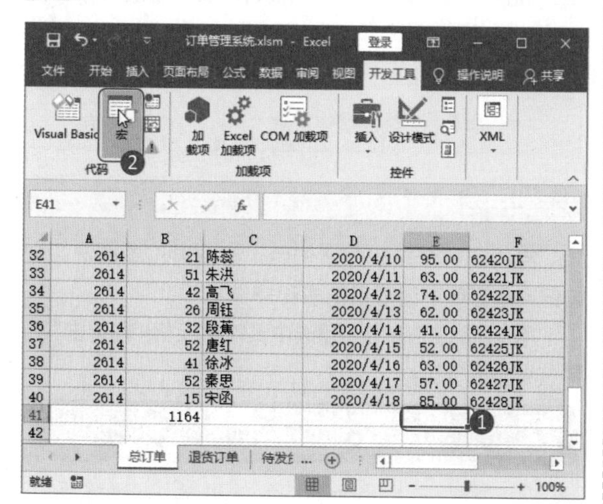

第 2 步：选择宏命令。❶在打开的“宏”对话框中，选择“宏名”为“自动计数”宏命令；❷单击“执行”按钮。

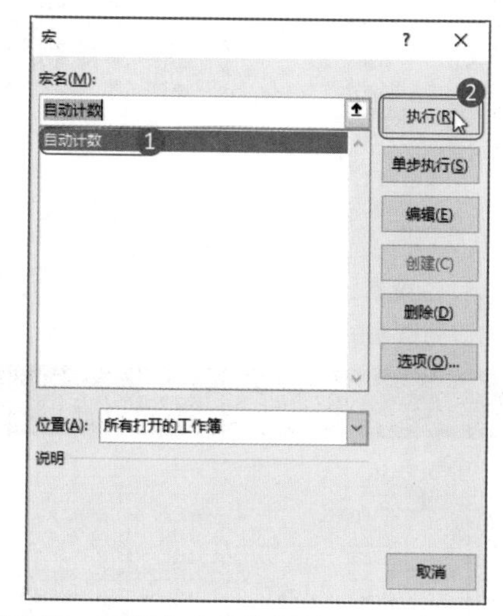

第 3 步：查看宏命令执行效果。“自动计数”宏命令执行后，E41 单元格中自动进行了“单价”列数据的求和计算。

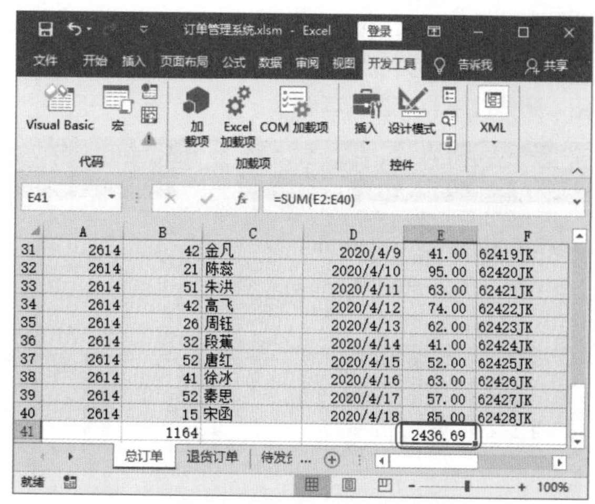

第 4 步：利用快捷键执行宏命令。选中 G41 即“订单总价”列最下面的单元格，表示需要计算这列所有订单总价数据的总和。按下事先设置好的宏快捷键 Ctrl+q，此时该单元格自动进行了“订单总和”列的数据求和计算。

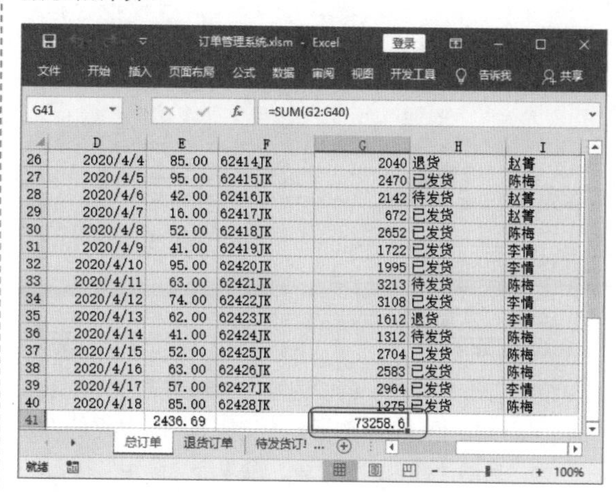

10.1.3 为“订单管理系统”添加宏命令按钮

订单管理系统的查询者并不仅限于订单管理系统的制作者，其他查询者在查看订单时，可能不知道如何操作宏命令，也不知道宏命令的操作快捷键。这时可以在订单管理系统下方添加宏命令按钮，一旦单击该按钮，便执行相应的宏命令，以方便他人对订单管理系统的查看。

1. 添加宏命令按钮

添加宏命令按钮的方法是在表格中添加按钮控件，再将该控件指定在录制好的宏命令上。具体操作步骤如下。

第 1 步：选择按钮控件。❶单击“开发工具”选项卡下“控件”组中的“插入”下三角按钮；❷选择“按钮（窗体控件）”选项□。

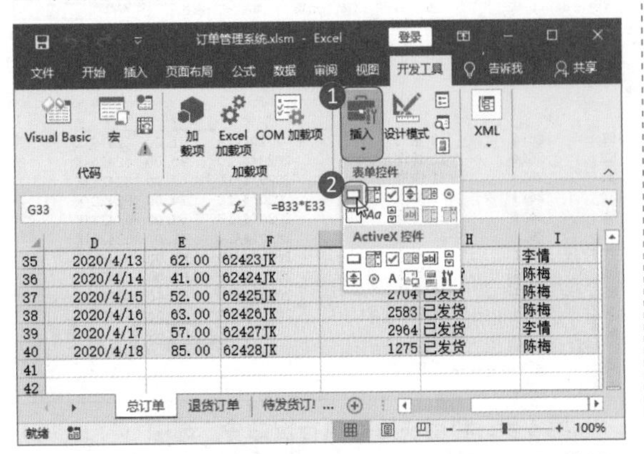

第 2 步：绘制按钮控件。在表格下方绘制按钮控件。

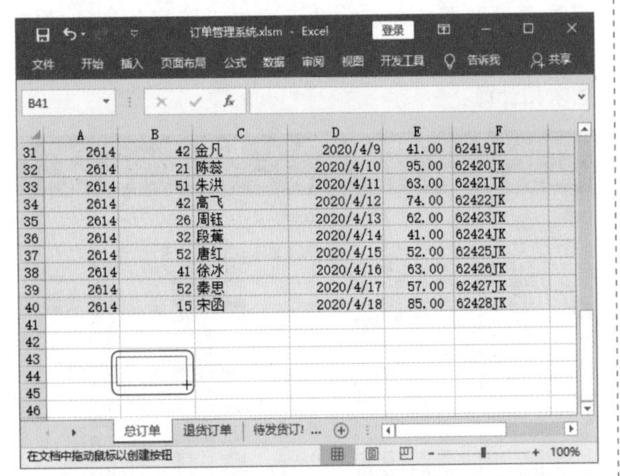

第 3 步：指定宏。❶按钮控件绘制完成后，会弹出“指定宏”对话框，在该对话框中选择事先录制好的“宏名”为“自动计数”的宏命令；❷单击“确定”按钮。

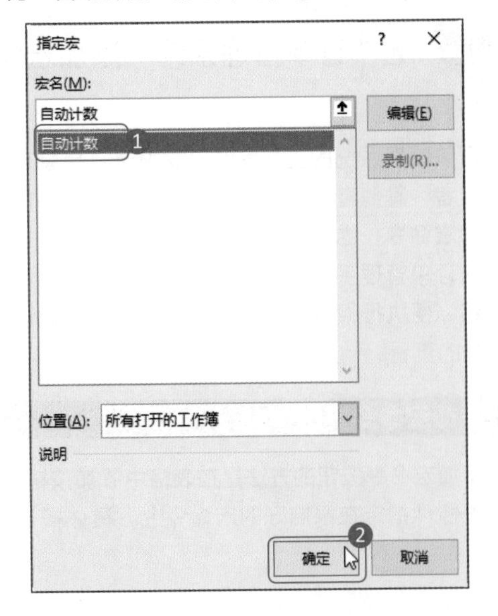

第 4 步：更改按钮显示文字。将鼠标定位到按钮上，输入新的按钮名为“计算”，表示该按钮具有计算功能。

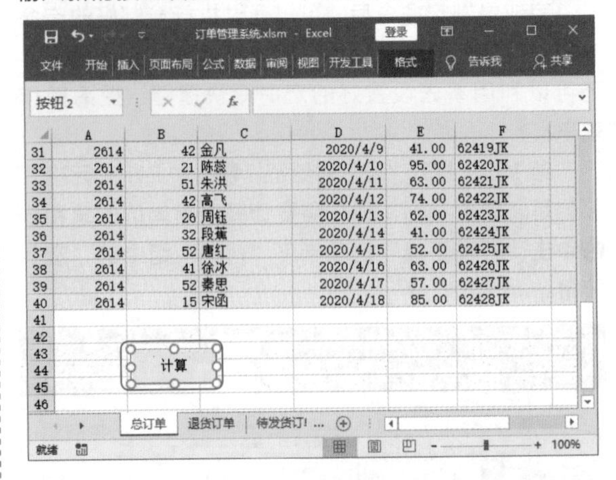

2. 使用宏命令按钮

完成宏命令按钮的添加后，可以通过单击宏命令按钮完成订单不同项目的求和操作。

第 1 步：单击按钮。❶选中 B41 单元格；❷单击“计算”宏命令按钮。

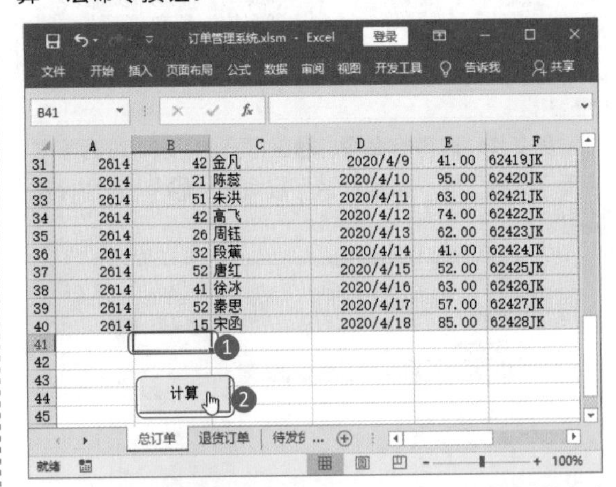

第 2 步：查看计算结果。此时在 B41 单元格中自动计算出该列数据的总和。

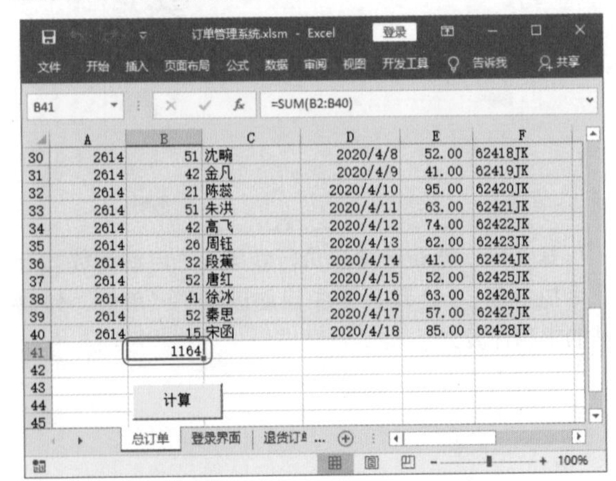

3. 冻结单元格以方便执行宏命令

在订单管理系统下方执行宏命令或者单击宏命令按钮时，由于订单行数太多，往往看不到这一行数据的字段名称，那么可以通过冻结窗格的操作，将表格第一行单元格冻结，以方便数据项目的查看。

第 1 步：选择“冻结首行”选项。❶选中第一行任意一个单元格；❷选择“视图”选项卡下“窗口”组中“冻结窗格”下拉菜单中的“冻结首行”选项。

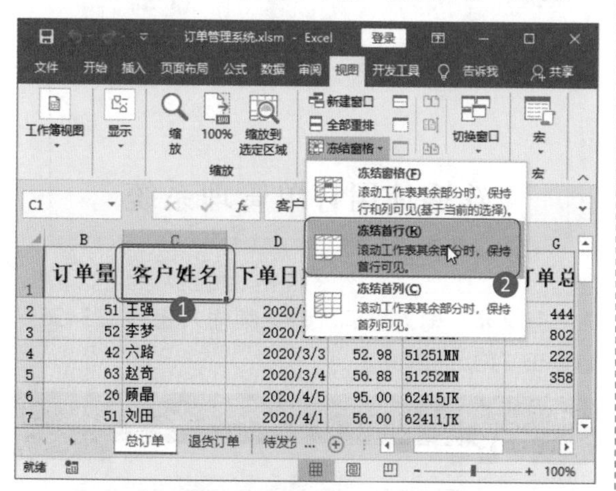

第 2 步：查看窗格冻结效果。将表格拖动到最下面，可以看到首行单元格也不会被隐藏，如此一来就可以更加方便地查看订单信息了。

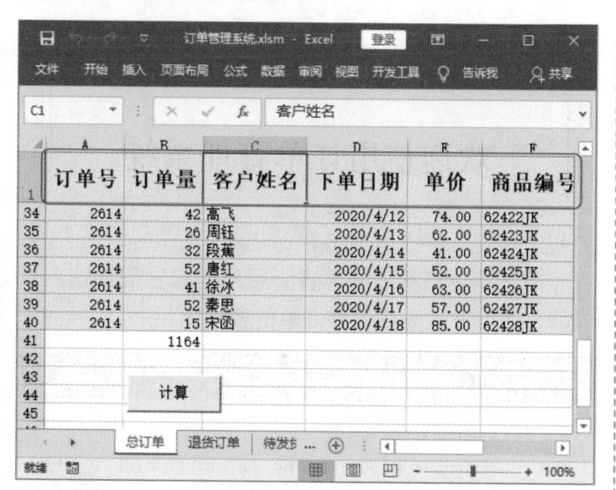

10.1.4 设置订单查看密码登录窗口

完成订单管理系统的表格制作后，为了保证订单管理系统的安全，可以设置登录界面，让只有知道用户名和密码的管理人员才有资格查看订单管理系统中的数据。实现这一操作需要用到 Visual Basic 代码命令。

1. 设置登录代码

实现登录操作的核心在于设置登录操作的代码。具体操作步骤如下。

第 1 步：新建“登录界面”工作表。因为在用户打开订单管理系统并正确输入用户名和密码前，不能显示订单数据信息，因此需要一个登录界面。❶新建“登录界面”工作表；❷在工作表中合并单元格，并输入文字。

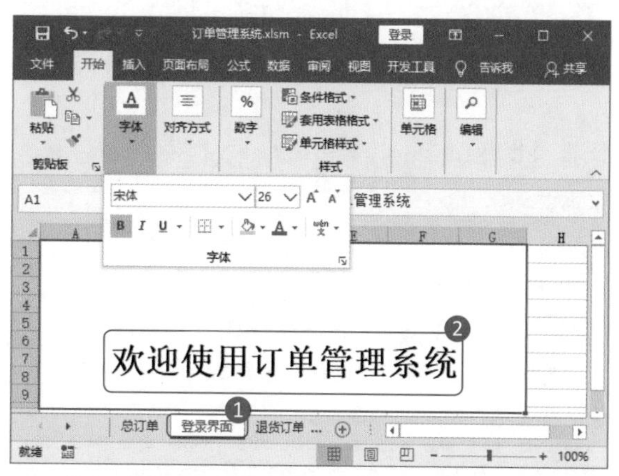

第 2 步：执行 Visual Basic 命令。❶选择“开发工具”选项卡；❷在“代码”组中单击 Visual Basic 按钮。

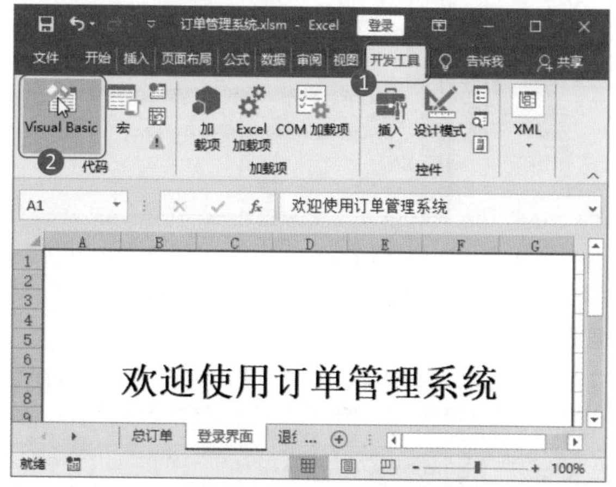

第 3 步：设置代码。在打开的代码编辑器窗口中输入代码时，需要设置“用户名”为“王强”，设置“密码”为 123456，操作方法如下。❶在打开的代码编辑器窗口中，在左侧的“工程 - VBAProject”窗口中选择 ThisWorkbook 选项；❷输入以下代码：

```
Private Sub Workbook_Open()
Dim m As String
Dim n As String
Do Until m = " 王强 "
   m = InputBox(" 欢迎您使用订单管理系统，请输入您
```

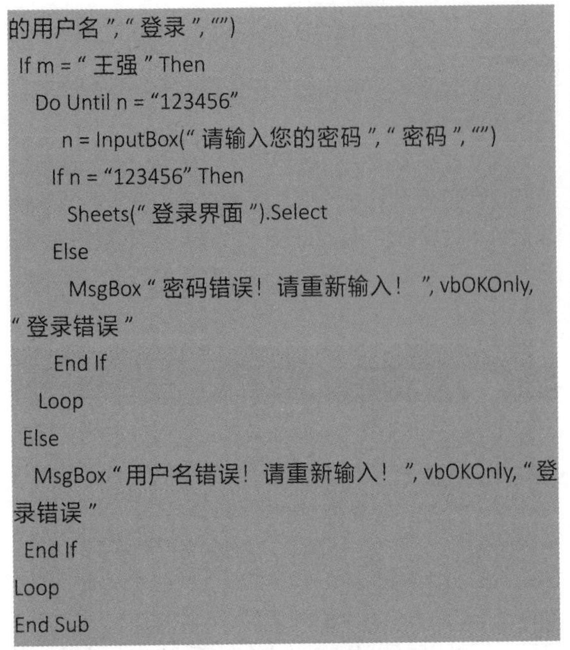

```
的用户名","登录","")
 If m = "王强" Then
   Do Until n = "123456"
       n = InputBox("请输入您的密码","密码","")
     If n = "123456" Then
       Sheets("登录界面").Select
     Else
       MsgBox "密码错误！请重新输入！ ", vbOKOnly,
"登录错误"
     End If
   Loop
 Else
   MsgBox "用户名错误！请重新输入！ ", vbOKOnly, "登
录错误"
 End If
Loop
End Sub
```

❸单击左上角的“保存”按钮。

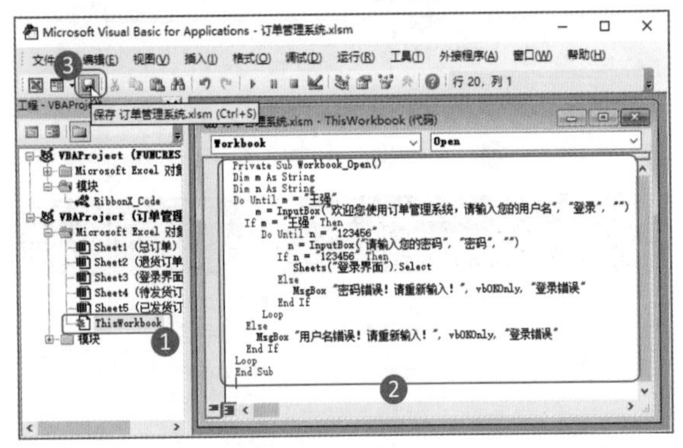

第 4 步：关闭代码窗口。单击右上角的关闭按钮×，关闭代码窗口，然后再按下组合键 Ctrl+S，保存订单管理系统文件。

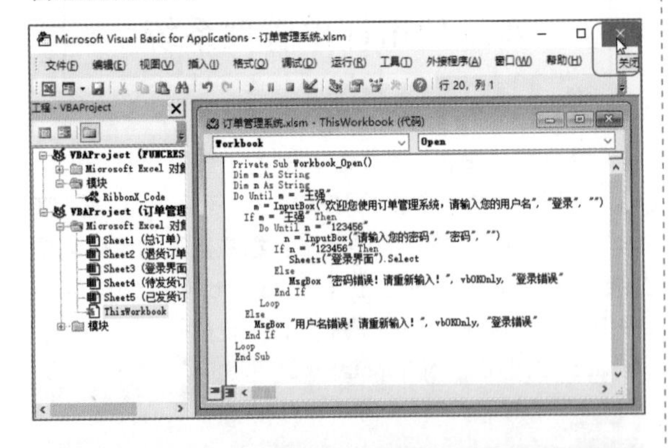

2. 使用密码登录

设置了登录密码的文件在打开时需要正确输入用户名和密码才能成功查看订单信息。具体操作步骤如下。

第 1 步：输入用户名。❶重新打开“订单管理系统.xlsm”文件，在弹出的“登录”对话框中输入用户名“王强”；❷单击“确定”按钮。

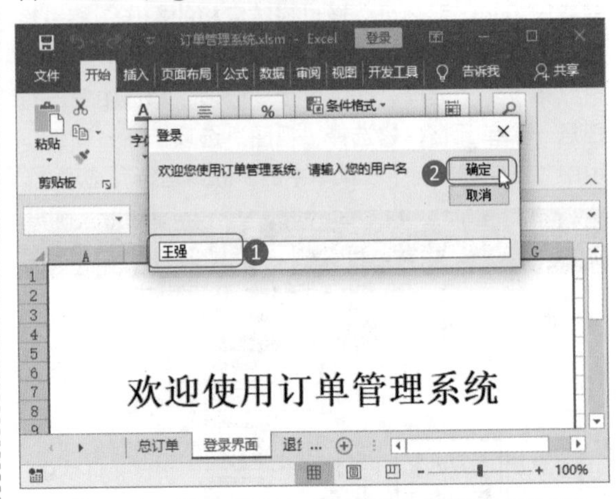

第 2 步：输入密码。❶继续输入密码 123456；❷单击“确定”按钮。

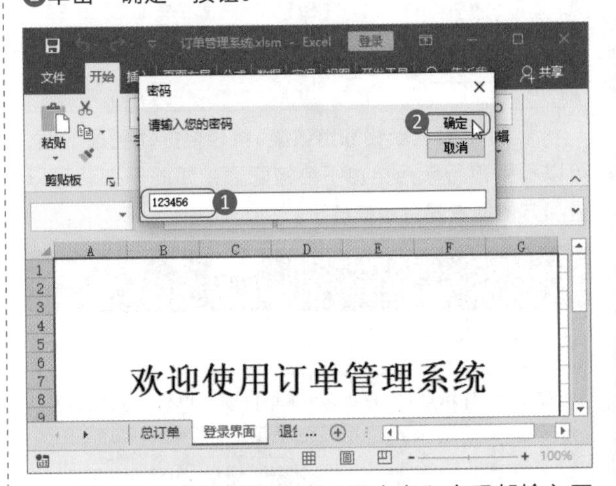

第 3 步：查看表格内容。用户名和密码都输入正确后，即可进入表格查看订单信息。

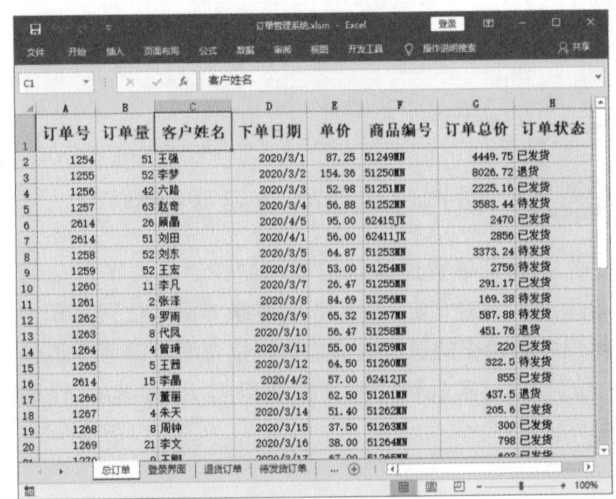

订单号	订单量	客户姓名	下单日期	单价	商品编号	订单总价	订单状态
1254	51	王强	2020/3/1	87.25	51249MN	4449.75	已发货
1255	52	李梦	2020/3/2	154.36	51250MN	8026.72	退货
1256	42	六路	2020/3/3	52.98	51251MN	2225.16	已发货
1257	63	赵奇	2020/3/4	56.88	51252MN	3583.44	待发货
2614	26	顾晶	2020/4/5	95.00	62415JK	2470	已发货
2614	51	刘田	2020/4/1	56.00	62411JK	2856	已发货
1258	52	刘东	2020/3/5	64.87	51253MN	3373.24	待发货
1259	52	王宏	2020/3/6	53.00	51254MN	2756	待发货
1260	11	李凡	2020/3/7	26.47	51255MN	291.17	已发货
1261	2	张泽	2020/3/8	84.69	51256MN	169.38	待发货
1262	9	罗雨	2020/3/9	65.32	51257MN	587.88	待发货
1263	8	代凤	2020/3/10	56.47	51258MN	451.76	退货
1264	4	曾琦	2020/3/11	55.00	51259MN	220	已发货
1265	5	王茜	2020/3/12	64.50	51260MN	322.5	待发货
2614	15	李晶	2020/4/2	57.00	62412JK	855	已发货
1266	7	董丽	2020/3/13	62.50	51261MN	437.5	退货
1267	4	朱天	2020/3/14	51.40	51262MN	205.6	已发货
1268	8	周钟	2020/3/15	37.50	51263MN	300	已发货
1269	21	李文	2020/3/16	38.00	51264MN	798	已发货

10.2 共享和保护“产品出入库查询表”

案例说明

为了更高效地统计产品的入库数据和出库数据，公司常常会制作产品出入库查询表，并且将表格进行共享，让不同的销售部门人员之间可以查看产品的出入库信息，而且不同的销售部门可以将自己部门的产品出入库信息共享到表格中，让信息的传递更高效及时。

“产品出入库查询表”文档制作完成后的效果如下图所示。

产品出入库查询表.xlsx [已共享] - Excel

	A	B	C	D	E	F	
5	5127IH	服装	半身裙	M号	62	52.62	条
6	5128IH	服装	碎花长裙	S号	41	55.00	条
7	5129IH	服装	打底衫	L号	52	65.00	件
8	5130IH	服装	吊带裙	M号	12	85.00	条
9	5131IH	服装	小外套	L号	52	74.00	件
10	5132IH	服装	九分裤	M号	63	89.00	条
11	5133IH	服装	七分裤	L号	52	158.00	条
12	5134IH	服装	长裤	M号	41	54.98	条

商品入库表　商品出库表

思路解析 

在共享和保护“产品出入库查询表”时，首先应该在信任中心对文件进行设置，以避免后期共享失败。然后再设置可编辑区域，对工作表添加保护密码，避免共享后，重要信息被修改。接着开始设置工作簿的共享命令。当工作簿成功共享后，可以通过保护工作簿显示修订的方法查看他人对工作簿的修改。其制作流程及思路如下。

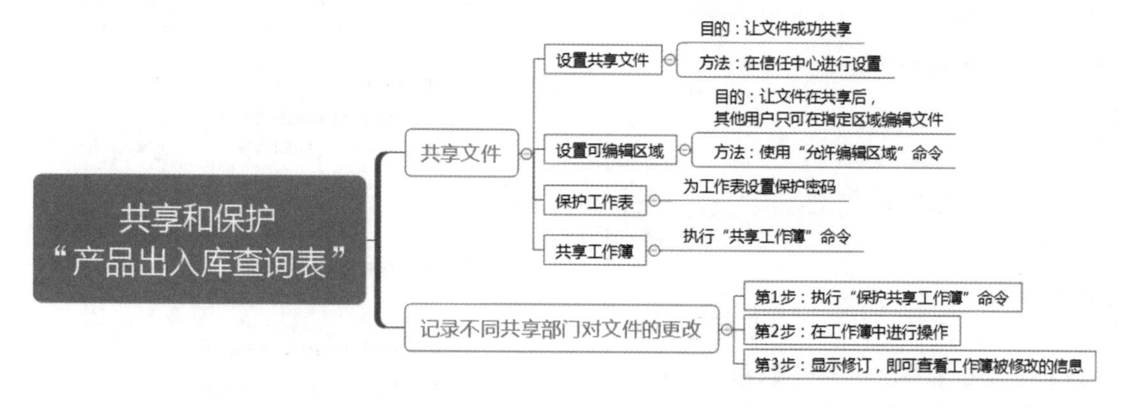

步骤详解

10.2.1 共享“产品出入库查询表”

在应用 Excel 制作完成产品出入库查询表后，往往需要将其共享出去，让相关人员进行查看。

1. 设置共享文件

要想共享工作簿、实现协作办公，首先要保证用户的计算机在局域网内联网正常，然后再将 Excel 工作簿创建为共享文件，让他人能进行共享操作。在共享文档前，应先进行个人信息设置，保证后期共享能顺利进行。

第 1 步：单击“选项”按钮。 按照路径“素材文件\第 10 章\产品出入库查询表.xlsx”打开素材文件，单击“文件”命令，选择“选项”选项。

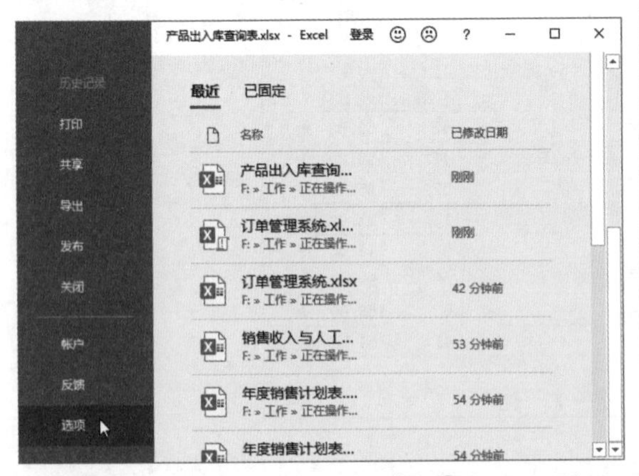

第 2 步：打开“信任中心”对话框。 ❶在“Excel 选项”对话框中，切换到“信任中心”选项卡；❷单击“信任中心设置”按钮。

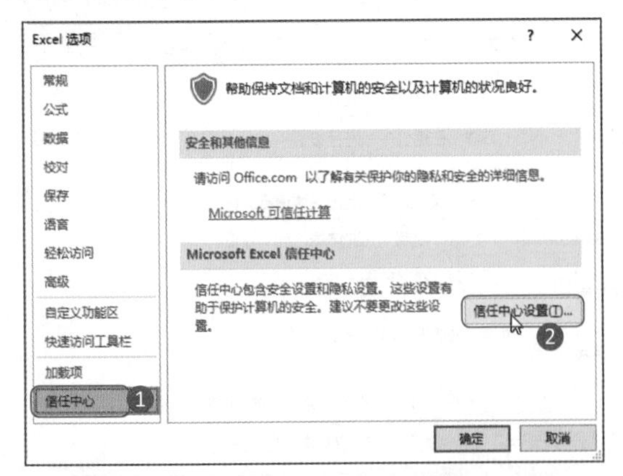

第 3 步：设置“信任中心”对话框。 ❶在“信任中心”对话框中切换到“隐私选项”选项卡；❷取消勾选“保存时从文件属性中删除个人信息”复选框；❸单击“确定”按钮。

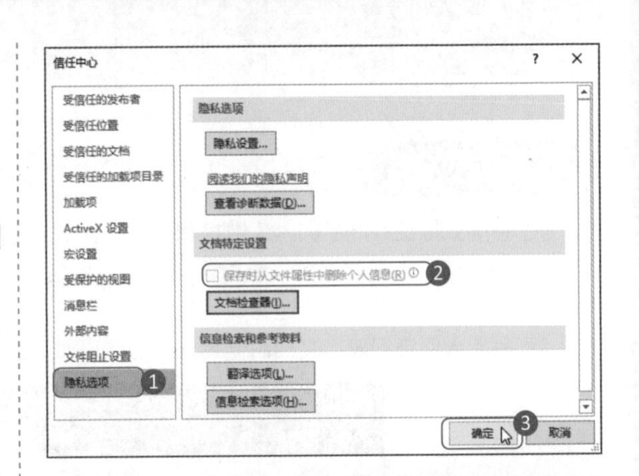

2. 设置可编辑区域

在共享工作簿之前，为了避免重要信息被更改，可以事先设置好可共享的区域。具体操作步骤如下。

第 1 步：单击“允许编辑区域”按钮。 单击“审阅”选项卡下“保护”组中的“允许编辑区域”按钮。

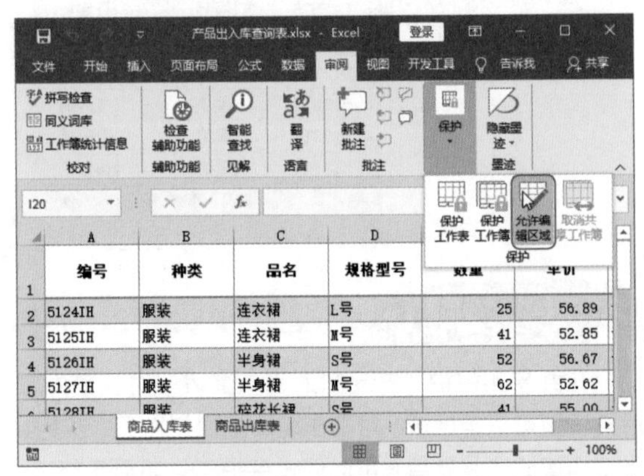

第 2 步：设置“允许用户编辑区域”对话框。 在打开的“允许用户编辑区域”对话框中单击“新建”按钮。

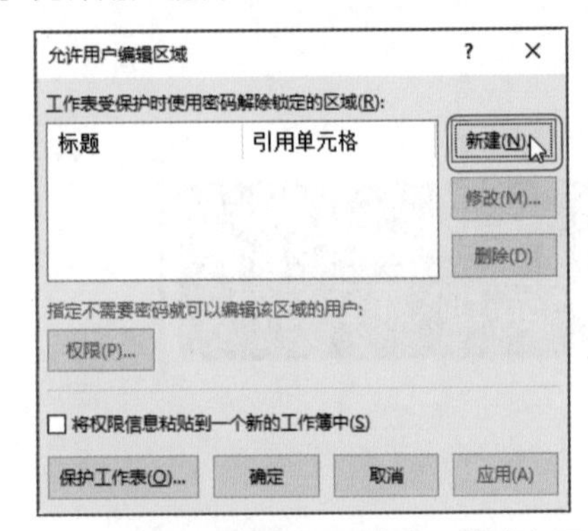

第 3 步：设置“新区域”对话框。 ❶在打开的“新区域”对话框中设置“标题”为“可编辑区域”；❷在“引

用单元格”中引用单元格区域 A23:H23，该区域是产品入库表下方的空白区域，表示用户不能更改表中已有的信息，但是可以在空白的地方添加新的产品入库信息；❸单击“确定”按钮完成可编辑区域的添加。

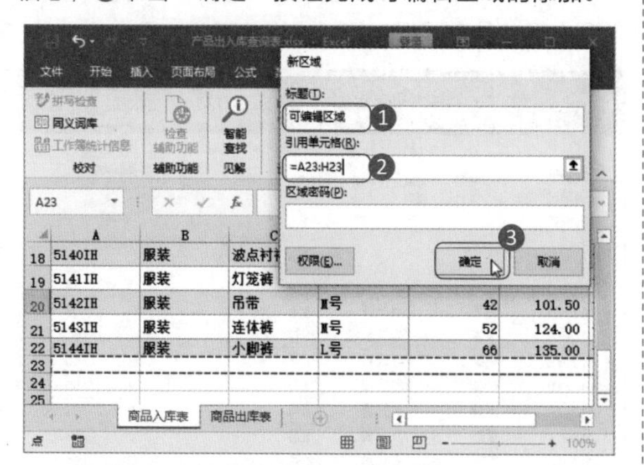

第 4 步：确定可编辑区域的设置。回到“允许用户编辑区域”对话框后，单击“确定”按钮，完成可编辑区域的设置。

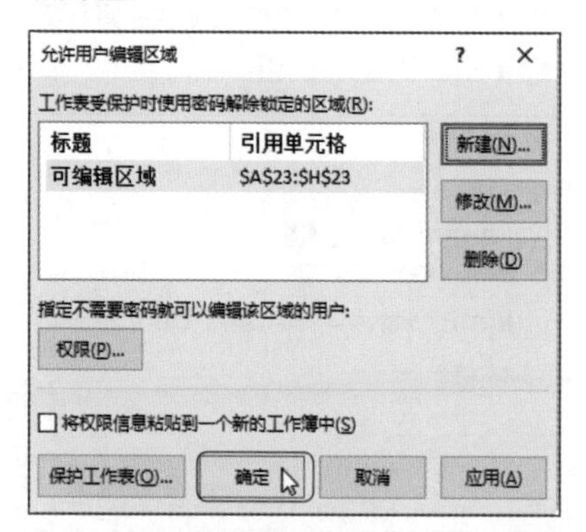

3. 保护工作表

为了进一步保护产品出入库查询表，可以设置保护工作表的密码。具体操作步骤如下。

第 1 步：单击“保护工作表”按钮。单击“审阅”选项卡下“保护”组中的“允许编辑区域”按钮，打开“允许用户编辑区域”对话框，单击“保护工作表”按钮。

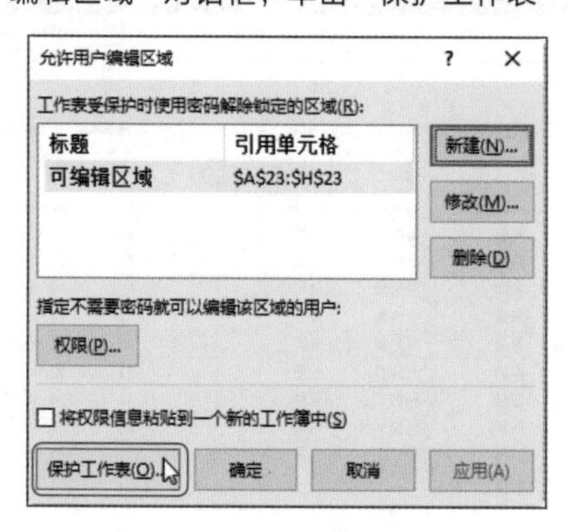

第 2 步：设置“保护工作表”对话框。❶在“保护工作表”对话框中输入“取消工作表保护时使用的密码”123；❷选中如下图所示的两个选项；❸单击“确定”按钮。

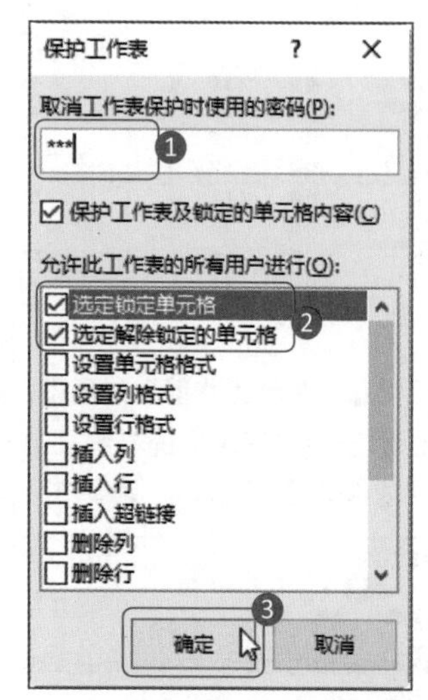

第 3 步：再次输入密码完成工作表的保护设置。❶在弹出的“确认密码”对话框中再次输入密码 123；❷单击“确定”按钮，完成对工作表的保护设置。

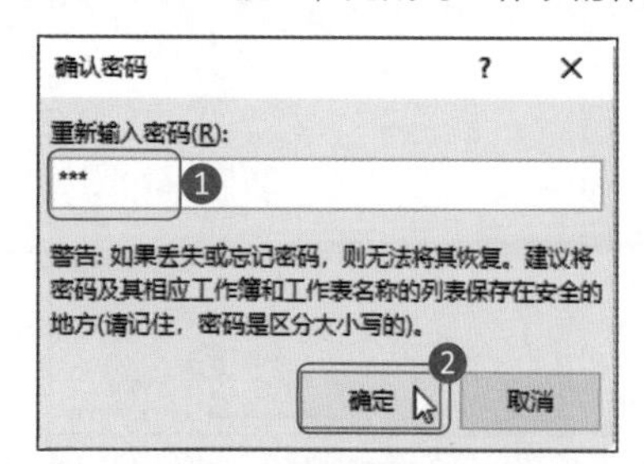

4. 共享工作簿

完成文档个人信息设置后，就可以开始进行文档共享了。具体操作步骤如下。

第 1 步：单击“共享工作簿”按钮。单击“审阅”选项卡下“共享”组中的“共享工作簿”按钮。

专家点拨

从 Excel 2016 之后，Excel 已经取消了旧版的“共享工作簿”功能，用户可以在“文件”选项卡中使用新版共享，即将工作簿保存到 OneDrive 实现共享。如果要使用旧版的共享功能，可以在“Excel 选项”对话框的“自定义功能区”中添加“共享工作簿（旧版）”“保护共享（旧版）”“跟踪更改（旧版）”等功能。本例已将以上的按钮添加到“审阅”选项卡中。

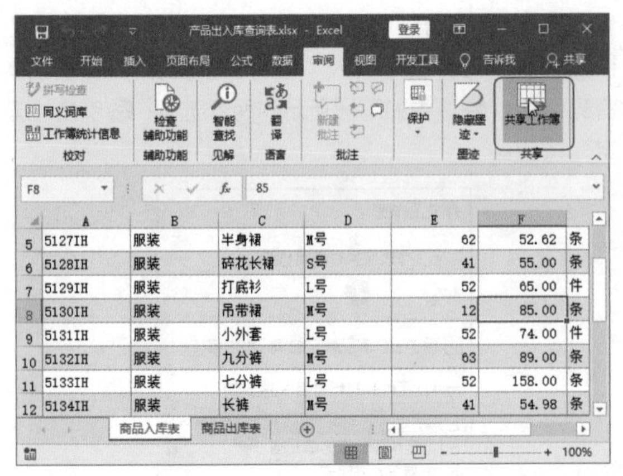

第 2 步：设置“共享工作簿”对话框。❶单击“编辑”选项卡；❷选中“使用旧的共享工作簿功能，而不是新的共同创作体验”复选框；❸单击“确定”按钮。

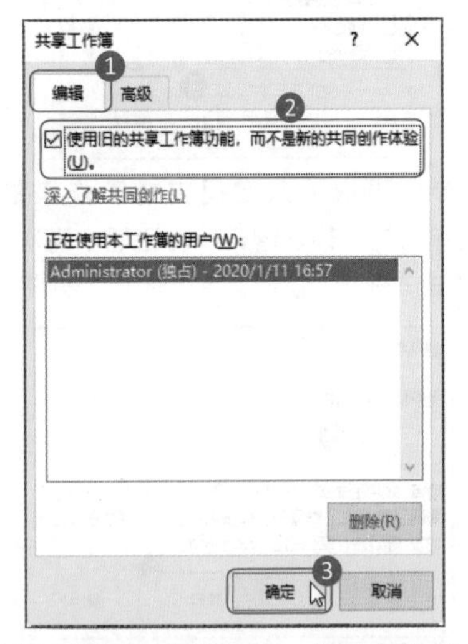

第 3 步：实现工作簿共享。此时文档便成功实现共享，文件名中带有“已共享”二字。

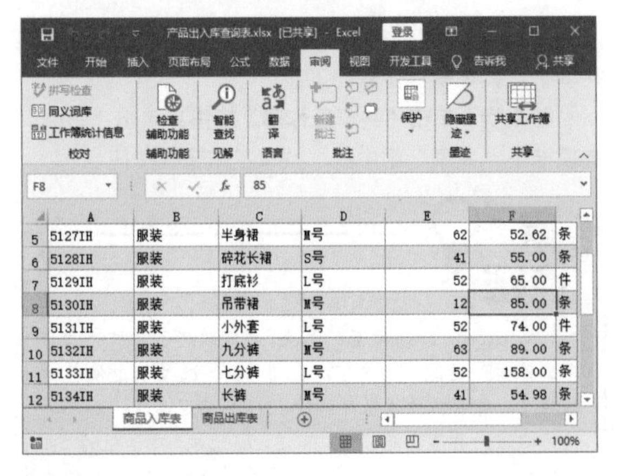

10.2.2 记录共享工作簿的修订信息

产品出入库查询表共享给他人后，他人可以对表单进行修改及内容添加。为了防止数据丢失，他人的每一次修改都要进行记录，这时可以使用保护共享工作簿功能，显示修订记录。

第 1 步：单击“保护共享”按钮。单击“审阅”选项卡下“共享”组中的“保护共享”按钮。

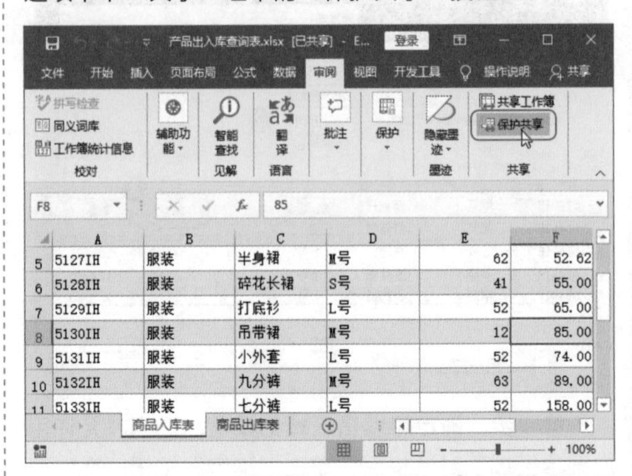

第 2 步：设置“保护共享”对话框。❶在弹出的“保护共享工作簿”对话框中，勾选“以跟踪修订方式共享”复选框；❷单击“确定”按钮。

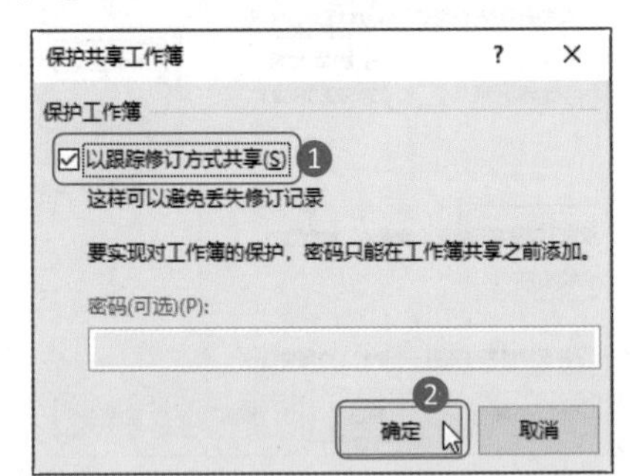

第 3 步：在共享工作簿中进行内容修改。❶在不允许编辑区域，如 E8 区域，进行内容修改，则会弹出“Microsoft Excel”提示信息；❷在共享工作簿允许编辑区域，如最后一行进行数据内容添加，此时修订操作已经被记录。

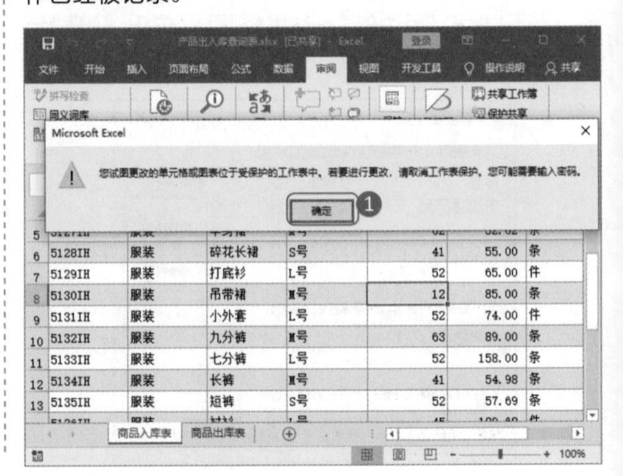

第 4 步：突出显示修订。单击“审阅”选项卡下“共享”组中的“跟踪更改”按钮，选择“突出显示修订”选项。

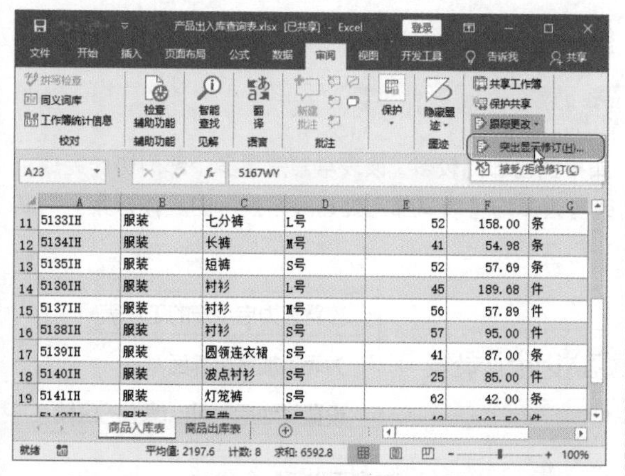

第 5 步：设置“突出显示修订”对话框。❶在弹出的“突出显示修订”对话框中勾选“时间”复选框；❷单击“确定”按钮。

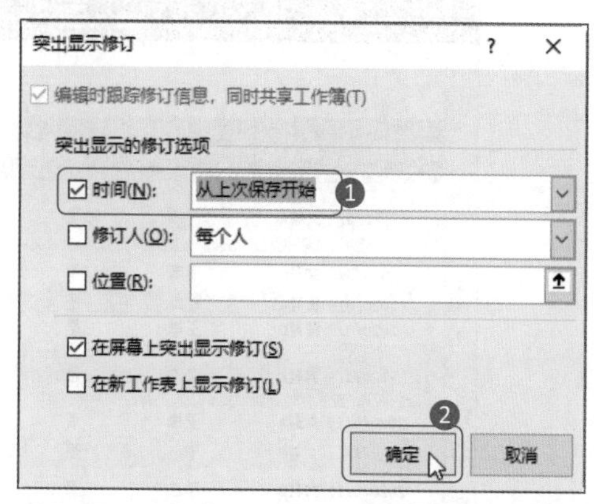

第 6 步：查看修订操作。将鼠标指针放到文档中进行过修改的地方，此时修订便突出显示出来。被共享保护的工作表中，每一处修订都可以这样被查看到，有效地保护了产品出入库查询表的安全。

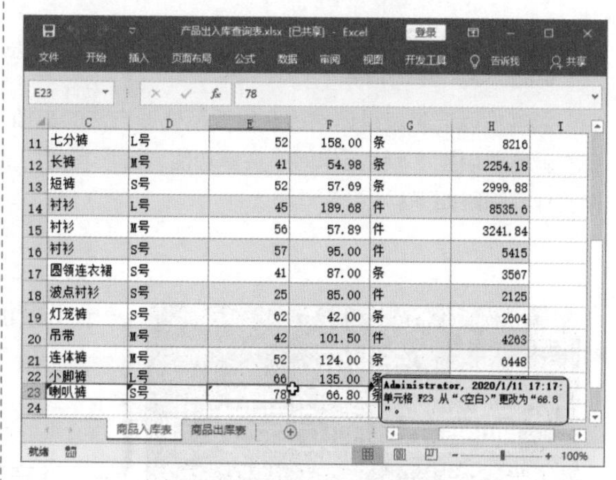

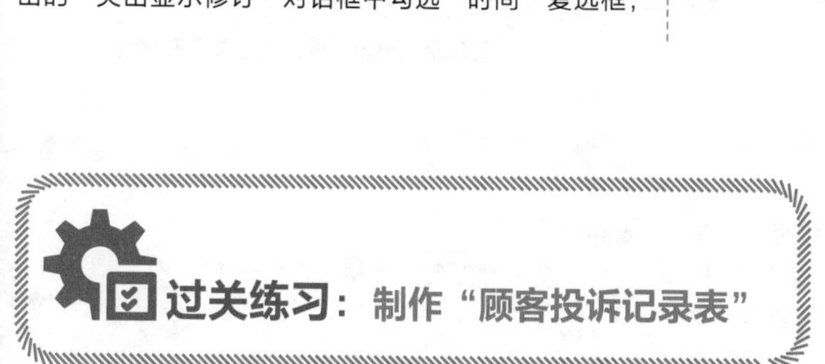

通过前面内容的学习，相信读者不仅掌握了如何在 Excel 中利用宏完成重复性工作以及编写代码设置登录界面，还懂得了当文档完成后如何进行分享与保护。为了巩固所学内容，下面以制作“顾客投诉记录表”为综合案例，讲解如何将投诉记录表共享到不同的部门进行信息完善的操作。读者可以结合思路解析，自己动手进行强化练习。

“顾客投诉记录表”文档制作完成后的效果如下图所示。

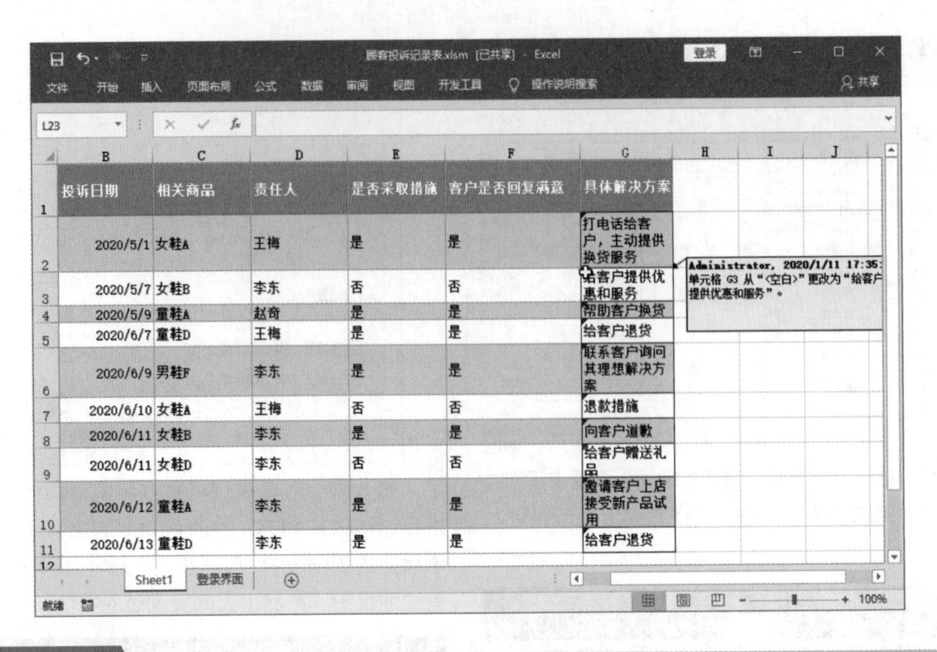

思路解析

顾客投诉记录表是记录顾客投诉及处理方法的文档，如果销售部门较多，该表常常需要多个部门协作完成。此时就需要用到 Excel 工作簿的共享功能，让所有部门的销售人员均可填写部门处理顾客投诉的具体方案。其制作流程及思路如下。

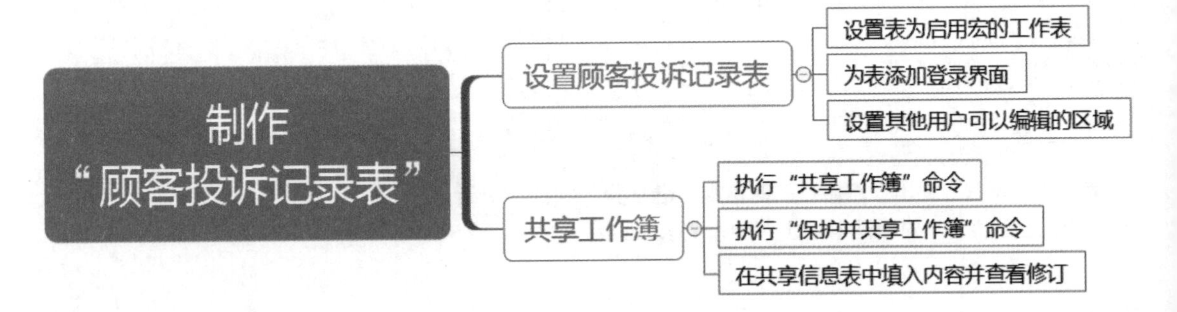

关键步骤

关键步骤 1：更改文件类型。❶按照路径“素材文件\第 10 章\顾客投诉记录表 .xlsx”打开素材文件，执行“另存为”命令，选择保存路径；❷设置保存“文件名”，并选择文件的“保存类型”为“Excel 启用宏的工作簿（*.xlsm）”；❸单击“保存”按钮。

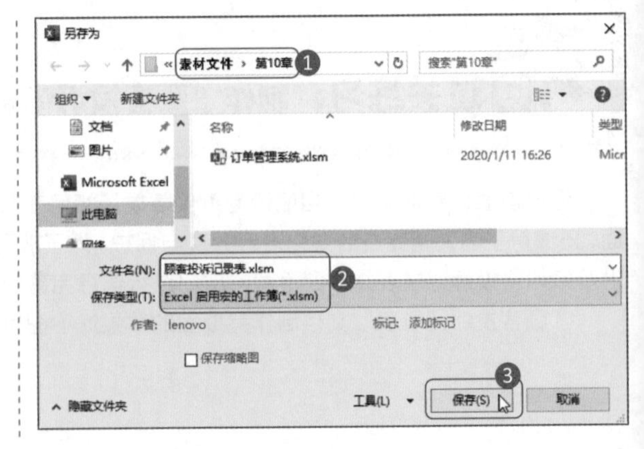

关键步骤 2：新建工作表并执行 Visual Basic 命令。 ❶新建“登录界面”工作表；❷合并单元格并输入文字；❸单击“开发工具”选项卡下“代码”组中的 Visual Basic 按钮。

关键步骤 3：输入代码。 ❶双击 ThisWorkbook 选项卡；❷在界面中输入以下代码：

```
Private Sub Workbook_Open()
Dim m As String
Dim n As String
Do Until m = “ 赵总 ”
  m = InputBox(“ 请输入您的用户名 ”, “ 登录 ”, “”)
 If m = “ 赵总 ” Then
  Do Until n = “123”
      n = InputBox(“ 请输入您的密码 ”, “ 密码 ”, “”)
    If n = “123” Then
      Sheets(“ 登录界面 ”).Select
    Else
      MsgBox “ 密码错误！ 请重新输入！ ”, vbOKOnly,
“ 登录错误 ”
    End If
  Loop
 Else
  MsgBox “用户名错误！ 请重新输入！ ”, vbOKOnly, “登
录错误 ”
 End If
Loop
End Sub
```

❸单击“保存”按钮。

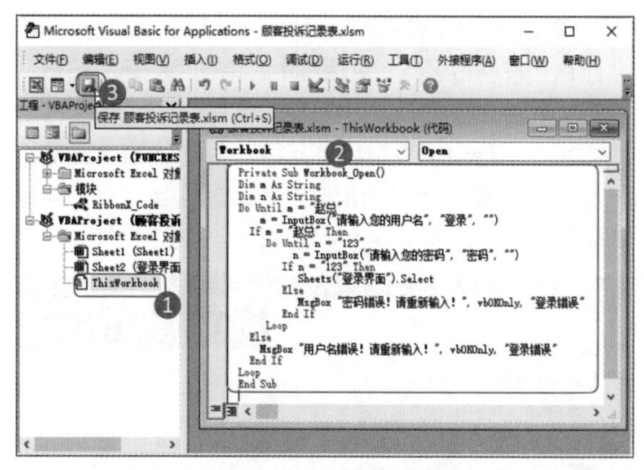

关键步骤 4：新建“具体解决方案”列。 切换到 Sheet1 工作表中，新建“具体解决方案”列，让表格的共享操作者填写信息，并调整格式。

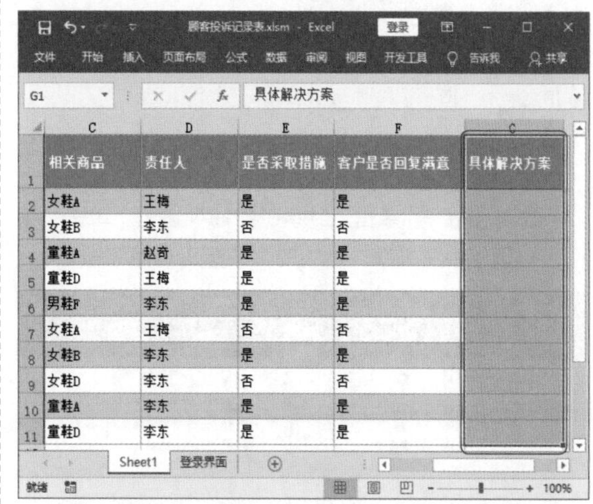

关键步骤 5：单击“允许编辑区域”按钮。 单击“审阅”选项卡下“保护”组中的“允许编辑区域”按钮。

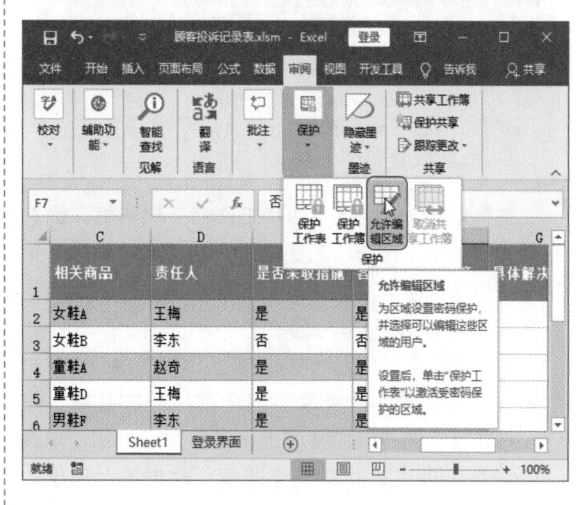

关键步骤 6：设置“新区域”对话框。❶在打开的“允许用户编辑区域”对话框中，单击“新建”按钮，打开“新区域”对话框，设置“标题”为“请填写解决方案”；❷设置“引用单元格”为新建的单元格区域 G2:G11；❸单击“确定”按钮。返回到“允许用户编辑区域”对话框中，再单击“确定”按钮。

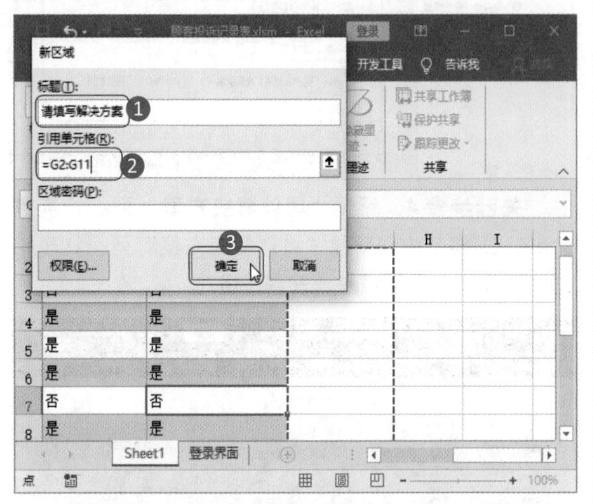

关键步骤 7：单击“共享工作簿”按钮。单击“审阅”选项卡中“共享”组中的“共享工作簿”按钮。

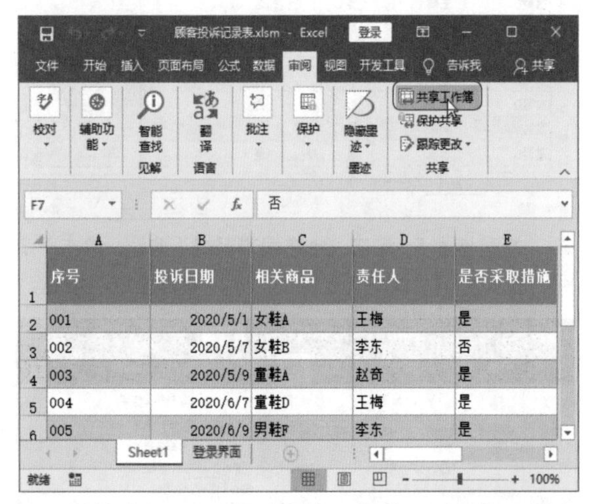

关键步骤 8：设置“共享工作簿”对话框。❶在打开的“共享工作簿”对话框中，切换到“编辑”选项卡，勾选“使用旧的共享工作簿功能，而不是新的共同创作体验”复选框；❷单击“确定”按钮。

关键步骤 9：执行“保护共享工作簿”命令。单击“审阅”选项卡下“共享”组中的“保护共享”按钮。❶在打开的“保护共享工作簿”对话框中，勾选“以跟踪修订方式共享”复选框；❷单击“确定”按钮。

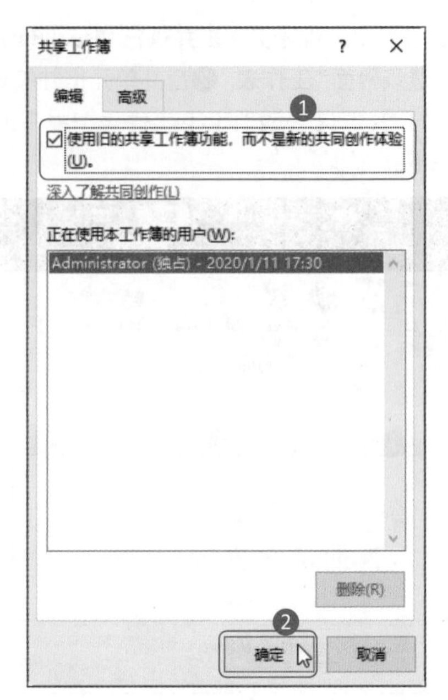

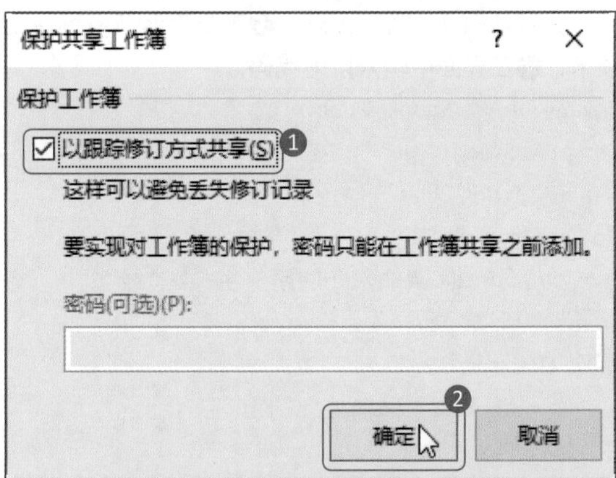

关键步骤 10：修改内容显示修订。❶在 Sheet1 工作表“具体解决方案”下面的单元格中输入内容；❷选择“跟踪更改”菜单中的“突出显示修订”选项。

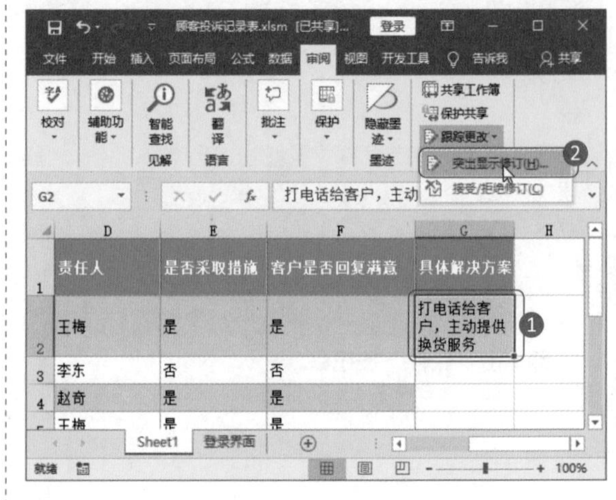

关键步骤 11：设置"突出显示修订"对话框。 ❶在打开的"突出显示修订"对话框中，勾选"时间"复选框；❷单击"确定"按钮。

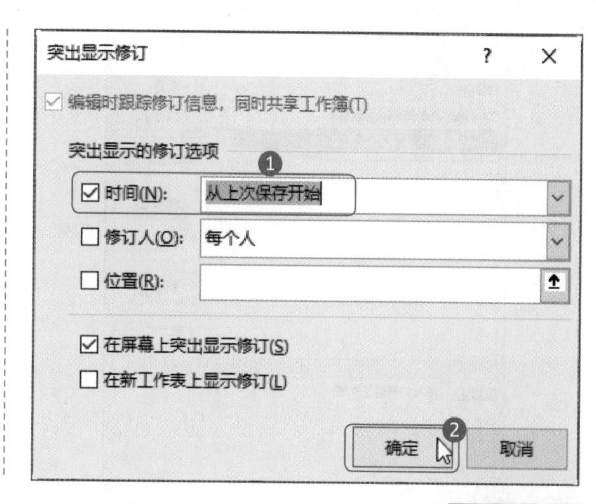

高手秘技

1. 向工作表使用者弹出提示信息框，其实很简单

在启用宏的工作簿中，如果需要向用户显示简单的提示信息，可以使用 MsgBox 函数编写宏代码，执行宏代码即可显示消息框。

学会使用 MsgBox 函数编写宏代码弹出提示框后，可以按照本章前面讲的方法，添加一个按钮控件，将宏指定给按钮控件，让用户单击按钮时就弹出提示内容。

第 1 步：编辑代码。 ❶打开一张工作表，单击"开发工具"选项卡下"代码"组中的 Visual Basic 按钮，双击 ThisWorkbook 选项；❷输入以下代码：

```
Sub mymsgbox()
  MsgBox " 请各单位部门将具体的活动参与人员名单进行详细统计 !"
End Sub
```

❸单击"保存"按钮。

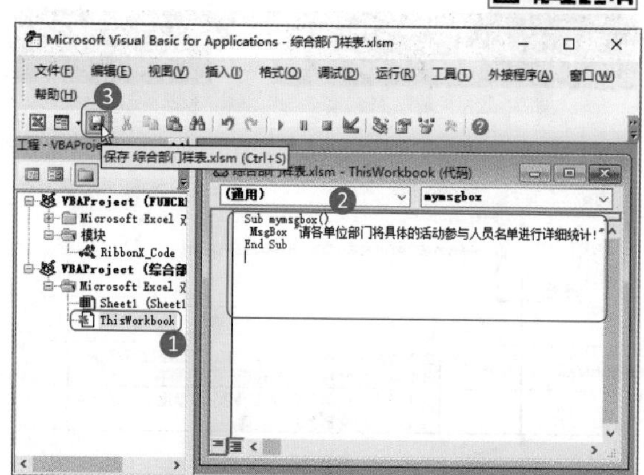

第 2 步：单击"宏"按钮。 返回工作表中，单击"开发工具"选项卡下"代码"组中的"宏"按钮。

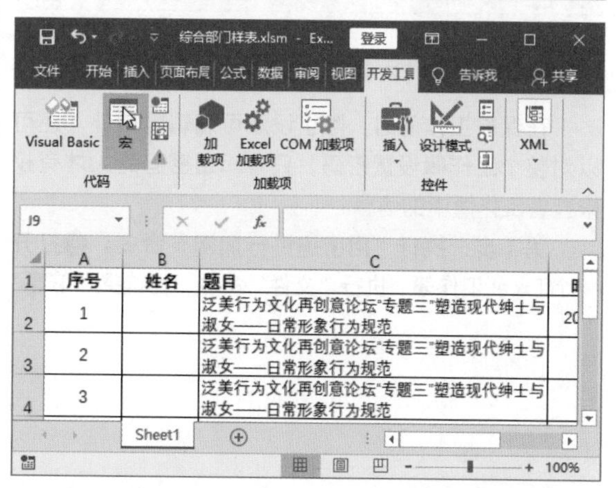

第 3 步：执行宏命令。 打开"宏"对话框，❶设置"宏名"为 ThisWorkbook.mymsgbox；❷单击"执行"按钮。

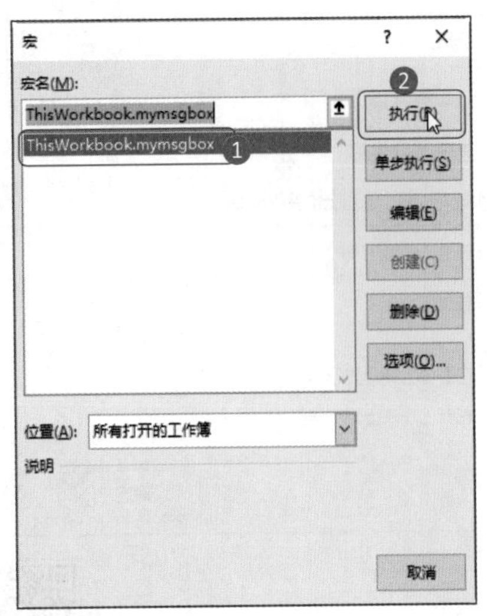

第 4 步：查看执行结果。此时可以看到弹出了相应的提示对话框。

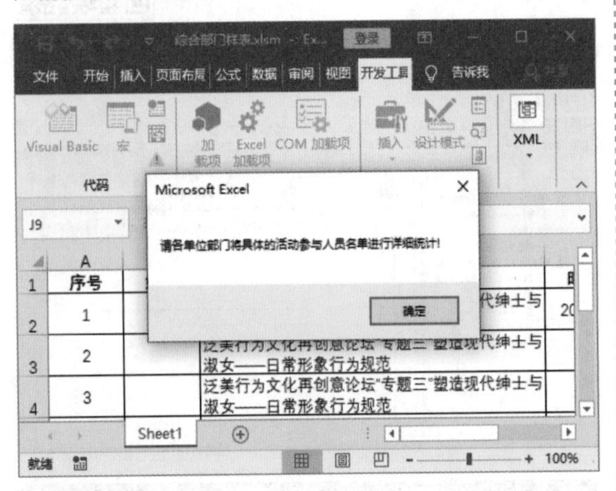

2. 保护工作簿，还可以这样做

在保护工作簿时，除了设定可编辑区域外，还可以对整个工作簿设置密码，只有知道密码的人才有权限查看工作簿中的信息。

第 1 步：执行“用密码进行加密”命令。❶打开一个 Excel 工作簿，执行“文件”命令，再选择“信息”选项；❷单击“保护工作簿”下三角按钮；❸从弹出的下拉菜单中选择“用密码进行加密”选项。

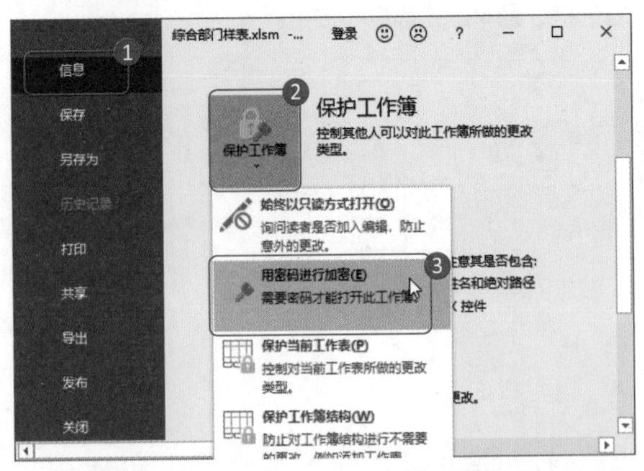

第 2 步：设置“加密文档”对话框。❶在弹出的“加密文档”对话框中，输入密码 123；❷单击“确定”按钮。

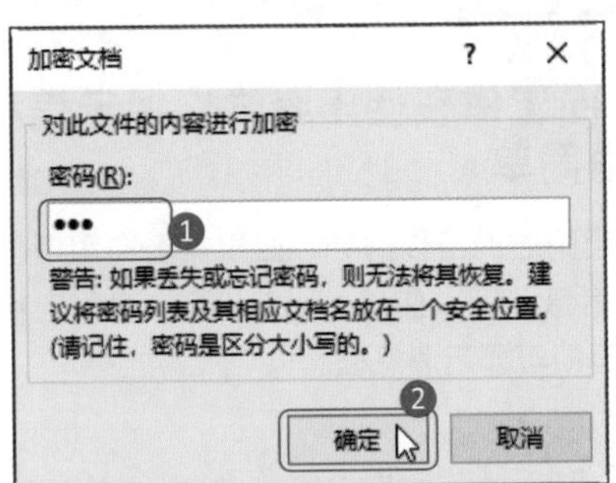

第 3 步：设置“确认密码”对话框。❶在弹出的“确认密码”对话框中，再次输入密码 123；❷单击“确定”按钮，即可完成对文档的加密设置。

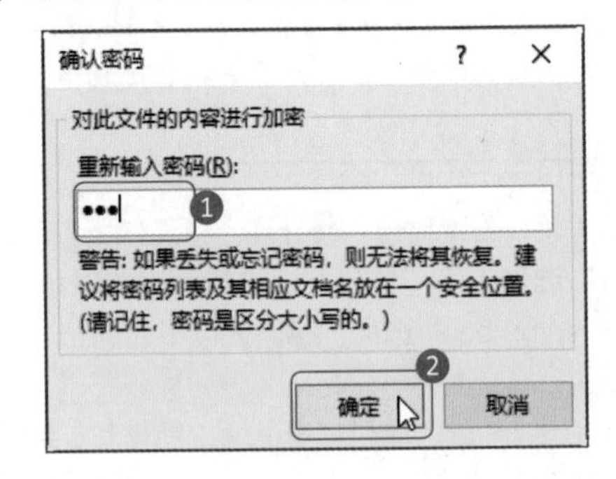

PowerPoint 幻灯片的编辑与设计

内容导读

PowerPoint 是微软公司开发的演示文稿程序，可以用于商务汇报、公司培训、产品发布、广告宣传、商业演示以及远程会议等。本章以制作产品宣传与推广和公司培训演示文稿为例，介绍演示文稿中幻灯片的基本操作。

知识要点

- 演示文稿的创建方法
- 演示文稿内容的编排方法
- 运用模板快速制作演示文稿
- 设计母版以提高效率
- 图片的插入技巧
- 幻灯片内容的对齐方法

案例展示

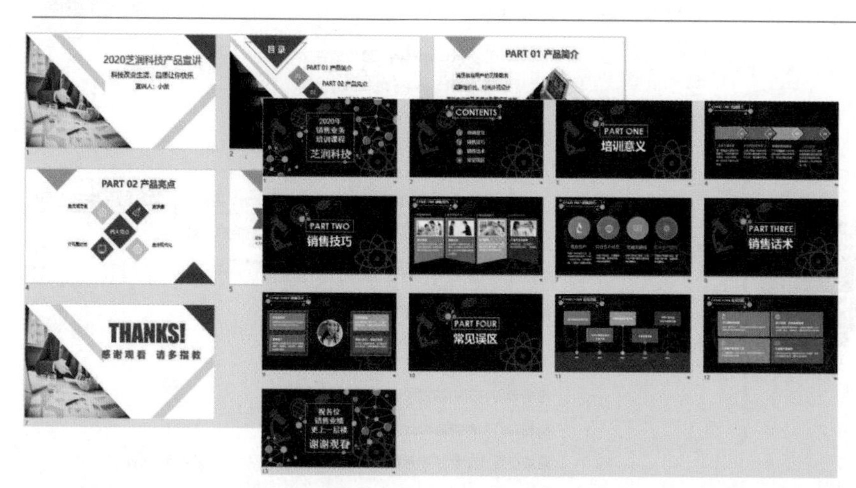

11.1 制作“产品宣传与推广PPT”

案例说明

当公司有新产品上市，或者是需要向客户介绍公司产品时，就需要用到产品宣传与推广 PPT。这种演示文稿包含了产品简介、产品亮点、产品荣誉等内容信息，力图向观众展示出产品好的一面。

“产品宣传与推广 PPT”文档制作完成后的效果如下图所示。

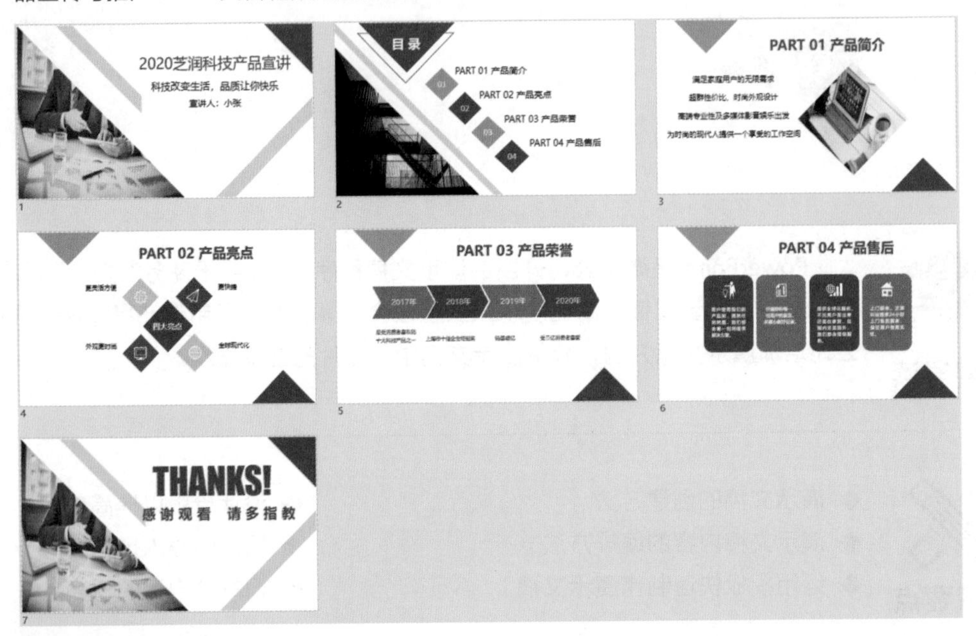

思路解析

当公司的销售人员或客户经理向消费者介绍公司产品时，需要制作一份产品宣传与推广的 PPT 文件。首先，应该正确创建一份 PPT 文件，再将文件的框架，即封面、底页、目录制作完成，然后再将内容的通用元素提取出来制作成版式，方便后面的内容制作。其制作流程及思路如下。

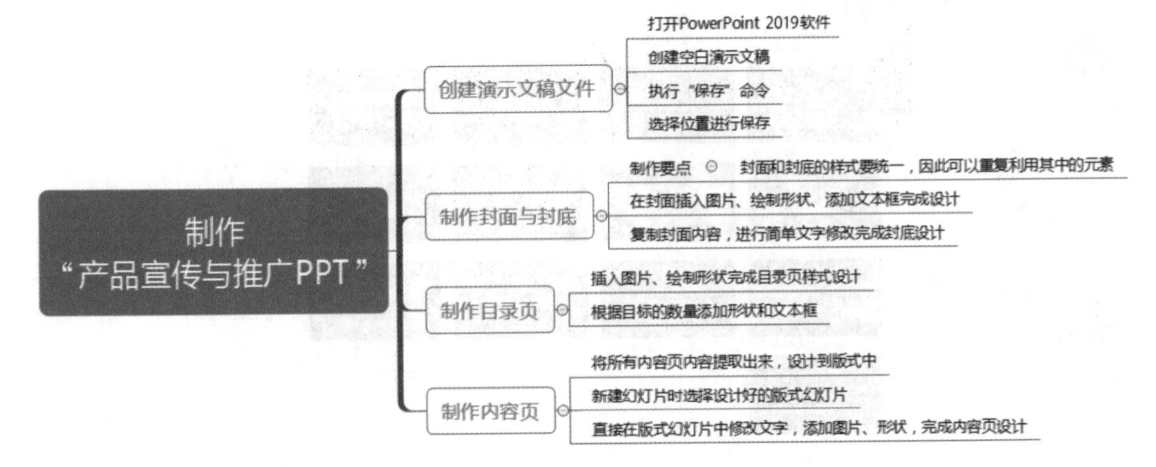

步骤详解

11.1.1 创建产品推广演示文稿

在制作“产品宣传与推广 PPT”前，首先要用 PowerPoint 2019 软件正确创建文档，并保存文档。

1. 新建演示文稿

打开 PowerPoint 2019 软件，选择创建文档类型即可成功创建一份 PPT 文档。具体操作步骤如下。

第 1 步：打开软件。在计算机的程序菜单中找到 PowerPoint，单击启动。

第 2 步：选择文件类型。创建演示文稿时可以创建空白演示文稿，也可以选择模板进行创建，这里选择“空白演示文稿”，单击进行创建。此时便能完成新文档的创建。

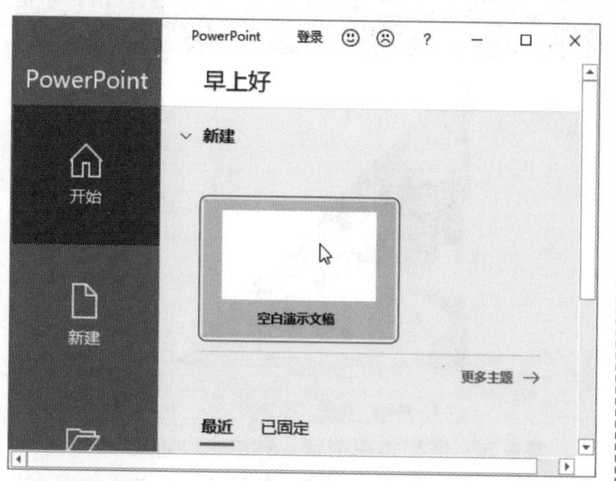

2. 保存演示文稿

创建新文档后，先不要急着编排幻灯片，而应先正确保存再进行内容编排，防止内容的丢失。

第 1 步：单击“保存”按钮。新文档创建后，单击窗口左上方的“保存”按钮。

第 2 步：打开“另存为”对话框。❶选择“另存为”选项；❷选择“这台电脑”选项；❸单击“浏览”按钮。

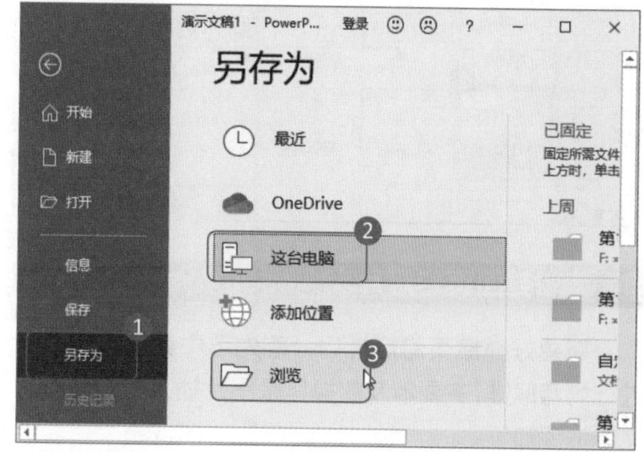

第 3 步：保存文档。❶在打开的“另存为”对话框中，选择文件的保存路径；❷输入文件名称；❸单击“保存”按钮。

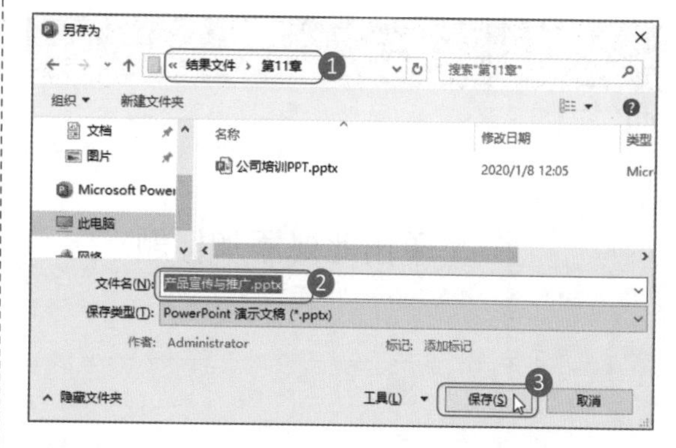

11.1.2 为演示文稿设计封面页与封底页

完成文档创建并保存后，就可以开始制作演示文

稿的封面页与封底页了。这两页之所以一起制作，是因为一份完整的演示文稿，其风格应是统一的，其中就包含了封面页与封底页风格的统一。

1. 新建幻灯片

封面页与封底页需要两页幻灯片，而新创建的演示文稿中，默认只有一张幻灯片，所以需要进行幻灯片的新建操作。

操作步骤： ❶单击“开始”选项卡下“幻灯片”组中的“新建幻灯片”下三角按钮；❷选择下拉菜单中的“空白”幻灯片。此时便能成功创建一张幻灯片。

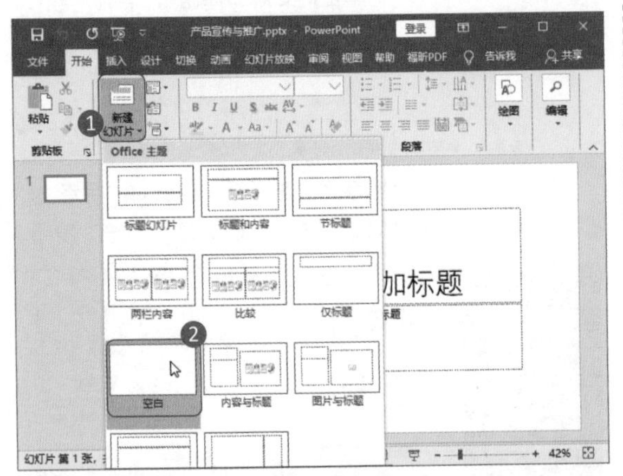

2. 编辑封面页幻灯片

新建好封底页幻灯片后，首先选中封面页幻灯片进行内容编排，主要涉及的操作是图片插入、形状绘制、文本框添加等。

第 1 步：删除封面页幻灯片中的内容。 选中封面页幻灯片的任一内容，按组合键 Ctrl+A，选中所有内容，再按 Delete 键，将这些内容删除。

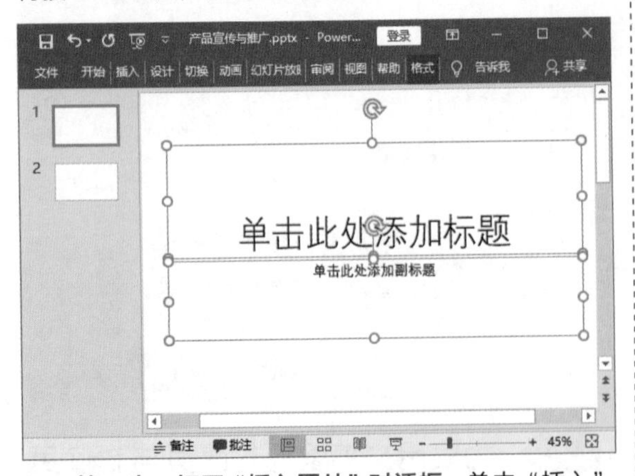

第 2 步：打开“插入图片”对话框。 单击“插入”选项卡下“图像”组中的“图片”按钮。

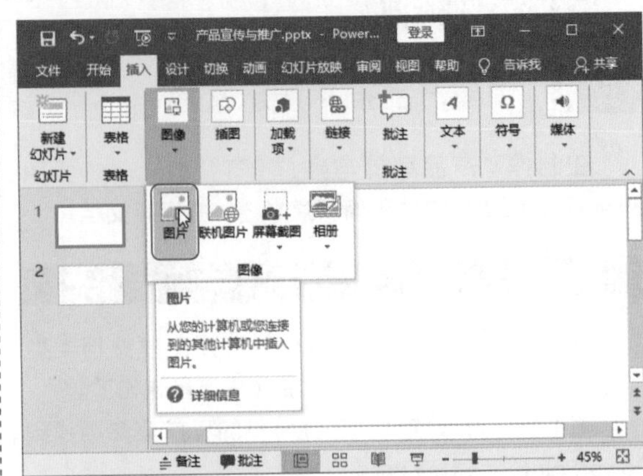

第 3 步：选择图片插入。 ❶按照路径“素材文件\第 11 章\图片 1.png”选中素材图片；❷单击“插入”按钮。

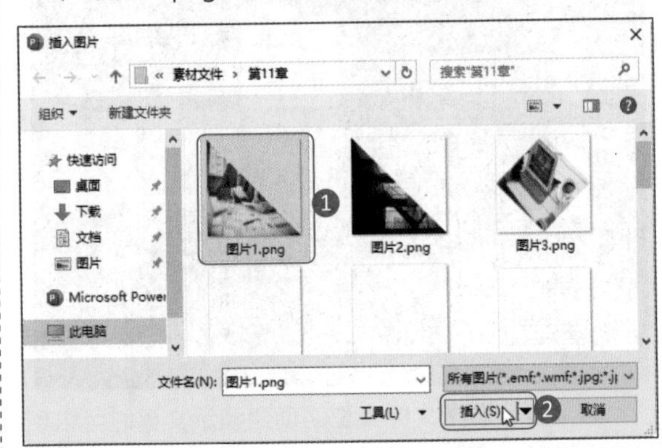

第 4 步：调整图片位置。 选中图片，按住鼠标左键不放，移动图片到幻灯片左下角的位置。

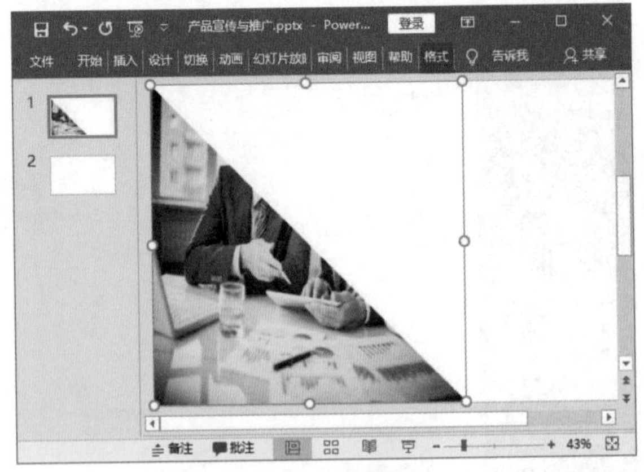

第 5 步：选择矩形形状。 ❶单击“插入”选项卡下“插图”组中的“形状”按钮；❷从下拉菜单中选择“矩形”选项□。

第 6 步：绘制长条矩形。 按住鼠标左键不放在图中绘制一个长条矩形。

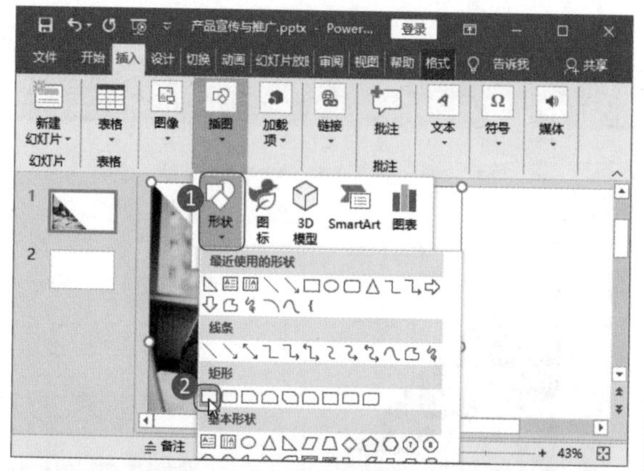

第 7 步：打开“设置形状格式”窗格。❶选中矩形，单击“绘图工具－格式”选项卡下“排列”组中的“旋转”按钮 ；❷选择下拉菜单中的“其他旋转选项”选项。

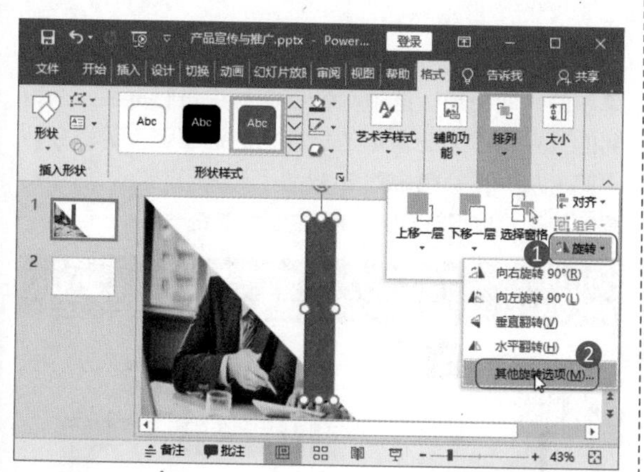

专家点拨

如果不需要精确旋转图表，直接按住图形上方的旋转按钮 ，左右拖动，也可以调整图形的旋转角度。

第 8 步：设置矩形旋转角度。在打开的“设置形状格式”窗格中，在“旋转”文本框中输入 135° 的角度值。

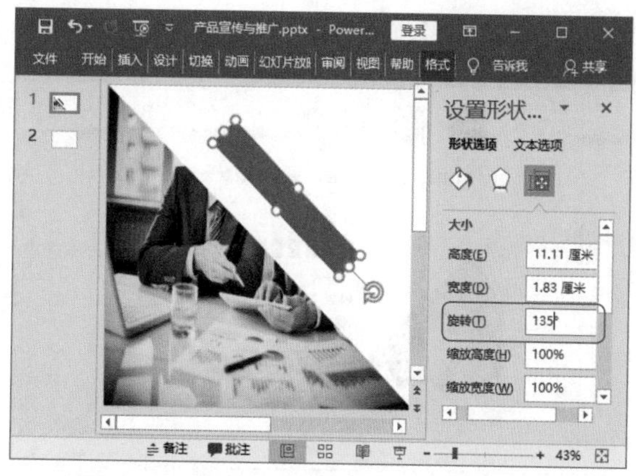

第 9 步：剪除形状。❶完成矩形旋转后，再绘制两个矩形，调整三个矩形的位置如下图所示；❷首先选中旋转的矩形，再选中其他两个矩形，单击“绘图工具－格式”选项卡下“插入形状”组中的“合并形状”按钮 ；❸从下拉菜单中选择“剪除”选项。

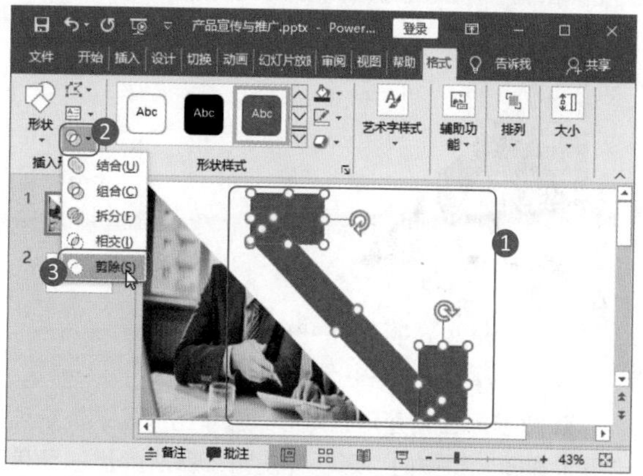

第 10 步：调整形状的颜色。❶完成形状剪除后，单击“绘图工具－格式”选项卡下“形状样式”组中的“形状填充”选项 ；❷从下拉菜单中选择一种颜色。

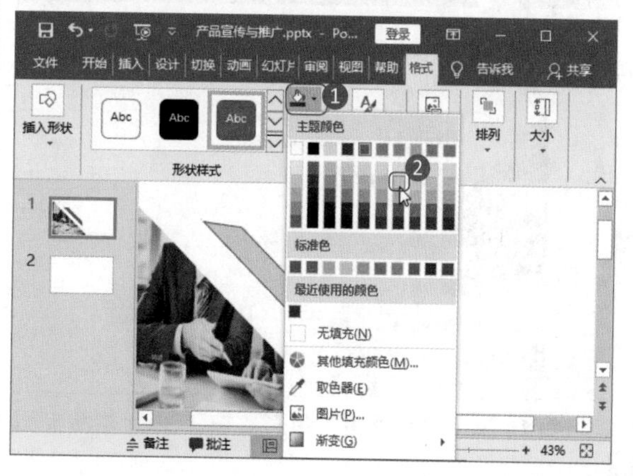

第 11 步：调整形状轮廓。❶单击“绘图工具－格式”选项卡下“形状样式”组中的“形状轮廓”选项；❷从下拉菜单中选择“无轮廓”选项。

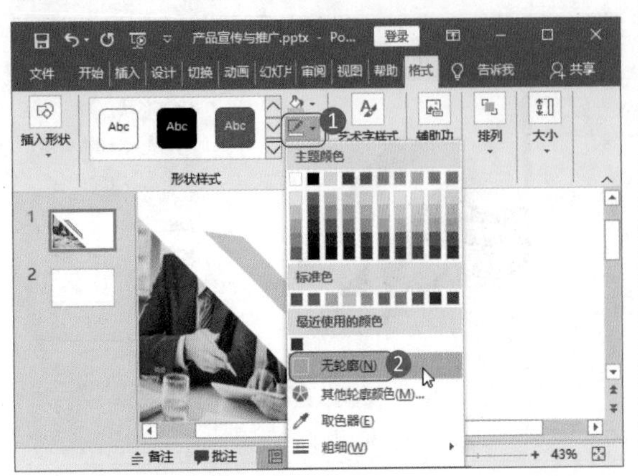

第 12 步：再绘制另外一个形状。此时完成绘制左上方的旋转长条矩形，将矩形移动到目标位置，然后按照同样的方法，再绘制右下方的旋转长条矩形。

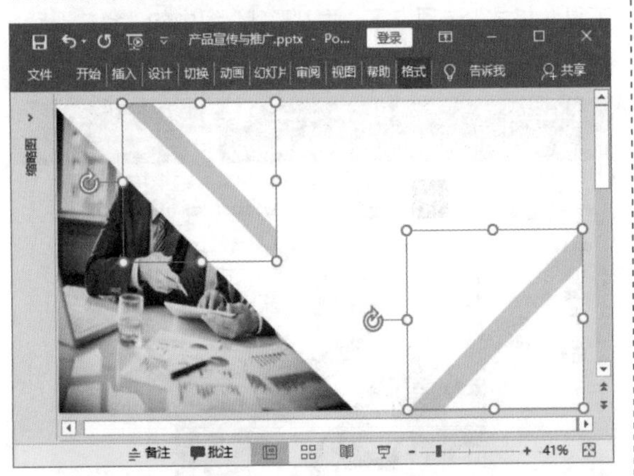

第 13 步：绘制直角三角形。❶单击“插入”选项卡下“插图”组中的“形状”按钮；❷从弹出的菜单中选择“直角三角形”形状◺。

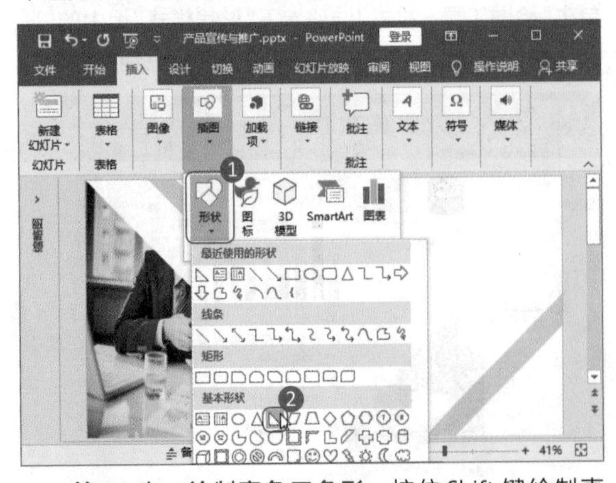

第 14 步：绘制直角三角形。按住 Shift 键绘制直角三角形，这样能保证绘制出等腰直角三角形。

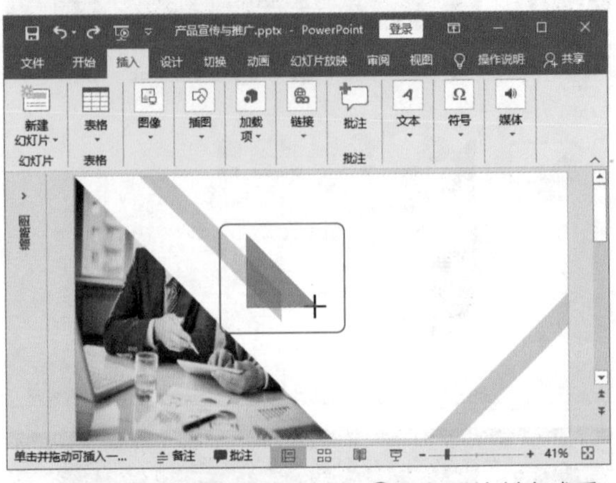

第 15 步：设置三角形轮廓。❶三角形绘制完成后，将“旋转”值设置成 180°，并调整其位置到幻灯片右上角；❷选择“形状轮廓”菜单中的“无轮廓”选项。

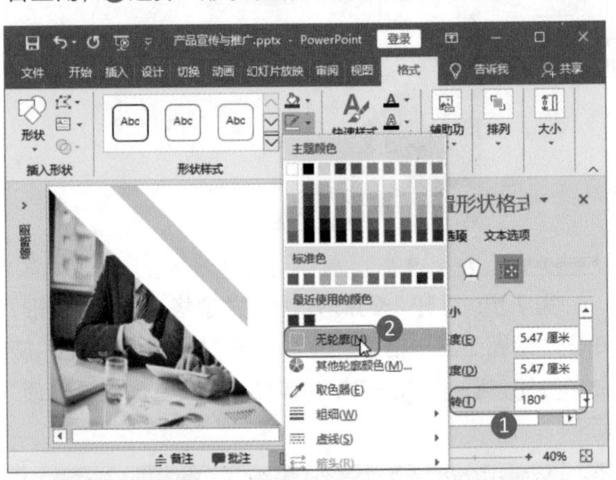

第 16 步：使用取色器。❶选择“形状填充”菜单中的“取色器”选项；❷在图片中进行取色，所取到的颜色将作为三角形的填充色。这里选择的颜色叫“蓝－灰”，颜色 RGB 参数是“47,69,115”，后面将重复使用，以保证幻灯片整体颜色的统一性。

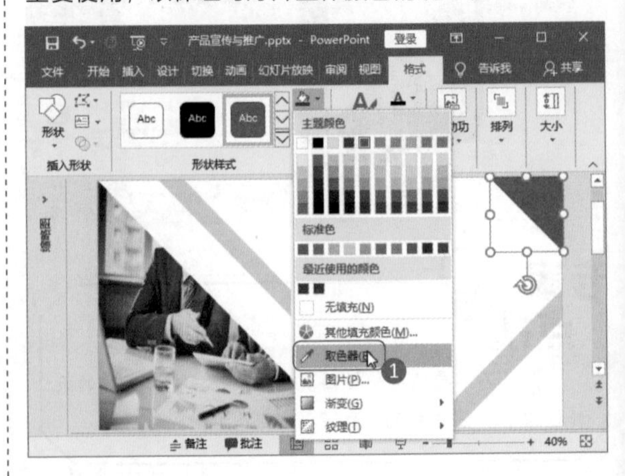

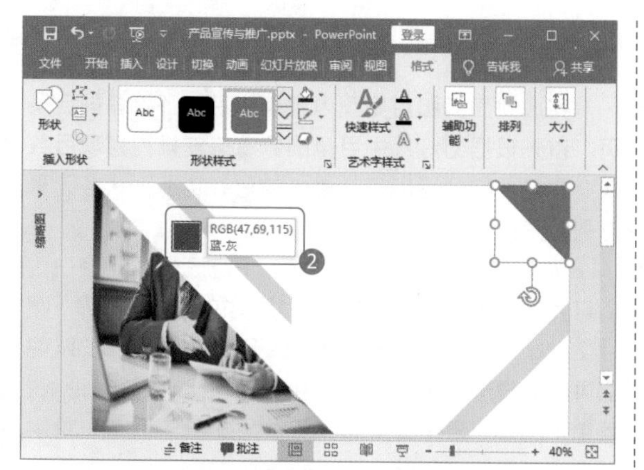

第 17 步：选择横排文本框。❶单击“插入”选项卡下“文本”组中的“文本框”按钮；❷从下拉菜单中选择“绘制横排文本框”选项。

第 18 步：绘制文本框输入文字并设置字体。❶在页面中绘制一个文本框，并输入文字；❷选中文本框，单击“字体”下三角按钮，从中选择“微软雅黑”字体。

第 19 步：设置文字其他格式。❶设置文字的不同大小，这三排文字的大小字号依次为 48、32、28。设置文字的颜色，第一排文字为“蓝 – 灰”，下面两排为“黑色，文字 1”；❷单击“开始”选项卡下“段落”组中的“居中”按钮；❸单击“段落”组中的“行距”按钮，从下拉菜单中选择 1.5 选项。此时便完成了封面页的内容编排。

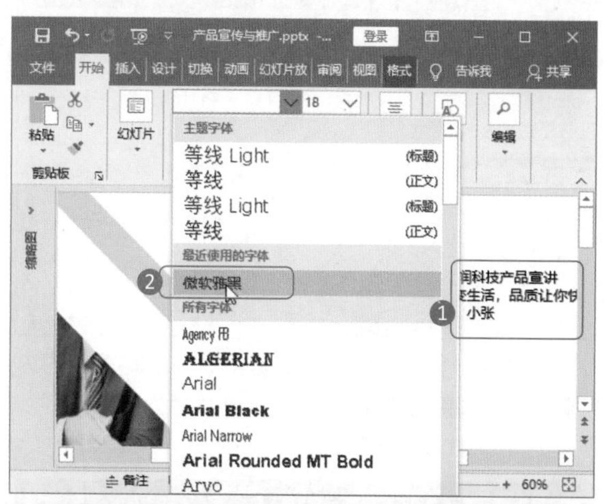

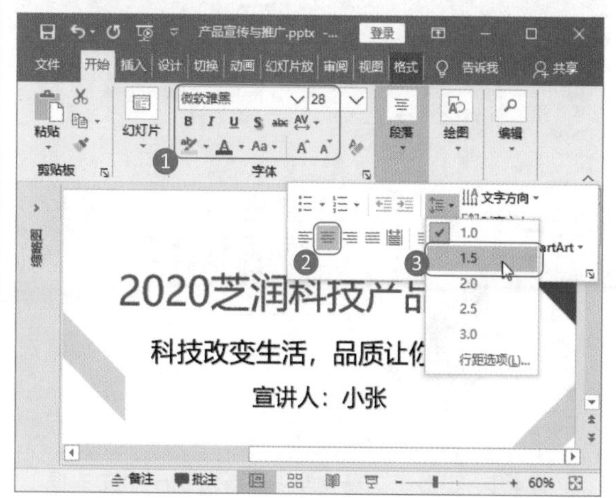

3．编辑封底页幻灯片

幻灯片的封底页完全可以使用封面页一样的内容排版，因为只是文字内容有所不同，这样既能提高效率，又能保证统一性。

第 1 步：复制封面页内容。按下组合键 Ctrl+A，选中封面页中的所有内容，右击，从弹出的快捷菜单中选择“复制”选项。

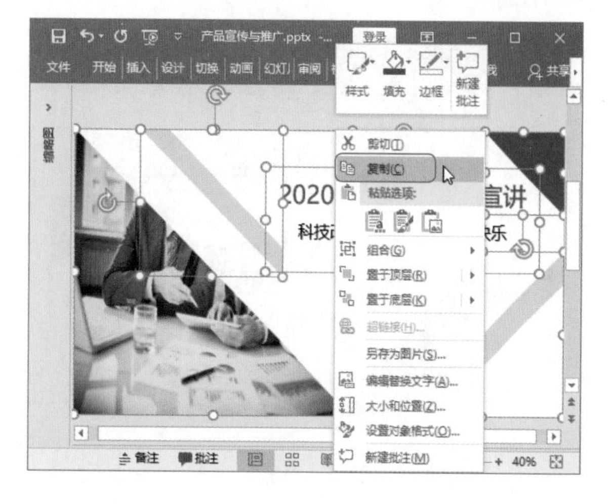

第 2 步：粘贴内容。❶进入封底页幻灯片，单击“开始”选项卡下“剪贴板”组中的“粘贴”按钮；❷选择下拉菜单中的“使用目标主题”选项。

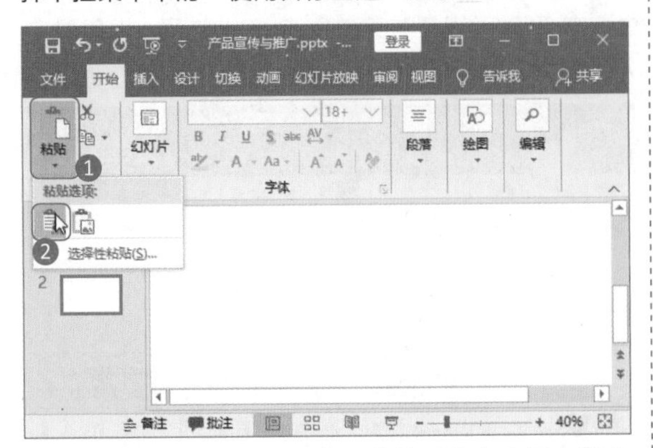

第 3 步：更改首行文字。❶将原来文本框中的内容删除，输入新的文字；❷设置文字颜色为“蓝－灰”，字体为 Impact，字号为 115。

第 4 步：更改第二条文字。❶新绘制一个文本框，输入文字；❷设置文字的格式。此时便完成了封底页的内容编排。

11.1.3 编排目录页幻灯片

完成封面页和封底页内容编排后，开始编排目录页。首先根据幻灯片中目录的数量来安排内容项目数量，并且要充分运用幻灯片中的对齐功能，让各元素排列整齐。

第 1 步：插入图片绘制图形。❶新建一页“空白”幻灯片作为目录页，按照路径“素材文件\第 11 章\图片 2.png”选中素材图片并插入幻灯片中，并按照前面讲过的方法，绘制一个倾斜的长条矩形；❷在“形状”菜单中选择“直角三角形”形状，按住 Shift 键，绘制一个等腰直角三角形。

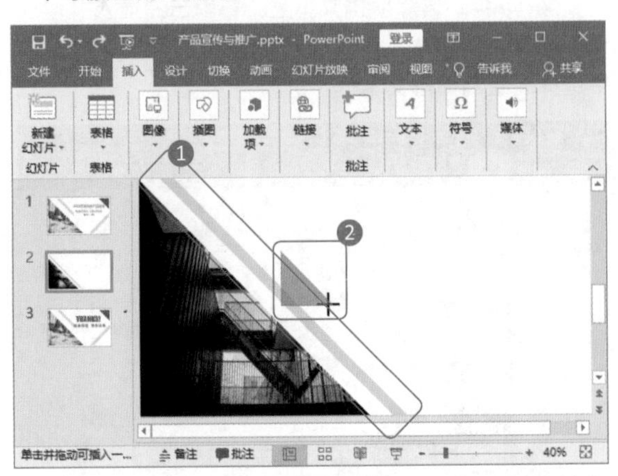

第 2 步：调整三角形格式。调整三角形的旋转角度为 315°，移动三角形到页面左上方，设置填充颜色为“蓝－灰”，设置轮廓为“无轮廓”。

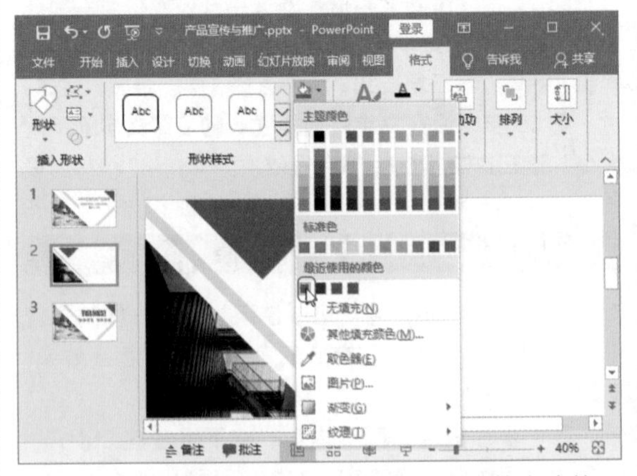

第 3 步：复制三角形。选中第 2 步调整完成的三角形，按下组合键 Ctrl+D，复制一个三角形，并调整两个三角形的位置关系。

第 4 步：设置复制三角形格式。设置复制的三角形填充色为“无填充”，轮廓颜色选择为“黑色，文字 1，淡色 35%”选项。

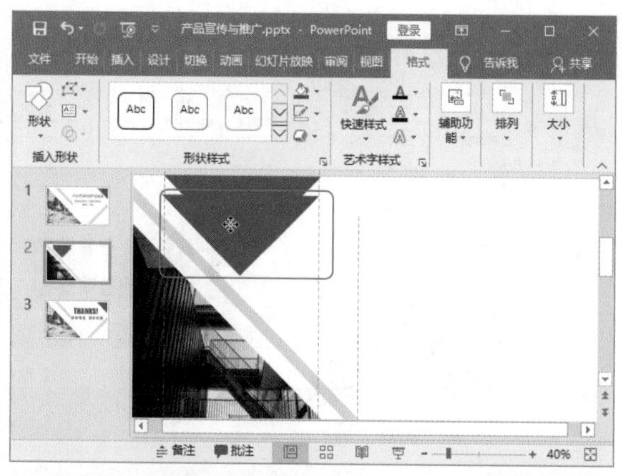

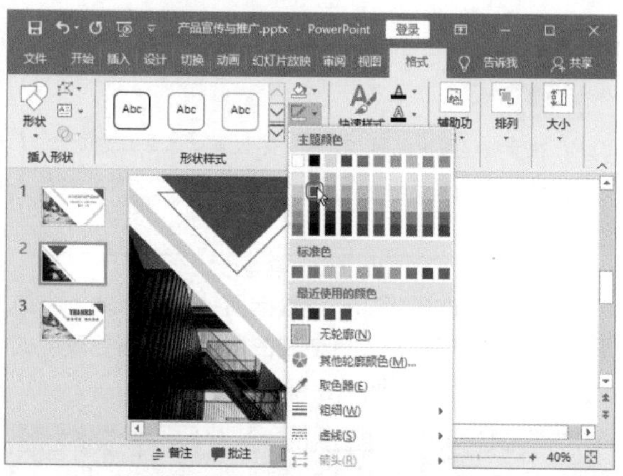

第 5 步：绘制菱形。❶单击“插入”选项卡下“插图”组中的“形状”按钮；❷从弹出的下拉菜单中选择“菱形”选项◇。

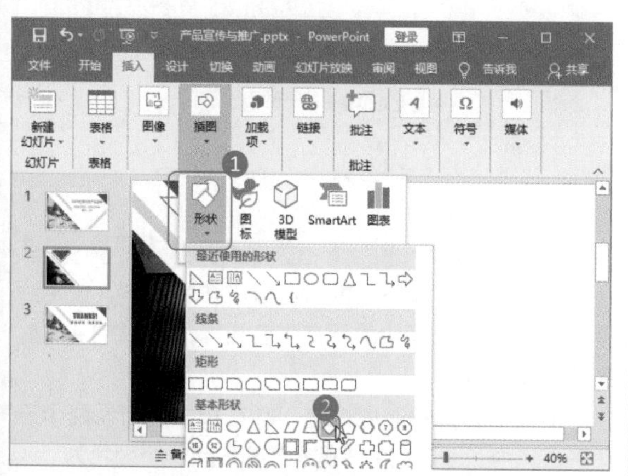

第 6 步：绘制并复制菱形。❶在界面中绘制一个菱形，并连续三次按下组合键 Ctrl+D，复制三个菱形；❷将四个菱形调整为大致倾斜的排列方式，按住 Ctrl 键，同时选中四个菱形，单击“绘图工具 - 格式”选项卡下“排列”组中的“对齐”按钮；❸选择下拉菜单中的“纵向分布”选项。

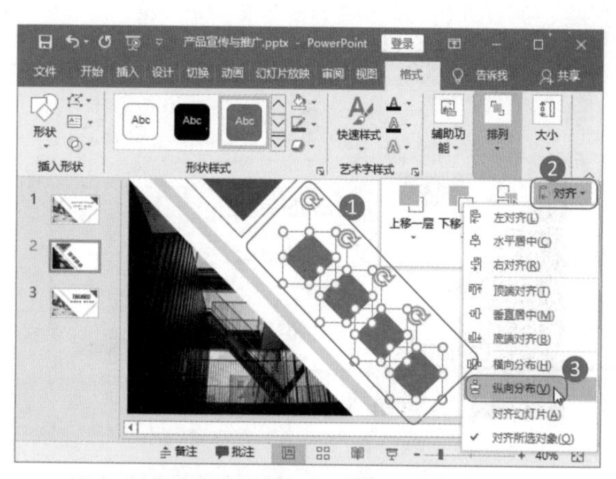

第 7 步：设置横向对齐。❶完成纵向对齐后，在保持四个菱形同时选中的情况下，再次单击“对齐”按钮；❷选择下拉菜单中的“横向分布”选项。

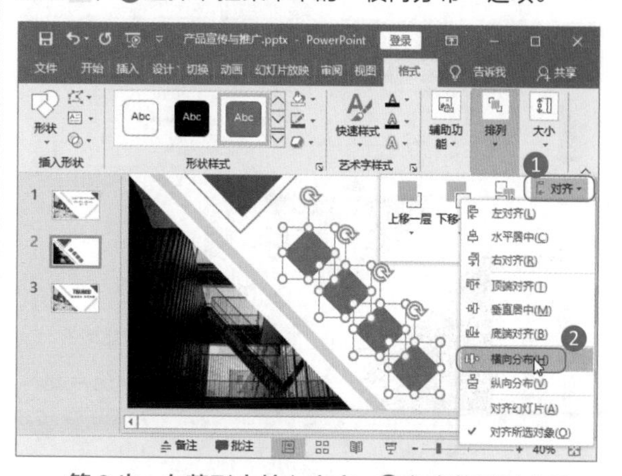

第 8 步：在菱形中输入文字。❶完成菱形对齐后，输入四个编号，因为有四个目录，调整菱形的颜色为“蓝 - 灰”和“白色，背景 1，深色 35%”；❷调整编号的文字格式。

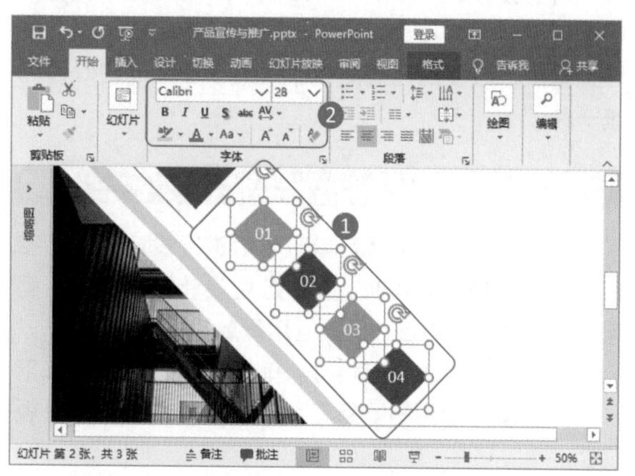

第 9 步：输入目录。❶添加文本框，输入目录文字；❷调整目录文字的格式。

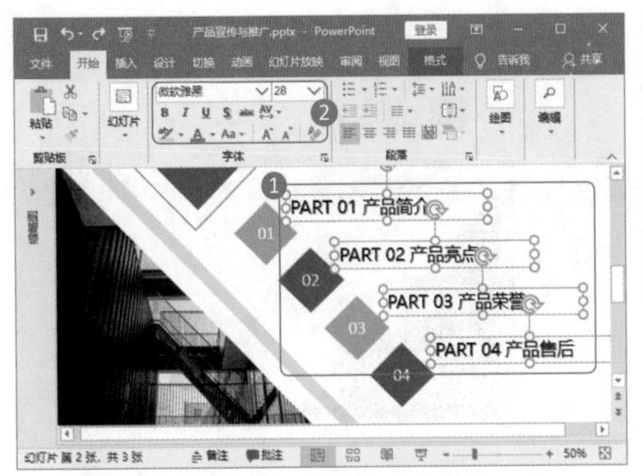

第 10 步：输入“目录”二字。❶插入文本框，输入“目录”二字，调整其位置；❷设置“目录”二字的字体格式。此时便完成了目录页幻灯片的制作。

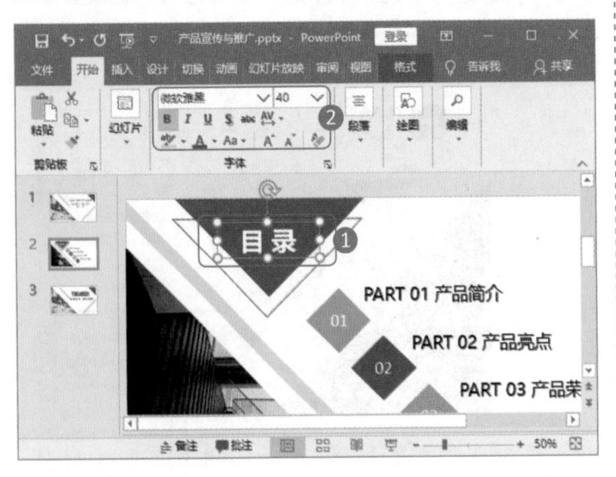

11.1.4 编排内容页幻灯片

在编排完目录页幻灯片后，就可以开始编排内容页了。内容页是幻灯片中页数占比较大的幻灯片类型，因此可以将内容页幻灯片中相同的元素提取出来，制作成母版，方便后期提高制作效果以及保证幻灯片的统一性。

1. 制作内容页母版

母版相当于模板，可以对母版进行设计，设计完成后，在新建幻灯片时，直接选中设计好的母版，就可以添加幻灯片内容，同时运用母版的样式设计。

第 1 步：进入母版视图。单击“视图”选项卡下“母版视图”组中的“幻灯片母版”按钮，进入母版视图。

专家点拨

在母版视图中编辑版式时，不仅可以添加标题元素，还可以通过单击“插入占位符”按钮，将更多种类的元素添加到版式中。

第 2 步：选择版式。将鼠标指针放到版式上，选择一张任何幻灯片都没有使用的版式，否则更改版式设计会影响到当下页面中完整的幻灯片。

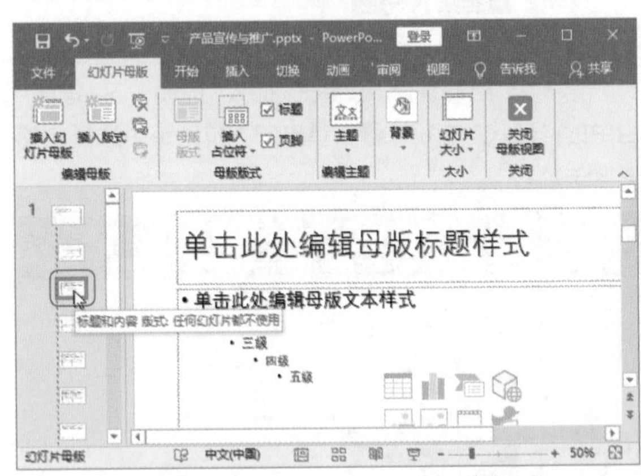

第 3 步：删除版式中的内容。在版式中，按组合键 Ctrl+A，选中页面中的所有内容元素，再按 Delete 键，删除所有内容。

第 4 步：添加版式内容。❶在页面中绘制两个三角形，其中一个颜色为“蓝－灰”，另一个颜色为“灰色 −25%，背景 2，深色 25%”，调整三角形的位置；❷选中“幻灯片母版”选项卡下“母版版式”组中的“标题”选项，在页面中添加一个标题文本框。

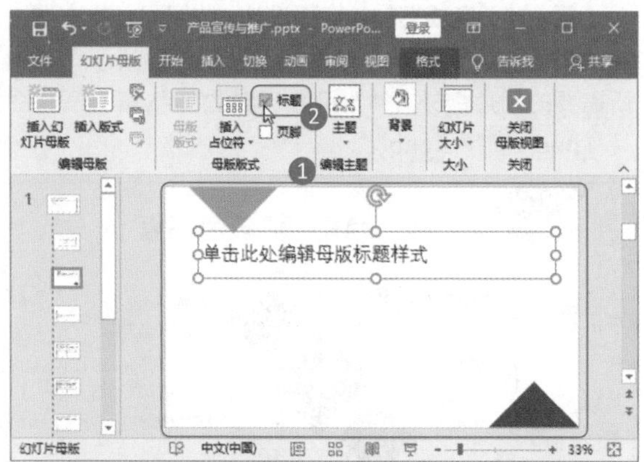

第 5 步：设置标题格式。设置标题的文字格式，其中颜色为“蓝 - 灰”。

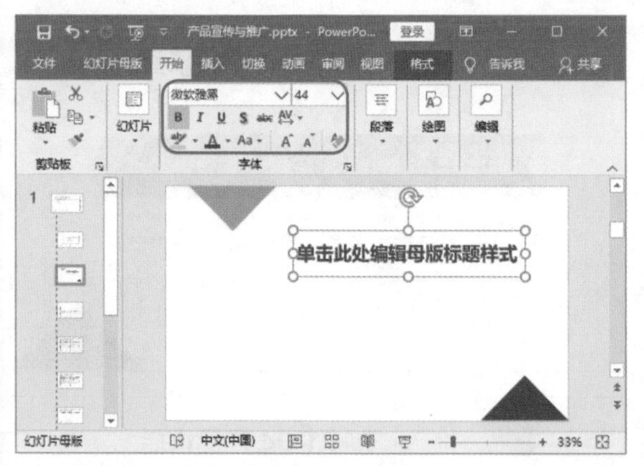

第 6 步：重命名版式。为了避免版式混淆，这里为版式重新命名。右击版式，选择菜单中的“重命名版式”选项。

第 7 步：输入版式名称。❶在打开的“重命名版式”对话框中，设置“版式名称”为“内容页幻灯片”；❷单击“重命名”按钮。

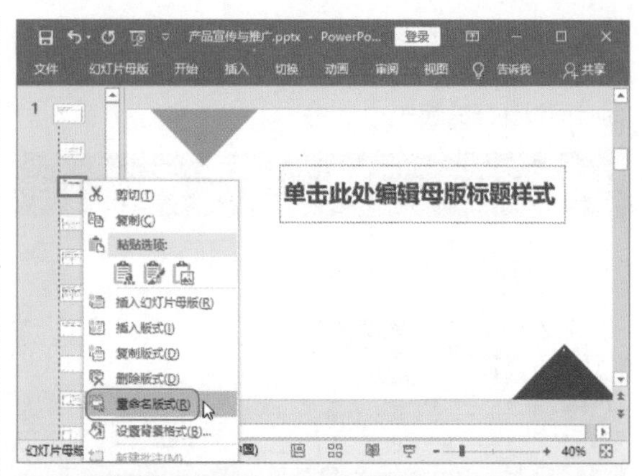

第 8 步：切换回“普通”视图。完成版式设计后，单击“视图”选项卡下“演示文稿视图”组中的“普通”按钮，切换回“普通”视图。

2. 应用母版制作内容页幻灯片

当完成版式设计后，可以直接新建版式幻灯片，进行内容页幻灯片的编排。

第 1 步：选择版式新建幻灯片。❶将光标定位在

第 2 张目录幻灯片后面，表示要在这里新建幻灯片；❷选择“新建幻灯片”菜单中的“内容页幻灯片”版式，即上面设计好的版式。

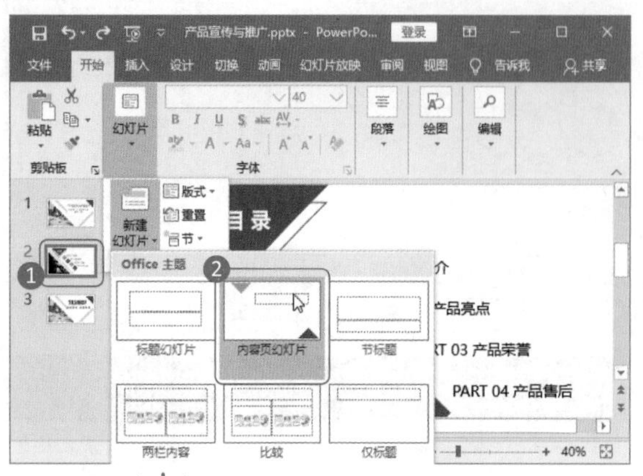

专家答疑

问：除了设置内容页版式，还可以设置封面、节标题页版式吗？

答：可以。版式设计的目的就是提高幻灯片制作效率。如果一份演示文稿中有多张节标题页，那么也可以为节标题页设计版式。

第 2 步：插入图片输入标题。❶利用版式新建幻灯片后，页面中会自动出现版式中所有的设计内容，直接单击标题文本框输入内容；❷单击“插入”选项卡下“图像”组中的“图片”按钮，按照路径“素材文件\第 11 章\图片 3.png”选中素材图片，并插入页面右边。

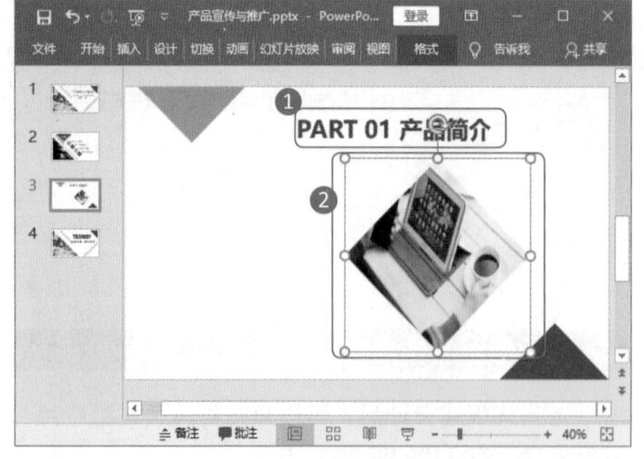

第 3 步：添加文本框。❶添加文本框，输入文字，调整文字格式；❷单击“段落”组中的“居中”按钮☰；❸单击“行距”按钮☰·，从中选择 2.0 选项。

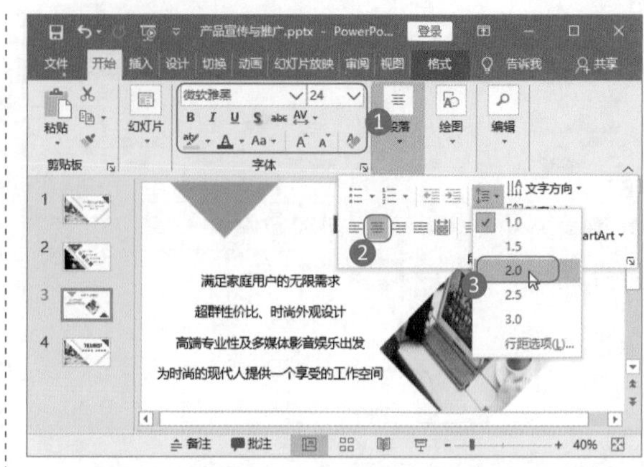

第 4 步：完成其他内容页设计。按照同样的方法，完成其他内容页设计，效果如下面三张图所示，其中所需要的图片素材文件路径为“素材文件\第 11 章\图片 4.png~ 图片 6.png”。

11.2 制作“公司培训PPT”

案例说明

当公司有新人入职，或者是接到新项目任务时，往往需要对员工进行培训。培训的内容多种多样，包括礼仪培训、销售培训等。此时培训师就需要制作培训类 PPT，在给员工进行培训时，配合上 PPT 的展示，方能起到事半功倍的培训效果。培新类 PPT 的制作，需要将培训的重点内容放在页面中，必要时要添加图片，在引起员工注意的同时减少视觉疲劳。

“公司培训 PPT”文档制作完成后的效果如下图所示。

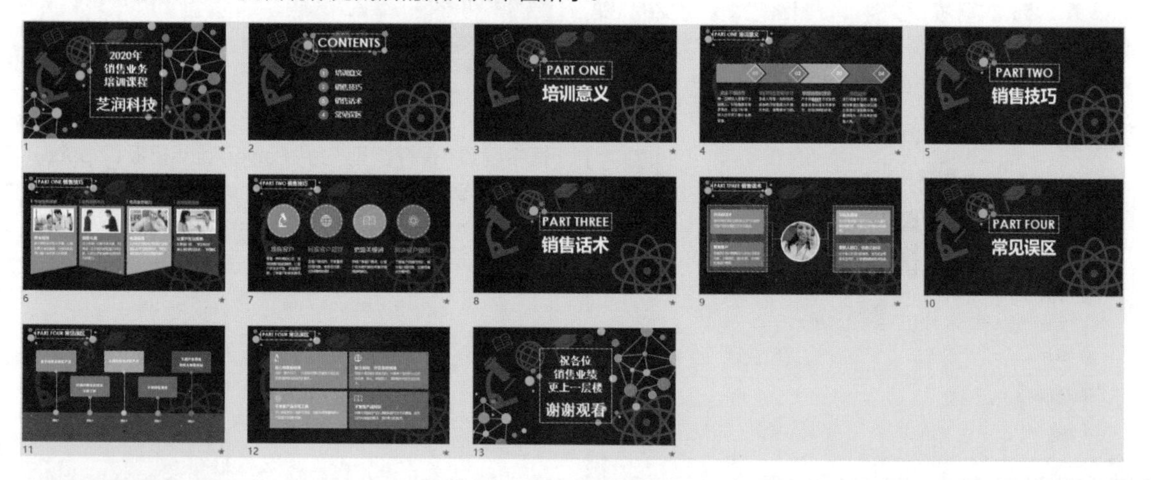

思路解析

培训师在接到培训任务时，要思考培训任务的内容，再根据培训内容找到风格相当的模板。利用模板进行简单修改完成培训课件的制作，是提高课件制作效率的好方法。在修改模板时要掌握不同内容的修改方法。其制作流程及思路如下。

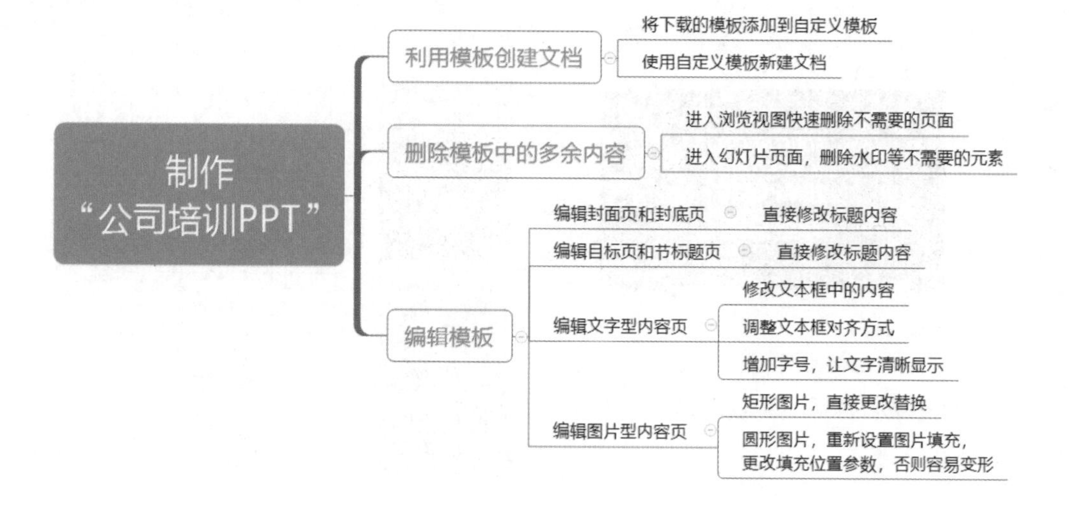

步骤详解

11.2.1 利用模板创建演示文稿

在打开 PowerPoint 2019 软件时，可以选择创建模板类文件。在选择模板时，可以使用内置的主题模板，也可以搜索在线模板，利用这些模板，可以大大方便后期的幻灯片制作效率。

如果模板库中没有喜欢的样式，也可以在网络上下载模板，然后将模板保存在自定义模板中，再利用模板创建文稿。具体操作步骤如下。

第 1 步：打开模板文件。按照路径“素材文件\第 11 章\教育行业年终总结.potx”找到并打开模板文件。

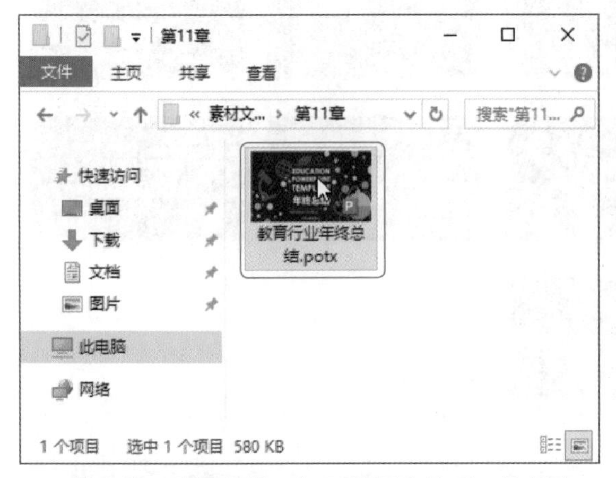

第 2 步：查看模板。打开模板文件后，将新建一个演示文稿，单击“文件”按钮。

第 3 步：打开“另存为”窗口。❶在“文件”菜单中选择“另存为”选项；❷在右侧单击“浏览”按钮。

第 4 步：保存模板。❶在打开的“另存为”对话框中设置“保存类型”为“PowerPoint 模板（*.potx）”，自动选择保存路径，设置“文件名”为“培训演示文稿.potx”；❷单击“保存”按钮保存模板。

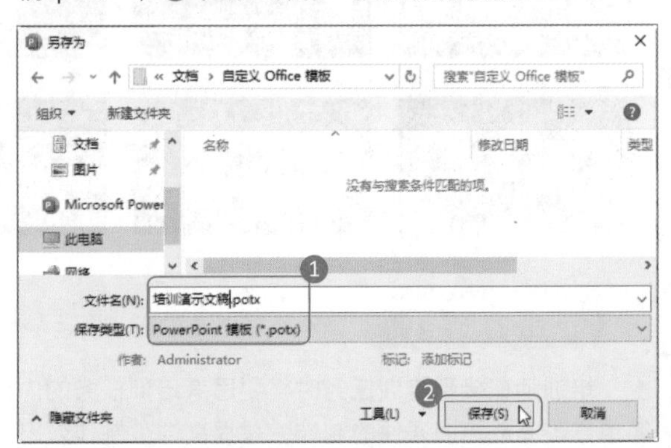

第 5 步：使用自定义模板。❶启动 PowerPoint 2019 软件，选择“新建”选项；❷选择“自定义”选项；❸选择“自定义 Office 模板”选项。

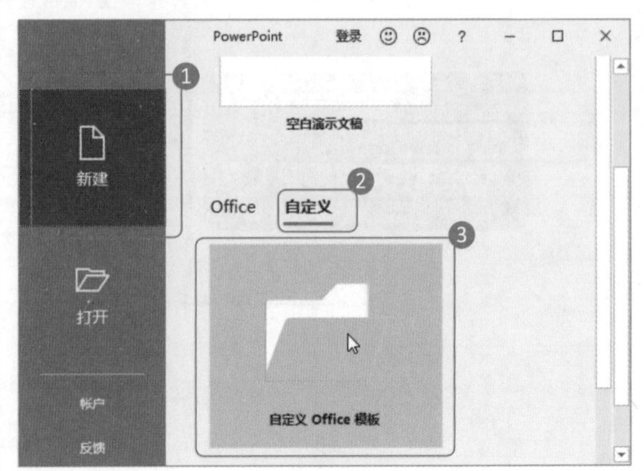

第 6 步：选择模板。在"自定义 Office 模板"窗口中，单击选择所需要的模板。

第 7 步：使用模板。选择好模板后，单击"创建"按钮使用该模板。

第 8 步：查看下载的模板。模板下载完成后，会自动打开，大致浏览模板内容，确定是否符合需求。

第 9 步：保存模板。❶打开"另存为"对话框，选择模板的保存路径；❷设置保存的"文件名"；❸单击"保存"按钮。

第 10 步：完成文档创建。完成模板下载和保存后，文件名已进行了更改。

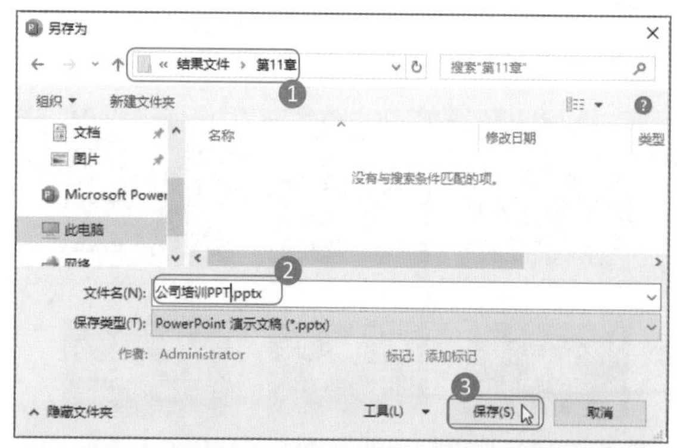

11.2.2 将不需要的内容删除

面对下载的自定义模板，首先要将不需要的页面和内容删除，方便后期编排。

第 1 步：进入"幻灯片浏览"视图。单击"视图"选项卡下"演示文稿视图"组中的"幻灯片浏览"按钮。

第 2 步：选中不需要的幻灯片页面。按住 Ctrl 键，选中不需要的幻灯片页面，这里选择 4、5、7、10、

13、15、18、21 编号的幻灯片，然后按 Delete 键，删除这些页面。

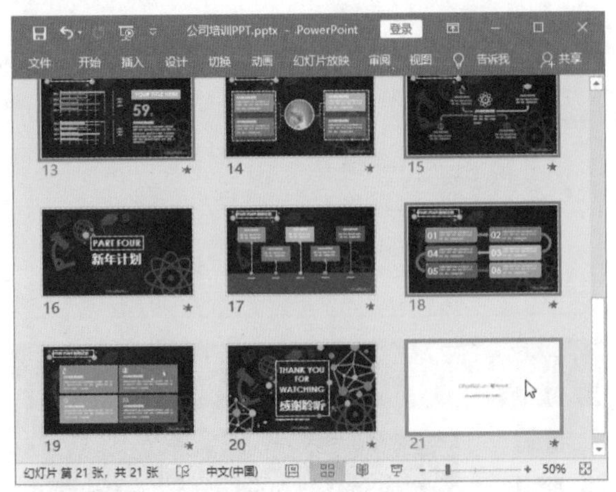

第 3 步：查看留下的幻灯片。如下图所示，是删除幻灯片后留下的幻灯片页面。

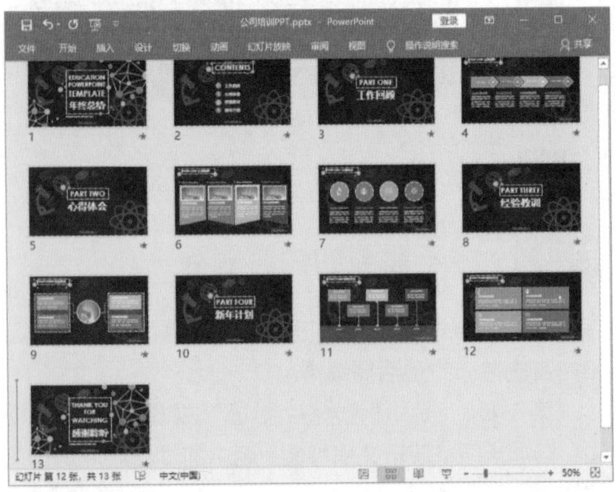

第 4 步：删除页面元素。下载的模板中通常会有不需要的水印、标志等元素，需要进行删除操作。选中页面下方的标志文本框进行删除，并按照同样的方法删除所有内容页中相同的标志。

11.2.3 替换封面页和封底页内容

完成幻灯片页面的调整后，就可以开始编排封面页和封底页的内容。方法很简单，只需进行标题文字替换即可。

第 1 步：编排封面页内容。切换到封面页中，将光标置于文本框中，删除原本的标题文字，输入新的标题文字，并设置文字的字体为“黑体”。其他格式不用调整。

第 2 步：编排封底页内容。按照同样的方法，进入封底页，删除原本的标题文字，输入新的文字，并设置文字的字体为“黑体”。

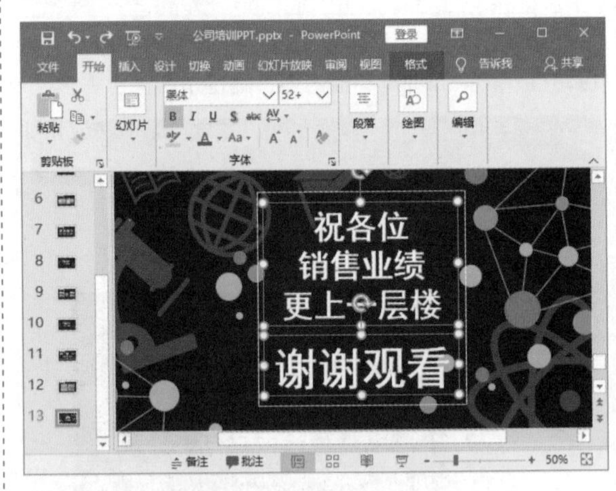

11.2.4 替换目录页和节标题页内容

完成封面页和封底页后，就可以开始制作目录页和节标题页了，方法也是将目录页中的标题文字进行更换即可。

第 1 步：修改目录页标题。进入目录页，直接在原来的标题文本框中删除原来的内容，输入新的目录文字即可。

第 2 步：编排第一页节标题页。进入第一页节标题页，输入新的节标题文字即可，其他的格式不用改变，直接使用模板中的格式。

第 3 步：编排第二页节标题页。进入第二页节标题页，输入新的节标题文字即可。

第 4 步：编排第三页节标题页。进入第三页节标题页，输入新的节标题文字即可。

第 5 步：编排第四页节标题页。进入第四页节标题页，输入新的节标题文字即可。

11.2.5 编排文字型幻灯片内容

模板中有只需更改文字内容即可的文字型幻灯片，这类幻灯片比较容易制作，只需注意文字的对齐方式和字号大小即可。

第 1 步：输入标题，删除文本框。❶进入第 4 页幻灯片，在左上方输入新的标题；❷选中 TITLE HERE 文本框按 Delete 键删除。使用同样的方法删除后面三个同样内容的文本框。

第 2 步：输入小标题文字。将光标定位到左边第一个标题文本框中，按 Delete 键，删除里面的文字内容，输入新的文字内容。按照同样的方法，完成所有小标题内容的更改。

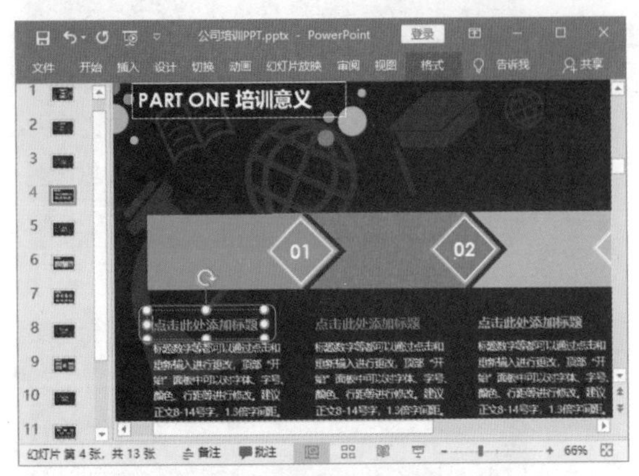

第 3 步：调整小标题格式。①按住 Ctrl 键，选中四个小标题；②单击“开始”选项卡下“段落”组中的“居中”按钮 ≡。

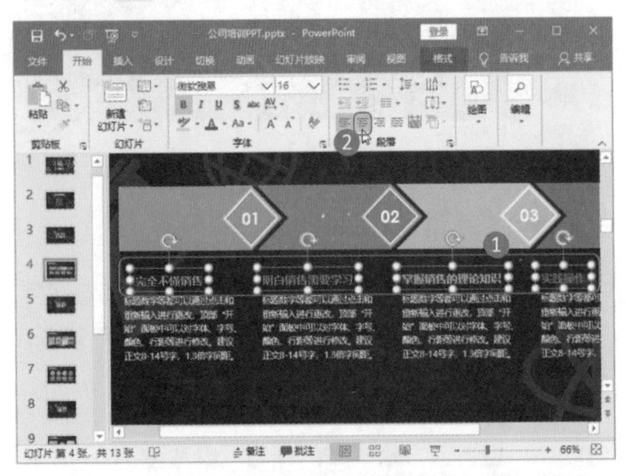

第 4 步：输入其他内容并调整居中格式。使用同样的方法，删除小标题下面文本框原有内容，并输入新的内容后，单击“两端对齐”按钮 ≡。

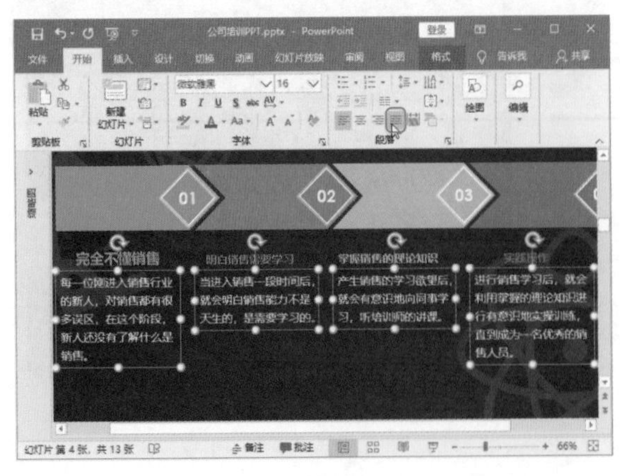

第 5 步：对齐文本框。选中左边第一个小标题文本框，左右拖动这个文本框，让它与下面的文本框居中对齐，标志是出现一条红色的虚线。按照同样的方法，完成后面三个小标题与下面文本框的对齐。

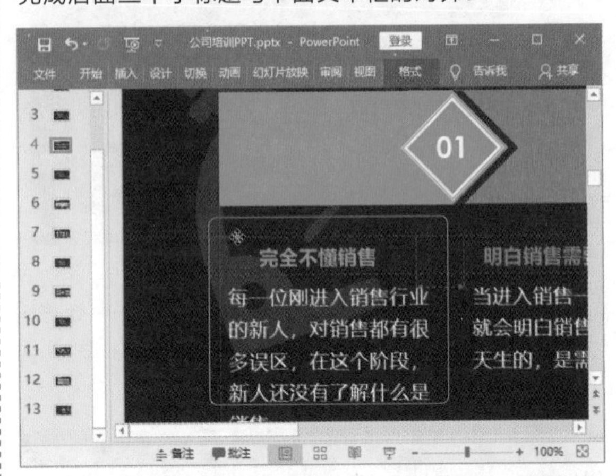

第 6 步：增加字号。①选中四个小标题；②设置字号为 20。

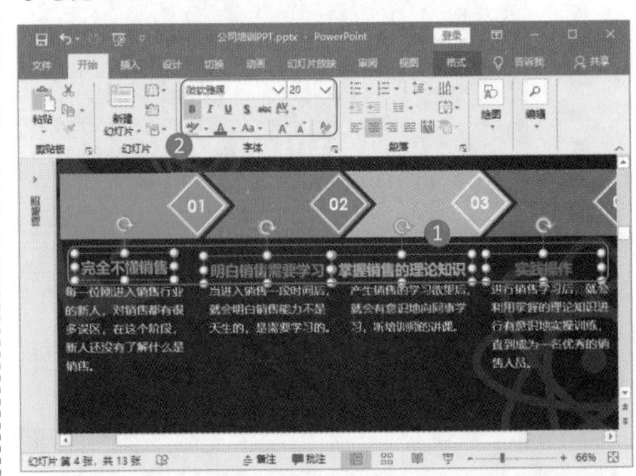

第 7 步：修改第 7 页幻灯片内容。切换到第 7 页幻灯片中，该幻灯片也是文字型幻灯片，将里面的文字进行更改。

第 8 步：增加字号。将幻灯片中的小标题文字字号调整为 28，标题下面的文本框文字调整为 14。

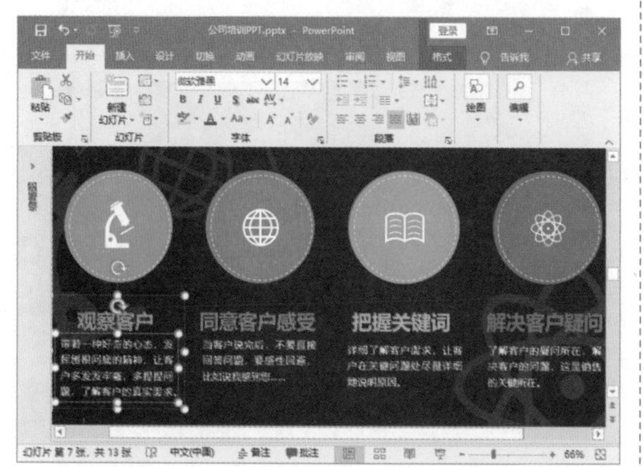

第 9 步：移动文本框。增加文字的字号后，文本框之间变得拥挤，选中左下角的文本框，往下拖动，增加距离。使用同样的方法，调整其他文本框的距离。

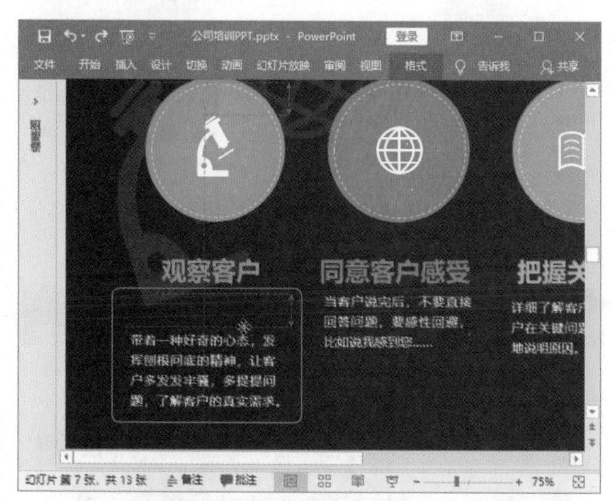

第 10 步：查看完成编排的幻灯片。此时便完成了第 7 页幻灯片的设计。

第 11 步：编排第 11 页幻灯片。使用同样的方法，替换模板幻灯片中的文本框文字内容，完成第 11 页幻灯片的制作。

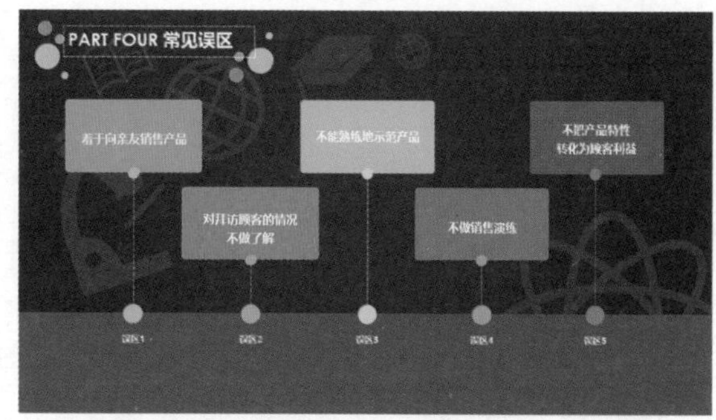

第 12 步：编排第 12 页幻灯片。使用同样的方法，替换模板幻灯片中的文本框文字内容，完成第 12 页幻灯片的制作。

11.2.6 编排图片型幻灯片内容

当模板中有图片，需要编排图片内容时，可以使用更改图片的方式替换图片，如果图片的形状与素材图片相差太大，则可以重新绘制形状，再填充图片完成内容替换。

第 1 步：执行"更改图片"命令。❶切换到第 6 页幻灯片中；❷右击左边的图，在弹出的快捷菜单中选择"更改图片 - 来自文件"选项。

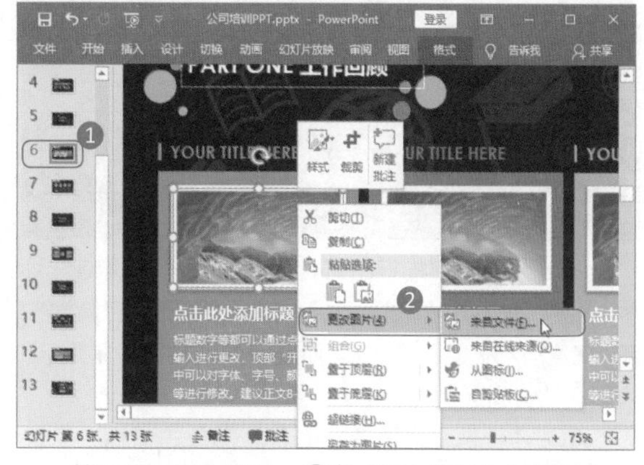

第 2 步：插入图片。❶在"插入图片"对话框中，按照路径"素材文件\第 11 章\图片 12.png"选中素

材图片；❷单击“插入”按钮。

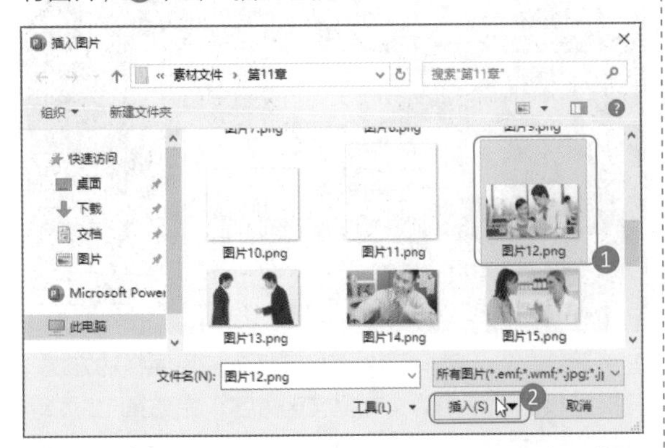

第 3 步：完成图片更改。使用同样的方法，将后面的三张图片进行替换，图片路径为“素材文件 \ 第 11 章 \ 图片 13.png~ 图片 15.png”。

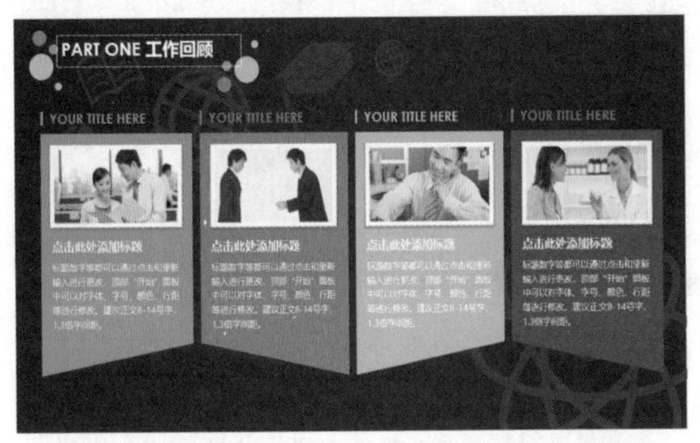

第 4 步：完成页面文字替换。完成图片替换后，再将页面中的文字内容进行更改编排，完成这一页幻灯片的制作。

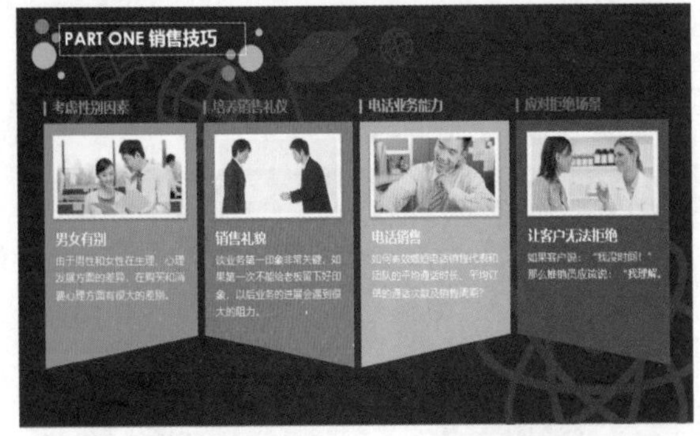

第 5 步：观察模板幻灯片。切换到第 9 页幻灯片中，观察幻灯片中的图片形状，是一个圆形，“高度”和“宽度”均为“6.32 厘米”。而准备的素材图片是矩形，直接更改会引起图片变形。

第 6 步：选择“椭圆”形状。❶单击“插入”选项卡下“插图”中的“形状”按钮；❷选择菜单中的“椭圆”选项○。

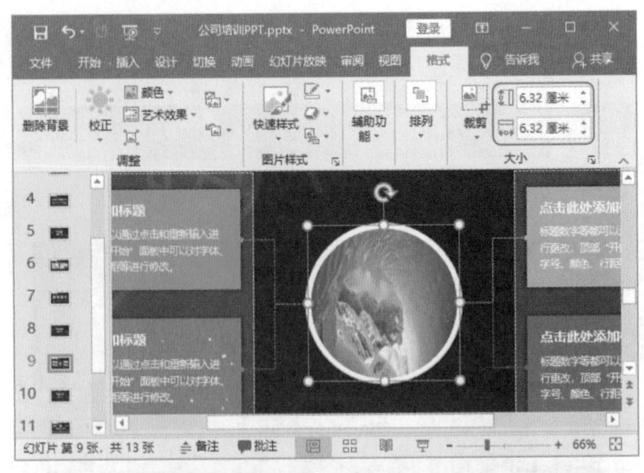

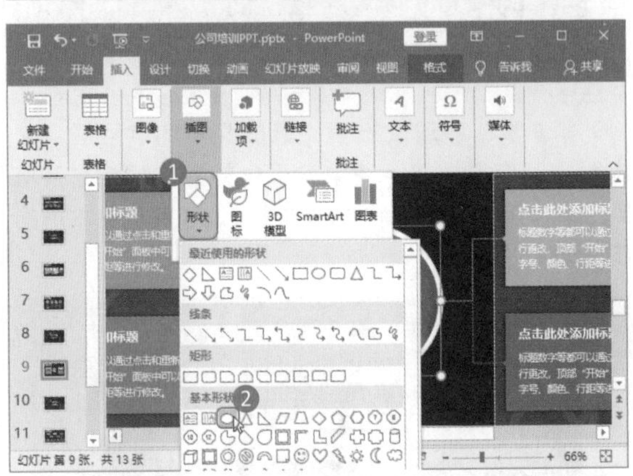

第 7 步：绘制椭圆。在幻灯片页面中，按住鼠标左键，绘制椭圆。

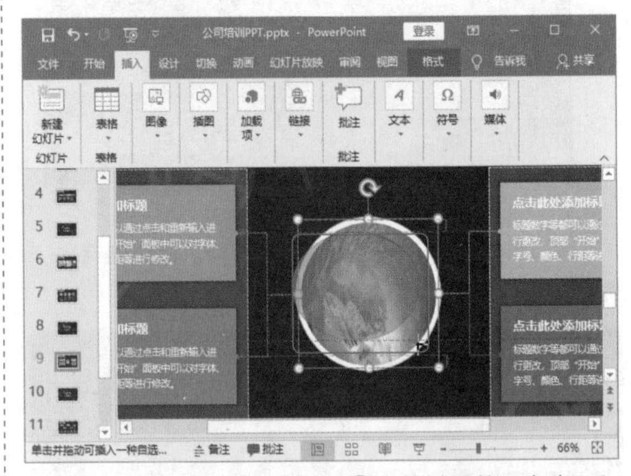

第 8 步：设置椭圆格式。❶调整椭圆的“高度”和“宽度”为“6.32 厘米”；❷选择“形状填充”菜单中的“图片”选项。

第 9 步：插入图片。在打开的“插入图片”对话框中，单击“来自文件”按钮。

第 10 步：选择填充图片。❶按照路径“素材文件 \ 第 11 章 \ 图片 16.png”选中素材图片；❷单击“插入”按钮。

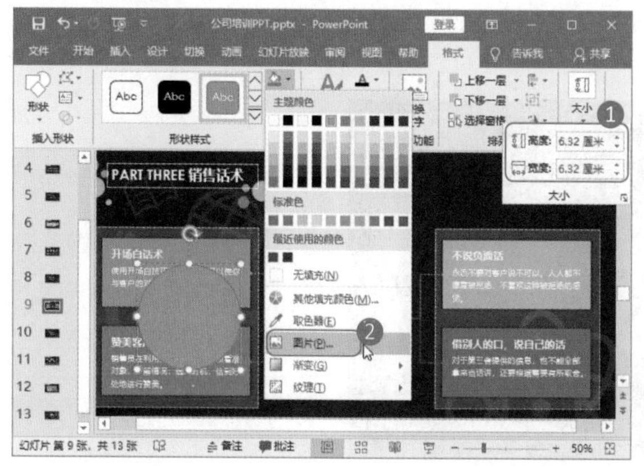

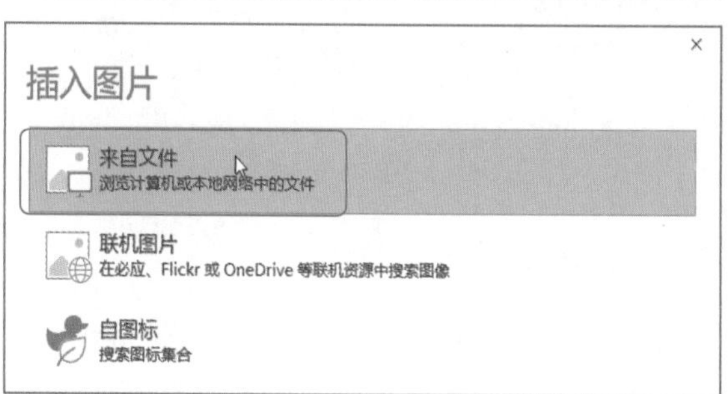

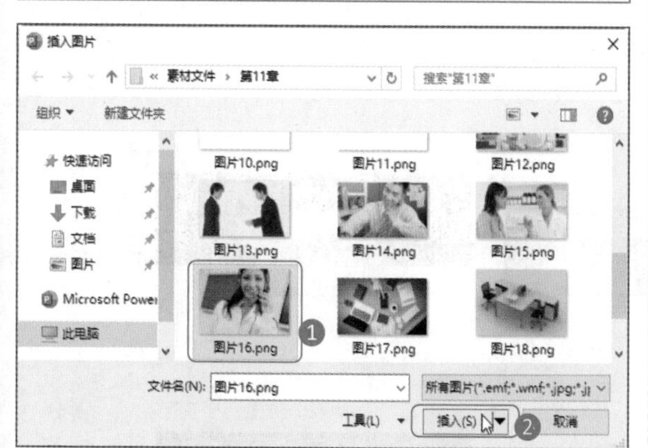

第 11 步：打开“设置图片格式”窗格。右击填充了图片的圆形，选择快捷菜单中的“设置图片格式”选项。

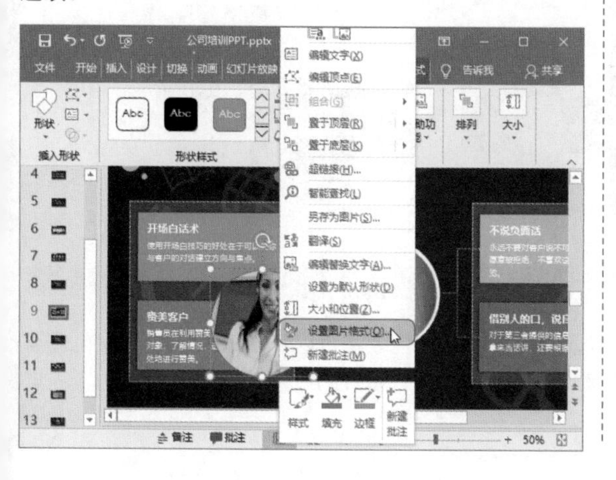

第 12 步：设置图片填充格式。❶在打开的“设置图片格式”窗格中勾选“将图片平铺为纹理”复选框；❷设置其填充参数值。

第 13 步：设置圆形边框。❶单击“绘图工具－格式”选项卡下“绘图”组中的“形状轮廓”按钮；❷选择“白色，背景 1”为轮廓颜色。

第 14 步：设置轮廓边框。❶单击“形状轮廓”按钮；❷选择下拉菜单中的“粗细”选项；❸选择“6 磅”粗细。

第 15 步：调整圆形位置。移动圆形位置到之前中心处，删除模板中原有的图片，更改模板中的文字内容，完成这一页幻灯片的内容编排。

过关练习：制作“项目方案PPT”

通过前面的学习，相信读者已经熟悉了如何利用 PowerPoint 2019 编排幻灯片内容，以及如何利用模板修改得到所需内容的幻灯片方法了。为了巩固所学内容，下面以制作“项目方案 PPT”为例让读者进行练习。读者可以结合思路解析，自己动手进行强化练习。

“项目方案 PPT”文档制作完成后的效果如下图所示。

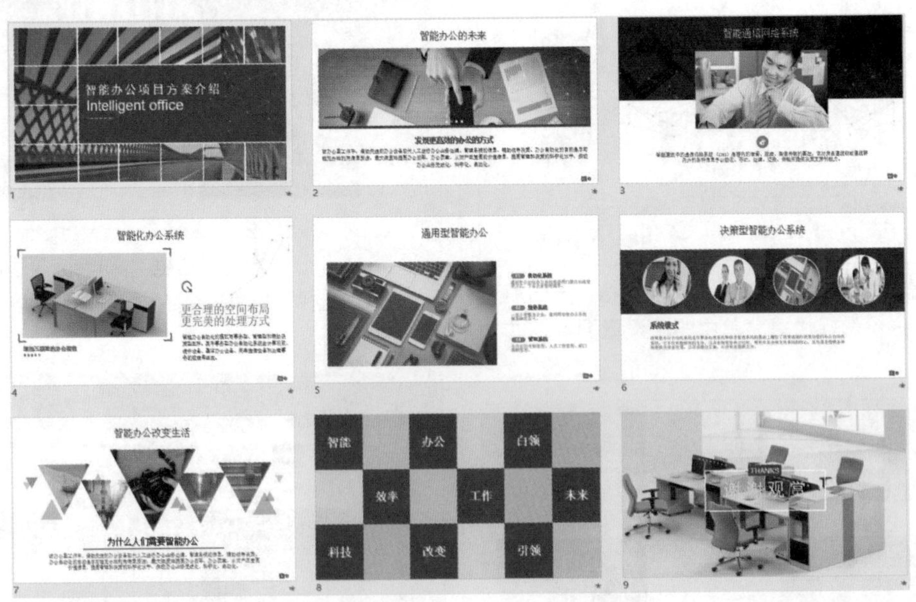

思路解析

当制作“项目方案 PPT”时，为了提高工作效率，可以利用下载好的模板进行内容修改，这个时候，只需掌握图片及文字的修改方法即可。在完成图片和文字的修改时，还可以自行设计幻灯片背景，以达到需求。其制作流程及思路如下。

制作“项目方案PPT”

- 修改模板中的图片内容
  - 插入图片后，裁剪图片，调整图片位置
  - 利用“更改图片”功能
- 修改模板中的文字内容
  - 直接删除模板文本框中文字进行替换
- 修改模板中的幻灯片背景
  - 进入背景设置，选择图片填充背景

关键步骤

关键步骤 1：更改封面页及幻灯片。❶按照路径“素材文件\第 11 章\项目方案 PPT.pptx”打开演示文稿，切换到第 1 页幻灯片中；❷修改标题文字。

关键步骤 2：插入并裁剪图片。切换到第 2 页幻灯片中，按照路径“素材文件\第 11 章\图片 17.png”插入素材图片。❶单击“图片工具 - 格式”选项卡下“大小”组中的“裁剪”按钮，然后将鼠标指针放到图片下方；❷按住黑色的线往上拖动鼠标裁剪图片。

关键步骤 3：调整图片大小。完成图片裁剪后，将鼠标指针放到图片的右上角，当鼠标指针变成十字形，按住鼠标左键不放，拖动鼠标，将图片放大。

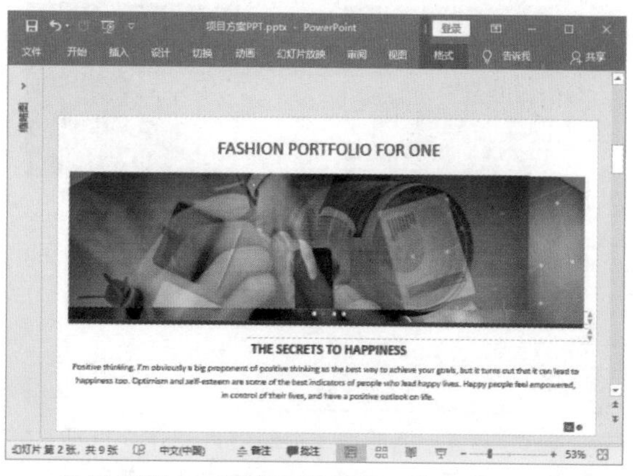

关键步骤 4：调整图片层级。移动图片，与模板中的图片重合，右击图片，在弹出的快捷菜单中选择“置于底层”选项。

关键步骤 5：完成第 2 页幻灯片制作。插入的图片置于底层后，模板中的图片就显示出来了，选中这张图片，按 Delete 键删除。更改幻灯片中的文字，完成这一页幻灯片制作。

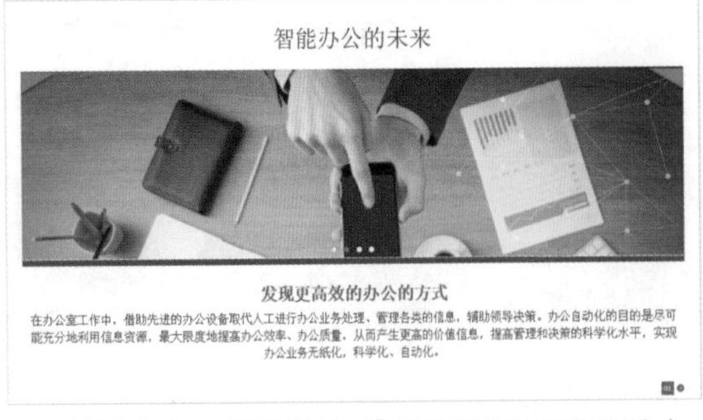

关键步骤 6：更改图片。❶切换到第 3 张幻灯片中；❷右击页面中的图片，选择“更改图片 – 来自文件”选项。

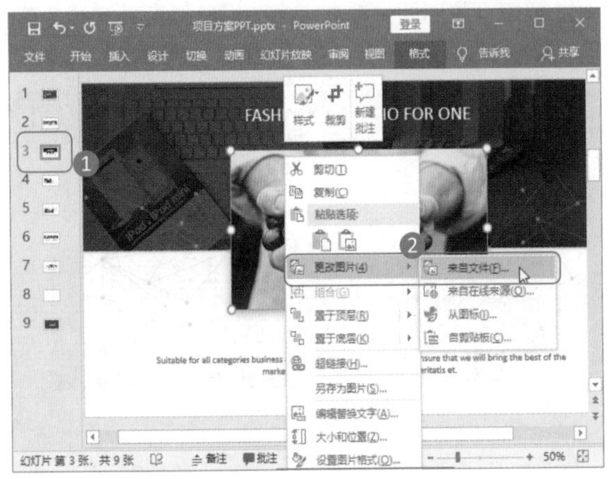

关键步骤 7：完成第 3 页幻灯片制作。打开“插入图片”对话框，按照路径“素材文件 \ 第 11 章 \ 图片 14.png”选择素材图片，单击“插入”按钮，更改这一页幻灯片中的文字内容，完成制作。

关键步骤 8：插入图片调整宽度。❶切换到第 4 张幻灯片页面中，按照路径“素材文件 \ 第 11 章 \ 图片 18.png”插入素材图片；❷在“图片工具 – 格式”选项卡下的“大小”组中设置“宽度”为“17.43 厘米”。

关键步骤 9：裁剪图片完成幻灯片制作。单击“裁剪”按钮，裁剪图片，让图片的高度与模板中的图片一致。修改这一页幻灯片的文字内容，完成制作。

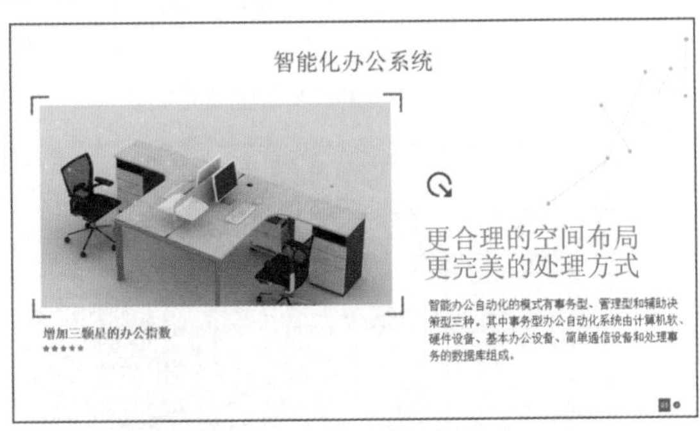

关键步骤 10：制作第 5 页幻灯片。❶进入第 5 页幻灯片；❷按照路径“素材文件 \ 第 11 章 \ 图片 19.png”插入素材图片，并调整位置和大小，选中页面左上方的文本框，按 Delete 键删除；❸更改幻灯片中的文字内容，完成这一张幻灯片制作。

关键步骤 11：更改图片。❶切换到第 6 页幻灯片中；❷右击左边的图片，选择“更改图片”选项，按照路径“素材文件 \ 第 11 章 \ 图片 16.png”插入素材图片；❸更改图片后，圆形会变形，在“图片工具 – 格式”选项卡下的“大小”组中设置“高度”和“宽度”均为“5.55 厘米”。

关键步骤 12：完成图片更改和文字输入。使用同样的方法，更改后面 3 张图片内容，路径为“素材文件\第 11 章\图片 21.png、图片 19.png、图片 12.png”，并调整图片“高度”和“宽度”均为“5.55 厘米”。输入文字内容，完成这一张幻灯片制作。进入第 7 页幻灯片，修改文字内容，这里不再示范。

关键步骤 13：插入表格。❶切换到第 8 张幻灯片；❷单击“插入”选项卡“表格”组中的“表格”按钮；❸插入一个 6 × 3 的表格。

关键步骤 14：设置表格格式。将鼠标指针放到表格右下角，拖动鼠标，调整表格大小，直到完全覆盖住幻灯片页面。❶单击“表格工具 - 设计”选项卡下“底纹”按钮，选择菜单中的“其他填充颜色”选项；❷在打开的“颜色”对话框的“自定义”选项卡中，设置表格的底纹填充色 RGB 值为“64,64, 64”，并设置表格的“框线”为“无框线”。

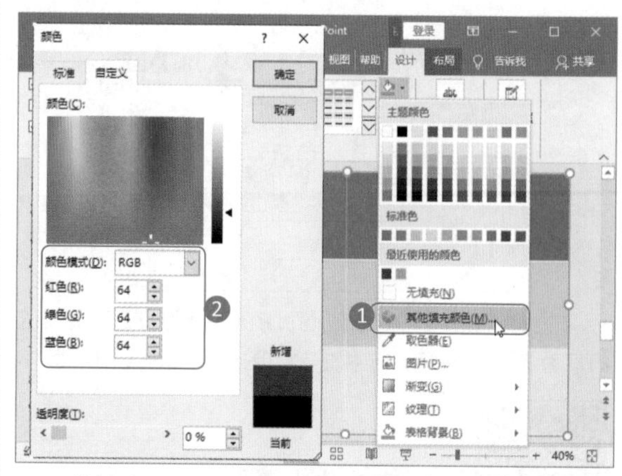

关键步骤 15：输入文字并调整格式填充表格。在表格中输入文字，单击“对齐方式”组中的“居中”按钮，以及“垂直居中”按钮，设置表格中文字的大小为 40，加粗显示，随意设置不同单元格的颜色填充。

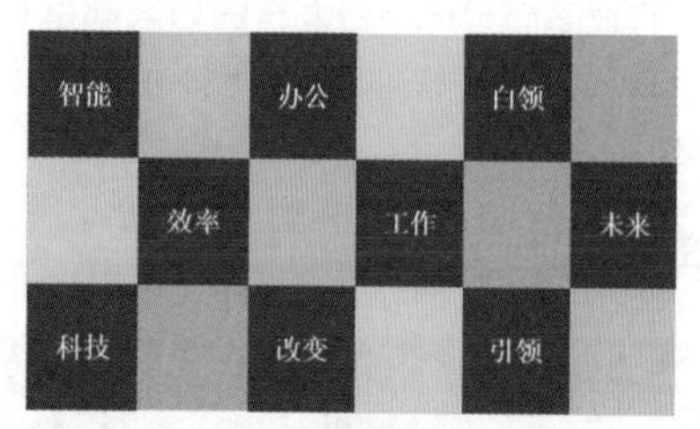

关键步骤 16：插入背景图片。❶切换到第 9 页幻灯片中。在左边窗格中右击幻灯片背景，选择菜单中的“设置背景格式”选项；❷选中“图片或纹理填充”单选按钮；❸单击“插入”按钮。

关键步骤 17：插入图片。❶按照路径“素材文件\第

11 章\图片 20.png”选中素材图片；❷单击“插入”按钮。

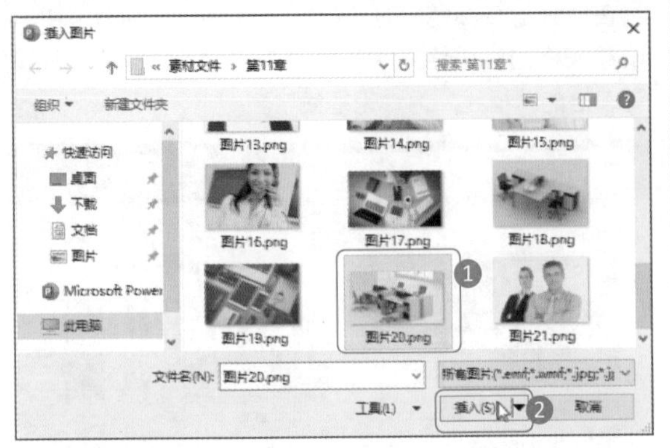

关键步骤 18：完成封底页制作。❶完成封底页的幻灯片背景修改后，选中文字，单击“字体”组中的“字体颜色”按钮 A ；❷从中选择“黄色”填充。

高手秘技

1. 制作适合新媒体平台发布的长图，其实很简单

现在有很多新媒体平台发布的内容都是长图型内容，利用 PowerPoint 软件制作长图，只需安装 Nordri Tools 插件即可。

第 1 步：单击“PPT 拼图”按钮。事先安装 Nordri Tools 插件，单击“PPT 拼图”按钮。

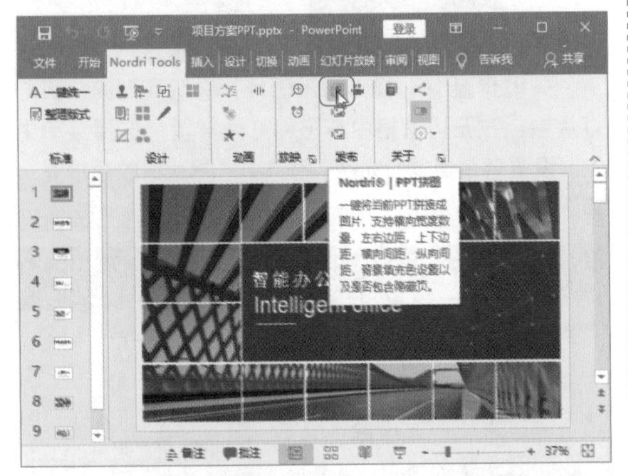

第 2 步：设置拼图。在打开的“PPT 拼图”对话框中设置好要拼图的幻灯片，单击“下一步”按钮。

第 3 步：保存拼图。在打开的页面中可以查看到拼图效果，单击“另存为”按钮，打开“另存为”对话框设置保存路径，保存拼图。

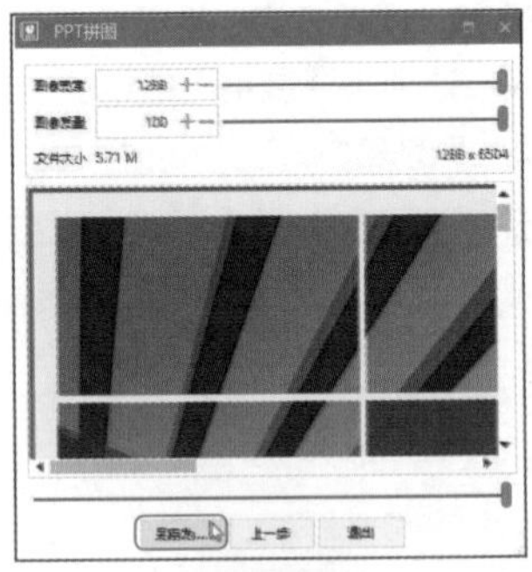

第 4 步：查看完成的拼图。完成拼图的幻灯片成为长图。

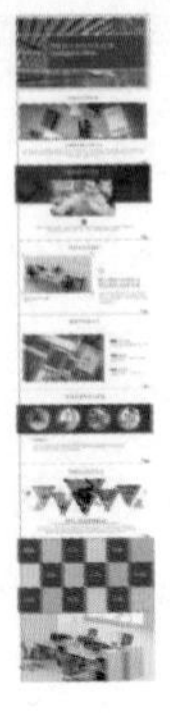

2. PowerPoint暗藏的4种P图技巧

PowerPoint 2019 有多种设计和修改图片的功能，能满足 PPT 图片的设计需求。

第 1 步：删除图片背景。❶单击“图片工具 – 格式”选项卡下“删除背景”按钮；❷进入图片裁剪状态，标记要保留和要删除的区域；❸单击“保留更改”按钮即可完成图片背景删除。

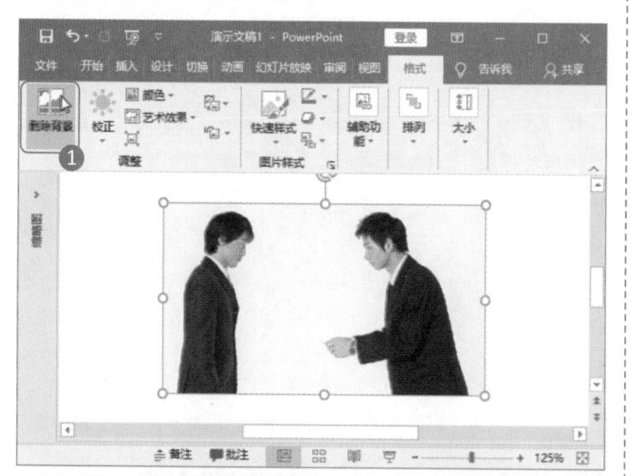

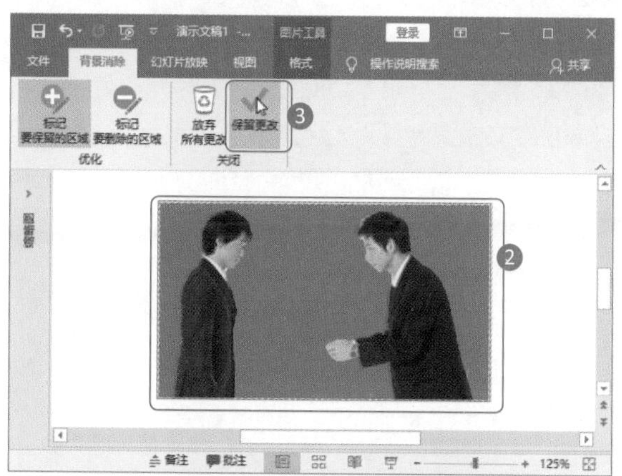

第 2 步：裁剪图片为各种形状。❶选中图片，单击“图片工具 – 格式”选项卡下“大小”组中的“裁剪”按钮；❷选择“裁剪为形状”选项；❸在形状列表中选择一种形状；❹查看图片裁剪效果。

第 3 步：更改图片颜色。如果想要制作不同色调的图片，可以调整其颜色模式。❶单击“图片工具 – 格式”选项卡下“调整”组中的“颜色”按钮；❷选择一种颜色模式，即可更改图片颜色。

第 4 步：设置艺术效果。❶单击“图片工具 – 格式”选项卡下“调整”组中的“艺术效果”按钮；❷选择一种艺术效果，即可让图片效果丰富起来。

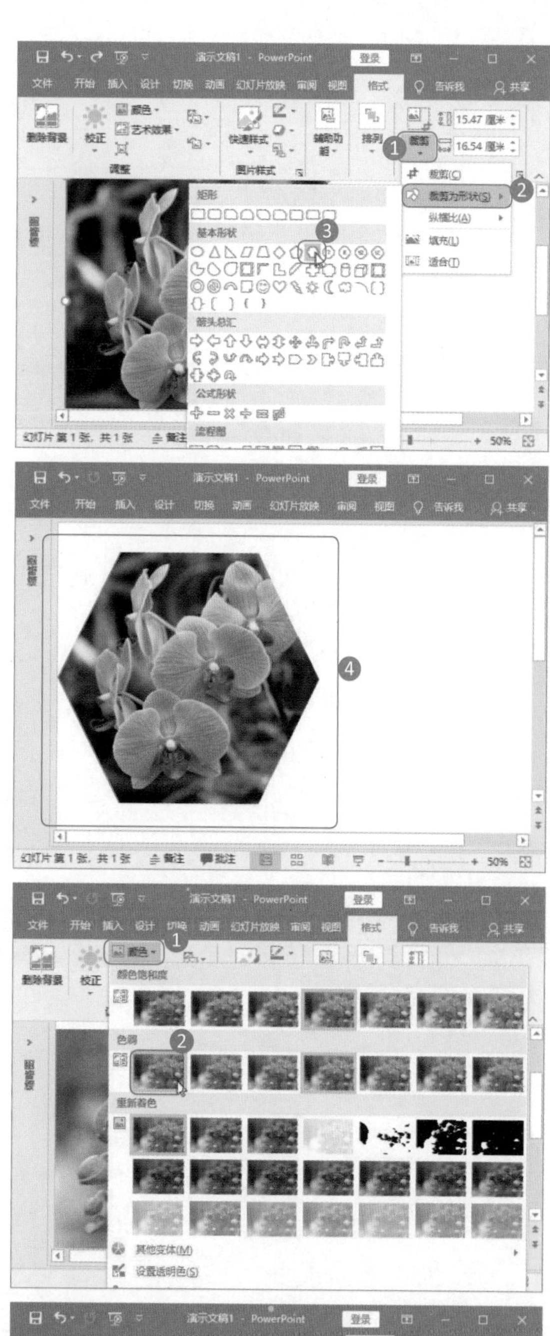

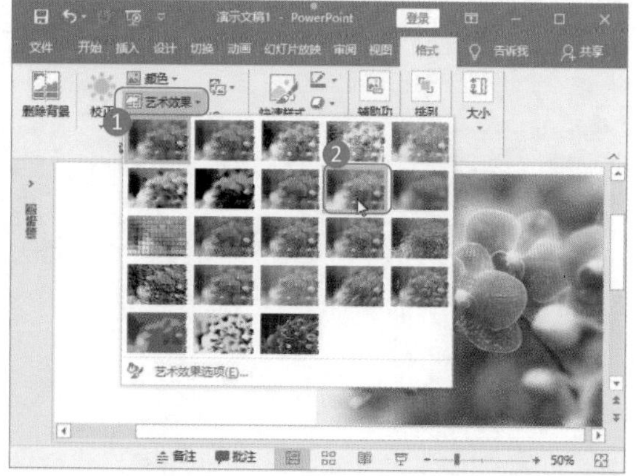

PowerPoint 幻灯片的动画设计与放映

内容导读

在应用幻灯片对企业进行宣传、对产品进行展示以及在各类会议或演讲中进行演示时，为使幻灯片内容更具吸引力，使显示效果更加丰富，常常需要在幻灯片中添加各类动画效果。本章将介绍幻灯片中动画的制作以及放映时的设置技巧。

知识要点

- 幻灯片切换动画设置
- 幻灯片进入动画设置
- 幻灯片强调动画设置
- 幻灯片路径动画设置
- 放映幻灯片的设置方法
- 排练并预播演讲稿

案例展示

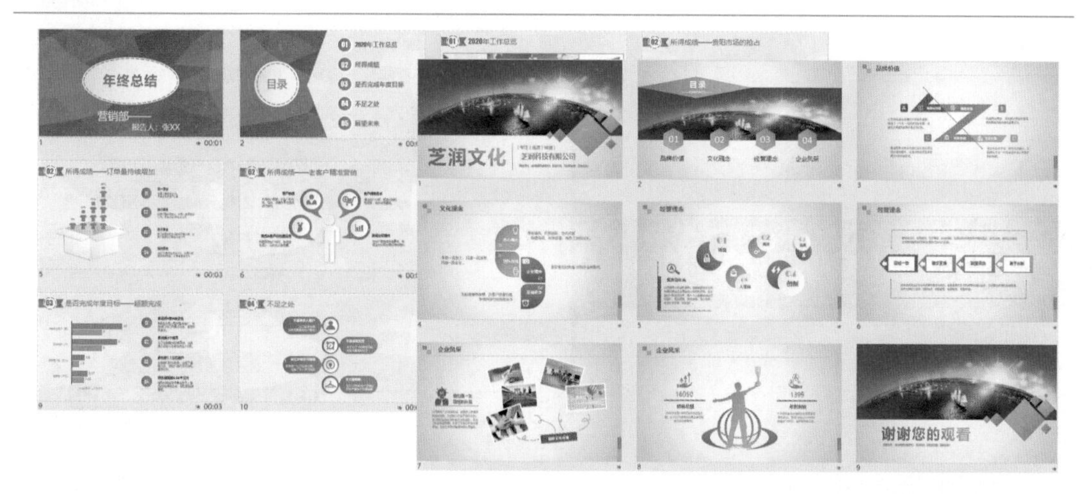

12.1 为“企业文化宣传PPT”设计动画

案例说明

当企业需要向内部新员工或者外部来访者讲解企业文化时，需要制作“企业文化宣传 PPT”做展示之用。为了增强展示效果，通常要为演示文稿设置动画效果，包括切换动画和内容动画，设置完动画的幻灯片下方会带有星形符号。

“企业文化宣传 PPT”文档制作完成后的效果如下图所示。

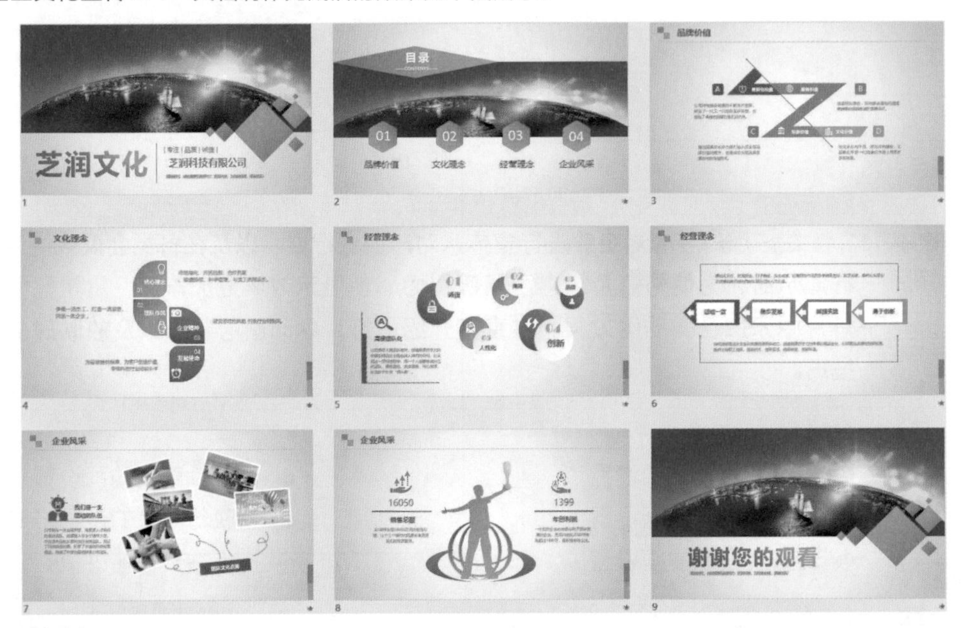

思路解析

为“企业文化宣传 PPT”设计动画时，首先要为幻灯片设计切换动画，再为内容元素设计动画。内容元素的动画以进入动画为主，可以添加路径动画和强调动画作辅助，还可以添加超链接交互动画。其制作流程及思路如下。

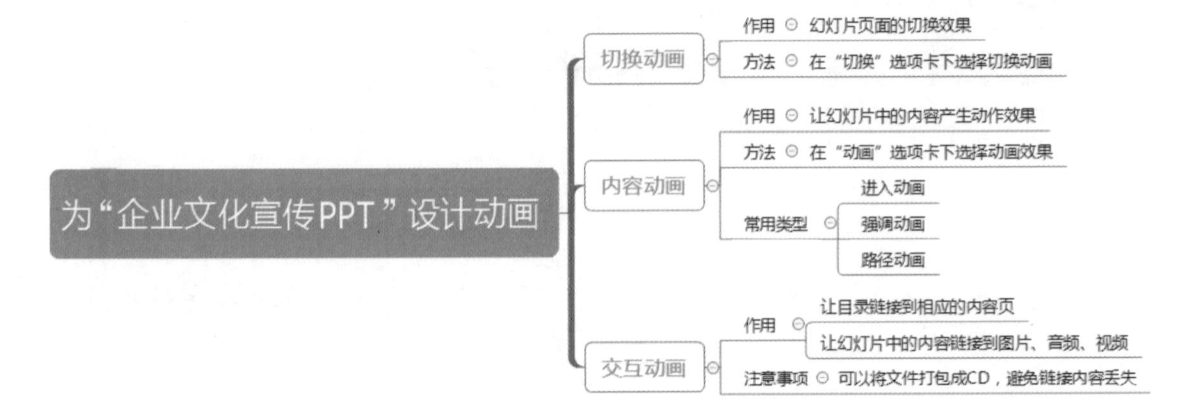

步骤详解

12.1.1 设置宣传演示文稿的切换动画

在演示文稿中对幻灯片添加动画时，可针对全部幻灯片添加切换动画效果及音效，该类动画为各幻灯片整体的切换过程动画。本例将针对整个演示文稿中所有幻灯片应用相同的幻灯片切换动画及音效，然后再针对个别幻灯片应用不同的切换动画。

第 1 步：打开“切换效果”列表。❶按照路径“素材文件 \ 第 12 章 \ 企业文化宣传 .pptx”打开素材文件，选择第 2 张幻灯片；❷单击“切换”选项卡下“切换到此幻灯片”组中的“切换效果”按钮。

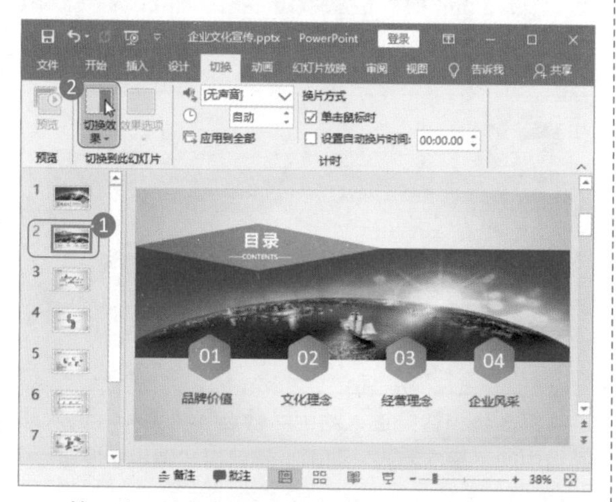

第 2 步：选择切换动画。在“切换效果”下拉菜单中，选择“华丽”效果组中的“库”动画，即可为第 2 张幻灯片应用上该动画效果。

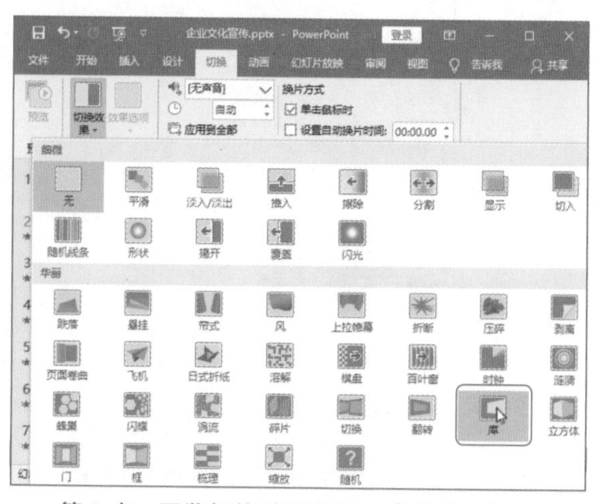

第 3 步：预览切换动画效果。❶单击“切换”选项卡下“预览”组中的“预览”按钮；❷此时就会播放该幻灯片的切换效果。

第 4 步：为第 3 张幻灯片设置切换动画。❶选中第 3 张幻灯片；❷单击“切换”按钮。

第 5 步：为第 4 张幻灯片设置切换动画。❶选中第 4 张幻灯片；❷单击“立方体”按钮。

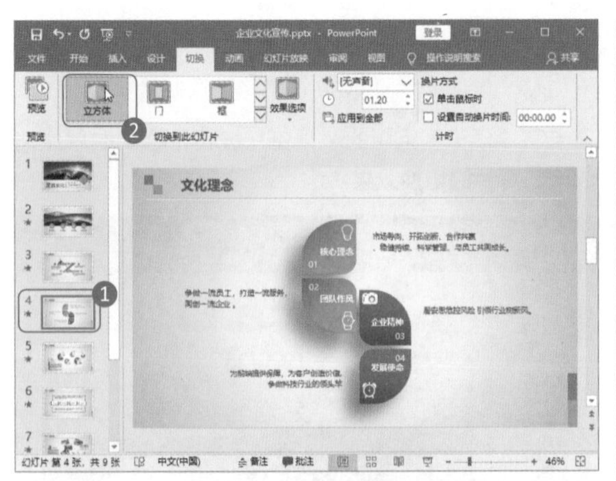

第 6 步：为其余幻灯片设置切换动画。按照同样的方法，为第 5 张幻灯片设置“摩天轮”切换动画，为第 6 张和第 8 张幻灯片设置“立方体”切换动画，为第 7 张幻灯片设置“库”切换动画，为第 9 张幻灯片设置“涡流”切换动画。

12.1.2 设置宣传演示文稿的进入动画

在制作幻灯片时，除设置幻灯片切换的动画效果外，常常需要对幻灯片中的内容添加不同的动画效果，如内容显示出来的进入动画效果。进入动画是幻灯片最常用的动画，甚至很多演示文稿只有进入动画一种效果也可满足演讲的需求。

第 1 步：打开进入动画列表。切换到一张幻灯片，选中页面的背景图片，单击“动画”选项卡下“动画”组中的“动画样式”下拉按钮 ▾，打开动画样式列表。

第 2 步：查看更多动画。打开动画列表后，这里只显示了部分动画，选择“更多进入效果”选项，查看更多的进入动画效果。

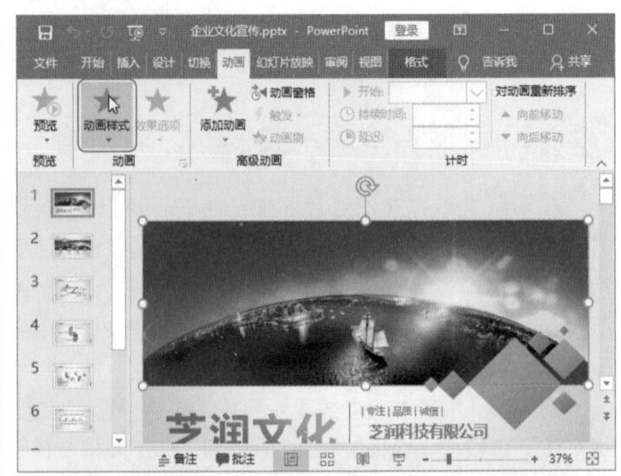

第 3 步：选择进入动画。❶选择“温和”进入动画组中的“基本缩放”动画；❷单击“确定”按钮。

第 4 步：设置“基本缩放”动画的效果。❶单击“动画”组中的“效果选项”按钮，从下拉菜单中选择“轻微缩小”选项；❷设置动画的“开始”方式为“上一动画之后”，并且调整“持续时间”参数。此时就完成了页面背景图片的进入动画设置。

第 5 步：设置最大菱形的动画。❶选中页面右下角最大的菱形图形，为其设置“基本缩放”进入动画；❷调整“计时”组中的参数。

第 6 步：使用“动画刷”功能。保持选中最大的菱形图形，单击“动画”选项卡下“高级动画”组中的“动画刷”按钮。

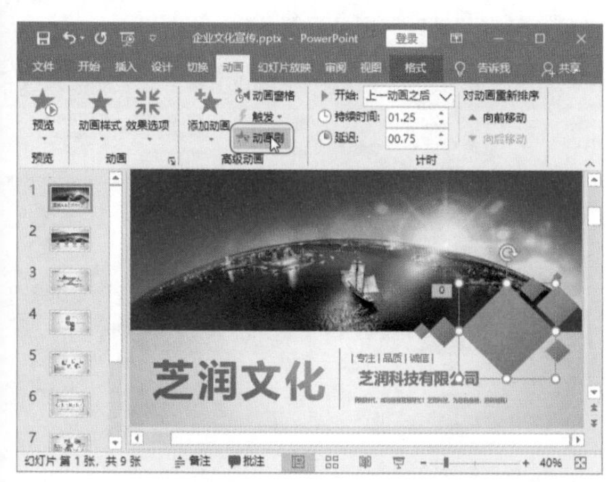

第 7 步：使用动画刷。此时鼠标指针变成了刷子形状，将鼠标指针移到最右边的蓝色菱形上单击，将最大菱形设置好的动画复制给该菱形。

第 8 步：调整“计时”参数。完成动画复制后，该菱形也被复制上了“基本缩放”动画，但是需要调整“计时”组中的参数。

第 9 步：为其他菱形设置进入动画。在该页幻灯片中，右边有多个大小不一的菱形，使用同样的方法为这些菱形设置“基本缩放”进入动画。

第 10 步：设置“浮入”进入动画。选中页面左边的“芝润文化”文本框，单击“动画”组中的“浮入”

动画，让文本框以浮入的方式进入观众视线。

第 11 步：调整动画“计时”组中的参数。在“计时”组中设置“浮入”动画的参数。

第 12 步：设置“劈裂”动画。❶选中页面中下方的蓝色直线，为其设置“劈裂”动画；❷单击“效果选项”按钮，选择“中央向上下展开”选项；❸在“计时”组中设置参数。

第 13 步：设置“浮入”进入动画。❶选中“｜专注｜品质｜诚信｜”字样的文本框，为其设置“浮入”的进入动画；❷单击“效果选项”按钮，从下拉菜单中选择“下浮”选项；❸在“计时”组中设置参数。

第 14 步：设置“飞入”进入动画。❶选中“芝润科技有限公司”文本框，设置“飞入”动画效果；❷在“计时”组中设置参数。

第 15 步：设置“形状”进入动画。❶选中最下方的灰色字文本框，为其设置“形状”的进入动画；❷单击“效果选项”按钮，从下拉菜单中选择“菱形”选项；❸在“计时”组中设置参数。

第 16 步：查看完成的进入动画设置的效果。❶单

击“动画”选项卡下“高级动画”组中的“动画窗格”按钮；❷在打开的“动画窗格”中查看设置好的动画，可以看到动画按照先后顺序排列，绿色的长条代表动画持续的时间长短。

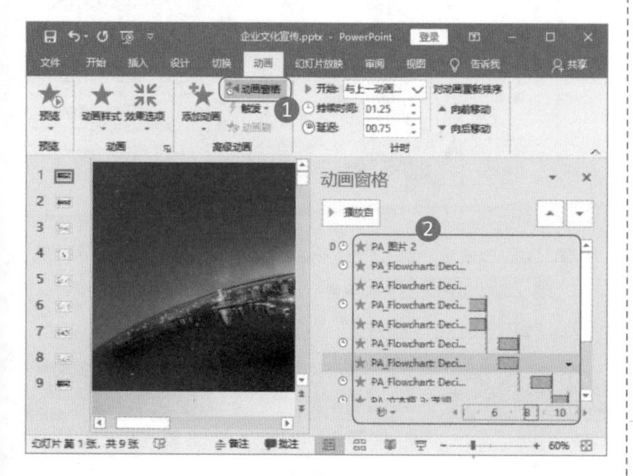

12.1.3 设置宣传演示文稿的强调动画

强调动画是通过放大、缩小、闪烁、陀螺旋等方式突出显示对象和组合的一种动画。在 12.1.2 小节中为幻灯片内容设置了进入动画，这一小节来讲解如何在进入动画的基础上添加强调动画及声音效果。

1. 添加强调动画

如果内容元素没有设置动画，则直接打开动画列表选择一种动画即可。但是如果内容元素本身已有动画，也可以为其添加动画，让一个内容有两种或两种以上动画效果。

第 1 步：单击“添加动画”按钮。选中第一页幻灯片中最大的菱形，单击“添加动画”按钮。

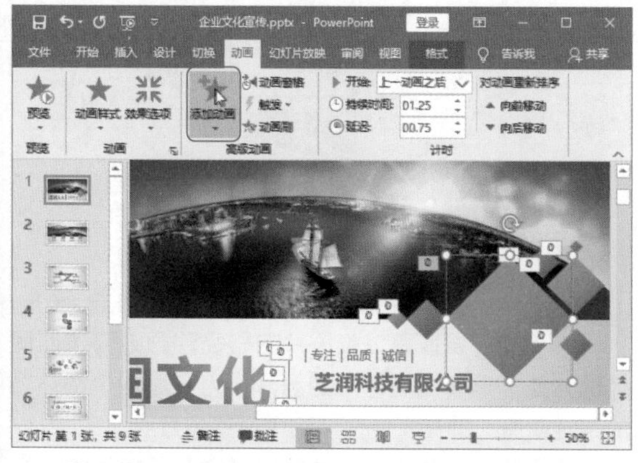

第 2 步：选择强调动画。在打开的动画列表中，选择“强调”动画类型中的“彩色脉冲”动画效果。

第 3 步：查看动画设置。❶在“计时”组中设置强调动画的参数；❷单击“动画窗格”按钮，查看设置好的动画列表，可以看到强调动画已设置成功，标志是黄色的星形和黄色的长条。

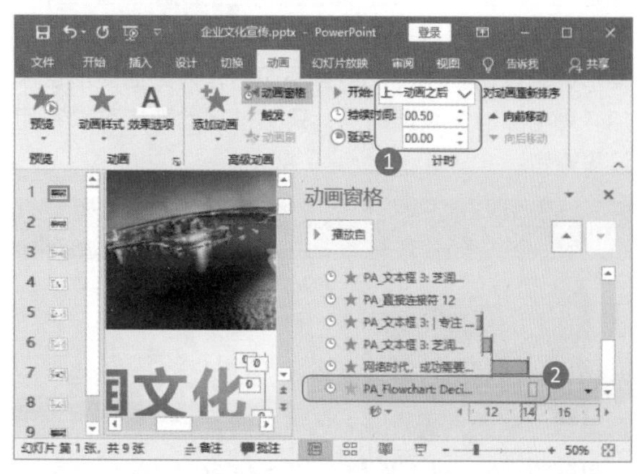

2. 设置强调动画的声音

强调动画的作用就是引起观众注意，那么可以为强调动画添加声音，增加强调效果。

第 1 步：打开动画的效果设置对话框。在“动画窗格”中，选择上面设置好的强调动画，右击，选择快捷菜单中的“效果选项”选项。

第 2 步：设置声音效果。❶在打开的“彩色脉冲”对话框中，设置“声音”为“风铃”；❷将音量调到最大；❸单击“确定”按钮。

第 3 步：设置其他菱形的强调动画。完成第一个菱形的强调动画添加及声音添加后，为其他菱形也添加“彩色脉冲”强调动画，只不过其他菱形可以不用设置声音。

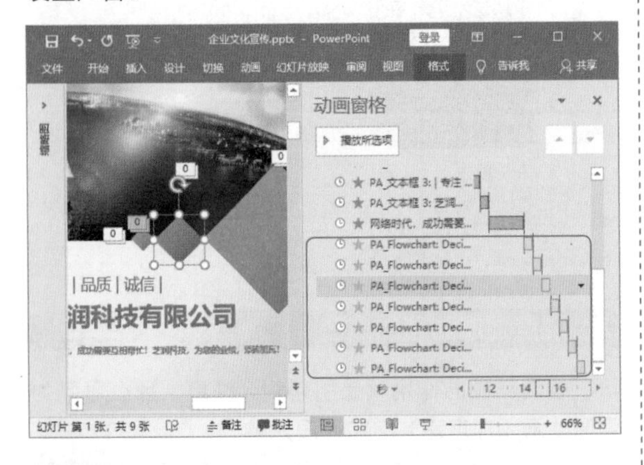

12.1.4 设置宣传演示文稿的路径动画

路径动画是让对象按照绘制的路径运动的一种高级动画效果，可以实现幻灯片中内容元素的运动效果。

1. 添加路径动画

路径动画的添加方式与进入动画和强调动画一样，只需选择路径动画进行添加即可。

第 1 步：打开动画列表。❶切换到第 7 页幻灯片，可以看到素材文件中已经事先设置好了部分内容的动画，接下来要为照片添加路径动画；❷选中左下角的照片，单击“动画”选项下的“动画样式”下拉按钮 ▾ 。

第 2 步：选择路径动画。在打开的动画样式列表中，选择“动作路径”组中的“循环”路径动画。

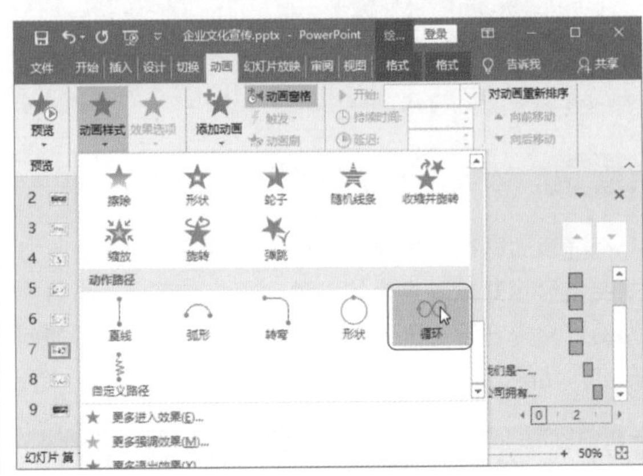

第 3 步：设置“计时”参数。在“计时”组中设置路径动画的计时参数。此时便成功为这张照片添加了循环的路径效果。

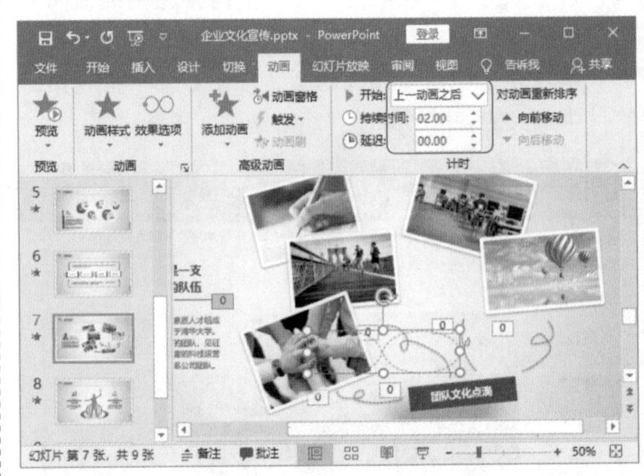

第 4 步：设置第二张照片的路径动画。❶按照同样的方法，选中左边中间的照片，为其添加“循环”的路径动画；❷在“计时”组中设置参数。

第 5 步：完成所有照片的路径动画设置。按照相同的方法，完成所有照片的路径动画设置，可以看到在“动画窗格”中，路径动画是蓝色的长条。

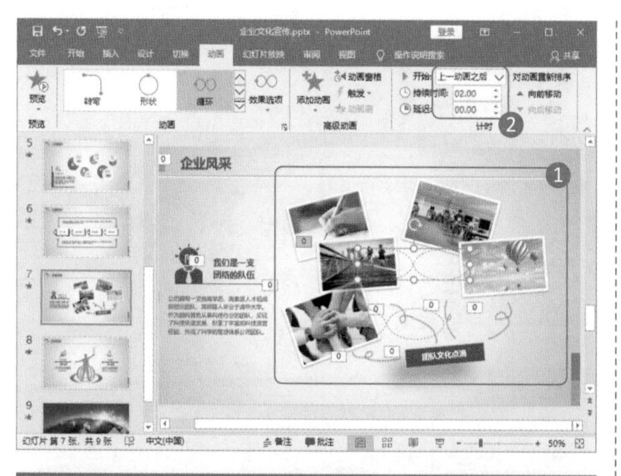

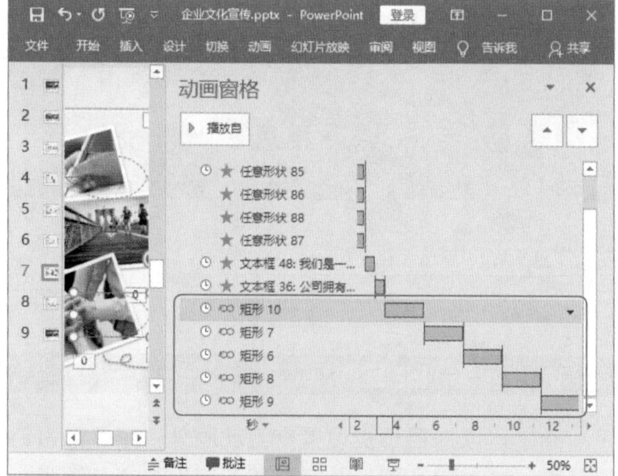

2. 调整动画顺序

完成动画设置后，可以根据需要调整动画的顺序，而不用将顺序设置错误的动画删除。

第 1 步：单击“向前移动”按钮。❶打开第 7 页幻灯片的“动画窗格”，选择“矩形 10”的动画，按住 Shift 键，单击“矩形 9”的动画，此时它们之间的动画就被全部选中了；❷单击“计时”组中的“向前移动”按钮，将选中的动画顺序向前移动。

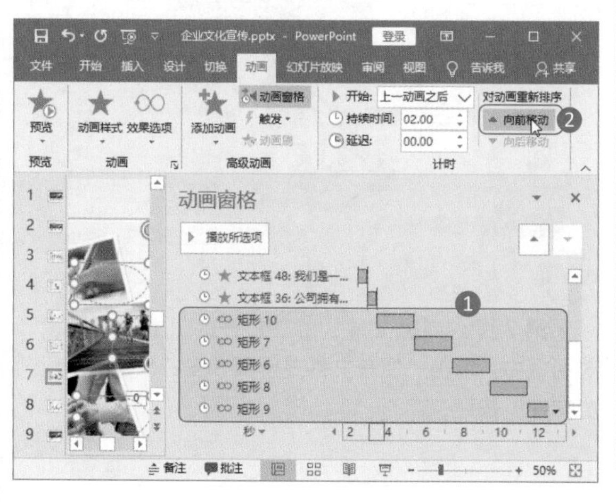

第 2 步：查看动画顺序调整效果。动画向前移动后，动画顺序已经发生了改变。

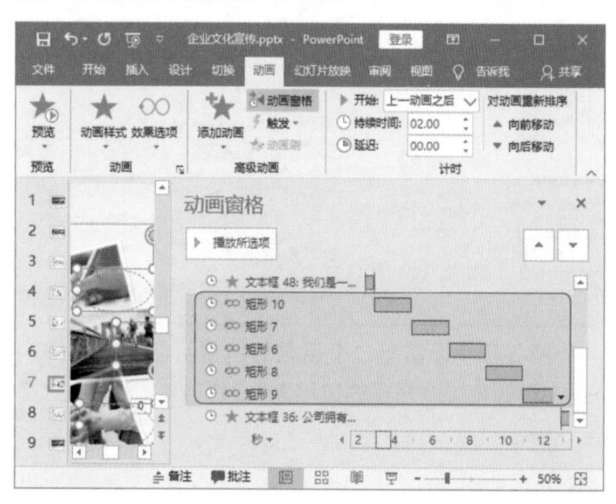

12.1.5 设置宣传演示文稿的交互动画

可以通过超链接为演示文稿设置交互动画，最常见的就是目录的交互，即单击某个目录便跳转到相应的内容页面，也可以为内容元素添加交互动画，如单击某行文字便出现相应的图片展示。

1. 为目录添加内容页链接

为目录添加内容页链接的方法是选中目录，设置超链接。具体操作步骤如下。

第 1 步：执行“超链接”命令。❶进入第 2 页目录页面中；❷右击第一个目录文本框“品牌价值”，从弹出的快捷菜单中选择“超链接”选项。

第 2 步：选择链接的幻灯片。❶在打开的“插入超链接”对话框中，选择“本文档中的位置”选项；❷选择“幻灯片 3”；❸单击“确定”按钮，此时就将该目录成功链接到第 3 张幻灯片上了。

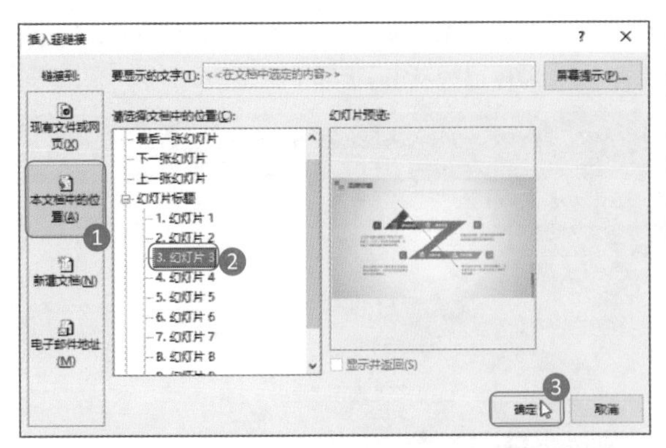

第 3 步：设置第二个目录的链接。❶按照同样的方法，设置第二个目录的链接为“幻灯片 4”；❷单击“确定”按钮。

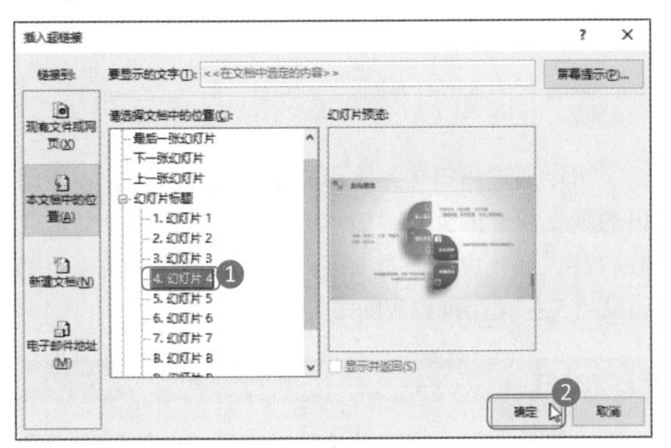

第 4 步：设置第三个目录的链接。❶按照同样的方法，设置第三个目录的链接为“幻灯片 5”；❷单击“确定”按钮。

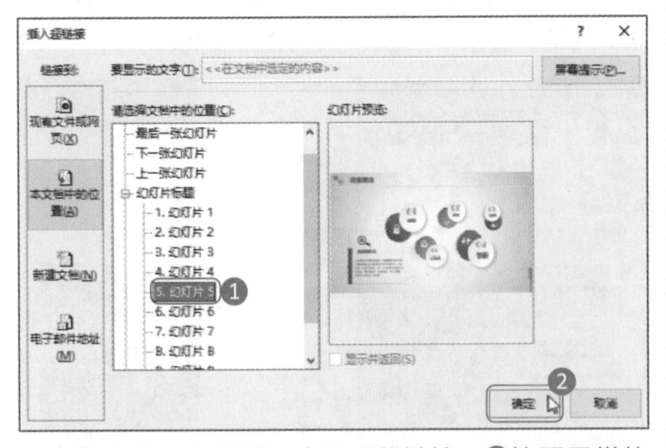

第 5 步：设置第四个目录的链接。❶按照同样的方法，设置第四个目录的链接为“幻灯片 7”；❷单击“确定”按钮。

第 6 步：查看目录链接设置。完成目录链接设置后，按下 F5 键进入幻灯片放映状态。在目录页放映时，将鼠标指针移到设置了超链接的文本框上，鼠标指针会变成手指形状，此时单击这个目录文本框就会切换到相应的幻灯片页面。

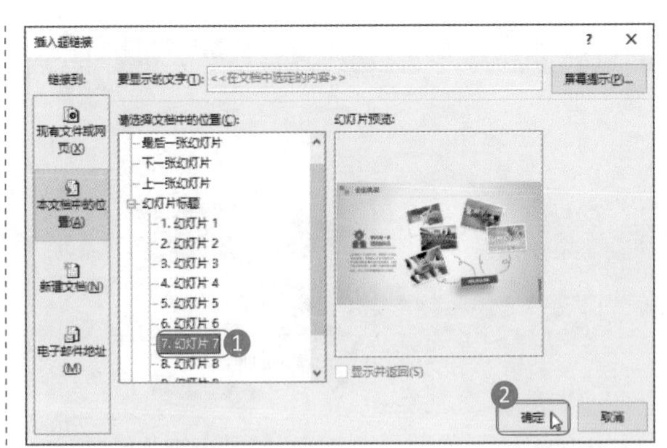

2. 为内容添加交互动画

除了可以为目录页设置交互动画外，还可以为幻灯片中的文本框、图片、图形等元素设置交互动画，让这些元素在被单击时出现链接内容。

第 1 步：执行“超链接”命令。切换到“企业文化宣传 PPT”的第 8 页幻灯片，右击页面中的人形图形，选择快捷菜单中的“超链接”选项。

第 2 步：浏览文件。❶在打开的“插入超链接”对话框中，单击“现有文件或网页”按钮；❷单击“浏览文件”按钮。

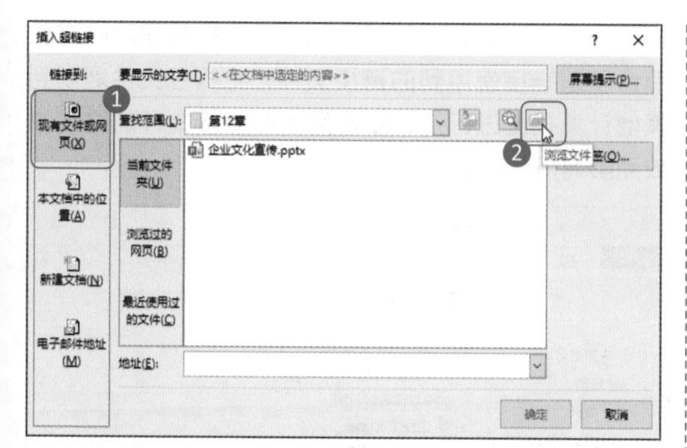

第 3 步：选择文件。❶在打开的“链接到文件”对话框中，按照路径“素材文件 \ 第 12 章 \ 企业文化 .jpg”选择素材图片；❷单击“确定”按钮。

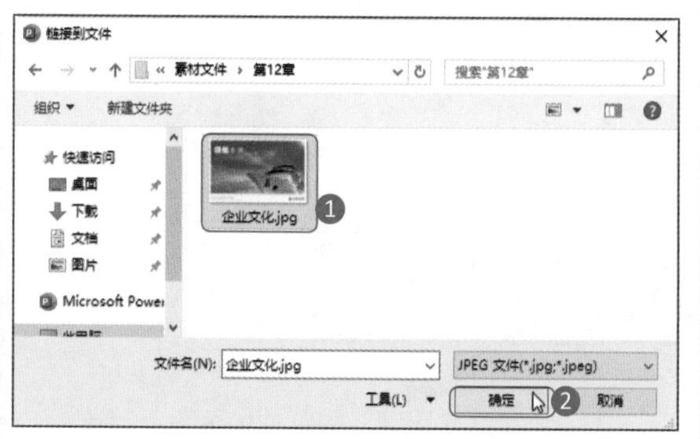

第 4 步：确定选择的图片。选择图片后，回到“插入超链接”对话框中，单击“确定”按钮。

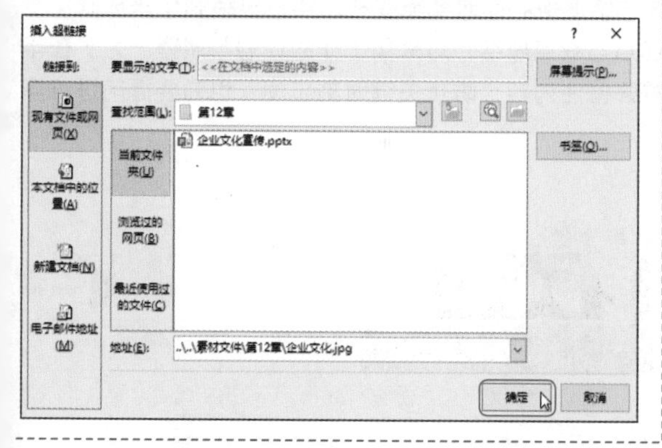

第 5 步：查看超链接设置效果。完成内容元素的超链接设置后，在放映 PPT 时，将鼠标指针移到设置了超链接的内容上，就会出现如下图所示的效果。单击该内容，就会弹出链接好的图片。

3. 打包保存有交互动画的演示文稿

超链接设置不仅可以是图片，还可以是音频和视频。为了保证链接好的内容可以准确无误地打开，最好将文件打包保存，避免换一台计算机播放后，超链接打开失败。

第 1 步：执行“打包成 CD”命令。❶单击“文件”按钮，选择“导出”选项；❷选择“将演示文稿打包成 CD”选项；❸单击“打包成 CD”按钮。

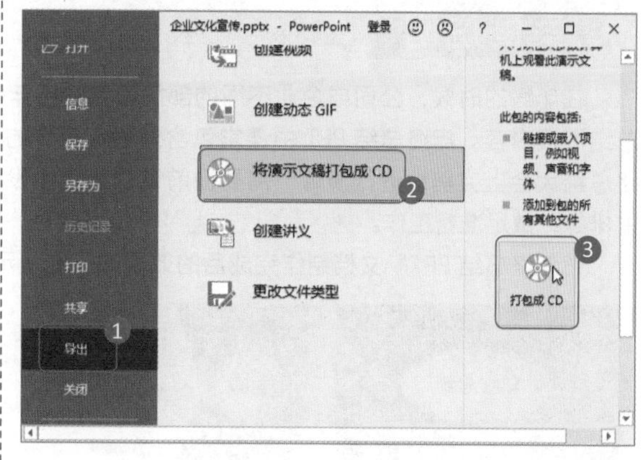

第 2 步：设置“打包成 CD”对话框。❶在打开的“打包成 CD”对话框中，设置“将 CD 命名为”文件名称；❷单击“复制到文件夹”按钮。

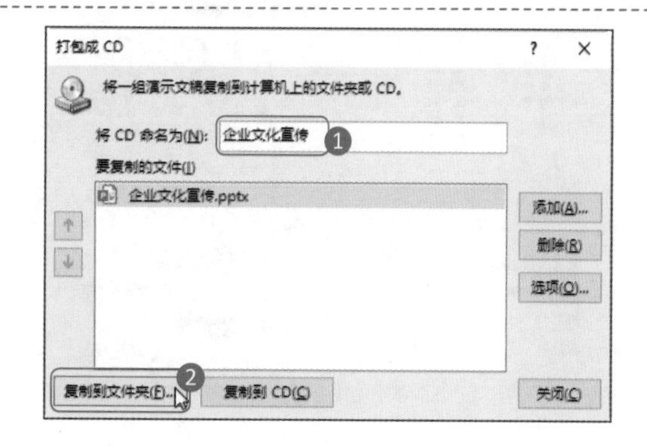

第 3 步：确定文件打包。此时会弹出“复制到文件夹”对话框，单击“确定”按钮。

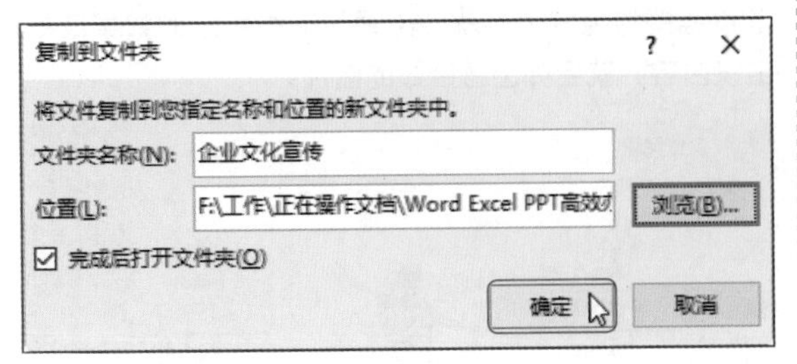

第 4 步：确定打包链接文件。含有超链接的文件在打包时会弹出如下图所示的对话框，单击“是”按钮表示要打包超链接文件。

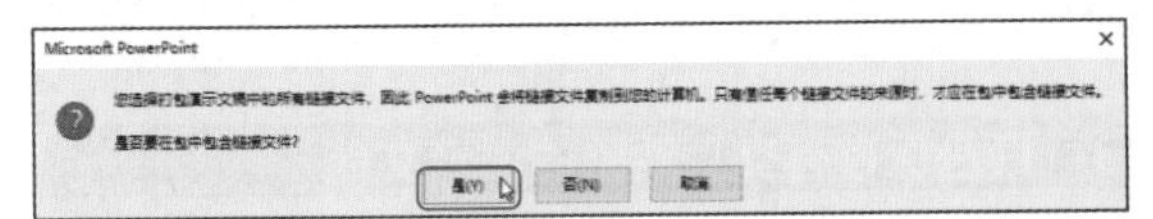

第 5 步：查看打包成功的文件。打包成功的文件包含了超链接使用到的链接文件，将打包文件复制到其他计算机上进行播放就不用担心链接文件的路径失效而影响播放效果。

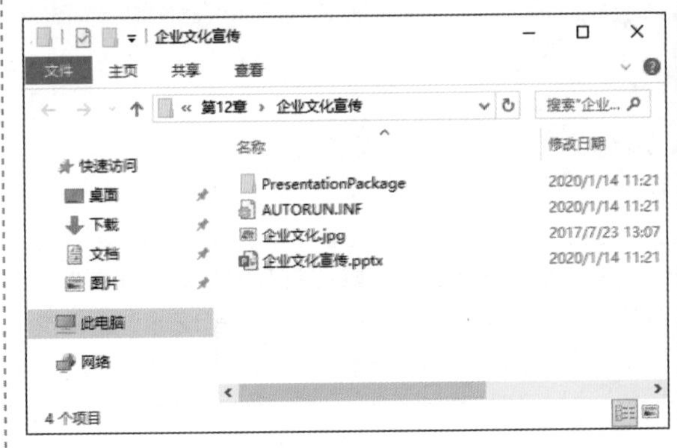

12.2 设置与放映“年终总结PPT”

案例说明

在年终的时候，公司或企业不同的部门都要进行年终总结汇报。此时就需要利用年终总结 PPT 来放映年终总结汇报内容。年终总结 PPT 中通常包含对去年工作的优点与缺点总结，对来年工作的计划与展望。为了在年终总结大会上完美地进行演讲，需要提前在幻灯片中设置好备注内容，防止关键时刻忘词，也需要提前进行演讲排练，做足准备工作。

“年终总结 PPT”文档制作完成后的效果如下图所示。

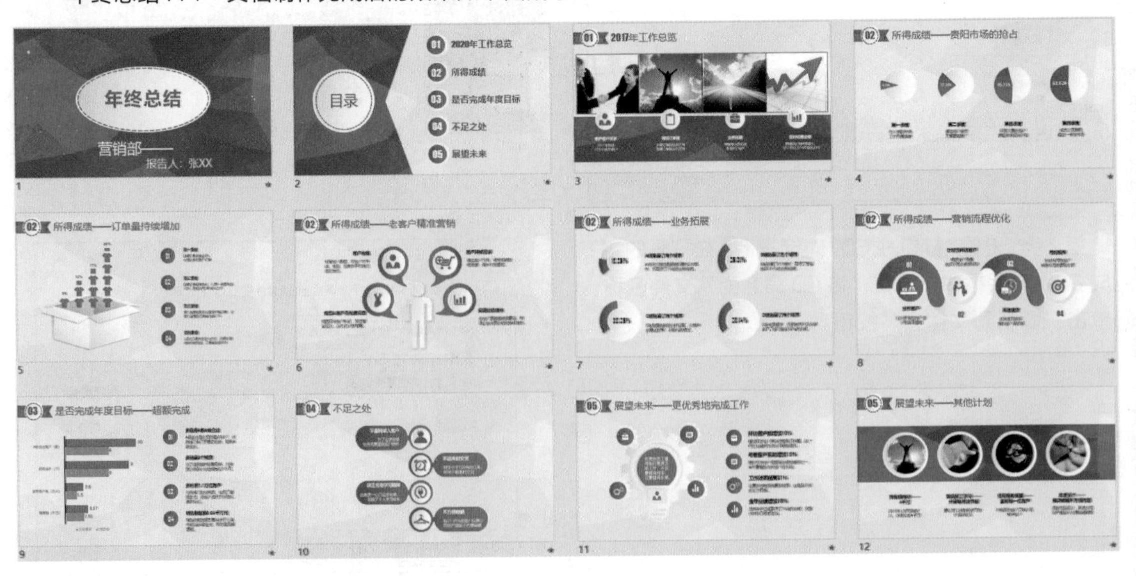

思路解析

当完成年终总结报告制作后，需要审视每一页内容，思考在放映这页幻灯片时，需要演讲什么内容，是否有容易忘记的内容需要以备注的形式添加到幻灯片中。当完成备注添加后，还要知道如何正确地播放备注。此外，还要明白如何设置幻灯片的播放。其制作流程及思路如下。

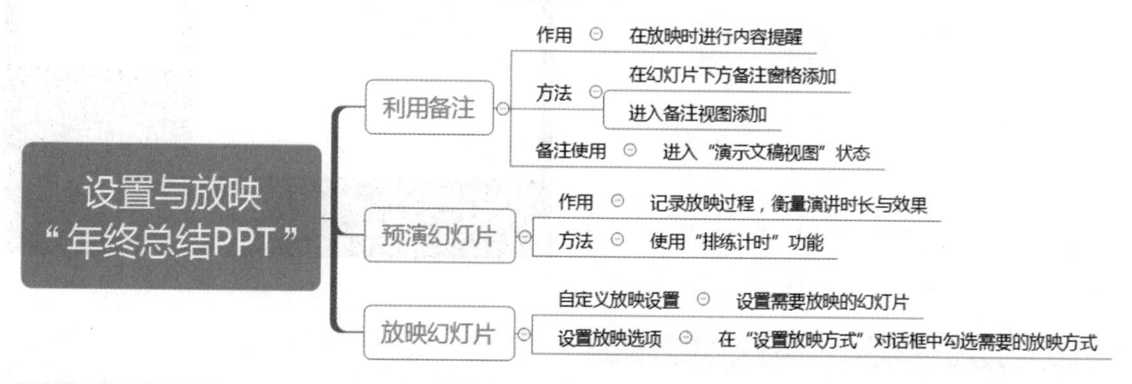

步骤详解

12.2.1 设置备注以助演讲

在制作幻灯片时，幻灯片页面中仅仅只输入主要内容，其他内容则可以添加到备注中，在演讲时作为提醒用。备注最好不要长篇大论，简短的几句思路提醒、关键内容提醒即可，否则在演讲时长时间盯着备注看，会影响演讲效果。完成备注添加后，演讲时也需要正确设置，才能正确显示备注。

1. 设置备注

设置备注有两种方法：短的备注可以在幻灯片下方进行添加，长的备注则可以进入备注页视图添加。

第 1 步：打开备注窗格。❶按照路径“素材文件\第 12 章\年终总结 .pptx”打开素材文件，切换到需要添加备注的页面，如第 4 张幻灯片；❷单击幻灯片下方的“备注”按钮。

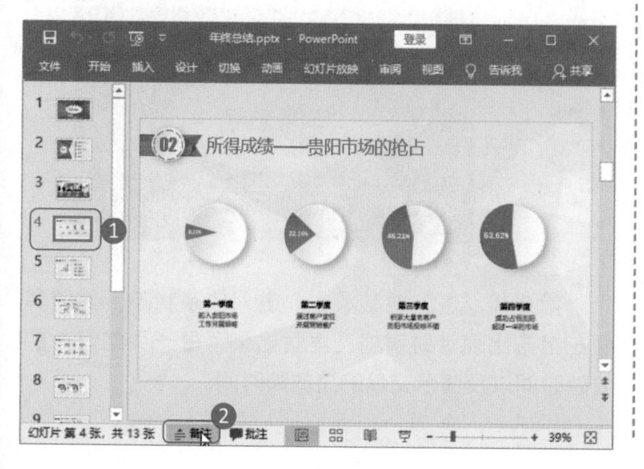

第 2 步：输入备注内容。在打开的备注窗格中输入备注内容。

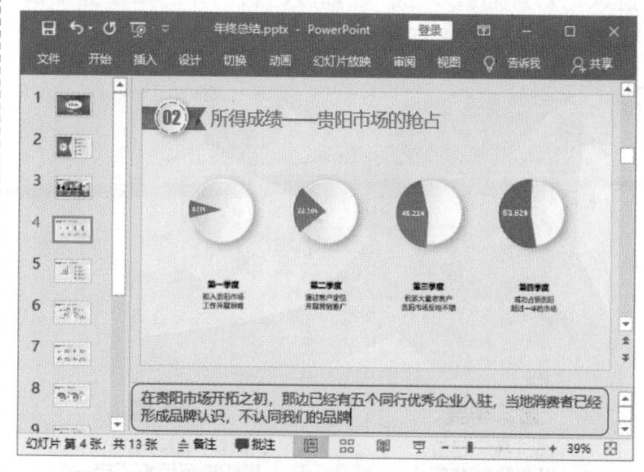

第 3 步：进入备注页视图。如果要输入的内容太长，可以打开备注页视图，方法是单击“视图”选项卡下“演示文稿视图”组中的“备注页”按钮。

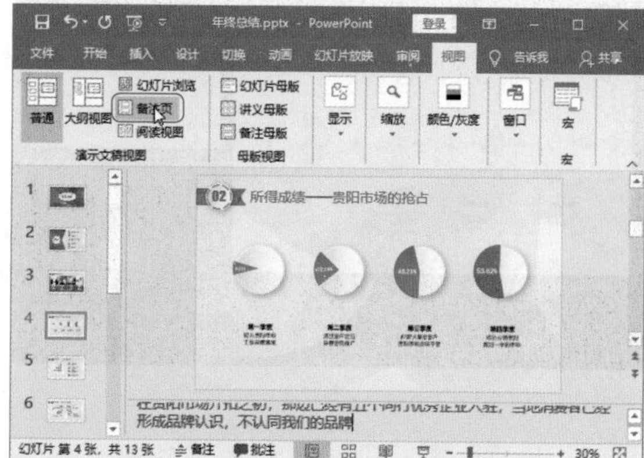

第 4 步：在备注页视图中添加备注。打开备注页视图后，在下方的文本框中输入备注即可。

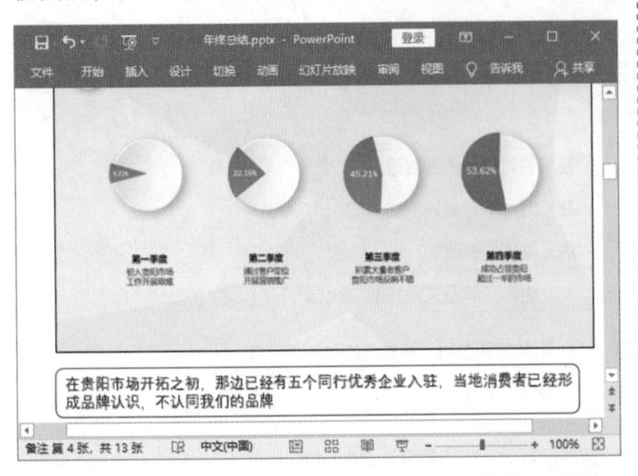

2. 放映时使用备注

完成备注输入后，需要进行正确的设置，才能在放映时，让观众看到幻灯片内容，而演讲者看到幻灯片及备注内容。

第 1 步：选择"显示演示者视图"选项。按下 F5 键，进入幻灯片播放状态，在播放时右击，选择快捷菜单中的"显示演示者视图"选项。

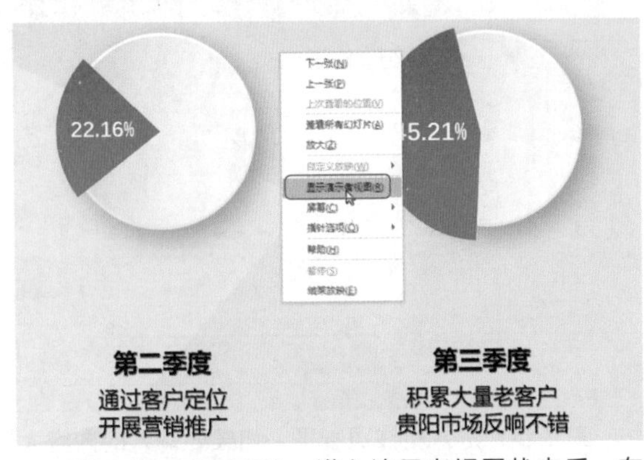

第 2 步：查看备注。进入演示者视图状态后，在界面右边显示了备注内容。

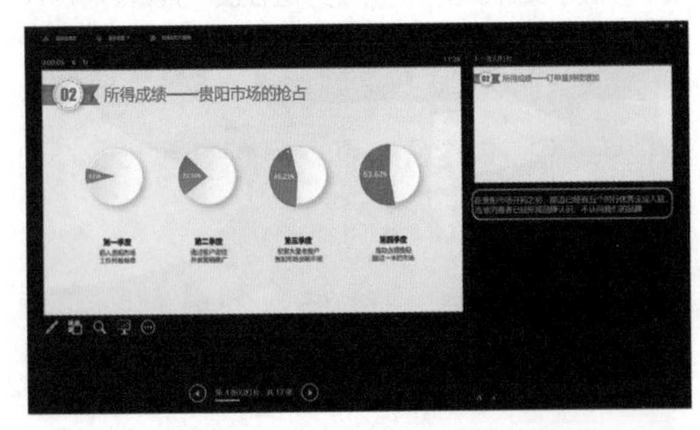

第 3 步：放大备注。在放映时，备注文字可能过小不方便辨认，此时可以单击"放大文字"按钮 A，增加备注文字的字号。

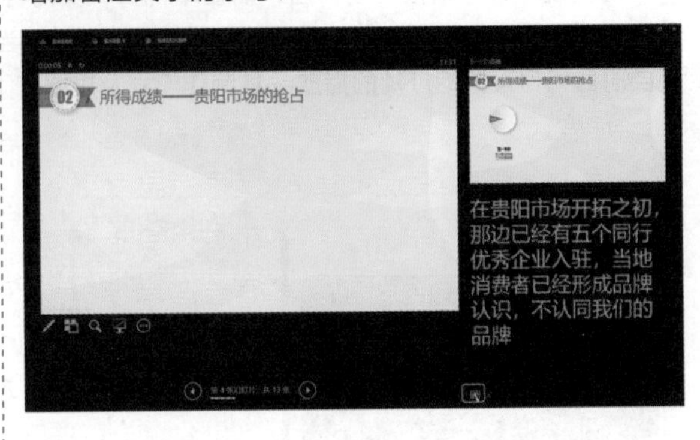

设置备注的播放方式，还可以按组合键 Windows+P，在弹出的"投影"菜单中选择"扩展"模式，表示允许放映幻灯片的计算机屏幕与投影屏幕显示不同的内容。其效果与执行"显示演示者视图"是一样的。

12.2.2 在放映前预播幻灯片

在完成演示文稿制作后，可以播放幻灯片，进入计时状态，将幻灯片放映过程中的时间长短及操作步骤录制下来，用来回放分析演讲中的不足之处以便改进，也可以让预播完成的幻灯片自动播放。

第 1 步：单击"排练计时"按钮。单击"幻灯片放映"选项卡下"设置"组中的"排练计时"按钮。

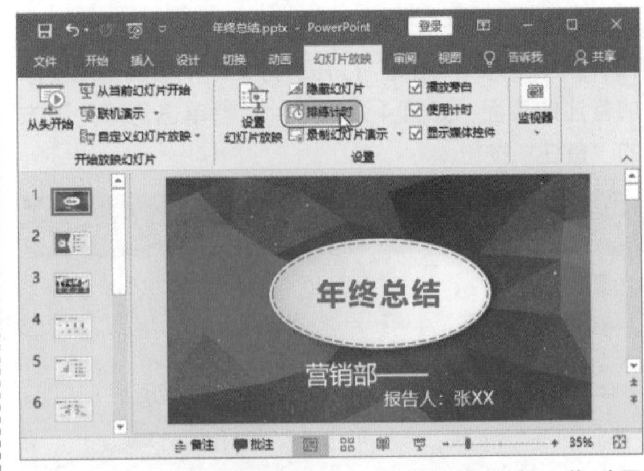

第 2 步：进入放映状态。进入放映状态，此时界面左上方出现计时窗格，里面记录了每一页幻灯片的放映时间以及演示文稿的总放映时间。

第 3 步：打开激光笔。在放映时，可以设置鼠标指针为激光笔，方便演讲者用激光笔指向重要内容。❶单击界面下方的笔状按钮；❷选择打开菜单中的“激光笔”选项。

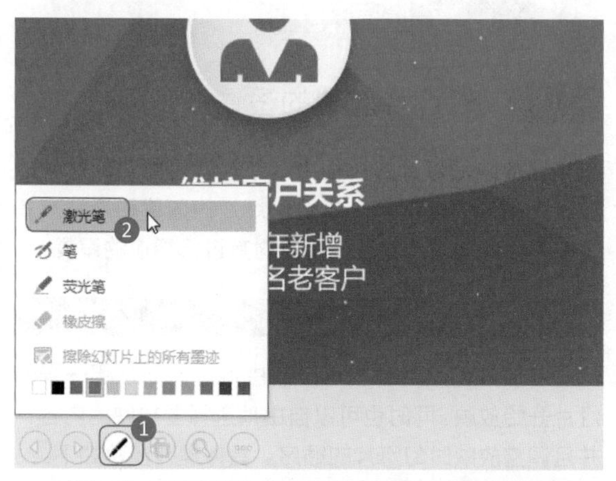

第 4 步：使用激光笔。将鼠标指针变成激光笔后，在界面中可以用激光笔指向任何位置。

第 5 步：打开荧光笔。如果想要在界面中圈画重点内容，可以将鼠标指针变成荧光笔。❶单击笔状按钮；❷选择“荧光笔”选项。

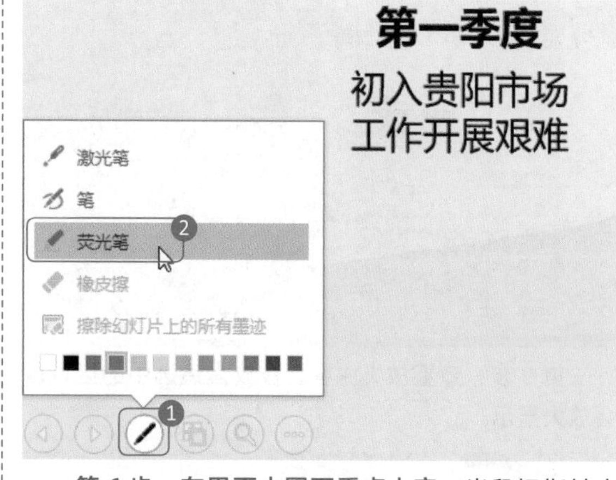

第 6 步：在界面中圈画重点内容。当鼠标指针变成荧光笔后，按住鼠标左键不放，拖动鼠标圈画重点内容，效果如下图所示。

第 7 步：激活放大镜。对于重点内容，还可以使用放大镜放大播放。单击页面左下方的放大镜按钮，激活放大镜功能。

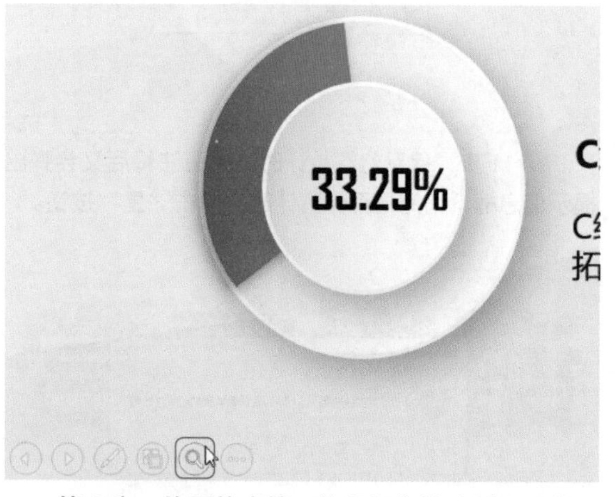

第 8 步：使用放大镜。将鼠标指针移到需要放大的内容区域时单击。

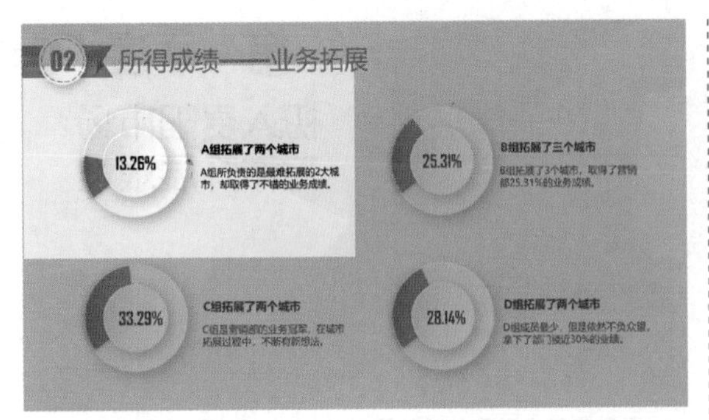

第 9 步：查看放大内容。被放大镜选中的区域就会放大显示。

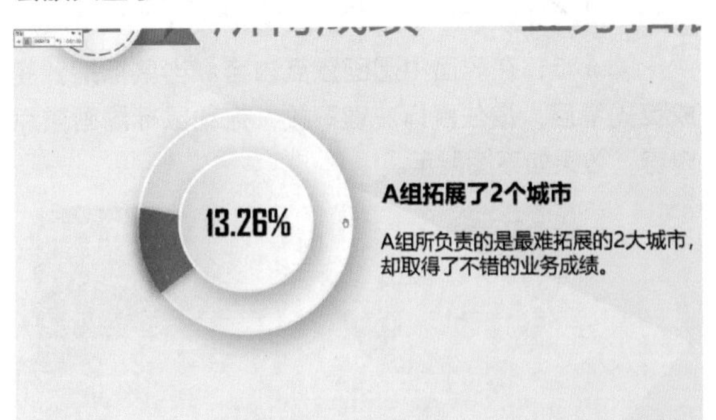

第 10 步：保留注释。当完成幻灯片所有页面的放映后，会弹出提示信息框，询问是否保留在幻灯片中使用荧光笔绘制的注释，单击“保留”按钮。

第 11 步：保留幻灯片计时。保留注释后又会弹出提示信息框，询问是否保留计时，单击“是”按钮。

第 12 步：查看计时。❶结束幻灯片放映后，单击“视图”选项卡下“幻灯片浏览”按钮；❷此时可以看到每一页幻灯片下方都记录了放映时长，用荧光笔绘制的痕迹也在。

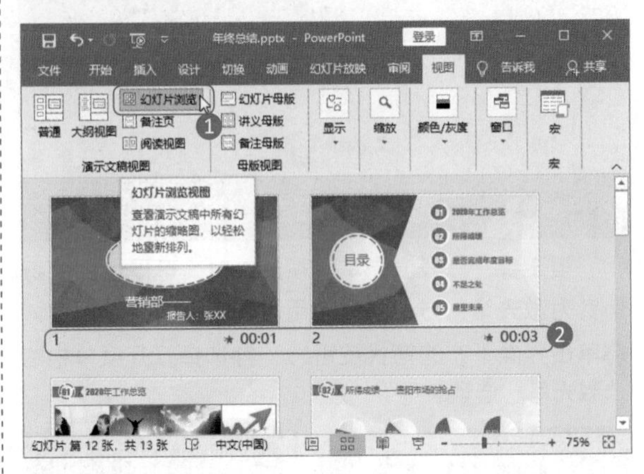

12.2.3 幻灯片放映的设置

在放映幻灯片的过程中，放映者可能对幻灯片的放映类型、放映选项、放映幻灯片的数量和换片方式等有不同的需求，为此，可以对其进行相应的设置。

1. 放映内容设置

在放映幻灯片时，可以自由地选择要从哪一张幻灯片开始放映，同时也可以自由地选择要放映的内容，并且调整放映时幻灯片的顺序。具体操作步骤如下。

第 1 步：从当前幻灯片开始放映。放映幻灯片时，切换到需要开始放映的页面，单击“幻灯片放映”选项卡下“开始放映幻灯片”组中的“从当前幻灯片开始”按钮，就可以从当前的幻灯片页面开始放映，而不是从头开始放映。

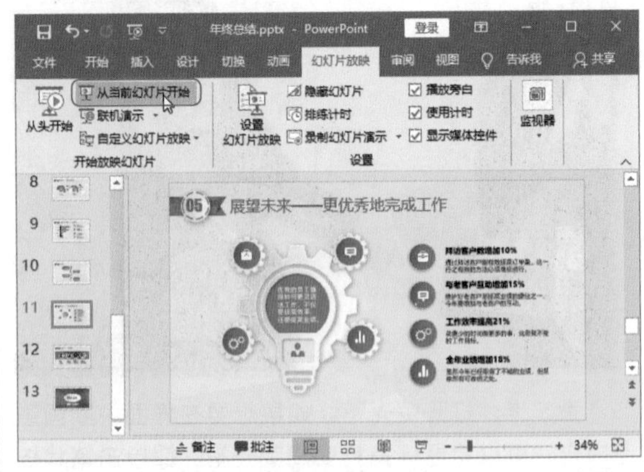

第 2 步：自定义幻灯片放映。单击“幻灯片放映”选项卡下“自定义幻灯片放映”按钮，选择菜单中的“自定义放映”选项。

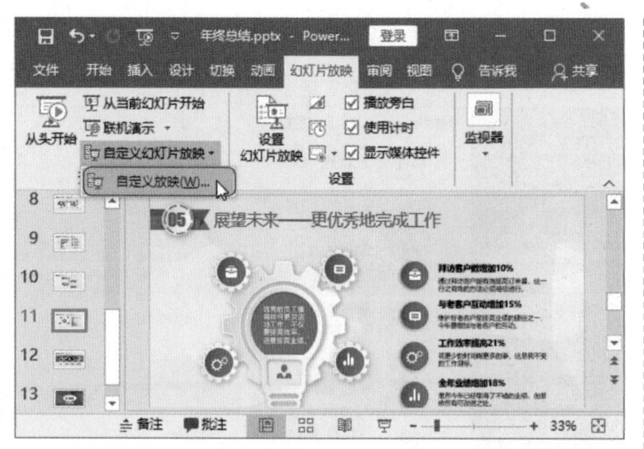

第 3 步：新建自定义放映。单击“自定义放映”对话框中的“新建”按钮。

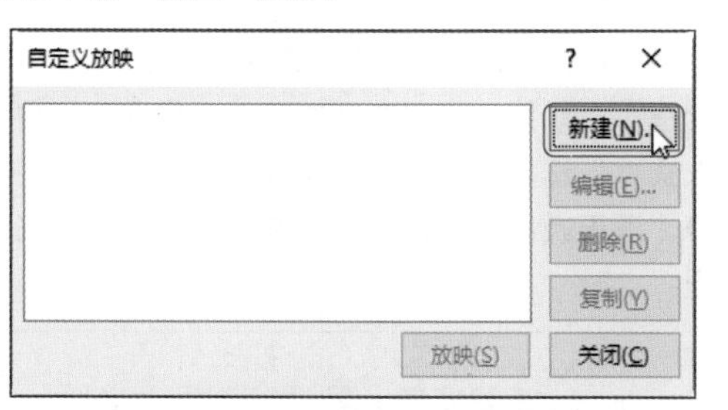

第 4 步：添加要放映的幻灯片。❶在打开的“定义自定义放映”对话框中设置“幻灯片放映名称”；❷选中要放映的幻灯片，单击“添加”按钮。

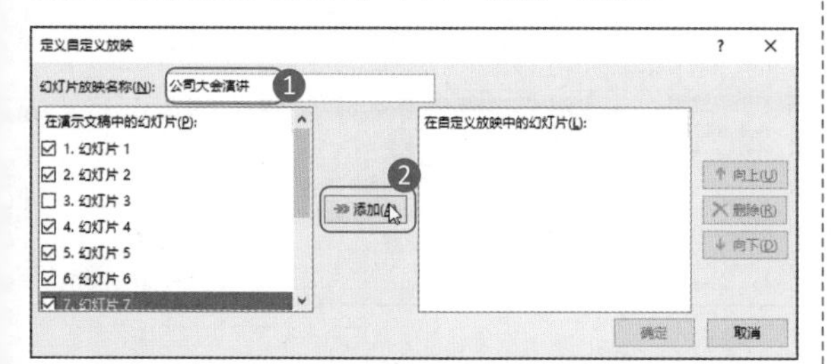

第 5 步：确定放映。单击“确定”按钮，就能确定要放映的自定义幻灯片。

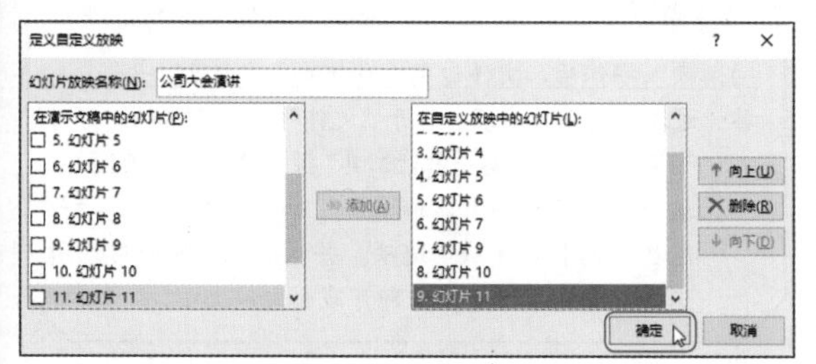

第 6 步：调整幻灯片顺序。❶如果觉得幻灯片的放映顺序需要调整，选中幻灯片；❷单击“向上”按钮。

第 7 步：删除幻灯片放映。❶如果觉得某张添加的幻灯片不需要放映，选中该幻灯片；❷单击“删除”按钮。

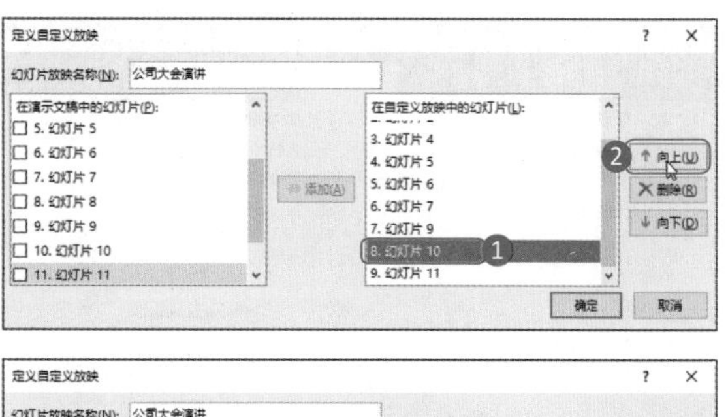

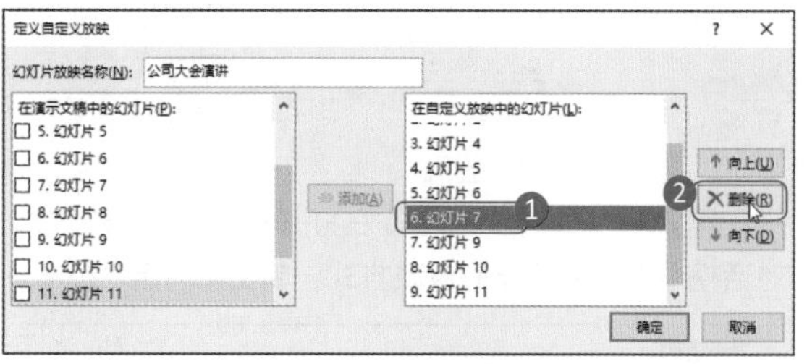

第 8 步：完成自定义放映设置。返回“自定义放映”对话框中，单击“关闭”按钮，完成幻灯片的自定义放映设置。

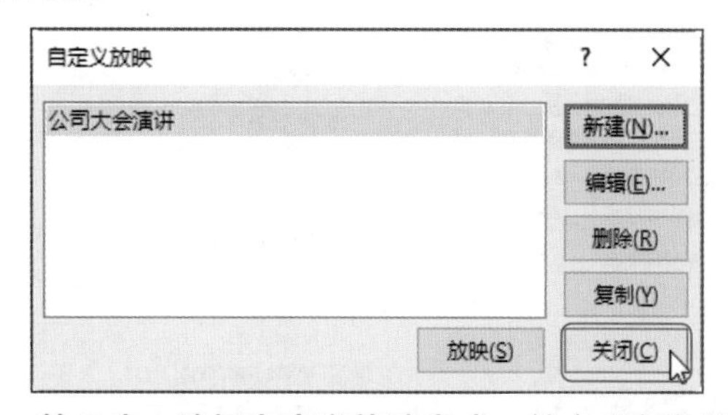

第 9 步：选择自定义放映方式。单击“自定义幻灯片放映”按钮，选择其中设置好的文件即可按照自定义的方式进行放映。

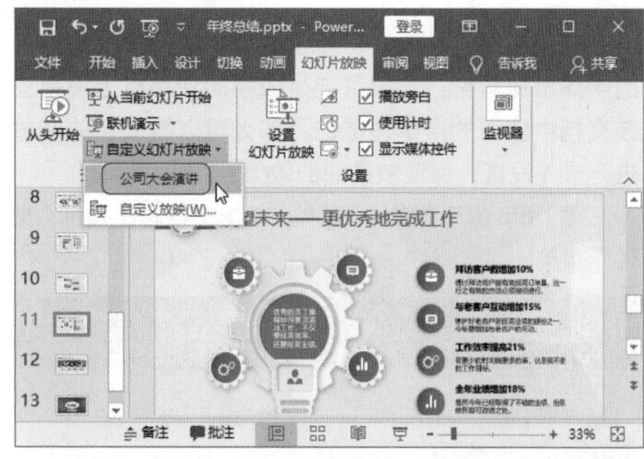

2. 放映方式设置

幻灯片的放映有许多种方式，通过“设置放映方式”对话框可以设置放映过程中的细节问题。

第 1 步：打开“设置放映方式”对话框。单击“幻灯片放映”选项卡下“设置”组中的“设置幻灯片放映”按钮。

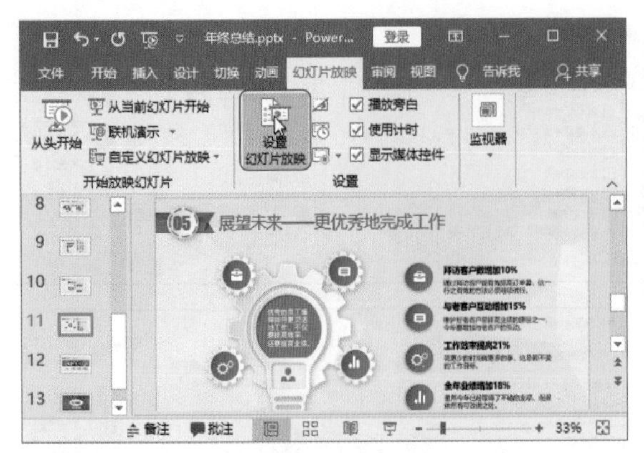

第 2 步：设置放映方式。在打开的“设置放映方式”对话框中，选择需要的放映方式，单击“确定”按钮。

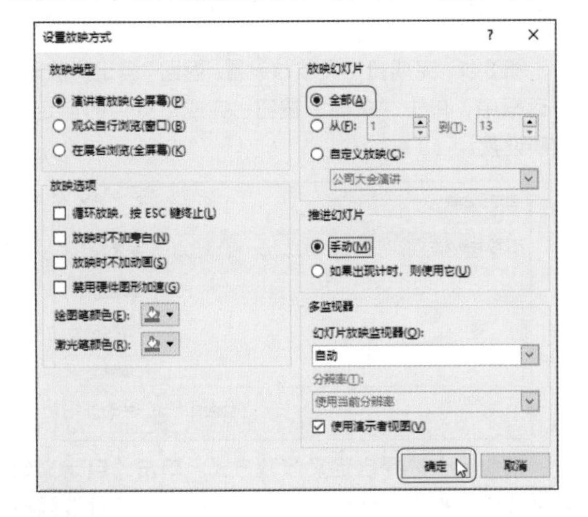

12.2.4 将字体嵌入文件的设置

在放映幻灯片时，可能出现这样的情况，幻灯片的字体出现异常。这很可能是放映的计算机上没有安装文档中使用的字体造成的。那么可以将文档的字体进行嵌入设置，保证放映时的效果。

第 1 步：单击“文件”菜单。单击文档左上角的“文件”菜单。

第 2 步：选择“选项”选项。选择“文件”菜单中的“选项”选项。

第 3 步：设置字体嵌入。❶在“PowerPoint 选项”对话框中，切换到“保存”选项卡；❷选中“将字体嵌入文件”选项，再选择“仅嵌入演示文稿中使用的字符（适于减小文件大小）”选项；❸单击“确定”按钮。

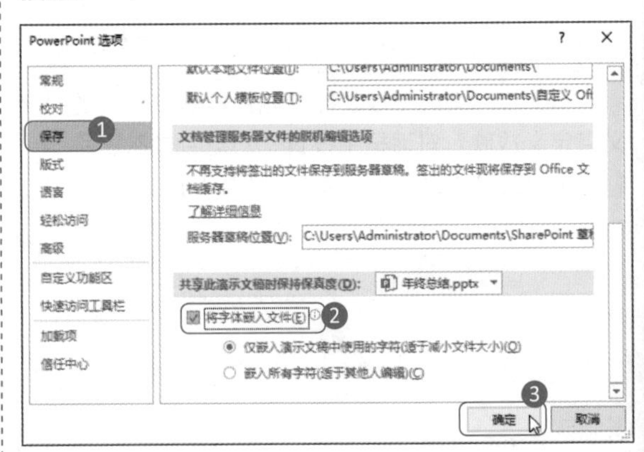

专家答疑

问：嵌入字体后，文件过大，如何减小文件大小？

答：通过压缩图片实现。打开“文件”选项卡下的“另存为”对话框，然后选择“工具”菜单中的“压缩图片”选项。在弹出的“压缩图片”对话框中，选中“删除图片的裁剪区域”选项，并根据 PPT 的使用场所选择“分辨率”选项，即可减小文件大小。

过关练习：设计并放映“商务计划PPT”

通过前面的学习，相信读者已熟悉如何添加动画效果以及如何设置幻灯片放映。为了巩固所学内容，下面以制作“商务计划 PPT”的动画和放映方式为例让读者练习。读者可以结合思路解析，自己动手进行强化练习。

“商务计划 PPT”文档制作完成后的效果如下图所示。

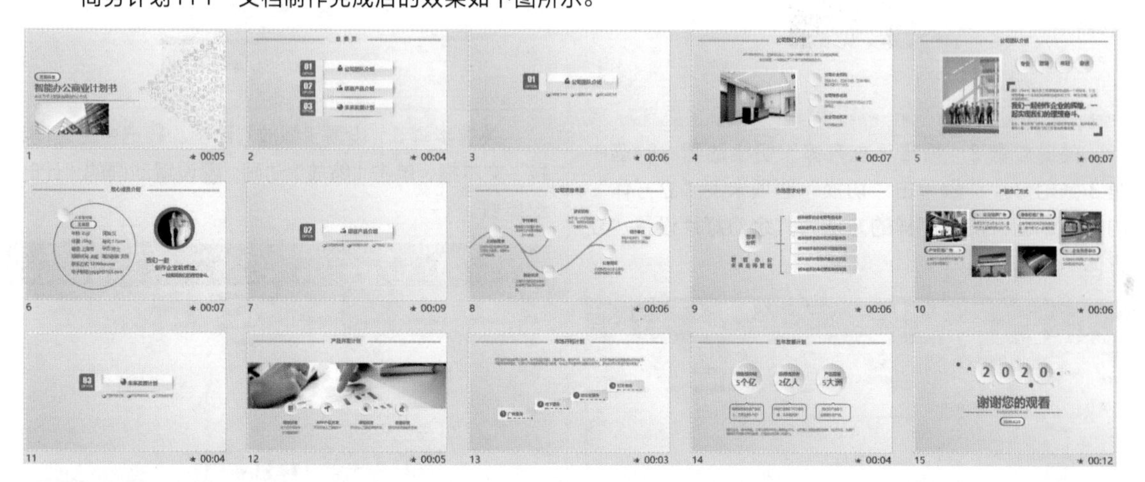

思路解析

商务计划 PPT 中包含了公司团队介绍、项目产品介绍，以及未来发展计划等内容。当商务计划 PPT 完成后，需要向商务合作伙伴进行展示，以获得更多的合作机会。在展示前应该完善商务计划 PPT 中的动画效果，在需要添加备注处添加注释，还需要进行排练计时，为演讲做好充分准备。其制作流程及思路如下。

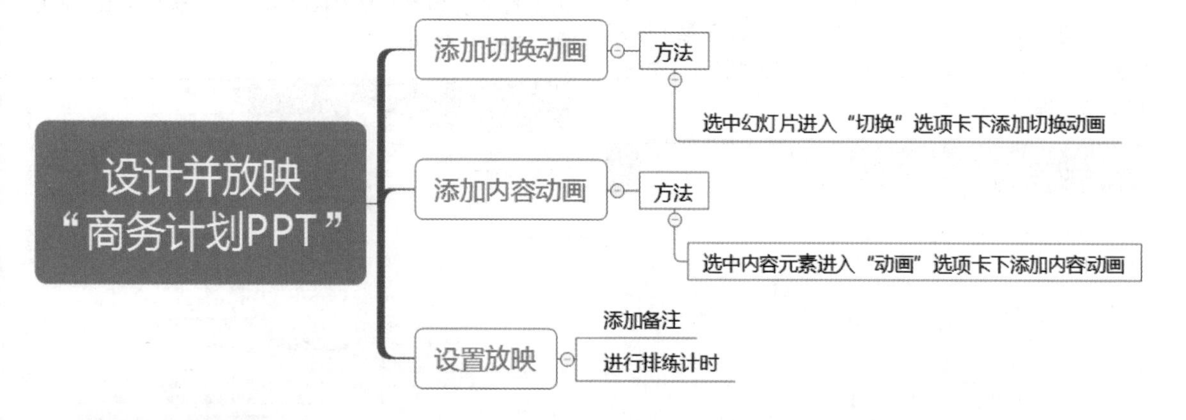

关键步骤

关键步骤 1：设置“切换”动画。❶按照路径“素材文件 \ 第 12 章 \ 商务计划 PPT.pptx”打开素材文件，选中第 1 张幻灯片；❷单击“切换”选项卡下“切换”按钮，即为第 1 张幻灯片设置了“切换”动画。按照同样的方法为第 2 张幻灯片也设置同样的切换动画。

关键步骤 2： 设置“立方体”切换动画。❶选中第 3 张幻灯片；❷单击“切换”选项卡下“立方体”的切换动画。按照同样的方法为其余幻灯片设置“立方体”切换动画。

关键步骤 3： 设置“切入”动画。❶在第 1 张幻灯片中，选中左上角组合图形；❷选择“切入”动画；❸单击“确定”按钮。

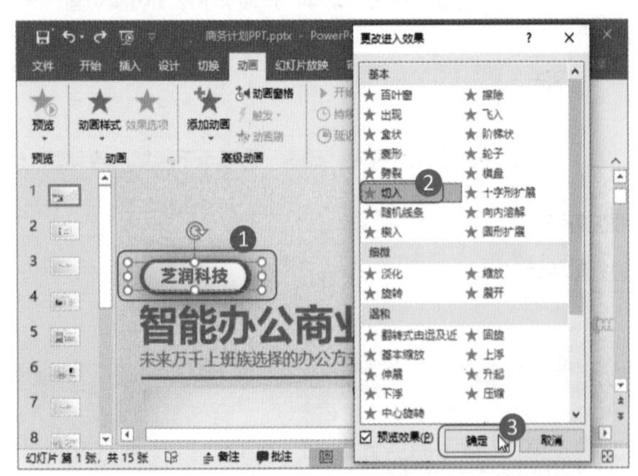

关键步骤 4： 设置“切入”动画格式。❶设置“切入”动画的效果是“自左侧”；❷设置“计时”组参数。

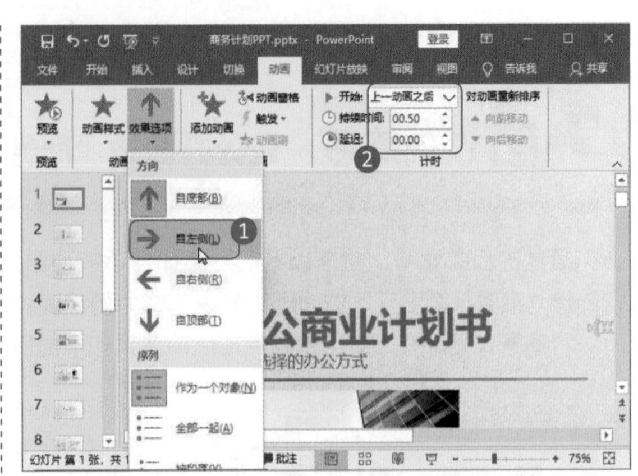

关键步骤 5： 设置“缩放”动画。❶选中“芝润科技”文本框，单击“缩放”动画；❷设置动画的“计时”组参数。

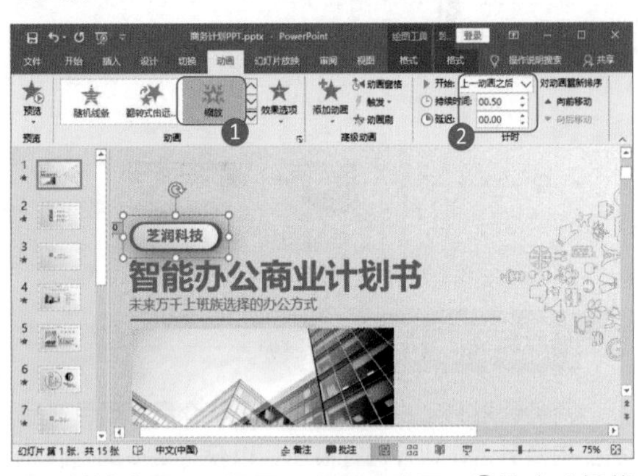

关键步骤 6： 设置“空翻”动画。❶选中“智能办公商业计划书”文本框，设置“空翻”动画；❷单击“确定”按钮。

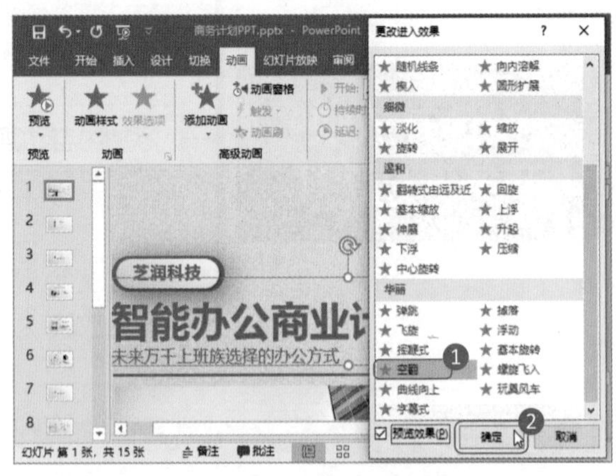

关键步骤 7： 设置“空翻”动画参数。在“计时”组中设置空翻动画的参数。

关键步骤 8： 设置文本框“擦除”动画。❶选中“未来万千上班族选择的办公方式”文本框，设置“擦除”

动画；❷选择动画效果为“自左侧”；❸在“计时”组中设置参数。

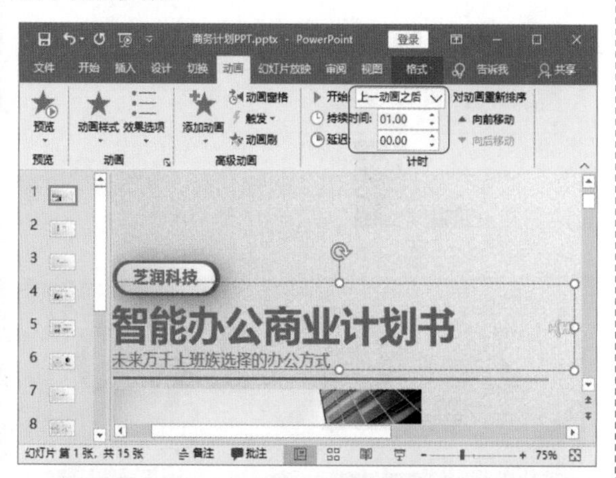

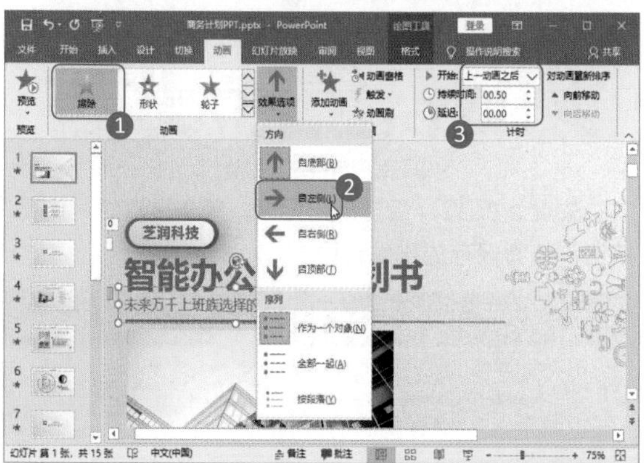

关键步骤 9：设置线条“擦除”动画。❶选中左边的线条，设置“擦除”动画；❷选择动画效果为“自左侧”；❸在“计时”组中设置参数。使用同样的方法，为这根线条右边的三根线条设置相同的动画效果。

关键步骤 10：设置“淡化”动画。❶选中左下角的图片，设置“淡化”动画；❷在“计时”组中设置参数。

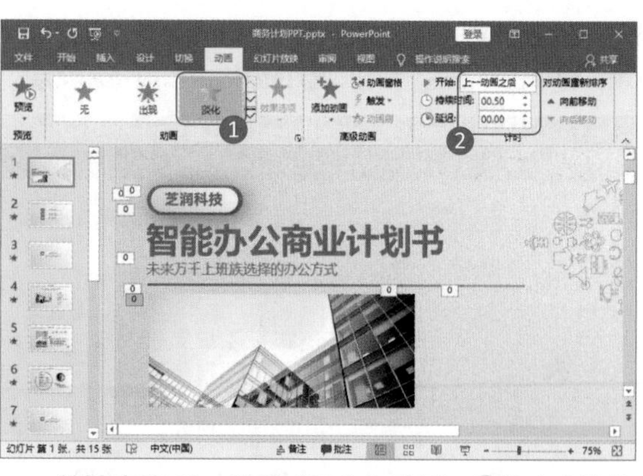

关键步骤 11：设置“飞入”动画。❶选中右边的图形，设置“飞入”动画；❷选择动画效果为“自右侧”；❸在“计时”组中设置参数。

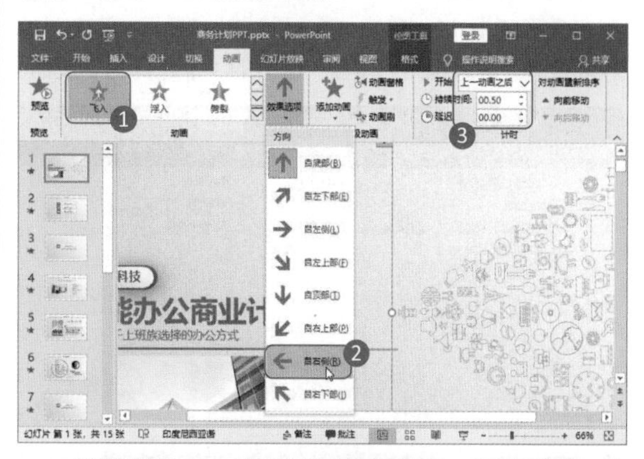

关键步骤 12：查看动画播放效果。预览动画，效果如下面两图所示。

关键步骤 13：添加备注。❶切换到第 5 张幻灯片中；❷单击“备注”按钮；❸在窗格中添加备注文字。

关键步骤 14：单击“排练计时”按钮。单击“幻灯片放映”选项卡下“设置”组中的“排练计时”按钮。

关键步骤 15：进行排练预演。在录制状态下，播放演讲幻灯片。

关键步骤 16：保存计时。完成放映后，单击“是”按钮，保存计时放映。

关键步骤 17：查看放映记录。单击“幻灯片浏览”按钮，查看保存的排练计时。

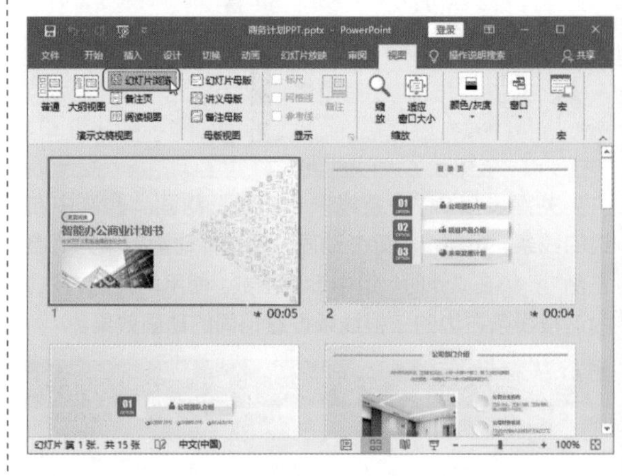

高手秘技

1. 使用手机也能轻松控制演讲稿

使用手机控制 PPT 播放，首先需要在手机上安装专业的播放器。手机 PPT 播放器软件不止一种，这里选用了“袋鼠输入”控制器进行讲解。

第 1 步：安装手机端和 PC 端软件。在手机应用中搜索“袋鼠输入”，进行下载安装。同时在计算机上也安装“袋鼠输入”PC 端软件。当手机和计算机都完成安装后，方可配合使用。

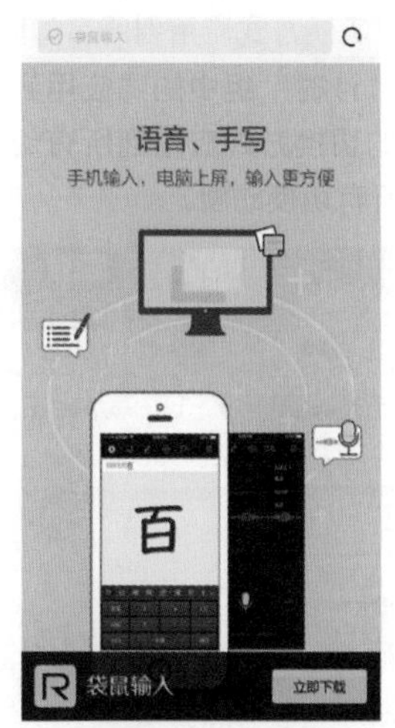

第 2 步：连接计算机。手机 PPT 控制器安装好后，打开软件，单击上方的按钮。

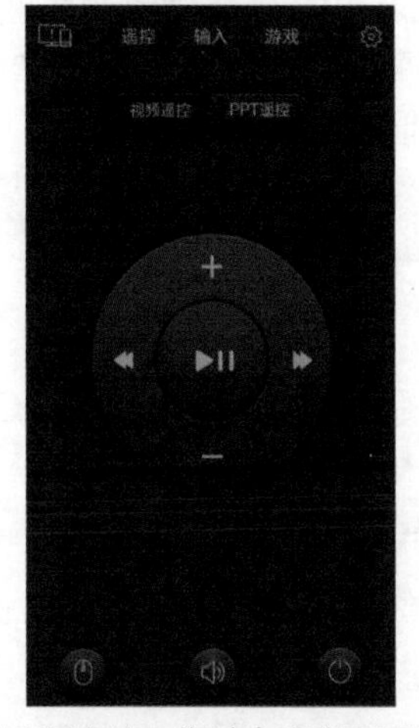

第 3 步：扫码连接。此时会出现下图所示的界面，单击“扫码连接”选项。

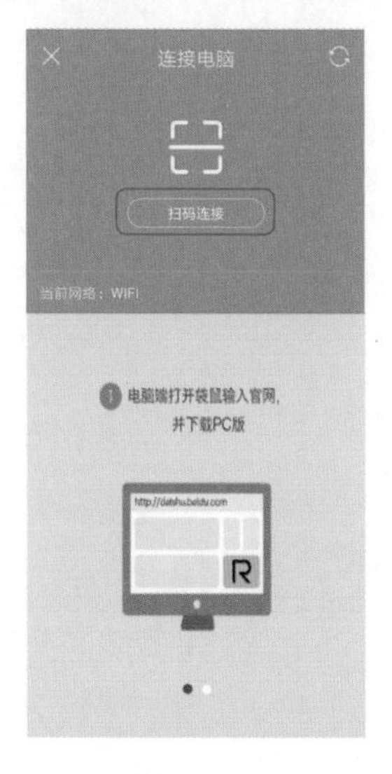

第 4 步：打开计算机客户端扫码。❶双击计算机中安装好的“袋鼠输入”客户端；❷打开后会出现一个二维码，用手机袋鼠输入“扫码连接”功能扫描该二维码，进行手机和计算机的连接。

第 5 步：进入 PPT 控制状态。当手机和计算机通过扫码成功连接后，切换到“遥控”选项卡下的“PPT 遥控”选项中，单击图标，表示进入 PPT 控制状态。

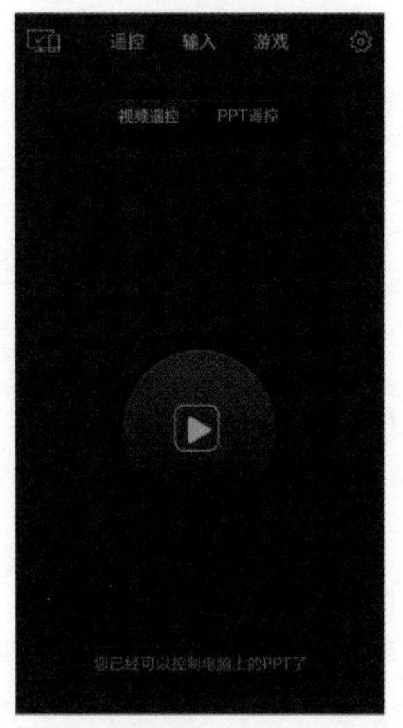

第 6 步：控制 PPT 放映。进入 PPT 控制状态后，可以通过上下滑动屏幕翻页，还可以按住屏幕使用激光笔给计算机中的 PPT 画标注，十分方便。

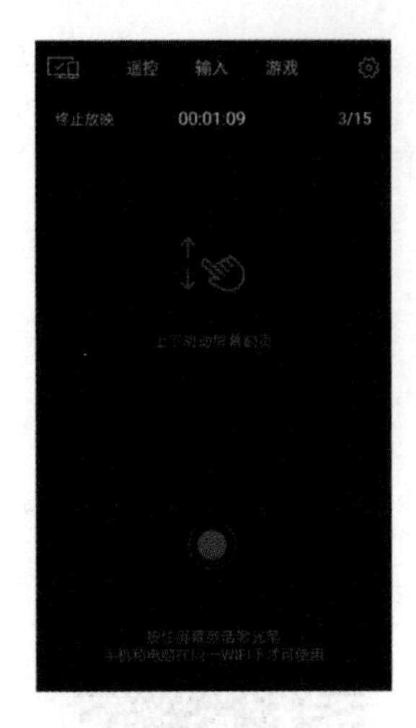

2. 动画太多如何删除

在制作幻灯片时，有时下载的模板中动画太多需要删除，但是一个个删除动画又太麻烦，那么可以进行以下操作。

第 1 步：设置“无”切换方式。选中一张幻灯片，单击“切换”方式下的“无”按钮。

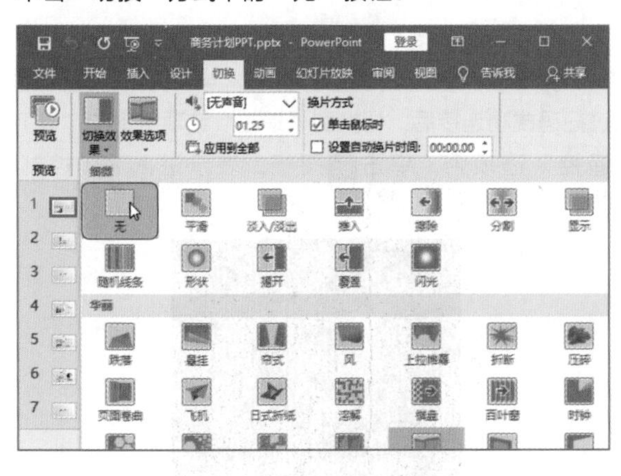

第 2 步：将切换方式应用到所有幻灯片。单击“切换”选项卡下“计时”组中的“应用到全部”按钮，就能将“无”的切换方式应用到所有幻灯片中，即删除了幻灯片的所有切换动画。

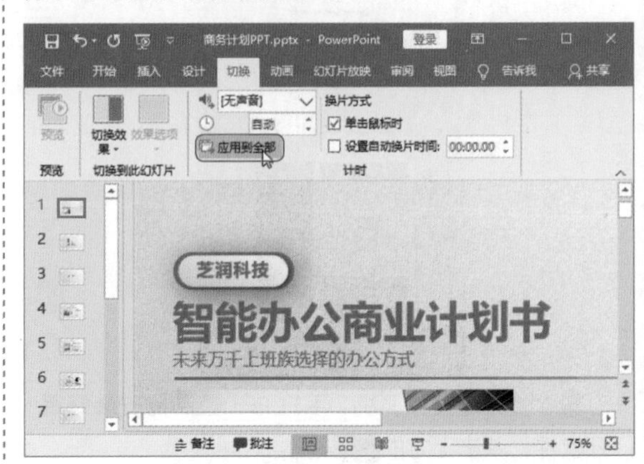

第 3 步：删除内容动画。如果想要删除内容动画，则打开“动画窗格”，按住 Shift 键，选中所有动画，右击，从弹出的快捷菜单中选择“删除”选项即可。